吳嘉祥　陳正光　著

機械元件設計

東華書局

國家圖書館出版品預行編目資料

機械元件設計 / 吳嘉祥, 陳正光著. -- 初版. --
臺北市 : 臺灣東華, 民100.09
608面 ; 19x26公分

ISBN 978-957-483-672-7(平裝)

1.機械設計

446.19　　　100017158

中華民國一OO年九月初版

機械元件設計

定價　新臺幣陸佰伍拾元整
（外埠酌加運費匯費）

著　者　吳嘉祥・陳正光
發行人　卓劉慶弟
出版者　臺灣東華書局股份有限公司
臺北市重慶南路一段一四七號三樓
電話：(02)2311-4027
傳真：(02)2311-6615
郵撥：00064813
網址：http://www.tunghua.com.tw

行政院新聞局登記證　局版臺業字第零柒貳伍號

序言

在機械工程教育中，機械元件設計是屬於後段的課程，因為它牽涉到工程力學、材料力學、機構學、材料學，甚至熱傳學、流體力學等學科知識的綜合應用。機械元件五花八門，涵蓋的種類甚廣，加上牽扯工程實務，規範、法規等其他課程沒有的問題，機械元件設計教材的編寫常是件不容易的事。

雖然市面上已經有不少英文教材，例如 Shigley & Maschke、Norton、Spotts & Shoup、Hamrock、Mott 等作者的著作，都是內容豐富，組織良好且各具特色的好教材。但對學生而言即使沒有語言障礙，其吸收、瞭解的效率總是不及從習用文字的教材學習；翻譯本則因時間的急迫性，使得翻譯者很難避免有所疏失。而教學時數的減少，又使教師面對大篇幅教材時感受教學上的壓力，因而希望有一本能涵蓋應有的內容，又能讓教師們完成大部分內容的教材，而有本書的誕生。

本書中捨去了材料力學與材料學的複習，因為它們是機械元件設計的先修課程之一，當教學時數不敷使用時實在不宜再耗時複習，必要時由教師指定學生自行複習即可。書的內涵乃基於作者近三十年的機械設計實務與教學經驗所做的抉擇，但也已經容納了市面上主流教材的大部分內容。

工程實務中少不了的單位問題，除了少部分 SI 制單位仍無對應的資料者外，都採用 SI 制單位，這樣做是為了順應時代潮流。同時為了國內絕大多數大學院校都採用美國教材的現況，書中的相關資料也都引用美國 ASTM、ANSI 等機構建立的資料，希望不致於對採用本書為教材的教師們需面對重新適應的問題。

書的編寫是一件費時、耗神的工作，雖然在編寫、校對的過程中，作者已經盡了自己最大的努力，但畢竟個人能力有限，疏失、不足處一定難免，尚祈先進學者不吝賜教，是所至盼。

最後，作者要向影響我至深，且一生提攜的李教授克讓夫婦，他們都是作者最敬愛的老師，致上最誠摯的謝意。

吳嘉祥

目　錄

Chapter 1

緒　論

1.1 什麼是設計？

設計的英文字 *design* 源自於拉丁文，原意是指派或規劃。因此，設計一詞所涵蓋的意義甚廣，凡是涉及創新的工作，都可稱之為設計，例如服飾設計、髮型設計、建築設計、空間設計、包裝設計、林園設計等等。設計是一種將意象化為具體形式的方法，因此，工程設計可以說是"應用科學原理，及各種不同的工藝，周密且具體地界定一個程序、一個系統或一項裝置，將一些概念轉換成實際的、具服務人類功能之機器的過程。"在 *Shigley* 與 *Mischke* 所著的《機械工程設計》一書中，對設計一詞作了下列的敘述："設計是為了滿足指定的需求或解決問題，而擬訂計畫。如果計畫的結果創造了實際的產品，則該項產品必須是符合功能、安全及可靠的要求，具有競爭力，好用、可製造，並且具有市場性。"

設計程序是個廣受討論的論題，有許多論述的見解相近，說法卻不完全一致。但基本上，一般的設計工作通常可區分為三個階段，即

1. 定義任務階段
2. 構思設計階段 (conceptual design)
3. 產品設計階段

每一個階段都涵括幾個步驟，以完成該階段任務，每一種專業設計各有其不同的步驟。設計就是在這幾個階段間，或步驟間疊代的程序性工作。

設計工作除了是一項富創意的工作之外，還具有兩項特徵：

其一是：設計是一種於處於各種約束條件下，謀求盡可能滿足各約束條件之解決方案的工作，因為這種工作需要妥協，使得它具有疊代性 (iteration)，也就是一種構成迴圈、反覆嘗試的程序，並非依循單一方向執行就能得到答案的工作。設計進行時，可能會因先導階段做的決策不夠周詳，衍生難以克服的問題，而需要回到前面的某個階段，重新研究問題的癥結，更深入地瞭解問題，以期做出更合乎理想的決策，使後續的設計程序得以順利進行。

其二是：設計工作的結果不具唯一性，它可以得到多種不同的結果。由於設計時需要綜合應用許多科技、知識，同樣的問題若使用不同的技術、工藝解決，就會產生不同的答案。其間的優劣則依設定的準則評定。

1.2　機械設計流程概述

機械設計係指設計者憑藉科學原理及工程學的各種知識與方法，如數學、計算機及製圖等，考量機械的工作原理、運動方式、力與能的傳遞方式、構造、潤滑方式及外觀，進行分析與計算，選擇適宜的零件材質，決定其形狀與尺寸，轉化成具體的圖樣，並據以發展成新的或改良舊的機械裝置或系統，以滿足人類需求的整個過程。

底下將就前述的設計三階段，在進行機械設計工作時，每個階段所經歷的步驟，略作陳述。

定義任務階段

如先前所述，設計是為了滿足指定的需求或解決問題而擬訂的計畫，因此，在定義任務這個階段的第一個步驟， 就是確認消費者的需求。

認知需求 (recognition of needs)　需求的認知主要來自兩個途徑，它常得自市場調查，或競爭產品的刺激。許多需求，原先大多只以不方便或感覺困擾等模糊的概念存在，例如，市郊區的居民因上班地點較遠，而上班時正逢交通的尖峰時刻，以致有難以掌控上班的到達時間；或個人的上班時間，與大眾運輸工具的時刻表難以配合等困擾，這些問題大多可經由市場調查的方式得知，設計者首先釐清這些自市場調查得知的問題，將它轉換成界定比較清晰的需求，以便於陳述問題。

有些需求的認知則來自競爭產品的刺激。現代工、商業繁榮，每一類產品都會有競爭的對手，為了在市場上取得競爭的優勢，競爭對手之產品性能，以及其未來可能推出的性能，都值得研究，以期設計出足以勝過競爭產品的新產品。

當然，以目前所處的消費時代，觸覺比較敏銳的廠商則更進一步，可能創造新的需求以引領市場上的風潮，例如美國 Apple 公司的 iPod、電子書等產品因切合時代需求，而形成流行的風潮，為公司帶來鉅額的營利，也引領同行推出類似的產品。

因為先前已經說過，機械設計程序所產出的必須是具有市場性、有競爭力的產品，若不能確認消費者的需求，即失去了產品設計的方向，產品也必然不會具有市場性與競爭力。

陳述問題或定義目標 (problem statement or define object)　在對需求有了較清晰的認知後，即需將所認知的需求，整理成有條理、目標明確，但不至於限制想像空間的敘述，作為進行下個步驟的指導原則。例如，對大眾運輸工具，希望它是經濟的、準時的、迅速的、不會因交通擁擠受阻的；對個人的交通工具，則如提供給某一經濟能力層級者使用的、上班或市內使用的……等做成有條理、有明確目標的敘述使需求更為明顯。但此時仍不宜立即界定明確的標的，例如是自行車、機車或是汽車，以免限制了往後的發揮空間。

訂定產品規格 (generate engineering specification)　接下來的工作是將往後的任務，以技術性語言明確地表達。也就是將待設計產品之功能以技術性的語言敘述，例如，若待設計的產品是車輛，則其任務規範所得的產品規格可能是

a. 需要的動力源
b. 造價的水準
c. 輪距與軸距
d. 動力與扭矩
e. 其他

這些規範僅訂出待設計產品的功能、主要尺寸、價位等要項，但不對後續的如何設計，做太多的約束。

以上的三個步驟，構成了機械設計的第一個階段，定義任務階段，如圖 1-1 所示。

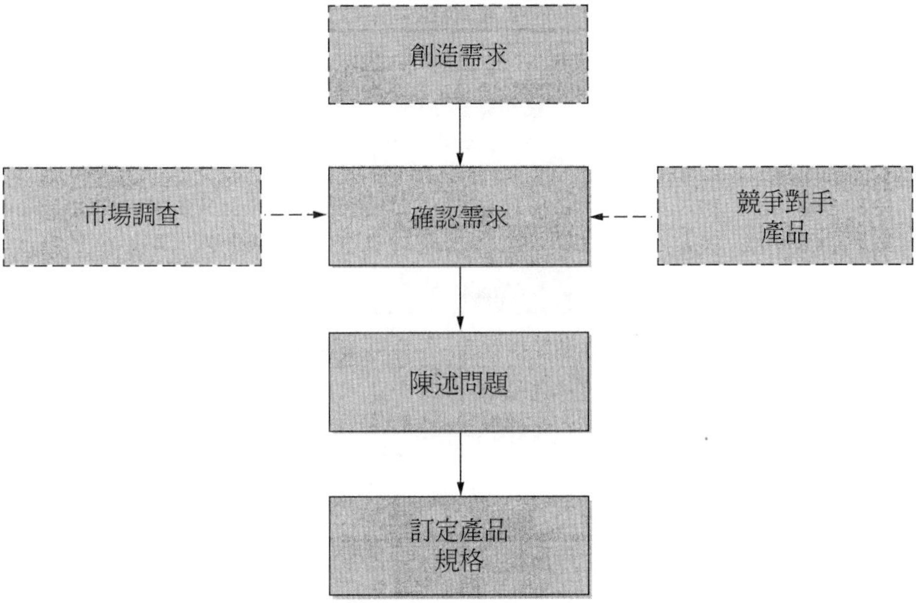

圖 1-1 機械設計程序的第一階段

構思設計階段 (conceptual design)

在通過機械設計第一階段，訂出產品的一些主要規格後，設計即進入第二階段，構思設計階段，在此階段中將經歷以下幾個步驟：

1. 構思設計方法——合成 (synthesis)

2. 分析 (analysis)

3. 評估 (evaluation)

4. 選擇設計構思 (make decision)

5. 認可構思 (concept approval)

構思設計方法——合成　進入第二個階段後，第一步的工作是憑藉科學原理，現存的軟、硬體知識，工作經驗為基礎，開發新的方法；或利用原有的方法與技術重新組合，以達成前一階段中訂定的任務規範所要求的目標，也就是合成各種可能的方案。合成的工作很需要巧思，可以令人很有成就感，也很容易使人

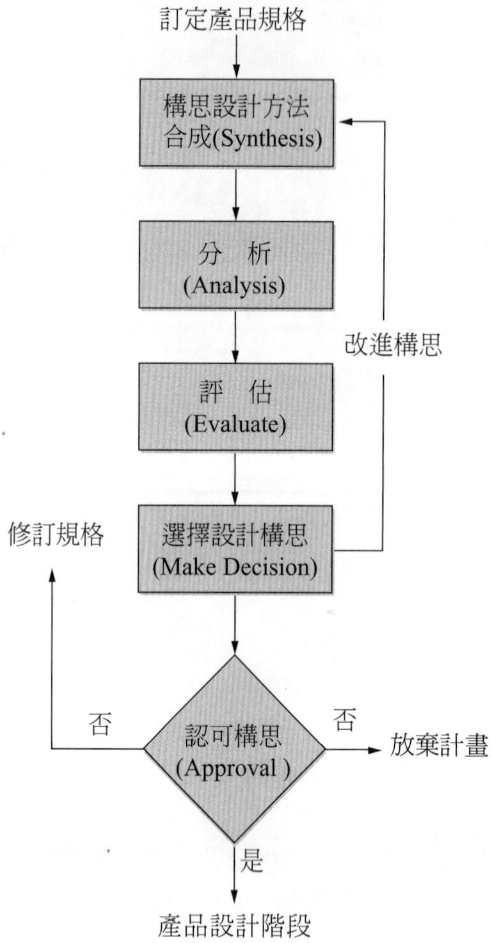

圖 1-2　機械設計的第二階段

沮喪。由於構思的重點在於創新，而非判斷構思的優劣，因此不需要去考慮該項構思是否荒謬。

腦力激盪法是本步驟中，經常用來產生創新答案的方法，通常由 6 到 15 人組成討論小組，約定不得譏笑或批評他人的構想，在沒有拘束的氛圍中，從各種不同的思考角度，提出能滿足產品規格的各種不同的構思。當然這些構思方案會有優有劣，有些甚至可能執行上會遭遇困難，但在進行腦力激盪過程中，不須考慮這些問題。

如果是個人單獨工作，比較常用的方式則是類比法，或採取逆向思考。每當感覺靈感枯竭時，宜暫停相關工作，拋開問題，先去做不相關的事，以免使思路陷入死胡同。

分析 分析是以各種可能的方式，例如建立各方案的數學模型，求得數學模型對應於各種輸入的反應；或以電腦模擬來預測各設計方案產出的性能，分析已經成形的構思方案。亦即以各種可能的技術或方法，來瞭解各方案在各種可能的輸入下所呈現的反應。

由於電腦科技的日新月異，目前已經有許多設計軟體，能提供設計者做非常實用的分析模擬，可以讓設計者於尚無原型產品的情況下，藉各種不同的條件設定，正確地呈現所設計的產品在設定條件下展現的各種響應，因而得以縮短設計所需的時間與經費。

評估 設計流程中必須有評估的步驟，其出現次數的多寡與所設計產品之整體設計的複雜程度相關。每當設計已經獲致一些成果而面臨抉擇時，就得執行評估工作，以確定是繼續下一個設計階段，或回到前面的步驟，修訂先前的決策，改善現階段某些因前導步驟決策缺失所導致的困境。

在執行評估前，需要先客觀地以各項技術之可行性作為評估的準則，然後依據這些準則，逐一評估本階段中所得的各構思方案及其分析的結果。

選擇設計構思 在此步驟中將依據評估的結果，決定如何執行下一個步驟。如果有可行性很高的構思方案，可進入認可構思方案的步驟；若對構思方案的可行性尚有疑慮，則回頭至本階段的第一個步驟，構思設計方法，重新檢討構思方案。

認可構思 進入認可構思的步驟時，必須從更寬廣的觀點考核構思方案的可行性，例如，功能性、競爭力、市場性等等，如果這些方面都不成問題，則認可設計方案，並進入下一個階段——產品設計階段。如果不能通過這些考核，有時得放棄整個設計計畫；若方案尚有些缺失，應該回頭考慮是否修訂設計的規格。

產品設計階段　產品設計階段是本書內容所探討的範疇，本階段經歷的步驟如圖 1.3 所示。其中涉及了

1. 選擇適用的設計規範與製造方法
2. 決定初始幾何外形
3. 設計分析
4. 評估是否滿足設計準則
5. 最適化
6. 評估是否符合最適化
7. 確定幾何外形
8. 繪製工程圖樣
9. 原型機 (prototype) 產製與測試
10. 評估是否滿足所有條件？

等步驟。若最後能滿足所有的條件，即排定生產線開始生產。

選擇適用的設計規範 (code) 與製造方法　進行產品設計的第一個步驟是先決定產品各零件的製造方法及設計的規範。同樣的零件可以有不同的製造方式，例如鍛造、鑄造，手工或機制，因生產者的設備、工人的技術等的差異，可能會有不同的選擇。產品最終的驗收究竟以什麼為準繩，例如以 ASME code 或其他設計的規範，都必須在進行產品設計之前決定，作為隨後設計的依據。

決定初始幾何外形　另一項也是產品設計之初即需進行的工作就是決定初始幾何外形。先決定初始幾何外形，也是為了使隨後的設計進行有個空間的依據，因為現代的設計大多是團隊合作的成果，必須先就設計空間有個規範，以免各成員天馬行空，導致最後無法組合。

設計分析　完成產品的細部設計為此步驟中主要的工作，在決定機械元件之尺寸時，必須依據設計條件，藉相關的工程理論做與實務相關的計算，並配合其

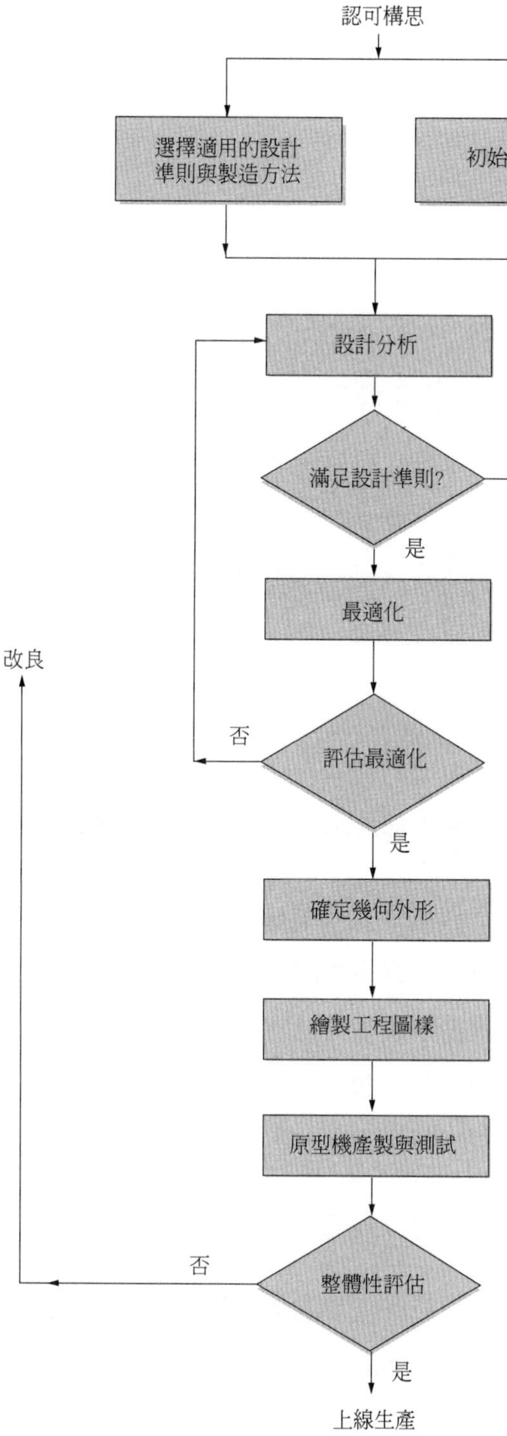

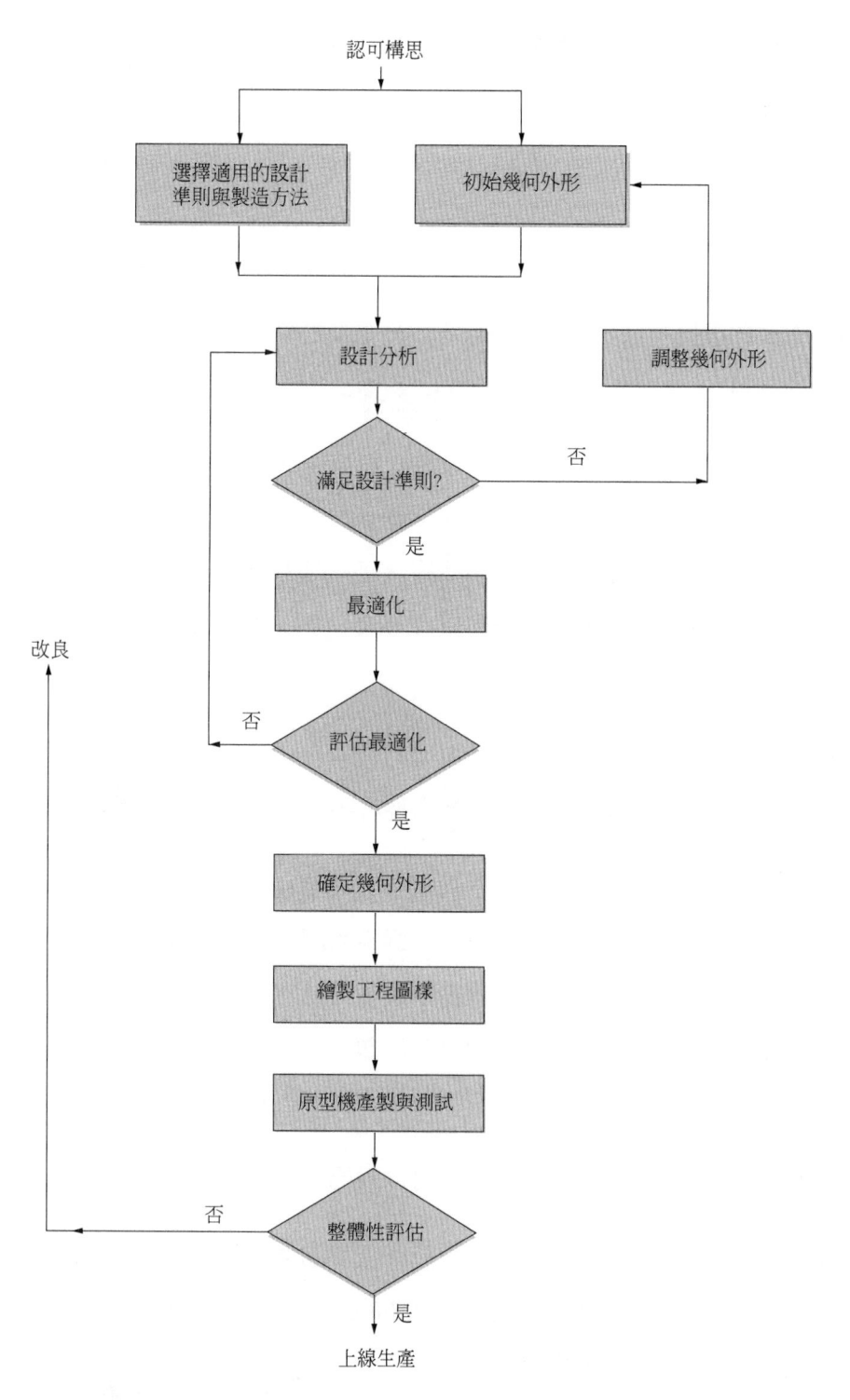

圖 1-3 機械設計的第三階段

他約束條件做最後的決定。過程中會涉及下列各項計算：

(1) 與機械功能有關的計算
(2) 負荷分析
(3) 強度的計算
(4) 運轉壽命的計算
(5) 潤滑方式的選擇
(6) 重量的計算

在此步驟中完成的設計若不能滿足設計規範，則需視情況回到先前經歷的階段或步驟作修訂。由此可看出設計的進行會形成迴圈，直到產出的結果能滿足設計規範為止。到這個步驟完成時，產品的幾何外形大致已經確定。應該已經完成了機械外形、主要尺寸、主要部分的組合方式、主要機件的製造方式與參考圖的繪製等工作。

最適化　接下來應該做的是設計方案的最適化，將整個設計方案的內涵，針對功能性、安全性、成本、可靠性及技術性等各方面，以最適化的技巧，從事設計方案的最適化。

評估最適化　將前面所得的結果，依選定的評估條件，從功能性、安全性、成本、可靠性、市場性及技術性等觀點來評估設計方案，並可依其重要性分別給予不同的權數，以評定設計方案是否符合最適化的要求。如果評估的結果是否定的，則回到前面的設計分析重新檢討；若是肯定的，則進入下一個步驟。

評估最適化　設計程序進行至此，可以說已經完成了初步的設計了。

繪製工程圖樣　完成初步設計後，設計流程即進入細部設計——繪製工程圖樣。將進行繪製生產所設計之產品時所需要的設計總圖、各種零件圖、機件組合圖以及零件表、材料表的製作等工作。

至於繪製的工程圖樣應包含下列各種圖：

(1) **設計總圖** 顯示機械造型，並標示機械的主要尺寸，作為細部設計的依據。

(2) **零件製造圖** 以設計總圖為本，依製造功能分類，將每一元件，如傳動軸、齒輪等繪製成單張的製造圖，或將若干同類元件，如鑄件、鍛造機件等彙集於一張分件圖中。

(3) **部分組合圖** 由製造圖再繪製部分組合圖與設計總圖作為裝配與安裝之依據。圖中應將每一元件的配置與相互關係明確地表示出來。總圖上應標註重要尺寸，如總長、寬、高及對外接裝尺寸，如基礎螺栓位置、軸心高度 (與基礎面間的距離等)。

(4) **分件表** 將組成整部機械的全部機件列出，列表時宜有系統地依序列出。分件表中應含圖面編號、分件號、組件名稱、件數、材料、相關標號等。完成之工程圖與分件表必須經過周密且嚴格的校核，以免除事後更正的麻煩。校核時最好以不同的觀點進行，如製造的加工尺寸，符號是否齊全，選用的配合是否適宜，製造公差是否恰當，機件裝配時是否會發生困難等。

目前已經有不少參數化設計軟體問市，可以在螢幕上即時進行 3D 實體模型的繪製、組裝測試，有助於在產品正式生產前發現缺失或圖樣的失誤，而事先加以修正，且能同步修正相關的尺寸。

原型機製作與測試 儘管數學模型的分析能夠提供對最終成品性能的初步瞭解，然而它畢竟不是真正的產品，而且建立數學模型時通常都會有簡化的假設條件，並不能完全取代真實產品的測試，因此在產品正式生產前必須建立原型機加以測試，並記錄其測試數據，作為最後整體評估的依據。

整體性評估 在上線生產之前就原型機的測試結果做整體性的評估是必要的步驟，原型機的製作測試固然很耗費成本，但卻能獲得產品的實際可靠度與性能的數據，這些測試數據的整體性評估極為重要，若整體評估不佳或已經失去商機，有時甚至必須放棄整個計畫。若經整體評估認為具有上市的價值，則可以進入最後安排生產線，上線生產。

改良　設計的產品經最後整體性評估，若仍無法滿足某些條件或發現有些缺陷，則將回到先前經歷的相關階段或步驟，重新檢討研究新的處理方式，也就是需要重新進入迴圈，直到能通過最後的評估為止。

與設計之產品相關的**規範** (code)、**標準** (standard)、**型錄** (catalog)、**規格** (specification) 等，都是設計程序中很重要的參考資料。除了一些明顯的約束條件 (例如，成本、重量等等) 之外，設計者過去的經驗、工廠的設備、技工的技術水準等都是會影響最終設計的隱性約束條件。

1.3　機械設計應考慮的因素

大多數的工程設計都會涉及許多相關的因素，如何瞭解這些因素，並折衷於其間以獲得最佳的方案，對工程師而言是一項考驗。從事機械設計時應考慮的因素可歸類如下：

1. 傳統的考慮因素

(1) 材料 (materials)

(2) 幾何形狀 (geometry)

(3) 運轉條件 (operation conditions)

(4) 成本 (cost)

(5) 可取得性 (availability)

(6) 生產性 (productivity)

(7) 元件壽命 (components life)

2. 對元件本體的因素

(1) 強度 (strength)

(2) 剛度 (stiffness)

(3) 穩定度 (stability)

(4) 外形與重量 (shape and weight)

3. 對元件表面 (surface of component) 的因素

(1) 磨耗 (wear)

(2) 潤滑 (lubrication)

(3) 腐蝕 (corrosion)

(4) 摩擦力 (friction force)

(5) 摩擦熱 (frictional heat generated)

4. 現代的考慮因素

(1) 安全與可靠度

(2) 維修性：由於科技的進步神速，為保持機械的性能能跟得上時代，且易於維修，設計時宜注意功能的模組化，及可替換性，此種設計方式常常可以延長機械的生命週期。

(3) 生態學與美學：鑑於污染問題日益嚴重，新的設計使用的材料，應注意其可能產生的污染，與可回收性，以減少資源的無謂耗損。

(4) 運轉與維修的經濟性。

5. 法律及社會因素

(1) 環保 (如空氣污染、水污染、噪音)

(2) 資源利用及再利用 (回收)

(3) 社會及法律訂定之基本要求

在這些因素中有許多必須應用到基本的工程知識，經由計算來做成決策，也有許多是規範的規定；但是有一些則純粹依感官作決定，也就是設計中所面臨的各種狀況，並非都能以計算的結果做為決策的依據。

1.4 安全

構成機器之材料的強度 (strength)，及機器於使用時實際承擔的負荷強度 (intensity) 與分佈，製程、機件的處理，對局部或鄰近部位材料性質的影響，都存在著無法避免的不確定性，沒有任何工程師能夠提供絕對不會失效的設計，也就是機器的設計者無法設計出可靠度百分之百的機器，使得機器於運轉時，難免存在失效的可能。因此，毫無疑問的，安全性應是設計時最重視的原則。法律上，機器的設計者必須提供具有合理安全性的產品，考慮該項產品預期的使用情況，並防範可預見的誤用方式，以避免因此導致的危險。

設計工程師於設計時，必須思考如何減少因個別元件失效，所造成的影響。其目的是避免因為單一元件的失效，而釀成大災難。為了達成此一目標，通常採取的設計概念有二，其一稱為失效仍安全的設計 (fail safe design)，其二為保全生命的設計 (safe life design)。

失效仍安全的設計，其概念是提供結構額外的負荷路徑，即當結構中的主要元件發生失效的狀況時，負荷可重新分佈於其他元件上；或設置備用件，能於緊急情況下及時承擔負荷，直至查明失效的元件，並更換完成。

保全生命的設計是經由審慎地選用夠大的安全因數，並建立安全檢視週期，以保證應力的範圍、可能之裂紋大小的水準，並控制構成材料的疲勞強度，提供這些裂紋緩慢的成長速率，使得這些成長中的裂紋，能在成長至產生毀損之臨界尺寸前檢測出來。

這兩種設計概念都有賴於機件的可檢測性，即賦予機件在完全安裝妥善後，於使用中仍可檢視機件之臨界點的可能性。如果機器能設計成可及時偵測得機件緊急失效的狀況，則機器的安全性將可大幅度地提昇。

產品責任的嚴格責任 (strict liability) 觀念的日趨普及與受到重視，使得物品的製造商對產品的安全性，必須承受更大的責任。這項觀念要求物品的製造商，對因其產品的缺陷所導致之任何毀損或傷害，承擔全責，不論該製造商是否原先已經知道該項缺陷的存在。即使是於十年前製造的物品，且以當年的應用科技而言，無法查知該項產品具有缺陷。依據嚴格的責任觀念，即使在十年後，該項產品於使用時造成了某些毀損或傷害，使用者只需證明這些毀損或傷害，乃該項物品具有的缺陷所導致，則依據此項觀念，可不須證明製造商的疏忽，製造商對該項產品仍須負責。就是此一觀念的法律效力，使得許多廠商願意召回已經售出的產品，免費為使用者更換有問題的組件。

1.5 可靠度

先前已經提到，設計的任務在提供符合功能的、安全的、可靠的、具有競爭力的、好用的、可製造的、且具有市場性的產品。然而設計者所面對的是設計時所使用的負荷估計值，材料強度值都具有變異性，且製造過程及使用狀況也不是可以完全控制，而能維持一成不變。因此，對大部分的機件而言，一些設計基本參數的變異、製造及使用的機率狀況都難以避免，於是產生了**可靠度** (reliability) 的問題。機件的可靠度指的是機器元件在指定條件，及指定壽命的條件下，能夠完全呈現其預期功能的機率統計量度。因此可靠度 R 將是 $0 \leq R < 1$ 間的某個值。若某機件有 95% 的機會，可以在指定的條件下，正確地執行其功能而不發生失效的情況，則稱該機件的可靠度 $R = 0.95$。

由於傳統的安全因數設計方式無法提供達成可靠度目標的保證，因而產生了所謂的可靠度設計方式。使用可靠度設計方式時，設計者的任務是就材料、製程與幾何形狀等可變參數做明智的選擇，以達成可靠度的目標。

可靠度評估的各項分析，是就描述狀況的各種參數 (parameters) 提出各種不確定性或評估值。例如，應力、強度、負荷或尺寸之類的隨機變數 (stochastic variables)，均藉其平均值、標準差或分佈描述之。生產軸承的鋼珠時，若依產生某直徑分佈的製程生產，則選擇單一個鋼珠時，其尺寸將具不確定性。若需要考慮其重量或滾動的二次面積矩，則尺寸的不確定性將傳遞有關重量或慣性的知識。依據描述尺寸與密度的方式，有數種估算描述重量及慣性之統計參數的方法。它們各有不同的名稱，誤差傳播 (propagation of error)，不確定性傳播 (propagation of uncertainty)，或離差傳播 (propagation of dispersion)。當涉及失效的機率時，這些方法是分析或合成工作的整合部分。

隨機設計因數法與以隨機法設計，或稱為可靠度設計法，就機械設計的領域而言，屬於相當新穎的方式。利用這種方法，設計者可以朝向指定的可靠度目標進行。

考慮可靠度目標的機會乃是建立在統計處理的基礎上，所依據的概念超乎其他傳統設計方法。例如，如果無法確定牽引機的場地傳動負荷，則在現場艤裝聯車鉤，以隨機法研究取得資訊，將較以確定法解釋 (deterministic interpretation) 有更佳的瞭解。統計容許變異量的量化與解釋。在長程的規律性下，自然界也充滿了個別的可變性。穩定性不只是數值的唯一性，也含變化的模式，混和了系統的隨機效應，而統計的分析技巧則能夠將這些分離出來。

由於可靠度設計法乃是基於統計的處理方式，需有大量的數值資料做為統計分析的基礎，導致可靠度設計法所耗費的成本也高於傳統的設計法。因此，除非是機件失效將造成災禍，或大量生產的機件，一般不會採取可靠度設計方法。

機械設計的本質具有**創新**、**系統化**與**多樣解**的性質，且隨著各項科技的日新月異，機械工程學受到材料、電子、計算機、光學等科學的影響日深。因此，往後的機械產品勢必朝著自動化、單元化、系統化、彈性化與人工智能化的方向前進，而機電整合的設計也將是機械設計難以避免的趨勢。

1.6 有效數字與優先數字

工程計算的結果，出現實數值的機會遠大於整數值，而實數的精確度與描述該實數的有效位數有關。雖然作為計算工具的計算器可以顯示許多位數，但對一般的工程計算精度而言，通常只要求有四位有效數字。

判讀有效數字的規則如下：

1. 所有非零的數字皆為有效位數。例如：135.6 kg 含四位有效數字，表示 0.1 kg 的 1 356 倍。

2. 介於非零數字間之零皆為有意義。例如：706.04 km 有五位有效數字，表示 0.01 km 的 70 604 倍。

3. 小數點之後所有的零皆都屬有效數字。例如：27.40 s 有四位有效數字，表示 0.01 s 的 2 740 倍。

4. 量測值為整數時，非零數字右方未作記號的零不屬有效數字。例如：1 700 m

的有效數字為 2。

5. 量測值小於 1 時，非零數字左方所有的零都不屬有效位數。例如：0.00375 m 含三位有效數字。

6. 大於 1 的數字，其非零數字右方的零若上方加一短線，則此零數屬有效位數。例如：$14\bar{0},000$ m 的有效位數為 3。

7. 以科學符號 (in scientific notation) 表示時，其十進位部分表示有效位數。例如：$60\bar{0},000$ kg 的有效位數為 3，應寫成 $6.00 \times (10^5)$ kg。

在工程計算過程中，計算結果的有效位數不需大於計算時涉入之各數字中的最小有效位數，例如計算半徑 150 mm 之圓球的體積時，因為半徑值有效位數為 2，因此圓周率 $\pi = 3.14159$ 取 3.1，於是

$$V = \frac{4}{3}\pi r^3 = \frac{4}{3}(3.1)(0.15)^3 = 1.4(10^{-2})\ \mathrm{m}^3$$

而不是由計算器顯示的 0.014137166 m^3。在取圓周率 $\pi = 3.14159$ 為 3.1 的作法稱為取約值，取約值必須依下列的規定進行：

當緊跟有效位數之後的數字 (尾數) ≤ 4 時則捨去該數，尾數 ≥ 6 時則入；若尾數等於 5 而後面的數都為 0 時，5 前面一位的數字為偶數時則捨去，若為奇數時則入；尾數等於 5 而後面還有不為 0 的任何數字，無論 5 前面是奇數或是偶數都入。例如，若以 $\pi = 3.14159$ 取二位有效數字，則其尾數為 4，依尾數 ≤ 4 時捨去的規定取 3.10；若取四位有效數字，則尾數為 5，依規定尾數等於 5 而後面還有不為 0 的任何數字時，無論 5 的前面是奇數或是偶數都入，所以，應取其值為 3.1416。

由於機械元件的尺寸都是在生產設計階段，經由計算得之，且如先前所述，計算可能得到任意的數字，但為了成本及庫存的考量，卻不能產製任意尺寸的機件，因而有**優先數字** (preferred number) 的訂定。元件尺寸應依據計算所得，選取合適的優先數字。

優先數字是國際標準化 (ISO 3) 的幾何級數，並以 Renard 或 RN 級數稱呼

之，其中 N 為數字，常用的優先數字有下列四級：

R05 級：級距因數 $f_5 = \sqrt[5]{10} \approx 1.60$

R10 級：級距因數 $f_{10} = \sqrt[10]{10} \approx 1.25$

R20 級：級距因數 $f_{20} = \sqrt[20]{10} \approx 1.12$

R40 級：級距因數 $f_{40} = \sqrt[40]{10} \approx 1.06$

將以上各級的前面幾項如表 1-1 所示，可見其項數逐級倍增。這些優先數字有些在實用上並不合適，如表 1-1 中的 R20，因而有修整的優先數字 RN 級。使用優先數字的優點有：

1. 當數值大時，各級的數間距也增大。

2. 需要較大的數值時，可將各級優先數字乘以 10 或 100，若需要較小的數值也可以用 0.1 或 0.01 乘各級優先數字取得。

商用的優先數字則是由前述的優先數字加以修整，實用的商用優先數字如表 1-2 所列。

1.7 成本

在設計程序中，成本是一項重要的約束條件 (constraints)，較低的成本通常是設計程序中必須達成的主要目標之一。一般而言，為了降低成本經常採行下列幾項原則：

1. 採用優先尺寸且容易取得的標準元件　選用標準尺寸的元件可獲得標準且合理的設計，並且得到製造上的經濟效益。由於標準元件是量產，其成本遠較訂製者低；採用優先尺寸也可以降低庫存的成本。然而，型錄中雖然列有許多尺寸，但並非每種尺寸都很容易取得，若採用罕用的尺寸，即意味著必須準備安全庫存量，或甘冒製程延誤的風險。

表 1-1 優先數字及修整值範圍

主要值				修整值
基本值				選用值
R5	**R10**	**R20**	**R40**	**R20**
1.00	1.00	1.00	1.00 1.06	1
		1.12	1.12 1.18	1.1
	1.25	1.25	1.25 1.32	1.25(0.12)(1.2)(12)
		1.40	1.40 1.50	1.4
1.60	1.60	1.60	1.60 1.70	1.6
		1.80	1.80 1.90	1.8
	2.00	2.00	2.00 2.12	2
		2.24	2.24 2.36	2.2
2.50	2.50	2.50	2.50 2.65	2.5
		2.80	2.80 3.00	2.8
	3.15	3.15	3.15 3.35	3.2(0.3)(3)
		3.55	3.55 3.75	3.6

表 1-1 優先數字及修整值範圍 (續)

主要值				修整值
基本值				選用值
R5	**R10**	**R20**	**R40**	**R20**
4.00	4.00	4.00	4.00 4.25	4
		4.50	4.50 4.75	4.5
	5.00	5.00	5.00 5.30	5
		5.60	5.60 6.00	55.6(5.5)
6.30	6.30	6.30	6.30 6.70	6.3(0.6)(6)(6.5)
		7.10	7.10 7.50	7.1(7)(70)
	8.00	8.00	8.00 8.50	8
		9.00	9.00 9.50	9
10.00	10.00	10.00	10.00	10

2. 使用較鬆的公差 公差的鬆緊對最終產品的成本與生產力有很大的影響。較緊的公差，需要使用精密等級較高的製造機器、量測設備及技術水準較高的工人，且容易造成較多的不良品，致使製造成本大增。在容許的情況下，採取較鬆的公差可以降低各項成本並提高生產力。

3. 採用合適的製作方式 如果一項產品的製造方式可以有兩種以上的選擇，則就成本著眼來選擇製作方式時，必須考慮損益平衡點 (breakpoint)，就是兩種製造方式視某一組條件，如生產量、裝配線速率等條件來比較製造成本，兩製造方式之製造成本相同的對應點。例如，採用自動化設備製造機件需要一筆設備購置成本，但單位時間的產量較高、品質較穩定；如果以人工製造相同機件可

表 1-2 商用優先數字表

0.1	1	10	100			26	260				490
			105				270	**0.5**	**5**	**50**	**500**
	1.1	**11**	**110**		**2.8**	**28**	280			52	520
			115				290			53	530
0.12	**1.2**	12	120	**0.3**	3	30	300		**5.5**	55	550
			125				310			**56**	**560**
		13	130				315			58	580
			135		**3.2**	**32**	**320**	0.6	6	60	600
	1.4	**14**	**140**				325			62	
			145			34	340			63	**630**
	1.5	15	150		3.5	35	350			65	650
			155				355			67	670
0.16	1.6	16	160			36	360			68	
			165				370		7	70	700
		17	170				375			71	710
			175			38	380			72	
	1.8	**18**	**180**				390			75	750
			185	**0.4**	**4**	**40**	400			78	
		19	190				410	**0.8**	**8**	**80**	**800**
			195			42	420			82	
0.2	2	20	200				430			85	850
	2.2	21	210			44	440			88	
		22	220		**4.5**	**45**	**450**		9	**90**	**900**
		23	230			46	460			92	
		24	240				470			95	950
0.25	**2.5**	**25**	250			48	480			98	

註：黑體字尺寸可優先使用之，尺寸在 1000 mm 以上者，可見表 A-1-1 內之標準數值。

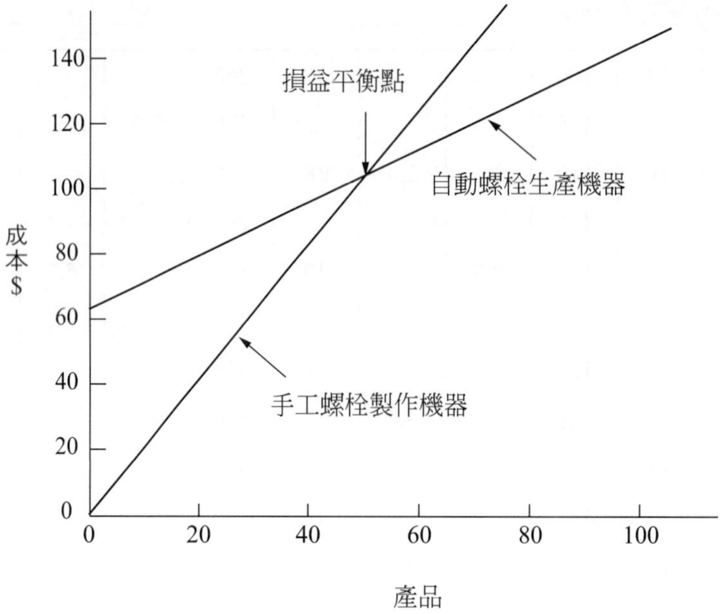

圖 1-4 螺栓製作的損益平衡點

行，則不必有設備的購置費用，但單位時間的產量較低，品質也較不穩定。在某一產量時，兩種製造方式的總成本會相同。若低於該產量，則手工製作因不必負擔購置設備的原始成本，而使成本較低。若高於該產量，則自動化設備單位時間高產量的優勢，足以抵銷購置設備的原始成本，而得到較低的成本，如圖 1-4 所示。

所以，如果產量高於損益平衡量時，宜採用自動化生產方式。

1.8 標準與規範

標準 (standard) 是為了使生產的元件達到統一性、效率及規定的品質，而對各種元件、材料及製程所訂定的一套規範。引用標準與否並不具有強制性。標準的制定使得許多泛用的元件及工具能有一致的尺寸及外形，不但具有互換性，而且可以經由量產而降低製造成本。標準常冠以國家名稱，如德國工業標準 (DIN)、日本工業標準 (JIS)、不列顛標準 (BS)、中華民國國家標準 (CNS) 等。

規範 (code) 是針對某元件或裝置的分析設計、製造及構成制定，是必須遵照處理的準則。為了使元件或裝置達到指定的安全性、效率、性能或品質而制定規範，規範具有相當程度的強制性，未符合其規定的產品或元件即不容許使用。規範常由一些學會、研究機構或國際組織等制定，與機械工程較相關者如下：

1. 美國機械工程師學會 (ASME)
2. 美國國家標準研究機構 (ANSI)
3. 美國齒輪製造者協會 (AGMA)
4. 美國鋼鐵研究機構 (AISI)
5. 美國鋼結構協會 (AISC)
6. 美國材料測試學會 (ASTM)
7. 抗磨耗軸承製造者協會 (AFBMA)
8. 國際標準組織 (ISO)
9. 美國汽車工程師學會 (SAE)

1.9　計算機輔助設計

由於個人電腦 PC (personal computer) 功能的大幅提昇與普及，及計算機輔助設計 (computer aided Design) 軟體功能已經非常完備，價格卻因競爭與普及而滑落，使得藉計算機以輔助機械設計程序的進行，逐漸蔚為風潮。採用計算機輔助設計與傳統的設計方式，有兩項甚為不同之處：

1. 經由與計算機作線上的互動，設計者可以藉計算機的超速計算能力與顯示器的圖形顯示，迅速且低廉地執行設計的各項例行工作，例如利用 Pro/E、SolidWorks、SolidEdge 等所謂的參數化實體模型設計軟體，可以建立設計物的實體模型，軟體還能迅速地依據實體模型產生各種視圖。而且一旦模型有所更改，相關的圖形即會自行配合模型的更改，做正確的連動更動，避免人為更動可能產生的疏漏。

2. 配合如 ANSYS、NASTRAN、COSMOS 等有限元素分析軟體的使用，設計者可以經由計算機模擬的方式，發現臨界應力實際發生的位置，分析所設計的機件在承受負荷時可能產生的應力，並以圖形的方式顯示，設計者不需要等到完成原型機測試後，才能知道結果，並且可立即依據模擬的結果作適切的修改，反覆地修正，直到達成預計的目標。

因此，採用計算機輔助設計有下列的優點：

(1) 可縮短產品設計的時間，節省出的時間可以用來從事其他的設計方案，因而大幅提昇生產力。

(2) 由於現代計算機具超強的計算能力，許多分析模擬的工作因此能迅速獲得結果，從而改良原設計案的缺陷，使得產品的品質獲得改善。

(3) 藉助計算機模擬，可以減少原型機測試項目，而降低測試成本。

(4) 經由計算機輔助設計與製造，設計與製造兩階段間可以有較佳的聯繫，而能產生較佳的設計與製造方法。

1.10 單位

在工程計算中，常需要比較量的大小，因此需要各種單位來衡量量的大小。工程中的量，常使用的量度單位有兩種系統，一為 ISO 制定的 SI 系統，另一種則為美、加慣用的美制系統。因國際間統一使用 SI 系統已成未來的趨勢，本書使用 SI 系統，但設計中難免用到使用美制系統的資料，因此必須對兩種單位系統都有基本的認識，才能在兩單位系統間互相轉換。

工程中使用的單位還分成**基本單位** (base units)，及**導出單位** (derived unit)。若以符號將牛頓第二定律的方程式表示

$$F = MLT^{-2} \tag{1-1}$$

式中 F 代表力，M 代表質量，L 為長度，而 T 為時間。先就這些量中任意選出三個量訂定單位，所選出三個量的單位稱為基本單位，第四個量所使用的單位即稱

為導出單位。若選擇力，長度及時間為基本單位，則質量的單位為導出單位，所得的單位系統稱為單位的**重力系統** (gravitational system of units)。若選擇質量，長度及時間為基本單位時，力的單位即為導出單位，所得的單位系統稱為單位的絕對系統 (absolute system of units)。

ISO 單位系統為絕對系統。其基本單位於長度為 meter (m)，於質量為 kilogram (kg)，於時間 second (s)。力的單位依據牛頓的第二定律導出，並以 newton 名之，以便與質量單位的仟克 (kilogram) 有所區別。構成 newton 的單位為

$$F = \frac{ML}{T^2} = \frac{(\text{仟克})(\text{米})}{(\text{秒})^2} = \text{kg} \bullet \text{m/s}^2 = \text{N} \tag{1-2}$$

物件的重量為重力場作用於該物件上的力。若以 W 標示重量，以 g 標示重力加速度，則

$$W = mg \tag{1-3}$$

使用 SI 單位時，標準重力加速度為 9.806 或約為 9.81 m/s^2。所以，1 kg 質量的重量為

$$W = (1\ \text{kg})(9.81\ \text{m/s}^2) = 9.81\ \text{N}$$

表 1-3 中列出 SI 系統中的七個基本單位及其標示符號。這些都是因次獨立 (dimensionally independent) 的單位。除非是它們源自正確的名稱，則其符號的第一個字母以大寫表示，否則均以小寫字母作為符號。應注意的是，質量的單位使用了字首；這是基本單位中唯一使用字首者。

表 1-3 中顯示 SI 系統中溫度的單位為 Kelvin。攝氏刻度 (有一陣子稱為百度計) 並非是 SI 單位的一部分，1 度與克氏刻度的 1 度相等。

第二級的 SI 單位中含導出單位，其中有許多具有特定的名稱。表 1-4 列出了在本書中最常用的單位。

弳度 (符號為 rad) 是 SI 單位系統中平面角的輔助單位。

SI 單位中已經建立好一系列用於代表倍數或分數之名稱或符號，作為 10 的

表 1-3 SI 系統的基本單位

物理量	名稱	符號
長度	meter	m
質量	kilogram	kg
時間	second	s
電流	ampere	A
熱力溫度	kelvin	K
物質總量	mole	mol
光度	candela	cd

指數的另一種表示方式，可參考使用這些字首與符號見附錄 4。

使用 SI 單位的法則

SI 單位的使用已經由國際重量與量度局 (BIPM)、SI 單位國際標準化機構，確立了一些法則與建議。這些法則的訂立，乃是為了消除不同國家之間，在科學與技術實務上產生的差異。

字首的使用

倍數與分數的字首僅推薦以 1000 分級者 (表 E-1)。這表示長度能以 mm、m 或 km 表示，除非另有理由，否則不以 cm 表示。

當 SI 單位有冪次時，字首也應具相同的冪次。這表示 km^2 定義為

$$1\ km^2 = (1000)^2 = (1000)^2\ m^2 = 10^6\ m^2$$

同樣地，mm^2 定義為

$$1\ mm^2 = (0.001\ m)^2 = (0.001)^2\ m^2 = 10^{-6}\ m^2$$

雖然當字首有冪次時，並不方便，但容許使用罕用的字首，如 cm^2 或 dm^3。除 kg 為基本單位外，導出單位的分母不宜使用字首。所以，可以接受每平

表 1-4 SI 導出單位的範例

物理量	單位	SI 符號	公式
加速度	每平方秒米		$m \cdot s^{-2}$
角加速度	每平方秒弳		$rad \cdot s^{-2}$
角速度	每秒弳		$rad \cdot s^{-1}$
面積	平方米		m^2
圓周頻率	每秒弳	ω	$rad \cdot s^{-1}$
密度	每立方米仟克		$kg \cdot m^{-3}$
能量	焦耳	J	$N \cdot m$
力	牛頓	N	$kg \cdot m \cdot s^{-2}$
力偶	牛頓-米		$N \cdot m$
頻率	赫茲	Hz	$J \cdot s^{-1}$
功率	瓦特	W	s^{-1}
壓力	巴斯卡	Pa	$N \cdot m^{-2}$
熱量	焦耳	J	$N \cdot m$
速率	每秒轉		s^{-1}
扭矩	牛頓・米		$N \cdot m$
速度	每秒米		$N \cdot m$
體積	立方米		m^3
功	焦耳	J	$N \cdot m$

註：本書很少使用負指數表示：例如，圓周頻率以 rad/s 表示。

方米百萬牛頓，MN/m^2，但每平方毫米牛頓則不應使用。不使用雙重字首。因此，mmm 應以 μm 表示。

優先單位

為了方便，且是良好的實務作法，應選擇使小數點左方的數字串不超過 4 位的字首，並可視為一項通則。依據這項通則，將會發現用於應力的 MPa；用於空壓或液壓的 kPa；用於力的 kN；及用於面積慣性矩的 cm^4 等都屬於優先單位，做工程計算時，宜盡可能以優先單位表示所得的量。

1.11 優秀設計工程師的條件

從前面的敘述可以瞭解到現代的機械設計是一項需要許多專業知識、涵蓋範圍廣泛的工作，通常需要團隊合作才足以勝任。而設計者本身的創新秉賦，分析及溝通的能力，解題的技巧，與技術方面的知識，都將對整個設計團隊產生重要的影響。因此，想成為一位優秀的設計工程師，應該從各方面提昇本身的能力，使自己具有下列各項條件：

1. 淵博的學識　從事設計工作需從各種層面來考量問題，因此，在科學、工程學、經濟學、美學甚至法律等領域，應具備相當的知識。

2. 多方面的能力，如

(1) 綜合歸納、推理分析與決策

(2) 規劃與執行任務

(3) 熟悉並能運用各種相關資訊如規範、標準及各種文獻

(4) 溝通的技巧：包含語言、文字及製圖

(5) 使用電腦

(6) 團隊合作的精神及訓練

3. 充分的工廠實務經驗

4. 具有追求新知的精神，能不斷地吸收新知識、新科技。

5. 耐勞、耐煩、好奇。

本書的內容只能用來提昇您在機械設計方面一小部分的能力，想要成為優秀的設計工程師仍需從相關的各方面提升本身的修為，始克有成。

範例 1-1

若圖 EX1-1 中的兩平行力 F 相距 600 mm，形成力偶，且 F = 5.0 kN。若圓桿之鋼材的容許剪應力 τ_a = 160 MPa，試求合適的市售圓鋼的直徑。

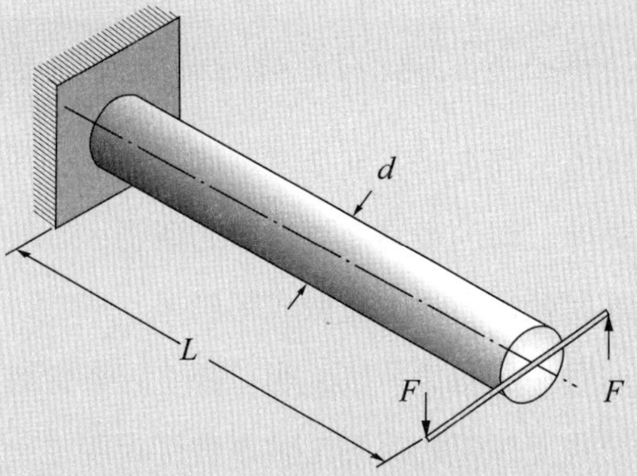

圖 EX1-1

解：因兩平行 F 力相距 0.60 m，形成之力偶矩 T 值為

$$T = Fd = (5.0)(0.6) = 3.0 \text{ kN} \bullet \text{m}$$

圓桿承受扭矩時的最大剪應力

$$\tau_{\max} = \frac{32T}{\pi d^3}$$

可知

$$d = \left(\frac{32T}{\pi \tau_{\max}}\right)^{\frac{1}{3}}$$

由於圓桿中必須 $\tau_{\max} \le \tau_a$，因此

$$d = \left[\frac{32(3.0)(10^3)}{\pi(160)(10^6)}\right]^{\frac{1}{3}} = 0.058 \text{ m} = 58 \text{ mm}$$

涉入計算中的兩個量，其最小的有效位數為 2，取 d = 58 mm，然後，從鋼材規格表* 中可查得市售的圓鋼棒僅有直徑 55 mm，及 d = 60 mm 的產品即為本例的適合尺寸。

*鋼材規格表可向代理商索取型錄，或上網搜尋取得。

在學習機械設計這門課程時，學生們應學習由市面上的材料經銷商，或網路上搜尋取得相關的型錄或資訊的能力，以便隨時應用。

習題

1. 需求認知與問題陳述之間有何區別？試舉例說明之。

2. 由於現代的機械設計工作，多屬團隊合作的型態，試收集有關應用於團隊合作之設計法的定義與執行方法，並做成報告。

3. 設計常有答案並非唯一的特性，試說明有哪些因素會造成此一特性。

4. 為何機械設計會形成反覆性的迴圈？試舉實例說明之。

5. 試就本身所知，提出一些在設計過程的評估步驟中應該考慮的事項，並說明其原因。

6. 試舉出在機械設計的過程中會形成拘束條件的實例，並加以說明。

7. 試舉出一些設計中的隱性拘束條件。

8. 試比較電腦與人腦的優點，說明這些優點如何應用於機械設計工作。

9. 試區別規範與標準之間的差異。

10. 試判讀下列數字的有效位數。

(a) 3 146 m　(b) 1 780 kg　(c) 7 050 s　(d) $8\,5\bar{0}0$ m

(e) $1\,20\bar{0}$ kg　(f) 1 230 000 s　(g) 0.037 4 kg　(h) 0.408 300 m

11. 某鐵球的直徑為 75 mm，試求該球的重量。

12. 若圖 EX1-1 中形成力偶的兩平行力 F 相距 520 mm，且 F = 5.0 kN。若圓桿之鋼材的容許剪應力 τ_a = 212 MPa，試求合適的市售圓鋼的直徑。

Chapter 2

失效準則

2.1 安全因數的定義

產品的安全性與成本是進行機械設計時最優先的兩項考量因素，而機件實際承受之應力與機件材質之強度間的關係是否恰當，則影響機械的安全性和經濟性甚巨。強度 (strength) 是材料的性質，其值視選用的材料、處理材料的製程與機件所承受之負荷的性質而定，不受承受負荷之大小影響，通常以符號 S 代表，設計時依負荷類型與所選用材料的性質，它可以是**降伏強度** (yield strength)、**抗拉強度** (tensile strength) 或**疲勞強度** (fatigue strength)；**應力** (stress) 則是機件承受負荷時，單位剖面面積上所承受的負荷，通常以 σ 代表**法向應力** (normal stress)，而以 τ 代表**剪應力** (shear stress)，其值隨著機件所承受負荷值的變動而變化。

安全因數 (safety factor) 代表製造機件之材料的強度與該機件中之實際應力間的關係，通常使用於傳統的機械設計方式，其定義如下：

1. 當負荷與應力間的關係呈現線性時

$$SF = \frac{S_{yp}}{\sigma_{\max}} \tag{2-1}$$

2. 當負荷與應力間的關係呈現非線性時 (例如柱的設計)

$$SF = \frac{P_{cr}}{P_r} \tag{2-2}$$

式中的 SF = 安全因數，S_{yp} = 材料的降伏強度，$\sigma_{\max}$ = 機件中承受的最大應力，P_{cr} = 臨界負荷，而 P_r = 機件實際承受的負荷。

2.2 影響安全因數值的主要因素

機械設計需要有安全因數的理由，在於任何設計方案總是存在一些無法完全掌控的變數，這些變數將影響安全因數值的選擇，下列各項即是選擇安全因數值時必須加以考慮的變數：

1. 負荷估計值的準確度。
2. 材料強度值的可靠度。
3. 負荷的類型：靜負荷、疲勞負荷、衝擊負荷。
4. 機械元件的重要性。
5. 預期的使用壽命。
6. 使用環境。
7. 法規的限制，需要執照才能使用的裝置，如鍋爐、壓力容器。

如果對上列各項因素無法合理地掌握與認知，則即使選用了較大的安全因數，實際上對機械的安全程度並無意義，這種情況下，採用較大的安全因數只是徒增製造成本，不見得能保證比較安全。

2.3　三維應力的處理

前面已經提過機械設計中的安全因數與機件承受的應力值有關，機件中的主應力 (principal stress) 值尤具重要性。二維應力的主應力如何求得，材料力學中已有詳細的介紹不再重述，接下來幾節將著重於介紹三維應力的處理方式。

機件中任何點之應力值，常對應於所選用的參考座標系，當改變參考座標系的方向時，相關的應力值即發生變化，因此想瞭解應力的處理方式，必須瞭解座標系轉換後，原座標系與新座標系間的各項關係，本節就先討論座標系旋轉前後的座標間存在的關係。

如果將原座標系與旋轉後的新座標系，如圖 2-1，分別表示如下：

原座標系的座標以 x_1，x_2，x_3 表示；
對應於原座標軸的單位向量分別為 $\mathbf{e}_1$，$\mathbf{e}_2$，$\mathbf{e}_3$；
新座標系的座標以 x'_1，x'_2，x'_3 表示；
對應於新座標系的單位向量分別為 $\mathbf{e}'_1$，$\mathbf{e}'_2$，$\mathbf{e}'_3$；

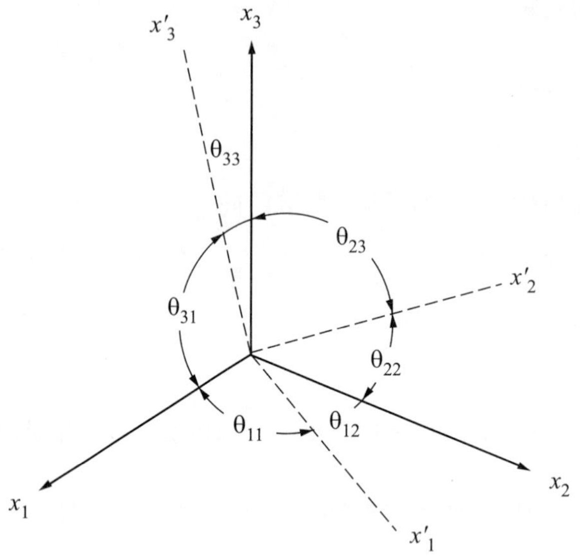

圖 2-1 座標系旋轉

空間中的某個向量 **r** 能以這兩個座標系分別表示成

$$\mathbf{r} = x_1\mathbf{e}_1 + x_2\mathbf{e}_2 + x_3\mathbf{e}_3 = x_i\mathbf{e}_i \tag{a}$$

或

$$\mathbf{r} = x'_1\mathbf{e}'_1 + x'_2\mathbf{e}'_2 + x'_3\mathbf{e}'_3 = x'_i\mathbf{e}'_i \tag{b}$$

由 (a)、(b) 兩式可以看出，等式右端的每一項都有具有相同的型式，可以寫成 $x_i\mathbf{e}_i$，兩個下標的值相同，稱為啞指標 (dummy index)，具有啞指標的項，表示需要對指標求總和，如 (a)、(b) 兩式所示。

若該向量在原座標系上的向量分量為已知，新座標系上的向量分量 x'_1，可依下式求得

$$\begin{aligned} x'_1 &= \mathbf{r}\cdot\mathbf{e}'_1 = (x_1\mathbf{e}_1 + x_2\mathbf{e}_2 + x_3\mathbf{e}_3)\cdot\mathbf{e}'_1 \\ &= x_1\mathbf{e}_1\cdot\mathbf{e}'_1 + x_2\mathbf{e}_2\cdot\mathbf{e}'_1 + x_3\mathbf{e}_1\cdot\mathbf{e}'_3 \end{aligned}$$

或改寫成

$$x'_1 = x_1c_{11} + x_2c_{21} + x_3c_{31}$$

式中 $c_{i1}=\mathbf{e}_i\bullet\mathbf{e}'_1=\cos(\mathbf{e}_i,\mathbf{e}'_1)$ 為新的 x'_1 軸與原座標系的三軸間的方向餘弦，$i=1$，2，3。同理可得

$$x'_2=x_1c_{12}+x_2c_{22}+x_3c_{32}$$
$$x'_3=x_1c_{13}+x_2c_{23}+x_3c_{33}$$

以上三式可合併簡寫成

$$x'_j=c_{ji}x_i \tag{2-3}$$

式中 $i=1$，2，3，$j=1$，2，3。因為

$$\mathbf{e}'_1=(\mathbf{e}'_1\bullet\mathbf{e}_1)\mathbf{e}_1+(\mathbf{e}'_1\bullet\mathbf{e}_2)\mathbf{e}_2+(\mathbf{e}'_1\bullet\mathbf{e}_3)\mathbf{e}_3 \tag{c}$$

可得

$$\mathbf{e}'_1=c_{11}\mathbf{e}_1+c_{12}\mathbf{e}_2+c_{13}\mathbf{e}_3$$

與 (2-3) 式相似，可由上式推得

$$\mathbf{e}'_j=c_{ji}\mathbf{e}_i \tag{2-4}$$

以相似的方式可得

$$\mathbf{e}_i=c_{ij}\mathbf{e}'_j \tag{2-5}$$

因為餘弦為偶函數，可知

$$\mathbf{e}_{ij}=c_{ji} \tag{2-6}$$

定義 kroneck delta δ_{ij} 為 $\delta_{ij}=\mathbf{e}_i\bullet\mathbf{e}_j=\mathbf{e}'_i\bullet\mathbf{e}'_j$，所以

$$\delta_{ij}=\begin{cases}1 & 若\ i=j\\ 0 & 若\ i\neq j\end{cases} \tag{2-7}$$

因此，由 (2-4) 式

$$\mathbf{e}'_i \;\; \mathbf{e}'_j = c_{ip}\mathbf{e}_p \;\; (c_{jq}\mathbf{e}_q) = c_{ip}c_{jq}(\mathbf{e}_p \;\; \mathbf{e}_q) = c_{ip}c_{jq}\delta_{pq} = c_{ip}c_{jp} = c_{iq}c_{jq}$$

又因

$$x_i = c_{ij}x'_j \quad 及 \quad x'_j = c_{ij}x_i$$

所以

$$c_{ij} = \frac{\partial x_i}{\partial x'_j} = \frac{\partial x'_j}{\partial x_i} \qquad \textbf{(2-8)}$$

2.4 應力轉換

座標系轉換後，新座標系上的各項應力與原座標系中的各項應力之間，存在一定的關係式，二維應力情況下的關係式，材料力學中已有詳細的交代，此處不再重複。本節中的課題是推導在三維的情況 (如圖 2-2) 下，座標系轉換後，新座標系中的應力與原座標系上之各項應力間的關係式。為了導出座標系旋轉後三維應力的應力轉換式，需藉助**應力向量** (stress traction vector)，若定義剖面 ΔA_n 上的應力向量 $\overset{n}{\mathbf{T}}$ 為

$$\overset{n}{\mathbf{T}} = \lim_{\Delta A_n \to 0} \frac{\boldsymbol{F}_n}{\Delta A_n} \qquad \textbf{(2-9)}$$

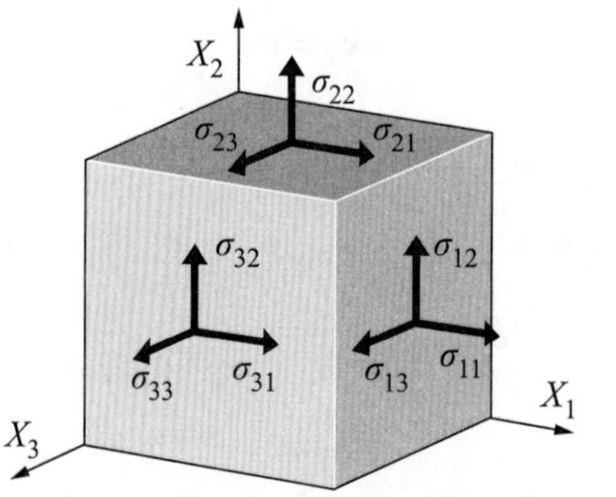

圖 2-2　應力元素

式中的 ΔA_n 為與單位向量 $\mathbf{e}_n$ 正交的剖面面積，$\boldsymbol{F}_n$ 為 ΔA_n 上的作用力。同樣地，ΔA_i 上的應力向量 $\overset{i}{\mathbf{T}}$ 為

$$\overset{i}{\mathbf{T}} = \lim_{\Delta A_i \to 0} \frac{\boldsymbol{F}_i}{\Delta A_i} \tag{2-10}$$

如圖 2-3 所示

$$\Delta ABC = \Delta A_n$$
$$\Delta OAB = \Delta A_1$$
$$\Delta OBC = \Delta A_2$$
$$\Delta OCA = \Delta A_3$$

式中的 ΔA_i 為與單位向量 $\mathbf{e}_i$ 正交的剖面面積，$\boldsymbol{F}_n$ 為作用於 ΔA_n 上的力。由於

$$\mathbf{e}_n = c_{n1}\mathbf{e}_1 + c_{n2}\mathbf{e}_2 + c_{n3}\mathbf{e}_3$$

及

$$\Delta A_i = c_{ni} \Delta A_n$$

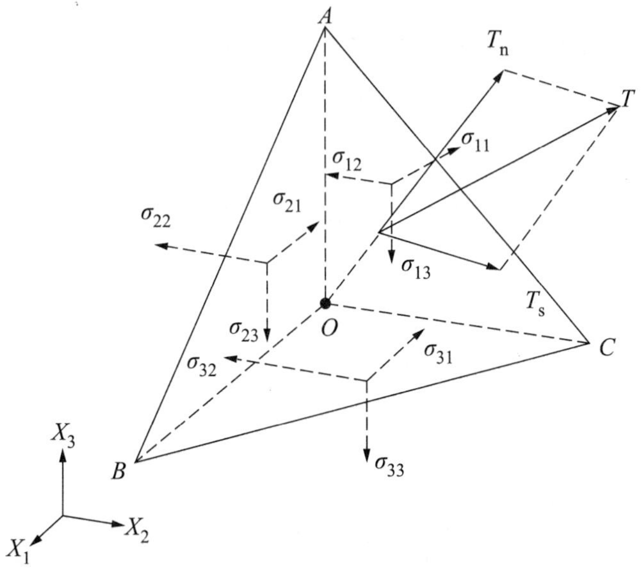

圖 2-3　應力向量

而由靜力平衡方程式可知

$$\begin{aligned}\overset{n}{\mathbf{T}}\Delta A_n &= \overset{1}{\mathbf{T}}\Delta A_1 + \overset{2}{\mathbf{T}}\Delta A_2 + \overset{3}{\mathbf{T}}\Delta A_3 \\ &= \overset{1}{\mathbf{T}}(c_{n1}\Delta A_n) + \overset{2}{\mathbf{T}}(c_{n2}\Delta A_n) + \overset{3}{\mathbf{T}}(c_{n3}\Delta A_n)\end{aligned}$$

等式兩端消去 ΔA_n 可得與單位向量 $\mathbf{e}_n$ 正交之平面上的應力向量為

$$\overset{n}{\mathbf{T}} = c_{n1}\overset{1}{\mathbf{T}} + c_{n2}\overset{2}{\mathbf{T}} + c_{n3}\overset{3}{\mathbf{T}}$$

而與 x_1 軸正交的平面上的應力向量應為

$$\overset{1}{\mathbf{T}} = \sigma_{11}\mathbf{e}_1 + \sigma_{12}\mathbf{e}_2 + \sigma_{13}\mathbf{e}_3$$

依據上式可推得

$$\overset{i}{\mathbf{T}} = \sigma_{ij}\mathbf{e}_j \tag{2-11}$$

於是與單位向量 $\mathbf{e}_n$ 正交之平面上的應力向量也可以寫成

$$\overset{n}{\mathbf{T}} = c_{ni}\overset{i}{\mathbf{T}} = c_{ni}\sigma_{ij}\mathbf{e}_j$$

旋轉原座標系使形成的新座標系的三軸之一與 $\mathbf{e}_n$ 重合，則與該軸正交之平面上的應力向量，能以新座標系的單位向量 $\mathbf{e}'_p$ 表示成

$$\overset{n}{\mathbf{T}} = \overset{p}{\mathbf{T}} = \sigma'_{pq}\mathbf{e}'_q = c_{pi}\sigma_{ij}\mathbf{e}_j$$

所以

$$\sigma'_{pq} = c_{pi}\sigma_{ij}\mathbf{e}_j \bullet \mathbf{e}'_q = c_{pi}c_{qj}\sigma_{ij}$$

即當座標系旋轉後，原座標系與新座標系的各應力分量間其關係式為

$$\sigma'_{pq} = c_{pi}c_{qj}\sigma_{ij} \tag{2-12}$$

此式亦稱二階張量 (second order tensor) 轉換式。三維空間中的二階張量含九個分

量 (components)，常常以矩陣的方式表示如下：

$$\left[\sigma_{ij}\right]=\begin{bmatrix}\overset{1}{T}\\ \overset{2}{T}\\ \overset{3}{T}\end{bmatrix}=\begin{bmatrix}\sigma_{11} & \sigma_{12} & \sigma_{13}\\ \sigma_{21} & \sigma_{22} & \sigma_{23}\\ \sigma_{31} & \sigma_{32} & \sigma_{33}\end{bmatrix} \tag{2-13}$$

範例 2-1

機件中某個點對一組座標系的應力狀態為

$$\begin{bmatrix}-190 & -47 & 64.5\\ -47 & 46 & 118\\ 64.5 & 118 & -83\end{bmatrix}\text{ MPa}$$

若取一組新座標系，使兩座標系間的方向餘弦矩陣為

$$[n]=\begin{bmatrix}0.0266 & -0.8638 & -0.5031\\ -0.6209 & 0.3802 & -0.6855\\ 0.7834 & 0.3306 & -0.5262\end{bmatrix}$$

試求該點對應於新座標系的各應力分量。

解：由 (2-12) 式展開可得

$$\begin{aligned}\sigma'_{11} &=\sigma_{11}c_{11}^2+\sigma_{12}c_{11}c_{12}+\sigma_{13}c_{11}c_{13}+\sigma_{11}c_{12}c_{11}+\sigma_{22}c_{12}^2+\sigma_{23}c_{12}c_{13}\\ &\quad+\sigma_{31}c_{13}c_{11}+\sigma_{32}c_{13}c_{12}+\sigma_{33}c_{13}^2\\ &=(0.0266)[(-190)(0.0266)+(-47)(-0.8638)+(64.5)(-0.5031)]\\ &\quad+(-0.8638)[(-47)(0.0266)+(46)(-0.8638)+(118)(-0.5031)]\\ &\quad+(-0.5031)[(64.5)(0.0266)+(118)(-0.8638)+(-83)(-0.5031)]\\ &=116.17\ \text{MPa}\end{aligned}$$

$$\begin{aligned}\sigma'_{12} &= c_{1i}c_{2j}\sigma_{ij} = c_{11}c_{2j}\sigma_{1j} + c_{12}c_{2j}\sigma_{2j} + c_{13}c_{2j}\sigma_{3j} \\ &= c_{11}c_{21}\sigma_{11} + c_{11}c_{22}\sigma_{12} + c_{11}c_{23}\sigma_{13} + c_{12}c_{21}\sigma_{21} + c_{12}c_{22}\sigma_{22} \\ &\quad + c_{12}c_{23}\sigma_{23} + c_{13}c_{21}\sigma_{31} + c_{13}c_{22}\sigma_{32} + c_{13}c_{23}\sigma_{33} \\ &= (0.0266)[(-190)(-0.6209) + (-47)(0.3802) + (64.5)(-0.6855)] \\ &\quad + (-0.8638)[(-47)(-0.6209) + (46)(0.3802) + (118)(-0.6855)] \\ &\quad + (-0.5031)[(64.5)(-0.6209) + (118)(0.3802) + (-83)(-0.6855)] \\ &= -0.003676 \approx 0 \text{ MPa}\end{aligned}$$

依同樣的方式可求得

$$\sigma'_{23} = \sigma'_{31} = \sigma'_{12} = 0\text{；}\ \sigma'_{22} = -90.01\text{ MPa},\quad \sigma'_{33} = -253.12\text{ MPa}$$

可知新座標系各軸為應力主軸，而 σ'_{11}，σ'_{22}，σ_{33} 為該點的主應力。

2.5 三維主應力

若平面上僅存在法向應力，該法向應力即為主應力。若令主應力為 σ，方向指向 $\mathbf{e}_n$，該平面的應力向量即可以寫成

$$\overset{n}{\mathbf{T}} = \sigma\mathbf{e}_n = c_{ni}\overset{i}{\mathbf{T}} = c_{ni}\sigma_{ij}\mathbf{e}_j$$

再由 (2-4) 式 $\mathbf{e}_n = c_{nj}\mathbf{e}_j$ 可得

$$c_{ni}\sigma_{ij}\mathbf{e}_j = c_{nj}\sigma\mathbf{e}_j$$

消去等式兩端的單位向量可得

$$c_{ni}\sigma_{ij} = c_{nj}\sigma \qquad \textbf{(2-14)}$$

展開 (2-14) 式後並移項，可得

$$
\begin{aligned}
&c_{n1}(\sigma_{11}-\sigma)+c_{n2}\sigma_{12}+c_{n3}\sigma_{13}=0\\
&c_{n1}\sigma_{21}+c_{n2}(\sigma_{22}-\sigma)+c_{n3}\sigma_{23}=0\\
&c_{n1}\sigma_{31}+c_{n2}\sigma_{32}+c_{n3}(\sigma_{33}-\sigma)=0
\end{aligned} \tag{2-15}
$$

若要求所有的 c_{ni} 不能全部為零，則 (2-15) 式中各係數的行列式之值必須等於零，即

$$
\begin{vmatrix}
(\sigma_{11}-\sigma) & \sigma_{12} & \sigma_{13}\\
\sigma_{21} & (\sigma_{22}-\sigma) & \sigma_{23}\\
\sigma_{31} & \sigma_{32} & (\sigma_{33}-\sigma)
\end{vmatrix}=0 \tag{2-16}
$$

展開此行列式可得其特徵方程式為

$$
\sigma^3+I_1\sigma^2+I_2\sigma+I_3=0 \tag{2-17}
$$

式中

$$
\begin{aligned}
&I_1=-(\sigma_{11}+\sigma_{22}+\sigma_{33})\\
&I_2=\sigma_{11}\sigma_{22}+\sigma_{22}\sigma_{33}+\sigma_{33}\sigma_{11}-\sigma_{12}^2-\sigma_{23}^2-\sigma_{31}^2\\
&I_3=-(\sigma_{11}\sigma_{22}\sigma_{33}+2\sigma_{12}\sigma_{23}\sigma_{31}-\sigma_{11}{\sigma_{23}}^2-\sigma_{22}\sigma_{31}^2-\sigma_{33}\sigma_{12}^2)
\end{aligned} \tag{2-18}
$$

稱為 (2-17) 式的三個**不變量** (invariant)，因為不論座標系如何旋轉，各應力分量如何變化，這三個量的值都維持不變。(2-17) 式的三個根，稱為應力矩陣的本徵值 (eigenvalue) 或特徵值，也就是三個主應力的值，為應力矩陣的本徵值，並可依下列方式求得，令

$$
P=\frac{9I_1I_2\text{-}27I_3\text{-}2I_1^3}{54},\ Q=\frac{3I_2\text{-}I_1^2}{9}
$$

及

$$
\theta=\cos^{-1}\frac{P}{\sqrt{-Q^3}}
$$

則三個主應力的值分別為

$$\sigma = 2\sqrt{-Q}\cos\frac{\theta}{3} - \frac{I_1}{3}$$
$$\sigma = 2\sqrt{-Q}\cos\left(\frac{\theta}{3} + 120^\circ\right) - \frac{I_1}{3} \qquad \textbf{(2-19)}$$
$$\sigma = 2\sqrt{-Q}\cos\left(\frac{\theta}{3} + 240^\circ\right) - \frac{I_1}{3}$$

所得的三個主應力，依慣例最大者以 σ_1，最小者以 σ_3 標示。

應力矩陣中的三個不變量與三個主應力 σ_1、σ_2 與 σ_3 之間的關係如下：

$$I_1 = -(\sigma_1 + \sigma_2 + \sigma_3)$$
$$I_2 = \sigma_1\sigma_2 + \sigma_2\sigma_3 + \sigma_3\sigma_1$$
$$I_3 = -\sigma_1\sigma_2\sigma_3$$

若為二維應力，則由簡化 (2-16) 式可得

$$\begin{vmatrix} (\sigma_{11} - \sigma) & \sigma_{12} \\ \sigma_{12} & (s_{22} - \sigma) \end{vmatrix} = 0$$

展開行列式之後，求特徵方程式的根，也就是求下列二次方程式的根

$$\sigma^2 - (\sigma_{11} + \sigma_{22})\sigma + (\sigma_{11}\sigma_{22} - \sigma_{12}^2) = 0$$

即可得到二維應力的兩個主應力為

$$\sigma_{1,2} = \frac{1}{2}(\sigma_{11} + \sigma_{22}) \pm \sqrt{\frac{1}{4}(\sigma_{11} - \sigma_{22})^2 + \sigma_{12}^2} \qquad \textbf{(2-20)}$$

範例 2-2

若機件中某個點的應力狀態為

$$\begin{bmatrix} 100 & 30 & -20 \\ 30 & 40 & 0 \\ -20 & 0 & 20 \end{bmatrix} \text{MPa}$$

試求其三個主應力之值。

解： 由於

$$I_1 = -(100+40+20) = -160$$
$$I_2 = (100)(40)+(40)(20)+(20)(100)-(30)^2-(-20)^2-(0)^2 = 5\,500$$
$$I_3 = -\{(100)(40)(20)+2(30)(-20)(0)-(100)(0)^2-(40)(-20)^2-(-20)(30)^2\}$$
$$= -46,000$$

所以，(2-17) 式成為

$$\sigma^3 - 160\sigma^2 + 5,500\sigma - 46,000 = 0$$

且

$$P = \frac{9(-160)(5,500)-27(-46,000)-2(-160)^3}{54} = 28\,037$$
$$Q = \frac{3(5,500)-(-160)^2}{9} = -1\,011$$
$$\theta = \cos^{-1}\frac{28\,037}{\sqrt{-(-1011)^3}} = 29.29°$$

於是三個主應力之值可藉 (2-19) 式分別求得為

$$\sigma = 2\sqrt{-(-1,011)}\cos\left(\frac{29.29°}{3}\right) - \frac{(-160)}{3} = 116$$
$$\sigma = 2\sqrt{-(-1,011)}\cos\left(\frac{29.29°}{3}+120°\right) - \frac{(-160)}{3} = 12.66$$
$$\sigma = 2\sqrt{-(-1,011)}\cos\left(\frac{29.29°}{3}+240°\right) - \frac{(-160)}{3} = 31.34$$

依慣例將三個主應力標示為

$\sigma_1 = 116$ MPa; $\sigma_2 = 31.34$ MPa; $\sigma_3 = 12.66$ MPa

驗證應力矩陣的三個不變量：

$$\sigma_1+\sigma_2+\sigma_3=116+31.34+12.66=160=-I_1$$

$$\sigma_1\sigma_2+\sigma_2\sigma_3+\sigma_3\sigma_1=(116)(31.34)+(31.34)(12.66)+(12.66)(116)$$

$$\approx 5,500=I_2$$

$$\sigma_1\sigma_2\sigma_3=(116)(31.34)(12.66)\approx 46,000=-I_3$$

2.6 應力與應變的關係式

當機件承受負荷作用，而應力與應變仍維持線性關係時，應力與應變的關係遵循所謂的虎克定律 (Hook's law)，即

$$\sigma=E\varepsilon\ ;\ \tau=G\gamma \tag{2-21a, 21b}$$

A. 二維應力狀態的應力與應變關係式：

$$\varepsilon_x=\frac{\sigma_x}{E}-\nu\frac{\sigma_y}{E}\ ;\ \varepsilon_y=\frac{\sigma_y}{E}-\nu\frac{\sigma_x}{E} \tag{2-22a, 22b}$$

式中的 ν 為材料的波松比 (Poisson's ratio)。

B. 三維應力狀態的應力與應變關係式：

$$\varepsilon_1=\frac{\sigma_1}{E}-\nu\frac{(\sigma_2+\sigma_3)}{E} \tag{2-23a}$$

$$\varepsilon_2=\frac{\sigma_2}{E}-\nu\frac{(\sigma_3+\sigma_1)}{E} \tag{2-23b}$$

$$\varepsilon_3=\frac{\sigma_3}{E}-\nu\frac{(\sigma_1+\sigma_2)}{E} \tag{2-23c}$$

單位體積膨脹率 e：

$$e=\frac{\Delta V}{V}=\frac{l_1\times l_2\times l_3\times(1+\varepsilon_1)\times(1+\varepsilon_2)\times(1+\varepsilon_3)-l_1\times l_2\times l_3}{l_1\times l_2\times l_3}$$

展開上式，並忽略應變的高次項之後，可得單位體積膨脹率 e 為

$$e=\varepsilon_1+\varepsilon_2+\varepsilon_3 \tag{2-24}$$

單位體積總應變能 (total strain energy of unit volume) u_t 的定義為

$$u_t = \frac{1}{2}(\sigma_1\varepsilon_1 + \sigma_2\varepsilon_2 + \sigma_3\varepsilon_3) \tag{2-25}$$

將 (2-23a, 23b, 23c) 式的應變與應力關係式代入 (2-25) 式中，展開並簡化後可得

$$u_t = \frac{1}{2E}[\sigma_1^2 + \sigma_2^2 + \sigma_3^2 - 2\nu(\sigma_1\sigma_2 + \sigma_2\sigma_3 + \sigma_3\sigma_1)] \tag{2-26}$$

下列三項剪應力中，值最大者即為三維中的最大剪應力

$$\tau = \frac{1}{2}|\sigma_1 - \sigma_2|,\ \tau = \frac{1}{2}|\sigma_2 - \sigma_3|,\ \tau = \frac{1}{2}|\sigma_3 - \sigma_1|$$

或寫成

$$\tau_{max} = \max\left\{\frac{1}{2}|\sigma_1 - \sigma_2|,\ \frac{1}{2}|\sigma_2 - \sigma_3|,\ \frac{1}{2}|\sigma_3 - \sigma_1|\right\} \tag{2-27}$$

通常所謂的二維應力，意指三項主應力之中，有一項主應力之值為零的特殊情況，例如 $\sigma_3 = 0$，則

$$\tau_{max} = \max\left\{\frac{1}{2}|\sigma_1 - \sigma_2|,\ \frac{1}{2}|\sigma_2|,\ \frac{1}{2}|\sigma_1|\right\} \tag{2-28}$$

所以，在二維應力的情況下，若不為零的兩項主應力之值均為正值或負值，則絕對值較大的主應力值之半，即為最大剪應力之值；若不為零的兩項主應力一為正值，另一為負值時，則兩項主應力差值之半即為最大剪應力之值。

範例 2-3

某高壓液壓致動器的鋼質實心活塞桿直徑 20 mm，長 375 mm，在向內衝程的某瞬間有 295 mm 長在液壓缸內，如圖 EX2-2 所示。液壓缸內的直徑為 60 mm，壓力為 60 MPa。由於採取緊容差，需要計算活塞桿的彈性變形；也需知道制動器內部分之活塞桿直徑、體積、與應變能的變化，試分別計算之。

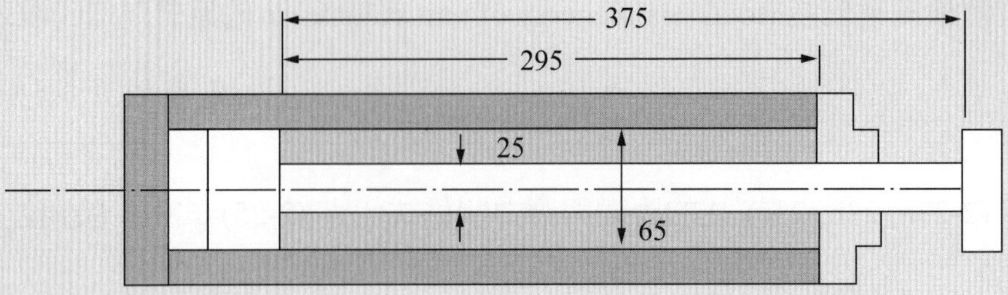

圖 EX2-2

解：液壓缸內孔的剖面面積

$$A_c = \left[\frac{\mathbf{p}}{4}\right](60)^2 = 2\,827\ \text{mm}^2$$

活塞桿的剖面面積

$$A_r = \left[\frac{\pi}{4}\right](20)^2 = 314\ \text{mm}^2$$

活塞承受壓力作用的淨面積為

$$A_{\text{net}} = A_c - A_r = 2\,827 - 314 = 2\,513\ \text{mm}^2$$

所以活塞桿承受的軸向力

$$F = pA_{\text{net}} = (60)(2513) = 150800\ \text{N}$$

活塞桿中的軸向應力則為

$$\sigma_x = \frac{F}{A_r} = \frac{150\,780}{314} = 480\ \text{MPa}$$

而 $\sigma_y = \sigma_z = -p = -60$ MPa，由 (2-23a) 式可以求得應變之值

$$\varepsilon_{x1} = \frac{1}{E}[\sigma_x - \nu(\sigma_y + \sigma_z)] = \frac{1}{207\,000}[480 - 0.3(-60 - 60)]$$

$$= 2.493(10^{-3})$$

活塞桿在液壓缸外部分的軸向應變則因 $\sigma_y = \sigma_z = 0$，故為

$$\varepsilon_{x2} = \frac{\sigma_x}{E} = \frac{480}{207\ 000} = 2.232(10^{-3})$$

由此可得活塞桿的伸長量為

$$u = l_1\varepsilon_{x1} + l_2\varepsilon_{x2} = (295)(2.493\times10^{-3}) + (375-295)(2.232\times10^{-3})$$
$$= 0.914\ \text{mm}$$

活塞桿在液壓缸內之部分的徑向應變為

$$\varepsilon_y = \varepsilon_z = \frac{1}{E}[\sigma_z - \nu(\sigma_x + \sigma_y)] = \frac{1}{207,000}[-60 - 0.3(480-60)]$$
$$= -0.899(10^{-3})$$

而活塞桿直徑的縮減量為

$$v = w = d(\varepsilon_z) = 20(-0.899\times10^{-3}) = -0.0180\ \text{mm}$$

單位體積的膨脹率為

$$e = \varepsilon_x + \varepsilon_y + \varepsilon_z = (2.493 - 0.899 - 0.899)\times10^{-3} = 0.695(10^{-3})$$

因此活塞桿在液壓缸內部分的原始體積為

$$V = (\pi/4)(20)^2(295) = 92,680\ \text{mm}^3$$

而活塞桿在液壓缸內部分增加的體積為

$$\Delta V = eV = 0.696(10^{-3})(92,677) = 64.47\ \text{mm}^3$$

將 (2-23a, 23b, 23c) 各式代入 (2-24) 式，即可以得到直接由應力求單位體積膨脹率的計算式

$$e = \frac{1-2\nu}{E}(\sigma_x + \sigma_y + \sigma_z) = \frac{1-2(0.3)}{207,000}(480-60-60)$$
$$= 0.695(10^{-3})$$

由於活塞桿中無剪應力作用，且此三個應力均為主應力，因此單位體積中的應變能可以由 (2-26) 式求得為

$$u_t = \frac{1}{2E}[(\sigma_x^2 + \sigma_y^2 + \sigma_z^2) - 2v(\sigma_x\sigma_y + \sigma_y\sigma_z + \sigma_z\sigma_x)]$$

$$= \frac{1}{2(207,000)}\{[480^2 + 60^2 + 60^2] - 2(0.3)[(480)(-60)$$

$$+ (-60)(-60) + (-60)(480)]\}$$

$$= 0.652 \text{ Nmm/ mm}^3$$

而總應變能則為

$$U = u_t V = 0.652(92,677) = 60,425 \text{ Nmm} = 60.4 \text{ J}$$

2.7 穩定負荷下的失效準則

失效準則 (failure criterion) 的產生，是為了能預先判斷機件在承受負荷的情況下是否安全、是否會發生失去功能，以期能依設計條件，設計出用最合適的材料、具有最適宜的尺寸、在運轉條件下功能最佳，而且安全無虞的機件。

機件的失效可分成兩種類型，即降伏與破裂。降伏多發生於對剪應力抵抗能力較差的延性材料，由於晶界間無法抵抗過大的剪應力，導致晶界間發生滑動，使機件產生永久變形而失效。破裂則多發生於對拉應力抵抗較差的脆性材料，脆性材料由於在晶界尚未滑動之前即已破裂，破裂時不像延性材料有明顯的伸長現象。不過，即使是延性材料，在下列情況下也會因破裂而損壞：

1. 常溫下承受波動負荷

2. 高溫下長期承受靜負荷

3. 低溫下承受衝擊負荷

4. 激烈淬火後未經回火處理

5. 承受三維應力導致無法滑動

最大主應力準則

最大主應力準則 (maximum principal stress criterion) 的內容如下：承受負荷的機件，若其應力最嚴苛處的最大主應力值，大於或等於機件的材料於單軸向拉力試驗中，試片損壞時所達到的最大應力值，將失去其功能。也就是受力機件中，若應力狀態最嚴峻處的三個主應力分別為 σ_1、σ_2 與 σ_3，且 $\sigma_1 > \sigma_2 > \sigma_3$，則當

1. $\sigma_1 > \sigma_2 > \sigma_3 > 0$，且 $\sigma_1 \geq S_{ut}$
2. $\sigma_1, \sigma_2, \sigma_3$ 不全為正值，且 $\sigma_1 \geq S_{ut}$ 或 $|\sigma_3| \geq S_{uc}$　　**(2-29)**
3. $0 > \sigma_1 > \sigma_2 > \sigma_3$，且 $|\sigma_3| \geq S_{uc}$

機件將失去功能。對應於以上三種狀況的安全因數值分別為：

1. $$SF = \frac{S_{ut}}{\sigma_1} \tag{2-30a}$$

2. $$SF = \min\left\{\frac{S_{ut}}{\sigma_1},\ \frac{S_{ut}}{|\sigma_3|}\right\} \tag{2-30b}$$

3. $$SF = \frac{S_{uc}}{|\sigma_3|} \tag{2-30c}$$

最大主應力準則的安全範圍，如圖 2-4 中邊長為 $S_{ut} + S_{uc}$ 的立方形盒子內部，若以機件的三個主應力為座標所決定的點，在圖 2-4 中的盒子內時機件不至於失效，若點於盒子表面，則處於臨界狀態，若落在方盒之外時，可預期機件將會失效。經實務的驗證，最大主應力準則較適用於預測脆性材料的失效。

最大剪應力準則

最大剪應力準則 (maximum shear stress criterion) 的內容如下：承受負荷之機件中，若其應力狀態最嚴峻處的最大剪應力值，大於或等於機件材料的剪降伏強度 (shear strength)，機件將會失效。

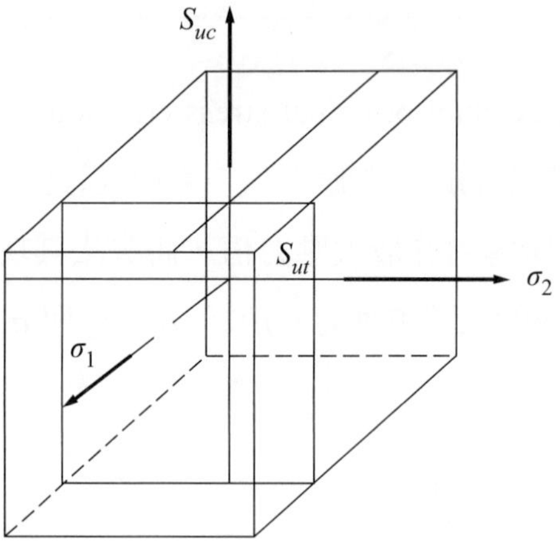

圖 2-4 最大主應力準則

也就是，若機件中應力狀態最嚴苛處的三個主應力分別為 σ_1、σ_2 與 σ_3，而且 $\sigma_1 > \sigma_2 > \sigma_3$，則機件中的最大剪應力為

$$\tau_{\max} = \frac{1}{2}|\sigma_3 - \sigma_1| \tag{2-31}$$

與 $\tau_{\max}$ 的作用面互相垂直的另外兩個平面上的剪應力，分別為

$$\frac{1}{2}|\sigma_1 - \sigma_2|,\ \frac{1}{2}|\sigma_2 - \sigma_3|$$

則若

$$\tau_{\max} \ge S_{sy} \tag{2-32}$$

機件將因發生降伏而失效。式中的 S_{sy} 為機件材料的剪降伏強度。應注意的是，二維應力屬特殊情況，其主應力之一的值為零，例如 $\sigma_3 = 0$，則

$$\tau_{\max} = \max\left\{\frac{1}{2}|\sigma_1 - \sigma_2|,\ \frac{1}{2}|\sigma_2|,\ \frac{1}{2}|\sigma_1|\right\} \tag{2-28}$$

在三維應力的情況下，圖 2-5 的六角斜柱顯示最大剪應力準則的安全區域，圖中六角柱的中心軸與三個主應力軸間，均維持相同的角度。若機件中，以應力

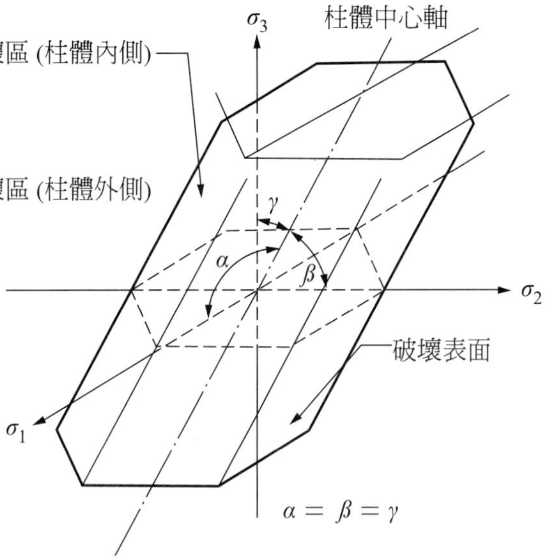

圖 2.5　最大剪應力準則

狀態最嚴峻處的三個主應力所決定的點，若存在於六角柱體內，機件是安全的，若落在六角柱柱體表面或外部，機件將失去其功能。最大剪應力準則的安全因數可依下式計算

$$SF = \frac{S_{sy}}{\tau_{max}} \tag{2-33}$$

最大畸變能準則

最大畸變能準則 (maximum distorsion energy criterion) 內容如下：承受負荷的機件中，若其單位體積內的畸變能之值，大於或等於機件材料於拉力試驗中，試片發生降伏時，試片單位體積內的畸變能值，機件將失去其功能。

所謂的**畸變能**是材料由於角變形 (angular deformation) 而產生的應變能，也就是材料受力變形的總應變能，扣除材料僅改變體積不改變形狀之應變能後的差額。

由於機件在各方向都承受相同的法向應力時，將能維持其形狀而僅改變其體

積，因此若將各主應力寫成

$$\sigma_1 = \sigma_v + \sigma_1',\ \sigma_2 = \sigma_v + \sigma_2',\ \sigma_3 = \sigma_v + \sigma_3'$$

式中的 σ_v 分量僅能使機件改變體積，而 σ_1' 分量則稱為應力偏差量 (stress deviation)，若該量不等於零，則機件不僅體積會改變，形狀也會改變。所以，機件僅改變體積時

$$\sigma_1 + \sigma_2 + \sigma_3 = 3\sigma_v$$

由此可得

$$\sigma_v = \frac{1}{3}(\sigma_1 + \sigma_2 + \sigma_3) \quad \textbf{(2-34)}$$

而對應於 σ_v 的應變為

$$\varepsilon_v = \frac{1}{E}[\sigma_v - v(\sigma_v + \sigma_v)] = \frac{1-2v}{E}\sigma_v$$

可知材料僅改變體積，所生成的單位體積的應變能為

$$u_v = \frac{3}{2}\sigma_v \varepsilon_v = \frac{3(1-2v)}{2E}\sigma_v^2$$

所以，依定義，單位體積的畸變能 u_d 為

$$\begin{aligned} u_d &= u_t - u_v \\ &= \frac{1}{2E}[(\sigma_1^2 + \sigma_2^2 + \sigma_3^2) - 2v(\sigma_1\sigma_2 + \sigma_2\sigma_3 + \sigma_3\sigma_1)] - \frac{3(1-2v)}{2E}\sigma_v^2 \end{aligned}$$

然後將 (2-34) 式的 σ_v 代入式中再簡化，可得單位體積的畸變能 u_d 為

$$u_d = \frac{(1+v)}{6E}[(\sigma_1 - \sigma_2)^2 + (\sigma_2 - \sigma_3)^2 + (\sigma_3 - \sigma_1)^2] \quad \textbf{(2-35)}$$

由於拉力試驗的試片僅承受單軸向應力，可知 $\sigma_2 = \sigma_3 = 0$，而發生降伏現象時 $\sigma_1 = S_{yp}$，此時機件中單位體積中的畸變能之值應為

$$u_d = \frac{(1+v)}{6E}[2S_{yp}^2] \quad \textbf{(2-36)}$$

如果令

$$\sigma_d = \left[\frac{(\sigma_1-\sigma_2)^2+(\sigma_2-\sigma_3)^2+(\sigma_3-\sigma_1)^2}{2}\right]^{\frac{1}{2}} \quad \textbf{(2-37)}$$

式中的 σ_d 稱為**有效應力** (effective stress)，因為它代表所有應力的整體效果。則依最大畸變能準則的說法，由 (2-35) 與 (2-36) 式可得到

$$u_d = \frac{(1+v)}{6E}[2\sigma_d^2] \geq \frac{(1+v)}{6E}[2S_{yp}^2]$$

當 $\sigma_d \geq S_{yp}$ 時，機件將失去其功能。因此，依最大畸變能準則，機件安全的條件是：機件中應力狀態最嚴峻處的應力必須滿足

$$\sigma_d < S_{yp}$$

據此，最大畸變能準則的安全因數為

$$SF = \frac{S_{yp}}{\sigma_d} \quad \textbf{(2-38)}$$

顯示最大畸變能準則的圖形和顯示最大剪應力準則的圖形相似，只是將六角柱換成了橢圓柱。若由機件中應力狀態最嚴峻處的三個主應力所決定的點，落在橢圓柱柱體表面或外部時，機件將失去其功能請參考圖 2-6。

若為二維應力，則 $\sigma_3 = 0$，而 (2-37) 式變成

$$\sigma_d = [\sigma_1^2+\sigma_2^2-\sigma_1\sigma_2]^{\frac{1}{2}} \quad \textbf{(2-39)}$$

在二維應力的情況下，當 $\sigma_1 = -\sigma_2 = \sigma$ 時的最大剪應力 $\tau_{max} = \sigma$，於是由 (2-39) 式可知

$$\begin{aligned}\sigma_d &= [\sigma^2+\sigma^2-\sigma(-\sigma)]^{\frac{1}{2}} \\ &= \sqrt{3}\sigma = \sqrt{3}\mathbf{t}_{max}\end{aligned}$$

亦即當材料發生降伏時，$\sigma_d = S_{yp}$，$\tau_{max} = S_{sy}$。於是依最大畸變能準則

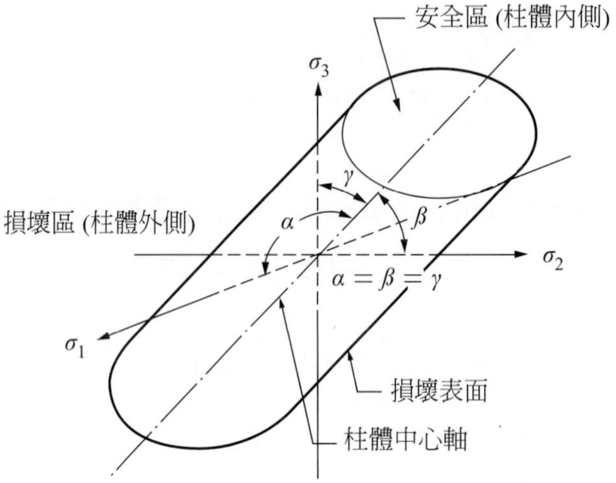

圖 2-6 最大畸變能準則 (三維應力)

$$S_{yp} = \sqrt{3} S_{sy} \text{ 或 } \mathbf{t}_{\max} = S_{sy} = 0.577 S_{yp} \tag{2-40}$$

此值大於依最大剪應力準則所得的 $S_{sy} = 0.5S_{yp}$，可知在靜負荷作用下，最大剪應力準則較最大畸變能準則保守。圖 2-7 是在二維應力狀態下各準則的比較圖。其中正方形框住的區域內為最大主應力準則所容許的安全範圍；六角形框住的區域為最大剪應力準則容許的安全範圍；而橢圓形所框住的區域，即為最大畸變能準則容許的安全範圍。由圖中也可以看出，最大剪應力準則比最大畸變能準則保守。當以主應力值所確定的點落在邊界線上時，即代表所應力狀況處於臨界狀態。各邊界線之外的區域都屬於失效區域，若機件中的應力狀態落在失效區，在運轉時則可預期機件將會失效。根據這些失效準則，設計者可以在機件運轉之前預知它是否安全。

依據實務的經驗顯示，最大剪應力準則與最大畸變能準則較適合用於延性材料，最大畸變能準則尤其符合實際的結果。由 (2-31) 與 (2-37) 兩式可知，當三個主應力之值非常接近時，τ_{max} 與 σ_d 之值都會很小，使得安全因數值變得很大，此項結果與實際的情況也頗為相符。

前面介紹的最大剪應力準則與最大畸變能準則，比較適用於延性材料，接

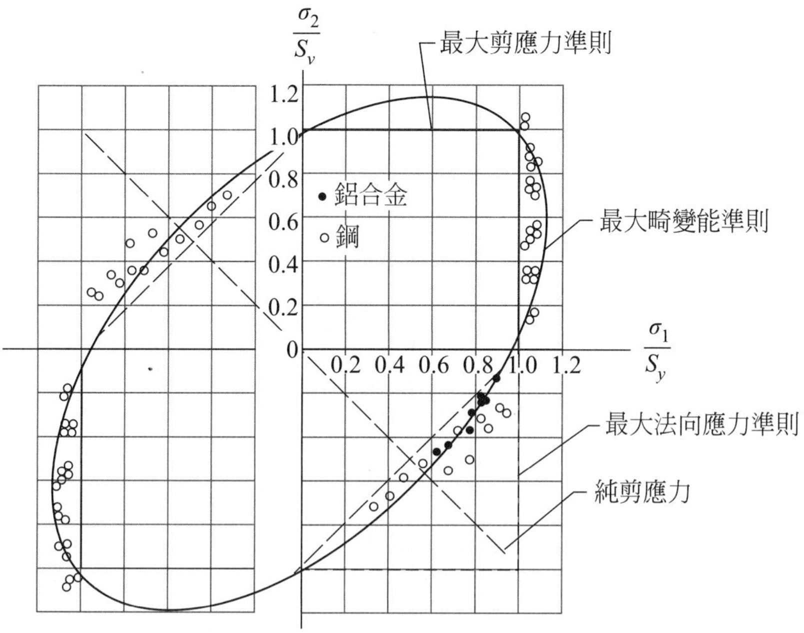

圖 2-7　二維應力情況下三種失效準則的比較

著將介紹兩種比較適合用於脆性材料的失效準則，庫侖-莫爾 (Coulumb-Mohr criterion) 準則與修正的莫爾準則 (Modified Mohr criterion)。

庫侖-莫爾準則

由於脆性材料並非因降伏而損壞，庫侖-莫爾準則用於判別機件是否失效的標準，也由降伏強度換成抗拉強度 S_{ut} 與抗壓強度 S_{uc}，以符合材料的特性。莫爾以 S_{ut} 與 S_{uc} 兩個值為直徑繪出圖 2-8 中兩個相切的圓，並繪出它們的外公切線，延伸這兩條公切線相交於 N 點。庫侖-莫爾準則的內容如下：

> 當機件處於二維應力情況下，應力最嚴峻處的兩個主應力所決定的莫爾圓，若與抗拉及抗壓強度繪成之兩圓的兩公切線相切或超出兩公切線時，機件將失去功能。

由圖 2-8 可知三個莫爾圓的半徑分別是

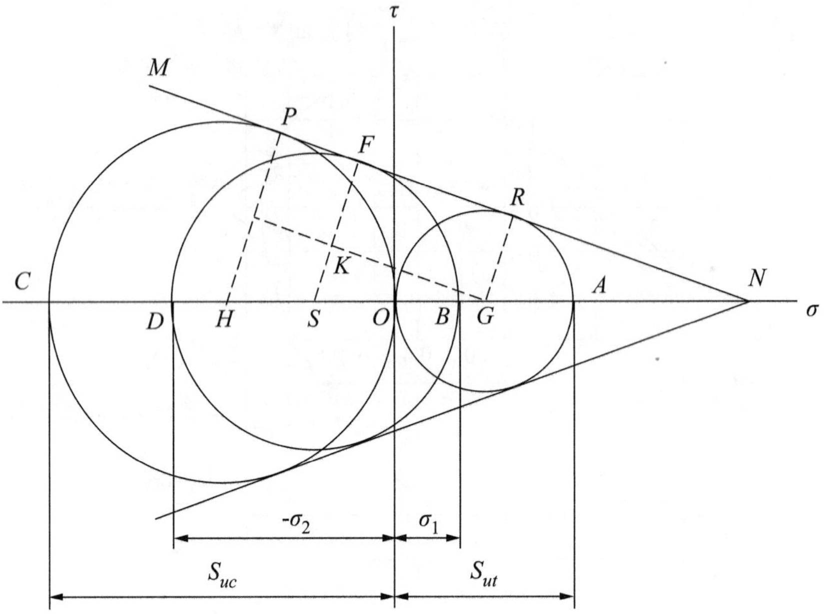

⚒圖 2-8　庫侖-莫爾準則

$$\overline{GR} = S_{ut}/2,\ \overline{HP} = S_{uc}/2 \text{ 與 } \overline{SF} = \frac{1}{2}|\sigma_1 - \sigma_2| \tag{a}$$

由於 $\Delta GSK \sim \Delta GHL$ 可知

$$\frac{\overline{SK}}{\overline{HL}} = \frac{\overline{GS}}{\overline{GH}} \tag{b}$$

其中

$$\overline{SK} = \overline{SF} - \overline{KF} = \frac{1}{2}(\sigma_1 - \sigma_2) - \frac{1}{2}S_{ut}$$

$$\overline{HL} = \overline{HP} - \overline{LP} = \frac{S_{uc}}{2} - \frac{S_{ut}}{2}$$

$$\overline{GS} = \overline{GO} + \overline{OS} = \frac{S_{ut}}{2} - (-\sigma_2 - \sigma_1)$$

$$\overline{GH} = \overline{GO} + \overline{OH} = \frac{S_{ut}}{2} + \frac{S_{uc}}{2}$$

將上列四式代入 (b) 式可得

$$\frac{\sigma_1-\sigma_2-S_{ut}}{S_{uc}-S_{ut}}=\frac{S_{ut}-\sigma_2-\sigma_1}{S_{ut}+S_{uc}}$$

並可化簡為

$$\frac{\sigma_1}{S_{ut}}-\frac{\sigma_2}{S_{uc}}=1 \qquad \textbf{(2-41)}$$

式中的材料強度 S_{ut}、S_{uc} 均為正值，應力 $\sigma_1>0$，$\sigma_2<0$。圖 2-9 中六角形所涵蓋的面積，即為庫侖-莫爾準則認可的安全區，由圖中可以看出，在第一與第三象

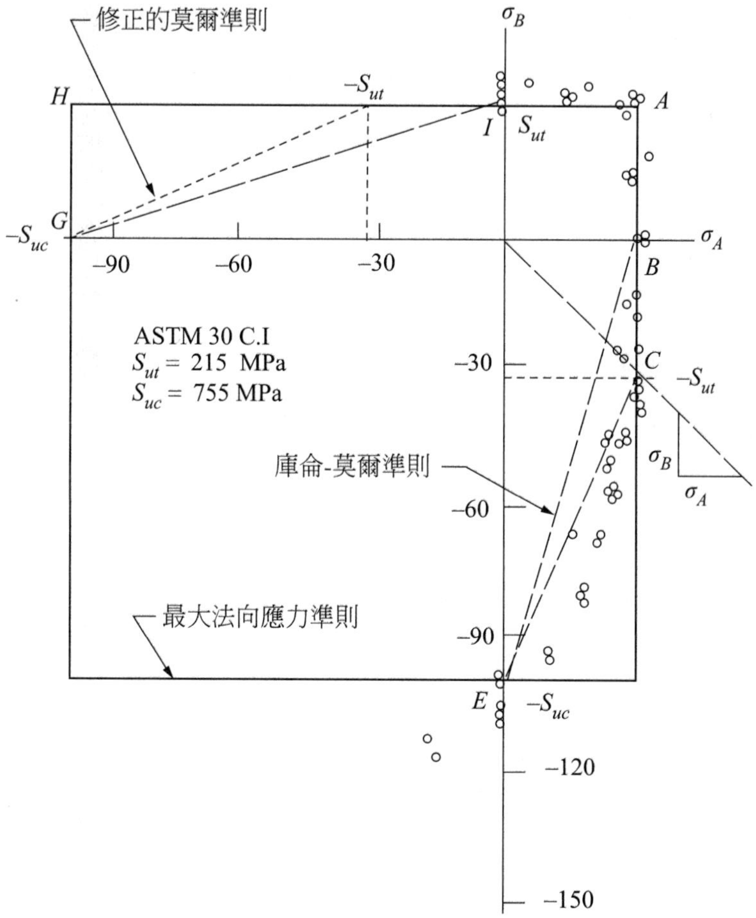

圖 2-9　灰鑄鐵承受二維應力之實驗數據

限，兩主應力值的正、負相同時，庫侖-莫爾準則與最大主應力準則完全吻合，而在兩個主應力值一正一負的第二與第四象限，則 ΔIHG 與 ΔBDE 在最大主應力準則是安全的，但依庫侖-莫爾準則判定時則不一定是安全的。也就是當兩個主應力值一正一負時，最大主應力準則不宜作為安全準則。若機件中的最大應力仍不至於使機件損壞，亦即仍有安全餘裕時，(2-40) 式中的兩個主應力可以 $(SF)\sigma_1$ 與 $(SF)\sigma_2$ 取代，則 (2-40) 式將變成

$$\frac{\sigma_1}{S_{ut}} - \frac{\sigma_2}{S_{uc}} = \frac{1}{SF} \tag{2-42}$$

圖 2-9 中的小圈圈代表一些灰鑄鐵 ASTM 30 的實際試驗結果，由圖中可看出，在第四象限中庫侖-莫爾準則仍稍顯保守，因而出現修正的莫爾準則。此外，若以 S_{yp} 取代 S_{ut} 與 S_{uc}，則庫侖-莫爾準則便成為最大剪應力準則，也就是如果 (2-42) 式左端各項的分母能以對應的材料強度代入，則 (2-42) 式可以使用於延性材料與脆性材料。

修正的莫爾準則

圖 2-9 顯示，當脆性材料承受正、負值相異的二維應力，而且應力狀態最嚴苛處之兩個主應力的比值 $\sigma_B/\sigma_A > -1$ 時，損壞發生的分佈大致與最大主應力準則的預測吻合。當 $\sigma_B/\sigma_A < -1$ 時，則庫侖-莫爾準仍然顯得過於保守，修正的莫爾準則即修正了此一現象，使它即使是在 $\sigma_2/\sigma_1 < -1$ 時也與實際結果相符。

圖 2-10 中的六邊形所涵蓋的區域，即為修正的莫爾準則認可的安全區，圖中的 OB 線代表 $\sigma_B/\sigma_A = -1$，而 H 點則代表機件中應力最大處的兩個主應力，由於 $\sigma_B/\sigma_A < -1$，連接 $\overline{OH}$ 並延長與 $\overline{BD}$ 相交於 C 點，則 C 點所代表的應力狀態即為機件應力最嚴苛處的臨界應力。所以該機件的安全因數 SF 可表示成

$$SF = \frac{\overline{GC}}{\overline{FH}} = \frac{\overline{OG}}{\overline{OF}} \tag{a}$$

且

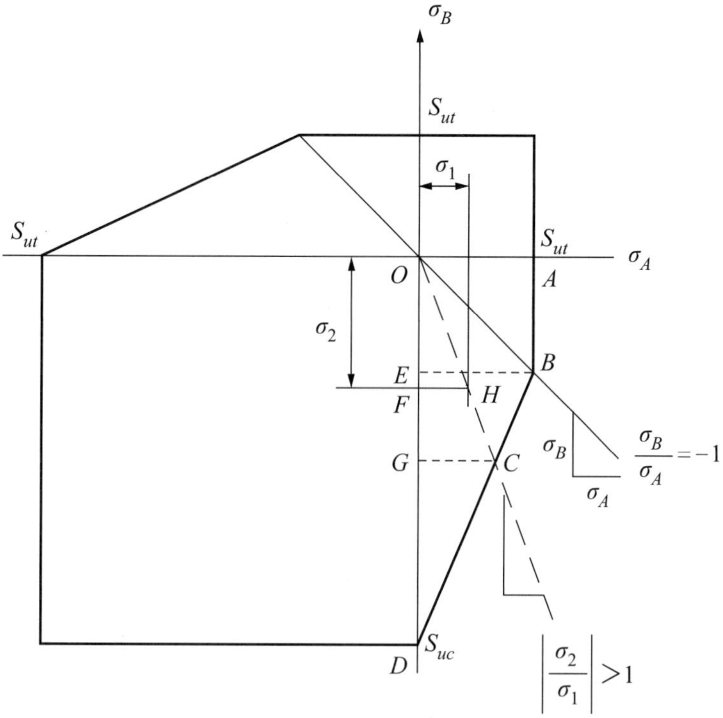

圖 2-10　庫侖-莫爾準則

$$\overline{GC}=\frac{\overline{DG}}{\overline{DE}}(\overline{EB})=\frac{\overline{OD}-\overline{OG}}{\overline{OD}-\overline{OE}}(\overline{EB}) \tag{b}$$

因為

$$\overline{EB}=\overline{OE}=S_{ut} \qquad \overline{OD}=S_{uc}$$

$$\overline{OF}=-\sigma_2 \qquad \overline{FH}=\sigma_1$$

於是可由 (b) 式得到

$$\overline{GC}=\frac{S_{uc}-\overline{OG}}{S_{uc}-S_{ut}}(S_{ut})$$

將此式代入 (a) 式可得

$$\frac{\left[\dfrac{S_{uc}-\overline{OG}}{S_{uc}-S_{ut}}\right](S_{ut})}{\sigma_1}=-\frac{\overline{OG}}{\sigma_2}$$

整理後可以解得若 $\sigma_2/\sigma_1 < -1$ 時，$\overline{OG}$ 為

$$\overline{OG}=\frac{S_{uc}}{1-\left[\dfrac{\sigma_1}{\sigma_2}\right]\left[\dfrac{S_{uc}}{S_{ut}}-1\right]}$$

再將 $\overline{OG}$ 代入 (a) 式可得

$$\frac{1}{SF}=\sigma_1\left[\frac{1}{S_{ut}}-\frac{1}{S_{uc}}\right]-\frac{\sigma_2}{S_{uc}} \quad \textbf{(2-43)}$$

此式即為修正的莫爾準則的數學式。式中的強度 S_{ut} 與 S_{uc} 均為正值，而 σ_2 則為負值。

由圖 2-9 觀察可知，對脆性材料的失效研判，修正的莫爾準則提供了最準確的預測。此外，應留意庫侖-莫爾準則與修正的莫爾準則，均建立於二維應力的基礎上，在三維應力的情況下無法使用這兩個準則，以及 (2-43) 式僅能在 $\sigma_2/\sigma_1 < -1$ 的情況下才能使用。接下來的幾個範例，將介紹這些失效準則如何應用於實際的設計工作中。

範例 2-4

某機件以 AISI 1040 CD 鋼料製成，試分別以最大主應力準則、最大剪應力準則及最大畸變能準則，檢視下列應力狀態下的安全因數。

(1) $\sigma_1=\sigma_2=140\text{ MPa},\ \sigma_3=0$

(2) $\sigma_1=140\text{ MPa},\ \sigma_2=70\text{ MPa},\ \sigma_3=0$

(3) $\sigma_1=140\text{ MPa},\ \sigma_2=0,\ \sigma_3=-70\text{ MPa}$

(4) $\sigma_1=0,\ \sigma_2=-70\text{ MPa},\ \sigma_3=-140\text{ MPa}$

(5) $\sigma_1 = 0,\ \ \sigma_2 = \sigma_3 = -140\ \text{MPa}$

(6) $\sigma_1 = \sigma_2 = \sigma_3 = 140\ \text{MPa}$

解：因 AISI 1040 CD 鋼的 S_{yp} = 490 MPa，依最大剪應力準則其 S_{sy} = 245 MPa，所以

(1) $\sigma_1 = \sigma_2 = 140\ \text{MPa},\ \sigma_3 = 0$

a. 依最大主應力準則

因 $\sigma_1 = \sigma_2 = 140$ MPa, $\sigma_3 = 0$，所以

$$SF = \frac{S_{yp}}{\sigma_{\max}} = \frac{490}{140} = 3.5$$

b. 依最大剪應力準則

因為

$$\tau_{\max} = \max\left\{\frac{1}{2}\left|\sigma_1 - \sigma_2\right|,\ \frac{1}{2}\left|\sigma_2 - \sigma_3\right|,\ \frac{1}{2}\left|\sigma_3 - \sigma_1\right|\right\}$$

$$= 70\ \text{MPa}$$

所以

$$SF = \frac{S_{sy}}{\tau_{\max}} = \frac{245}{70} = 3.5$$

c. 依最大畸變能準則

$$\sigma_d = [\sigma_1^2 + \sigma_2^2 - \sigma_1\sigma_2]^{\frac{1}{2}} = [(140)^2 + (140)^2 - (140)(140)]^{\frac{1}{2}}$$

$$= 140\ \text{MPa}$$

所以

$$SF = \frac{S_{yp}}{\sigma_d} = \frac{490}{140} = 3.5$$

因為 $\sigma_1 = \sigma_2 = 140$ MPa 兩主應力所決定的點，在圖中第一象限的對角線上，所以三種失效準則的臨界應力都相等，使得三種失效準則的安全因數值都相等。

(2) $\sigma_1 = 140\text{ MPa},\quad \sigma_2 = 70\text{ MPa},\quad \sigma_3 = 0$

a. 依最大主應力準則

$$\sigma_{\max} = \sigma_1 = 140\text{ MPa},\ SF = \frac{S_{yp}}{\sigma_{\max}} = \frac{490}{140} = 3.5$$

b. 依最大剪應力準則

$$\tau_{\max} = \max\left\{\frac{1}{2}|\sigma_1 - \sigma_2|,\ \frac{1}{2}|\sigma_2 - \sigma_3|,\ \frac{1}{2}|\sigma_3 - \sigma_1|\right\}$$

$$= 70\text{ MPa}$$

$$\therefore\ SF = \frac{S_{sy}}{\tau_{\max}} = \frac{245}{70} = 3.5$$

c. 依最大畸變能準則

$$\sigma_d = [\sigma_1^2 + \sigma_2^2 - \sigma_1\sigma_2]^{\frac{1}{2}} = [(140)^2 + (70)^2 - (140)(70)]^{\frac{1}{2}}$$

$$= 121.2\text{ MPa}$$

$$\therefore\ SF = \frac{S_{yp}}{\sigma_d} = \frac{490}{121.2} = 4.04$$

兩主應力都在第一象限，由於最大主應力準則與最大剪應力準則在第一象限的安全範圍相同，臨界應力相同，安全應力安全因數自然相同。最大畸變能準則在第一象限的安全範圍，較前二種失效準則大，主應力所決定的點，所以臨界應力較前兩個失效準則大，安全因數也就較前兩個失效準則大。

(3) $\sigma_1 = 140\text{ MPa},\quad \sigma_2 = 0,\quad \sigma_3 = -70\text{ MPa}$

a. 依最大主應力準則

因主應力非全為正值

$$SF = \min\left\{\frac{S_{yp}}{\sigma_1}, \frac{S_{yp}}{|\sigma_3|}\right\} = \min\left\{\frac{490}{140}, \frac{490}{|-70|}\right\} = 3.5$$

b. 依最大剪應力準則

因主應力非全為正值

$$SF = \frac{S_{sy}}{\tau_{max}} = \frac{\frac{1}{2}S_{yp}}{\frac{1}{2}|\sigma_1 - \sigma_3|} = \frac{245}{105} = 2.333$$

c. 依最大畸變能準則

$$\sigma_d = [\sigma_1^2 + \sigma_3^2 - \sigma_1\sigma_3]^{\frac{1}{2}} = [140^2 + (-70)^2 - (140)(-70)]^{\frac{1}{2}}$$

$$= 185.2 \text{ MPa}$$

$$\therefore \quad SF = \frac{S_{yp}}{\sigma_d} = \frac{490}{185.2} = 2.646$$

兩主應力正、負各一，所決定的點在第二或第四象限，由圖 2-9 可以看出，在這兩個象限中最大主應力準則的安全範圍最大，但並不代表最安全。

(4) $\sigma_1 = 0,\ \sigma_2 = -70 \text{ MPa},\ \ \sigma_3 = -140 \text{ MPa}$

a. 依最大主應力準則

$$SF = \frac{S_{yp}}{|\sigma_3|} = \frac{490}{|-140|} = 3.5$$

b. 依最大剪應力準則

$$\because \ \tau_{max} = \max\left\{\frac{1}{2}|\sigma_1 - \sigma_2|,\ \frac{1}{2}|\sigma_2 - \sigma_3|,\ \frac{1}{2}|\sigma_3 - \sigma_1|\right\} = 70 \text{ MPa}$$

$$\therefore \ SF = \frac{245}{70} = 3.5$$

c. 最大畸變能準則

$$\sigma_d = [\sigma_1^2 + \sigma_3^2 - \sigma_1\sigma_3]^{\frac{1}{2}} = [(-70)^2 + (-140)^2 - (-70)(-140)]^{\frac{1}{2}}$$
$$= 121.2\ \text{MPa}$$

所以

$$SF = \frac{490}{121.2} = 4.04$$

兩主應力均為負值的情況與兩主應力均為正值的情況相似，可比較兩種情況下所得安全因數值的異同，並思考其緣故。

(5) $\sigma_1 = \sigma_2 = \sigma_3 = 140\ \text{MPa}$

a. 最大主應力準則

因 $\sigma_{\max} = 140\ \text{MPa}$

$$SF = \frac{490}{140} = 3.5$$

b. 最大剪應力準則

$$\tau_{\max} = \max\left\{\frac{1}{2}|\sigma_1 - \sigma_2|,\ \frac{1}{2}|\sigma_2 - \sigma_3|,\ \frac{1}{2}|\sigma_3 - \sigma_1|\right\}$$
$$= 0\ \text{MPa}$$

$$SF = \frac{245}{0} = \infty$$

c. 最大畸變能準則

$$\sigma_d = \left[\frac{(\sigma_1 - \sigma_2)^2 + (\sigma_2 - \sigma_3)^2 + (\sigma_3 - \sigma_1)^2}{2}\right]^{\frac{1}{2}} = 0\ \text{MPa}$$

$$SF = \frac{490}{0} = \infty$$

範例 2-5

某機件以 ASTM 30 的鑄鐵製成，試分別以最大法向應力準則，庫倫-莫爾準則及修正的莫爾準則，檢視下列應力狀態下的安全因數。

(1) $\sigma_1 = 100$ MPa，$\sigma_2 = 80$ MPa，$\sigma_3 = 0$ MPa

(2) $\sigma_1 = 100$ MPa，$\sigma_2 = 0$ MPa，$\sigma_3 = -80$ MPa

(3) $\sigma_1 = 80$ MPa，$\sigma_2 = 0$ MPa，$\sigma_3 = -100$ MPa

(4) $\sigma_1 = 0$ MPa，$\sigma_2 = -80$ MPa，$\sigma_3 = -100$ MPa

解：ASTM 30 鑄鐵的 $S_{ut} = 214$ MPa, $S_{uc} = 751$ MPa

(1) $\sigma_1 = 100$ MPa，$\sigma_2 = 80$ MPa，$\sigma_3 = 0$ MPa

a. 最大法向應力：因為 $\sigma_1 > \sigma_2 > 0$，所以

$$SF = \frac{S_{ut}}{\sigma_{\max}} = \frac{214}{100} = 2.14$$

b. 庫侖-莫爾準則與 c. 修正的莫爾準則：因為 $\sigma_1 > \sigma_2 > 0$，這兩個準則與最大主應力準則一致，所以

$$SF = \frac{S_{ut}}{\sigma_{\max}} = \frac{214}{100} = 2.14$$

(2) $\sigma_1 = 100$ MPa，$\sigma_2 = 0$ MPa，$\sigma_3 = -80$ MPa

a. 最大法向應力：由於兩主應力正、負值各一，所以

$$SF = \min\left\{\frac{S_{ut}}{\sigma_{\max}}, \frac{S_{uc}}{|\sigma_{\min}|}\right\} = \min\left\{\frac{214}{100}, \frac{751}{|-80|}\right\} = 2.1$$

b. 庫侖-莫爾準則：由於兩主應力正、負值各一，所以

$$SF = \frac{S_{ut}S_{uc}}{\sigma_1 S_{uc} - \sigma_2 S_{ut}} = \frac{(214)(751)}{(100)(751) - (80)(214)} = 2.77$$

c. 修正的莫爾準則：因為 $\sigma_3/\sigma_1 = -0.8 > -1$，所以安全因數應與最大主應力準則相同。即

$$SF = \min\left\{\frac{S_{ut}}{\sigma_{max}}, \frac{S_{uc}}{|\sigma_{min}|}\right\} = \min\left\{\frac{214}{100}, \frac{751}{|-80|}\right\} = 2.14$$

(3) $\sigma_1 = 80$ MPa，$\sigma_2 = 0$ MPa，$\sigma_3 = -100$ MPa

a. 最大法向應力

$$SF = \min\left\{\frac{S_{ut}}{\sigma_{max}}, \frac{S_{uc}}{|\sigma_{min}|}\right\} = \min\left\{\frac{214}{80}, \frac{751}{|-100|}\right\} = 2.68$$

b. 庫侖-莫爾準則：由於兩主應力正、負值各一，所以

$$SF = \frac{S_{ut}S_{uc}}{\sigma_1 S_{uc} - \sigma_2 S_{ut}} = \frac{(214)(751)}{(80)(751)-(-100)(214)} = 1.97$$

c. 修正的莫爾準則：因為 $\sigma_3/\sigma_1 = -1.25 < -1$，所以依 (2-43) 式

$$\frac{1}{SF} = \sigma_1\left[\frac{1}{S_{ut}} - \frac{1}{S_{uc}}\right] - \frac{\sigma_3}{S_{uc}} = (80)\left[\frac{1}{214} - \frac{1}{751}\right] - \frac{(-100)}{751}$$

$$= 0.400$$

即 $SF = 2.50$

(4) $\sigma_1 = 0$ MPa，$\sigma_2 = -80$ MPa，$\sigma_3 = -100$ MPa

a. 最大法向應力：因為 $0 > \sigma_1 > \sigma_3$，所以

$$SF = \frac{S_{uc}}{|\sigma_{min}|} = \frac{751}{|-100|} = 7.51$$

b. 庫侖-莫爾準則與 c. 修正的莫爾準則：因為 $0 > \sigma_2 > \sigma_3$，這兩個準則的安全因數與最大主應力準則一致，所以

$$SF = \frac{S_{uc}}{|\sigma_{min}|} = \frac{751}{100} = 7.51$$

2.8　應力集中因數與缺口敏感度

一般應力計算式求得的應力，都假設受力機件無不規則的形狀存在，也無任何缺口或缺陷。但實際應用的機件常有如圖 2-11 所示的情況，而在機件的外形呈現不規則或有缺口處的實際應力 σ 值，常高於根據一般應力公式 (即機件承受的負荷與機件的最小剖面面積間的比值) 計算所得的應力，亦即所謂的標稱應力 (nominal stress) σ_0。圖 2-11 中，代表應力分佈的應力線，在鄰近圓孔處，因圓孔的存在而顯得比較密集，表示鄰近圓孔處的應力比稍遠處的標稱應力高。

機件因形狀不規則，導致承受負荷時的實際應力大於標稱應力的現象，稱為**應力集中** (stress concentration)。常用的應力集中因數值，大多數是以偏光彈性 (photoelasticity)、脆性被覆 (brittle coating) 等實驗的方式求得，而且通常都是以線圖的方式呈現，如圖 2-12。這種應力集中因數，僅將機件的幾何形狀列為考

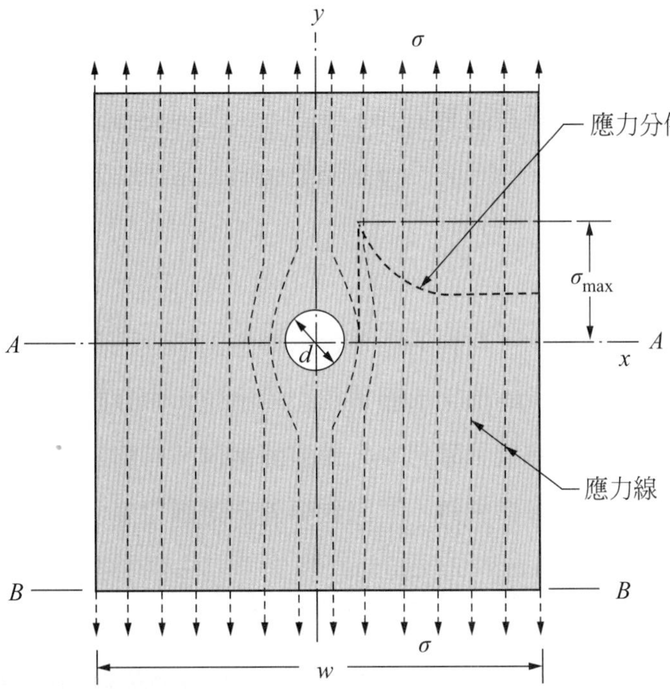

圖 2-11　應力集中現象

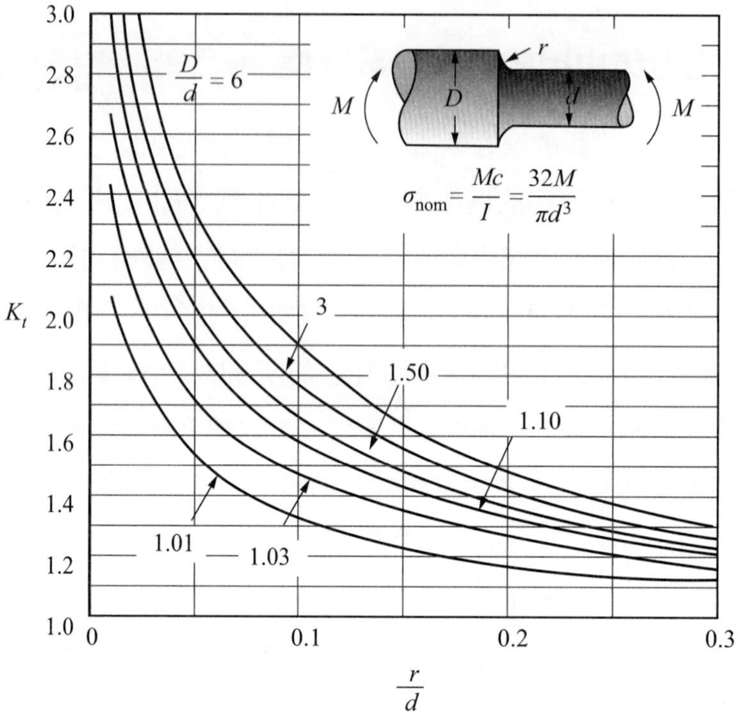

圖 2-12 幾何應力集中因數線圖

慮因素，故稱為**幾何應力集中因數** (geometric stress concentration factor)，或**理論應力集中因數** (theoretical stress concentration factor)，並且以 K_t 與 K_{ts} 表示之，即

$$K_t = \frac{\sigma}{\sigma_o} \text{ 與 } K_{ts} = \frac{\tau}{\tau_o} \tag{2-44}$$

經由實務上的經驗顯示，材料的性質會影響應力集中因數的值。不同的材料製成具有相同幾何不連續性的機件，顯現出來的應力集中效應並不相同，有些材料對幾何不連續性的敏感程度，顯然不如其他的材料，且實際的應力值，也比幾何應力集中因數乘以標稱應力來得小，因此另外定義應力集中因數 K_f 與 K_{fs}，令

$$\sigma_{max} = K_f \sigma_0 \text{ 與 } \tau_{max} = K_{fs} \tau_0 \tag{2-45}$$

式中的 σ_0 與 τ_0 為標稱應力，而 K_f 與 K_{fs} 稱為**疲勞應力集中因數** (fatigue stress concentration factor) K_f，其定義如下：

$$K_f = \frac{\text{含缺口試片中的最大應力}}{\text{無缺口試片中的應力}} \tag{a}$$

缺口敏感度 (notch sensitivity) q 定義如下：

$$q = \frac{K_f - 1}{K_t - 1} \tag{b}$$

q 的值通常在 0 與 1 之間。(b) 式顯示當 $q = 0$ 時，$K_f = 1$，表示該材料對缺口完全不敏感；且當 $q = 1$ 時，$K_f = K_t$，表示該材料對缺口十足敏感。設計或分析時，當先查出幾何應力集中因數 K_t，並依材料確定缺口敏感度 q 後，疲勞應力集中因數 K_f 的計算可經由 Neuber 方程式

$$K_f = 1 + q(K_t - 1) \tag{2-46}$$

求得。缺口敏感度 q 的值，當機件承受軸向及彎曲疲勞負荷時，通常可以由 Kunn-Hardrath 公式計算，即

$$q = \frac{1}{1 + \sqrt{\dfrac{a}{\rho}}} \tag{2-47}$$

式中的 $\sqrt{a}$ 稱為 **Neuber 材料常數**，若 S_{ut} 的單位是 MPa 時，鋼料的 $\sqrt{a}$ 值可從三階多項式

$$\begin{aligned}\sqrt{a} &= 0.245799 - 0.446726(10^{-3})S_{ut} \\ &\quad + 0.317816(10^{-6})S_{ut}^2 - 0.816240(10^{-10})S_{ut}^3\end{aligned} \tag{2-48}$$

求得近似值。承受疲勞扭轉負荷之低合金鋼，其 $\sqrt{a}$ 值的值也可以由 (2-48) 式求得，但式中的 S_{ut} 值應提高 138 MPa。

由於疲勞應力集中因數 K_f 的值也受到缺口構形的影響，1962 年 Heywood 對 Neuber 方程式提出修正式

$$K_f = \frac{K_t}{1 + \dfrac{2(K_t - 1)}{K_t}\dfrac{\sqrt{a}}{\sqrt{r}}} \tag{2-49}$$

當機件的材質為鋼料時，式中的 $\sqrt{a}$ 對應於橫穿孔、軸肩與槽等構形的值可依表 2-1 中的算式計算。

結晶細緻均勻的材料對缺口存在的敏感度非常高，然而灰鑄鐵因片狀石墨結晶組織其作用有如內部缺陷，明顯地降低了外部缺口的敏感效應。對應於片狀結晶、球狀結晶鑄鐵，及鎂合金的 $\sqrt{a}$ 值，可自表 2-2 查詢計算。

若不確定鑄鐵的結晶組織，一般常令 $q = 0.2$。

表 2-1 鋼料的 Heywood 參數 $\sqrt{a}$

構形	$\sqrt{a}$ ($\sqrt{\text{mm}}$)，S_{ut} (MPa)
橫穿孔	$174/S_{ut}$
軸肩	$139/S_{ut}$
槽	$104/S_{ut}$

表 2-2 鑄鐵的 Heywood 參數 $\sqrt{a}$

材質	$\sqrt{a}$ ($\sqrt{\text{mm}}$)，S_{ut} (MPa)
片狀結晶鑄鐵	0.605
球狀結晶鑄鐵	$173.6/S_{ut}$
鎂合金	0.0756

範例 2-6

圖 EX2-5 中的彈簧桿以 ASTM 40 的鑄鐵製成。若安全因數要求 2.0，當圖中的負荷 $F_1 = F, F_2 = 2F$ 時，試求彈簧桿所能承受的最大 F_1 之值為若干？

解：ASTM 40 鑄鐵的 $S_{ut} = 293$ MPa

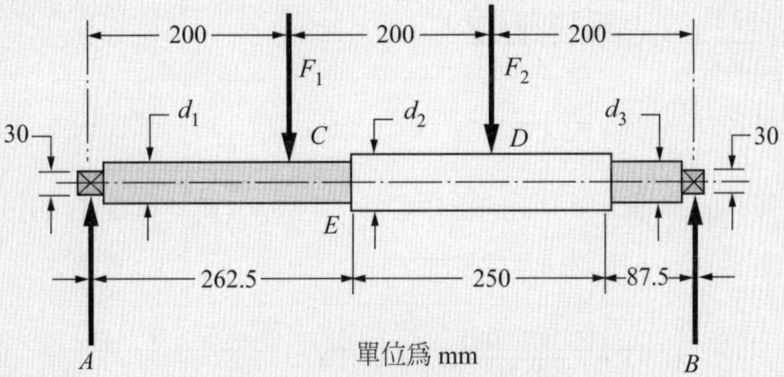

圖 EX2-5

$$S_{uc} = 965 \text{ MPa}$$

$$R_A = \frac{400F_1 + 200F_2}{600} = 1.333F$$

$$R_B = \frac{200F_1 + 400F_2}{600} = 1.667F$$

$$M_D = 1.667F(200) = 333.6F \text{ Nmm}$$

$$M_E = 1.333F(262.5) - F(62.5) = 287.4F \text{ Nmm}$$

剖面 E 的應力集中因數可自圖 2-12 中查得

$$\begin{cases} \dfrac{D}{d} = 1.2 \\ \dfrac{r}{d} = 0.1 \end{cases} \Rightarrow \begin{cases} K_t = 1.63 \\ K_{ts} = 1.35 \end{cases}$$

由於鑄鐵的缺口敏感度通常取 $q = 0.2$，因此

$$K_f = 1 + q(k_t - 1) = 1.13, \quad K_{fs} = 1 + q(K_{ts} - 1) = 1.03$$

$$\sigma_C = \frac{32M_C}{\pi d_C^3} = \frac{32(266.6F)}{\pi(40)^3} = 0.0424F \text{ MPa}$$

$$\sigma_D = \frac{32M_D}{\pi d_D^3} = \frac{32(333.6F)}{\pi(48)^3} = 0.03071F \text{ MPa}$$

$$\sigma_E = K_f \frac{32M_E}{\pi d_E^3} = (1.13)\frac{32(287.4F)}{\pi(40)^3}$$

$$= 0.05169F \text{ MPa} > \sigma_C > \sigma_D$$

由於彈簧桿的每個剖面承受的扭矩相等，且 $d_D < d_E$，剖面 E 的扭轉剪應力必定是 $\tau_E > \tau_D$，所以應考慮剖面 E

$$\tau_E = K_{fs} \frac{16T}{\pi d_E^3} = (1.03)\frac{16(1000000)}{\pi(40)^3} = 85.1 \text{ MPa}$$

$$\sigma_1 = \frac{\sigma_E}{2} + \sqrt{\left[\frac{\sigma_E}{2}\right]^2 + \tau_E^2} = 0.02585\,F + \sqrt{(0.02585\,F)^2 + (85.1)^2}$$

$$\sigma_2 = \frac{\sigma_E}{2} - \sqrt{\left[\frac{\sigma_E}{2}\right]^2 + \tau_E^2}$$

$$= 0.02585\,F - \sqrt{(0.02585\,F)^2 + (85.1)^2}$$

因 $\sqrt{(0.02585\,F)^2+(85.1)^2} > 0.02585F$，兩主應力將會是正、負號各一，且彎桿以鑄鐵鑄成，所以，庫倫-莫爾準則或修正的莫爾準則是較接近試驗結果的損壞準則。然而，由於 $\sigma_2/\sigma_1 > -1$，不符合修正的莫爾準則的使用條件，因此，以庫倫-莫爾準則計算，依 (2-42) 式

$$\frac{\sigma_1}{S_{ut}} - \frac{\sigma_2}{S_{uc}} = \frac{1}{SF}$$

$$\frac{0.02585\,F+\sqrt{(0.02585\,F)^2+(85.1)^2}}{293} - \frac{0.02585\,F-\sqrt{(0.02585\,F)^2+(85.1)^2}}{965} = \frac{1}{2}$$

解方程式可得 F = 1 425N。可知 σ_1 = 129.6 MPa，σ_2 = –55.9 MPa。因為 σ_2/σ_1 = –55.9/129.6 = –0.431 > –1，確實不符合使用修正的莫爾準則的條件，可知 F = 1 425 N。

在本節結束前提醒讀者，由於延性材料具有降伏的特性，可藉降伏現象，消解局部的高應力。因此，以延性材料製成的機件於承受靜負荷時，可以不考慮應力集中因數 K_f。除此之外，只要機件存在幾何不連續性，就必須考慮應力集中因數 K_f。在下一章考慮疲勞負荷時，即使是延性材料製成的機件，雖然均值應力分量視如靜負荷可以不考慮應力集中因數 K_f，但在變動應力分量，仍需考慮應力集中因數，且需要將變動應力分量乘以 K_f，因疲勞損壞屬於脆性損壞，所以，即使脆性材料僅承受靜負荷，也不能忽略應力集中因數的影響。

2.9 安全因數的參考值

本章介紹了影響安全因數值的主要因數，也介紹了適用於延性材料與脆性材料的失效準則，那麼是否有安全因數值的選擇指南？基本上，由於每一項設計所面對的不確定因數都不相同，難有很肯定的數值可供使用，但 Joseph Vidosic 還是提供了一些以降伏強度為基準的安全因數參考值如下：

1. 在可控制情況下，以可靠度高的材料，承受可確定且幾乎不變的負荷，同時輕量化是主要考量因素時，$SF = 1.25 \sim 1.5$。
2. 在合理的恆定環境條件下，以常使用的材料，承受可容易地確定的負荷時，$SF = 1.5 \sim 2.0$。
3. 於一般的環境中以普通材料，承受可以確定的負荷與應力時，$SF = 2.0 \sim 2.5$。
4. 於一般的環境、負荷與應力的情況下，以不常用的材料或脆性材料承受負荷時，$SF = 2.5 \sim 3.0$。
5. 於一般的環境、負荷與應力的情況下，使用未曾試用過的材料時，$SF = 3.0 \sim 4.0$。
6. 於不確定的環境下，以常用且可靠的材料承受不確定的負荷時，$SF = 3.0 \sim 4.0$。
7. 以上各種情況換成疲勞負荷時，可以使用相同的安全因數值，但須將降伏強度改為疲勞強度。

8. 承受衝擊負荷時，3 到 6 項的安全因數值可以採用，但負荷需加計衝擊因數。

9. 使用脆性材料時，應以抗拉強度為基準，1 到 6 項的安全因數值應該幾乎加倍。

10. 當顯現需要更高的安全因數值時，應在決定數值之前，對問題做更周全的分析。

範例 2-7

圖 EX2-6 中的彎桿若承受的負荷 $F = 45$ kN，試求該彎桿的安全因數 SF 之值。若彎桿的材質為 (a) AISI 1045 HR 時，以最大畸變能準則計算。(b) ASTM 40 的鑄鐵時，以庫倫-莫爾準則計算。**F** 的作用線與 x 軸之間的夾角 $\theta = 53.13°$。

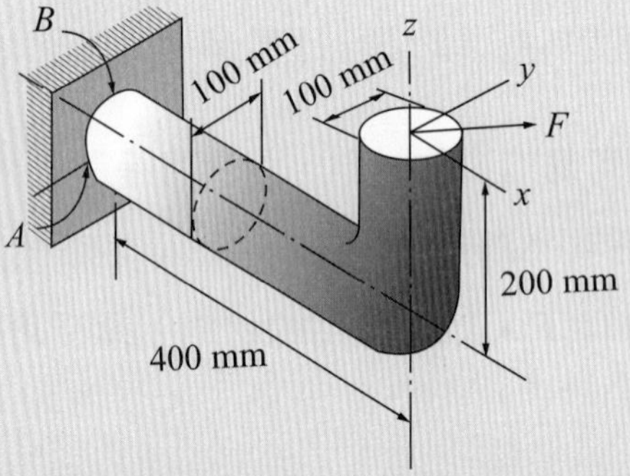

圖 EX2.6

解： 預期應力的臨界點將出現於圓桿固定端的剖面上，取該剖面的圓心為座標系原點，x 軸為圓桿的中心軸，則施力點的位置向量為

$$r = 400\,\mathbf{i} + 200\,\mathbf{k}$$

施力的向量表示式為

$$\mathbf{F} = F\cos\mathbf{q}\,\mathbf{i} + F\sin\mathbf{q}\mathbf{j} = 27\mathbf{i} + 36\mathbf{j}\ \bullet \mathrm{kN}$$

$$\mathbf{M} = \mathbf{r} \times \mathbf{F} = (0.4\mathbf{i} + 0.2\mathbf{k}) \times (27\mathbf{i} + 36\mathbf{j})$$

$$= -7.2\,\mathbf{i} + 5.4\mathbf{j} + 14.4\,\mathbf{k}\ \mathrm{kN} \bullet \mathrm{m}$$

所以，該剖面上承受 $T_x = -7.2$ kN • mm, $\mathbf{M}_y = 5.4$ kN • m, $\mathbf{M}_z = 14.4$ kN • m 及 $F_x = 27$ kN，$F_y = 36$ kN 等負荷。而

$$M = \sqrt{M_y^2 + M_z^2} = \sqrt{(5.4)^2 + (14.4)^2} = 15.38\ \mathrm{kN} \bullet \mathrm{m}$$

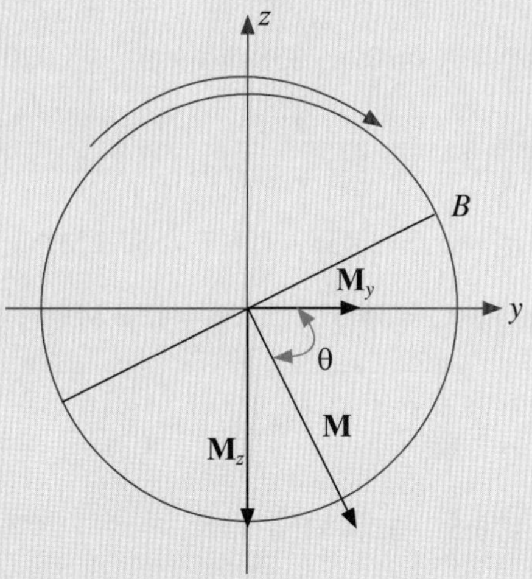

則這些負荷在臨界剖面產生的應力有：

拉應力

$$\sigma_a = \frac{4F_x}{\mathbf{p}d^2} = \frac{4(27{,}000)}{\mathbf{p}(100)^2} = 3.438\ \mathrm{MPa}$$

扭轉剪應力

$$\mathbf{t}_t = \frac{16T}{\mathbf{p}d^3} = \frac{16(7{,}200{,}000)}{\mathbf{p}(100)^3} = 36.67\ \mathrm{MPa}$$

彎應力

$$\sigma_b = \frac{32M}{\mathbf{p}d^3} = \frac{32(15{,}380{,}000)}{\mathbf{p}(100)^3} = 156.7\ \mathrm{MPa}$$

因在圖中的 B 點兩項法向應力，拉應力與彎應力，都是正值，因此臨界點應該在 B 點。

橫向剪應力：因

$$\theta = \tan^{-1}\frac{\mathbf{M}_z}{\mathbf{M}_y} = \tan^{-1}\frac{14.4}{5.4} = 69.44°$$

$$\tau_V = \frac{4}{3}\frac{F_y}{\pi r^2}\sin^2\theta = \frac{4}{3}\frac{36000}{\pi(50)^2}\sin^2 69.44° = 5.358\ \text{MPa}$$

在切線方向的分量為

$$\tau_{Vt} = \tau_V \sin\theta = 5.358\sin 69.44° = 5.020\ \text{MPa}$$

方向與扭轉剪應力的方向相同，因此，B 點的應力狀態為

$$\sigma = \sigma_a + \sigma_b = 3.438 + 156.7 = 160.1\ \text{MPa}$$

$$\tau = \tau_t + \tau_{Vt} = 36.67 + 5.358 = 42.3\ \text{MPa}$$

$$\sigma_{1,2} = \frac{\sigma}{2} \pm \sqrt{\left(\frac{\sigma}{2}\right)^2 + \tau^2} = \frac{160.1}{2} \pm \sqrt{\left(\frac{160.1}{2}\right)^2 + (42.03)^2}$$

$$= 170.5,\ -10.4\ \text{MPa}$$

(a) AISI 1045 HR 鋼的 $S_{ut} = 570$ MPa, $S_{yp} = 310$ MPa，最大畸變能準則

$$\sigma_d = \sqrt{\sigma_1^2 + \sigma_2^2 - \sigma_1\sigma_2} = \sqrt{(170.5)^2 + (-10.4)^2 - (170.5)(-10.4)}$$

$$= 175.9\ \text{MPa}$$

$$SF = \frac{S_{yp}}{\sigma_d} = \frac{310}{175.9} = 1.762$$

(b) ASTM 40 鑄鐵的 $S_{ut} = 293$ MPa, $S_{uc} = 956$ MP，庫倫-莫爾準則

$$\frac{\sigma_1}{S_{ut}} - \frac{\sigma_2}{S_{uc}} = \frac{1}{SF} \Rightarrow \frac{170.5}{293} - \frac{-10.4}{956} = \frac{1}{SF}$$

$$SF = 1.687$$

習　題

1. 已知受力機件中某一點的應力狀態為

(a) $$[\sigma_{ij}]=\begin{bmatrix}109 & -22 & 47\\ -22 & -54 & 63\\ 47 & 63 & 83\end{bmatrix}\text{ MPa}$$

(b) $$[\sigma_{ij}]=\begin{bmatrix}120 & 60 & 90\\ 60 & 100 & 30\\ 90 & 30 & 140\end{bmatrix}\text{ MPa}$$

試求該點的三個主應力。

2. 受力機件中某個點對一組座標系的應力狀態為

$$[\sigma_{ij}]=\begin{bmatrix}120 & 60 & 90\\ 60 & 100 & 30\\ 90 & 30 & 140\end{bmatrix}\text{ MPa}$$

若旋轉座標系，使其與原座標系間的方向餘弦矩陣為

$$[n]=\begin{bmatrix}\frac{1}{2} & -\frac{\sqrt{3}}{2} & 0\\ \frac{\sqrt{3}}{2} & \frac{1}{2} & 0\\ 0 & 0 & \frac{1}{2}\end{bmatrix}$$

試求該點對新座標系的各應力分量。

3. 承受負荷知機件中的某個點，對一組座標系的應力狀態為

$$[\sigma_{ij}]=\begin{bmatrix}-50 & 0 & -10\\ 0 & 0 & 0\\ -10 & 0 & 80\end{bmatrix}\text{ MPa}$$

若旋轉座標系，使其與原座標系間的方向餘弦矩陣為

$$[n]=\begin{bmatrix}\frac{\sqrt{3}}{2} & \frac{1}{2} & 0\\ -\frac{1}{2} & \frac{\sqrt{3}}{2} & 0\\ 0 & 0 & 1\end{bmatrix}$$

試求該點對新座標系的各應力分量。

4. 圖 P2-4 中的圓桿直徑 d = 100 mm，若圓桿的材質為 AISI 1045 HR。試以適用的失效準則，分別計算其安全因數。

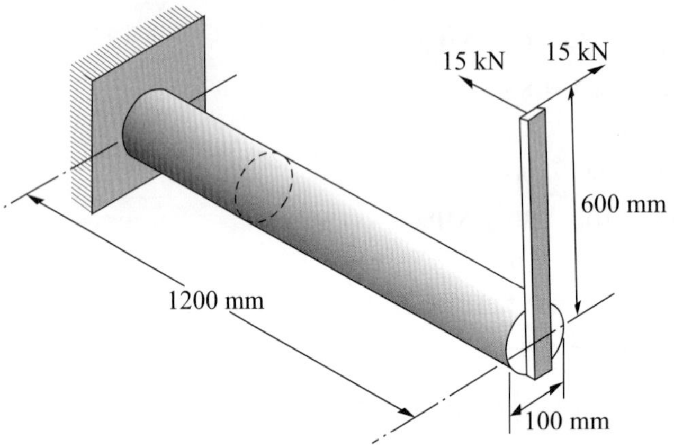

圖 P2-4

5. 若問題 4 中的圓桿改以 ASTM 30 的鑄鐵製作，試重解問題 1。

6. 圖 P2.6 中的圓桿擬以 AISI 1030 CD 的鋼料製作，直徑 D = 80 mm，試以適用的失效準則，分別計算圓桿的安全因數。

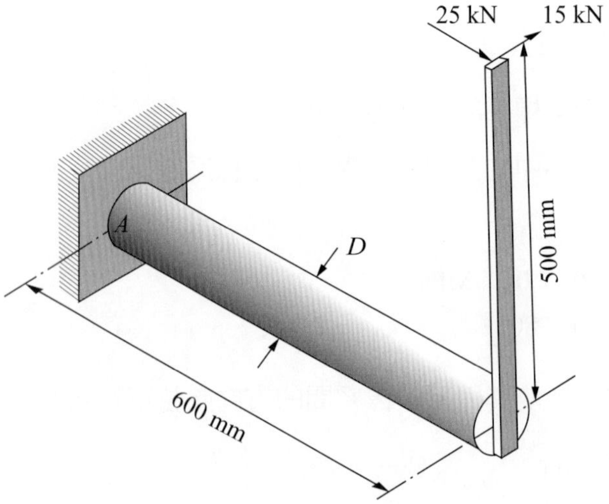

圖 P2-6

7. 若問題 6 中的圓桿改以 ASTM 40 鑄鐵製作，試以適用的失效準則，分別計算圓桿的安全因數。

8. 若範例 2-5 中的軸，設計因數改為 3.0，試計算該軸能承受的最大負荷 F 為若干？但

(a) 軸以 AISI 1040 正常化的圓鋼棒製作，並以最大畸變能準則設計

(b) 軸以 ASTM 40 的鑄鐵製作，並以莫爾準則設計

(c) 軸以 ASTM 50 的鑄鐵製作，並以修正的莫爾準則設計

(d) 軸以 AISI 1040 CD 的圓鋼棒製作，並以最大剪應力準則設計

9. 問題 5 中，若令 $T = 0$，其餘數據維持不變，試重解問題 5。

10. 某 ASTM 50 鑄鐵製成的機件承受下列應力，試分別以莫爾準則與修正的莫爾準則，計算其安全因數。

(a) $\sigma_x = 280$ MPa, $\sigma_y = 140$ MPa, $\tau_{xy} = 70$ MPa, c.w.

(b) $\sigma_x = -100$ MPa, $\sigma_y = 160$ MPa, $\tau_{xy} = 120$ MPa, c.w.

(c) $\sigma_x = 200$ MPa, $\sigma_y = -200$ MPa, $\tau_{xy} = 280$ MPa, c.c.w.

(d) $\sigma_x = 80$ MPa, $\sigma_y = 240$ MPa, $\tau_{xy} = 80$ MPa, c.c.w.

11. 若問題 10 中的機件，改以 AISI 1030 正常化的鋼料製作，試分別以最大剪應力準則與最大畸變能準則，計算其安全因數。

12. 若以 AISI 4140 正常化的鋼料製成的機件受力時，應力狀況最嚴苛處之應力狀態，以下列的應力矩陣表示，試分別以最大剪應力準則與最大畸變能準則，計算其安全因數。

(a) $\begin{bmatrix} 120 & -120 & 0 \\ -120 & 240 & -120 \\ 0 & -120 & 120 \end{bmatrix}$ MPa；(b) $\begin{bmatrix} 90 & 60 & 120 \\ 60 & 0 & 60 \\ 120 & 60 & 90 \end{bmatrix}$ MPa；

(c) $\begin{bmatrix} 80 & -30 & -30 \\ -30 & 80 & -30 \\ -30 & -30 & 80 \end{bmatrix}$ MPa

13. 若問題 12 中的機件改以 ASTM 30 的鑄鐵製造，試以最適合的失效準則計算其安全因數。

14. 試以圖 P2-14 重解問題 4。

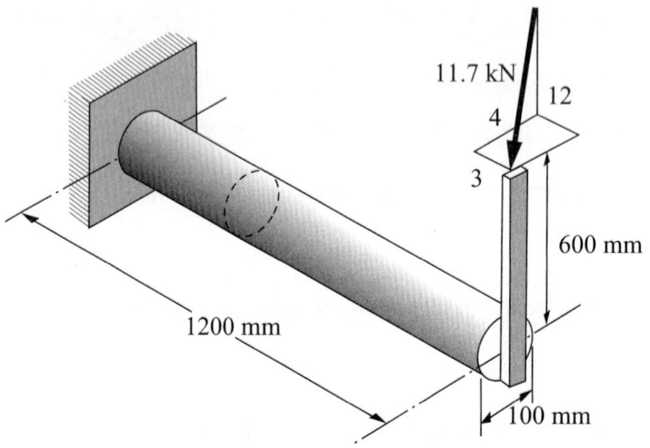

圖 P2.14

15. 圖 P2-15 中的彎桿，若要求設計因數為 2，試求該彎桿能承受的最大 **F** 之值。若彎桿的材質為 (a) AISI 1045 HR 時，以最大畸變能準則計算。(b)

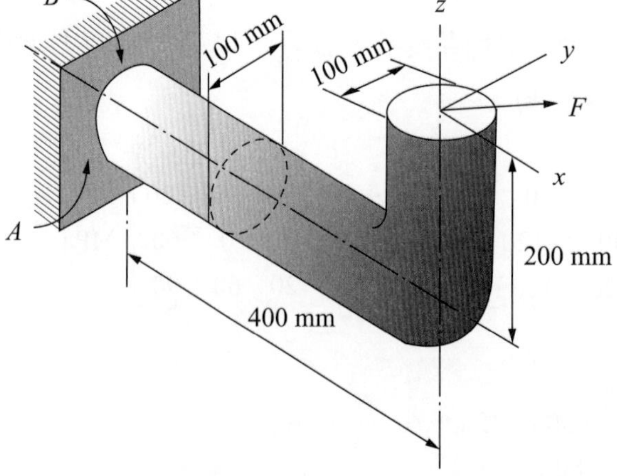

圖 P2-15

ASTM 40 的鑄鐵時，以庫侖-莫爾準則計算。而 **F** 的作用線與 x 軸間的夾角 $\theta = 53.13°$。

16. 圖 P2-16 中圓軸各部分的尺寸分別為 $d_1 = 40$ mm、$d_2 = 50$ mm，及 $d_3 = 30$ mm, $a = 250$ mm, 及 $L_1 = L_2 = 300$ mm, $L_3 = 150$ mm 所有內圓角的半徑均為 2 mm。承受的負荷除了 $F_1 = F_2 = 2.4$ kN 之外，軸的兩端還承受 30 kN • m 的扭矩。若該軸以 (a) AISI 1050 CD 的鋼料；(b) ASTM 40 的鑄鐵製作，試以最適合的失效準則計算軸的安全因數。

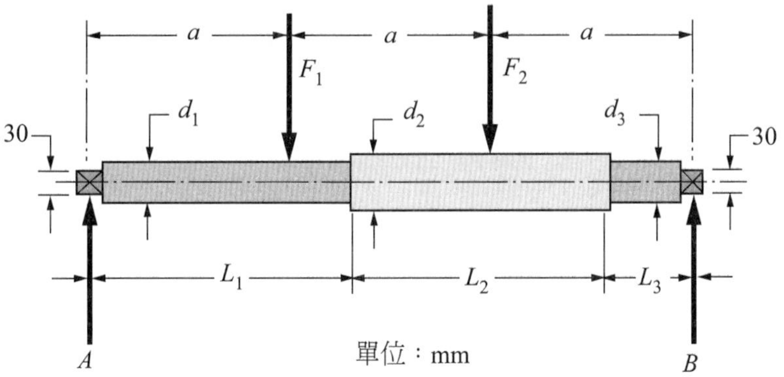

圖 P2.16

17. 圖 P 2-16 中的軸，若 $a = 200$, $L_1 = L_2 = 250$, $L_3 = 100$，圓角半徑均為 r，單位為 mm，且 $d_2 / d_1 = 1.2$, $r / d_1 = 0.1$。負荷除 $F_1 = 1.5$ kN，$F_2 = 3.0$ kN 之外，兩端還承受 $T = 10$ kN • m 的扭矩作用。當設計因數要求為 3.0 時，試以最適合的失效準則，計算該軸各部分的尺寸，但

(a) 軸以 AISI 1050 CD 的鋼料製作

(b) 軸以 ASTM 35 的鑄鐵製作

18. 若 AISI 4140 正常化鋼料製成的機件受力時，其最嚴苛的應力狀態以下列的應力矩陣表示：

$$\begin{bmatrix} 80 & 60 & 0 \\ 60 & -120 & -30 \\ 0 & -30 & 80 \end{bmatrix} \text{MPa}$$

試分別以最大應力準則與最大畸變能準則，計算其安全因數。

19. 若問題 18 中的應力矩陣以座標系 x_1, x_2, x_3 為依據所取得，現在將座標系旋轉成 x'_1, x'_2, x'_3，使得兩座標系間的方向餘弦矩陣為

$$[n]=\begin{bmatrix} 0.0266 & -0.6209 & 0.7834 \\ -0.8638 & 0.3802 & 0.3306 \\ -0.5031 & -0.6855 & -0.5262 \end{bmatrix}$$

試求 $\sigma'_{11}, \sigma'_{22}$ 及 σ'_{33}。並驗證 $\sigma'_{11}+\sigma_{22}+\sigma'_{33}=\sigma_{11}+\sigma_{22}+\sigma_{33}$。

20. 若圖 P2-20 中的懸臂圓桿以 AISI 1050 CD 的鋼料製成，要求安全因數為 2.5，試分別以 (a) 最大剪應力準則；(b) 最大畸變能準則計算能承受的負荷 F。

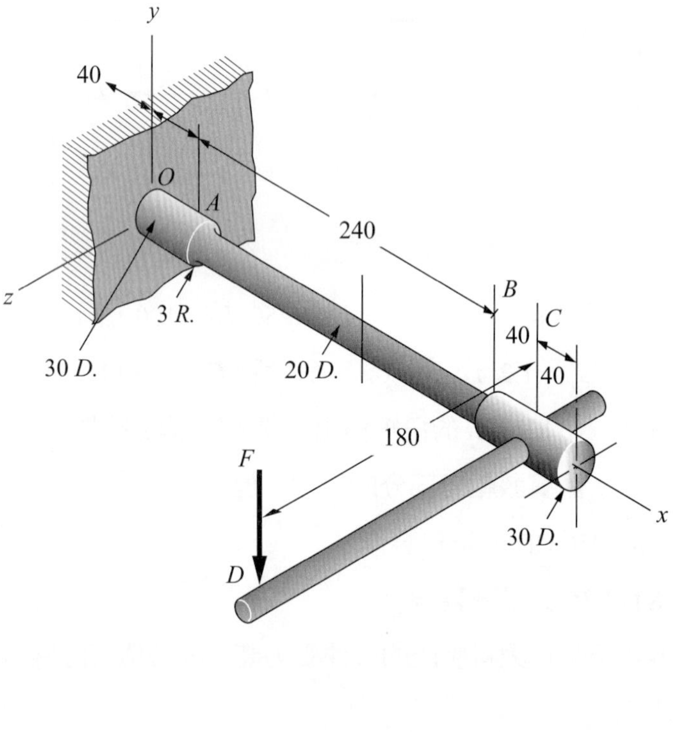

圖 P2-20

21. 若圖 P2-20 的懸臂圓桿以 AISI 1050 CD 的鋼料製成，要求安全因數為 2.5，而承受的力 F = 12 kN 時，試分別以 (a) 最大剪應力準則；(b) 最大畸變能準則求圓桿的直徑 d。

22. 若圖 P2-22 的懸臂圓桿以 ASTM 50 的鑄鐵製成，要求安全因數為 2.5，試以最合適的失效準則求該桿能承受的最大負荷。

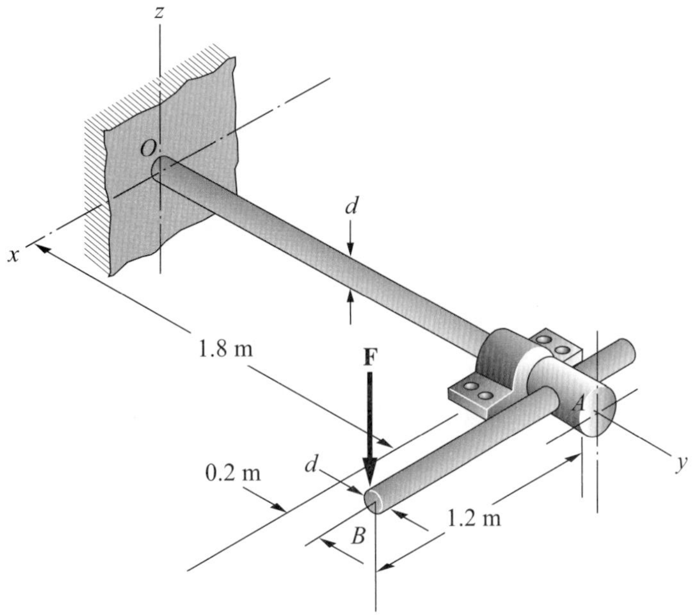

⚒圖 P2-22

23. 若圖 P2-22 的懸臂圓桿以 ASTM 50 的鑄鐵製成，要求安全因數為 2.5，且承受的力 $F = 12$ kN 時，試以最合適的失效準則求圓桿的直徑 d。

Chapter 3

疲勞失效的考量

3.1 引言

機械是結合運動機件及固定機件的結構體，使得許多機件承受的負荷，隨著機械的運轉呈現週期性的變化，而非固定不變。例如旋轉軸，即使承受的彎矩維持定值，但軸在旋轉時，軸心線以外的任何部分，都將週而復始地，經歷由最大壓應力逐漸變化到最大拉應力，再由最大拉應力回到最大壓應力的過程。通常這種隨著時間改變大小的負荷稱為**變動負荷** (variable load)，或**疲勞負荷** (fatigue failure)。

依統計資料顯示，機件損壞的案例中，疲勞損壞佔了非常高的比例。如何針對疲勞負荷進行安全的設計就是本章探討的主題。

3.2 疲勞失效、疲勞強度和疲勞限

先前提過，機件承受變動負荷時，經常發生疲勞失效，在疲勞失效的破裂面，常有部分破裂面顯得粗糙，其他部分則顯得較為平整，及顯示裂痕擴展方向的紋路等特色，圖 3-1 即顯現了旋轉軸的疲勞失效破裂面。

分析疲勞失效的案例發現，即使機件承受了小於前一章中之失效準則所規範的容許負荷，仍可能發生疲勞失效。換言之，前一章所討論的失效準則，無法規

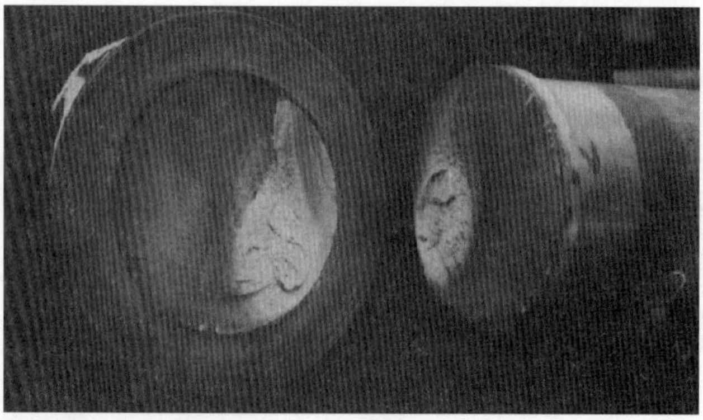

圖 3-1 旋轉軸的疲勞斷裂剖面

範因變動負荷導致的疲勞失效。為防範疲勞失效的發生，需要另外尋找規範疲勞失效的準則。

在尋求規範疲勞失效的準則之前，應先瞭解材料承受疲勞負荷時顯現的性質，最常用於測試材料承受疲勞負荷性質的方法為**迴轉樑法** (rotating beam method)，它使用如圖 3-2(a) 所顯示的測試裝置，其使用的標準試片則如圖 3-2(b) 所示。試驗時將試片安裝於圖 3-2(a) 的挾持裝置上後開始旋轉，其下方懸吊的垂重可於試片上產生純彎矩。

因為在純彎矩作用下，除了軸心線外，試片旋轉時都僅承受**交變應力** (alternate stress) 的作用。試驗時應記錄試片承受的應力，及在該應力作用下由試驗開始至出現疲勞失效跡象這段時間內，試片所經歷的總應力循環數。但由於疲

(a)

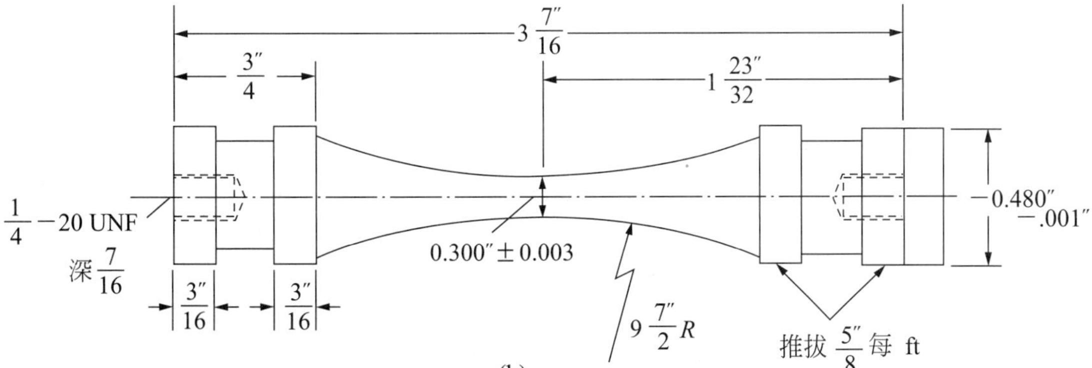

(b)

圖 3-2　(a) 回轉樑試驗裝置；(b) 迴轉樑試驗試片

勞試驗所得的數據呈現散亂的現象，材料的**疲勞強度**必須集結眾多的試驗數據並以統計方式求得。疲勞強度的定義是：使試片在達到特定的應力循環次數，仍不致出現疲勞失效跡象時，該試片所能承受的最大交變應力之值。由於試片承受的應力循環次數隨所承受應力的大小而變，交變應力愈大，試片在顯現疲勞失效前所能忍受的應力循環次數愈少，因此提到材料的疲勞強度時，必須註明應力循環的次數。

鋼、鐵或合金鋼等材料，若承受的交變應力小於某個值時，即使應力循環次數持續至無限多次，也不會發生疲勞失效，如圖 3-3，應力循環次數在 10^6 ~ 10^7 次之間的試驗數據分佈趨勢呈現轉折的現象。由於鐵族金屬的此一特性，而定義作用於鋼質試片的應力循環次數已達 10^6 次，仍未使試片發生疲勞失效的最大交變應力值為**疲勞限** (fatigue limit) 或**持久限** (endurance limit)。值得注意的是，非鐵金屬並未出現疲勞限的現象，因此，非鐵金屬的疲勞性質都以附帶應力循環次數的疲勞強度表示。

疲勞限也呈現統計性質，因此，不論在圖 3-3，或以鋼料的抗拉強度與疲勞限為座標軸的圖 3-4，即使試驗用的試片採用相同的材料，試驗所得的數據仍呈現帶狀分佈。由觀察圖 3-4 的數據分佈可知，材料的 $S_{ut} \leq$ 1,400 MPa 時，其疲勞限值大約分佈於 $S'_e / S_{ut} = 0.4$ 至 $S'_e / S_{ut} = 0.6$ 之間。若 $S_{ut} >$ 1,400 MPa，則疲勞限

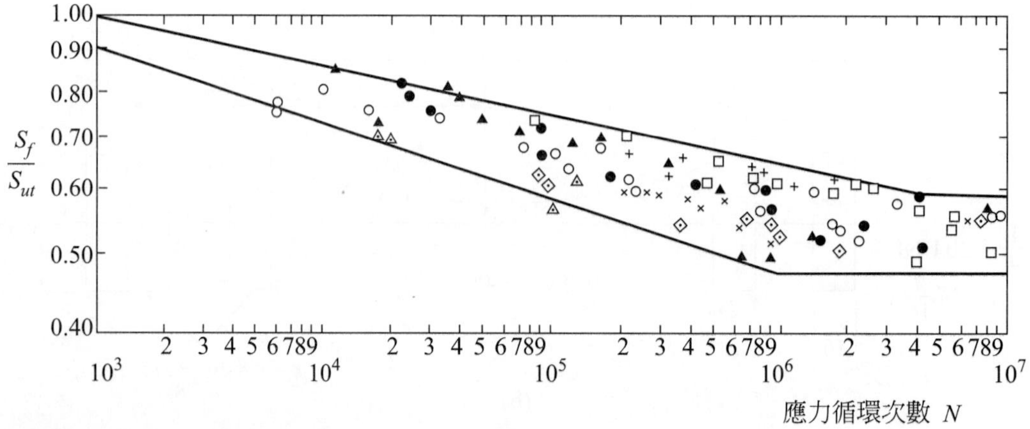

圖 3-3 疲勞強度對抗拉強度之比值與應力循環次數的關係

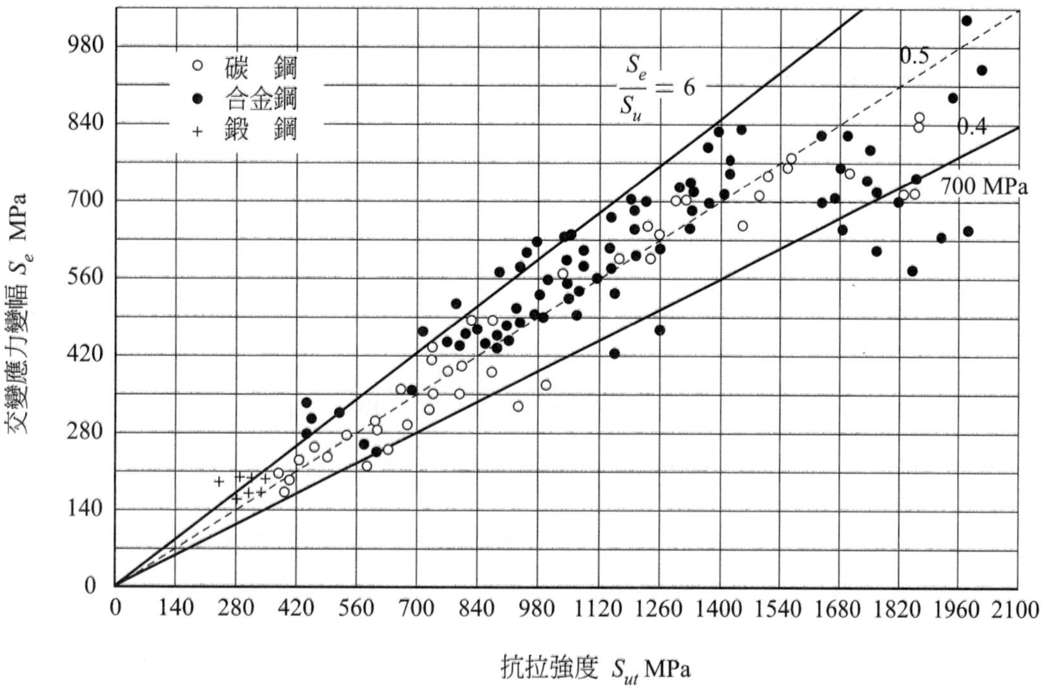

圖 3-4　鍛鐵、碳鋼與合金鋼的疲勞試驗數據分佈

的分佈範圍較廣，但大致呈現水平分佈的趨勢，若取平均值則可得到下列的結果：

$$S_e' = 0.5\ S_{ut} \text{ 若 } S_{ut} \leq 1{,}400 \text{ MPa} \tag{3-1}$$

$$S_e' = 700 \text{ MPa 若 } S_{ut} > 1{,}400 \text{ MPa} \tag{3-2}$$

鑄鐵與鑄鋼也有類似的關係式如下：

$$S_e' = 0.45\ S_{ut} \text{ 若 } S_{ut} \leq 600 \text{ MPa} \tag{3-3}$$

$$S_e' = 275 \text{ MPa 若 } S_{ut} > 600 \text{ MPa} \tag{3-4}$$

(3-3) 與 (3-4) 式對鑄鐵與鑄鋼均能適用，必須注意 S_e' 代表的是可靠度 50% 的疲勞限值。

3.3 高循環數疲勞

若疲勞失效發生於應力循環次數到達 10^3 次之前，一般稱為**低循環數疲勞** (low-cycles fatigue) 失效，若於 10^3 次應力循環之後才發生則稱為**高循環數疲勞** (high-cycles fatigue) 失效。一般機械設計上涉及低循環數疲勞的不多，如果對該項論題有興趣，可參考下列書籍。

1. H. O. Fuchs & R. I. Stephens "Metal Fatigue in Engineer" pp. 76-82。

2. J. A. Collins "Falure of Materials in Mechanical Design" pp. 379-397。

由於機械工業中使用最廣泛的材料為鋼與合金鋼，本節將以如何自鋼料的抗拉強度數據，估算出在高循環數疲勞範疇中，某指定應力循環數的疲勞強度為討論的主題。根據多種鋼料的試驗數據分析顯示，當應力循環次數為 10^3 次時，疲勞強度約為抗拉強度的 90%，而由 (3-1) 式所得到的疲勞限為 $S'_e = 0.5\ S_{ut}$。所以，若在雙對數座標軸上繪製鋼料的 S-N 圖，則疲勞強度 S'_f 與應力循環次數 N 間的關係為

$$\log S_f = \log a + b \log N \qquad \textbf{(3-5)}$$

由於 $N = 10^3$ 時，$S'_f = 0.9\ S_{ut}$，且 $N = 10^6$ 時，$S'_f = S'_e$，利用這兩組數據可以求得當 $10^3 \leq N \leq 10^6$ 時，(3-5) 式的 a 與 b 之值分別為

$$a = \frac{(0.9S_{ut})^2}{S'_e} \text{ 及 } b = -\frac{1}{3}\log\frac{0.9S_{ut}}{S'_e} \qquad \textbf{(3-6a, b)}$$

式中的 a 因使用的單位不同而有不同的值。

以 (3-6a, b) 式求得材料的 a 與 b 之值後，對應於某指定應力循環數的疲勞強度可由 (3-5) 式得到

$$S_f = aN^b \qquad 10^3 \leq N \leq 10^6 \qquad \textbf{(3-7)}$$

而承受高於疲勞限之完全交變應力 σ_a 的機件，在疲勞失效前經歷的總應力循環數則為

$$N = \left[\frac{\sigma_a}{a}\right]^{\frac{1}{b}} \qquad 10^3 \le N \le 10^6 \tag{3-8}$$

應注意的是 (3-6) 式中，若疲勞限已經過修正，或有精確的疲勞限值時，則 S'_e 以 S_e 取代，表示該值不是概估值。範例 3-1 闡明本節中相關公式的應用。

範例 3-1

若某機件以 AISI 1050 CD 的鋼料製成，試求下列各項結果。

(1) 估計其承受 380 MPa 之完全交變應力時的壽命。

(2) 預期需要 5×10^4 次應力循環的壽命時，該機件可承受的完全交變應力值為若干？

解：(1) 從由本書的附錄 3-1，可查得 AISI 1050 CD 鋼的 $S_{ut} = 690$ MPa，$S_{yp} = 580$ MPa，則 $S'_e = 0.5\,S_{ut} = 0.5(690) = 345$ MPa。而由 (3-6) 式可得

$$a = \frac{(0.9S_{ut})^2}{S'_e} = \frac{[(0.9)(690)]^2}{345} = 1117.8$$

$$b = -\frac{1}{3}\log\frac{0.9S_{ut}}{S'_e} = -\frac{1}{3}\log\frac{(0.9)(690)}{345} = -0.08509$$

將 a、b 之值代入 (3-8) 式中，即可求得機件的總應力循環數為

$$N = \left[\frac{\sigma_a}{a}\right]^{\frac{1}{b}} = \left[\frac{380}{1117.8}\right]^{\frac{1}{-0.08509}} = 3.2\,(10^5)$$

即機件在疲勞失效前，能承受大小為 380 MPa 之完全交變應力大約 $3.2(10^5)$ 次循環。

(2) 若預期需要承受 $N = 5 \times 10^4$ 次應力循環時，則完全交變應力的值可由 (3-7) 式求得

$$\sigma_f = aN^b = 1117.8\,[5(10^4)]^{-0.08509} = 445\text{ MPa}$$

這表示該機件若承受 445 MPa 的完全交變應力，則預期該機件會在經歷大約 5×10^4 次應力循環後發生疲勞失效。

3.4 疲勞限值的修正

由於機件與疲勞試驗所用的試片在形狀、加工精度及使用方法各方面完全相同的機率甚低，因此冀求機件的疲勞限能和得自於實驗室中的值相吻合，為極不切實際的想法。事實上，機件的疲勞限值遠低於在實驗室中極接近受控制狀態下所獲得的值。根據 1960 年代中期美國對 UNS G43400 鋼料所作的統計分析顯示，機件的疲勞限值僅為試驗所得疲勞限值的 40% 至 85% 而已。

導致機件疲勞限降低的因素很多，表 3-1 列出了能影響疲勞限值的因素，其中有些因素已經數值化，有些則尚未數值化。已數值化的因數，每個因數僅針對一種效應，若對全部已數值化的因數加以修正，則疲勞限的修正式為

$$S_e = k_a k_b k_c k_d k_e k_f S_e' \tag{3-9}$$

式中各符號代表的意義如下：

S_e = 機械元件的疲勞限 (持久限)

S_e' = 迴轉樑試件的疲勞限 (持久限)

k_a = 表面因數

k_b = 尺寸因數

k_c = 負荷因數

k_d = 可靠度因數

k_e = 溫度因數

k_f = 雜項效果因數

以下即就各影響因數加以討論。

表 3-1　影響疲勞限的因素

材料	化學成分，初始裂隙，可變性
製程	製造方法，熱處理，受侵蝕的腐蝕，表面情況，應力集中
環境	腐蝕，溫度，應力狀態，鬆弛時間
設計	尺寸，形狀，壽命，應力狀態，應力集中，速率，侵蝕，磨傷

表面因數 k_a

疲勞試驗的試片都經過精密拋光，除卻所有可能造成應力集中的瑕疵，但一般機件的表面加工等級不可能都有如與試片表面相等的加工等級，粗糙程度較高，含能造成應力集中之瑕疵的可能性較大，因而降低了材料的疲勞強度，為修正此項差異，可使用 (3-10) 式所得的 k_a 值

$$k_a = aS_{ut}^b \tag{3-10}$$

式中 S_{ut} 為最小抗拉強度，而 a 與 b 之值可由表 3-2 中查得。

表 3-2　表面精製因數表數

表面處理方式	因數 a (MPa)	指數 b
研磨	1.58	−0.085
切削或冷拉	4.51	−0.265
熱軋	57.7	−0.718
鍛造	272.0	−0.995

尺寸因數 k_b

一般機械元件的尺寸多與旋轉樑試驗之標準試片的尺寸不一致，當機件的尺寸大於試片的尺寸時，含瑕疵導致疲勞限降低的機率增大，根據 H. J. Grover、S. A. Gordon 及 L. R. Jackson 等學者，分析研究試片尺寸對承受完全交變彎矩與扭矩之持久限的影響所得的數據，得知尺寸修正因數 k_b 的值大略可依下式計算

$$k_b = \begin{cases} 1 & \text{當} \quad d \le 8\ \text{mm} \\ 1.189d^{-0.097} & \text{當} \quad 8\ \text{mm} < d \le 250\ \text{mm} \end{cases} \tag{3-11}$$

另外，Mischke 發表的研究成果為

$$k_b = \begin{cases} 1.24d^{-0.107} & \text{當} \quad 2.8 < d < 50\ \text{mm} \\ 1.51d^{-0.157} & \text{當} \quad 50 < d \le 250\ \text{mm} \end{cases} \tag{3-12}$$

式中的 d 為機件的直徑，至於其他形狀的剖面亦可依下述的方式解得有效直徑。

處理承受交變彎曲但不旋轉的圓桿，或桿的剖面非圓形的情況時，上式中的直徑 d 通常定義為**有效直徑** (effective diameter)，並以 d_e 表示。旋轉樑承受高於最大彎應力之 95% 的部分，為外徑為 d，內徑為 $0.95d$ 之間的環狀部分面積

$$A_{0.95\sigma} = \frac{1}{4}[d^2 - (0.95d)^2] = 0.0766d^2 \tag{a}$$

同樣地，對直徑為 D 之不旋轉圓桿而言，旋轉樑承受高於最大彎應力之 95% 的部分，為相距 $0.95D$，並對稱於直徑之兩平行弦之外，弦與圓周所包圍的面積，仔細計算的結果為

$$A_{0.95\sigma} = 0.01046D^2 \tag{b}$$

若於 (a) 式與 (b) 式相等，則旋轉樑的直徑可以代表不旋轉樑的直徑，代入尺寸因數 k_b 的計算式，而以 d_e 取代 d，則可得

$$d_e = 0.370D \tag{3-13a}$$

這就是對應於不旋轉之實心圓或空心圓的有效直徑。

尺寸為 $h \times b$ 的矩形剖面其 $A_{0.95\sigma} = 0.05\ hb$，利用與前面相同的處理方式，可得

$$d_e = 0.808\sqrt{hb} \tag{3-13b}$$

應注意的是依據試驗數據分析，尺寸因數的效果僅凸顯於機件承受交變彎應力及交變扭轉剪應力的情況，若機件僅承受軸向交變應力時，尺寸因數的效果並

不明顯，此時可令 $k_b = 1$。此外，在 ASME 的傳動軸設計規範中，當軸的直徑在 $50 < d \leq 250$ mm 的範圍內時，推薦下列修正因數的計算式

$$k_b = 1.85d^{-0.19} \tag{3-14}$$

負荷模式因數 k_c

當標準試片承受不同的負荷時，從試驗數據分析，若以承受純彎曲試驗所得的疲勞強度為基準，則承受純軸向疲勞負荷與純扭矩之疲勞負荷的疲勞強度值，應以負荷模式因數 k_c 加以修正，其值如表 3-3 所示。

表 3-3　負荷模式因數

負荷模式	k_c	註釋
純軸向負荷	0.9	
軸向負荷 (略受彎曲)	0.7	
純彎曲	1.0	
純扭矩	0.58	適用於鋼料
純彎矩	0.8	適用於鑄鐵

其中適用於純扭矩的 k_c 值是基於 von Mises 的理論求得者。

可靠度因數 k_d

相同材料製成的試片，從疲勞試驗所得數據的分佈狀態與韋布分佈 (Weibull distribution) 最吻合，但以常態分佈 (normal distribution) 處理較為方便。依 Stulen、Cummings 及 Schulte 等人就疲勞強度 490 MPa 至 670 MPa 的鋼料研究的結果顯示，在指定壽命循環數的情況下，疲勞強度的分佈非常近似於常態分佈，其標準差在 5% 到 8% 間。因此，建議當實際試驗的疲勞強度不可得時，可由平均疲勞強度減去一標準差，以求得對應於特定可靠度的疲勞強度 (或疲勞限) 值。

表 3-4 可靠度因數 k_d 相當疲勞限 8% 的標準差

可靠度 R	標準化變數 Z_r	可靠度因數 k_d
0.50	0	1.000
0.90	1.288	0.897
0.95	1.645	0.868
0.99	2.326	0.814
0.999	3.091	0.753
0.9999	3.719	0.702
0.99999	4.265	0.659
0.999999	4.753	0.620
0.9999999	5.199	0.584
0.99999999	5.612	0.551
0.999999999	5.997	0.520

溫度修正因數 k_e

材料在高溫環境下使用時，其強度都呈現下降的趨勢。即使承受靜負荷也會發生潛變現象。鋼料在高溫下其疲勞限可能消失。然而，溫度如何影響疲勞強度雖然已有許多試驗數據，結論卻仍然莫衷一是。因此，評估溫度對疲勞強度之影響的最佳途徑是做實際的試驗，並將結論作為設計的依據。以下所列的 (3-15) 式僅供參考，以提醒讀者對溫度效應的注意。

$$k_e = \begin{cases} 1.0 & \text{當} \quad T \le 450^\circ\text{C} \\ 1-5.8(10^{-3})(T-450) & \text{當} \quad 450^\circ\text{C} < T \le 550^\circ\text{C} \end{cases} \qquad \textbf{(3-15)}$$

雜項效應因數 k_f

實際上能影響疲勞限的因數並不只限於以上幾項，機件中的殘留應力、負荷的衝擊程度、是否運轉於具有腐蝕性的環境中等因素，對於機件疲勞限都產生實質上的影響，像使用珠擊法 (shot peening)、冷軋 (cold rolling) 或其他金屬加工法使機件表面植入壓應力，即能顯著地改善機件的疲勞限。相反地，若機件表面殘留拉應力，則對機件的疲勞限有害。可是這些因數對疲勞限的影響除了衝擊程度一項在 Hindhede 所著的 *Machine Design Fundamental* (Wiley, New York, 1983) 一書中提供了參考數據，如表 3-5，其他因數的數據資料尚付之闕如。

表 3-5　衝擊修正因數

負荷衝擊程度	k_f
輕度 (電動機、離心幫浦等迴轉機械)	0.9~1.0
中度 (往復式機構，如空壓機，內燃機)	0.7~0.8
重度 (衝壓機，剪斷機)	0.5~0.6
嚴重 (鍛造機，滾壓機，碎石機)	0.3~0.5

總而言之，此處以 k_f 涵蓋未詳的實際數據，但因其數據尚乏為多數人接受的值，所以僅作為提醒不宜忽視這些因素的意義大於實質的意義。

範例 3-2

某剖面為 30 × 50 mm 的矩形桿以 AISI 1030 CD 鋼料製成，需在 500℃ 的環境溫度下承受 5 × (10⁴) 次無扭轉的反覆彎曲，試求 (1) 修正的疲勞限；(2) 要求可靠度 95% 時，該方形桿能承受的最大純彎矩。

解：(1) AISI 1030 CD 鋼料的抗拉強度為 $S_{ut} = 520$ MPa，則

$$S_e' = 0.5\,S_{ut} = 0.5(520) = 260\text{ MPa}$$

(a) 表面因數，由 (3-11) 式及表 3-2，可得

$$a = 4.51\text{ MPa} \qquad b = -0.265$$

所以，

$$k_a = aS_{ut}^b = (4.51)(520)^{-0.265} = 0.860$$

(b) 尺寸因數 k_b，由於是矩形桿，先以 (3-13) 式求有效直徑 d_e

$$d = 0.808(hb)^{1/2} = 0.808(30 \times 50)^{1/2} = 31.3\text{ mm} > 8\text{ mm}$$

k_b 之值應以 (3-12) 式計算

$$k_b = 1.189d^{-0.097} = 1.189(31.3)^{-0.097} = 0.851$$

(c) 可靠度因數，由表 3-4 可查得 $k_d = 0.868$

(d) 溫度因數 k_e，由 (3-16) 式

$$k_e = 1 - 5.8(10)^{-3}(T - 450) = 1 - 5.8(10)^{-3}(500 - 450) = 0.71$$

其他因數因未提供相關資料皆取為 1，即

$$k_f = 1$$

所以，修正後的疲勞限為

$$S_e = k_a k_b k_c k_d S'_e = (0.860)\,(0.851)\,(0.868)\,(0.71)\,(260)$$

$$= 117.3 \text{ MPa}$$

(2) 由 (3-7) 式可求得

$$a = \frac{(0.9S_{ut})^2}{S_e} = \frac{(0.9 \times 520)^2}{117.3} = 1867.2$$

$$b = -\frac{1}{3}\log\frac{0.9S_{ut}}{S_e} = -\frac{1}{3}\log\frac{(0.9 \times 520)}{117.3} = -0.2003$$

則矩形桿承受 $5(10)^4$ 次應力循環所能忍受的彎應力可由 (3-8) 式求得為

$$\sigma_f = aN^b = 1867.2\,(5 \times 10^4)^{-0.2003} = 213.8 \text{ MPa}$$

矩形剖面的二次面積矩 $I = 3.125(10^5)\text{mm}^4$，所以矩形桿能承受的最大純彎矩為

$$M = \frac{\sigma_f I}{c} = \frac{(231.4)(3.125)(10^5)}{15} = 4.45 \text{ kN} \quad \text{m}$$

範例 3-3

圖 EX3-3 為承受反覆軸向負荷 **F** 之某機件的部分分離體圖，**F** 的值變化於 –90 kN 至 +90 kN 之間。其中 $r = 6.5$ mm，$d = 19.5$ mm，$t = 13$ mm，$w_1 = 97.5$ mm，且 $w_2 = 65$ mm。該機件以 AISI 1015 HR 的鋼料切削製成，試估計該機件能承受若干次應力循環。

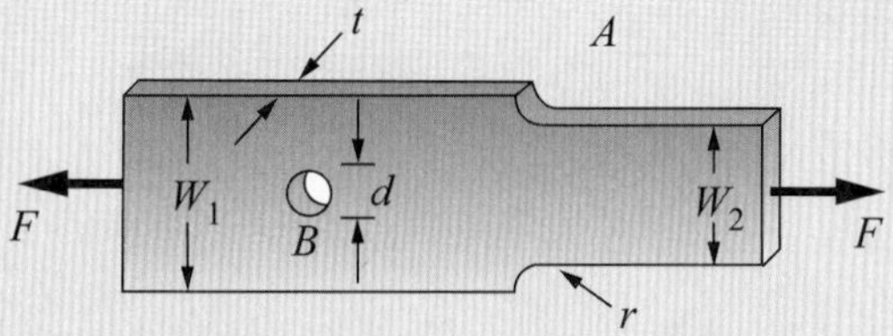

圖 EX3-3

解：AISI 1015 HR 鋼料的抗拉強度 $S_{ut} = 340$ MPa，則

$$S'_e = 0.5(S_{ut}) = 0.5(340) = 170 \text{ MPa}$$

(1) 表面因數，由 (3-11) 式及表 3-2 可知 $a = 4.51, b = 0.265$ 而

$$k_a = aS_{ut}^b = (4.51)(340)^{-0.265} = 0.962$$

(2) 尺寸因數 $k_b = 1$，因機件承受軸向交變應力時，機件的尺寸對疲勞限沒有顯著的影響。

(3) 因機件承受純軸向的疲勞負荷，由表 3.3 可查得 $k_c = 0.9$。

(4) 其餘的修正因數因缺乏資料，都為 1。

於是修正的疲勞限 S_e 為

$$S_e = k_a k_b k_c S'_e = (0.962)(1)(0.9)(170) = 147.2 \text{ MPa}$$

應力集中因數，本機件有兩處剖面發生應力集中現象，即剖面寬度變化處及穿孔處。先考慮寬度變化處的 K_t 及標稱應力 σ_O，由附錄一幾何應力集中因數線圖中的公式可求得

$$\sigma_{OA} = \frac{F}{w_2 h} = \frac{90,000}{(65)(13)} = 106.5\text{ MPa}$$

從幾何應力集中因數線圖 7 中，因 $w_1/w_2 = 1.5$，$r/w_2 = 0.1$，可查得 A 剖面處的幾何應力集中因數 K_t 值為 $K_t = 2.02$。

缺口敏感度可由 (2-47) 式求得，由 (2-48) 式可計算出 Neuber 材料常數 $\sqrt{a} \approx 0.1274$，可知

$$q = \frac{1}{1 + \frac{\sqrt{a}}{\sqrt{\rho}}} = \frac{1}{1 + \frac{0.1274}{\sqrt{6.5}}} = 0.952$$

所以

$$K_{fA} = 1 + q(K_t - 1) = 1 + 0.952(2.02 - 1) = 1.971$$

可知實際應力

$$\sigma_A = K_{fA}\sigma_{OA} = (1.971)(106.5) = 210.0\text{ MPa}$$

B 剖面穿孔處的應力集中因數，同樣地，因 $d/w_1 = 19.5/97.5 = 0.2$，由幾何應力集中因數線圖 8 中，可查得 $K_t = 1.83$。所以，

$$K_{fB} = 1 + q(K_t - 1) = 1 + 0.952\,(1.83 - 1) = 1.79$$

標稱應力則為

$$\sigma_{OB} = \frac{F}{h(w_1 - d)} = \frac{90,000}{(13)(97.5 - 19.5)} = 88.8\text{ MPa}$$

所以 B 剖面的實際應力 σ_B 為

$$\sigma_B = K_{fB}\sigma_{OB} = (1.83)(88.76) = 162.5\ \text{ MPa} > \sigma_A$$

亦即 A 剖面較 B 剖面更容易發生疲勞損壞，應考慮 A 剖面，於是由 (3-7) 式可求得 a 與 b 之值為

$$a=\frac{(0.9S_{ut})^2}{S_e}=\frac{(0.9\times 340)^2}{147.2}=636.1\,\text{MPa}$$

$$b=-\frac{1}{3}\log\frac{0.9S_{ut}}{S_e}=-\frac{1}{3}\log\frac{(0.9)(340)}{147.2}=-0.1197$$

然後藉 (3-9) 式可求得預期的負荷循還次數 N

$$N=\left[\frac{\sigma_a}{a}\right]^{\frac{1}{b}}=\left[\frac{195.8}{636.1}\right]^{\frac{1}{-0.1197}}=1.883(10^4)\text{次}$$

3.5　平均應力不為零的變動負荷

機件承受變動負荷，但關於平均應力不為零時的研究，有葛柏 (W.Gerber) 於 1874 年依據德國人韋勒發表的疲勞試驗數據，提出著名**葛柏拋物線方程式** (Geber parabola equation)，其後，英國人古德曼 (Goodman) 以縱軸表示交變應力，以橫軸表示平均應力，將縱軸上的疲勞限與橫軸上的抗拉強度以直線連接，取代葛柏的拋物線，簡化了問題的處理方式。由於古德曼的直線方程式較葛柏拋物線方程式簡單，而且容易使用，迄今仍廣泛地使用於機件的疲勞設計中。至於葛柏的拋物線方程式，因個人電腦的普及，解題不再是個繁瑣的問題，其應用近年來也有逐漸地遞增的情況。

當機件承受變動負荷時，其應力也隨之變動，圖 3-5 顯示了幾種可能的應力變動方式。圖中各項符號代表的意義如下：

$\sigma_{\min}$ = 最小應力　　　σ_m = 中值應力或平均應力

$\sigma_{\max}$ = 最大應力　　　σ_r = 應力變幅

σ_a = 應力振幅　　　σ_x = 穩定或靜態應力

且

$$\sigma_m=\frac{\sigma_{\max}+\sigma_{\min}}{2},\quad \sigma_a=\frac{\sigma_{\max}-\sigma_{\min}}{2} \qquad \textbf{(3-16)}$$

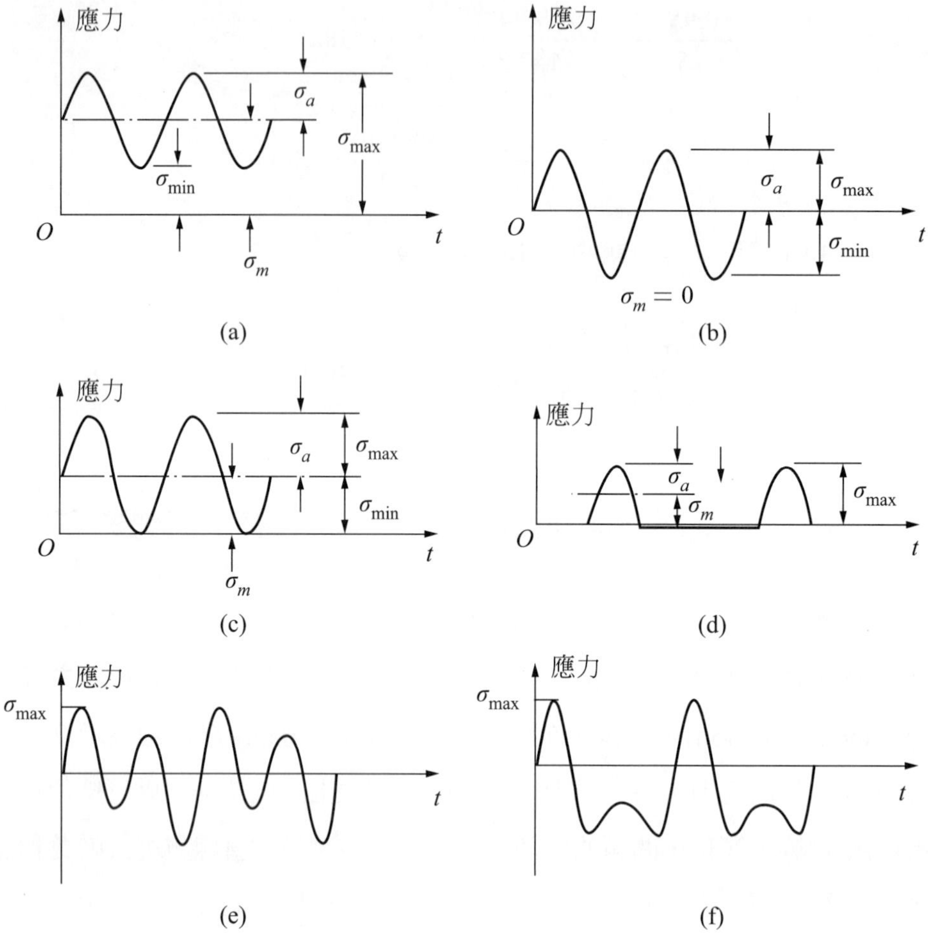

圖 3-5 可能的應力波動模式

應予指出的是穩定應力或靜態應力與平均應力並不相干。穩定應力源自施加於機件上的固定負荷或預加負荷，它可以是 σ_{min} 與 σ_{max} 間的任何值，即使造成變動應力的原因消失了，穩定應力依然存在。圖 3-5 的 (a)、(b) 與 (c) 為正弦波變動，而 (b)、(e) 的平均應力等於零的情形即所謂的交變應力 (alternative stress)，其餘的則稱為**重複應力** (repeated stress)。這些變動方式與 (3-16) 式，同樣適用於剪應力的情況。

改良的古德曼圖 (modified Goodman diagram)，如圖 3-6，可以很清楚地顯示當平均應力 σ_m 增大時，容許應力振幅 σ_a 就得縮小，否則機件就會失效。圖中也

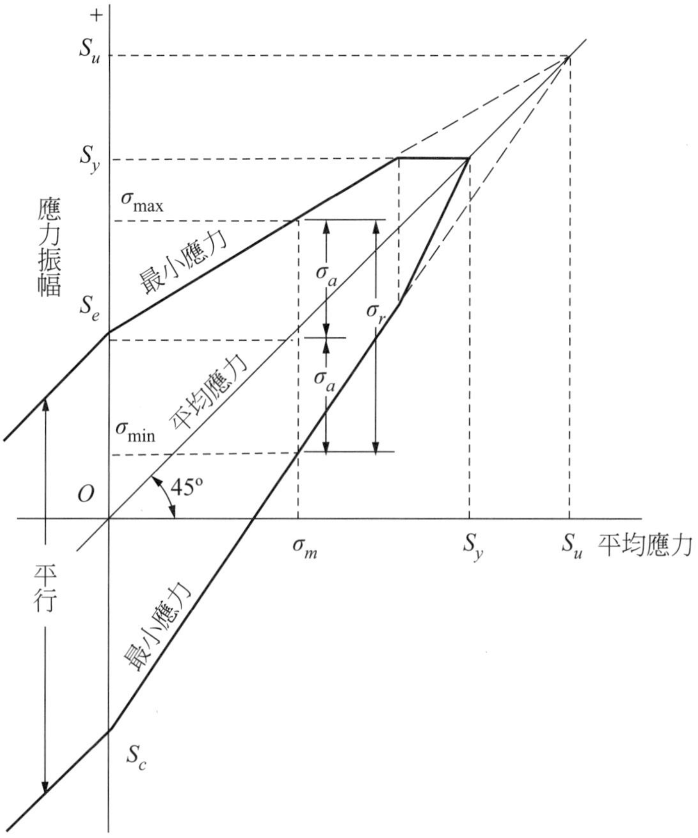

圖 3-6　改良的古德曼圖

標示了 S_{yp}，因為當 σ_{mmax} 之值大於 S_{yp} 時，降伏強度即成失效的準則。

在圖 3-7 中實驗數據以另一種表示方法，橫座標代表平均應力對抗拉強度的比值 (σ_{mm}/S_{ut})，縱座標代表應力振幅對疲勞限的比值 (σ_a/S_e)，從圖中可清楚看出平均應力為負值，也就是平均應力為壓應力時，平均應力對疲勞限的影響很小。而圖中的 *BC* 線即代表古德曼的失效準則。圖 3-7 為在拉張及壓縮兩個區域因平均應力不為零發生疲勞失效的圖形。以平均強度對抗拉強度 (S_m/S_{ut})，平均應力對抗壓強度 (S_m/S_{uc}) 及強度振幅對疲勞限 (S_a/S_e) 的比值，將數據常規化，能畫出各種鋼之實驗結果的圖形。(資料來源：Thomas J. Dolan, “Stress Range,” sec 6.2 in O. J. Horger (ed.), *ASME Handbook- Metals Engineering Design*, McGraw-Hill, New York: 1953)。

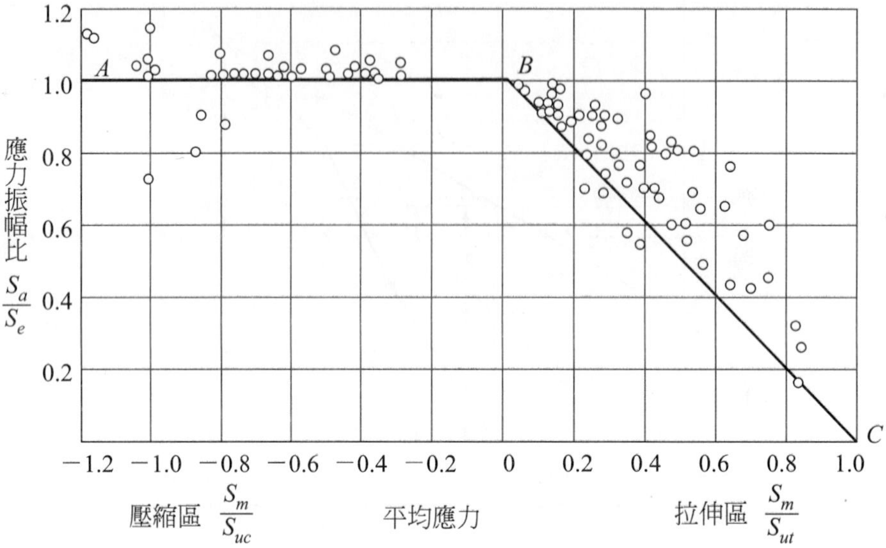

圖 3-7 疲勞試驗結果在拉伸區與壓縮區的分佈圖

3.6 變動應力的失效準則

圖 3-8 展示了不同的失效準則，圖中的縱座標代表變動應力中的交變應力分量，而橫座標代表平均應力分量。降伏線的繪製旨在提醒即使在變動應力的作用下，機件的失效準則仍不能忽略降伏準則。若變動應力中的交變應力分量，與平均應力分量在圖 3-8 中所決定的點落在代表某一準則的線段上，或該線與兩座標軸所圍成的區域之外，即代表機件將會失效。

1. 降伏線

$$S_a = -S_m + S_{yp} \tag{3-17}$$

2. 葛柏拋物線式

$$\frac{S_a}{S_e} + \left[\frac{S_m}{S_{ut}}\right]^2 = 1 \tag{3-18}$$

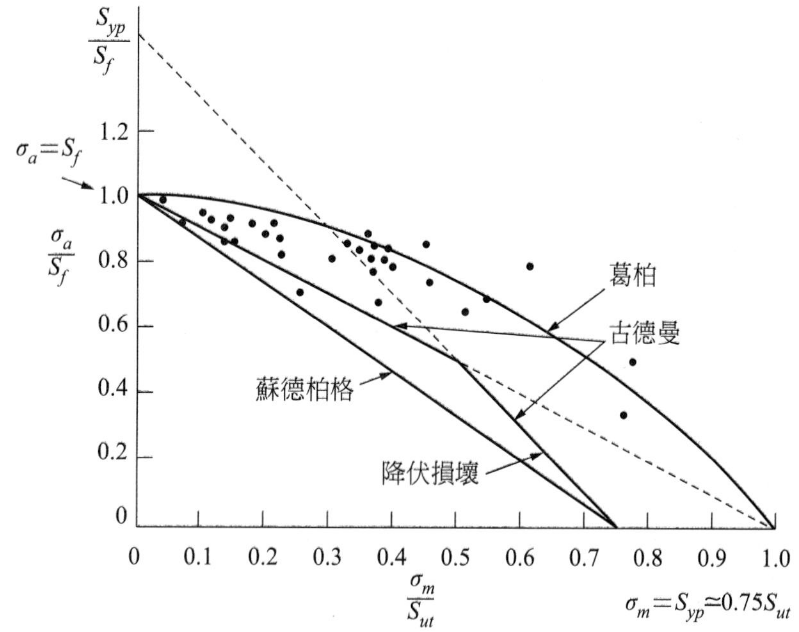

圖 3-8　各種疲勞失效準則線圖

3. 古德曼修正關係式

$$\frac{S_a}{S_e} + \frac{S_m}{S_{ut}} = 1 \tag{3-19}$$

4. 蘇德柏格 (Soderberg) 關係式

$$\frac{S_a}{S_e} + \frac{S_m}{S_{yp}} = 1 \tag{3-20}$$

其中以葛柏拋物線式與試驗數據最相吻合，但它是二次方程式，使用較不方便，蘇德柏格關係式則顯得過於保守，因此，從前設計時多採用古德曼修正關係式作為失效準則，近年來由於個人電腦的普及，求解二次方程式不再是複雜的問題，以葛柏方程式為失效準則的情況也有漸增的趨勢。在各方程式中的 S_a 與 S_m 所代表的是在臨界失效狀態 (即 σ_a 與 σ_m 所決定的點正好在損壞準則線上) 時的 σ_a 與 σ_m 的值，也就是負荷線與作為準則之各線之交點的座標值。

以修正古德曼關係式為基礎，在不同的情況下可以導出適應個別情況的特殊關係式如下：

1. 有預應力 σ_i，且 $\sigma_a / (\sigma_m - \sigma_i) = \text{const.}$，由圖 3-9 可觀察到安全因數為

$$n = \frac{S_a}{\sigma_a} = \frac{S_{ut} - \sigma_i}{\sigma_m - \sigma_i} \tag{a}$$

且

$$S_a = \frac{S_e}{S_{ut}}(S_{ut} - S_m) \tag{b}$$

由 (a)、(b) 兩式可以解得當機件中已經有預應力 σ_i 存在，且 $\sigma_a/(\sigma_m - \sigma_i) = \text{const.}$ 的情況下，修正的古德曼關係式可以寫成

$$\frac{\sigma_m - \sigma_i}{S_{ut} - \sigma_i} + \frac{S_{ut}}{S_e}\frac{\sigma_a}{S_{ut} - \sigma_i} = \frac{1}{n} \tag{3-21}$$

當 $\sigma_i = 0$ 時，(3-21) 式即變成

$$\frac{\sigma_m}{S_{ut}} + \frac{\sigma_a}{S_e} = \frac{1}{n} \tag{3-22}$$

式中的 n 為安全因數。

2. $\sigma_m = \text{const}$ 且 σ_a 值可變時，由於 $\sigma_m = \text{const.}$，應力沿著圖 3-10 中的垂直線 AB 變化，則依定義安全因數 n 為

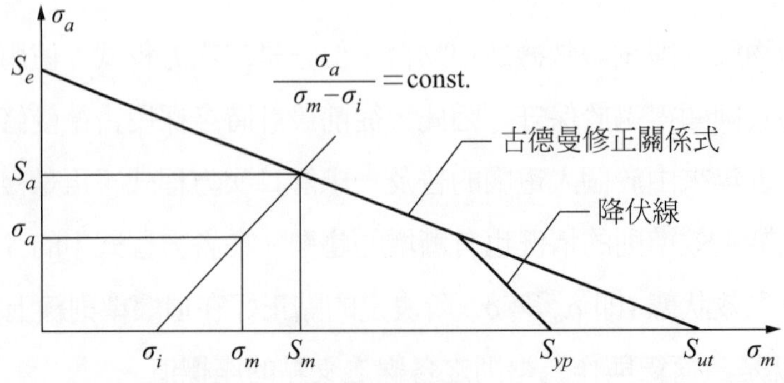

圖 3-9 修正的古德曼關係式 $\sigma_a/(\sigma_m - \sigma_i) = \text{const.}$

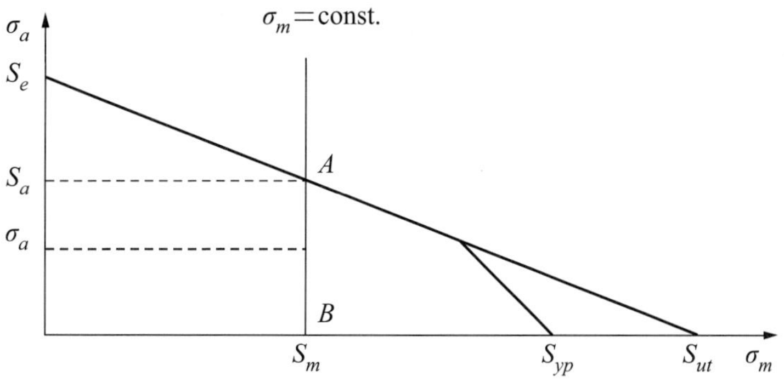

圖 3-10　修正的古德曼關係式 $\sigma_m = \text{const.}$

$$n = \frac{S_e}{\sigma_a} \tag{c}$$

且

$$\frac{S_a}{S_e} = \frac{S_{ut} - \sigma_m}{S_{ut}} \tag{d}$$

所以，由 (c)、(d) 兩式可得

$$n = \left[1 - \frac{\sigma_m}{S_{ut}}\right]\left[\frac{S_e}{\sigma_a}\right] \tag{3-23}$$

3. $\sigma_a = \text{const.}$ 且 σ_m 值可變時，由於 σ_a 為定值，應力將沿著圖 3-11 中的水平線 AB 變化，因此，安全因數 n 為

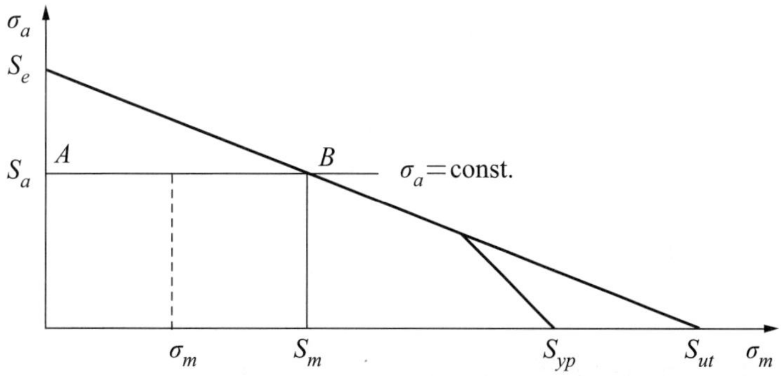

圖 3-11　修正的古德曼關係式 $\sigma_a = \text{const.}$

$$n=\frac{S_m}{\sigma_m} \tag{e}$$

且

$$\frac{S_m}{S_{ut}}=\frac{S_e-\sigma_a}{S_e} \tag{f}$$

由 (e)、(f) 兩式可求得 n 為

$$n=\left[1-\frac{\sigma_a}{S_e}\right]\left[\frac{S_{ut}}{\sigma_m}\right] \tag{3-24}$$

4. 當 $n<1$ 時，圖 3-12 中由兩應力分量 σ_m^* 與 σ_a^* 所決定的 A 點落在安全範圍之外，因此機件不具有無限壽命，計算機件壽命的程序應以直線連接橫軸上的 S_{ut} 與 A 點，並延長至與縱軸相交得到 $\sigma_m=0$ 時的應力振幅 $\sigma_a=\sigma_f$，這代表機件在應力振幅為 σ_f，$\sigma_m=0$ 的情況下運轉時，其壽命與機件於以 A 點代表的應力狀況下運轉的壽命相當，因

$$\frac{\sigma_f}{\sigma_a^*}=\frac{S_{ut}}{S_{ut}-\sigma_m^*} \tag{g}$$

可得

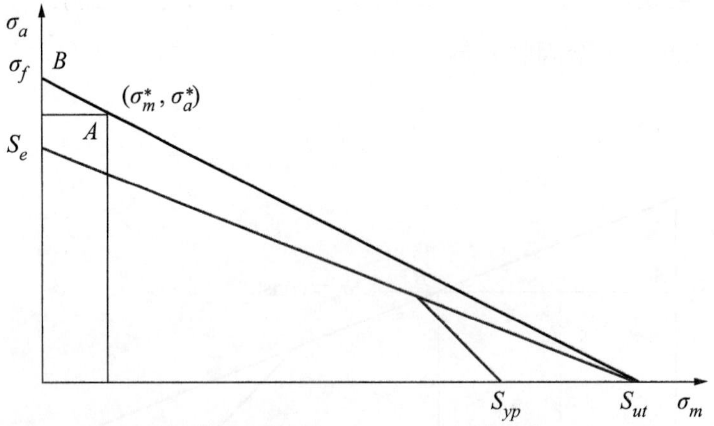

圖 3-12 修正的古德曼關係式 $n<1$

$$\sigma_f = \frac{\sigma_a^* S_{ut}}{S_{ut} - \sigma_m^*} \tag{3-25}$$

將 σ_f 之值代入 (3-8) 式中的 σ_a，即可求得機件承受 σ_m^*，σ_a^* 的應力狀況下的預期壽命。

5. 防範機件降伏的安全因數。為防範機件因降伏失效，則機件所受的最大應力 $\sigma_{\max}$ 不得大於 S_{yp}。所以防範機件因降伏而失效的安全因數為

$$n = \frac{S_{yp}}{\sigma_{\max}} = \frac{S_{yp}}{\sigma_m + \sigma_a} \tag{3-26}$$

範例 3-4

以 AISI 1040 正常化鋼料製成的某機件，其修正後的疲勞限 S_e = 150 MPa，該機件將承受變動負荷，則

(1) 若機件承受預應力 σ_i = 30 MPa 且 $\sigma_a / (\sigma_m - \sigma_i)$ = 0.25 時，機件能承受的最大 σ_m 及 σ_a 分別為若干？若機件要求的安全因數為 2.5，則機件能承受的 σ_m 及 σ_a 分別為若干？

(2) 若機件承受變動應力，其 σ_m = 160 MPa = const.，則容許的最大 σ_a 值應為若干？若 σ_a = 80 MPa，試求其安全因數為何？

(3) 若變動應力 σ_a = 60 MPa = const.，且 σ_a = 200 MPa，試求機件的安全因數。

(4) 試求在 (2) 與 (3) 的情況下，機件防範降伏失效的安全因數。

解：AISI 1040 正常化鋼料的 ，

(1) 欲求容許的最大應力時，令 $n = 1$，因 $\sigma_a / (\sigma_m - \sigma_i) = 0.25$，可知

$$S_a / (S_m - \sigma_i) = 0.25$$

再藉 (3-21) 式

$$\frac{\sigma_m - \sigma_i}{S_{ut} - \sigma_i} + \frac{S_{ut}}{S_e}\frac{\sigma_a}{S_{ut} - \sigma_i} = 1$$

以 σ_i = 30 MPa，$\sigma_i = 0.25\,(\sigma_m - \sigma_i)$，及 S_{ut} = 590 MPa，S_e = 150 MPa 代

入上式即可得

$$\frac{\sigma_m - 30}{590 - 30} + \frac{590}{150}\frac{(0.25)(\sigma_m - 30)}{(590 - 30)} = 1$$

解方程式可求得容許的最大應力分別為

$$\sigma_m = 282\ \text{MPa}, \quad S_a = 63.1\ \text{MPa}$$

由於要求安全因數為 2.5，所以機件能承受的 σ_m 與 σ_a 分別為

$$\sigma_m = \frac{282 - 30}{2.5} + 30 = 131\ \text{MPa}$$

$$\sigma_a = \frac{63.1}{2.5} = 25.2\ \text{MPa}$$

(2) 由於 $\sigma_m = \text{const.}$，因此容許的最大 σ_a 值可令 $n = 1$，由 (3-23) 式求得為

$$S_a = \left(1 - \frac{\sigma_m}{S_{ut}}\right) S_e = \left(1 - \frac{160}{590}\right)(150) = 109\ \text{MPa}$$

$$n = \frac{S_a}{\sigma_a} = \frac{109}{60} = 1.817$$

(3) 因 $\sigma_m = \text{const.}$，所以，可藉 (3-24) 式計算安全因數

$$n = \left(1 - \frac{\sigma_a}{S_e}\right)\frac{S_{ut}}{\sigma_m} = \left(1 - \frac{60}{150}\right)\frac{590}{200} = 1.77$$

(4) 在 (2) 的情況下防範降伏失效的安全因數為

$$n = \frac{S_{yp}}{\sigma_{\max} + \sigma_a} = \frac{374}{160 + 80} = 1.56$$

在 (3) 的情況下則為

$$n = \frac{374}{60 + 200} = 1.44$$

範例 3-5

某懸臂板片彈簧用於令凸輪-從動件的壓桿維持接觸，此裝置機構以圖 EX3-5 當作模型。從動件的運動範圍固定，也就是懸臂樑中彎矩的變幅固定。然而，因凸輪速度能變速，彈簧的預負荷 (preload) 可以調整。當凸輪高速時，必須提高預負荷，以防範從動件浮動或跳離；凸輪低轉速時，則減少預負荷，以延長凸輪與從動件接觸面的壽命。

若圖中板片彈簧的寬度 $b = 50$ mm，$L = 800$ mm，厚度 $t = 4$ mm，凸輪的 $r = 40$ mm，$R = 80$ mm。已知當凸輪低轉速時，施予彈簧撓度 10 mm 的預負荷，高轉速時則施予彈簧撓度 18 mm 的預負荷。彈簧材料的 $S_{ut} = 1\ 050$ MPa, $S_{yp} = 890$ MPa，而 $S_e = 200$ MPa。試以修正的古德曼準則，求該板片彈簧的安全因數。

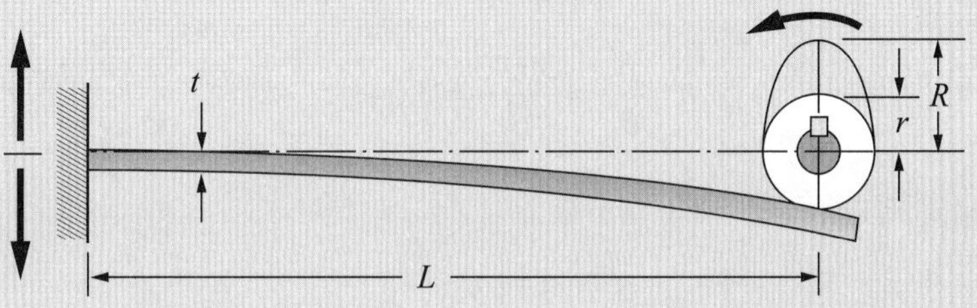

圖 EX3-5

解： 彈簧的變幅固定，可知彈簧的 σ_a = 定值。彈簧剖面的二次面積矩 I 為

$$I = \frac{bh^3}{12} = \frac{50(4^3)}{12} = 266.7\ \text{mm}^3$$

懸臂樑自由端受力時的最大撓度發生於自由端，大小為

$$\delta = \frac{FL^3}{3EI}$$

所以，該彈簧的彈簧常數 k 為

$$k = \frac{F}{\delta} = \frac{3EI}{L^3} = \frac{3(207,000)(266.7)}{400^3} = 2.588 \text{ N/mm}$$

每增 1 mm 撓度導致的彎應力

$$\sigma = \frac{Mc}{I} = \frac{2.588(1)(400)(2)}{266.7} = 7.763 \text{ MPa} \tag{a}$$

因為彈簧的振幅

$$\delta_a = \frac{1}{2}(80-40) = 20 \text{ mm}$$

可得 $\sigma_a = k\delta_a = 7.763(20) = 155$ MPa。若以 $\sigma_m = 7.763\delta$ 表示中值應力，並以 δ^* 標示臨界撓度，則由修正古德曼方程式

$$\frac{155}{200} + \frac{7.763\delta^*}{1050} = 1$$

可得 $\delta^* = 30.43$ mm。所以，當凸輪低轉速時 $\delta_m = 10$ mm，

$$n = \frac{\delta^*}{\delta_m} = \frac{30.43}{10} = 3.043$$

而當凸輪高轉速時 $\delta_m = 18$ mm，

$$n = \frac{\delta^*}{\delta_m} = \frac{30.43}{18} = 1.691$$

3.7 疲勞失效的二次曲線準則

先前已經提過，修正的古德曼線為直線，運算容易，而且容易繪圖，也易於藉比例尺量度的方式核驗答案，因此廣泛地使用於設計工作上。然而隨著 PC 的普及，處理二次曲線的問題已不再惱人，比較符合破壞試驗結果的二次拋物線-葛柏準則，設計者因而逐漸樂於使用。可是在機械工程上機器是否失效，常以機件的降伏為準繩，因此，ASME 提出了以降伏強度為依據的二次橢圓曲線，作為疲勞失效的準則。此一準則介於修正的古德曼準則與葛柏準則間，本節將檢視

這兩項以二次曲線為依據的疲勞失效準則。

在開始檢視之前，先再看一眼圖 3-13 的 S_a 與 S_{ut} 圖，以瞭解修正古德曼線、葛柏拋物線與 ASME 橢圓線的差異。

1. 葛柏拋物線方程式

$$\frac{S_a}{S_e}+\left[\frac{S_m}{S_{ut}}\right]^2=1 \tag{3-27}$$

當負荷比為定值時，即 $r=\sigma_a/\sigma_m=$ const. 時，因

$$r=\frac{S_a}{S_m}=\frac{\sigma_a}{\sigma_m}$$

將上式代入 (3-22) 式，可解得葛柏拋物線與負荷線的交點 (S_a, S_m)

$$S_a=\frac{r^2S_{ut}^2}{2S_e}\left[-1+\sqrt{1+\left(\frac{2S_e}{rS_{ut}}\right)^2}\right],\ S_m=\frac{S_a}{r} \tag{3-28a, b}$$

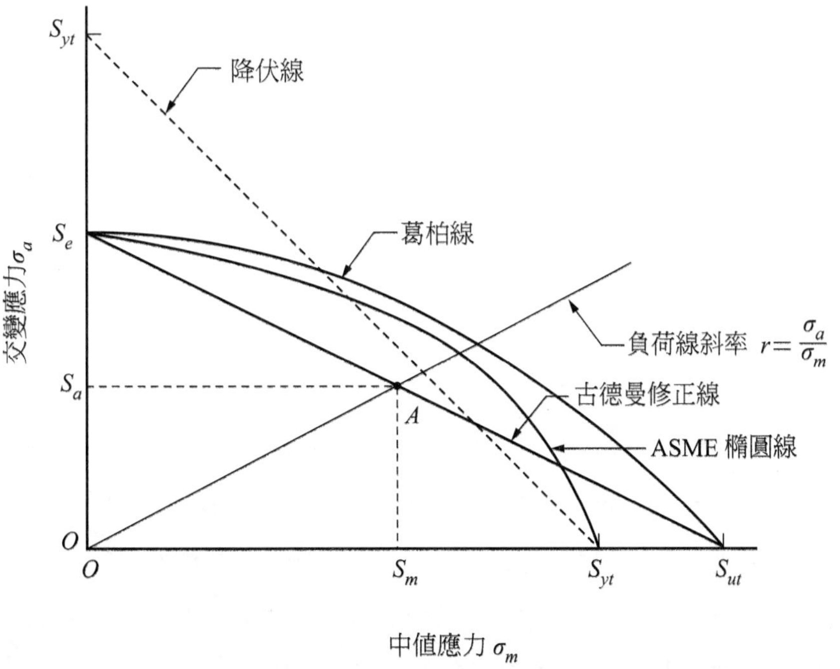

圖 3-13　疲勞失效準則比較線圖

若機件之疲勞安全因數為 n_f，則 (3-18) 式可以寫成

$$\frac{n_f\sigma_a}{S_e}+\left[\frac{n_f\sigma_m}{S_{ut}}\right]^2=1$$

由上式求解二次方程式，可得

$$n_f=\frac{1}{2}\left(\frac{S_{ut}}{\sigma_m}\right)^2\frac{\sigma_a}{S_e}\left[-1+\sqrt{1+\left(\frac{2\sigma_m S_e}{S_{ut}\sigma_a}\right)^2}\,\right]\quad \sigma_m>0 \tag{3-29}$$

2. ASME 橢圓方程式

$$\left(\frac{S_a}{S_e}\right)^2+\left(\frac{S_m}{S_{yp}}\right)^2=1 \tag{3-30}$$

同樣地，當負荷比為定值時，即 $r=\sigma_a/\sigma_m=$ const. 時，ASME 橢圓線與負荷線的交點 (S_a, S_m)，依相同方式可求得為

$$S_a=\sqrt{\frac{r^2S_e^2S_y^2}{S_e^2+r^2S_{yp}^2}},\ S_m=\frac{S_a}{r} \tag{3-31a, b}$$

而依據 ASME 橢圓方程式得到的安全因數為

$$n=\sqrt{\frac{1}{(\sigma_a/S_a)^2+(\sigma_m/S_{yp})^2}} \tag{3-32}$$

範例 3-6

圖 EX3-6 的機件與範例 3-3 中的機件相同，但承受軸向的變動負荷 F，F 值變化於 0 至 +100 kN 之間。其中 $r=6.5$ mm，$d=19.5$ mm，$t=13$ mm，$w_1=97.5$ mm，且 $w_2=65$ mm。該機件以 AISI 1015 HR 的鋼料切削製成。試以 (1) 葛柏拋物線準則；(2) ASME 橢圓準則，計算範例 3-3 之機件的安全因數值。

解：機件與範例 3-3 的機件相同，由範例 3-3 中可知 A 剖面是先觸及臨界狀況的位置，故應考慮 A 剖面的安全因數，於範例 3-3 已知 $S_{ut}=340$ MPa，S_e

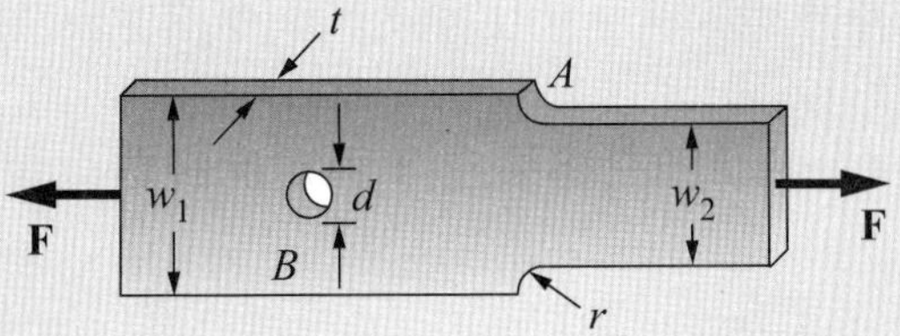

圖 EX3-6

$= 147.2$ MPa，$K_{fA} = 1.971$，而中值負荷 F_m 與負荷振幅 F_a 分別為

$$F_m = \frac{100+0}{2} = 50\text{ kN} \ ; \ F_a = \frac{100-0}{2} = 50\text{ kN}$$

所以，該剖面的標稱應力為

$$\sigma_{Om} = \sigma_{Oa} = \frac{50{,}000}{(13)(97.5-19.5)} = 49.31\text{ MPa}$$

但延性材料的波動分量必須考慮應力集中因數，中值分量則否，因此

$$\sigma_m = 49.31\text{ MPa}$$

$$\sigma_a = K_f\sigma_O = 1.971(49.31) = 88.26\text{ MPa}$$

(1) 葛柏拋物線準則

$$n_f = \frac{1}{2}\left(\frac{S_{ut}}{\sigma_m}\right)^2 \frac{\sigma_a}{S_e}\left[-1+\sqrt{1+\left(\frac{2\sigma_m S_e}{S_{ut}\sigma_a}\right)^2}\right]$$

$$= \frac{1}{2}\left(\frac{340}{49.31}\right)^2 \frac{118.9}{147.2}\left[-1+\sqrt{1+\left\{\frac{2(49.31)(147.2)}{340(88.26)}\right\}^2}\right]$$

$$= 2.130$$

(2) ASME 橢圓準則

$$n = \sqrt{\frac{1}{(\sigma_a/S_a)^2 + (\sigma_m/S_{yp})^2}} = \sqrt{\frac{1}{(88.26/147.2)^2 + (49.31/190)^2}}$$

$$= 1.532$$

從所得的結果與由圖 3-6 中所觀察到的結果一致，就是 ASME 橢圓準則比葛柏準則保守。

3.8 複合式負荷的處理

在前面幾節已說明了機件僅承受單一變動負荷時的處理方式，本節將說明如何處理機件承受由軸向、彎曲及扭轉等變動負荷所合成的複合式負荷，由於疲勞限修正因數的值隨負荷類型不同而異，各負荷的變化頻率與相位也不見得一致，使問題很複雜，處理方式亦無定論，不同的參考文獻會提供不同的處理方式。本節所提示的方式僅適用於各負荷呈現同步變化的情況之下，其處理的程序如下：

1. 因為不同性質的應力其疲勞應力集中因數值不相同，在計算修正疲勞強度或疲勞限時應排除應力集中修正因數 k_e，而將 K_f 及 K_{fs} 視為應力集中因數，與對應的應力分量相乘，即

$$S_e = k_a k_b k_c k_d k_e k_f S'_e \tag{3-33}$$

$$\sigma_i = K_f \sigma_{0i}\,,\ \tau_i = K_{fs} \tau_{0i} \quad i = 1, 2, ... \tag{3-34}$$

式中的 σ_0、τ_0 分別代表標稱應力。

2. 若作用於機件的負荷中含有軸向負荷分量，則因軸向應力的尺寸效應不明顯，軸向應力中的交變應力分量應除以尺寸因數 k_b，以補償疲勞限修正時所做的修正。即

$$\sigma = K_f \sigma_0 / k_b \tag{3-35}$$

式中的 σ_0 為軸向應力 σ 的標稱應力。

3. 分別計算各應力的平均應力分量及交變應力分量。

4. 利用最大畸變能準則分別計算平均應力分量，與交變應力分量的有效應力

$$\sigma_{md}=(\sigma_{im}^2+3\tau_{im}^2)^{\frac{1}{2}}\text{，}\sigma_{ad}=(\sigma_{ia}^2+3\tau_{ia}^2)^{\frac{1}{2}}\qquad i=1,\ 2,\ldots\ldots \tag{3-36}$$

式中的 σ_{md}、σ_{ad} 分別為平均應力分量 σ_m，與交變應力分量 σ_{ad} 的有效應力。

5. 以修正的古德曼準則計算安全因數。即

$$\frac{\sigma_{md}}{S_{ut}}+\frac{\sigma_{ad}}{S_e}=\frac{1}{n} \tag{3-37}$$

在前述的求解的過程中，應注意平均應力分量並不乘以疲勞應力集中因數，除非所使用的材料其性質與脆性材料相仿。下面的範例用來說明本節所敘述之處理方式的實際應用。

範例 3-7

以 AISI 1050 CD 鋼料車製的旋轉軸，承受變化於 0.4 kN • m 至 1.6 kN • m 間的扭矩及穩定的橫向負荷 **F** = 6.6 kN，如圖 EX3-7(a)。

試求該軸的安全因數。圖中尺寸以 mm 為單位，各內圓角半徑均為 3 mm，並經研磨。

解：根據圖 EX3-7(a) 可繪出旋轉軸的彎矩圖 EX3-7(b)，而由圖 EX3-7(b) 可以看出 $M_B > M_C$，且 B 處的剖面也小於 C 處的剖面，顯然 B 處的彎應力大於 C 處的彎應力。橫向負荷作用處雖彎矩最大，但剖面直徑也大於 B 處的直徑，且無應力集中現象，可知若軸出現疲勞失效，最可能發生於 B 處，因此先考慮 B 的剖面。

首先查得 AISI 1050 CD 鋼的 S_{ut} = 690 MPa，S_{yp} = 580 MPa，因 S_{ut} < 1 400 MPa，所以

$$S_e'=0.5S_{ut}=345\text{ MPa}$$

修正疲勞限的表面因數 k_a 為

$$k_a=aS_{ut}^b=1.58(690)^{-0.085}=0.906$$

因為軸雖然是車削表面，但所有內圓角均經研磨。尺寸因數 k_b 為

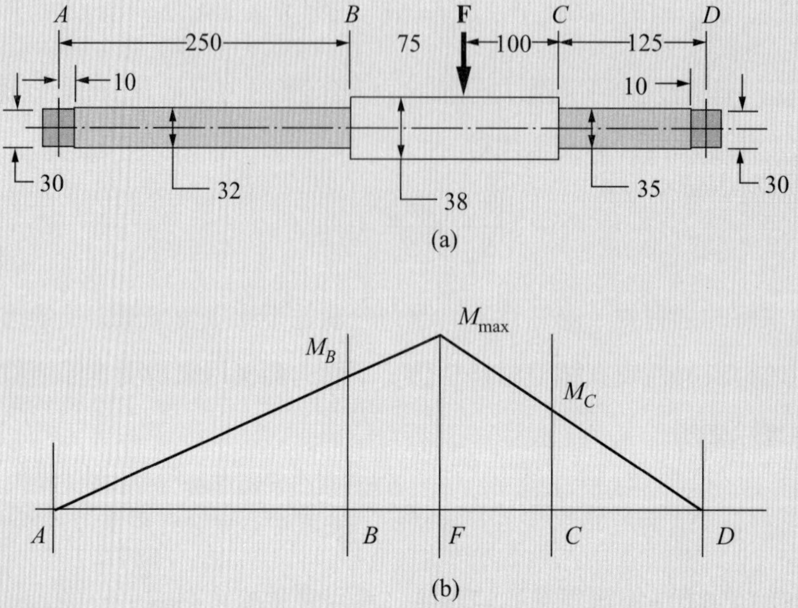

圖 EX3-7

$$k_b = 1.189d^{-0.097} = 1.189(32)^{-0.097} = 0.850$$

其餘修正因數無任何訊息可做修正，均視為 1，故修正後的疲勞限值為

$$S_e = k_a k_b S'_e = (0.906)(0.850)(340) = 265.7 \text{ MPa}$$

幾何應力集中因數可由

$$\frac{D}{d} = \frac{38}{32} = 1.1875 \text{ 及 } \frac{r}{d} = \frac{3}{32} = 0.09375$$

自幾何應力集中因數線圖中查得

$$K_t = 1.65$$

再由 (2-47) 式可求得缺口敏感度 q，因 $S_{ut} = 690$ MPa，由 (2-48) 式可求得 $\sqrt{a} = 0.0621$，代入 (2-47) 式可求得

$$q = \frac{1}{1 + \frac{\sqrt{a}}{\sqrt{r}}} = \frac{1}{1 + \frac{0.0621}{\sqrt{3}}} = 0.965$$

所以

$$K_f = 1 + q_t(K_t - 1) = 1 + 0.965(1.65 - 1) = 1.63$$

由 (2-48) 式可求得扭轉的 $\sqrt{a} = 0.0475$，再代入 (2-47) 式可求得 $q = 0.973$，因此

$$K_{fs} = 1 + q_{ts}(K_{ts} - 1) = 1 + 0.973(1.35 - 1) = 1.34$$

經由計算可求得 $M_B = 675$ N • m, $M_A = 877.5$ N • m, $T_m = 1$ kN • m, $T_a = 0.6$ kN • m，所以 B 剖面的各應力分量分別為

$$\sigma_a = k'_f \frac{32M_B}{\pi d_B^3} = 1.63 \frac{32(675)(10^3)}{\pi(32)^3} = 342.0 \text{ MPa}$$

$$\tau_m = \frac{16T_m}{\pi d_B^3} = \frac{16(1)(10^6)}{\pi(32)^3} = 155.4 \text{ MPa}$$

$$\tau_a = k_{fs} \frac{16\,T_a}{\pi d_B^3} = 1.34 \frac{16(0.6)(10^6)}{\pi(32)^3} = 124.8 \text{ MPa}$$

接著以最大畸變能準則分別求 σ_{dm} 及 σ_{da} 可得

$$\sigma_{da} = [\sigma_a^2 + 3\tau_a^2]^{\frac{1}{2}} = [(342.0)^2 + 3(124.8)^2]^{\frac{1}{2}} = 414.1 \text{ MPa}$$

$$\sigma_{dm} = [\sigma_m^2 + 3\tau_m^2]^{\frac{1}{2}} = [(0)^2 + 3(155.4)^2]^{\frac{1}{2}} = 269.2 \text{ MPa}$$

再將 σ_{dm} 及 σ_{da} 代入修正的古德曼關係式，

$$\frac{269.2}{690} + \frac{387.0}{265.7} = \frac{1}{SF}$$

可得

$$SF = 0.541$$

然後考慮負荷作用點的應力狀況

$$\sigma_a = \frac{32M}{\pi d^3} = \frac{32(877.5)(10^3)}{\pi(38)^3} = 162.9\ \text{MPa}$$

$$\tau_m = \frac{16T_m}{\pi d^3} = \frac{16(1)(10^6)}{\pi(38)^3} = 92.82\ \text{MPa}$$

$$\tau_a = \frac{16T_a}{\pi d^3} = \frac{16(0.6)(10^6)}{\pi(38)^3} = 55.69\ \text{MPa}$$

可見在負荷作用處的各項應力均小於 B 剖面的對應應力分量小，確定應考慮 B 剖面。因為安全因數小於 1 表示該軸將在經歷某一迴轉數後損壞，不可能有無限壽命。

3.9 累積疲勞失效

到目前為止，對疲勞損壞的討論都侷限於單一應力狀態。然而，真實的情況是機件承受單一應力以迄出現疲勞損壞現象，從一而終的情況畢竟是少數，一般情形是機件在疲勞失效前，總會經歷數種不同的應力狀態，而就在不同應力作用的過程中，機件內部的損傷逐漸累積，裂痕逐漸擴展，而導致疲勞損壞。累積疲勞失效的處理，最先由龐格廉 (A. Palmgren) 於 1924 年提出線性累積失效理論，而於 1945 年再度由麥因納 (Milton A. Miner) 提出。因此常稱為**龐格廉-麥因納法** (Palmgren-Miner method)。

龐格廉-麥因納法是基於不論應力作用的情況如何，材料或機件到疲勞損壞為止所累積的總應變能為定值的假設。例如，在不等的交變應力 $\sigma_1, \sigma_2, \ldots\ldots, \sigma_i$ 各自作用 $n_1, n_2, n_3, \ldots\ldots, n_i$ 次循環後，機件發生疲勞損壞，若對應於各項應力的每一次循環，產生的應變能分別為 $W_1, W_2, \ldots\ldots, W_i$，則該機件在損壞前所累積的總應變能 W_i 為

$$n_1W_1 + n_2W_2 + \ldots\ldots + n_iW_i = W_t \qquad \text{(a)}$$

若以 $\sigma_1, \sigma_2, \ldots\ldots, \sigma_i$ 等應力分別單獨作用時，在發生疲勞損壞前將分別可經歷 N_1,

N_2, ..., N_i 次應力循環，所以

$$W_t = N_1W_1 = N_2W_2 = ... = N_iW_i \tag{b}$$

於是由 (a) 式可得

$$\frac{n_1W_1}{W_t} + \frac{n_2W_2}{W_t} + ... + \frac{n_iW_i}{W_t} = 1 \tag{c}$$

式中等式左端的分母分別以 (b) 式中的對應關係代入，並將各分式中的 W_i 消去，即可獲得所謂的**麥因納方程式** (Miner's equation) 如下：

$$\frac{n_1}{N_1} + \frac{n_2}{N_2} + ... + \frac{n_i}{N_i} = 1$$

或

$$\sum_{i=1} \frac{n_i}{N_i} = 1 \tag{3-38}$$

此式經實際驗證得到的結果是右端之值，應介於 0.7~2.2 之間。

麥因納方程式由於使用容易，而廣泛地應用於處理累積損壞的問題。但使用麥因納方程式時應注意下列幾點：

1. 麥因納方程式沒有考慮應力施加的順序對累積損壞的影響。實際上若應力幅度 σ_a 值較大者作用在先，σ_a 值較小者作用於後，對機件的損傷較大，危險性較高。

2. 當應力為完全交變應力 ($\sigma_m = 0$) 時，等式右端的值小於 1，也就是偏向較不安全。

3. 如果平均應力 $\sigma_m > 0$ 時，$\sum n_i / N_i > 1$，且 σ_m 的值愈大，等式右端的值愈大於 1。

4. 根據龐格廉-麥因納法得到機件先承受大於疲勞限的應力循環後，在 10^3 次的疲勞強度會受損的結論，如圖 3-13(a) 所示，但試驗證實此種現象並未發生，實際上並未影響 10^3 次應力循環的疲勞強度。

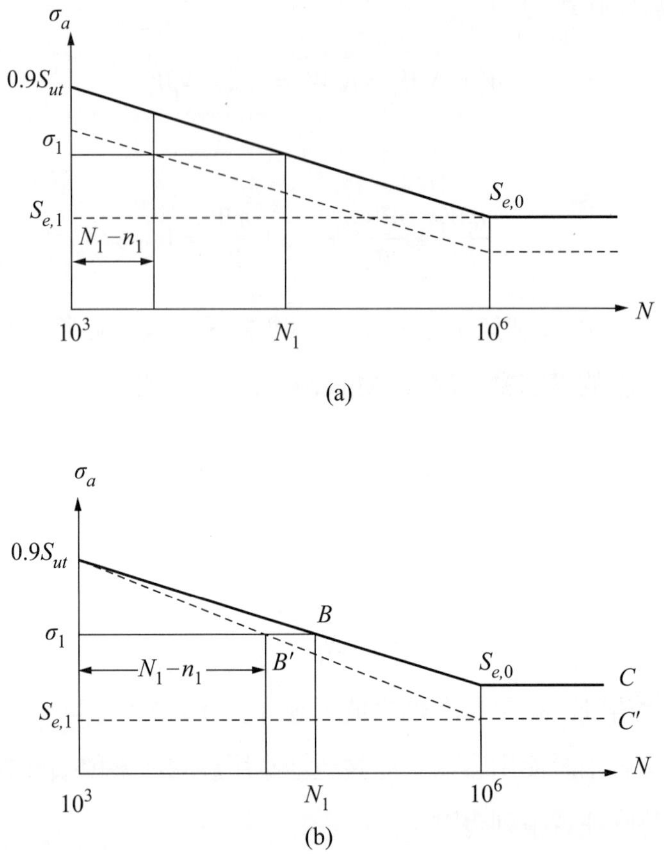

圖 3-13 累積疲勞失效：(a) 龐格廉-麥因納法；(b) 曼森法

為克服龐格廉-麥因納法的缺失，曼森 (Manson) 於 1965 年提出了**曼森法則** (Manson's rule) 其處理方式如下 (參考圖 3-13(b))：

如果機件承受的第一項交變應力分量 $\sigma_{1.} > S_{e,0}$，則可藉 (3-7) 及 (3-9) 式求得 N_1，而當該應力在機件上作用 n_1 次後，由於機件還可以承受 σ_1 的應力作用 $N_1 - n_1$ 次，可知圖 3-13(b) 中的 B' 點可用於代表機件受損後的狀態。因受損機件在 $N = 10^3$ 的疲勞強度並不受機件損傷的影響，因此，連接圖 3-13(b) 中的 A、B' 點，並延長至 $N = 10^6$ 次後轉成水平線，如圖 3-13(b) 中的點線所示，而該點線即取代原來的實線 ABC，成為次一項應力作用時的 S-N 線，此後之作法即依此類推。底下將以一個範例說明這兩種方法的使用。

範例 3-8

抗拉強度 S_{ut} = 530 MPa，疲勞限 S_e = 140 MPa 的鋼料所製成的機件將用於承受完全交變應力 σ_1 = 180 MPa 及 σ_2 = 250 MPa 試分別以 (1) 龐格廉-麥因納法，(2) 曼森法則，求得機件於先承受 5×10^4 次 σ_1 應力後，仍能承受 σ_2 應力若干次的作用。

解：(1) 龐格廉-麥因納法

由 (3-7) 式可求得

$$a = 1{,}625 \qquad b = -0.1775$$

再以 (3-9) 式求得

$$N_1 = \left[\frac{\sigma_1}{a}\right]^{\frac{1}{b}} = \left[\frac{180}{1{,}625}\right]^{\frac{1}{-0.1745}} = 2.42 \times 10^5$$

$$N_2 = \left[\frac{\sigma_2}{a}\right]^{\frac{1}{b}} = \left[\frac{250}{1{,}625}\right]^{\frac{1}{-0.1745}} = 4.56 \times 10^4$$

然後用麥因納方程式

$$\frac{n_1}{N_1} + \frac{n_2}{N_2} = 1$$

由此式可得

$$n_2 = N_2\left[1 - \frac{n_1}{N_1}\right] = 4.56 \times 10^4 \left[1 - \frac{5 \times 10^4}{2.42 \times 10^5}\right] = 3.62 \times 10^4 \text{ 次}$$

即該機件仍可承受應力 σ_2 作用 3.62×10^4 次。

(2) 曼森法則

當 σ_1 作用 5×10^4 次後，機件仍能承受應力循環次數為

$$2.42 \times 10^5 - 5 \times 10^4 = 1.92 \times 10^5$$

即新 $S-N$ 線將通過 $N=10^3$, $S_{ut}=477$ MPa 及 $N=1.92\times10^5$, $\sigma=180$ MPa 等兩個點，將這兩個條件代入 (3-6) 式

$$\log S'_f = \log a + b\log N$$

可解得

$$a=1716,\ b=-0.1854$$

再將 a、b 及 $\sigma_2=250$ MPa 代入 (3-9) 式，即可求得

$$n_2=\left[\frac{\sigma_2}{a}\right]^{\frac{1}{b}}=\left[\frac{250}{1716}\right]^{\frac{1}{-0.1854}}=3.25\times10^4\ \text{次}$$

亦即該機件在疲勞損壞前仍可承受 σ_2 作用 3.25×10^4 次。

在範例 3-8 中，以曼森法則所得的機件壽命為 3.25×10^4 次應力循環。若調整應力施加於機件的順序，使機件先承受 σ_2 應力作用 3.25×10^4 次，再承受 σ_1 的應力作用，則在此順序下，機件將僅能承受 σ_1 作用 4.85×10^4 次，而機件的總壽命成為 8.1×10^4 次。此一結果即顯示應力施加順序對機件的壽命的確有影響。

習　題

1. 試說明疲勞損壞的特徵，與發生的原因。

2. 試說明疲勞強度與疲勞限間的差異。

3. 試估計以 AISI 1040 CD 鋼製成的試片，對應於 3.5×10^5 次交變應力循環的疲勞強度，及承受 350 MPa 交變應力時能忍受的應力循環次數。

4. 若以 AISI 4130 正常化鋼料製成直徑 20 mm 的圓桿，表面經過研磨，希望在 500 ℃ 的運轉溫度承受交變應力作用時，能有可靠度 90% 的應力循環次數 4.0×10^5 次，試求圓桿旋轉的情況下，圓桿所能承受的交變應力 σ_a 為若干？

5. 若以 AISI 1050 CD 的鋼料，切削製成剖面為 20 × 30 mm 的長桿以承受交變的彎應力，在其寬邊的兩側各有一個 $r = 5$ mm，深 3 mm 的圓弧槽，若鄰近該槽之標稱彎應力 σ_a 的值為 180 MPa，試求該桿可忍受若干應力循環？

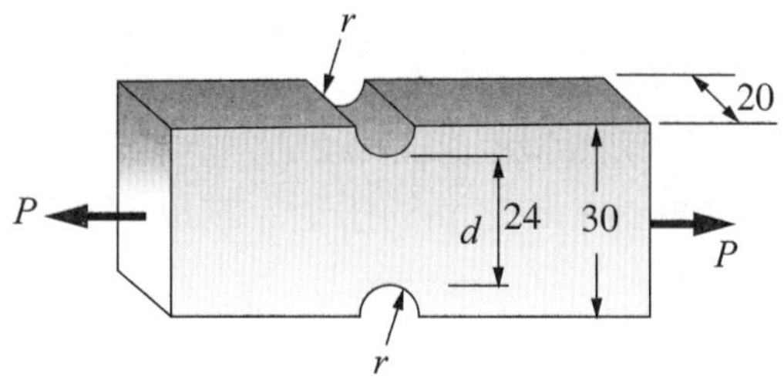

圖 P3-5

6. 若問題 5 中的矩形桿用於承受交變的軸向應力，試求要求應力循環數達 $2(10^4)$ 次，且可靠度為 95% 時，該矩形桿能承受的軸向力之值。

7. 圖 P3-7 中的圓軸以 AISI 1045 HR 的鋼料車削而成，所有的內圓角半徑為 4 mm，若 $F_1 = F_2$，試求軸能持續旋轉 7.5×10^5 次，且要求可靠度 90% 時，則 $F_1 = F_2 =$ ？

8. 令問題 7 中的 $F_1 = F_2 = 1.6$ kN，試求該旋轉軸的安全因數。若安全因數小於 1，試計算其發生疲勞損壞前可忍受的迴轉數。

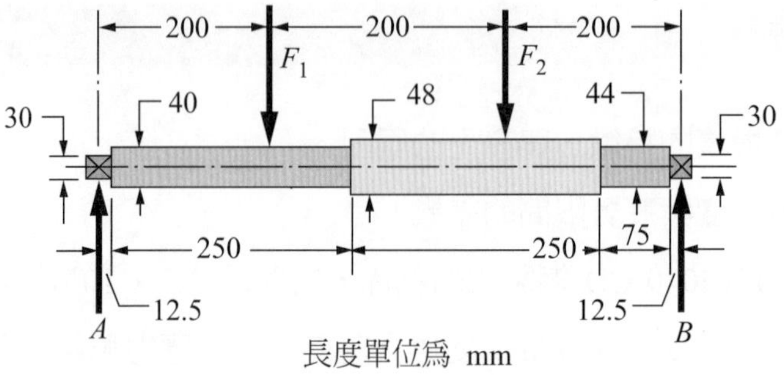

圖 P3-7

9. 若問題 7 中的圓軸不旋轉，但 $F_1 = F_2 = F$ 同步變化於 F 至 1.4 F 間，並要求安全因數 1.6，試求 F 之值，但各內圓角均經過研磨。

10. 若問題 7 中的 $F_2 = 2F_1$，試求 F_1 與 F_2。

11. 若問題 7 中要求圓軸須能承受 5.0×10^5 次應力循環，且可靠度為 95%，試求 F_1 與 F_2。

12. 若問題 7 中的軸於承受 3.0×10^5 次應力循環後，負荷值加倍，試分別以龐格廉-麥因納法及曼森法則求該軸的殘餘壽命為若干次應力循環。

13. 若圖 P3-7 中的旋轉軸承受 $F_1 = F_2 = 1.2$ kN 的負荷外，並承受變化於 $T_{max} = 600$ N • m，$T_{mix} = 400$ N • m 之間的扭矩，試以 (1) 古德曼準則；(2) 葛柏準則；(3) ASME 橢圓準則求其安全因數。

14. 圖 P3-14 中的 OC 懸臂圓桿以 AISI 1015 CD 的鋼料製成，內圓角經過研磨，其中 $D/d = 1.2$, $r/d = 0.2$，若 F 值變化於 1600 N 及 2000 N 之間，安全因數要求為 2，試以 (a) 古德曼準則；(b) 葛柏準則；(c) ASME 橢圓準則求圓桿 d 之值。

15. 若問題 14 中所求得的圓桿改以 AISI 1045 CD 鋼料製作，承受的作用力 F 之值變化於 0.9 F N 至 1.3 F N 間，安全因數要求為 1.6 時，試以 (a) 古德曼準則；(b) 葛柏準則；(c) ASME 橢圓準則求容許的 F 之值。

16. 圖 P3-16 中的旋轉軸，承受的負荷為 $F_1 = \frac{1}{2}F_2 = F$，軸以 AISI 1050 CD 料製成，B 處之退刀槽經過研磨，深度為 2.5 mm，(a) 若該軸必須在運轉溫度為

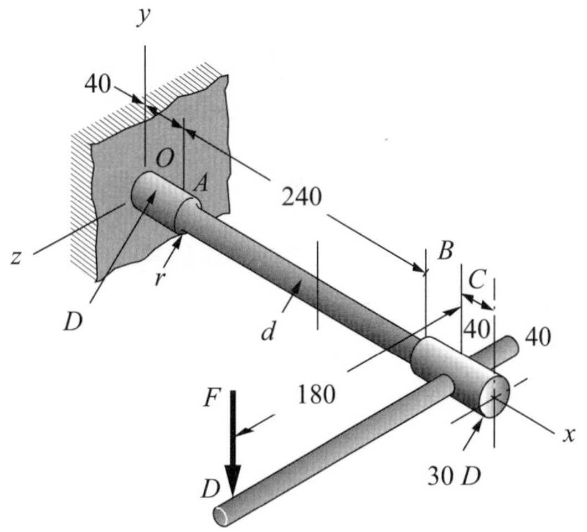

⚒圖 P3-14

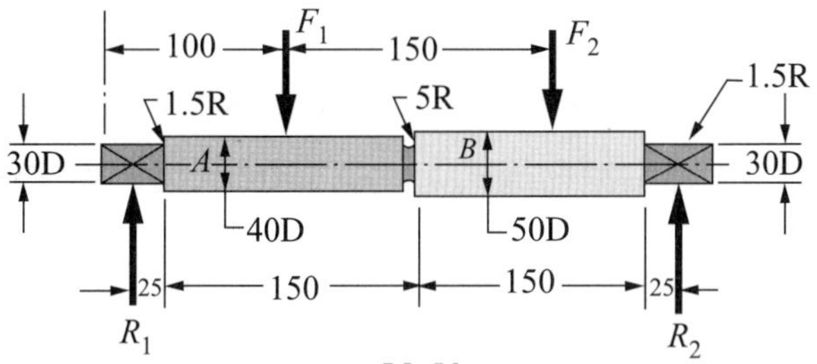

⚒圖 P3-16

的情況下，能經歷 4.5×10^5 次應力循環，試求 F 的值應為若干？(b) 若使 F 作用 2.5×10^5 次應力循環後，將作用力的大小調整成原來大小的 1.5 倍，並作用至發生疲勞損壞，試分別以麥因納法與曼森法則計算該元件所經歷的總應力循環數。

17. 圖 P3-17 中以懸臂樑，及兩組變速電動機帶動的轉子組成振動實驗裝置。轉子以對稱方式作反方向的旋轉，其旋轉半徑 $r = 300$ mm。圖中 $L = 1200$ mm, $b = 400$ mm, $t = 30$ mm。懸臂樑材質為 AISI 1050 CD，表面經研磨。兩具電動機的總重量 490 N。每個轉子的質量為 0.125 g。試求當轉子的轉速分別為 (a) 1,000 rpm；(b) 3,000 rpm 時，懸臂樑的安全因數。若安全因數小於 1，試

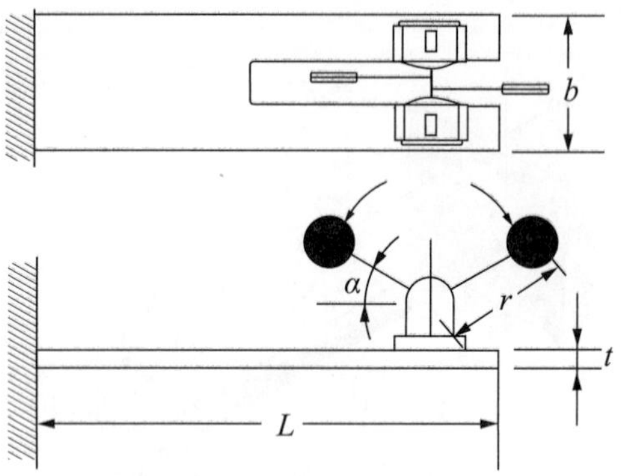

圖 P3-17

求懸臂樑的預期壽命，但可靠度要求 90%。

18. 圖 P3-18 中的鋼質板件在其上、下緣中點處，各有一半徑 r = 10 mm，深度 8 mm 的圓弧研磨槽，該板件以 ANSI 1045 CD 的鋼板製作，承受 20 kN 的穩定軸向負荷 **P**，及 250 N • m 的交變彎矩 **M**，如圖中所示。試依 (a) 古德曼修正關係式；(b) 葛柏拋物線式；(c) ASME 橢圓方程式求該板件的安全因數。

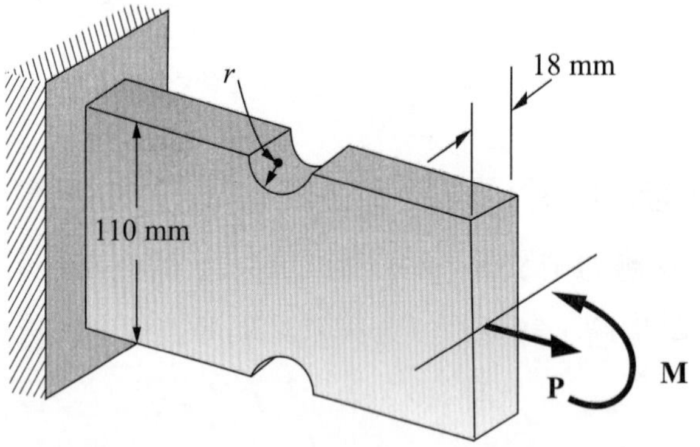

圖 P3-18

19. 問題 18 中的板件若承受的穩定軸向負荷 **P** 增為 50 kN，而欲維持相同的安全因數時，試依 (a) 古德曼修正關係式；(b) 葛柏拋物線式；(c) ASME橢圓方程式求該板件能承受的最大交變彎矩 **M** 的值。

20. 問題 18 中的板件若承受 20 kN 的交變軸向負荷 **P**，及 250 N • m 的穩定彎矩 **M**，如圖中所示。試依 (a) 古德曼修正關係式；(b) 葛柏拋物線式；(c) ASME 橢圓方程式求該板件的安全因數。

21. 圖 P3-21 中的二階段圓桿，於剖面變化處 *B* 的內圓角半徑 $r = 6$ mm，若該圓桿承受穩定的軸向負荷 **P** = 550 kN，而承受的扭矩則變化於 0.9*T* 與 1.2*T* 之間，圓桿的材質為 ANSI 1045 CD，若要求該圓桿的安全因數為 1.6，試依 (a) 古德曼修正關係式；(b) 葛柏拋物線式；(c) ASME 橢圓方程式求該桿可以容忍的扭矩 *T* 之值。

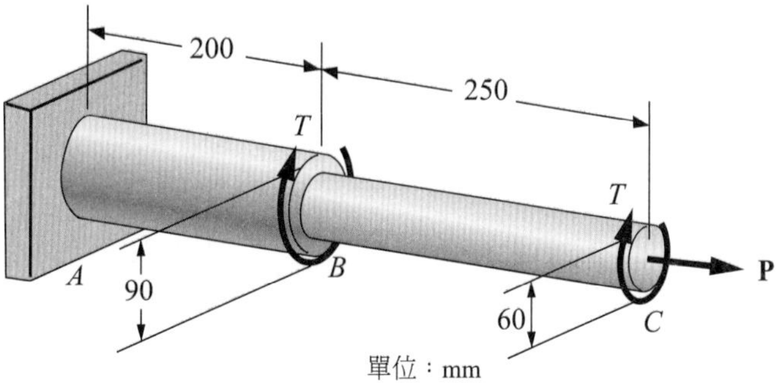

圖 P3-21

22. 問題 21 中的二階段圓桿，若承受穩定扭矩 $T = 30$ kN • m，而承受的軸向負荷則變化於 **P** 與 1.4**P** 之間，圓桿的材質為 ANSI 1050 HR，若要求該圓桿的安全因數為 1.6，試依 (a) 古德曼修正關係式；(b) 葛柏拋物線式；(c) ASME 橢圓方程式求該桿可以容忍的 **P** 值。

Chapter 4

能量法與柱

4.1 引言

機件承受負荷後將產生變形，外力對機件作了功，機件中相應地產生了應變能，這功與能在設計中扮演相當重要的角色。除了第二章介紹的判定機件是否會損壞的畸變能準則之外，非均勻剖面或彎曲機件受力產生的變形量，以及承受衝擊性負荷時在機件中產生的實際應力等，都可以倚賴功與能法求解。

當機件承受軸向負荷時，機件中的軸向應力依 $\sigma = P/A_n$ 計算，式中 P 為軸向負荷，A_n 為所謂的標稱面積，為與 P 的作用線正交的剖面面積。然而對一些承受軸向壓力，且外形細長的機件而言，此式不再適用，在這種情況下，機件因負荷而產生的撓度與其承受的負荷之間的變化，不再呈現線性相依的關係。當機件承受的負荷達到所謂的**臨界負荷** (critical load) 時，機件任何的微小彎曲，都會導致機件的急劇崩潰，發生所謂的**挫曲** (buckling) 現象，非常危險，此類機件都歸類為**柱** (column)，需要以特別的方式處理。本章即用於介紹通常用於處理**衝擊負荷**的能量法，以及柱的理論與常用之半經驗式在工程上的應用。

4.2 功與應變能

若於有固定支撐之具完全彈性的彈性體上施予逐漸增大的外力 F 時，由於彈性體的變形，施力 F 將對該彈性體作功，而彈性體則將接受自外力的功，以變形的方式轉換成應變能儲存。施力 F 對彈性體所作的功 U 為

$$U = \frac{1}{2}F\delta$$

請留意，在力-位移圖 (圖 4-1) 中，直線下方的陰影面積即為施力 F 所作的功 U。若有許多施力 $F_1, F_2, ...,$ 同時作用於彈性物體上，而且對應於這些力導致的變形分別為 $\delta_1, \delta_2, ...,$ 且該物體始終維持完全彈性時，這些力對該物體所作的總功為

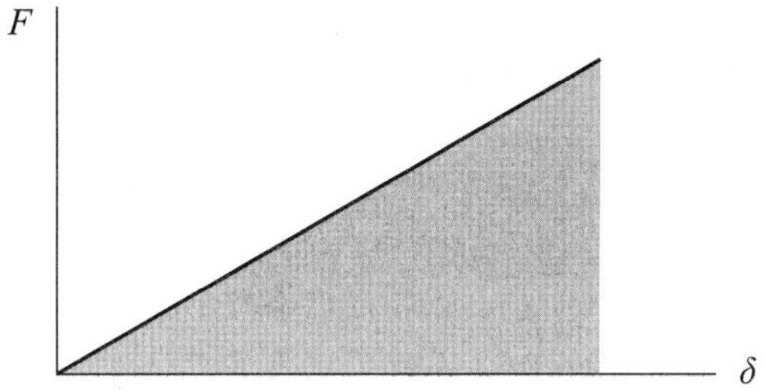

⚒圖 4-1　力-位移圖

$$U = \frac{1}{2}\sum F_i\delta_i \qquad \textbf{(4-1)}$$

與施力的順序無關。此項功將以稱為應變能的機械能儲存於物體中。當移除外施力後，就會釋放這些應變能，物體也將恢復原形。

桿與樑的應變能

1. 軸向負荷：以彈性模數為 E，長 L，剖面面積為 A 的均勻剖面桿件，如圖 4-2 所示，承受逐漸增大的軸向負荷 P 時，若桿件的應力維持於降伏強度之下時，桿件將產生大小等於 $\delta = PL/AE$ 的變形，因此儲存於該桿件中的應變能為

$$U = \frac{1}{2}P\delta = \frac{1}{2}\frac{P^2L}{AE} \qquad \textbf{(4-2)}$$

若桿件不具均勻剖面，則沿桿長方向的 P^2/AE 值並非定值，因此，桿件中的應變能值應以下式計算

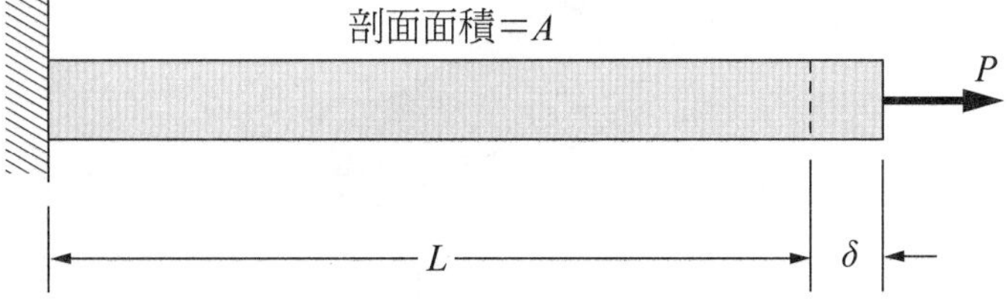

⚒圖 4-2　承受軸向力 P 之細長桿的拉伸

$$U = \frac{1}{2}\int_0^L \frac{P^2 dx}{AE} \tag{4-3}$$

2. 扭轉負荷：圖 4-3 中顯示長 L 的均勻剖面圓桿，承受漸增的扭轉負荷 T 時，扭矩對圓桿所作的功為

$$U = \frac{1}{2}T\theta$$

因為在彈性範圍內，自由端的扭轉角度為 $\theta = TL/JG$，該圓桿儲存的應變能為

$$U = \frac{1}{2}T\theta = \frac{1}{2}\frac{T^2 L}{JG} \tag{4-4}$$

式中的 J 為圓桿剖面面積的極慣性矩。若 T 沿桿長方向的分佈值不是定值，或圓桿非均勻剖面時，桿件中的應變能值應以下式計算

$$U = \frac{1}{2}\int_0^L \frac{T^2 dx}{JG} \tag{4-5}$$

3. 若純彎矩作用於長度為 L，且剖面均勻的樑上，使樑彎曲成曲率半徑為 ρ 的弧線，如圖 4-4 所示，則 M 對樑所作的功為

$$U = \frac{1}{2}M\theta$$

當變形在彈性範圍內時，樑的自由端將旋轉角 $\theta = L/\rho$，且由於 $1/\rho = M/EI$，使得樑中將儲存應變能

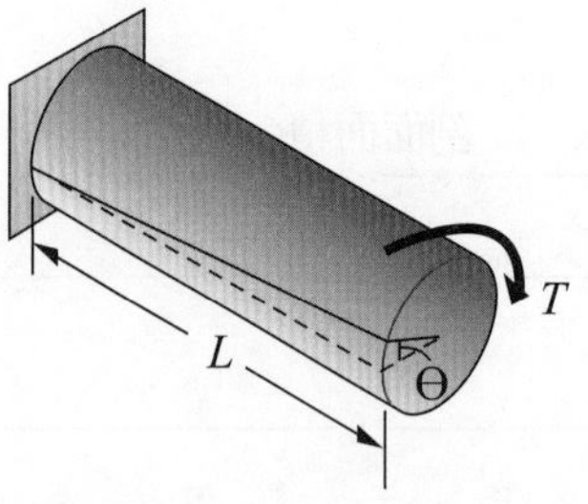

圖 4-3 圓桿承受扭矩作用

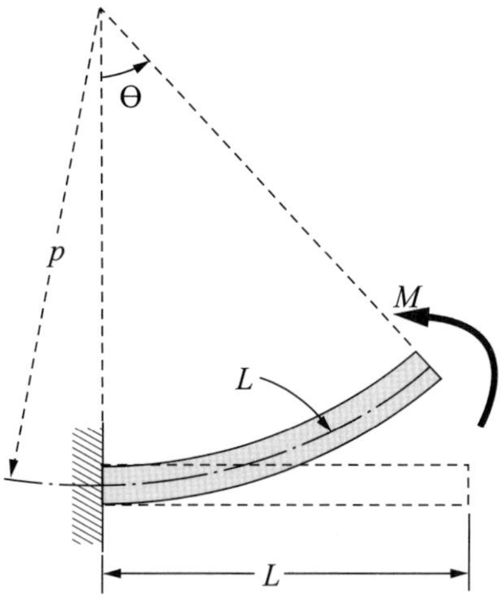

圖 4-4　樑承受彎矩作用

$$U = \frac{1}{2} M \left(\frac{L}{\rho} \right) = \frac{1}{2} \frac{M^2 L}{EI} \tag{4-6}$$

式中的 I 為樑之剖面面積的二次慣性矩。若 M 沿桿長方向的分佈值不是定值，或樑不具均勻剖面時，樑中的應變能值應以下式計算

$$U = \frac{1}{2} \int_0^L \frac{M^2 dx}{EI} \tag{4-7}$$

4. **橫向剪應力**：樑承受純彎矩時，樑中不會產生橫向剪應力，承受橫向負荷的樑中則存在橫向剪應力。若以承受橫向負荷 P，寬 b，深度為 h 之矩形剖面的樑為例，其剖面上的橫向剪應力分佈為

$$\tau_{xy} = \frac{3}{2} \frac{V}{A} \left(1 - \frac{y^2}{c^2} \right) = \frac{3}{2} \frac{P}{bh} \left(1 - \frac{y^2}{c^2} \right)$$

因此，由橫向剪應力產生的應變能為

$$U_\tau = \frac{1}{2} \int_0^L \frac{\tau_{xy}^2}{2G} dV = \frac{1}{2G} \left(\frac{3}{2} \frac{P}{bh} \right)^2 \int \left(1 - \frac{y^2}{c^2} \right)^2 dV$$

令 $dV = bdxdy$ 代入上式，展開並化簡後，可得

$$U_\tau = \frac{9P^2}{8Gbh^2}\int_{-c}^{c}\left(1-2\frac{y^2}{c^2}+\frac{y^4}{c^4}\right)dy\int_0^L dx$$

執行積分後，以 $c = h/2$ 代入所得的式子，可得

$$U_\tau = \frac{9}{8}\frac{P^2L}{Gbh^2}\left[y-\frac{2}{3}\frac{y^3}{(h/2)^2}+\frac{1}{5}\frac{y^5}{(h/2)^4}\right]_{-h/2}^{h/2} = \frac{3}{5}\frac{P^2L}{Gbh}$$

或

$$U_\tau = \frac{3}{5}\frac{P^2L}{GA} \tag{4-8}$$

4.3 以功與應變能求解承受衝擊負荷的問題

衝擊負荷不同於靜負荷，衝擊負荷乃是以具有速度 v 的方式施加負荷，於瞬間即達其最大值。圖 4-5 中套環 W 滑落墜於止墜子(stopper) B 上的情況，即屬衝擊負荷作用的範例。

質量 M 的套環於止墜子 B 上方 h 處，自靜止狀態開始墜落至止墜子 B 上，當套環觸及止墜子後，圓桿開始伸長，而於桿中誘發軸向應力及應變。止墜子

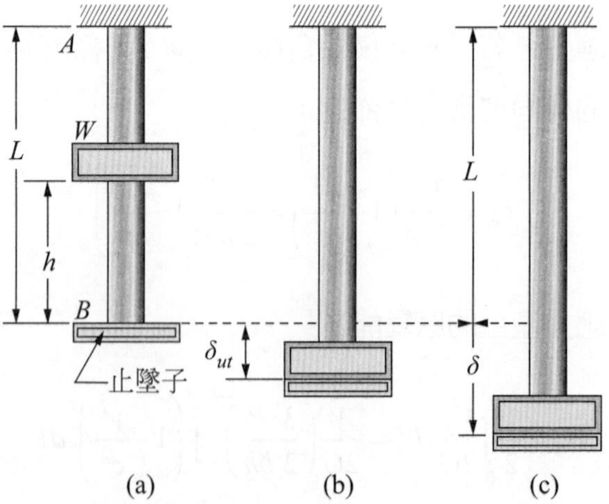

圖 4-5 衝擊負荷

受負荷作用開始移動，使圓桿產生軸向位移 δ，並在極短時間內達到其最大變形 δ_{max} 的位置，然後回縮而形成軸向振動。此振動狀態將因材料本身的減振效應而終於停止。其間應力、應變的變化非常複雜，然而，可藉某些簡化的假設，利用應變能的概念得到近似的結果。

一般而言，以應變能概念分析衝擊負荷所誘發之應力時，有兩項基本的簡化假設：

1. 衝擊發生時無能量耗損。

2. 衝擊後，涉及衝擊的兩物體將合為一體，不帶走任何能量。

實務上，這兩項假設無一符合事實，但這是一項保守的假設，工程上一直沿用迄今。

依據上述的兩項假設，則圖 4-5 中的套環於墜落過程中所改變的總位能為 $W(h+\delta)$，將全部轉換成圓桿中的應變能 $EA\delta^2/2L$，即

$$W(h+\delta)=\frac{EA\delta^2}{2L} \tag{4-9}$$

這是個 δ 的二次方程式，可以解得其正根為

$$\delta=\frac{WL}{EA}+\left[\left(\frac{WL}{EA}\right)^2+\frac{2WLh}{EA}\right]^{1/2} \tag{4-10}$$

若導入以套環的重量所導致的變形

$$\delta_{st}=\frac{WL}{AE} \tag{4-11}$$

則 (4-10) 式可改寫成

$$\delta=\delta_{st}+(\delta_{st}^2+2h\delta_{st})^{1/2} \tag{4-12}$$

若 δ_{st} 遠小於 h 時，(4-12) 式可簡化成

$$\delta\approx\sqrt{2h\delta_{st}} \tag{4-13}$$

假設圓桿全長的應力都均勻分佈，則由 (4-10) 式可求得桿中的最大拉應力公式為

$$\sigma = \frac{E\delta}{L} = \frac{W}{A} + \left[\left(\frac{W}{A}\right)^2 + \frac{2WhE}{AL}\right]^{1/2} \quad \textbf{(4-14)}$$

或

$$\sigma = \sigma_{st} + \left(\sigma_{st}^2 + \frac{2hE}{L}\sigma_{st}\right)^{1/2} \quad \textbf{(4-15)}$$

若使套環於非常接近止墜子 B，即 $h \approx 0$ 位置，於靜止狀態下釋放，由 (4-12) 式令 $h = 0$，可得

$$\delta = 2\delta_{st} \quad \textbf{(4-16)}$$

此種負荷施加方式稱為驟加負荷 (suddenly applied load)，所導致的變形為負荷緩緩施加方式所得變形的兩倍。

範例 4.1

重 196.2 N 的套環於靜止狀態循垂直桿自由墜落至平台上，如圖 EX4-1 所示。平台以對稱的兩支長 2.4 m，直徑 20 mm 的鋼質圓桿支撐，鋼的彈性模數 $E = 200$ GPa，試求圓桿中的最大拉應力及最大伸長量。

解： 因為有兩支圓桿的剖面面積承受衝擊力，可知受力面積為

$$A = 2\left(\frac{\pi d^2}{4}\right) = 2\left[\frac{\pi(20)^2}{4}\right] = 200\pi \text{ mm}^2$$

最大拉應力

$$\sigma = \frac{W}{A} + \left[\left(\frac{W}{A}\right)^2 + \frac{2WhE}{AL}\right]^{1/2} = \frac{W}{A}\left[1 + \sqrt{1 + \frac{2AhE}{WL}}\right]$$

$$= \frac{196.2}{200\pi}\left[1 + \sqrt{1 + \frac{2\pi(200)(1,200)(200,000)}{196.2(2,400)}}\right] = 250.2\,\text{MPa}$$

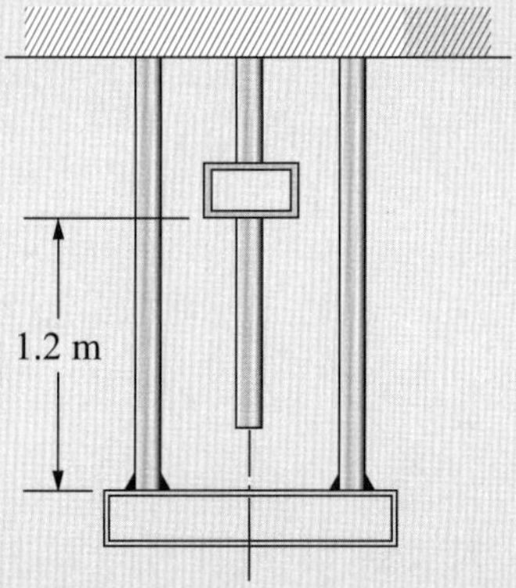

圖 EX4-1

衝擊負荷也可以藉將受力桿視為彈簧的方式求得，由於桿子承受軸向力導致的變形量為 $\delta = PL/AE$，可知桿的勁度 (stiffness) 或彈簧常數為 (spring constant) 為

$$k = \frac{P}{\delta} = \frac{AE}{L} \qquad \textbf{(4-17)}$$

而彈簧變形所儲存的內能為

$$U = \frac{1}{2}F\delta = \frac{1}{2}k\delta^2$$

因此，圖 4-5 中的情況可以寫成

$$W(h+\delta) = \frac{1}{2}k\delta^2$$

或

$$\delta^2 - 2\frac{W}{k}\delta - 2\frac{Wh}{k} = 0$$

由此二次方程式可以解得

$$\delta = \frac{W}{k} + \sqrt{\left(\frac{W}{k}\right)^2 + 2\frac{Wh}{k}}$$

或

$$\delta = \frac{W}{k}\left[1+\sqrt{1+\frac{2kh}{W}}\right] \tag{4-18}$$

然後，桿中的應力可由

$$\sigma = \frac{P}{A} = \frac{k\delta}{A}$$

求得。在範例 2-8 中，可求得

$$k = \frac{AE}{L} = \frac{200\pi(200,000)}{2,400} = 52\,360\ \mathrm{N/mm}$$

因此，由 (4-18) 式可得

$$\delta = \frac{W}{k}\left[1+\sqrt{1+\left(\frac{2kh}{W}\right)}\right] = \frac{196.2}{52,360}\left[1+\sqrt{1+\frac{2(52,360)(1,200)}{196.2}}\right]$$

$$= 3.00\ \mathrm{mm}$$

於是

$$\sigma = \frac{k\delta}{A} = \frac{52,360(3.00)}{200\pi} = 250.2\ \mathrm{MPa}$$

此一解法的好處是當桿子的剖面呈現階段式變化時，可以彈簧串聯的方式處理，比較簡潔且易瞭解。

範例 4-2

圖 EX4-2 中，具矩形剖面之簡支樑寬度為 30 mm，深度為 40 mm，若重 588.6 N 的質塊於樑的中點上方 10 mm 處依自由落體的方式墜落，試求樑中的最大動態彎應力。材料的彈性模數取 E = 200 GPa，假設質塊衝擊後靜止於樑上。

解：樑對剖面中性軸的二次面積矩為

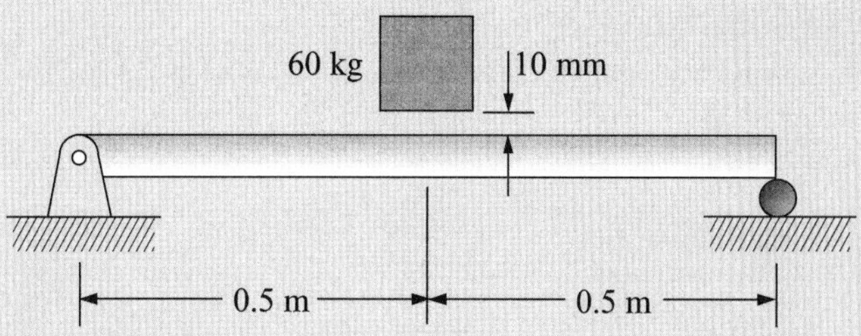

圖 EX4-2

$$I = \frac{bh^3}{12} = \frac{30(40)^3}{12} = 160,000 \text{ mm}^4$$

若將簡支樑視為彈簧，由表 9.1 中可查得簡支樑的中點承受靜負荷時的最大變形量為

$$\delta_{st} = \frac{PL^3}{48EI}$$

可得等效彈簧的彈簧常數為

$$k = \frac{P}{\delta_{st}} = \frac{48EI}{L^3}$$

$$= \frac{48(200,000)(160,000)}{500^3} = 12,290 \text{ N/mm}$$

由於橫向剪應力產生的應變能遠小於彎應力產生的應變能，此處將橫向剪應力產生的應變能忽略，於是由功與能原理可知

$$W(h+\delta) = \frac{1}{2}k\delta^2$$

式中的 h 為質塊與樑表面的距離，δ 為樑承受衝擊負荷後將產生的最大變形。此種情況已經與範例 4-1 中直桿承受衝擊負荷的情況相同，因此可引用其 δ 之解的公式

$$\delta = \frac{W}{k} + \sqrt{\left(\frac{W}{k}\right)^2 + 2\frac{Wh}{k}} = \frac{588.6}{12,290} + \sqrt{\left[\frac{588.6}{12,290}\right]^2 + 2\left[\frac{588.6}{12,290}\right](10)}$$

$$= 1.027 \text{ mm}$$

可知樑所承受的最大負荷為

$$P_{\max} = k\delta = 12,290(1.027) = 12,620 \text{ N}$$

因此，樑中的最大彎矩為

$$M = \frac{P_{\max}}{2}\left(\frac{L}{2}\right) = \frac{1}{4}(12,623)(1,000) = 3.156 \ \text{kN}\cdot\text{m}$$

而樑中的最大彎應力為

$$\sigma_{\max} = \frac{Mc}{I} = \frac{3,156,000(20)}{160,000} = 394.5 \text{ MPa}$$

從本例可看出當 $h \approx 0$ 時，$P_{\max} = 2\ W$，顯示衝擊負荷產生的效應約為靜負荷的 2 倍。

4.4 多負荷作用時樑中的總應變能

本節將介紹如何計算結構同時承受多負荷作用時的應變能。

假設彈性樑 AB 上同時有兩負荷 P_1 及 P_2 作用，如圖 4-6(a) 所示。若負荷 P_1 及 P_2 以緩緩施加的方式分別做用於 C_1 及 C_2 點，則此時樑中的應變能等於 P_1 及 P_2 所作功。在圖 4-6(a) 中，C_1 點的撓度為 x_1，C_2 點的撓度為 x_2。但 x_1 及 x_2 中都含由 P_1 及 P_2 所導致的撓度，如圖 4-6(c)、(d) 所示。因此，x_1 及 x_2 可以分別分解為

$$x_1 = x_{11} + x_{12}$$

$$x_2 = x_{21} + x_{22}$$

或

$$x_i = x_{ii} + x_{ij} \tag{4-19}$$

其中 x_{ij} 代表負荷 P_j 在負荷 P_i 的作用點形成的撓度。現在若將 x_{ij} 表示成

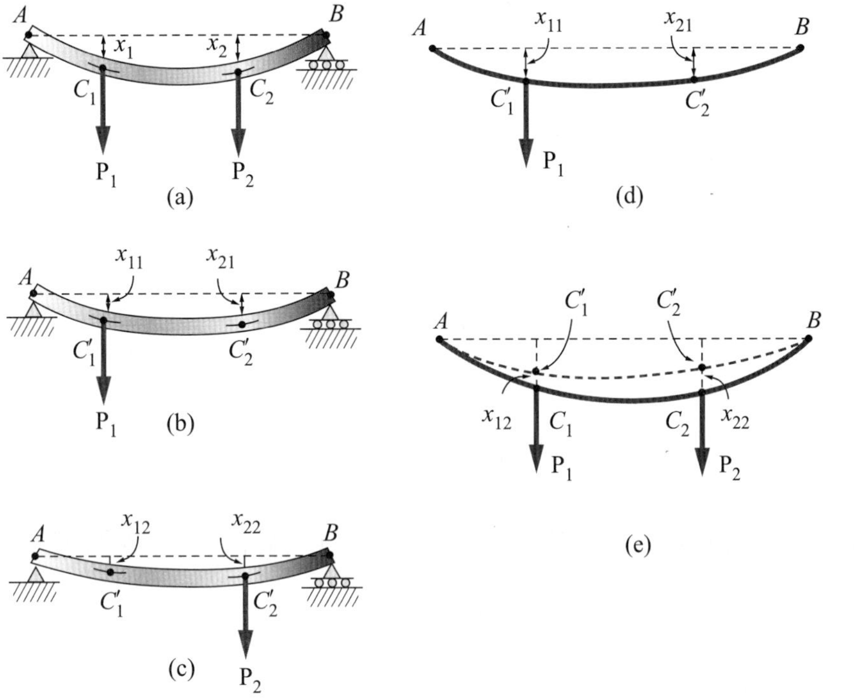

圖 4-6

$$x_{ij} = \alpha_{ij} P_j \tag{4-20}$$

式中 α_{ij} 稱影響因數 (effect factor)，代表單位負荷作用於點 C_j 時，在點 C_i 形成的撓度。因此

$$x_1 = x_{11} + x_{12} = \alpha_{11}\mathrm{P}_1 + \alpha_{12}\mathrm{P}_2$$

$$x_2 = x_{21} + x_{22} = \alpha_{21}\mathrm{P}_1 + \alpha_{22}\mathrm{P}_2$$

接著觀察兩負荷對樑所做的功。當 P_1 開始作用時，樑上尚無負荷作用，P_1 對樑作的功為

$$U_1 = \tfrac{1}{2}\mathrm{P}_1 x_{11} = \tfrac{1}{2}\alpha_{11}\mathrm{P}_1^2$$

然後使 P_2 作用於 C_2，此時 P_1 已作用於 C_1 點，並維持定值，因此，當 P_2 作用時，樑中所增加的應變能含 P_1 對樑所作的功

$$U_{12} = \mathrm{P}_1 x_{12} = \mathrm{P}_1 \alpha_{12} \mathrm{P}_2 = \alpha_{12} \mathrm{P}_1 \mathrm{P}_2$$

及 P_2 對樑所做的功

$$U_2 = \tfrac{1}{2} \mathrm{P}_2 x_{22} = \tfrac{1}{2} \alpha_{22} \mathrm{P}_2^2$$

可知當兩負荷同時作用於樑上時，樑的總應變能為

$$U = U_1 + U_{12} + U_{22}$$

即

$$U = \tfrac{1}{2}(\alpha_{11}\mathrm{P}_1^2 + 2\alpha_{12}\mathrm{P}_1\mathrm{P}_2 + \alpha_{22}\mathrm{P}_2^2)$$

現在若將兩負荷的施加順序對調，則依前述程序可得樑中的總應變能 U' 為

$$U' = \tfrac{1}{2}(\alpha_{22}\mathrm{P}_2^2 + 2\alpha_{21}\mathrm{P}_2\mathrm{P}_1 + \alpha_{11}\mathrm{P}_1^2)$$

由於是同樣的樑，且承受相同的負荷狀態，可知 $U' = U$，而得

$$\alpha_{21} = \alpha_{12}$$

亦即

$$\alpha_{ik} = \alpha_{ki} \quad (i \neq k) \tag{4-21}$$

因此，可歸納出當承受個別獨立負荷 $\mathrm{P}_1, \mathrm{P}_2, \ldots, \mathrm{P}_n$ 作用，而且仍維持於彈性範圍中的樑，其對應於負荷 P_i 之作用點的撓度 x_i 為

$$x_i = \sum_{k=1}^{n} \alpha_{ik} \mathrm{P}_k \tag{4-22}$$

因各負荷對樑所作的總功為

$$W = \tfrac{1}{2} \sum_{j=1}^{n} \mathrm{P}_j x_j$$

而樑中的總應變能等於外施負荷對樑所作的總功 U，即

$$U = W = \tfrac{1}{2} \sum_{j=1}^{n} \mathrm{P}_j x_j$$

將 (4-22) 式代入上式，可得

$$U = W = \tfrac{1}{2}\sum_{j=1}^{n} \mathrm{P}_j x_j \tag{4-23}$$

經由此式可求得樑在承受多項外施負荷下的總應變能，從觀察 (4-23) 式可知樑的總應變能為所承受之各獨立負荷 $P_1, P_2, ..., P_n$ 的函數。

4.5　以卡氏第二定理求構件的撓度

已知樑的總應變能為所承受之各獨立負荷 $P_1, P_2, ..., P_n$ 的函數，從 (4-23) 式可得

$$\frac{\partial U}{\partial P_i} = \tfrac{1}{2}\sum_{j=1}^{n}\sum_{k=1}^{n}\alpha_{jk}\frac{\partial P_j}{\partial P_i}P_k + \tfrac{1}{2}\sum_{j=1}^{n}\sum_{k=1}^{n}\alpha_{jk}P_j\frac{\partial P_k}{\partial P_i} \tag{4-24}$$

由於樑上的負荷彼此各自獨立，可知

$$\frac{\partial P_j}{\partial P_i} = \begin{cases} 1, & i = j \\ 0, & i \neq j \end{cases} \tag{4-25}$$

也就是在 (4-24) 式中，唯有偏導數項中下標相同的項才存在，依此可得

$$\frac{\partial U}{\partial P_i} = \tfrac{1}{2}\sum_{k=1}^{n}\alpha_{jk}P_k + \tfrac{1}{2}\sum_{j=1}^{n}\alpha_{ij}P_j$$

或

$$\frac{\partial U}{\partial P_i} = \tfrac{1}{2}\sum_{k=1}^{n}P_k(\alpha_{ki} + \alpha_{ik})$$

然後依 (4-21) 式，可得

$$\frac{\partial U}{\partial P_i} = \sum_{k=1}^{n}\alpha_{ik}P_k$$

由 (4-25) 式，可知

$$\frac{\partial U}{\partial P_i} = x_i \tag{4-26}$$

(4-26) 式代表所謂的卡氏 (Castigliano) 第二定理，即：

若物體承受 $P_1, P_2, ..., P_n$ 等獨立負荷作用，而且物體仍處於線性彈性範圍，並維持於平衡狀態時，該物體的總應變能對個別獨立負荷 P_i 的一階偏導數，等於該獨立負荷 P_i 作用點的位移量。

同樣地，當物體受緩緩施加之力偶矩 M_i 作用時，其作用點也會發生角位移，依照類比原理，藉 Castigliano 第二定理可求得其角位移

$$\theta_i = \frac{\partial U}{\partial M_i} \tag{4-27}$$

至於當圓桿承受緩緩施加之扭矩 T_i 作用時，若其作用處所產生的角位移為 ϕ，可比照卡氏第二定理求其扭轉角，即

$$\phi_i = \frac{\partial U}{\partial T_i} \tag{4-28}$$

以卡氏定理求撓度時所需的應變能與撓度的計算式，經整理後羅列於表 4-1 中。

表 4-1 使用於卡氏定理的能量即撓度計算式

負荷類型	涉及因數	總應變能計算式*	總應變能計算通式	撓度計算通式
軸向力	F, E, A	$U = \dfrac{P^2L}{2EA}$	$U = \int_0^L \dfrac{P^2}{2EA}dx$	$\delta = \int_0^L \dfrac{P(\partial P/\partial Q)}{EA}dx$
彎矩	M, E, I	$U = \dfrac{M^2L}{2EI}$	$U = \int_0^L \dfrac{M^2}{2EI}dx$	$\delta = \int_0^L \dfrac{M(\partial M/\partial Q)}{EI}dx$
扭矩	T, G, J	$U = \dfrac{T^2L}{2GJ}$	$U = \int_0^L \dfrac{T^2}{2GJ}dx$	$\delta = \int_0^L \dfrac{P(\partial T/\partial Q)}{GJ}dx$
橫向負荷 (矩形剖面)	V, G, A	$U = \dfrac{3PVL}{5GA}$	$U = \int_0^L \dfrac{3V^2}{2GA}dx$	$\delta = \int_0^L \dfrac{6V(\partial V/\partial Q)}{5GA}dx$

* 本欄所列之總應能計算式，僅用於三項涉及因數均為定值時。

範例 4-3

圖 EX4-3(a) 中的懸臂樑承受均佈負荷 w，並於 A 端承受集中負荷 P，試求 A 端的撓度。

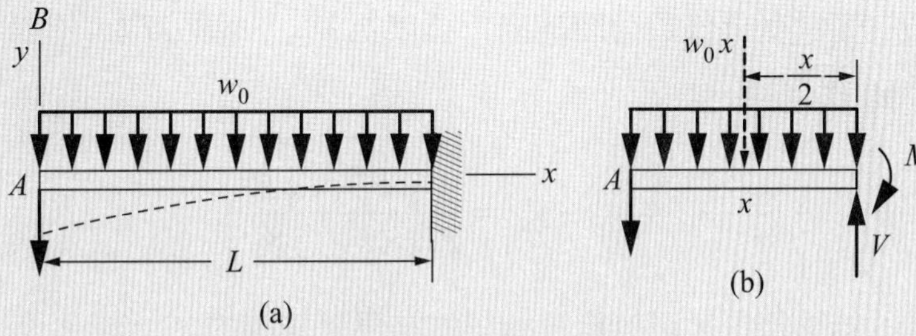

圖 EX4-3

解： 樑的 A 端為集中負荷 P 作用的位置，因此，依卡氏第二定理可藉 (10.5.3) 式求其撓度。即

$$y_A = \frac{\partial U}{\partial P} = \int_0^L \frac{M}{EI}\frac{\partial M}{\partial P}dx \qquad \text{(a)}$$

由圖 EX4-3(b) 在距離 A 端 x 處，該樑所承受的彎矩為

$$M(x) = -(Px + \tfrac{1}{2}wx^2)$$

可知

$$\frac{\partial U}{\partial P} = -x$$

將上式代入 (a) 式，可得

$$y_A = \frac{1}{EI}\int_0^L (Px^2 + \tfrac{1}{2}wx^3)dx$$

即

$$y_A = \frac{1}{EI}\left(\frac{PL^3}{3} + \frac{wL^4}{8}\right) \tag{b}$$

因負荷向下為正，所得的 y_A 為正值代表樑的 A 端向下撓曲。

由附錄二中的 1、2 兩圖可查得，樑僅承受集中負荷時，A 端的向下撓度為 $y_{PA} = PL^3/3EI$，僅承受分佈負荷時的向下撓度為 $y_{wA} = wL^4/3EI$，依據重疊原理，可得兩負荷同時作用時

$$y_A = y_{PA} + y_{wA} = \frac{1}{EI}\left(\frac{PL^3}{3} + \frac{wL^4}{8}\right)$$

正好與 (b) 式的結果相符，可以證實所得的結果是正確的。

卡氏第二定理並非只能求集中負荷作用點的撓度，在無集中負荷作用位置的撓度，可經由在該點給予虛構的集中負荷 Q，寫出在此負荷狀態下的彎矩方程式，代入 (a) 式，然後令 $Q = 0$ 再執行積分，其所得的結果即為該點的撓度。

同樣地，只要在樑上欲求斜率的位置上施予虛構的集中彎矩 M_Q，然後使用 (4-27) 式，執行與範例 4-3 相似的運算，即可求得樑在該位置的斜率。

卡氏定理也能用來求彎曲元件承受負荷時的撓度，隨後的範例將展示如何以卡氏定理求受力彎曲元件的撓度。

範例 4.4

圖 EX4-4 中以圓桿形成的半圓弧彎桿安置於垂直的 x-y 平面上，A 端固定，C 端則承受通過圓形剖面中心且與 z 軸平行的集中負荷作用，試求其 C 端的撓度。

解： 從圖 EX4-4(a) 中可看出於自 x 軸逆時針旋轉至 θ 角的剖面上，將承受剪力 P，扭矩 T_θ，及彎矩 M_θ 作用。其中

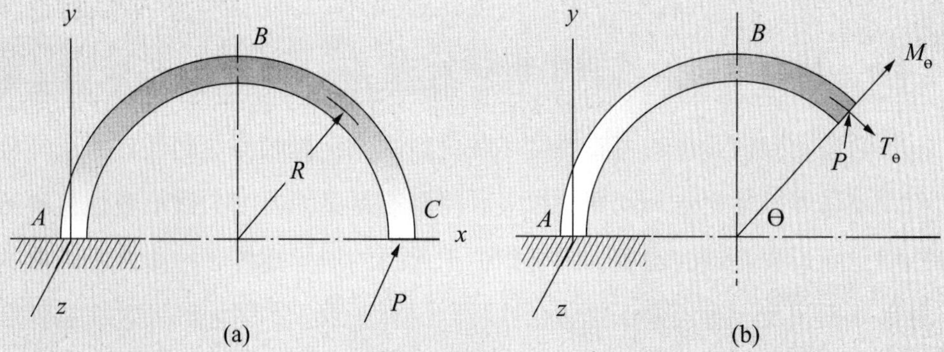

圖 EX4-4

$$M_\theta = Pl_M = PR\sin\theta$$

$$T_\theta = PR(1-\cos\theta)$$

則依卡氏第二定理，彎桿 C 端的撓度 z_C 為

$$z_C = \frac{\partial U}{\partial P} = \int_0^\pi \frac{M_\theta}{EI}\frac{\partial M_\theta}{\partial P}ds + \int_0^\pi \frac{T_\theta}{GJ}\frac{\partial T_\theta}{\partial P}ds + \int_0^\pi \frac{P}{EA}\frac{\partial P}{\partial P}ds \quad \text{(a)}$$

因

$$\frac{\partial M_\theta}{\partial P} = R\sin\theta,\ \frac{\partial T_\theta}{\partial P} = R(1-\cos\theta),\ \frac{\partial P}{\partial P} = 1,\ ds = Rd\theta$$

將以上四項代入 (a) 式，可得

$$z_C = \frac{PR^3}{EI}\int_0^\pi \sin^2\theta d\theta + \frac{PR^3}{GJ}\int_0^\pi (1-\cos\theta)^2 d\theta + \frac{PR}{EA}\int_0^\pi d\theta$$

展開積分子，再逐項積分，最後可得 C 端的撓度為

$$z_C = \frac{PR^3}{EI}\left(\frac{\pi}{2}\right) + \frac{PR^3}{GJ}\left(\frac{3\pi}{2}\right) + \frac{\pi PR}{EA}$$

4.6 柱的理論公式與半經驗公式

一般而言，機械元件的容許撓度多在材料的彈性範圍內，而且其大小的變化與負荷大小呈現線性相依，此類機件設計時無須考慮因撓度的微小變化，導致負荷劇烈變化而形成崩潰的現象。但是類似千斤頂的頂昇螺桿、往復式壓縮機的連桿等外型細長，而且承受軸向壓力的機件，當承受的負荷達到所謂的臨界負荷 (critical load) 後，機件的任何微小的彎曲都將引起機件的急劇崩潰，也就是所謂的挫曲 (buckling) 現象，此類機件即歸類為**柱** (column)。

柱的挫曲發生於瞬間，並無預警，因此，雖然柱承受的是軸向負荷，但設計時必須考慮挫曲的效應，且另外以柱的公式來考量。此外，計算式的選擇以柱的細長程度為依據，而細長程度則以所謂的**細長比** λ (slendness ratio) 之值來判定。細長比的定義為機件的有效長度 L_e 與機件的**迴轉半徑** (radius of gyration) k 的比值，即

$$\lambda = \frac{L_e}{k} \tag{4-29}$$

而迴轉半徑 k 則為

$$k = \sqrt{\frac{I}{A}} \tag{4-30}$$

式中的 I 為柱剖面的最小二次面積矩，A 則為柱的剖面面積。依據此一定義，常用的圓形剖面與矩形的迴轉半徑分別為：

$$k = \begin{cases} d/4 & \text{圓形剖面} \\ 0.289b & \text{矩形剖面} \end{cases} \tag{4-31a, b}$$

其中 d 為圓柱的直徑，b 矩形剖面的短邊。

歐拉 (Euler) 是對柱作有系統之研究的始祖，他考慮如圖 4-7 的圓柱，兩端以銷接支持，軸向壓力則通過柱剖面的形心。由於當柱偏向 $y > 0$ 方向彎曲時，柱承受負值的彎矩，而當柱偏向 $y < 0$ 方向彎曲時，柱承受正值的彎矩，因此

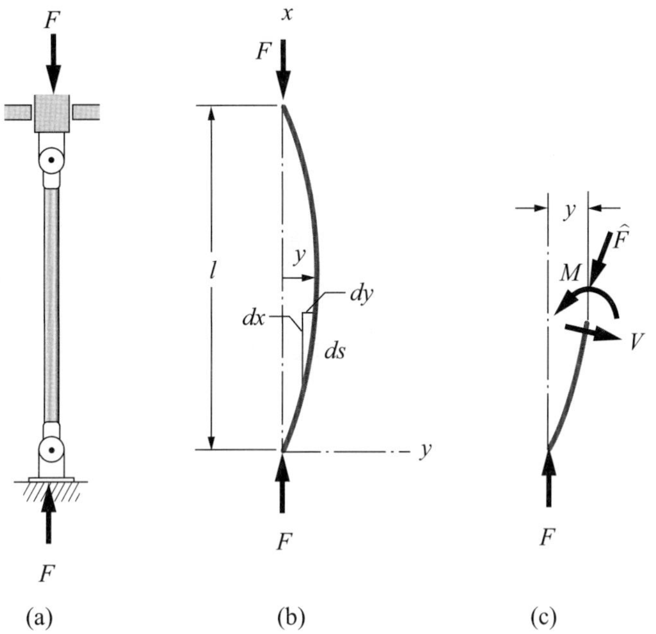

圖 4-7　兩端銷接之圓柱

$$M = -Fy$$

或

$$EI\frac{d^2y}{dx^2} = -Fy$$

也就是

$$\frac{d^2y}{dx^2} + \frac{F}{EI}y = 0$$

此二階常微分方程式的通解為

$$y = A\sin\left(\sqrt{\frac{F}{EI}}\right)x + B\cos\left(\sqrt{\frac{F}{EI}}\right)x \qquad \text{(a)}$$

式中的 A 與 B 為積分常數，由柱的邊界條件決定其值。

由於柱的兩端銷接，邊界條件為

$$y(0) = 0 \text{ 及 } y(l) = 0$$

將第一個邊界條件代入解的通式，可得 $B = 0$；再將另一項邊界條件代入解的通式，可得

$$A\sin\left(\sqrt{\frac{F}{EI}}\right)l = 0$$

此時，若令 $A = 0$，將得到所謂的沒有意義的明顯解。因此，必須使

$$\sin\sqrt{\frac{E}{EI}}l = 0$$

也就是必須

$$\sqrt{\frac{F}{EI}}l = n\pi$$

或是

$$F = \frac{n^2\pi^2 EI}{l^2} \tag{4-32}$$

當 $n = 1$ 時，F 稱為第一臨界負荷，一般以 F_{cr} 表示，則 (4-32) 式變成

$$F_{cr} = \frac{\pi^2 EI}{l^2} \tag{4-33}$$

(4-32) 式即為所謂的**歐拉柱公式**。

(4-32)、(4-33) 兩式導自兩端銷接的邊界條件，只能適用於兩端銷接的狀況。若將 (4-32) 代入通解 (a)，可得

$$y = A\sin\frac{\pi x}{l}$$

顯示柱的撓曲曲線為半個正弦波，而波峰值 A 仍屬未定值。由於柱的端點狀況不同時，即使柱的長度相同，但是形成半個正弦波的實際長度並不相同，此一形成半個正弦波的長度稱為柱的**有效長度** (effective length)，一般以 l_e 表示之。若要將 (4-32) 式應用於各種不同的端點狀況，則式中的柱長必須以有效長度取代，而成為

$$F_{cr} = \frac{\pi^2 EI}{l_e^2}$$

常見的柱的端點狀況有自由對固定、圓銷對圓銷、圓銷對固定、固定對固定、與固定對夾持 (不旋轉) 等三種，分別如圖 4-8(a) 至 4-8(e) 所示。如果在柱的實際長度 l 與有效長度 l 間介入端點常數 (end condition constant) C，使兩者間的關係成為 $l^2 = Cl_e^2$，則 (4-33) 式變成

$$F_{cr} = \frac{C\pi^2 EI}{l^2} \tag{4-34}$$

此式對應於不同的端點狀況，僅需在表 4-2 中選擇對應於該端點狀況的端點常數值代入，即可使用於不同的端點狀況，為目前通稱的歐拉柱公式。

經由試驗證實，歐拉柱公式對細長比較小的柱並不適用，由圖 4-9(a) 可以看出當柱的細長比小於 B 點所對應的細長比時，以歐拉柱公式計算所得的臨界負荷，將使柱之剖面承受的單位負荷 (F_{cr}/A) 大於柱的降伏強度 S_{yp}，顯然是不合理的結果，因而需要適用於細長比較小的半經驗短柱公式。**江森柱公式** (Johnson's column formula) 即是比較著名的短柱公式之一，廣泛地應用於一般機械、車輛、航空器與鋼構架等領域中。江森以含兩個參數的二次拋物線來修正歐拉柱公式不足之處，其基本型式為

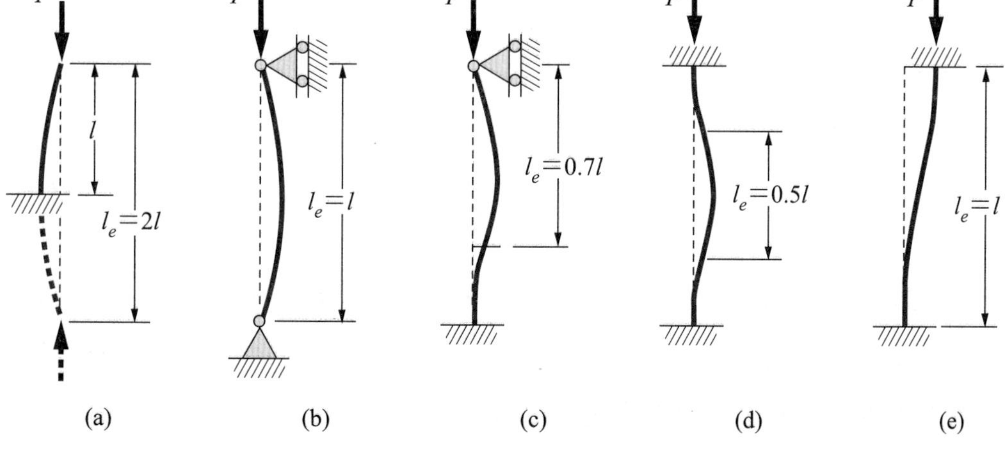

圖 4-8　柱的端點支撐方式

表 4-2 柱的端點參數值

端點處理方式	端點參數值		
	理論值	保守值	推薦值
固定端對自由端	1/4	1/4	1/4
圓銷端對圓銷端	1	1	1
圓銷端對固定端	2	1	1.2
固定端對固定端	4	1	1.2
固定端對夾持端	1	1	1

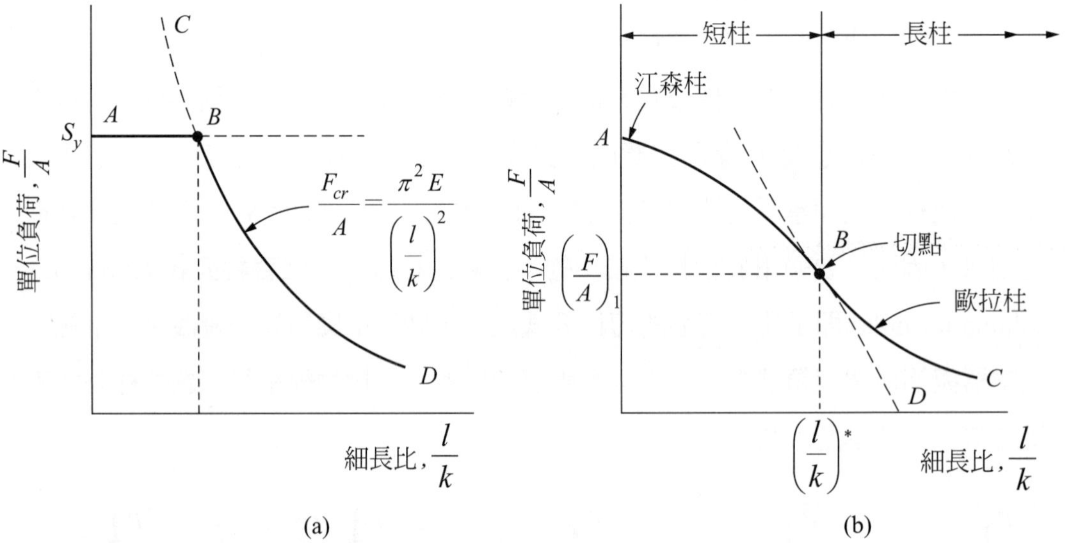

圖 4-9 歐拉柱與江森柱的比較

$$\frac{F_{cr}}{A}=a-b\left(\frac{l}{k}\right)^2 \tag{4-35}$$

此式中的 a 與 b 為參數，它們的值都來自材料的試驗數據，通常所說的江森柱公式是指 $\lambda=0$ 時 $F/A=S_{yp}$，及 $F/A=S_{yp}/2$ 時與歐拉柱的曲線相切的拋物線方程式，也就是圖 4-9(b) 中 A 與 B 之間的曲線方程式。

若令 $F/A=S_{yp}/2$ 時的細長比為 λ^*，則由兩曲線相切的條件可得

$$\frac{S_{yp}}{2}=\frac{C\pi^2E}{(\lambda^*)^2}$$

或

$$\lambda^*=\sqrt{\frac{2C\pi^2E}{S_{yp}}} \tag{4-36}$$

然後以 $\lambda=0$ 時 $F/A=S_{yp}$，及 $\lambda=\lambda^*$ 時 $F/A=S_{yp}/2$ 代入 (4-35) 式，即可解得

$$a=S_{yp}, \qquad b=\frac{1}{CE}\left[\frac{S_{yp}}{2\pi}\right]^2$$

所以，江森柱公式為

$$\frac{F_{cr}}{A}=S_{yp}-\left[\frac{S_{yp}}{2\pi}\right]^2\frac{\lambda^2}{CE} \tag{4-37}$$

由於柱的負荷與撓度間的關係並非線性，柱的安全因數 n 不能以柱材料的降伏強度與應力的比值計算，而定義為柱的臨界負荷 F_{cr} 與柱實際承受之負荷 F 的比值，即

$$n=\frac{F_{cr}}{F} \tag{4-38}$$

柱為長柱或為短柱，據以計算剖面形狀之特徵尺寸的計算式不相同，而柱的剖面形狀以圓形與矩形較為常見，因此在表 4-3 列出了這兩種剖面形狀之柱的特徵尺寸計算式。

由於除了圓形剖面之外，其他形狀剖面的柱，於計算細長比時所使用的迴轉半徑 k，為以該剖面的最小二次慣性矩所求得者，也就是該剖面的最小迴轉半徑。一般的型鋼目錄中都列有各種型鋼剖面的最小迴轉半徑值，以型鋼為柱的構件時，應採用這個值來計算柱的細長比，然後再以所得的細長比決定柱的屬性究竟是長柱或是短柱。

由於柱的特徵尺寸 (剖面的最小迴轉半徑) 在設計之初無法預知，所得的柱究竟會是長柱或短柱自然無法預先知曉，所以設計柱時必須假設柱為長柱或短

表 4-3 柱的相關公式表

	長柱公式	短柱公式
圓形剖面 直徑 = d　$k = 4L/d$	$d=\left[\frac{64F_{cr}l^2}{C\pi^3E}\right]^{\frac{1}{4}}$	$d=2\left[\frac{F_{cr}}{\pi S_{yp}}+\frac{S_{yp}l^2}{C\pi^2E'}\right]^{\frac{1}{2}}$
矩形剖面 $A=h\times b$　$h>b$ $k=0.289b$	$b=\frac{12F_{cr}l^2}{C\pi^2Eh^3}$	$b=\frac{F_{cr}}{hS_{yp}\left[1-\frac{3l^2S_{yp}}{C\pi^2h^2}\right]}$
矩形剖面 $A=mb^2$　$h=mb$ $k=0.289b$　$m>1$	$b=\left[\frac{12F_{cr}l^2}{mC\pi^2E}\right]^{\frac{1}{4}}$	$b=\left[\frac{F_{cr}}{mS_{yp}}+\frac{3l^2S_{yp}}{m^2C\pi^2E}\right]^{\frac{1}{2}}$

柱，以試誤法找出適用之柱的剖面尺寸。試誤法耗時費力，通常寫成程式交給計算機執行最方便。以設計圓柱為例，在圖 4-10 中列出了尋求圓柱直徑的流程圖，可依據該流程圖設計計算機程式，藉計算機的高速計算能力減少試誤法所消耗的時間。

在流程圖中輸入臨界負荷 F_{cr} 與柱的實際長度 l，F_{cr} 指的是該圓柱之最大工作負荷與安全因數的乘積，而 l 為圓柱的實際長度，C 為對應柱的端點處理方式之端點參數。列印的 d 就是所得的圓柱直徑。

範例 4-5

試設計一寬厚比為 3 的矩形剖面鋼柱。柱的實際工作負荷為 25 kN，兩端為圓端，且安全因數不得小於 4。若鋼料的 $S_{yp}=500$ MPa，試求

(1) 柱長 400 mm 時，柱的適宜剖面尺寸。

(2) 柱長 150 mm 時，柱的適宜剖面尺寸。

解：首先計算柱的臨界負荷

$$F_{cr}=nF=4(25)=100\text{ kN}$$

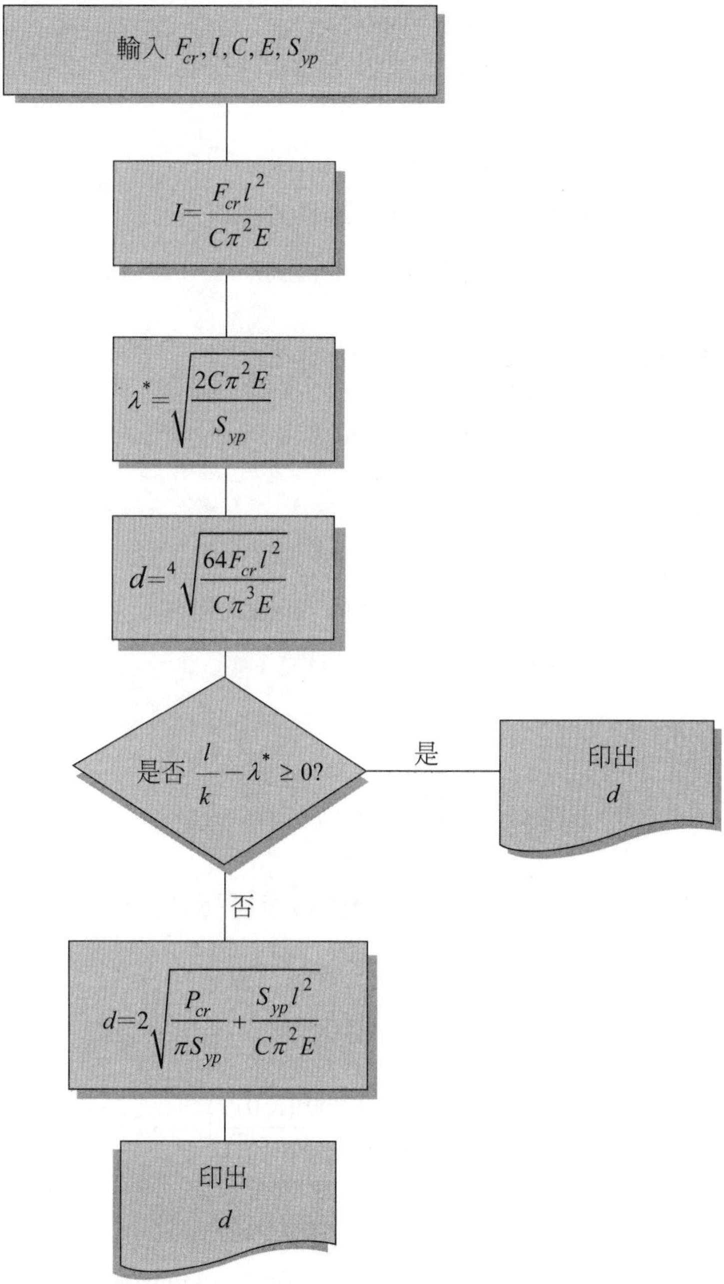

輸入 F_{cr}, l, C, E, S_{yp}
$I=\frac{F_{cr}l^2}{C\pi^2 E}$
$\lambda^*=\sqrt{\frac{2C\pi^2 E}{S_{yp}}}$
$d=\sqrt[4]{\frac{64F_{cr}l^2}{C\pi^3 E}}$
是否 $\frac{l}{k}-\lambda^* \geq 0$?
是
印出 d
否
$d=2\sqrt{\frac{P_{cr}}{\pi S_{yp}}+\frac{S_{yp}l^2}{C\pi^2 E}}$
印出 d

圖 4-10　設計柱的流程圖

因寬厚比為 3，故令柱的剖面尺寸為 $b \times 3b$。其次分別考慮柱的兩種長度

(1) $l = 400$ mm 時。先假設所得的柱為長柱，由表 4-3 中可查得

$$b = \left[\frac{12F_{cr}l^2}{mC\pi^2 E}\right]^{\frac{1}{4}} = \left[\frac{12(100,000)(400)^2}{3(1)(\pi^2)(200)(10^3)}\right]^{\frac{1}{4}} = 13.3 \text{ mm}$$

$$k = 0.289b = 0.289(13.3) = 3.84 \text{ mm}$$

則柱的迴轉半徑由 (4-31b) 式可得

$$k = 0.289b = 0.289(13.3) = 3.84 \text{ mm}$$

由 (4-36) 式可求得

$$\lambda^* = \left[\frac{2\pi^2 CE}{S_{yp}}\right]^{\frac{1}{2}} = \left[\frac{12(\pi^2)(1)(200)(10^3)}{500}\right]^{\frac{1}{2}} = 88.86$$

所得柱的細長比為

$$\lambda = \frac{l}{k} = \frac{400}{3.84} = 104.2 > \lambda^* = 88.86$$

可知所得的柱確為長柱，依優先數字選擇柱的剖面尺寸為 14 × 42 mm。

(2) $l = 150$ mm 時，

$$b = \left[\frac{12F_{cr}l^2}{mC\pi^2 E}\right]^{\frac{1}{4}} = \left[\frac{12(100,000)(150)^2}{3(1)(\pi^2)(200)(10^3)}\right]^{\frac{1}{4}} = 8.22 \text{ mm}$$

且

$$k = 0.289b = 0.289(8.22) = 2.374 \text{ mm}$$

所以，細長比為

$$\lambda = \frac{l}{k} = \frac{150}{2.374} = 63.18 < \lambda^*$$

可知所得的柱並非長柱，應以短柱公式重新計算，由表 4-3

$$b=\left[\frac{F_{cr}}{mS_{yp}}+\frac{3l^2S_{yp}}{m^2C\pi^2E}\right]^{\frac{1}{2}}=\left[\frac{100,000}{3(500)}+\frac{3(150)(500)}{3^2(1)(\pi^2)(200)(10^3)}\right]^{\frac{1}{2}}=9.12\text{ mm}$$

因此，剖面尺寸可選擇 10 × 30 mm。

4.7 其他的柱公式

負荷通過剖面形心的柱公式，除了前述兩個柱公式之外，**郎肯柱公式** (Rankine's Formula) 也是應用相當普遍的經驗式，其基本型式為

$$\frac{F_{cr}}{A}=\frac{S_{yp}}{1+a\left(\frac{l_e}{k}\right)^2} \tag{4-39}$$

且

$$a=\left(\frac{S_{yp}}{\pi^2E}\right) \tag{4-40}$$

可知郎肯柱公式中的 a 為材料常數，其值視材料而定。此式將左端的值視為工作應力，並作為計算安全因數的依據，與以挫曲負荷為依據的歐拉柱公式或江森柱公式不同。郎肯柱公式適用於任何細長比，使用時不必考慮是長柱或短柱。

材質為鑄鐵之類的脆性材料短柱，若以江森柱公式計算，所得的臨界負荷高於實際能承受的值，容易發生危險。因此多採用**直線公式**設計。該公式是從 (F_{cr}/A) 與 λ^* 圖的縱座標軸 $(F_{cr}/A)=S_{ut}$ 處，繪出與歐拉柱之曲線相切的直線，其切點的縱座標為 $(F_{cr}/A)=S_{ut}/3$，橫座標則為

$$\lambda^*=\left[\frac{3\pi^2CE}{S_{ut}}\right]^{\frac{1}{2}} \tag{4-41}$$

由此得到的短柱公式

$$\frac{F_{cr}}{A} = S_{ut} - \frac{2\pi^2 E}{\sqrt{C}}\left(\frac{l}{k}\right)\left(\frac{S_{ut}}{3\pi^2 E}\right)^{1.5} \tag{4-42}$$

適用於 $0 < \lambda < \lambda^*$ 間之鑄鐵質的短柱。

到目前為止所討論的柱，都假設施加的軸向壓力通過剖面的形心，但實務上負荷偏心的情況更多。由於負荷偏心將導致柱額外承受彎矩的效應，前面提及之所有柱的公式都不適用，必須有涵括彎矩效應的公式才行，以下將藉圖 4-11 推導負荷偏心情況下適用的柱公式。

圖 4-11(a) 中負荷作用在附著於柱的托架上，並未通過柱剖面的形心而形成偏心負荷。此柱將以圖 4-11(b) 中兩端以圓銷支撐的柱作為分析的模型。由圖 4-11(c) 的分離體圖，可得

$$\sum M_A = 0 \qquad M(x) = -F[e + v(x)]$$

由於 $M(x) = EIv''(x)$，代入上式可得

$$EIv''(x) + Fv(x) = -Fe \tag{4-43}$$

式中 F 為柱承受的偏心壓負荷，v 為柱的撓度，e 為 F 的作用線偏離剖面形心的距離。若令 $\kappa^2 = F/FI$，則 (4-43) 式可以寫成

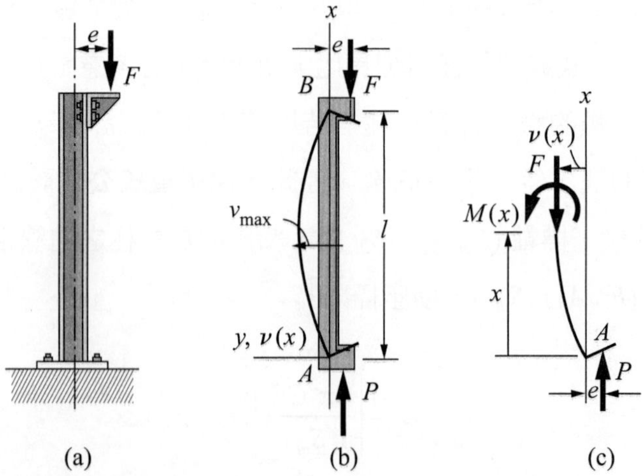

圖 4-11 負荷偏心的柱

$$v''(x) + \kappa^2 v(x) = -\kappa^2 e \tag{4-44}$$

此微分方程式的特解為 $v_p(x) = -e = \text{contst.}$ 而通解為

$$v(x) = C_1 \sin\kappa x + C_2 \cos\kappa x - e \tag{4-45}$$

邊界條件為 $v(0) = v(L) = 0$，代入 (4-45) 式，可得

$$v(0) = 0 \quad \Rightarrow \quad C_2 = e$$

$$v(L) = 0 \quad \Rightarrow \quad C_1 \sin(\kappa l) + e\,[\cos(\kappa l) - 1] = 0$$

由此解得

$$C_1 = e\tan(\kappa l / 2)$$

於是

$$v(x) = e\left[\tan\left(\frac{\kappa l}{2}\right)\sin\kappa x + \cos\kappa x - 1\right] \tag{4-46}$$

當 $x = L/2$ 時，$v(L/2) = v_{\max}$，即

$$v_{\max} = e\left[\sec\left(\frac{\kappa l}{2}\right) - 1\right] \tag{4-47}$$

因柱的兩端以圓銷支撐時，$F_{cr} = \pi^2 EI/L^2$，由 (4-47) 式可得

$$v_{\max} = e\left[\sec\left(\frac{\pi}{2}\sqrt{\frac{F}{F_{cr}}}\right) - 1\right] \tag{4-48}$$

從圖 4-11(c) 可看出，柱中的最大壓應力發生於 $x = 0$ 處柱的凹面上，其值為

$$\sigma_{\max} = \frac{F}{A} + \frac{M_{\max} c}{l}$$

式中 c 為剖面形心至凹面表層纖維間的距離。因 $M_{\max} = -F(v_{\max} + e)$，將 (4-48) 式代入後得

$$\sigma_{\max} = \frac{F}{A}\left[1 + \frac{ec}{k^2}\sec\left(\frac{\pi}{2}\sqrt{\frac{F}{F_{cr}}}\right)\right] \tag{4-49}$$

或

$$\sigma_{\max} = \frac{F}{A}\left[1 + \frac{ec}{k^2}\sec\left(\frac{l}{2k}\sqrt{\frac{F}{AE}}\right)\right] \tag{4-50}$$

式中的 k 為剖面的迴轉半徑。此式稱為正割公式 (secant formular)，ec/k^2 稱為偏心比 (eccentricity ratio)。現在若令 $\sigma_{\max} = S_{yp}$，並將式中的 l 改為 l_e，即可得到與端點條件無關的正割柱公式

$$\frac{F}{A} = \frac{S_{yp}}{1 + (ec/k^2)\sec[(l_e/2k)\sqrt{F/AE}]} \tag{4-51}$$

此式無法直接解得 F，如果需要針對單一材料做此類柱的設計時，通常得準備如圖 4-12 的設計線圖，否則就得使用數值法尋根的技巧求解。從圖 4-12 中的曲線可看出，當柱的細長比不大時，偏心比對柱的法向應力值有很重大的影響；而柱

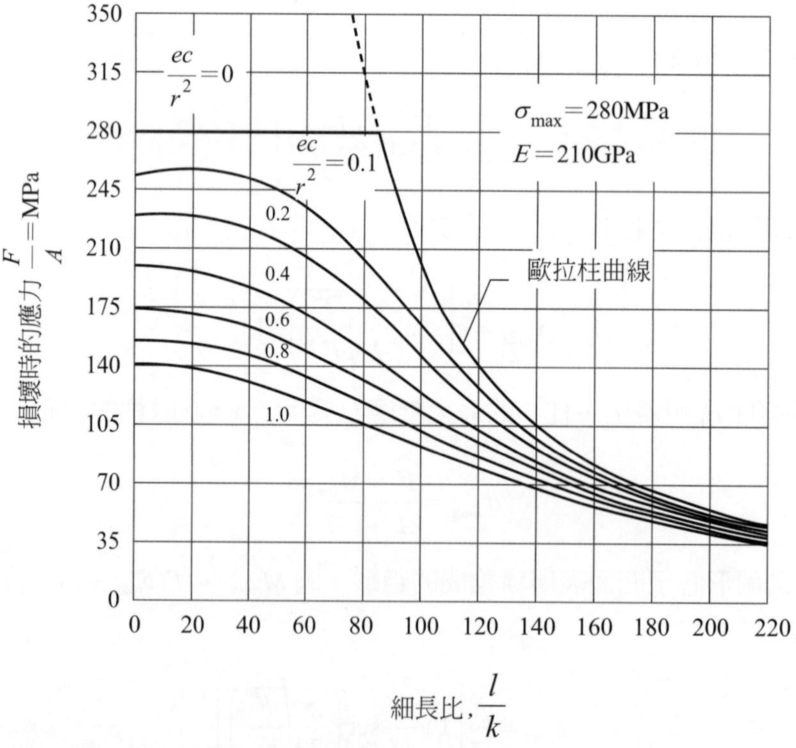

圖 4-12 歐拉柱公式與正割公式結果之比較

的細長比愈大，偏心比的影響就愈小，其值愈趨於歐拉柱公式所得的結果。

柱是結構中的重要元件，由於有挫曲的危險性，因此其設計受到一些技術規範的約束。這些規範大多由各國的公共工程管理機關、學術機構或由同業出資組成的研究機構制定，表 4-4 中列出了由美國鋼結構研究所，及鋁結構同業協會制定的設計規範公式以供參考，並作為本章的結束。至於相關的詳細參考資料請自行搜尋。

表 4-4　形心負荷的代表性規範公式

編號	來源	材料	壓縮塊與/或中長柱範圍公式與限制 (**l/k 為有效長度比 l'/k**)		細長柱範圍
1	a.	降伏強度 S_{yp} 的結構用鋼	$0 \le \frac{l}{k} \le \lambda^*$	$\sigma_{all} = \frac{S_{yp}}{FS}\left[1 - \frac{1}{2}\left(\frac{l/k}{\lambda^*}\right)^2\right]$ $(\lambda^*)^2 = \frac{2\pi^2 E}{\sigma_y}$ $FS = \frac{5}{3} + \frac{3}{8}\left(\frac{l/k}{\lambda^*}\right) - \frac{1}{8}\left(\frac{l/k}{\lambda^*}\right)^3$	$\frac{l}{k} \ge \lambda^*$ $\sigma_{all} = \frac{\pi^2 E}{1.92(l/k)^2}$
2	b.	2014-T6 (Alclad) 鋁合金鋼	$\frac{l}{k} \le 12$ $12 \le \frac{l}{k} \le 55$	$\sigma_{all} = 193\text{ MPa}$ $\sigma_{all} = \left[212 - 1.585\left(\frac{l}{k}\right)\right]\text{MPa}$	$\frac{l}{k} \ge 55$ $\sigma_{all} = \frac{372(10^3)}{(l/k)^2}\text{MPa}$
3	b.	6061-T6 鋁合金鋼	$\frac{l}{k} \le 9.5$ $9.5 \le \frac{l}{k} \le 66$	$\sigma_{all} = 131\text{ MPa}$ $\sigma_{all} = \left[139 - 0.868\left(\frac{l}{k}\right)\right]\text{MPa}$	$\frac{l}{k} \ge 66$ $\sigma_{all} = \frac{351(10^3)}{(l/k)^2}\text{MPa}$

註：a. 鋼結構手冊, 9th ed., 美國鋼結構研究所, New York, 1959.
b. 鋁結構規格, Aluminum Association, Inc., Washington, D.C., 1986.

習　題

1. 圖 P4-1 中的鋼質圓錐台的剖面直徑循中心軸方向呈現線性變化，其長度為 l，兩端直徑分別為 d_A 與 d_B。試求 (a) 圓錐台 B 端循中心軸施以拉力 F 時，圓錐台中的總應變能為若干？(b) 圓錐台的伸長量為若干？(c) 圓錐台的彈簧率為若干？若圖中的 $F = 5$ kN，$d_A = 30$ mm，$d_B = 20$ mm，$l = 400$ mm。圓桿以鋼製作 $E = 200$ GPa。

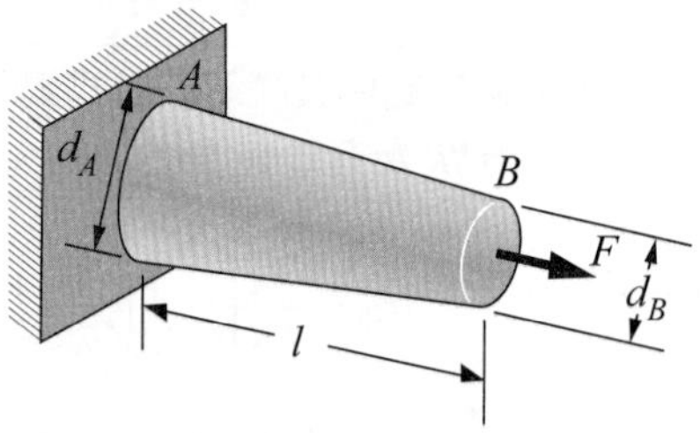

圖 P4-1

2. 若圖 P4-1 中的鋼質圓錐台 B 端施以扭矩 T，試求其 (a) 總應變能；(b) 總扭轉角 ϕ，及彈簧率的表示式。
3. 若圖 P4-1 中的 $d_A = 30$ mm，$d_B = 20$ mm，$l = 500$ mm，且 B 端承受的扭矩 $T_B = 500$ N • m，$E = 200$ GPa。試求其 (a) 總應變能；(b) 總扭轉角 ϕ，及彈簧率之值。
4. 圖 P4-4 中的鋼質二階段圓桿中，如果 $d_1 = 20$ mm，$d_2 = 32$ mm，$E = 207$

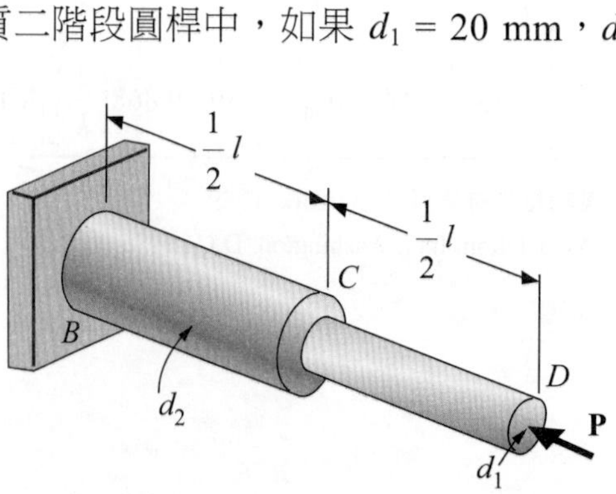

圖 P4-4

GPa，$l_1 = l_2 = 90$ mm，試求其彈簧率。

5. 圖 P4-5 中的兩支鋼質二階段圓桿中的下端以剛體相連，質量 20 kg 的套環，於靜止狀態循圖中中央的垂直桿，自高 h 處自由下滑衝擊平台。兩支相同的鋼質圓桿，分置左右對稱地支撐，其中 l_1 = 700 mm，l_2 = 800 mm，直徑 d_1 = 40 mm，d_2 = 20 mm，鋼的彈性模數 E = 200 GPa，若鋼的容許拉應力 σ_a = 200 MPa，試求套環容許的最大墜落高度，及從容許的最大高度墜落的情況下，兩桿的伸長量為若干？

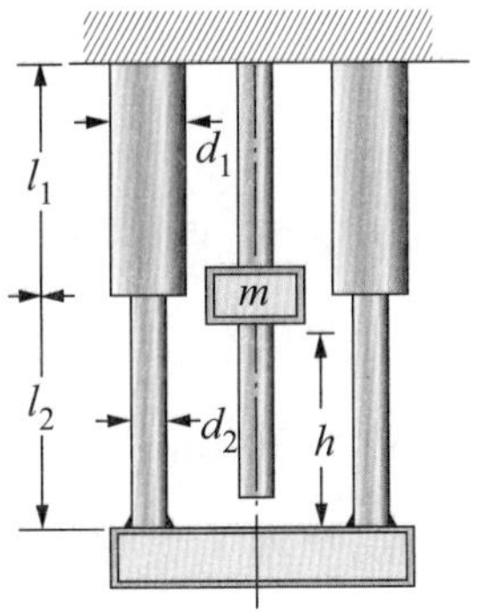

圖 P4-5

6. 若圖 P4-6 中的鋼質圓桿的直徑 d = 80 mm，E = 20 GPa，矩形桿為剛體，不會變形。試求該圓桿的彈簧率、總應變能，及單位體積的應變能。

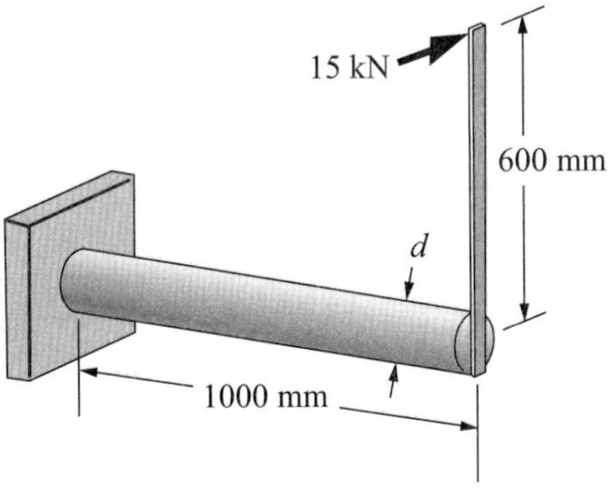

圖 P4-6

7. 圖 P4-7 中的方形剖面鋼樑其 $S_{yp} = 540$ MPa，$E = 207$ GPa，若要求圖中的鋼球自 $h = 400$ mm 處自由墜落至樑上時，樑的安全因數至少為 1.5，試求該鋼樑的邊長 b。球的質量為 15 kg。

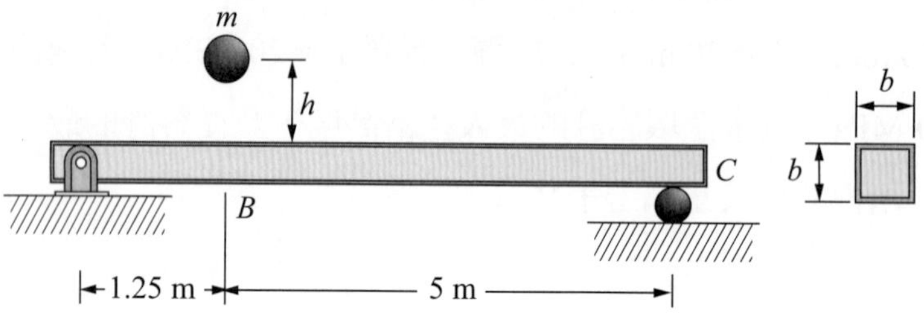

圖 P4-7

8. 若問題 7 中的鋼樑剖面改為 $b \times 2b$ 的矩形剖面時，試求 b 的值，並比較兩種剖面所需的材料體積。

9. 圖 P4-9 中的鋼樑剖面均為 60 × 30 mm，$E = 207$ GPa。若重物的質量 $m =$ 100 kg，自 A 樑上方 h 處自由墜落。其總能量的 90% 由二樑吸收，如果樑的最大變形量不得超過 20 mm 時，試求容許的最大墜落高度 h。並求各樑吸收的總應變能。

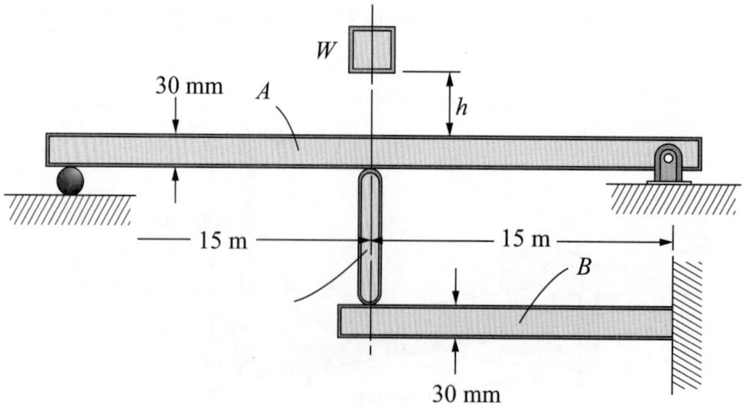

圖 P4-9

10. 圖 P4-10 中的跳水者在跳水板上跳躍，圖中的跳水者正浮在跳水板上方 h 處。將跳水者視為剛體，並假設跳水板遠較跳水者輕。試以跳水者的重量 W，高度 h，及跳水板的 E、I 與 L 表示跳水板端承受衝擊時的最大撓度。並表示跳水者的衝擊於跳水板上造成的最大應力。

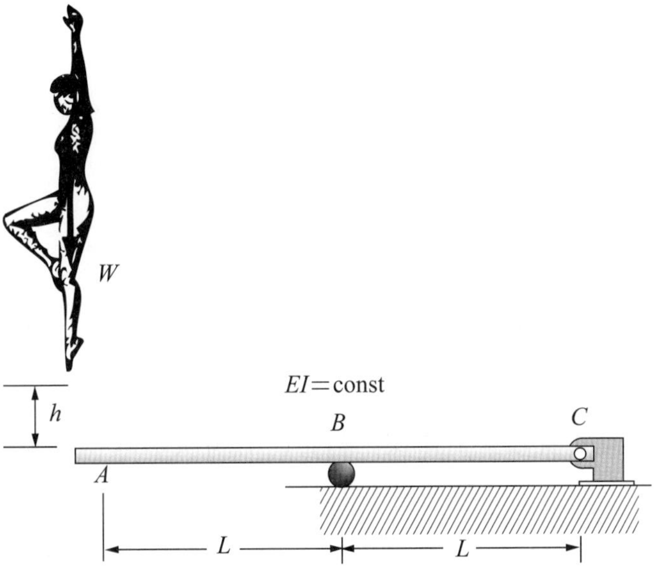

圖 P4-10

11. 圖 P4-11 中的彎桿於 C 端承受垂直集中負荷 P 的作用，試求 B 點與 C 端的撓度。

12. 圖 P4-12 中的 1/4 圓弧懸臂彎樑全樑承受均佈負荷作用，如圖所示。試求其自由端的撓度。

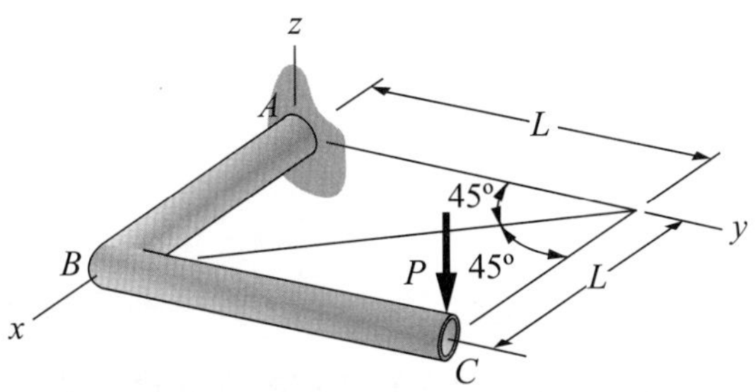

圖 P4-11

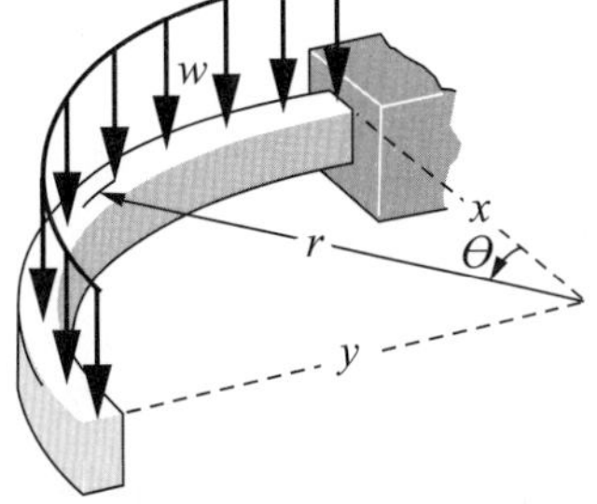

圖 P4-12

13. 圖 P4-13 中 1/4 圓弧彎桿於自由端承受集中負荷 P 作用，如圖所示。試求其自由端的撓度。

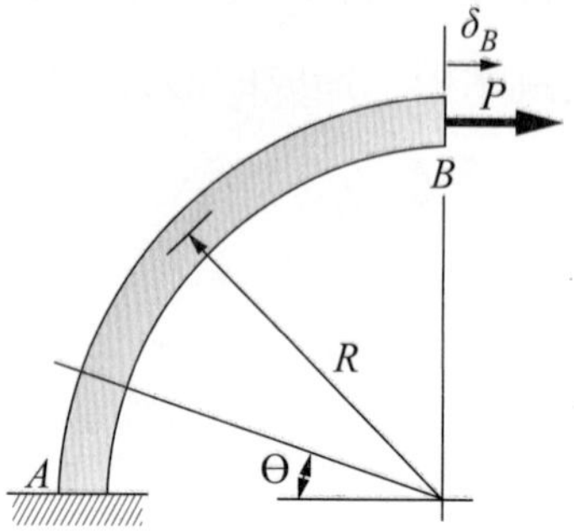

圖 P4-13

14. 圖 P4-13 中 1/4 圓弧彎桿，若於自由端承受指向曲率中心的集中負荷作用。試求其自由端的撓度。

15. 問題 12 中的 1/4 圓弧懸臂彎樑，若於自由端承受向下的負荷 P，試求其的撓度。

16. 圖 P4-16 中的圓弧懸臂樑，以圓環切開一小缺口後，一端夾持而成。試求其受力端的撓度。

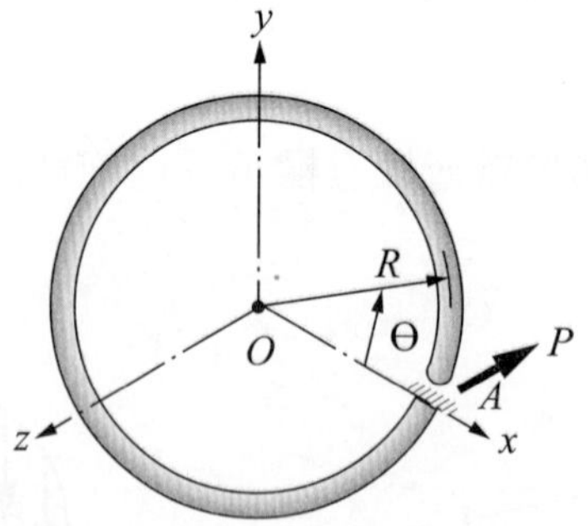

圖 P4-16

17. 某油壓千斤頂的工作負荷為 15 kN，最大升程為 200 mm，圓形剖面的撐桿以 AISI 1045 CD 的鋼料製作。安全因數不得小於 3，試求撐桿的最小直徑。

18. 若問題 17 中的撐桿改為 $b \times 2b$ 的矩形剖面，試求撐桿的剖面尺寸。

19. 圖 P4-19 的肘節式線材裁剪機中，其 $L = 300$ mm，$l = 100$ mm，CD 桿具有矩形剖面，剖面尺寸為 $b \times 1.5b$，以 AISI 1045 HR 鋼製成。若以 $\theta = 60°$ 時，$F = 300$ N 為依據，安全因數取 3，試求 CD 桿的剖面尺寸。

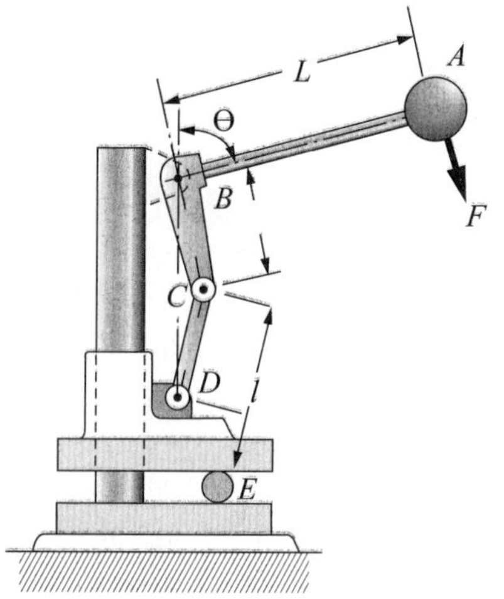

圖 P4-19

20. 若問題 19 中的 CD 桿，改為採用圓形剖面，試求其直徑應為若干？

21. 圖 P4-21 中的油壓缸內孔直徑 75 mm，工作壓力為 6.0 MPa。以 U 形夾安裝，如圖所示。決定活塞桿的直徑時，視其兩端為圓銷支撐，並以 AISI 1050 CD 的料製成。(a) 當柱長為 1500 mm 時，設計因數取 4，試為活塞桿選擇一優先尺寸；(b) 若柱長改為 500 mm 時，試重解 (a)；(c) 試以選擇的優先尺寸，計算 (a) 與 (b) 的實際安全因數。

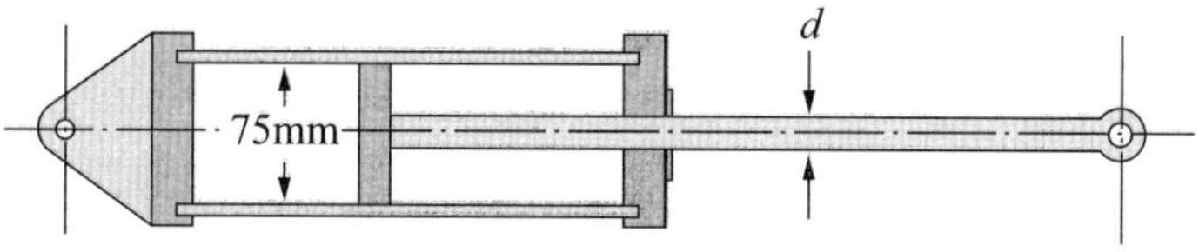

圖 P4-21

22. 最大工作負荷為 5 kN 之千斤頂如圖 P4-22 所示，螺桿兩端車製成具有相反轉向的螺紋，使得連桿與水平面間的夾角 θ 可以在 15° 到 70° 間變化。連

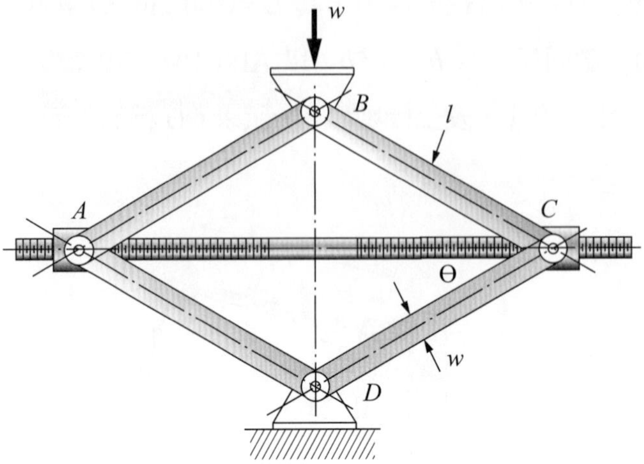

圖 P4-22

桿以 AISI 1040 HR 鋼棒製作。圖中的四組連桿各以兩支鋼棒組成，分居支撐圓銷兩端。各鋼棒的長度 l = 400 mm，寬度 w = 25 mm，兩銷接端的端點常數 C = 1.4。若設計因數取 4，試為連桿選擇合適厚度的優先尺寸，並以該優先尺寸計算連桿組的實際安全因數。

23. 某柱長 2 m，一端固定，另一端則為自由端，以 ASTM 40 的鑄鐵鑄造。由於重量有規定，因此剖面面積必須固定為 600 mm，試比較該柱具有下列剖面時的臨界負荷。(a) 25×24 mm；(b) 20×30 mm。安全因數為 3。

24. 取 1 m 長的 AISI 1040 CD 鋼管製作兩端圓銷支撐的柱，鋼管外徑 76.3 mm，管壁厚 3.5 mm。試求該圓管的臨界負荷，當負荷 (a) 通剖面形心；(b) 偏離形心 4 mm。

Chapter 5

螺　旋

5.1 引言

螺旋具有傳動、聯結與量測等功能，例如，導螺桿與螺旋千斤頂螺桿是螺旋傳動功能的具體應用；一般的螺栓與螺釘則呈現了螺旋的聯結功能。為適應工業上不同的應用，訂定有各種不同的螺紋型式，同時也訂定了螺旋的標準規格，以利於互換性及降低成本。

分析螺旋的傳動與結合的功能，及介紹螺旋的規格是本章的主要內容，以提供機械設計人員瞭解與螺旋的相關理論、應用及規格。

5.2 螺旋相關的專業名詞與標準螺紋型式

本節將依據圖 5-1 介紹與螺旋相關之專用名詞的定義，及工業上普遍使用的幾種標準螺紋。首先介紹與螺旋相關專用名詞，其定義如下：

1. 節距 (pitch) p：螺旋的節距是兩相鄰螺紋上的對應點，沿著螺旋中心線平行的方向量得的距離。

2. 導程 (lead) L：在螺旋上螺帽每旋轉一周時所前進的距離。導程是節距的倍數，其間的關係為

$$L = np \quad \textbf{(5-1)}$$

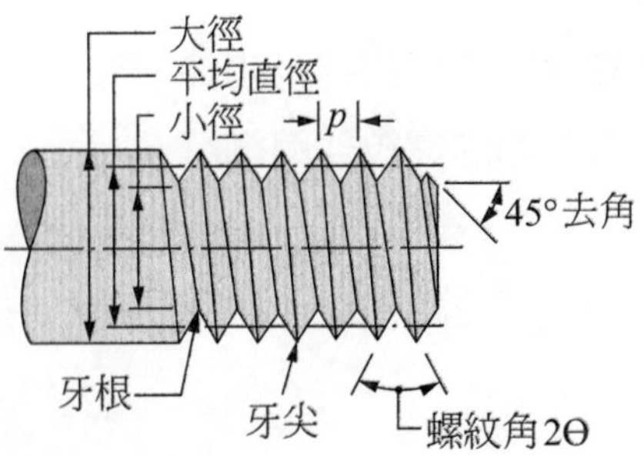

圖 5-1 螺旋相關名詞

式中的 n 為螺旋的螺紋數，p 為螺旋的節距。因此在雙螺紋的螺旋上，螺帽每旋轉一周前進的距離為節距的兩倍。

3. 大徑 (major diameter) d：螺旋的最大直徑。

4. 小徑或根徑 (minor or root diameter) d_r：螺旋的最小直徑。

5. 平均直徑 (mean diameter) d_m：螺旋的大徑與小徑的平均值。

6. 應力面積 (stress area) A_t：以螺旋的平均直徑與小徑的平均值為直徑的圓面積，是螺旋實際承受軸向負荷的剖面面積。

7. 導程角 (lead angle) λ：若使一直角三角形的底邊與一圓柱的中心軸垂直，然後使此直角三角形捲繞圓柱，即可在該圓柱上形成螺旋線。則該直角三角形的底邊與斜邊之間形成的角，正好與螺旋線的導程所對的角相同，故稱為導程角，導程角的代表符號為 α。直角三角形所捲繞之圓柱的直徑即為螺旋的平均直徑。因此，螺旋的平均直徑 d_m，導程 L 與導程角 λ 三者之間的關係如下：

$$\tan\alpha = L / \pi d_m \tag{5-2}$$

8. 螺紋角 (thread angle)：螺牙兩側面所夾的角稱為螺紋角，常以 2θ 表示之，如圖 5-1 中所示。

工業上傳動用的螺紋有**方牙螺紋** [squared thread，圖 5-2(a)]，**愛克姆螺紋** [Acme thread，圖 5-2(b)]，**修正方牙螺紋** [modified squared thread，圖 5-2(c)]，**梯形螺紋** [trapezoidal thread，圖 5-2(d)]，**鋸齒形螺紋** [buttress tthread，圖 5-2(e)] 等，圖 5-2 列出了上述各種標準傳動螺紋的輪廓。

至於聯結用途的螺紋，目前使用較廣泛的螺紋有**美國統一制標準螺紋** (Unified or American national thread standard)，與**國際標準制螺紋** (ISO or Metric thread standard) 兩大類。美國統一制標準螺紋主要通行於美國與加拿大兩國，常用的美國統一制標準螺紋有兩個系列，即 UN 與 UNR 系列，其間的差別在於 UNR 系列切口處均使用內圓角半徑，因而具有較佳的疲勞強度。兩個系列的螺旋各自又再分成**粗牙系列**與**細牙系列**螺旋，表 5-1 列出了 UN 系列中的部分粗牙與細牙螺旋的相關數值。

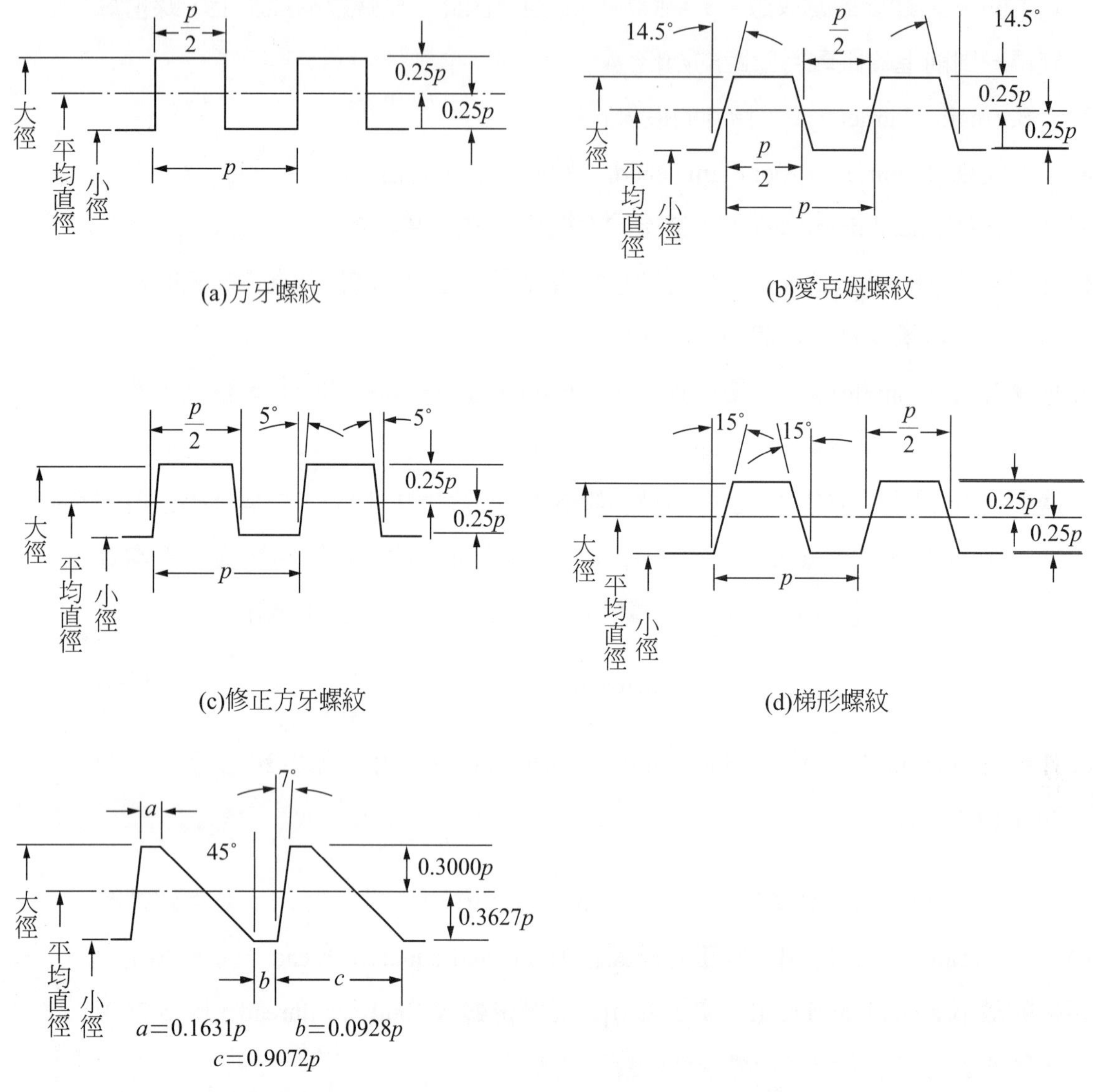

(a)方牙螺紋

(b)愛克姆螺紋

(c)修正方牙螺紋

(d)梯形螺紋

(e)鋸齒形螺紋

圖 5-2 各型傳動螺旋

除了美國與加拿大兩國之外，其他主要工業國家都已採行國際標準制 (ISO) 的螺紋。國際標準制螺紋的輪廓如圖 5-3 所示。其基本的螺紋輪廓與美國統一制標準螺紋相同，但兩者之間並不能互換。ISO 制螺旋的規格表如表 5-1 所示。

表 5-1　ISO 制螺栓規格表

標稱 直徑 d (mm)	粗牙系列			細牙系列		
	節矩 p (mm)	應力 面積 A_t (mm^2)	最小 剖面積 A_r (mm^2)	節矩 p (mm)	應力 面積 A_t (mm^2)	最小 剖面積 A_r (mm^2)
1.6	0.35	1.27	1.07			
2	0.40	2.07	1.79			
2.5	0.45	3.39	2.98			
3	0.5	5.03	4.47			
3.5	0.6	6.78	6.00			
4	0.7	8.78	7.75			
5	0.8	14.2	12.7			
6	1	20.1	17.9			
8	1.25	36.6	32.8	1	39.2	36.0
10	1.5	58.0	52.3	1.25	61.2	56.3
12	1.75	84.3	76.3	1.25	92.1	86.0
14	2	115	104	1.5	125	116
16	2	157	144	1.5	167	157
20	2.5	245	225	1.5	272	259
24	3	353	324	2	384	365
30	3.5	561	519	2	621	596
36	4	817	759	2	915	884
42	4.5	1120	1050	2	1260	1230
48	5	1470	1380	2	1670	1630
56	5.5	2030	1910	2	2300	2250
64	6	2680	2520	2	3030	2980
72	6	3460	3280	2	3860	3800
80	6	4340	4140	1.5	4850	4800
90	6	5590	5360	2	6100	6020
100	6	6990	6740	2	7560	7470
110				2	9180	9080

表 5-2 英制螺紋 UNC 與 UNF 規格表

尺寸標示	標稱直徑 in	粗牙系列 UNC 每吋牙數 N	粗牙系列 UNC 應力面積 A_t, in^2	粗牙系列 UNC 最小剖面面積 A_r, in^2	細牙系列 UNF 每吋牙數 N	細牙系列 UNF 應力面積 A_t, in^2	細牙系列 UNF 最小剖面面積 A_r, in^2
0	0.0600				80	0.001 80	0.001 51
1	0.0730	64	0.002 63	0.002 18	72	0.002 78	0.002 37
2	0.0860	56	0.003 70	0.003 10	64	0.003 94	0.003 39
3	0.0990	48	0.004 87	0.004 06	56	0.005 23	0.004 51
4	0.1120	40	0.006 04	0.004 96	48	0.006 61	0.005 66
5	0.1250	40	0.007 96	0.006 72	44	0.008 80	0.007 16
6	0.1380	32	0.009 09	0.007 45	40	0.010 15	0.008 74
8	0.1640	32	0.014 0	0.011 96	36	0.014 74	0.012 85
10	0.1900	24	0.017 5	0.014 50	32	0.020 0	0.017 5
12	0.2160	24	0.024 2	0.020 6	28	0.025 8	0.022 6
$\frac{1}{4}$	0.2500	20	0.031 8	0.026 9	28	0.036 4	0.032 6
$\frac{5}{16}$	0.3125	18	0.052 4	0.045 4	24	0.058 0	0.052 4
$\frac{3}{8}$	0.3750	16	0.077 5	0.067 8	24	0.087 8	0.080 9
$\frac{7}{16}$	0.4375	14	0.106 3	0.093 3	20	0.118 7	0.109 0
$\frac{1}{2}$	0.5000	13	0.141 9	0.125 7	20	0.159 9	0.148 6
$\frac{9}{16}$	0.5625	12	0.182	0.162	18	0.203	0.189
$\frac{5}{8}$	0.6250	11	0.226	0.202	18	0.256	0.240
$\frac{3}{4}$	0.7500	10	0.334	0.302	16	0.373	0.351
$\frac{7}{8}$	0.8750	9	0.462	0.419	14	0.509	0.480
1	1.0000	8	0.606	0.551	12	0.663	0.625
$1\frac{1}{4}$	1.2500	7	0.969	0.890	12	1.073	1.024
$1\frac{1}{2}$	1.5000	6	1.405	1.294	12	1.581	1.521

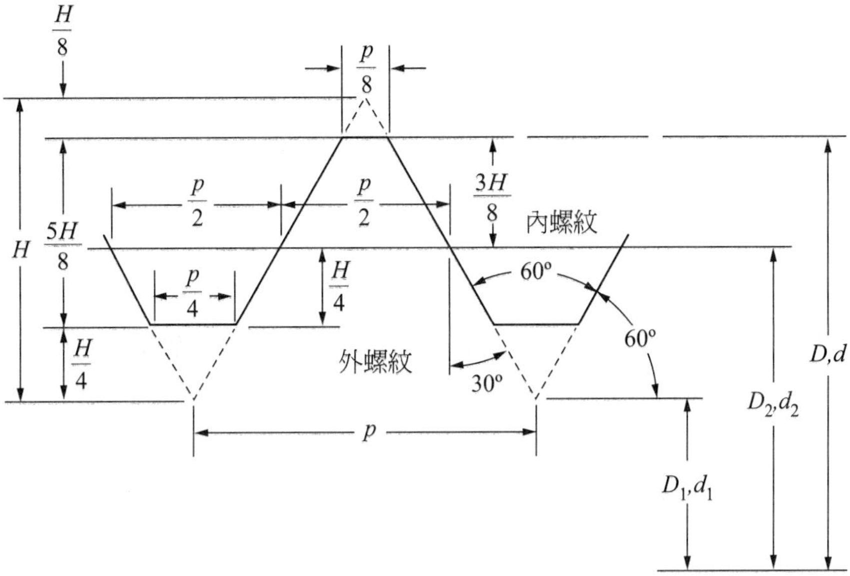

圖 5-3 國際標準制螺紋

5.3 傳動螺紋上的負荷分析

對於傳動螺旋的負荷分析，將以千斤頂頂昇螺桿的負荷分析為例說明，千斤頂可以設計成各種不同的型式，圖 5-4(a)、5-4(b) 中即為兩種常見的手操作千

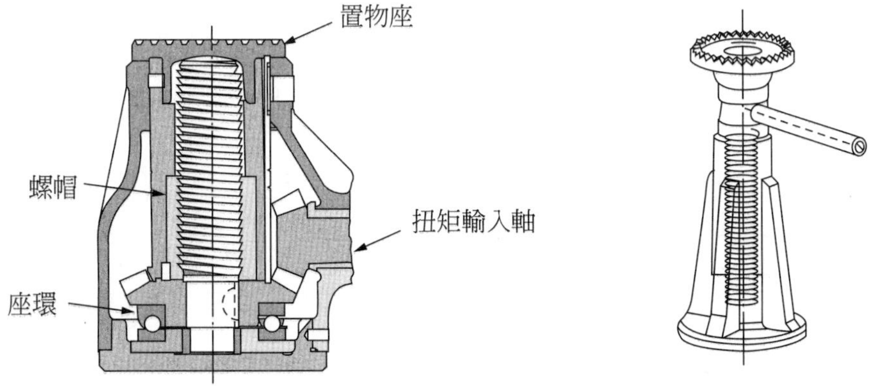

(a) (b)

圖 5-4 千斤頂

斤頂，圖 5-4(a) 中的千斤頂的頂昇螺桿為鋸齒型螺桿，圖 5-4(b) 中的千斤頂的頂昇螺桿則為梯形型螺桿，而底下說明時，則是以圖 5-4(a) 型式，但以梯形螺桿為頂昇螺桿的千斤頂為例。圖 5-5 中顯示當千斤頂頂昇重物時，螺桿上螺牙力受作用的情況，在圖 5-5(a) 中假設螺牙牙腹歪斜面的法向反力 F_n 作用於螺桿的節圓上，圖中的 *ABEO* 平面為通過螺桿中心軸的縱剖面，由圖 5-5(a) 可看出 F_n 在這個面上的投影與垂直軸間形成 θ 角，即螺紋角之半。*ACHO* 平面與螺桿的節圓相切，F_n 與它在該面上之投影 $\overline{OC}$ 間形成角 θ_n。$\overline{OC}$ 與垂直軸間的夾角為導程角 α。由圖 5-5(a)可看出

$$\tan\theta_n = \frac{\overline{CD}}{\overline{OC}} = \left(\frac{\overline{AB}}{\overline{AO}}\right)\left(\frac{\overline{OA}}{\overline{OC}}\right) = \tan\theta\cos\alpha$$

因為由圖中可觀察得

$$\tan\theta = \frac{\overline{AB}}{\overline{OA}},\quad \cos\alpha = \frac{\overline{OA}}{\overline{OC}}$$

可知

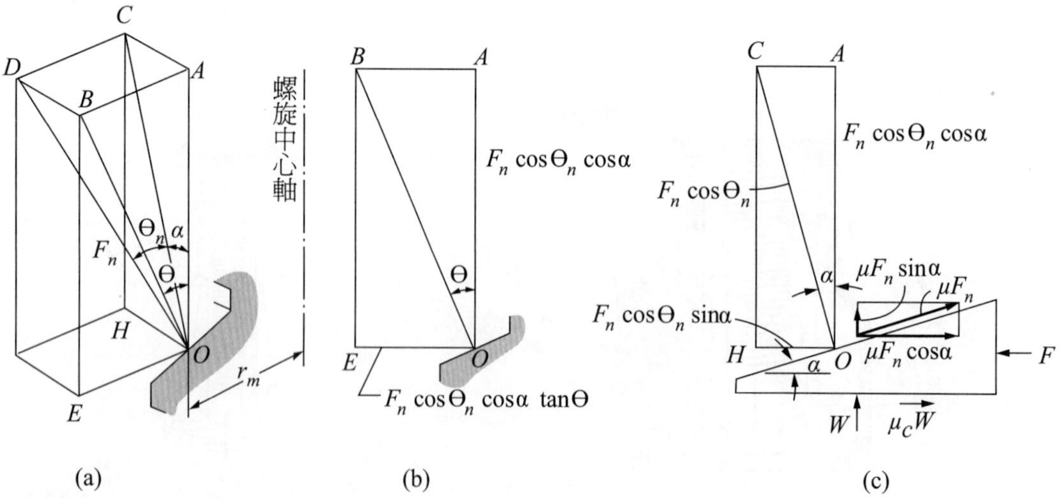

圖 5-5 螺紋的負荷分析

$$\tan\theta_n = \tan\theta\cos\alpha \tag{5-3}$$

當螺桿頂升重物時，螺牙的分離體圖如圖 5-5(c) 中的楔塊所示。楔塊底面的作用力 W 代表螺桿座環承受的反力，也就是要頂升的物重。當欲頂升重物時，必須對楔塊施予向左的外力 F，因為作用於螺牙牙腹的法向力為 F_n，可知在螺紋面上的總摩擦力為 $\mu_t F_n$，其中的 μ_t 為螺牙面之間的摩擦係數。螺桿的座環承受重物總重量 W 的反力，以及阻止楔塊運動的摩擦力 $\mu_t W$，其中 μ_t 為千斤頂座環接觸面上的摩擦係數。若施予楔塊的外力剛好足以令楔塊向左方運動，由圖 5-5(c) 中的分離體圖可得螺牙分離體圖的平衡方程式為

水平方向：
$$F_n\cos\theta_n\sin\alpha + \mu_t F_n\cos\alpha - F = 0 \tag{a}$$

垂直方向：
$$W - F_n\cos\theta_n\cos\alpha + \mu_t F_n\sin\alpha = 0 \tag{b}$$

由 (b) 式可得

$$F_n = \frac{W}{\cos\theta_n\cos\alpha - \mu_t\sin\alpha} \tag{c}$$

由 (a) 式可得

$$F = F_n(\cos\theta_n\sin\alpha + \mu_t\cos\alpha)$$

或

$$F = \frac{W(\cos\theta_n\sin\alpha + \mu_t\cos\alpha)}{\cos\theta_n\cos\alpha - \mu_t\sin\alpha)} \tag{d}$$

令頂升重物時需輸入至千斤頂的扭矩為 T_r，此一扭矩必須先克服座環的摩擦扭矩 $\mu_c W r_c$，才有可能驅動螺桿，將待升起的重物頂高，因此頂昇重物所需輸入的扭矩，力 F 對螺桿作用的扭矩為 Fr_m，至少應為

$$Fr_m = T_r - \mu_c W r_c \tag{e}$$

或

$$Wr_m\frac{\cos\theta_n\sin\alpha + \mu_t\cos\alpha}{\cos\theta_n\cos\alpha - \mu_t\sin\alpha} = T_r - \mu_c W r_c$$

若將上式左端分子與分母分別除以 $\cos\theta_n \cos\lambda$，並令

$$\tan\gamma = \frac{\mu_t}{\cos\theta_n} \tag{5-4}$$

即可得**頂昇扭矩** T_r

$$T_r = W[r_m \tan(\gamma+\alpha) + \mu_c r_c] \tag{5-5}$$

依據此式，可求得頂升重量為 W 的重物所需輸入的扭矩。依遵循相同的程序，可求得到降下重物時應需輸入的**下降扭矩** T_l 為

$$T_l = W[r_m \tan(\gamma-\alpha) + \mu_c r_c] \tag{5-6}$$

由 (5-6) 式可以看出，若螺旋的導程角大於 α 角時，可能發生軸向力 W 的作用導致螺旋反轉的現象，稱為翻轉 (overhaul) 現象，此時必須輸入扭矩

$$-T = W[r_m \tan(\gamma-\alpha) + \mu_c r_c] \tag{5-7}$$

以防止螺旋反轉。反之，若 $\alpha < \gamma$，則除非輸入扭矩，否則絕對不會發生螺旋反轉的現象。因此，凡是 $\alpha < \gamma$ 的螺旋均稱為自鎖螺旋 (self-locked screw)。

前面已提過，傳動用的螺紋有梯形螺紋、愛克姆螺紋、方牙螺紋、修正方牙螺紋、鋸齒形螺紋等，表 5-3 列出梯形螺紋的標準規格，表 5-4 則列出愛克姆螺紋的標準規格。

在前面導出的 (5-6) 與 (5-7) 式中，摩擦係數 μ_t 與 μ_c 之值，與作相對運動之兩元件的材料及潤滑的程度有關，其值可由表 5-5 中查出。

傳動螺旋的傳動效率 η 依定義為

$$\eta = \frac{W_{out}}{W_{in}} = \frac{WL}{2\pi T_r} \tag{5-8}$$

式中的 L 為螺旋的導程，T_r 為頂昇扭矩。若座環的底部以滾動軸承為抗摩擦的元件，可以忽略其摩擦扭矩時，則

$$\eta = \frac{W(2\pi r_m \tan\alpha)}{2\pi W r_m \tan(\alpha+\gamma)}$$

表 5-3　梯形螺紋規格表　(長度單位：mm，面積單位：cm^2)

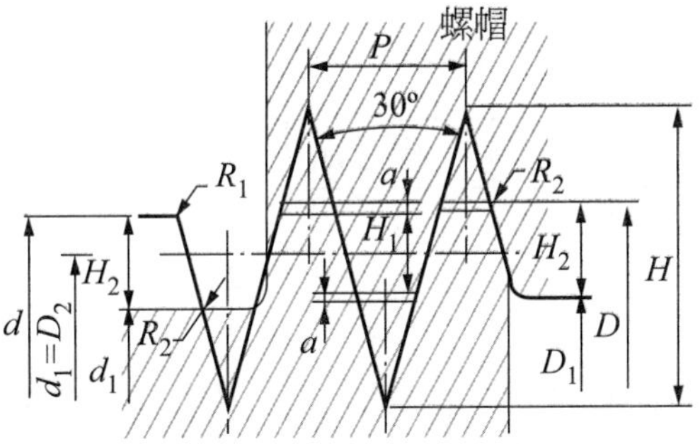

$H_1 = 0.5P$
$H_2 = H_1 + a$
$H = 1.866P$
$d_2 = D_2 = d - 0.5P$
$R_1\text{max} = 0.5a$
$R_2\text{max} = a$

公稱直徑 **d** (螺栓大徑)		節距	螺帽大徑	小徑		平均直徑	牙頂餘隙	應力面積
最優先	次優先	**P**	**D**	螺栓 d_1	螺帽 D_1	$d_2 = D_2$	**a**	cm^2
8	–	1.5	8.3	6.2	6.5	7.25	0.15	0.3
–	9	1.5	9.3	7.2	7.5	8.25	0.15	0.41
–	9	2	9.5	6.5	7	8	0.25	0.33
10	–	1.5	10.3	8.2	8.5	9.25	0.15	0.53
10	–	2	10.5	7.5	8	9		0.44
–	11	2	11.5	8.5	9	10		0.57
–	11	3	11.5	7.5	8	9.5		0.44
12	–	2	12.5	9.5	10	11		0.71
12	–	3	12.5	8.5	9	10.5		0.57
–	14	2	14.5	11.5	12	13	0.25	1.04
–	14	3	14.5	10.5	11	12.5		0.87
16	–	2	16.5	13.5	14	15		1.43
16	–	4	16.5	11.5	12	14		1.04
–	18	2	18.5	15.5	16	17		1.9
–	18	4	18.5	13.5	14	16		1.43
20	–	2	20.5	17.5	18	19		2.4
20	–	4	20.5	15.5	16	18		1.9
–	22	3	22.5	18.5	19	20.5		2.69
–	22	5	22.5	16.5	17	19.5		2.14
–	22	8	23	13	14	18	0.5	1.33
24	–	3	24.5	20.5	21	22.5	0.25	3.3
24	–	5	24.5	18.5	19	21.5	0.25	2.69
24	–	8	25	15	16	20	0.5	1.77

表 5-3 梯形螺紋規格表 (續) (長度單位：mm，面積單位：cm^2)

公稱直徑 d (螺栓大徑)		節距	螺帽大徑	小徑		平均直徑	牙頂餘隙	應力面積
最優先	次優先	P	D	螺栓 d_1	螺帽 D_1	$d_2 = D_2$	a	cm^2
–	26	3	26.5	22.5	23	24.5	0.25	3.98
–	26	5	26.5	20.5	21	23.5	0.25	3.3
–	26	8	27	17	18	22	0.5	2.27
28	–	3	28.5	24.5	25	26.5	0.25	4.71
28	–	5	28.5	22.5	23	25.5	0.25	3.98
28	–	8	29	19	20	24	0.5	2.84
–	30	3	30.5	26.5	27	28.5	0.25	5.51
–	30	6	31	23	24	27	0.5	4.15
–	30	10	31	19	20	25	0.5	2.84
32	–	3	32.5	28.5	29	30.5	0.25	6.38
32	–	6	33	25	26	29	0.5	4.91
32	–	10	33	21	22	27	0.5	3.46
–	34	3	34.5	30.5	31	32.5	0.25	7.3
–	34	6	35	27	28	31	0.5	5.73
–	34	10	35	23	24	29	0.5	4.12
36	–	3	36.5	32.5	33	34.5	0.25	8.3
36	–	6	37	29	30	33	0.5	6.61
36	–	10	37	25	26	31	0.5	4.91
–	38	3	38.5	34.5	35	36.5	0.25	9.35
–	38	7	39	30	31	34.5	0.5	7.1
–	38	10	39	27	28	33	0.5	5.73
40	–	3	40.5	36.5	37	38.5	0.25	10.46
40	–	7	41	32	33	36.5	0.5	8.04
40	–	10	41	29	30	35	0.5	6.61
–	42	3	42.5	38.5	39	40.5	0.25	11.64
–	42	7	43	34	35	38.5	0.5	9.1
–	42	10	43	31	32	37	0.5	7.55
44	–	3	44.5	40.5	41	42.5	0.25	12.38
44	–	7	45	36	37	40.5	0.5	10.18
–	46	3	46.5	42.5	43	44.5	0.25	14.19
–	46	8	47	37	38	42	0.5	10.75

表 5-3 梯形螺紋規格表 (續) (長度單位：mm，面積單位：cm^2)

公稱直徑 d (螺栓大徑)		節距	螺帽大徑	小徑		平均直徑	牙頂餘隙	應力面積
最優先	次優先	P	D	螺栓 d_1	螺帽 D_1	$d_2 = D_2$	a	cm^2
48	–	3	48.5	44.5	45	46.5	0.25	15.55
48	–	8	49	39	40	44	0.5	11.95
–	50	3	50.5	46.5	47	48.5	0.25	16.98
–	50	8	51	41	42	46	0.5	13.2
52	–	3	52.5	48.5	49	50.5	0.25	18.47
52	–	8	53	43	44	48	0.5	14.52
–	55	3	55.5	51.5	52	53.5	0.25	20.83
–	55	9	56	45	46	50.5	0.5	15.9
60	–	3	60.5	56.5	57	58.5	0.25	25.07
60	–	9	61	50	51	55.5	0.5	19.63
–	65	4	65.5	60.5	61	63	0.25	28.75
–	65	10	66	54	55	60	0.5	22.9
70	–	4	70.5	65.5	66	68	0.25	33.7
70	–	10	71	59	60	65	0.5	27.34
–	75	4	75.5	70.5	71	73	0.25	39.04
–	75	10	76	64	65	70	0.5	32.17
80	–	4	80.5	75.5	76	78	0.25	44.77
80	–	10	81	69	70	75	0.5	37.3
–	85	4	85.5	80.5	81	83	0.25	50.9
90	–	4	90.5	85.5	86	88	0.25	57.41
–	95	4	95.5	90.5	91	93	0.25	64.33
100	–	4	100.5	95.5	96	98	0.25	71.63

表 5-4 愛克姆螺紋標準規格 (長度單位：in，面積單位：in^2)

公稱尺寸	每吋牙數 1/*p*	愛克姆螺紋					短牙愛克母螺紋	
		螺牙高度 *h*	一般用途 統一等級 2C, 3C 與 4C		統一等級 5C 與 6C		螺牙高度 *h*	平均直徑上的導程角 λ
			螺旋大徑 *D*	平均直徑上的導程角 λ	螺旋大徑 *D*	平均直徑上的導程角 λ		
1/4	16	0.03125	0.2500	5° 12′	———	———	0.01875	4° 54′
5/16	14	0.03571	0.3125	4° 42′	———	———	0.02143	4° 28′
3/8	12	0.04167	0.3750	4° 33′	———	———	0.02500	4° 20′
7/16	12	0.04167	0.4375	3° 50′	———	———	0.02500	3° 41′
1/2	10	0.05000	0.5000	4° 3′	0.4823	4° 13′	0.03000	3° 52′
5/8	8	0.06250	0.6250	4° 3′	0.6052	4° 12′	0.03750	3° 52′
3/4	6	0.08333	0.7500	4° 33′	0.7284	4° 42′	0.05000	4° 20′
7/8	6	0.08333	0.8750	3° 50′	0.8516	3° 57′	0.05000	3° 41′
1	5	0.10000	1.0000	4° 3′	0.9750	4° 10′	0.06000	3° 52′
1 1/8	5	0.10000	1.1250	3° 33′	1.0985	3° 39′	0.06000	3° 25′
1 1/4	5	0.10000	1.2500	3° 10′	1.2220	3° 15′	0.06000	3° 4′
1 3/8	4	0.12500	1.3750	3° 39′	1.3457	3° 44′	0.07500	3° 30′
1 1/2	4	0.12500	1.5000	3° 19′	1.4694	3° 23′	0.07500	3° 12′
1 3/4	4	0.12500	1.7500	2° 48′	1.7169	2° 52′	0.07500	2° 43′
2	4	0.12500	2.0000	2° 26′	1.9646	2° 29′	0.07500	2° 22′
2 1/4	3	0.16667	2.2500	2° 55′	2.2125	2° 58′	0.10000	2° 50′
2 1/2	3	0.16667	2.5000	2° 36′	2.4605	2° 39′	0.10000	2° 32′
2 3/4	3	0.16667	2.7500	2° 21′	2.7085	2° 23′	0.10000	2° 18′
3	2	0.25000	3.0000	3° 19′	2.9567	3° 22′	0.15000	3° 12′
3 1/2	2	0.25000	3.5000	2° 48′	3.4532	2° 51′	0.15000	2° 43′
4	2	0.25000	4.0000	2° 26′	3.9500	2° 28′	0.15000	2° 22′
4 1/2	2	0.25000	4.5000	2° 8′	4.4470	2° 10′	0.15000	2° 6′
5	2	0.25000	5.0000	1° 55′	4.9441	1° 56′	0.15000	1° 53′

資料來源：取材自 Colin Carmichael (ed.): *Kent's Mechanical Engineer's Handbook,* 12th ed. John Wiley & Sons, Inc., New York, 1960.

表 5-5　摩擦係數 μ_t 與 μ_c

螺帽材質 / 螺桿材質	鋼	黃銅	青銅	鑄鐵
鋼 (乾)	0.15~0.25	0.15~0.23	0.15~0.19	0.15~0.25
鋼 (潤滑)	0.11~0.17	0.10~0.16	0.10~0.15	0.11~0.17
青銅	0.08~0.12	0.04~0.06	—	0.06~0.09

或

$$\eta = \frac{\tan\alpha}{\tan(\alpha+\gamma)} \tag{5-9}$$

5.4　傳動螺旋的應用——千斤頂螺桿的選擇

本節中將討論的是選擇千斤頂頂升螺桿與決定螺帽配合牙數的過程，千斤頂的頂昇螺桿承受重物的壓力，可知其性質屬於柱，因此選擇頂升螺桿的程序與選用柱的程序相同，其中的差別在於柱的直徑對應到用於計算螺桿應力面積之圓的直徑 d_s，其定義為

$$d_s = \frac{1}{2}(d_m + d_r) \tag{5-10}$$

即 d_s 為螺旋之平均直徑與其根徑 (或最小直徑) 的平均值。若依循第四章圖 4-10 的流程圖得到了 d 值，則適用之螺桿的 d_s 值，必須大於所得的 d 值。如果要從標準傳動螺旋規格中尋找適用的螺旋，則選出之螺旋的 d_s 值必須大於所得的 d 值，且差值為最小者。在設計流程圖中輸入的 F_{cr} 值為千斤頂之最大**工作負荷** (working load) 與要求安全因數值的乘積，l 則是千斤頂螺桿的最大頂升距離，或稱最大升程，這是千斤頂規格中最重要的兩項設計條件。

接著要討論搭配螺桿使用之螺帽的**配合牙數** N_S。考慮螺帽的配合牙數，通常應考慮的因素有：

1. 螺牙間的承應力 σ_B。

2. 螺牙牙根的彎應力 σ_b。

3. 螺牙的最大橫向剪應力 τ_V。

4. 螺桿握持的穩定度。

其中除了考慮握持穩定度的配合牙數常由規範訂定之外，其他各項的配合牙數都可由計算獲得。

A. 以螺牙間的承應力 σ_B 考量

依據定義，承應力為單位投影面積上所承受的負荷。因此，以螺牙間的容許承應力考慮配合牙數時，螺帽的配合牙數 N_S 為

$$N_S = \frac{4W}{\pi(d^2 - d_r^2)\sigma_B} \tag{5-11}$$

式中的 σ_B 為螺牙間的容許承應力，其值與螺桿材料、螺帽材料的搭配，以及螺牙間的相對速度有關，其值可自表 5-6 查得。

B. 以螺牙根部的彎應力考量配合牙數

依螺牙根部的彎應力考量配合牙時，將螺牙視為懸臂樑來處理，螺牙根部到負荷作用位置的距離為

$$l = \frac{1}{2}(d_m - d_r) = 0.25p$$

表 5-6 傳動螺旋的容許承應力 σ_B

使用類型	材質		容許承應力	螺紋平均直徑處的
	螺桿	螺帽	σ_B (MPa)	摩擦速度 v_m (m/s)
手壓機	鋼	青銅	17.2~24.0	低速，潤滑良好
手動千斤頂	鋼	鑄鐵	12.3~17.2	低速，$v_m \leq 0.04$
手動千斤頂	鋼	青銅	10.8~17.2	低速，$v_m \leq 0.05$
頂升螺桿	鋼	鑄鐵	4.4~6.9	中速，$0.1 \leq v_m \leq 0.2$
頂升螺桿	鋼	青銅	5.4~9.8	中速，$0.1 \leq v_m \leq 0.2$
導螺桿	鋼	青銅	1.0~1.5	高速，$v_m \geq 0.25$

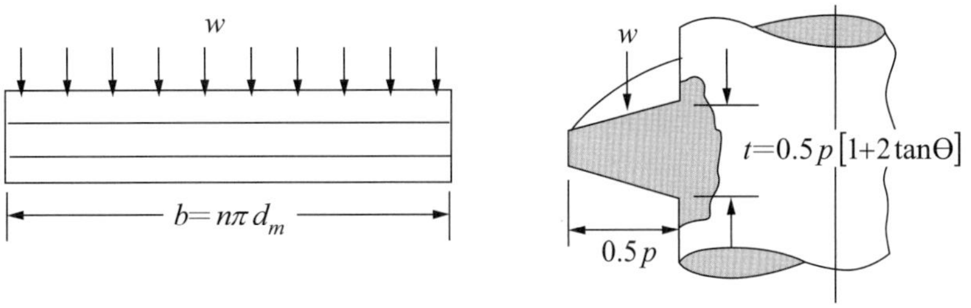

圖 5-6　視螺牙為懸臂樑

寬度為 $N_S \pi d_m$，如圖 5-6 所示，而牙根厚度 t 為

$$t = 0.5p(1 + \tan\theta)$$

可知牙根的二次面積矩為

$$I = \frac{bt^3}{12} = \frac{N_s \pi d_m [0.5p(1 + \tan\theta)]^3}{12}$$

剖面中性軸至最外緣的距離 $c = \frac{1}{2}t = \frac{1}{4}p(1 + \tan\theta)$，由於負荷作用於距離牙根 0.25 p 處，所以牙根處承受的彎矩 M 為

$$M = W(0.25p) = \frac{1}{4}Wp$$

於是若螺牙牙根的彎應力為 σ_b，則螺帽的配合牙數 N_S 為

$$N_s = \frac{Mc}{I\sigma_b} = \frac{6Wp}{\pi d_m \sigma_b [p(1 + \tan\theta)]^2} \tag{5-12}$$

螺桿與螺帽的材質不同時，應分別考慮螺桿與螺帽的 N_S 值，然後取較多的牙數。

C. 以螺牙中的橫向剪應力考量配合牙數時，所考慮的是螺牙根剖面中性軸處的最大橫向剪應力值 $\tau_{t\,\max}$，因為牙根剖面為矩形

$$\tau_{t\,\max} = \frac{3V}{2A}$$

剖面面積 A 為

$$A = bt = N_s \pi d_m [0.5p(1+\tan\theta)]$$

因此，若螺牙材質的容許剪應力為

$$N_s = \frac{3W}{\pi p d_m (1+\tan\theta)\tau_a} \quad \textbf{(5-13)}$$

當然，和考慮螺牙的彎應力相似，當螺桿與螺帽的材質不同時，也應分別以螺帽與螺桿的材質考量 N_S 的值，然後取較多的牙數。

最後將考量握持穩定度所需的牙數併入，此牙數常由規範規定。取以上各項所得牙數值中之最大者，即為配合螺桿所需的螺帽牙數。

以下將以一個千斤頂頂昇螺桿選擇，並決定螺帽配合牙數之過程作為範例，執行說明整個設計流程圖的細節。

範例 5-1

試為下列千斤頂規格選出適用的標準螺桿，決定螺桿與螺帽的配合牙數，並計算螺桿的安全因數。千斤頂的型式如圖 EX5-1。

最大工作負荷：10,000 N　　最大升程：200 mm

螺紋型式：梯形螺紋　　柱的設計因數：4

螺桿材質：AISI 1050 CD　　螺帽材質：ASTM 40

握持穩定度所需最少配合牙數 10；螺桿與螺帽間有充分的潤滑

解：(1) 選擇適用的標準螺桿

由指定的設計條件可得下列數據

$$F_{cr} = nF = 4(10,000) = 40,000\ \text{N}$$

螺桿材料的降伏強度 $S_{yp} = 580$ MPa，$E = 207$ MPa，螺帽材料的抗拉強度 $S_{ut} = 293$ MPa，螺桿兩端點分別為自由端與固定端，所以 $C = \frac{1}{4}$。

依第四章中圖 4-10 的流程，先假設螺桿為長柱，由歐拉柱公式可得

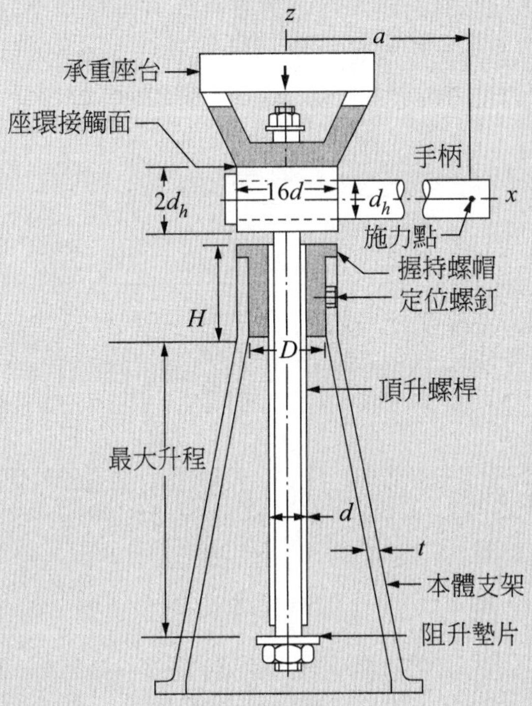

圖 EX5-1(a) 螺旋千斤頂剖面圖

$$d_s = \left[\frac{64F_{cr}L^2}{C\pi^3 E}\right]^{\frac{1}{4}} = \left[\frac{64(40,000)(150)^2}{(1/4)(\pi^3)(207)(10^3)}\right]^{\frac{1}{4}}$$

$$= 13.76 \text{ mm}$$

再從表 5-3 中的標準梯形螺紋規格，查出 d_s 值鄰近 14 mm 的螺桿，如下表所示，作為候選標準螺桿。

標稱直徑 d (mm)	節距 p (mm)	螺帽大徑 d_o (mm)	根直徑 d_r (mm)	平均值 d_m (mm)	d_s (mm)
16	2	16.5	13.5	15	14.25
16	4	16.5	11.5	14	12.75
18	4	18.5	13.5	16	14.75
20	4	20.5	15.5	18	16.75

由上表可知，若不考慮螺桿的頂升速度，標稱直徑 16 mm 的標準梯形螺桿即為適用的螺桿，但一般千斤頂常要求有較高的頂升速度，因此選用標稱直徑 $d = 18$ mm 的螺桿，如果要求最優先者，則選擇標稱直徑 $d = 20$ mm，現在先選用標稱直徑 $d = 18$ mm 的螺桿。由於

$$\lambda^* = \sqrt{\frac{2C\pi^2 E}{S_{yp}}} = \sqrt{\frac{2(0.25)(\pi^2)(207000)}{580}} = 41.97$$

選用標稱直徑 $d = 18$ mm，節距 $p = 4$ mm 的螺桿時，頂升螺桿的細長比為

$$\lambda = \frac{4L}{d_s} = \frac{4(150)}{14.75} = 40.67 < 41.97$$

即頂昇螺桿為短柱，但先前是以長柱公式計算，顯然名實不相符，應改以江森柱公式重新計算適用螺桿的直徑

$$d = 2\left[\frac{F_{cr}}{\pi S_{yp}} + \frac{S_{yp}L^2}{C\pi^2 E}\right]^{\frac{1}{2}} = 2\left[\frac{40,000}{\pi(580)} + \frac{580(150)^2}{0.25(\pi^2)(207,000)}\right]^{\frac{1}{2}}$$
$$= 13.78 \text{ mm}$$

亦即，相同規格的梯形螺桿仍然符合短柱的要求。

(2) 計算螺桿與螺帽的配合牙數

a. 考慮螺牙間的承應力 σ_B

由於螺桿為鋼質，螺帽為鑄鐵質，螺牙間的容許承應力 σ_B 自表 5-6 中查得在 12.3~17.2 MPa 之間，取其中值 $\sigma_B = 14.75$ MPa，於是配合牙數 N_S 為

$$N_S = \frac{4W}{\pi\sigma_B(d^2 - d_r^2)} = \frac{4(10,000)}{\pi(14.75)[(18)^2 - (11.5)^2]}$$
$$= 4.50$$

b. 考慮牙根的彎應力

由於 AISI 1050 CD 鋼料的 S_{yp} = 580 MPa，於一般的環境中使用普通材料，承受的負荷與應力可以確定時，SF = 2.0~2.5，所以螺桿的容許彎應力 σ_b = 232~290 MPa。且於一般的環境、負荷與應力的情況下，使用不常用的材料或脆性材料時，SF = 2.5~3.0，即鑄鐵的容許彎應力 σ_b = 97.70~117.2 MPa，顯然鑄鐵的容許彎應力較小，因此，應以螺帽的容許彎應力考慮配合牙數，取其中間值 σ_b = 107.5 MPa。由 (5-12) 式

$$N_s = \frac{6Wp}{\pi d_m \sigma_b [p(1+\tan\theta)]^2} = \frac{6(10,000)(4)}{\pi(16)(107.5)[4(1+\tan 15°)]^2}$$
$$= 1.720$$

c. 考慮牙根的橫向剪應力

由於螺桿的 $S_{sy} = 0.5S_{yp}$ = 290 MPa，可得螺桿的容許剪應力應為 τ_a = 116~145 MPa；且螺帽的 $S_{su} = 0.68S_{ut}$ = 199 MPa，可知，容許剪應力應為 τ_a = 66.3~79.6 MPa，小於螺桿的容許剪應力。因此應由螺帽的牙根的橫向剪應力考慮配合牙數，並取 τ_a = 106.5 MPa，於是由 (5-13) 式，牙根的橫向剪應力考慮的配合牙數為

$$N_s = \frac{3W}{\pi p d_m (1+\tan\theta)\tau_a} = \frac{3(10,000)}{\pi(4)(16)(1+\tan 15°)(106.5)}$$
$$= 1.104$$

比較計算所得的牙數與握持穩定度規定的最少配合牙數，可知本問題的配合牙數為 10 牙。

(3) 計算螺桿的安全因數

首先計算螺桿承受的軸向壓應力

$$\sigma_a = \frac{4W}{\pi d_s^2} = \frac{4(10,000)}{\pi(14.75)^2} = -58.52 \text{ MPa}$$

接著計算頂昇負荷所需的扭矩，由 (5-2) 式可求得螺旋的導程角 α

$$\alpha = \tan^{-1}\frac{L}{\pi d_m} = \tan^{-1}\frac{4}{\pi(16)} = 4.55^\circ$$

由表 5-3 可以查得摩擦係數 $\mu = 0.14$，且

$$\theta_n = \tan^{-1}(\tan\theta\cos\alpha) = \tan^{-1}(\tan 15^\circ \cos 4.55^\circ)$$
$$= 14.95^\circ$$

可知摩擦角

$$\gamma = \tan^{-1}\left[\frac{\mu}{\cos\theta_n}\right] = \tan^{-1}\left[\frac{0.14}{\cos 14.95^\circ}\right]$$
$$= 8.245^\circ$$

所以，若承重座座環底下使用滾珠軸承為抗摩擦裝置，則座環的摩擦扭矩可以忽略，於是頂起負荷所需的扭矩

$$T_R = W\,[r_m \tan(\alpha+\gamma) + \mu_c r_c]$$
$$= 10,000(8)\tan(4.55^\circ + 8.245^\circ)$$
$$= 18,170\ \text{N}\bullet\text{mm}$$

而螺桿牙根部承受的扭轉剪應力

$$\tau = \frac{16T_R}{\pi d_r^3} = \frac{16(18,170)}{\pi(16)^3} = 22.59\ \text{MPa}$$

將輸入扭矩的手柄長度取為 $a = 450$ mm，則輸入扭矩所需的力為

$$F = \frac{T_R}{a} = \frac{18,170}{450} = 40.38\ \text{N}$$

此扳動手柄所需的力，對一般人而言並不吃力，且活動範圍也合理，因此 $a = 450$ mm 為可以接受的值。當千斤頂到達其最大升程時，F 力對螺桿與螺帽交界處之剖面產生的彎矩為

$$M = FL = 40.38(150) = 6,057\ \text{N}\bullet\text{mm}$$

此力矩在該剖面之 A 點處產生的彎應力

$$\sigma_b' = \frac{32M}{\pi d_r^3} = \frac{32(-6,057)}{\pi(13.5)^3}$$
$$= -25.08 \text{ MPa}$$

由計算所得的應力可知，若選擇座標系如圖 EX5-1(a)，該剖面上絕對值最大的軸向應力應在 A 點，其值為

$$\sigma_z = \sigma_a + \sigma_b' = -58.52 + (-25.08)$$
$$= -83.60 \text{ MPa}$$

所以，在 A 處剖面承受的負荷如圖 EX5-1(c) 所示，且因牙根的彎應力

$$\sigma_b = \frac{6Wp}{\pi d_m N_s [p(1+\tan\theta)]^2} = \frac{6(10,000)(4)}{\pi(16)(10)[4(1+\tan 15°)]^2}$$
$$= 18.56 \text{ MPa}$$

於是圖 EX5-1(c) 中 H 點的應力元素將如圖 EX5-1(d) 所示，可知

$$\sigma_z = -83.60 \text{ MPa},\ \sigma_y = -18.56 \text{ MPa},\ \tau_{xy} = 22.59 \text{ MPa}$$

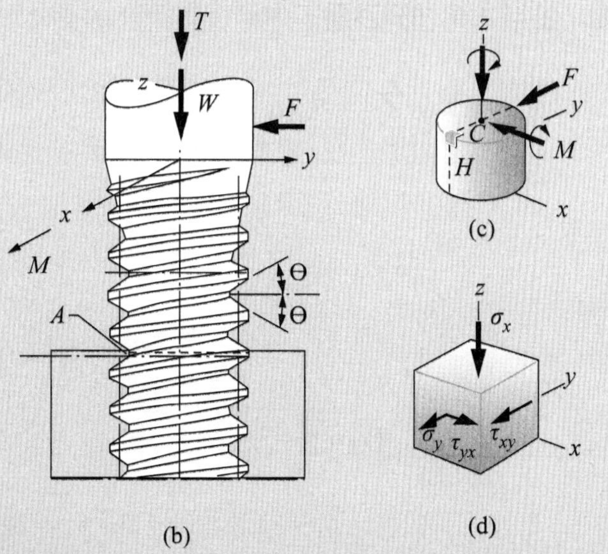

圖 EX5-1(b), (c), (d)

所以牙根臨界位置的應力矩陣可以寫成

$$\begin{bmatrix} 0 & 22.59 & 0 \\ 22.59 & -18.56 & 0 \\ 0 & 0 & -83.60 \end{bmatrix}$$

且其三個主應力可由解下列的行列式求得

$$\begin{vmatrix} (-\sigma) & 22.59 & 0 \\ 22.59 & (-18.56-\sigma) & 0 \\ 0 & 0 & (-83.60-\sigma) \end{vmatrix} = 0$$

或由解下列三次方程式的根求得其主應力

$$-\sigma(-18.56-\sigma)(-83.60-\sigma)-(-83.60-\sigma)(22.59)^2 = 0$$

可以解得

$$\sigma_1 = 5.714\text{ MPa},\quad \sigma_2 = -83.60\text{ MPa},\quad \sigma_3 = -89.31\text{ MPa}$$

然後以最大畸變能準則計算螺桿的安全因數，因

$$\sigma_d = \left[\frac{(\sigma_1-\sigma_2)^2+(\sigma_2-\sigma_3)^2+(\sigma_3-\sigma_1)^2}{2}\right]^{\frac{1}{2}}$$

$$= \left[\frac{(89.31^2+5.71^2+(-95.02)^2}{2}\right]^{\frac{1}{2}}$$

$$= 92.30\text{ MPa}$$

因此，螺桿的安全因數為

$$n = \frac{S_{yp}}{\sigma_d} = \frac{580}{92.30} = 6.28$$

5.5 螺紋接頭

聯結兩機械元件是螺旋的主要功能之一，螺旋的聯結是一種可卸除的非永久性聯結，如果有需要，可以隨時卸除接頭，分開以螺栓聯結的各機件，不需要破壞接頭；而熔接、鉚接等永久性接合方式，需要解除機件的聯結關係時，必須破壞接頭，兩種聯結方式在屬性上區別很大。

當扣件用的螺旋，採用不同於傳動螺旋的螺紋，聯結螺栓的螺紋形狀目前使用最廣者如圖 5-3 所示，不論 UNR 制或是 ISO 制螺紋的形狀都相同，但是兩者之間並不能互換。

螺紋扣件聯結方式有三種，各有其適用的場合，茲分述如下：

1. **螺栓 (bolt) 扣件**：使用螺栓扣件聯結的機件都必須製作貫穿的螺孔，螺孔內不必攻牙，因此以螺栓扣件聯結時，必須搭配螺帽才能產生夾持力，如圖 5-7(a) 所示。因為螺栓扣件的聯結方式不必攻牙，製作費用較低，而且螺栓與螺孔間留有餘隙，因此也有容易裝卸的優點，成為使用最廣泛的聯結方式，但是僅能使用於能夠從貫通的螺孔兩端進行裝配施工的場合。
2. **螺釘 (screw) 扣件**：螺釘扣件的聯結方式所聯結的機件中，至少有一機件的螺孔必須攻牙，其組合狀態如圖 5-7(b) 所示。螺釘扣件多用於不需要經常拆裝的場合，以免螺孔中的螺牙受損。

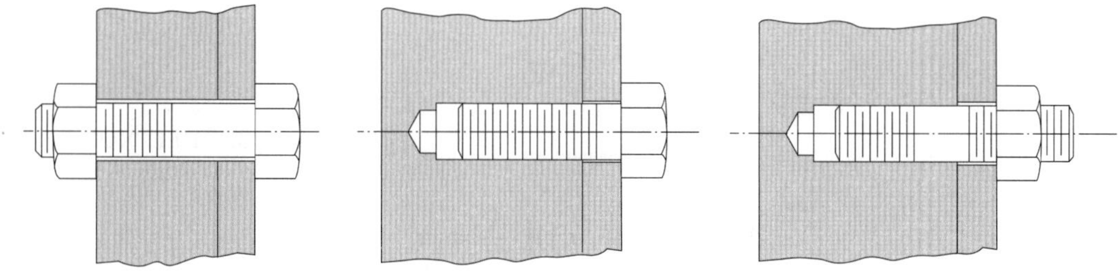

(a) (b) (c)

圖 5-7 (a) 螺栓聯結；(b) 螺釘聯結；(c) 螺樁聯結

3. 螺樁 (stud) 扣件：螺樁指的是兩端皆滾製螺紋的螺旋，其一端鎖入聯結機件攻製螺紋的螺孔中，另一端的螺紋則用於鎖上螺帽，如圖 5-7(c) 所示。因為相同的理由，螺樁扣件也多用於不需要經常拆裝的場合。不論螺釘扣件或螺樁扣件，攻牙的被聯結機件，通常是被聯結機件中厚度較大者。

搭配螺栓扣件的螺帽以六角螺帽最常見，但是為了不同的需要，也產製各種不同型式的螺帽，圖 5-8 羅列了市面上可以購得的數種螺帽，可以視使用的場所選擇合適的螺帽。

在前述的三種聯結方式中也常搭配**墊圈**使用，墊圈的主要功能為擴大兩聯結機件的支承面積，以降低接觸面的承應力，尤其是被聯結機件的強度較差時；另外也有保護被聯結機件的表面，於旋緊螺帽時免遭螺帽擦傷，以及預防接頭鬆脫等功能。圖 5-9 中羅列了數種常見的墊圈。

至於螺紋扣件中的主角：螺栓與螺釘，其比較常見的型式則分別列示於圖 5-10 與圖 5-11。

圖 5-8 各種型式的螺帽

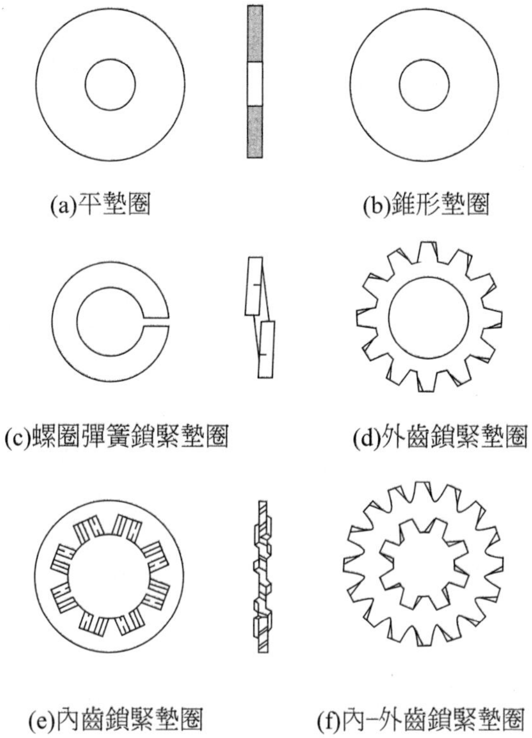

圖 5-9　常用墊圈

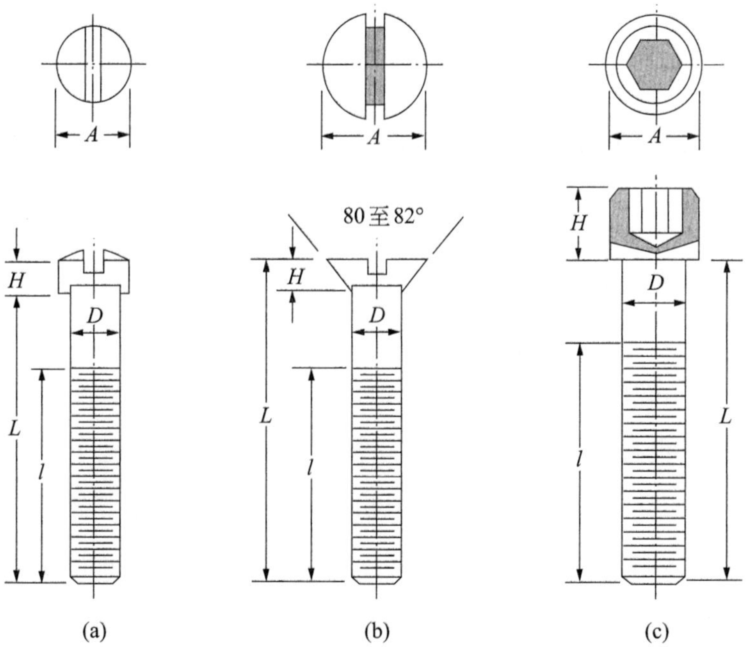

圖 5-10　典型的螺釘式樣：(a) 含槽圓頭；(b) 含槽平頭；(c) 六角承窩頭；也有製成如圖 5-11(g) 者

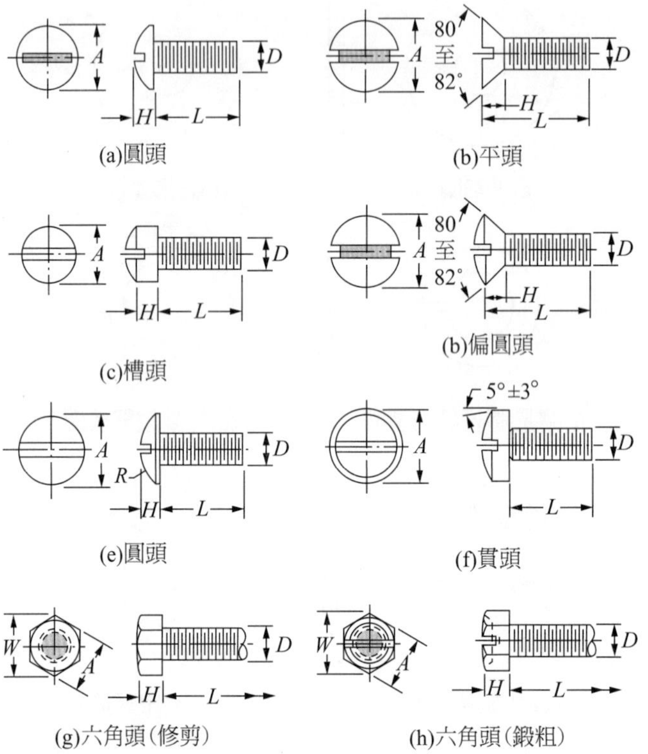

(a)圓頭

(b)平頭
(c)槽頭
(b)偏圓頭

(e)圓頭

(f)貫頭

(g)六角頭(修剪)
(h)六角頭(鍛粗)

圖 5-11　各種機製螺栓頭

5.6　承受拉力的螺紋扣件 (4-30)

如果希望產生的接頭具有足夠的強度以承受外施拉力負荷 P，剪力負荷 P_S 或兩者兼具的負荷，而且可在不損毀的情況下卸除，則螺紋扣件將是最佳的選擇。圖 5-12 即為一個螺栓接頭的示意圖。

圖 5-13 顯示螺栓除了承受外施拉力負荷 P 之外還承受作用力 F_i，這是螺栓接頭於旋緊螺帽時壓迫聯結機件，以夾緊各聯結機件時，施予各機件之夾持力的反力。此一反力稱為螺栓的**預負荷** (bolt preload)，不論各聯結機件是否承受外力作用，一旦已經賦予螺帽適宜的旋緊，螺栓與各聯結機件都已承受預負荷的作用。

對螺紋扣件施予預負荷除了夾緊的功能之外，並能夠提升對外施負荷之承載

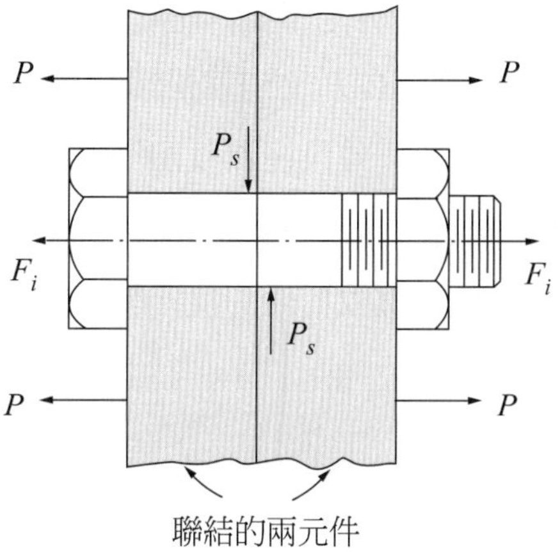

圖 5-12 螺栓扣件示意圖

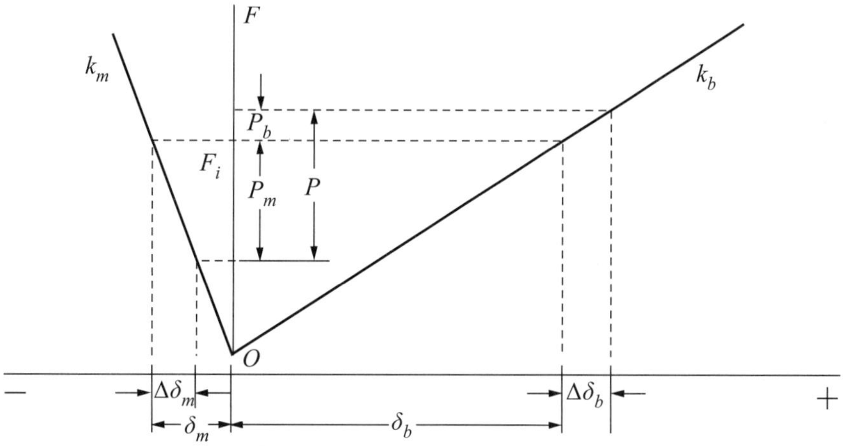

圖 5-13 螺紋扣件的負荷分配

能力，由圖 5-13 中可以看出，承受預負荷 F_i 的螺栓接頭，會使螺栓產生 δ_b 的伸長變形，而聯結機件因受壓 δ_m 的壓縮變形。當外施負荷加入時，螺栓因承受的負荷增加，伸長量將增加 $\Delta\delta_b$，且機件部分則承受的壓力因外施負荷的加入而減輕，使得壓縮變形量減少 $\Delta\delta_m$，若螺栓接頭仍維持於接觸狀態，則顯然

$$\Delta\delta_b = \Delta\delta_m$$

由於螺栓的勁度小於機件的勁度，於是由圖 5-13 可看出外施負荷中由機件分攤承受的 P_m，大於由螺栓承受的 P_b。也就是預負荷 F_i 的存在，將使螺栓僅分攤到外施負荷中的較小部分。此一效果在螺紋扣件承受疲勞負荷時，對螺紋扣件之疲勞失效的良性效應更加顯著，因為螺栓承攤較少的外施負荷，將使螺栓承受較小的疲勞應力，相對地強化了螺紋扣件的抗疲勞能力。

5.7 螺栓勁度的計算

由圖 5-13 中可以看出螺栓的勁度 (stiffness) k_b，及聯結機件受壓部分的勁度 k_m 之值，影響螺栓分攤總外施負荷的百分比。受力體的勁度 k 依定義為

$$k = \frac{AE}{l} \tag{5-14}$$

式中的 A 為受力物體受力影響的剖面積，E 為材料的彈性模數，而 l 則為受力部分的長度。

就螺栓而言，受力部分的長度 l 指的是螺栓頭與螺帽之間的長度，由於其中通常有含螺紋的部分與不含螺紋的部分，若其勁度分別以 k_T 與 k_d 表示，則螺栓勁度可視為這兩個彈簧串聯之等效彈簧的勁度。

螺栓不含螺紋部分的勁度

$$k_d = \frac{A_d E}{L_d} \tag{5-15}$$

其中 $A_d = \pi d^2/4$，d 為螺栓的標稱直徑，E 為螺栓材料的彈性模數。

至於含螺紋部分的勁度，因只有在**夾緊長度** l (grip length) 的部分才承受拉力，所以計算勁度時所取的螺紋長度 l_T 為

$$l_T = l - L_d \tag{5-16}$$

其中 L_d 為夾緊長度 l 中，螺栓無螺紋部分的長度。螺栓中含螺紋部分的勁度 k_T 為

$$k_T = \frac{A_T E}{l_T} \tag{5-17}$$

其中 A_T 仍然是螺栓的應力面積，可以從螺栓的規格表中找到，L_d 與 l_T 分別為螺栓夾緊長度 l 中，不含螺紋與含螺紋部分的長度，其值可依圖 5-14 中的計算式計算。於是，螺栓的勁度可依串聯彈簧的**等效勁度**求得為

$$k_b = \frac{A_d A_T E}{A_d l_T + A_T L_d} \tag{5-18}$$

機件夾緊範圍的勁度 k_m 有不同的估計算法，但以 Osgood 將在螺栓頭與螺帽間聯結機的受力範圍，視為兩個對稱的，下底對下底，錐角 α 為 $25° \le \alpha \le 33°$ 之圓錐台，如圖 5-15(b)，然後以圖 5-15(c) 的圓錐台承受拉力的情況計算 k_m，是目前使用較廣泛的計算方式。由於圓錐台受拉力作用的伸長量 δ，以圖 5-15 中的符號表示時，可由下式求得

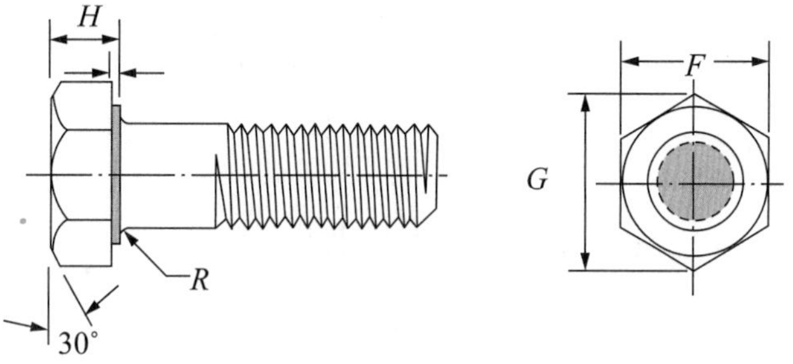

UN 與 UNR 制的螺栓

$$L_T = \begin{cases} 2D + \frac{1}{4}\text{in} & L \le 6\text{ in} \\ 2D + \frac{1}{2}\text{in} & L > 6\text{ in} \end{cases}$$

ISO 制的螺栓

$$L_T = \begin{cases} 2D + 6 & L \le 125 \quad D \le 48 \\ 2D + 12 & 125 < L \le 200 \\ 2D + 25 & L > 200 \end{cases}$$

圖中顯示墊圈面、螺栓頭下方的圓角、螺紋的起點，及兩端的去角。螺紋長度通常由螺紋頸部算起。

圖 5-14　螺栓的螺紋長度；D 為螺栓的標稱直徑

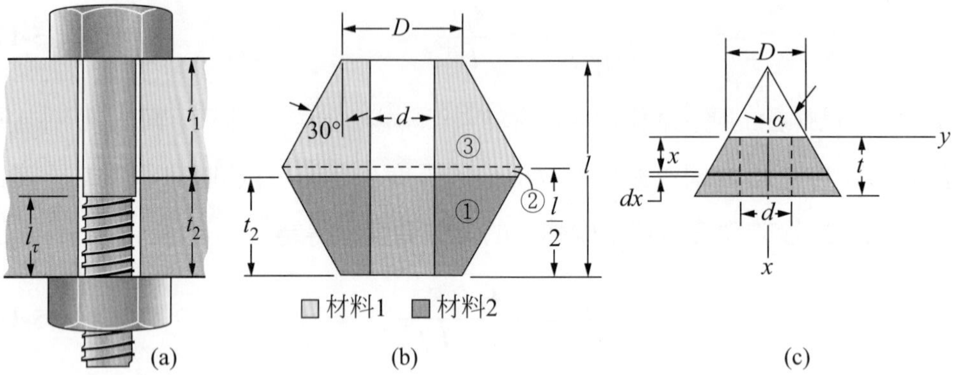

圖 5-15 螺紋扣件的壓力圓錐台

$$\delta = \frac{P}{\pi E}\int_0^t \frac{dx}{[x\tan\alpha + (D+d)/2][x\tan\alpha + (D-d)/2]}$$

其結果為

$$\delta = \frac{P}{\pi E d\tan\alpha}\ln\frac{(2t\tan\alpha + D - d)(D+d)}{(2t\tan\alpha + D + d)(D-d)}$$

於是可以求得

$$k_m = \frac{\pi E d\tan\alpha}{\ln\dfrac{(2t\tan\alpha + D - d)(D+d)}{(2t\tan\alpha + D + d)(D-d)}} \tag{5-19}$$

如果令 $\alpha = 30°$，則上式將變成

$$k_m = \frac{0.577\pi E d}{\ln\dfrac{(1.15t + D - d)(D+d)}{(1.15t + D + d)(D-d)}} \tag{5-20}$$

以後除非有另外的提示，都是令 $\alpha = 30°$。若以螺栓聯結的兩機件的厚度相等，並以墊圈直徑 d_w 取代 D，則

$$k_m = \frac{\pi E d\tan\alpha}{2\ln\dfrac{(l\tan\alpha + d_w - d)(d_w + d)}{(l\tan\alpha + d_w + d)(d_w - d)}} \tag{5-21}$$

$$i=\begin{cases} h+\dfrac{t_2}{2} & t_2<d \\ h+\dfrac{d}{2} & t_2\ge d \end{cases}$$

$D_2=d_w=1.5d$

$D_1=d_w+l\tan\alpha=1.5d+0.577l$

式中 l 爲受力範圍。各式已經加上 $\alpha=30°$ 及的 $d_w=1.5d$ 預設條件。

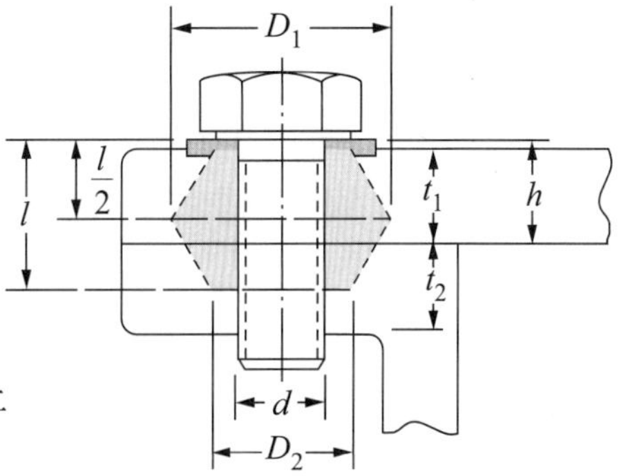

圖 5-16　帶頭螺釘聯結

因為墊圈面的直徑約為一般六角螺栓或帶頭螺栓標稱直徑的 1.5 倍，可令 $d_w=1.5\,d$，$\alpha=30°$ 及聯結之兩機件的材料相同，則

$$k_m=\frac{0.577\pi Ed}{2\ln\left[\dfrac{5(0.577l+0.5d)}{(0.577l+2.5d)}\right]} \tag{5-22}$$

以上各式使用時請注意其預設的條件。

如果以螺紋扣件聯結的兩機件厚度不等，如圖 5-15(a)，此時在 l 範圍內將形成三個不同的圓錐台，或雖然厚度相同但材質相異時，也將形成兩個不同的圓錐台，在此情況下應分別算出各錐台的勁度，然後以求取串連彈簧之等效勁度的方式，求得 k_m。

另外，若以螺釘聯結機件，如圖 5-16，其計算 k_m 之壓力圓錐台的各項尺寸，亦可由圖中找到計算式。

5.8　承受外施拉力負荷的螺紋聯結

在 5.6 節中已經瞭解螺紋扣件為了夾緊受聯結的機件，而對螺紋件施予預負荷，也從圖 5-13 中看到了對螺紋件施予預負荷能產生使外施負荷大部分由受聯結之機件承擔的效果，以下將討論這項效果。

由於外施拉力 P 將由螺紋件與被聯結機件分攤，可知

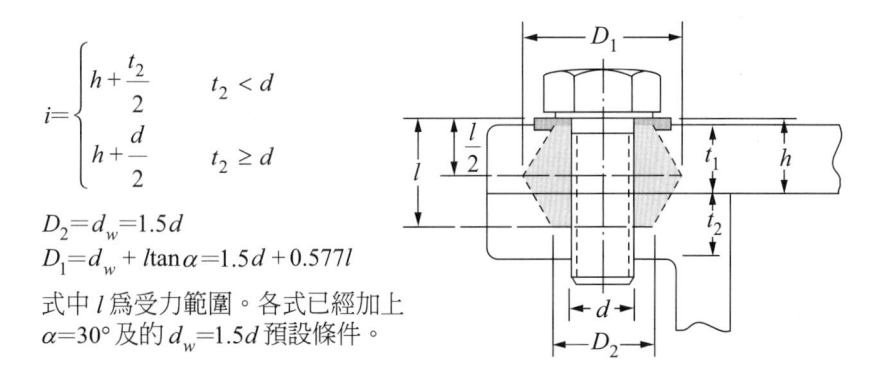

$$P_b + P_m = P \tag{a}$$

當施加外施拉力 P 時，螺紋件因負荷增加，而伸長量增大，所聯結的機件因壓力降低而減少壓縮量，只要兩聯結的機件仍然維持受壓狀態，則

$$\Delta\delta_b = \Delta\delta_m = \Delta\delta \tag{b}$$

依據虎克定律可知

$$P_b = k_b \Delta\delta_b = k_b \Delta\delta, \quad P_m = k_m \Delta\delta_m = k_m \Delta\delta \tag{c, d}$$

將 (c)、(d) 兩式代入 (a) 式，可得

$$\Delta\delta = \frac{P}{k_b + k_m} \tag{e}$$

於是由 (c)、(d) 兩式可得

$$P_b = \frac{k_b}{k_b + k_m} P, \quad P_m = \frac{k_m}{k_b + k_m} P \tag{f, g}$$

所以，當螺紋接頭承受外施拉力後，螺栓中承受的拉力 F_b 為

$$F_b = \frac{k_b}{k_b + k_m} P + F_i \tag{5-23}$$

而所聯結的機件中承受的壓力 F_m 為

$$F_m = \frac{k_m}{k_b + k_m} P - F_i \tag{5-24}$$

值得注意的是 (5-23) 與 (5-24) 兩式僅在 F_m 仍然維持於壓力狀態時才適用，一旦外施拉力 P 大到足以使 F_m 消失時，這兩式即不再適用，此時外施拉力 P 將全部由螺栓獨自承擔。

5.9 靜負荷下螺紋接頭的安全考量

如果將 (5-23) 式寫成

$$F_b = CP + F_i \tag{5-25}$$

則 (5-24) 式可以寫成

$$F_m = (1-C)P - F_i \tag{5-26}$$

式中

$$C = \frac{k_b}{k_b + k_m} \tag{5-27}$$

稱為**接頭常數** (joint constant)。

於是螺紋件所承受的拉應力 σ_b，可表示成

$$\sigma_b = \frac{CP}{A_t} + \frac{F_i}{A_t} \tag{5-28}$$

式中 A_t 為螺紋件的應力面積。此 σ_b 值應限制其不能超過螺紋件的安全強度 S_P。為了保證螺紋接頭的安全使用，引入含義與安全因數相近的**負荷因數** n，將 (5-28) 式寫成

$$\sigma_b = \frac{CnP}{A_t} + \frac{F_i}{A_t}$$

或改寫成

$$n = \frac{S_P A_t - F_i}{CP} \tag{5-29}$$

當 $n > 1$ 即保證 $\sigma_b < S_P$。螺紋件的等級與各項機械性質，可自表 5-7 鋼製螺紋件的等級與機械性質表中查詢得知。其他如 ASTM 與 SAE 也都各有其螺紋件的規範，需要時請查詢相關資料。

前面已經提過，當外施拉力負荷 P 大到足以使預負荷所施加於聯結機件的壓力消失時，聯結便將分離，所有的外施負荷將全部由螺栓承擔。現在令足以造成聯結分離的負荷為 P_o，則

$$(1-C)P_o - F_i = 0 \tag{a}$$

表 5-7 米制鋼質螺紋件的等級與機械性質

性質等級	涵括之尺寸範圍 mm	最小安全強度 MPa	最小抗拉強度 MPa	最小降伏強度 MPa	材質	螺栓頭標記
4.6	M5~M36	225	400	240	低或中碳鋼	4.6
4.8	M1.6~M16	310	420	340	低或中碳鋼	4.8
5.8	M5~M24	380	520	420	低或中碳鋼	5.8
8.8	M16~M36	600	830	660	經淬火與回火的中碳鋼	8.8
9.8	M1.6~M16	650	900	720	經淬火與回火的中碳鋼	9.8
10.9	M5~M36	830	1040	940	低碳麻田散鐵 經淬火與回火	10.9
12.9	M1.6~M36	970	1220	1100	合金鋼，經淬火與回火	12.9

而防範螺紋扣件**分離**的安全因數 n 定義為

$$n = \frac{P_o}{P} \tag{b}$$

於是由 (a) 與 (b) 兩式可得

$$n = \frac{F_i}{P(1-C)} \tag{5-30}$$

至於 F_i 值的大小須視螺紋件使用的場合而定，依**鮑曼** (Bowman) 的研究，若螺紋件用於重複使用的聯結時

$$F_i \le 0.75 S_P A_t \tag{5-31}$$

若用於永久性聯結，則

$$F_i \le 0.9 S_P A_t \tag{5-32}$$

式中的 S_P 為螺紋件的最小安全強度，可自表 5-7 查得。

一般而言，使用較大的預負荷對螺紋扣件比較有利。但是用於永久接頭的螺紋件，其應力不應超過螺紋件的降伏強度，而用於暫時性接頭之螺紋件的應力則不應大於螺栓的最小安全強度。

至於如何產生預定大小的預負荷，由於螺紋件的伸長量不易量測，通常都以規定旋緊扭矩的大小，然後使用扭力板手將螺紋接頭旋緊至所規定的扭矩，來達成預負荷的設定。

計算**旋緊扭矩**的大小，可使用先前所導得的頂昇扭矩計算式

$$T_r = W\left[r_m \tan(\gamma + \lambda) + \mu_c r_c\right]$$

但此時式中的 $W = F_i$，r_c 為墊圈座的平均半徑，因墊圈座的外徑為螺紋件公稱外徑 d 的 1.5 倍，因此 $r_c = 0.625d$，再加上一般標準螺紋件的摩擦係數大約在 0.1~0.3 之間，因此旋緊螺紋件使其能達到所設定的預負荷 F_i，所需的旋緊扭矩 T 可由下式估算

$$T \approx 0.2\, F_i d \tag{5-33}$$

由於依 (5-33) 式計算所得的扭矩值僅是估計值，可能的話，還是應以實測螺紋件的伸長量為依據。

5.10　密合墊接頭

密合墊 (gasket) 接頭存在於許多使用螺紋扣件，而且必須具有防洩功能的場合，例如高壓容器蓋板，以防範容器內的氣體外洩，維持容器內的壓力。通常密合墊是由低彈性模數的材料製成，介於機械接頭的兩分離元件間，然後以螺紋件施以夾緊壓迫，使其變形以達到防洩的功能。圖 5-17(a) 顯示密合墊的使用狀況，圖 5-17(b) 展示的是三種常用密合墊接頭的安裝方式，而表 5-8 則列出常用的密合墊材料以及其彈性模數值。除了銅-石綿的彈性模數相當大，計算 k_m 時必須像先前一樣計算各圓錐台的勁度，然後以串聯的方式求等效勁度之外，其他密

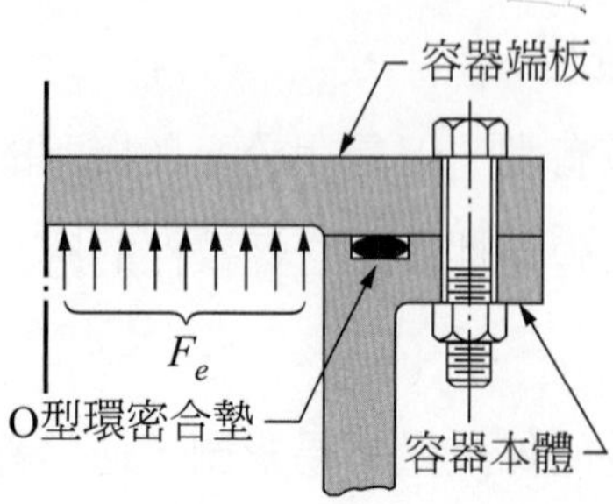

🛠圖 5-17(a)　密合墊圈的應用

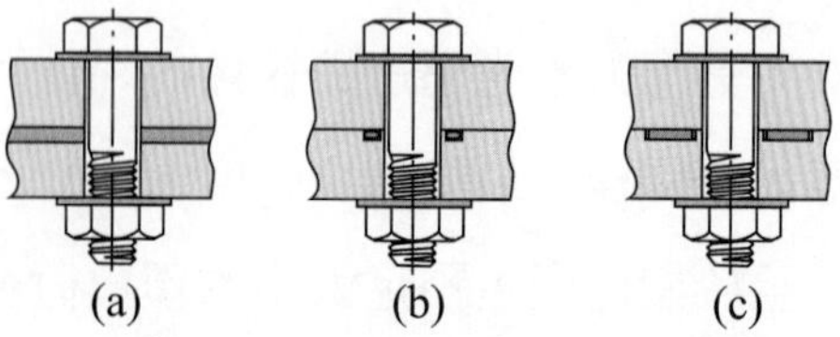

🛠圖 5-17(b)　三種常用於防洩的密合墊安裝法：(a) 無限制槽安裝；(b) O 型環或有限制槽安裝；(c) 有限制槽安裝藉壓縮密合墊達成密封效果

表 5-8　密合墊材料與其彈性模數

密合墊材料	E，MPa
軟木塞	86
壓縮石綿	480
銅-石綿	$93(10)^3$
平橡皮	69
螺旋形物	280
鐵弗龍	240
植物纖維	120

合墊材料的 E 值相對於聯結機件材料的 E 值都非常小，因此計算 k_m 時，僅需考量密合墊材料的勁度即可。

設計密合墊接頭時，其預負荷除了必須滿足一般性之要求外，尚須使密合墊的材料獲得能達到密封效果所需的最小壓力，也就是預負荷 F_i 必須能滿足

$$F_i \geq A_g p_o \tag{5-34}$$

式中 A_g = 密合墊面積

p_o = 最小密合墊密封壓力

不同的密合墊所需的**密封壓力** p_o 並不相同，使用時可查詢製造商的型錄。

如果介入一個類似安全因數的密合墊因數 m，這個 m 值通常介於 2 與 4 之間則對一個密合墊接頭，作用的夾緊負荷 F_m 必須能滿足

$$F_m \geq A_g mp / N \tag{5-35}$$

式中 p = 推開接頭所需的壓力

N = 所使用的螺紋件總數

請注意，p 與 p_o 並不相同。

對整個密合墊而言，螺紋件所施之壓力的均勻分佈非常重要。為了保持壓力的均勻，螺紋件間的距離不宜超過螺紋件直徑的 6 倍，且為了保存使用扳手的空間，螺紋件與螺紋件之間的距離不得少於螺紋件直徑的 3 倍，所以當所有的螺紋件圍成一個圓時，該圓的直徑 D_b 應滿足下式

$$6 \leq \frac{\pi D_b}{Nd} \leq 10 \tag{5-36}$$

式中的 N 為總螺栓數。

範例 5-2

圖 EX5-2 為某氣壓缸的剖面，聯結氣壓缸缸體與端板的螺栓扣件承受 250 kN 的推斥力，試求 (a) k_b, k_m 與 C；(b) 若防範聯結分開的安全因數要求不小於 2 時，需要多少根螺栓；(c) 螺栓的負荷因數；(d) 計算產生預負荷所需的旋緊扭矩。該螺栓接頭為可重複使用者。

解：(a) 螺栓的 S_p = 600 MPa，S_{ut} = 830 MPa，S_{yp} = 660 MPa，A_t = 157 mm^2。

而螺栓的聯結為暫時性聯結，所以

$$F_i = 0.75 S_p A_t = 0.75(600)(157) = 70.65\ \text{kN}$$

螺栓中含螺紋部分的長度

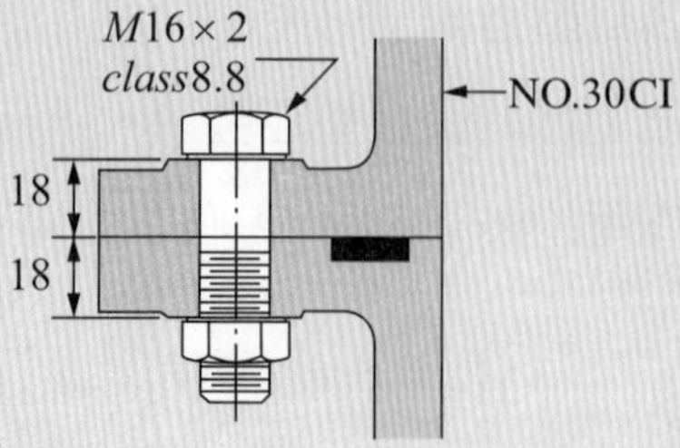

圖 EX5-2

$$L_T = 2D + 6 = 2(18) + 6 = 42\ \text{mm}$$

由書末附錄 4.1 可查得螺帽的厚度為 14.8 mm，故螺栓最小的長度 L

$$L \geq 42 + 14.8 = 56.8\ \text{mm}$$

依優先數字可以取 $L = 60$ mm。因此，螺栓不含螺紋部分的長度

$$L_d = L - L_T = 60 - 42 = 18\ \text{mm}$$

夾緊長度中含螺紋的長度

$$l_T = 2t - l_d = 2(18) - 18 = 18\ \text{mm}$$

而

$$A_d = \frac{\pi(16)^2}{4} = 201.1\ \text{mm}^2$$

可知螺栓的彈簧常數 k_b 為

$$k_b = \frac{A_d A_t E}{A_d l_t + A_t L_d} = \frac{(201.1)(157)(207{,}000)}{(201.1)(18) + (157)(18)}$$

$$= 1{,}014\ \text{kN/ mm}$$

由於螺栓聯結的兩凸緣厚度一致，材質也都是鑄鐵，E = 101 GPa，而螺栓的夾緊長度 $l = 36$ mm，可知 k_m 為

$$k_m = \frac{0.577\pi Ed}{2\ln\left[5\dfrac{0.577l+0.5d}{0.577l+2.5d}\right]} = \frac{0.577\pi(101,000)(16)}{2\ln\left[5\dfrac{0.577(36)+0.5(16)}{0.577(36)+2.5(16)}\right]}$$

$$= 1,700 \text{ kN/ mm}$$

所以，常數 C 為

$$C = \frac{k_b}{k_b + k_m} = \frac{1,014}{1,014 + 1,700} = 0.374$$

(b) 由於

$$N = \frac{CnF}{S_p A_t - F_i} = \frac{0.374(2)(250,000)}{600(157) - 70\,650} = 7.9 \approx 8$$

應取 8 根。

(c) 螺栓的負荷因數 n 為

$$n = \frac{S_P A_t - F_i}{CP} = \frac{600(157) - 70,650}{0.374(250,000)} = 1.57$$

(d) 旋緊至所需預負荷需要的扭矩約為

$$T \approx 0.2F_i d = 0.2(70,650)(16) = 226 \text{ N} \bullet \text{m}$$

當一群螺紋件環繞成圓周時，螺紋件鎖緊的順序會影響整個鎖緊壓力的分佈。因此，為了使壓力分佈均勻，鎖緊螺紋件的順序通常以對角線交錯進行，如圖 5-18 所示。

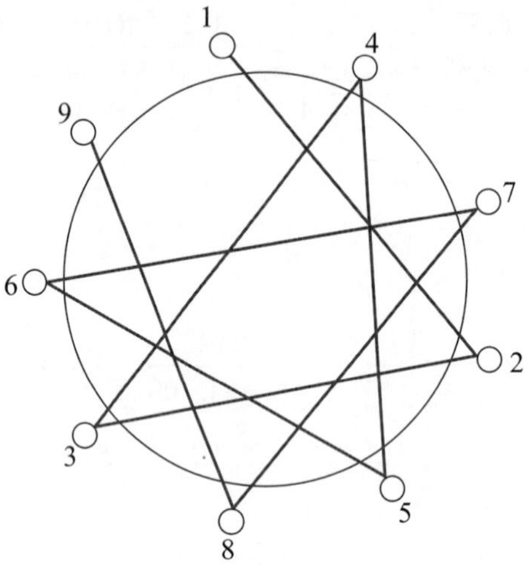

圖 5-18　螺栓扭緊順序

5.11　承受疲勞負荷的螺紋扣件

分析承受疲勞負荷的螺紋件，仍可使用修正的古德曼關係式，由於螺紋扣件於承受預負荷的情況下，應引用第三章的 (3-21) 式

$$\frac{\sigma_m-\sigma_i}{S_{ut}-\sigma_i}+\frac{S_{ut}}{S_e}\frac{\sigma_a}{S_{ut}-\sigma_i}=\frac{1}{n} \tag{3-21}$$

而外施負荷變化於零與某個最大負荷 P 之間，是絕大多數之螺紋扣件承受的疲勞負荷型式，所以螺紋件中的最大應力可由 (5-28) 式得知為

$$\sigma_{b\max}=\frac{CP}{A_t}+\frac{F_i}{A_t} \tag{a}$$

最小應力即為螺紋件的預應力

$$\sigma_{b\min}=\frac{F_i}{A_t} \tag{b}$$

因此，螺紋件中的平均應力 σ_m 與應力變幅 σ_a 分別為

$$\sigma_m = \frac{CP}{2A_t} + \frac{F_i}{2A_t} \tag{5-37a}$$

及

$$\sigma_a = \frac{CP}{2A_t} \tag{5-37b}$$

若以古德曼圖表示螺紋件承受疲勞負荷的情況，則如圖 5-19 所示。由圖中可看到負荷線對平均應力軸成 45° 的傾斜。

將 σ_m 與 σ_a 代入 (3-21) 式中，再加以整理可得承受疲勞負荷之螺紋件的安全因數 n 為

$$n = \frac{S_e(S_{ut} - \sigma_i)}{\sigma_a(S_{ut} + S_e)} \tag{5-38}$$

式中的 S_e 為已經完整修正之疲勞限 (疲勞強度)。表 5-9 中可以查得滾製螺紋的 S_e 值。若為非鋼質螺紋件，或螺紋以切削製成，需自行修正疲勞強度時，螺紋的疲勞強度削弱因數值 K_f 可自表 5-10 查得。

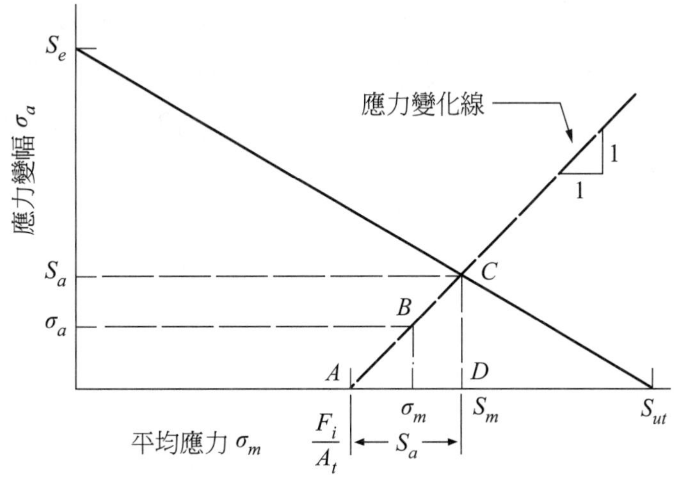

圖 5-19　螺栓承受疲勞負荷的應力變化

表 5-9 滾製螺紋經完整修正之疲勞限 S_e

螺栓等級	尺寸範圍	疲勞限
ISO 8.8	M16~M36	129 Mpa
ISO 9.8	M1.6~M36	140 Mpa
ISO 10.9	M16~M36	162 Mpa
ISO 12.9	M1.6~M36	190 Mpa

表 5-10 螺紋件的疲勞限削弱因數 K_f

ISO 等級	滾製螺紋	切削螺紋	圓角半徑
3.6~5.8	2.2	2.8	2.1
6.6~10.9	3.0	3.8	2.3

範例 5-3

圖 EX5-3 顯示以螺紋件聯結汽缸與汽缸蓋，汽缸蓋以鋼料 AISI 1040 HR 製成，汽缸缸體的材質為鑄鐵 ASTM 40。各部分尺寸分別為 A = 100，B = 200，C = 300，D = 20，E = 25，單位均為 mm，氣密直徑則為 160 mm。該汽缸所存氣體的最大壓力為 p_{max}。若使用 6 支 ISO 8.8 級的 M16 螺栓聯結汽缸蓋與汽缸體，並要求螺栓初拉力不至於消失的安全因數為 3，螺栓的初拉力依可

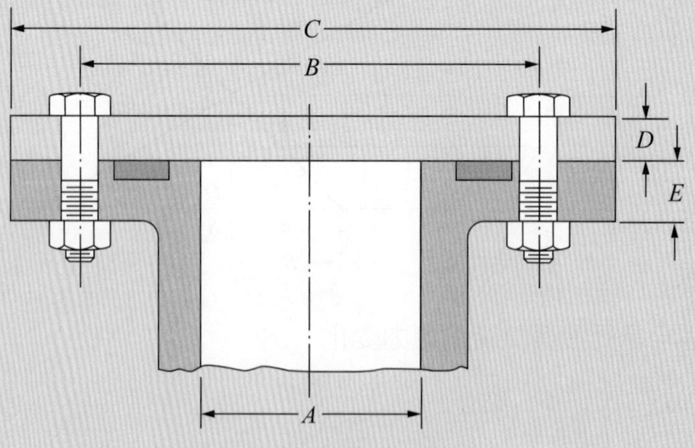

圖 EX5-3

重複使用計算。試求 (a) 汽缸內的容許最大壓力 p_{max}；(b) 該螺栓結合之防範疲勞失效的安全因數為若干。

解：螺栓總長 $L_T = 20 + 25 + 14.8 = 59.8$ mm，可以取優先數字的長度 $L_T = 60$ mm，因 $L_T < 125$ mm，螺栓中螺紋部分的長度 $L_T = 2D + 6 = 2(16) + 6 = 38$ mm，而沒有螺紋部分的長度則為 $L_d = 60 - 38 = 22$ mm，安裝後螺栓夾緊長度中含螺紋的長度為 $l_t = (20 + 25) - 22 = 23$ mm，這兩段螺栓的剖面面積則分別為 $A_t = 157\ \text{mm}^2$，與 $A_d = 201\ \text{mm}^2$。依據這些數據可求得螺栓的彈簧常數為

$$k_b = \frac{A_d A_t E}{A_d L_t + A_t L_d} = \frac{(157)(201)(200,000)}{(201)(23)+(157)(22)} = 781\ \text{kN/mm}$$

至於機件夾緊範圍的彈簧常數，須分成三個圓錐台計算，其中

$$k_{m1} = \frac{0.577\pi E d}{\ln\dfrac{(1.15t + D - d)(D + d)}{(1.15t + D + d)(D - d)}} = \frac{0.577\pi(200,000)(16)}{\ln\dfrac{(23+24-16)(24+16)}{(23+24+16)(24-16)}}$$
$$= 6,443\ \text{kN/mm}$$

因 $D' = 47.1$ mm，鑄鐵的彈性模數 $E = 124$ GPa，所以

$$k_{m2} = \frac{0.577\pi E d}{\ln\dfrac{(1.15t + D - d)(D + d)}{(1.15t + D + d)(D - d)}} = \frac{0.577\pi(124,000)(16)}{\ln\dfrac{(2.875+47.1-16)(47.1+16)}{(2.875+47.1+16)(47.1-16)}}$$
$$= 81,993\ \text{kN/mm}$$

$$k_{m3} = \frac{0.577\pi E d}{\ln\dfrac{(1.15t + D - d)(D + d)}{(1.15t + D + d)(D - d)}} = \frac{0.577\pi(124,000)(16)}{\ln\dfrac{(23+24-16)(24+16)}{(23+24+16)(24-16)}}$$
$$= 3,995\ \text{kN/mm}$$

於是可以求得聯結機件夾緊範圍的彈簧常數 k_m 為

$$\frac{1}{k_m} = \frac{1}{k_{m1}} + \frac{1}{k_{m2}} + \frac{1}{k_{m3}} = \frac{1}{6,443} + \frac{1}{81,993} + \frac{1}{3,995}$$
$$= 4.177(10^{-4})\ \text{kN/mm}$$

或

$$k_m = 2,394 \text{ kN / mm}$$

且

$$C = \frac{k_b}{k_b + k_m} = \frac{781}{781 + 2,394} = 0.246$$

由表 5-7 可得 ISO 8.8 級 M16 螺栓的 S_{ut} = 830 MPa，S_p = 600 MPa，且 S_e = 129 MPa 螺栓以可重複使用安裝，所以

$$F_i = 0.75 S_p A_t = 0.75(600)(157) = 70,650 \text{ N}$$

螺栓預負荷不消失的安全因數為 3，所以

$$P_{\max} = \frac{F_i}{n(1-C)} = \frac{70,650}{3(1-0.246)} = 31,230 \text{ N}$$

因為汽缸內氣體的最大壓力

$$p_{\max} = \frac{4P_{\max}}{\pi d^2} = \frac{4(31,192)}{\pi(160)^2} = 1.55 \text{ MPa}$$

而螺栓的 σ_m 與 σ_a 分別為

$$\sigma_m = \frac{CP}{2A_t} + \frac{F_i}{A_t} = \frac{(0.246)(31,192)}{2(157)} + \frac{70,650}{157} = 474.5 \text{ MPa}$$

與

$$\sigma_a = \frac{CP}{2A_t} = 24.47 \text{ MPa}$$

所以由公式

$$\frac{\sigma_m - \sigma_i}{S_{ut}} + \frac{\sigma_a}{S_e} = \frac{1}{SF}\left(1 - \frac{\sigma_1}{S_{ut}}\right)$$

可知

$$\frac{474.5 - 450}{830} + \frac{24.47}{129} = \frac{1}{SF}\left(1 - \frac{450}{830}\right)$$

可得

$$SF = 2.1$$

5.12　承受剪力的螺紋件與鉚釘

在承受剪力的功能方面，鉚釘與螺紋件相當，鉚釘接頭是以鉚釘穿過待聯結機件上預製的鉚釘孔後，鉚合而成。鉚釘聯結的優點是製作的設備簡單，牢固可靠，承受衝擊性負荷的能力極佳；但製作鉚釘接頭會產生極大的噪音，而且鉚釘接頭是永久性接頭，如要卸除，必須破壞接頭才有可能。

承受剪力負荷之螺紋件與鉚釘所形成的接頭，可能損壞的方式包含：(a) 螺紋件或鉚釘的剪斷；(b) 螺紋件或鉚釘的彎曲；(c) 被聯結機件的拉裂；(d) 被聯結機件的承應力過大；(e) 被聯結機件的撕裂；(f) 被聯結機件的拉斷。這些損壞都因過大的單純應力所導致，因此憑材料力學的知識即可處理。接著要討論的是承受偏心負荷之螺紋件或鉚釘接頭承受剪力的情況。

圖 5-20 展示一支固定端以螺栓 (也可以是鉚釘) 固定於垂直機架上之承受均佈負荷的懸臂樑。此時因外施負荷的合力不會通過螺栓群的形心，而形成了偏心負荷。

決定螺栓群形心的方法與決定一般非規則形狀圖形之形心所使用的方式相同，其計算式如下：

$$\bar{x}=\frac{\sum_{1}^{n} x_i A_i}{\sum_{1}^{n} A_i},\quad \bar{y}=\frac{\sum_{1}^{n} y_i A_i}{\sum_{1}^{n} A_i} \qquad \textbf{(5-39a, b)}$$

式中的 $\bar{x}$、$\bar{y}$ 代表螺栓群形心的座標，x_i、y_i 為第 i 支螺栓的座標，而 A_i 則為第 i 支螺栓的剖面面積。螺栓群中所有螺栓的規格不需完全相同。

在圖 5-20(a)，由於負荷的作用，樑的固定端將產生反力矩 M 及對螺栓而言為剪力的反力 V。圖 5-19(b) 中放大顯示樑的固定端，由於螺栓群所有螺栓的大小一致，因此螺栓群的形心 O 落在螺栓群兩對稱軸的交點上。螺栓群中的螺栓將承受分別由剪力 V 與反力矩 M 所導致的兩項剪力，其中直接由剪力 V 引起的為直接剪力，或稱為**主剪力** (primary shear)，若以 F' 表示主剪力，則

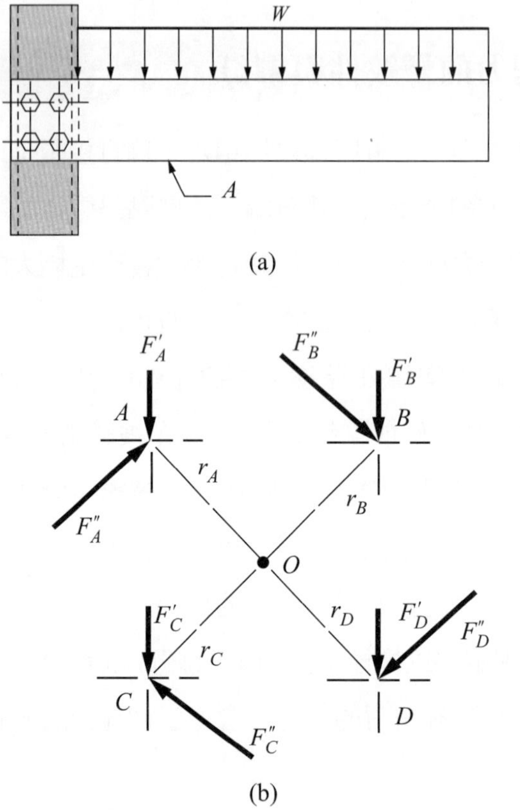

圖 5-20 承受偏心負荷的螺栓接頭

$$F' = V/N \tag{5-40}$$

式中的 N 為螺栓群的螺栓總數。

因反力矩 M 所增添的剪力 F'' 稱為**力矩負荷** (moment load) 或**次剪力** (secondary shear)。若以 r_A、r_B、r_C 等表示由螺栓群的形心至 A、B、C 等各螺栓的距離時，則有

$$M = F''_A r_A + F''_B r_B + F''_c r_c + ... \tag{a}$$

依據螺栓的剪變形相容條件，可知各螺栓的剪變形與各螺栓至螺栓群形心之間的距離成正比，因此作用於各螺栓上的次剪力大小也與各螺栓至螺栓群形心之間的距離成正比，可知

$$\frac{F_A''}{r_A} = \frac{F_B''}{r_B} = \frac{F_C''}{r_C} = \ldots\ldots \tag{b}$$

於是由 (a)、(b) 兩式，可求得

$$F_k'' = \frac{Mr_k}{\sum_1^n r_i^2} \tag{5-41}$$

式中的下標 k 指螺栓群中的第 k 個螺栓。將所得的各螺栓的 F' 與 F'' 標示於螺栓群的各個螺栓上，即可得到圖 5-20(b)。

最後將各螺栓上的 F' 與 F'' 以向量加法相加，得到其合力後，再除以螺栓剪力的承受剖面，即可獲得該螺栓所承受的剪應力。

範例 5-4

一支 15 mm 厚 200 mm 寬的鋼樑，憑 6 支螺栓固著於 250 mm 的槽型鋼柱上，形成圖 EX5-4 的懸臂樑。若用於連結的螺栓為 5.8 級的 M14 螺栓，且要求的安全因數為 2。試求該樑能承受的最大負荷 F 為若干。

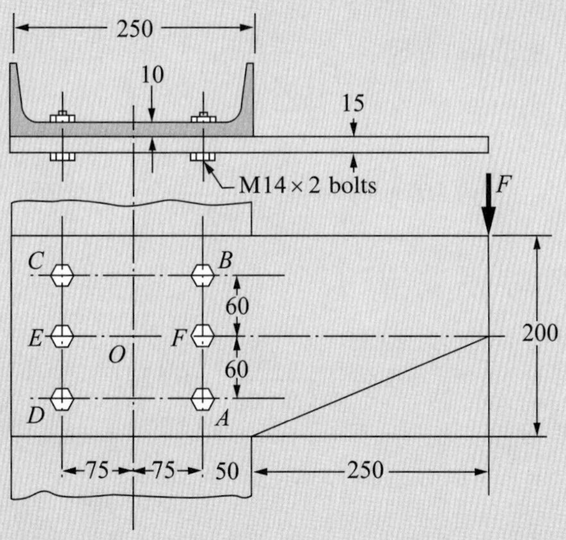

圖 EX5-4(a)

解：因螺栓群排列成對稱形，可知其形心位於 O 點。對角線上四個螺栓與形心的距離為

$$r_A = r_B = r_C = r_D = \sqrt{75^2 + 60^2} = 96.05 \text{ mm}$$

另兩個螺栓與形心的距離 $r = 75$ mm。

因總共有六個螺栓，每個螺栓承受的主剪力 F' 為

$$F' = F / N = 0.167F$$

對角線上四個螺栓承受的次剪力

$$F''_A = \frac{Mr_A}{\sum_1^6 r_i^2} = \frac{425(96.05)F}{4(96.05)^2 + 2(75)^2} = 0.845F$$

由圖 EX5-4(b) 可以看出，在四個角落的螺栓承受的主剪力與次剪力的合力中

$$F_A = F_B, \quad F_C = F_D$$

因 $F_A > F_C$，而 E、F 兩個螺栓中，螺栓 F 將承受較大的剪力，其值為

$$F_F = F' + F''_F = \frac{V}{A} + \frac{Mr_E}{\sum_1^6 r_i^2}$$

$$= 0.167F + \frac{425(75)F}{4(96.05)^2 + 2(75)^2} = 0.829F$$

螺栓 A 承受的剪力為

$$F_{Ax} = 0.845F\left(\frac{60}{96.05}\right) = 0.528F$$

$$F_{Ay} = 0.167F + 0.845F\left(\frac{75}{96.05}\right)$$

$$= 0.827F$$

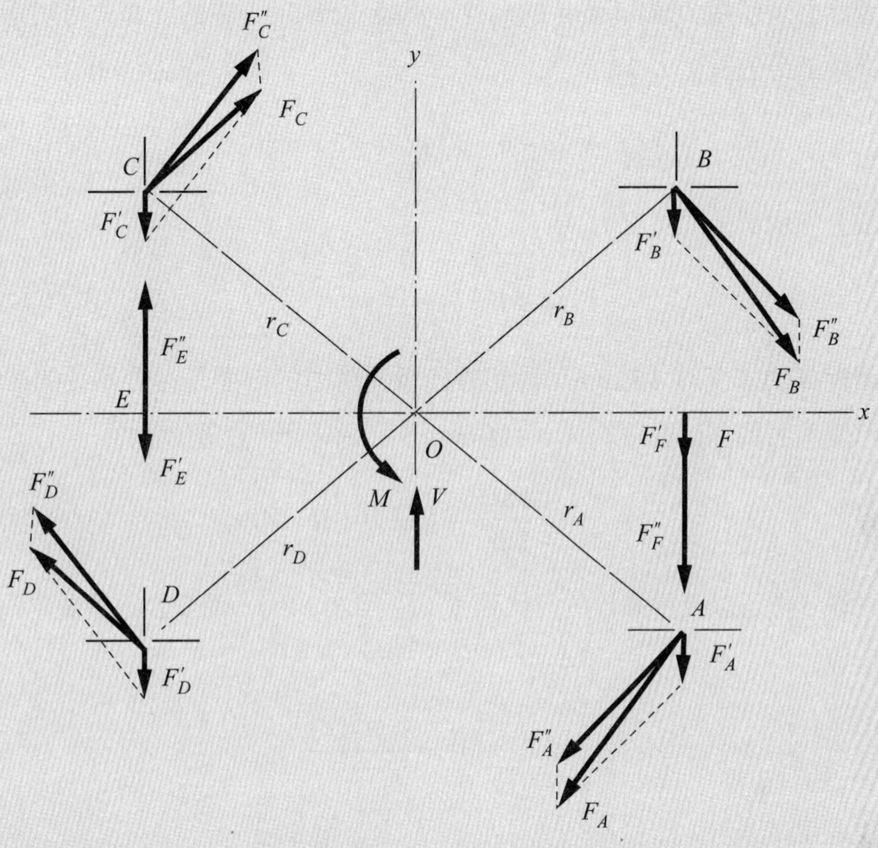

圖 EX5-4(b)

可知

$$F_A = \sqrt{(0.528)^2 + (0.827)^2}\,F = 0.981F > F_F$$

因此整個螺栓群中承受剪力最大者為螺栓 A 與螺栓 B。

接著應確定螺栓承受剪力之剖面的位置及剖面面積。因為螺栓必須貫穿鋼樑與槽形鋼的厚度，還需要足夠的長度以鎖上螺帽。由螺帽規格表中可以查出 M14 螺栓的常規螺帽的厚度為 14.8 mm，可知螺栓的長度 L 必須大於這三項厚度之和，也就是

$$L > 10 + 16 + 14.5 = 40.5 \text{ mm}$$

因此必須使用 $L = 45$ mm 的螺栓。然後由圖 5-13 中的計算式可知螺栓含螺紋部分的長度 L_T 為

$$L_T = 2d + 6 = 2(14) + 6 = 34 \text{ mm}$$

沒有螺紋部分的長度 L_d 為

$$L_d = L - L_T = 11 \text{ mm}$$

因鋼樑的厚度為 16 mm，可知螺栓承受剪力的剖面是在含螺紋的部位，承受剪力的剖面面積為 $A_t = 115 \text{ mm}^2$，而螺栓承受的剪應力為

$$\tau = \frac{P}{A_t} = \frac{0.981F}{115} = 8.53(10^{-3})F \text{ MPa}$$

由表 5-7 可以查得螺栓的降伏強度 $S_{yp} = 420$ MPa，而安全因數要求為 2，所以

$$8.53(10^{-3})F = \frac{0.5(420)}{2}$$

由是可得

$$F = 12{,}310 \text{ N}$$

習 題

1. 某具以電動機驅動的螺旋千斤頂，螺桿以轉速 200 rpm，上升速度 100 mm/min 頂升貨物。若已知千斤頂的螺桿為以 AISI 1045 CD 鋼製成的標準粗牙雙紋愛克姆螺旋，螺帽則以鑄鐵製成。螺桿與螺帽的接觸面間有良好的潤滑，座環因使用滾動軸承而可以忽略其摩擦扭矩。該千斤頂的最大升程為 300 mm，若柱的安全因數不得小於 4，試求 (a) 螺桿的公稱直徑；(b) 計算螺旋的導程角並與表中的導程角比對是否相同；(c) 螺旋的效率；(d) 千斤頂的最大容許負荷；(e) 頂升最大負荷所需的力矩；(f) 驅動電動機所需的功率。
2. 某單紋方牙螺旋桿標稱直徑 20 mm，節距 4 mm 使用於電動壓床。該螺桿須承受 6 kN 的負荷，若螺牙間的摩擦係數為 0.08，座環的摩擦係數 0.09，座環的平均直徑為 30 mm，試求 (a) 螺桿的平均直徑；(b) 導程角 λ；(c) 摩擦角 γ；(d) T_r；(e) T_l。
3. 某雙紋方牙螺旋桿標稱直徑 40 mm，節距 6 mm 使用於以 0.02 m/s 的速度移動 9.8 kN 的負荷，若所有的摩擦係數均為 0.12，座環的平均半徑為 45 mm，試求所需之動力，及該螺桿的機械效率。
4. 若問題 3 改以標稱直徑 40 mm，節距 10 mm 的單紋梯形螺桿取代時，所需的動力為若干，螺桿的機械效率為若干？
5. 範例 5-1 中的千斤頂頂昇螺桿若改用單紋的愛克姆螺桿，試重解範例 5-1 以作比較。
6. 若千斤頂的規格為最大工作負荷 $W = 15$ kN；最大升程 $L = 150$ mm，使用梯形螺紋的螺桿；柱的安全因數取 5；對握持穩定度的配合牙數，要求至少 12 牙；螺紋間有充分的潤滑；螺桿以 AISI 1050 CD 鋼料製成，容許應力 σ_b = 188 MPa，τ_a = 95 MPa；螺帽則以青銅製成，容許應力為 σ_b = 150 MPa，τ_a = 80 MPa。試選出適用的標準螺桿，決定螺桿與螺帽的配合牙數，並計算螺桿的安全因數。

7. 若範例 5-3 中的容器用於承受 6 MPa 的靜壓，使用 5.8 級的 ISO 螺栓 10 支，要求負荷因數不得小於 2.5 時，試問應選用標稱直徑多大的螺栓。

8. 圖 P5-8 的氣缸與氣缸蓋以螺栓聯結，汽缸蓋以 AISI 1050 HR 的鋼板製成，氣缸缸體由 ASTM 30 鑄鐵鑄造而成。圖中各部分尺寸分別為 A = 200, B = 320, D = 20，及 E = 20，單位均為 mm。該氣缸用於儲存最大壓力 P_{max} = 10 MPa 的氣體，氣密直徑為 250 mm，如果選用 ISO 8.8 級標稱直徑 d = 20 mm 的螺栓，並要求不使初拉力消失的設計因數為 3，試求需要多少根螺栓才能滿足要求。(a) 所需的螺栓長度及其含螺牙部分的長度；(b) k_b；(c) k_m；(d) 汽缸內的容許最大壓力 P_{max}；(e) 若汽缸中的壓力變化於 p = 0 至 $p = p_{max}$ 之間時，試求該螺栓聯結之防範疲勞失效的安全因數為若干；(f) 若防範疲勞失效的安全因數小於 1 時，試求其可以承受的應力循環數。鋼的 E = 207 Gpa，鑄鐵的 E = 124 Gpa。螺栓依可重複使用設計。

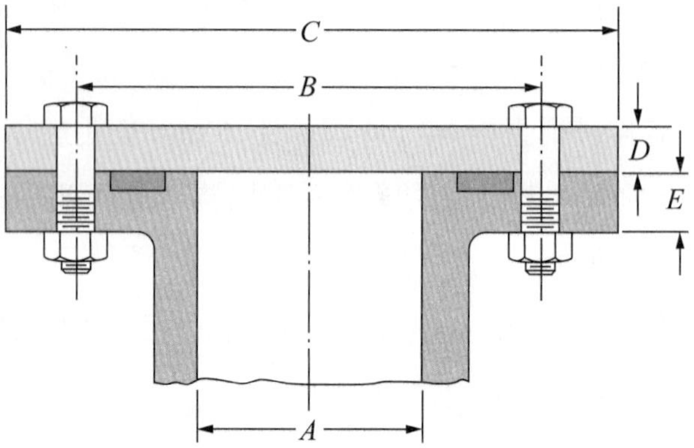

圖 P5-8

9. 圖 P5-9 中，使用壓縮石綿的密合墊，具最小氣密壓力 11 MPa，壓力容器本體與壓力容器的端板都以鋼料製作，並以 12 支 ISO 5.8 級的 M12 螺釘聯結，(a) 試求螺釘及受壓機件的勁度；(b) 若該壓力容器用於儲存靜壓的氣體，並要求負荷因數不得小於 3 時，試求容器所能儲存的最大靜壓為若干？已知螺釘依可重複使用設計；(c) 防範預負荷消失的安全因數為若干？

10. 若圖 P5-10 為某具含壓縮石綿密合墊之壓力容器，與其端板聯結的示意圖，

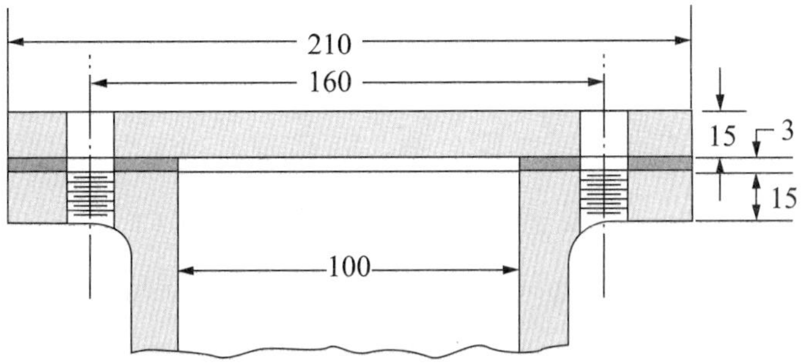

圖 P5-9

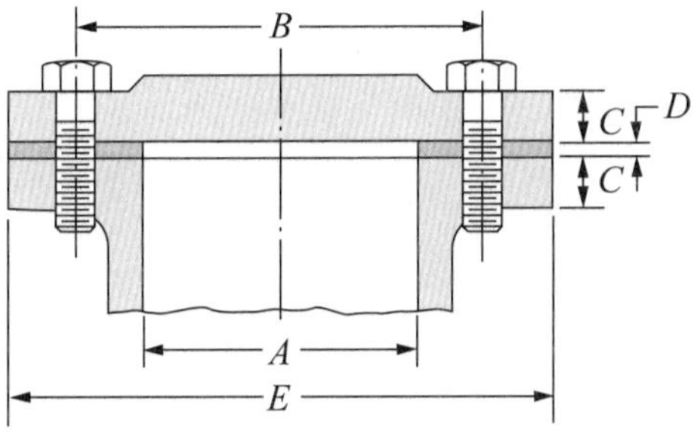

圖 P5-10

其中單位為 mm，若各相關尺寸分別為 $A = 120$，$B = 200$，$C = 25$，$D = 4$ 及 $E = 250$，所有的尺寸單位均為 mm。具有最小 15 MPa 的平均氣密壓力，即可獲得防洩密封。

(a) 若使用 5.8 或 8.8 級的 ISO 螺釘，標稱直徑可選擇 16 與 20 mm 時，試分別求所需的螺釘數目。

(b) 若考慮 (4-49) 式的條件，試問哪一種螺釘是最佳的選擇。螺栓的預負荷依螺栓可重複使用計算。

11. 若問題 9 中容器內的壓力變化於零至最大壓力 p_{max} 之間，要求防範疲勞失效的安全因數不小於 2 時，試求 p_{max} 之值。

12. 若問題 10 中的容器採用 8 支 ISO 8.8 級的 m16 螺釘鎖緊，容器內的壓力變化於零至最大壓力 p_{max} 之間，要求防範疲勞失效的安全因數為 2 時，試求 p_{max} 之值。

13. 若問題 9 中的密合墊改為銅-石綿質，容器內的壓力變化於零至最大壓力 p_{max} 間，而防範疲勞失效的安全因數要求為不小於 2 時，試求 p_{max} 之值。

14. 若問題 9 中改用鐵弗龍質的密合墊，而容器內的壓力變化於零至最大壓力 p_{max} 之間，試求 p_{max} 之值。

15. 圖 P5-15 中的鋼樑厚 15 mm、寬 200 mm，藉 4 支螺栓以懸臂的方式固著於 250 mm 寬的槽型鋼柱上。若用於聯結的螺栓為 5.8 級的螺栓，且要求的安全因數為 2。(a) 試求該樑能承受的最大負荷 F 為若干；(b) 若鋼樑及槽鋼材料的 S_{yp} = 520 MPa，試問該鋼樑結構能否滿足最小安全因數為 2 的要求？

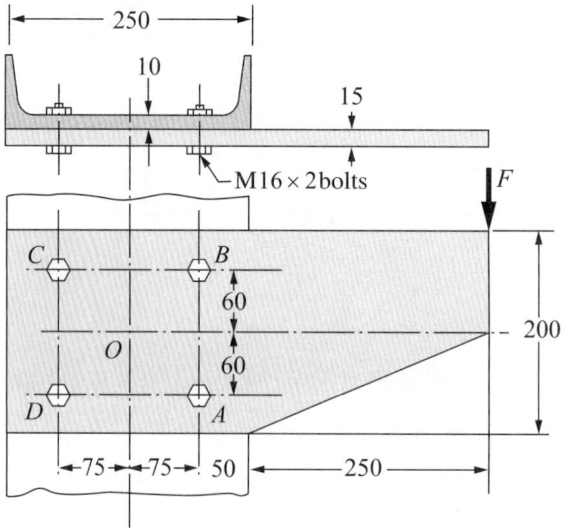

圖 P5-15

16. 厚 12 mm、寬 50 mm 的鋼板，以三個 5.8 級的 ISO 制 M14X2 螺栓固定於垂直的 150 mm 槽鋼上，形成如圖 P5-16 所示的懸臂樑。試求該樑可承受的最大負荷 F。鋼樑以 AISI 1020 HR 鋼，槽鋼以 AISI 1015 HR 鋼料製成，安全因數不得小於 2。槽鋼的腹板厚度為 7 mm。

17. 圖 P5-17 的懸臂樑預計以三個相同的 ISO 5.8 級螺栓，固定於立柱上，若其容許承應力為 σ_B = 390 MPa，容許彎應力 σ_b = 240 MPa，當樑承受圖示負荷時，試決定應使用多大的螺栓來固定鋼樑。圖中單位為 mm。

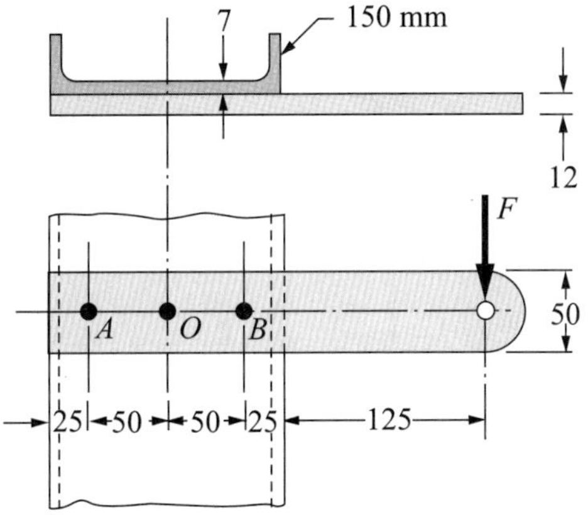

🛠圖 P5-16

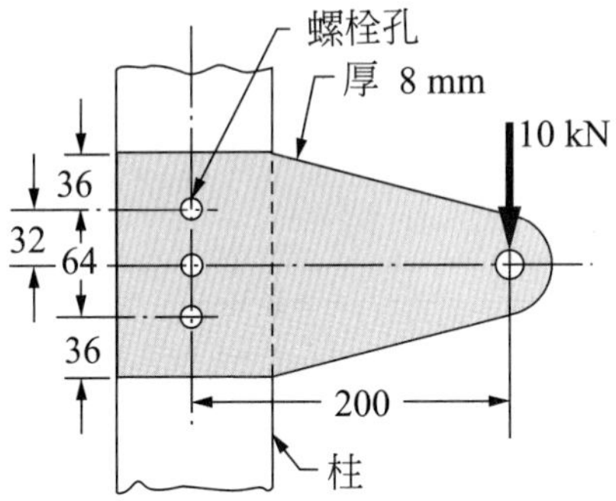

🛠圖 P5-17

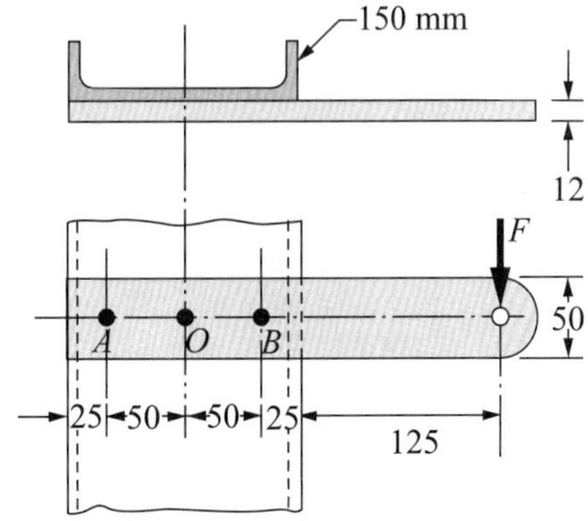

🛠圖 P5-18

18. 圖 P5-18 中的懸臂樑材質為 AISI 1030 HR，以 3 支 ISO 5.8 級 M12×1.75 的螺栓固定於直立的鋼柱上。試求下列各種失效型式的安全因數。(a) 螺栓的剪斷；(b) 螺栓的承應力；(c) 鋼樑的承應力；(d) 鋼樑的彎應力。圖中單位為 mm。

19. 一個承受垂直負荷的托架，以三個相同的 ISO 9.8 級的螺栓固定於直立的鋼柱上，如圖 P5-19 所示，若負荷的大小為 30 kN，若要求安全因數不得小於 6，試為該托架選擇合適的螺栓大小。

20. 某承受垂直負荷的托架，使用四支相同的 ISO 9.8 等級的螺栓固定於直立的

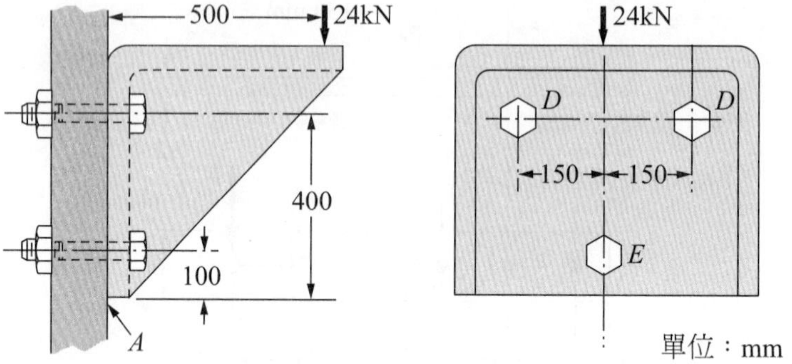

圖 P5-19

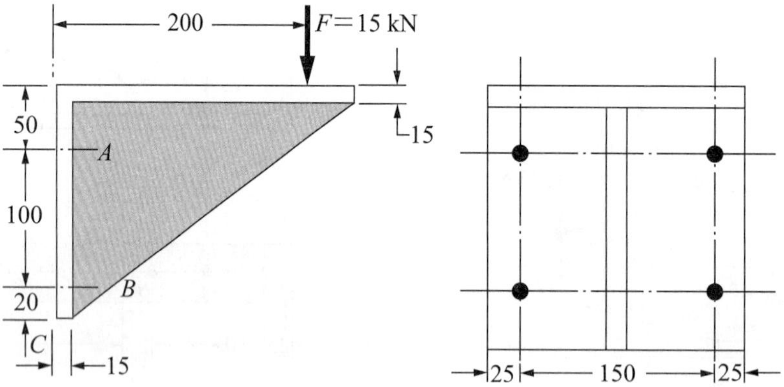

圖 P5-20

鋼柱，如圖 P5-20 所示，如果托架上承受了 15 kN 的垂直負荷，並且要求安全因數不能小於 5 時，試為該托架選擇合適的螺栓直徑。

21. 圖 P5-21 顯示以鉚釘故定於鋼橋側面的人行步道。該步道的最大負荷能力等效於每對鉚釘在相距鋼橋 2 m 處承受 2,500 N，若要求安全因數為 6，試決定所需要的鉚釘直徑。鉚釘的材質為 AISI 1045。

22. 圖 P5-22 中的懸臂樑材質為 AISI 1030 HR，以 2 支 ISO 8.8 級 M14×2.0 的螺栓固定於直立的鋼柱上。試求下列各種失效型式的安全因數。(a) 螺栓的剪斷；(b) 螺栓的承應力；(c) 鋼樑的承應力；(d) 鋼樑的彎應力。圖中單位為 mm。

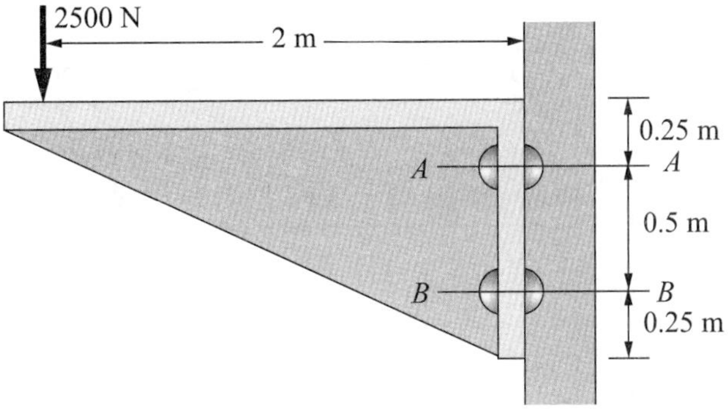

圖 P5-21

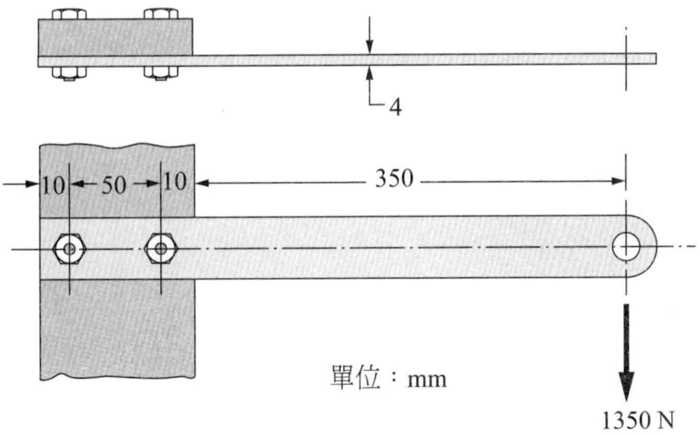

圖 P5-22

23. 圖 P5-23 中的懸臂樑。若以 9 支相同的鉚釘聯結，鉚釘材質的降伏強度為 S_{yp} = 580 MPa，而要求的安全因數為 3 時，試求負荷 F 的容許值為若干。

24. 若圖 P5-23 的結構改以若以 9 支相同的螺栓聯結，安全因數一樣為 3 時，試決定適合的螺栓等級與直徑。

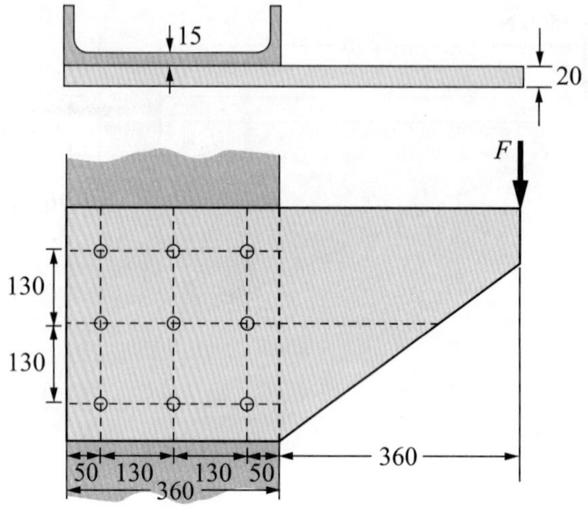

圖 P5-23

Chapter 6

熔接與黏合

現代的製造業為了方便追求型的功能，使得接頭製程多樣化，其中熔接與黏合屬於永久接頭的製程。若組裝或製作機件，必須製作永久性接頭，尤其當接頭的剖面不厚時，選用熔接或黏合製程，由於不需使用扣件及製作孔，將明顯地縮減成本。而且，有些方法能快速地組裝機件，更提昇了它們的吸引力。當然，熔接製程也有其缺點，例如，熔接過程需要高熱，機件中容易產生殘留應力，組件也可能產生扭曲變形，且常需要一些用來固定組件的夾具，也不利於拆裝。

熔接的方式很多，像是電弧熔接 (shield metal arc welding)、電阻熔接、氧乙炔熔接 (oxyacetylene welding)、雷射光束熔接 (laser beam welding)、電子束 (electron beam welding) 熔接等都均屬之，本章中將僅涉及電弧熔接。

此外，由於高強度黏合劑的快速發展，在某些情況下，其強度已經足以取代熔接，因此也將對黏合做概略的介紹。

6.1 熔接符號

熔接件 (weldment) 是藉電弧、火焰加熱將切割成特殊構形的金屬型材 (metal shapes)，於各零件的交接面以熔接的方式，使金屬熔融後結合而成的機件。熔接時，許多機件常需藉鉗或夾具，牢固地聚合在一起。在工作圖上，熔接處必須精確地規範，通常以美國熔接學會 (AWS) 制定的標準化熔接符號 (welding Symbol) 加以標示，如圖 6-1 所示。符號本體含有下列各項公認為必要的事項：

- 基準線 (reference line)
- 矢端 (arrow)
- 如圖 6-2 的基本熔接符號
- 尺寸及其他數據 (dimension and other data)
- 加工符號 (finish)
- 箭尾 (tail)
- 規格或程序

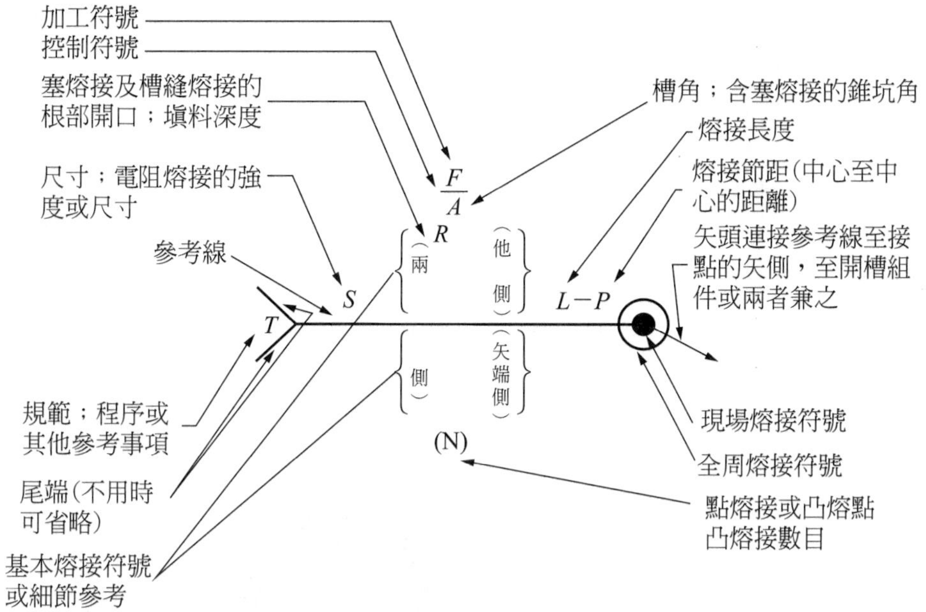

圖 6-1 AWS 標準熔接符號顯示符號元素的位置

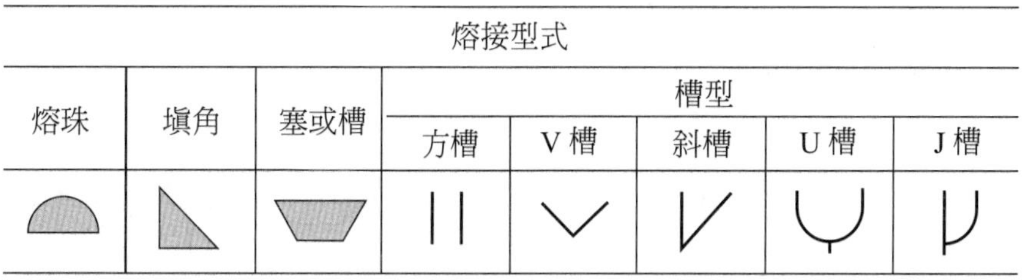

圖 6-2 電弧熔接和氣體熔接符號

接頭的**矢端側** (arrow side) 為箭頭所指的線、邊、面積或鄰近的機件。與矢端相反的一端稱為**其他側** (other side)。

圖 6-3 至圖 6-6 的熔接方式是設計者最常使用的型式。對頭熔接是壓力容器設計使用最多的熔接方式，一般機器元件則以填角熔接用得較多。當然，待接合的機件，必須安排成有足夠的空間，以利熔接作業進行。熔接接頭設計，若因間隙不足或剖面形狀不佳，而形成不尋常的接頭，即為不良的設計，設計者應考慮重新設計。

因進行熔接作業時得將組件的接合面加熱，**母材金屬** (parent metal) 鄰近熔

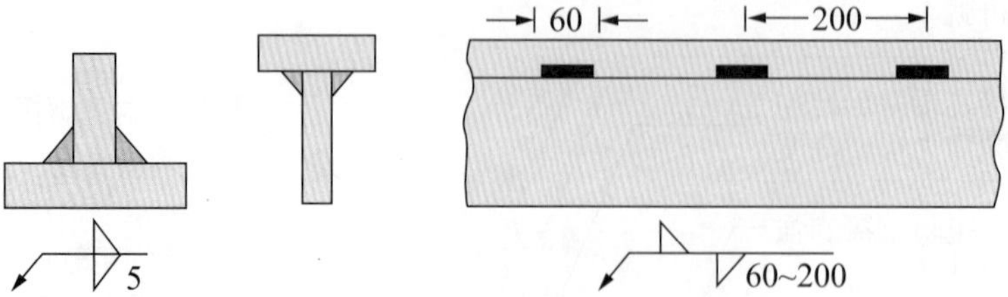

圖 6-3　填角熔接：(a) 數字指明角邊尺寸，兩側熔接方式相同，矢頭僅需指向其中一側；(b) 符號顯示 200 mm 中心距，作長度 60 mm 的交錯間斷熔接

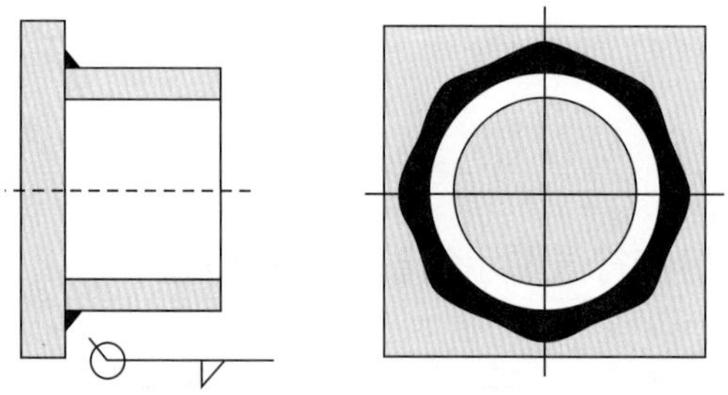

圖 6-4　全周填角熔接

接處的冶金結構可能改變。此外，由於夾持或固定組件，甚至由於熔接順序，都可能導致殘留應力。雖然，殘留應力通常不至大到足以引起剮切，然而熔接後施以輕度熱處理，對消除熔接件的殘留應力很有幫助。若待熔接機件的組件很厚時，為降低殘留應力，宜施行預熱。

若組合件要求的可靠度甚高時，建立一套檢驗程序，以檢討進行熔接作業時，必須改變或增加些什麼條件，才能保證獲得最佳的品質，實屬必要。

6.2　對頭熔接與填角熔接

圖 6-7 顯示常用於承受拉力或壓力的單 V 槽對頭熔接，通常搭配的組件都具有相同的標稱厚度 (nominal thickness)。若接頭使用適宜的熔接金屬，接頭的強度將高於母材。不論是拉張或壓縮負荷，對頭熔接的平均法向應力為

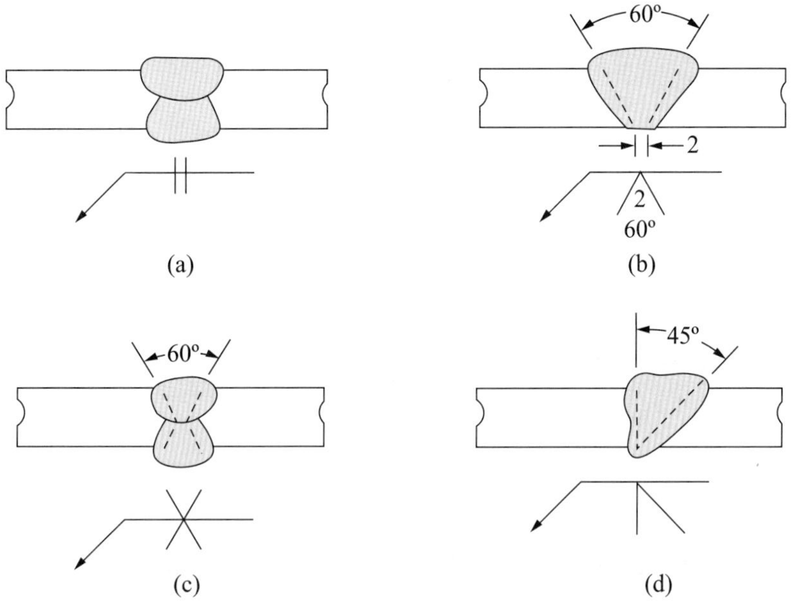

圖 6-5　對頭及開槽熔接：(a) 兩端平頭對頭熔接；(b) 具 60° 斜角且根部開口 2 mm 的單 V 斜槽；(c) 雙 V 斜槽；(d) 單 V 槽

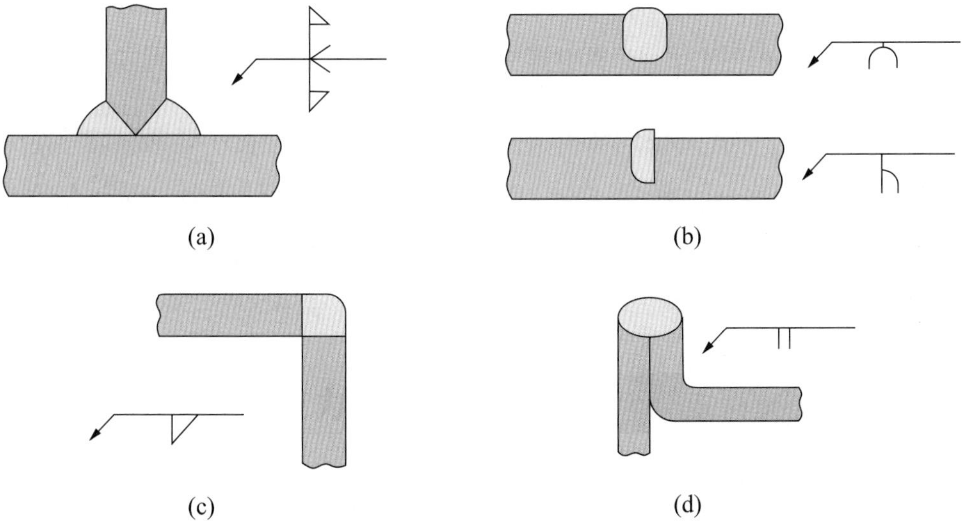

圖 6-6　特殊槽熔接：(a) 厚板的 T 型結合；(b) 厚板的 U 及 J 開槽熔接；(c) 角熔接 (為了有較大的強度，在內側也可能有熔接滴珠，但重負荷時不宜使用)；(d) 薄金屬板承受輕負荷時使用的邊緣熔接

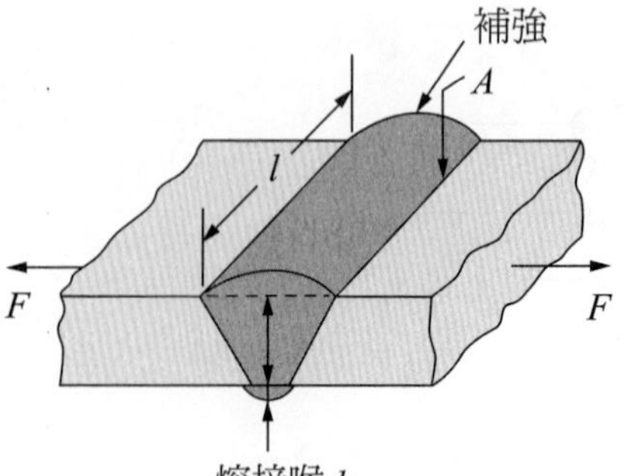

圖 6-7　典型的對頭熔接

$$\sigma = \frac{F}{hl} \tag{6-1}$$

式中的 h 為**熔接喉** (weld throat)，l 為熔接道長度，如圖 6-7 所示。請注意，h 值並未包含補強。為了補償熔接道可能的瑕疵，需要有補強，然而在圖中熔接道與母材金屬的交接處，將產生應力集中。若機件須承受疲勞負荷，則依經驗得知，以磨平或削平補強為佳。

如果對頭熔接承受剪力作用，則熔接道中的平均剪應力為

$$\tau = \frac{F}{hl} \tag{6-2}$$

圖 6-8 展示了典型的橫向填角熔接。填角熔接道的強度，通常以熔接道的剖面，及所使用之填料金屬的強度來計算，傳統上以最大剪應力準則為失效的基準，本書中則將以 von Mises 應力為基準。圖 6-8(b) 是將圖 6-8(a) 中的部分熔接接頭孤立出來的分離體圖。在成 θ 角的剖面上，各熔接道喉分別承受法向力 F_n 與剪力 F_s 作用。依據該分離體圖，可求得熔接道喉部和 x 軸成 θ 角之剖面上的標稱應力，τ 與 σ 分別為

$$\tau = \frac{F_s}{A} = \frac{F\sin\theta(\cos\theta + \sin\theta)}{hl} = \frac{F}{hl}(\sin\theta\cos\theta + \sin^2\theta) \tag{a}$$

$$\sigma = \frac{F_n}{A} = \frac{F\cos\theta(\cos\theta + \sin\theta)}{hl} = \frac{F}{hl}(\cos^2\theta + \sin\theta\cos\theta) \tag{b}$$

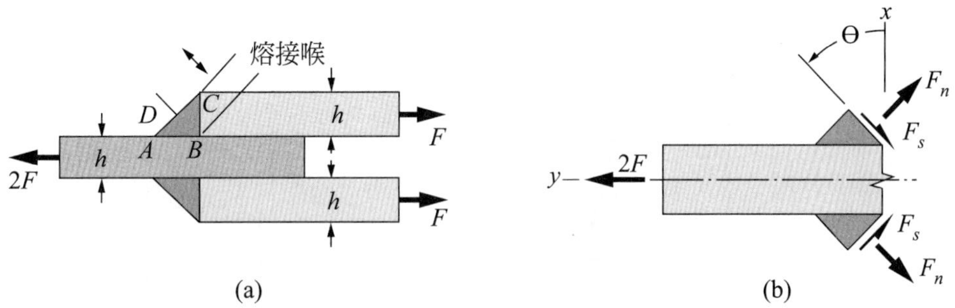

圖 6-8　橫向填角熔接

而在該剖面上的 von Mises 應力 σ' 為

$$\sigma' = \frac{F}{hl}[(\cos^2\theta + \sin\theta\cos\theta)^2 + 3(\sin^2\theta + \sin\theta\cos\theta)^2]^{\frac{1}{2}} \qquad \text{(c)}$$

對 (c) 式求 σ' 的最大值，將發現 von Mises 應力 σ' 的最大值出現於 $\theta = 62.5°$ 處，其值為 $\sigma' = 2.16\ F/(hl)$。此剖面上的 τ 與 σ 的值分別為 $\tau = 1.196\ F/(hl)$ 與 $\sigma = 0.623\ F/(hl)$。

由令 (a) 式對 θ 微分所得的方程式等於零，可以求得剪應力達到最大值時的 θ 角。其駐點 (stationary point) 發生於 $\theta = 67.5°$，在此處的 $\tau_{max} = 1.027\ F/(hl)$，而 $\sigma = 0.5\ F/(hl)$。

圖 6-10(b) 乃依 Salakian 所提出的數據繪成，顯示橫越填角熔接道喉部的應力分佈。由於設計熔接件時必須檢點熔接道喉部的應力，這個圖值得特別重視。此圖也顯示出 *B* 點的應力集中現象。請注意，圖 6-9(a) 可以應用於熔接金屬或母材金屬上，而圖 6-9(b) 則僅能應用於熔接金屬上。

由於缺乏預測熔接應力的分析方法，又必須確保熔接接頭安全，因此必須對熔接件加以規範。規範的方式乃是以歷經實務證實為保守的模型作為典範，所採取的方法如下：

- 考慮外施負荷，由該熔接道喉部面積的剪力承擔。藉著忽略喉部的法向力，該剪應力值將增至足以使該模型成為保守的。

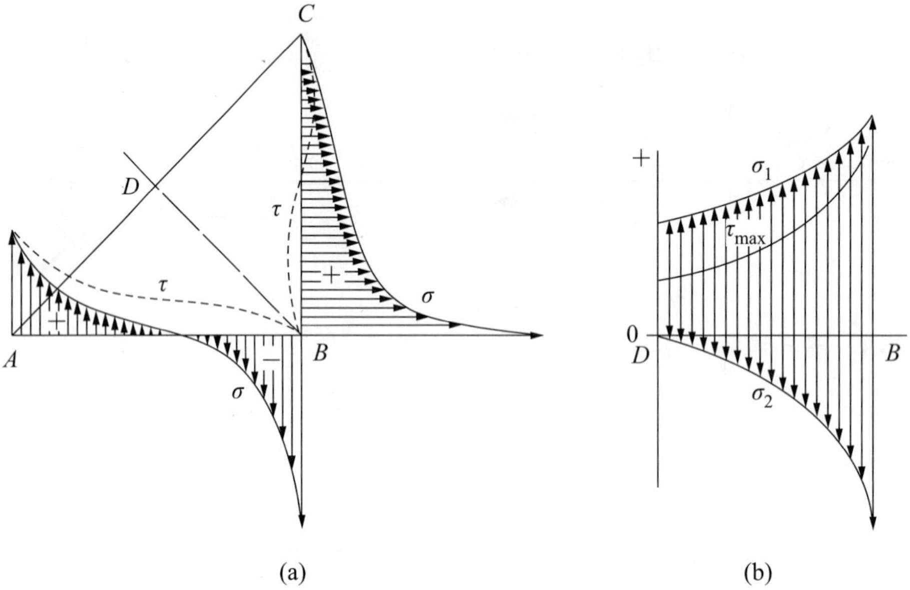

圖 6-9 填角熔接的應力分佈；(a) Norris 報告中熔接足部的應力分佈圖；(b) Salakian 報告中的主應力與最大剪應力分佈圖

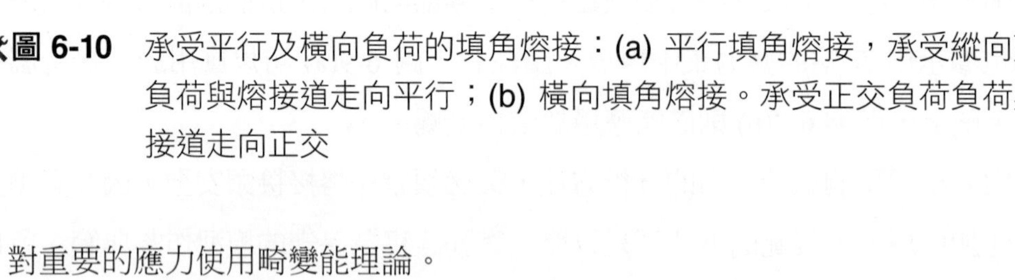

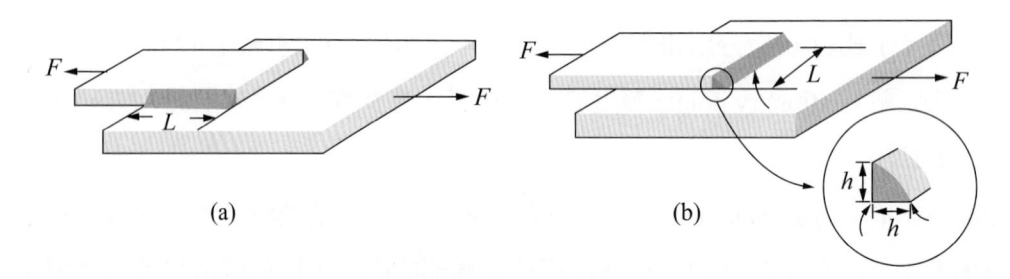

圖 6-10 承受平行及橫向負荷的填角熔接：(a) 平行填角熔接，承受縱向剪力負荷與熔接道走向平行；(b) 橫向填角熔接。承受正交負荷負荷與熔接道走向正交

- 對重要的應力使用畸變能理論。
- 以規範約束典型的案例。

由於如圖 6-10 所示之填角熔接道中的實際應力分佈呈現非線性，而難以做精確的估算，使用此一模型時，熔接道的應力計算分析或設計使用

$$\tau = \frac{F}{0.707hl} \qquad \textbf{(6-3)}$$

如果熔接道承受複合負荷，則應該

- 檢視外施負荷導致的主剪應力 (primary shear stress)。
- 檢視扭轉與彎矩導致的次剪應力 (secondary shear stress)。
- 評估母材金屬的強度。
- 評估沉積熔接金屬的強度。
- 評估母材金屬的容許負荷。
- 評估沉積熔接金屬的容許負荷。

當熔接件承受疲勞負荷時，雖然最佳的失效準則應該是葛柏失效軌跡，然而最常使用的準則卻是較容易使用的古德曼失效準則。

依據前述的作法，若忽略圖 6-8(b) 中的法向力，並令 $\theta = 45°$，可得

$$\sum F_x = -F_s \cos 45° + F_s \cos 45° = 0$$

$$\sum F_y = 2F - 2F_s \sin 45° = 0$$

從而得到

$$F_s = \frac{F}{\sin 45°}$$

$$\tau = \frac{F_s}{A} = \frac{F}{hl \sin 45°} = \frac{1.414F}{hl} \qquad \textbf{(6-4)}$$

此項結果與 (6-3) 式一致。比較此式與不忽略法向力的 (a) 式

$$\tau = \frac{F}{hl}(\sin 45° \cos 45° + \sin^2 45°) = \frac{F}{hl}$$

將發現因忽略喉部的法向力，使熔接道喉部的剪應力增為原來的 1.414 倍。也發現該剪應力值 1.414 $F/(hl)$，大於最大剪應力 1.207 $F/(hl)$。與它相關之最大 von Mises 應力值為 2.16 (0.577) $F/(hl)$ = 1.246/(hl)，也小於 1.414 $F/(hl)$。顯示該剪應力值會超過最大剪應力值，乃忽略法向力的結果。

6.3 熔接接頭的強度

大多數的金屬，可以藉選擇適當的程序，**熔接棒** (electrode)，及防護媒體加以熔接。電熔接棒之性質與母材金屬匹配的重要性，通常不如熔接速率、作業員技巧及完成後接頭的外觀重要。電熔接棒的性質變化相當大，表 6-1 所列者是部分類別電熔接棒的最低性質。表中的 AWS 電熔接棒編號，為美國熔接學會 (American Welding Society, AWS) 制定之電熔接棒的規格數碼編號系統，這個系統於編號數字為四位或五位時，以 E 為字首，數字的前兩位或三位標示近似的抗拉強度；最後一位數字則含熔接技術的變數，例如電流供應。倒數第二位數字指出熔接位置，例如平的、垂直的或是頭頂上的。完整的規格套組可自 AWS 取得。

設計熔接機件時，寧可選用能獲致迅速、經濟之熔接的鋼材，即使這可能需要犧牲像切削性等其他的工藝性質。所有的鋼在適當的條件下都可熔接，但若選用規格在 UNS 的 G10140 及 G10230 間的鋼，將可得到最佳的效果。設計者如果能夠有值得信賴的參考資源，將能更有信心地選擇安全因數或容許工作應力。美國的 **AISC 建築結構規範** (AISI code) 就是設計者常用的最佳資源之一。

目前降伏強度已經取代抗拉強度，成為容許應力的依據。規範中容許使用降

表 6-1 熔接金屬的最低性質

AWS 電熔接棒編號	抗拉強度 Mpa	降伏強度 Mpa	伸長量百分比
E60xx	427	345	17~25
E70xx	482	393	22
E80xx	551	462	19
E90xx	620	531	14~17
E100xx	689	600	13~16
E120xx	827	737	14

伏強度在 230 至 345 MPa 間的各種 ASTM 構造用鋼材。就這些 ASTM 的鋼材而言，$S_{yp} = 0.5S_u$。表 6-2 則列出在各種負荷狀態下，規範規定的容許應力計算公式。該規範提示的安全因數很容易計算。若使用畸變能理論作為失效的準則，就拉應力而言，$n = 1/0.60 = 1.67$。就剪應力而言，$n = 0.577/0.4 = 1.44$。

瞭解電熔接棒材料是所存在材料中之最強者很重要。實際上熔接金屬是電熔接棒材料，及兩熔接組件材料的混合物。熔接後熔接件在鄰近熔接道處，將具有熱軋的性質。由於熔接金屬通常是最強的材料，母材金屬的應力才是檢驗是否安全的對象。

如果熔接件需承受疲勞負荷，建造橋樑的 AISC 規範及 AWS 規範中，都含疲勞負荷的容許應力，設計者使用這些規範當不至於產生困難。疲勞強度削減因數 K_{fs} 推薦使用表 6-3 所列的值。母材金屬及熔接金屬都應使用這些因數。

表 6-2　AISC 法規容許之熔接金屬的容許應力

負荷類型	熔接類型	容許應力	n^*
拉應力	對頭熔接	$0.60\ S_{yp}$	1.67
承應力	對頭熔接	$0.90\ S_{yp}$	1.11
彎應力	對頭熔接	$0.60\ S_{yp} \sim 0.66\ S_{yp}$	1.52 ~ 1.67
單純壓應力	對頭熔接	$0.60\ S_{yp}$	1.67
剪應力	對頭或填角熔接	$0.30S_{ut}^{+}$	

註：* 安全因數使用畸變能理論計算。
　　+ 剪應力基於不超過基材金屬的 $0.4S_y$。

表 6-3　疲勞強度削減因數

熔接類型	K_{fs}
補強的對頭熔接	1.2
橫向填角熔接的前端	1.5
平行填角熔接的尾端	2.7
含尖銳轉角的 T 型對頭熔接	2.0

6.4 承受扭矩之熔接接頭中的應力

圖 6-11 中顯示長 l 的懸臂樑，以四道填角熔接固定於某柱體上。懸臂樑支撐處通常承受剪力 V 及彎矩 M。剪力在熔接道中形成主剪應力，其大小為

$$\tau' = \frac{V}{A} \tag{6-5}$$

式中 A 為所有熔接道喉部的總面積。

支撐處的彎矩，將使熔接道產生次剪應力或扭轉剪應力，接下來將推導求此項剪應力的計算式。

在圖 6-11 中基於基本彈性原理，由幾何的相容性，懸臂樑對熔接道形心的剛體旋轉角 θ，對於在熔接喉範圍中所有的點必須都相等，如圖 6-11 所示。所以，對熔接喉面積中的任意微面積 dA，其切向位移 s 應為

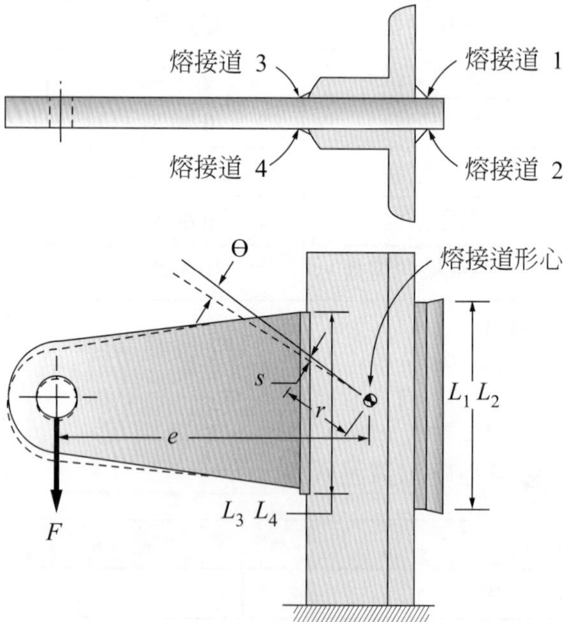

圖 6-11 承受扭矩之多道填角熔接的聯結方式：此種聯結會在熔接道中產生扭矩

$$s = r\theta \tag{a}$$

若將每個微面積看成彈簧率為每單位面積 k 的微小彈簧，則其微分力-位移關係式為

$$df = ksdA \tag{b}$$

式中 df = 微彈簧力

s = 切向位移

dA = 微熔接喉面積

基於力矩平衡的關係，扭矩 T 等於

$$T = Fe = \int_{\text{接點}} rdf \tag{c}$$

如果將 dA 中的剪應力寫成

$$\tau_t = \frac{df}{dA} \tag{d}$$

於是由 (a)、(b) 與 (d) 式，可知對於熔接道上任一點 i 的剪應力為

$$\tau_{ti} = \frac{kr_i\theta dA}{dA} = kr_i\theta \tag{e}$$

而 (c) 式可寫成

$$T = \int_{\text{熔接道}} r(kr\theta dA) = k\theta \int_{\text{熔接道}} r^2 dA \tag{f}$$

或

$$k\theta = \frac{T}{\int_{\text{熔接道}} r^2 dA} = \frac{T}{J_{\text{熔接道}}} \tag{g}$$

由此可知 (e) 式變成

$$\tau_{ti} = \frac{Tr_i}{J_{\text{熔接道}}}$$

這就是偏心負荷對熔接道造成的次剪應力，表示成

$$\tau_i'' = \frac{Tr_i}{J_{熔接道}}$$

式中 τ_i'' = 偏心負荷對熔接道造成的次剪應力

T = 因偏心負荷而作用於熔接點上的扭矩

r_i = 熔接點形心至接點上之臨界位置的距離

$J_{熔接道}$ = 熔接道的極慣性矩

至於 (6-6) 式中的 $J_{熔接道}$ 可依下列程序求得。圖 6-12 顯示由兩熔接道組成的熔接道群。其中矩形代表熔道的喉部面積，熔接道 1 的熔接道喉部寬度 b_1 = 0.707 h_1；而熔接道 2 的熔接道喉部面積 b_2 = 0.707 h_2。請注意，h_1 和 h_2 分別代表熔接道的尺寸。兩熔接道喉面積的總面積為

$$A = A_1 + A_2 = b_1 d_1 + b_2 d_2$$

此一面積也就是 (6-5) 式中的 A。

因圖 6-12 中的 x 軸通過熔接道 1 的形心 G_1，可知熔接道 1 的喉部面積對該軸的二次面積矩為

$$I_x = \frac{b_1 d_1^3}{12}$$

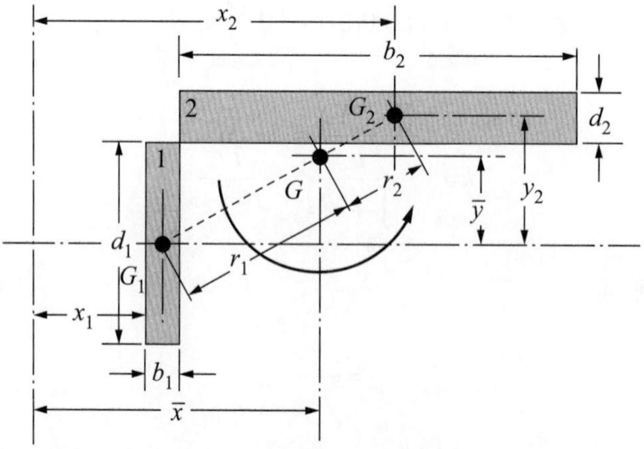

圖 6-12　兩熔接道形成之承受扭矩的熔接道群

對通過 G_1 的 y 軸，其二次面積矩為

$$I_y = \frac{d_1 b_1^3}{12}$$

所以，熔接道 1 的喉部面積對其本身形心的二次極慣性矩為

$$J_{G1} = I_x + I_y = \frac{b_1 d_1^3}{12} + \frac{d_1 b_1^3}{12} \tag{h}$$

同樣地，熔接道 2 喉部面積對其本身形心的二次極慣性矩為

$$J_{G2} = \frac{b_2 d_2^3}{12} + \frac{d_2 b_2^3}{12} \tag{i}$$

熔接道群的形心位於

$$\bar{x} = \frac{A_1 x_1 + A_2 x_2}{A}, \qquad \bar{y} = \frac{A_1 y_1 + A_2 y_2}{A} \tag{j}$$

再從圖 6-12 中，可看到 G_1 及 G_2 至 G 的距離分別是 r_1 及 r_2，因此

$$r_1 = [(\bar{x} - x_1)^2 + \bar{y}^2]^{\frac{1}{2}}, \qquad r_2 = [(y_2 - \bar{y})^2 + (x_2 - \bar{x})^2]^{\frac{1}{2}} \tag{k}$$

依據平行軸定理，可求得熔道群總面積的二次極慣性矩為

$$J = (J_{G1} + A_1 r_1^2) + (J_{G2} + A_2 r_2^2) \tag{l}$$

這個量將使用於 (6-6) 式中。式中的距離 r 必須由 G 量起，力矩 M 則是對 G 所得的值。對於由多熔接道組成的熔接點，其熔道群總面積的二次極慣性矩可寫成

$$J_{熔接道} = \sum_i^n (J_{Gi} + A_i r_i^2) \tag{6-7}$$

式中 J_{Gi} = 第 i 熔接道對其本身之形心的極慣性矩

r_i = 熔接道群形心至第 i 熔接道之形心的距離

當熔接道尺寸已知時，則這些方程式都能解出來，然後結合所得的應力，以求得最大剪應力。請注意，(6-6) 式中的 r 通常是熔接道上距形心最遠處的距離。

與承受偏心負荷之螺栓群的情況相似，分別由 (6-5) 及 (6-6) 式計算所得的兩

項剪應力 τ' 及 τ''，必須以向量加法取得合應力 。

填角熔接設計屬於逆向程序，乃是由已知的容許剪應力，反求所需熔接道的尺寸。一般的設計程序如下：

1. 構建熔接道的佈置圖，嘗試將熔接道置於能發揮最佳效果的位置。例如，安排熔接道對稱於熔接道群的形心，將能使 J 值最大化，從而使偏心負荷所導致的次剪應力最小化。

2. 繪製擬議的熔接接頭，顯示每一擬議的位置及長度。並標示所承受的外施負荷及支持。(如果涉及三維的負荷，或三維的熔接道佈置，則須有三維的視圖。)

3. 推估所需的熔接道尺寸。

4. 依據推估的尺寸及佈置圖求得接頭的形心，並計算推估的熔接道群的尺寸，計算擬議之接頭對熔接道群形心的暫定極慣性矩。

5. 選出可能的臨界點。通常這些點是在熔接道的兩端，或距離接頭形心最遠之熔接道的外緣，也就是與形心距離最遠的點。

6. 以 (6-5) 及 (6-6) 式計算每個可能臨界點的暫定 τ' 及 τ''，並以向量加法求其合應力 τ。如果負荷具有波動性，應乘以適宜的應力集中因數。

7. 將前一步驟中所得的最大剪應力 $\tau_{\max}$ 與預定的容許設計剪應力 τ_d 做比較，若 $\tau_{\max} < \tau_d$ 則將原來推估的熔接道尺寸縮小；反之，則增大。並重複作迭代程序，直到 $\tau_{\max} \approx \tau_d$ 為止。

由於 (h) 式的第二項含 b_1^3，(i) 式的第一項含 b_2^3，都是熔接道寬度的三次方。一般常令這兩個量為 1，導出以線段處理填角熔接的方式。所得到的二次面積矩為單位面積的二次極慣性矩 (unit second polar moment of area)。其優點是不論熔接道的尺寸如何，J_u 的值均相同。由於填角熔接的熔接道喉寬度為 0.707 h，單位面積的極慣性矩之間的關係為

$$J = 0.707hJ_u \tag{6-8}$$

式中 J_u 為以傳統方法對具有單位寬度的面積所求者得。如圖 6-12。當熔接道成

表 6-4　填角熔接的扭轉與彎曲性質

熔接道尺寸	彎曲	扭轉
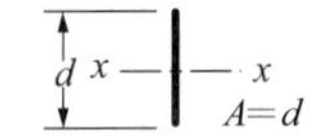 $A=d$	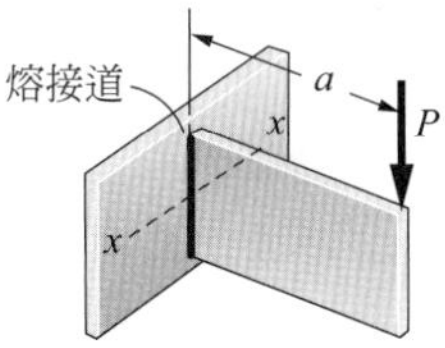 $I_l=\frac{d^2}{6}$　$M=Pa$	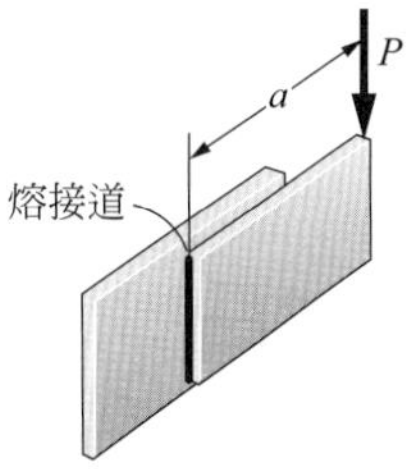 $J_u=\frac{d^3}{12}$　$T=Pa$　$c=\frac{d}{2}$
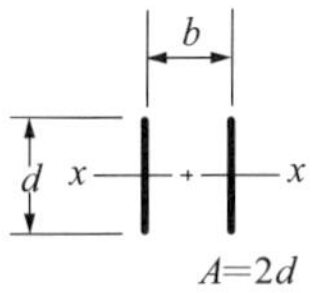 $A=2d$	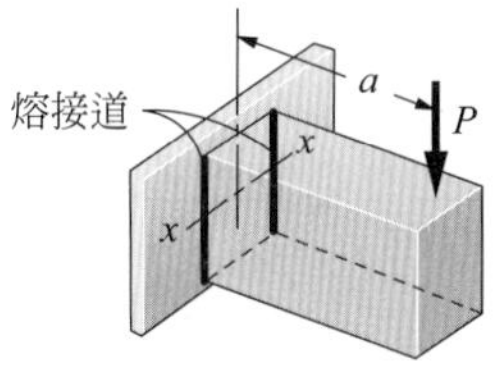 $I_u=\frac{d^2}{3}$	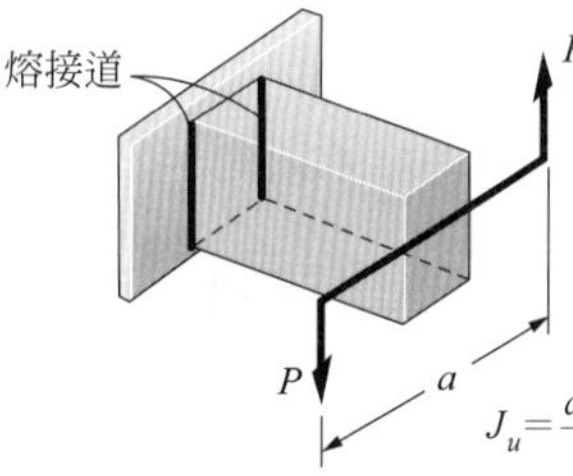 $J_u=\frac{d(3b^2+d^2)}{6}$
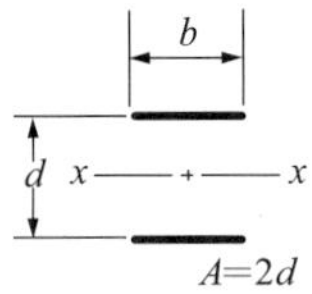 $A=2d$	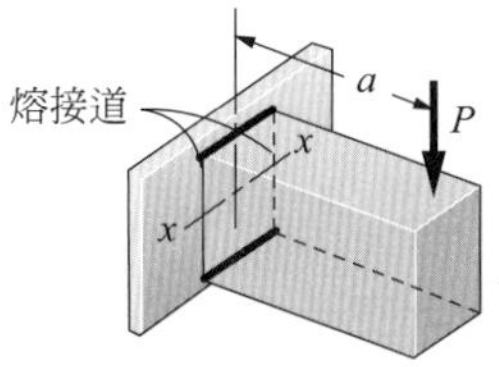 $I_u=bd$	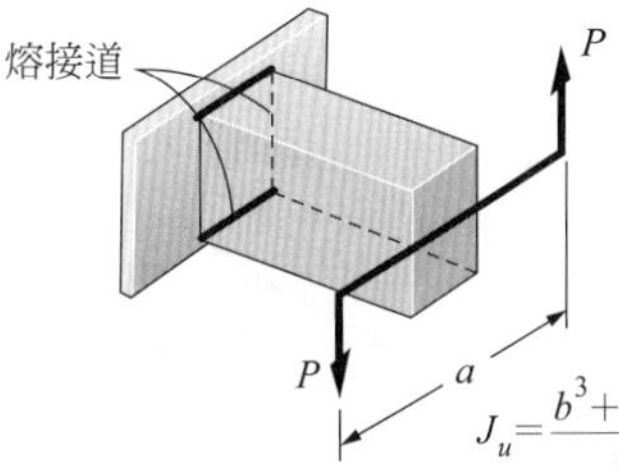 $J_u=\frac{b^3+3bd^2}{6}$
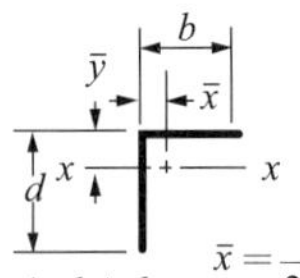 $A=b+d$　$\bar{x}=\frac{b^2}{2(b+d)}$　$\bar{y}=\frac{d^2}{2(b+d)}$	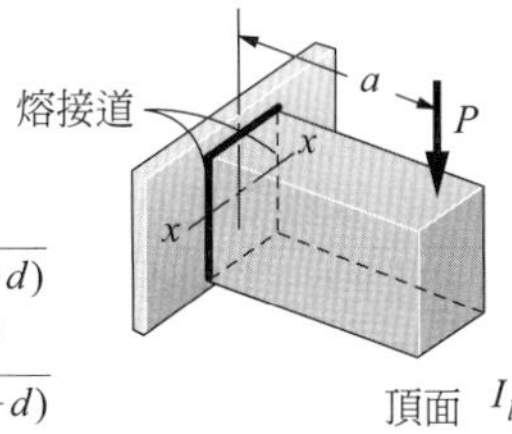 頂面 $I_l=\frac{4bd+d^2}{6}$　底面 $I_u=\frac{d^2(4b+d)}{6(2b+d)}$	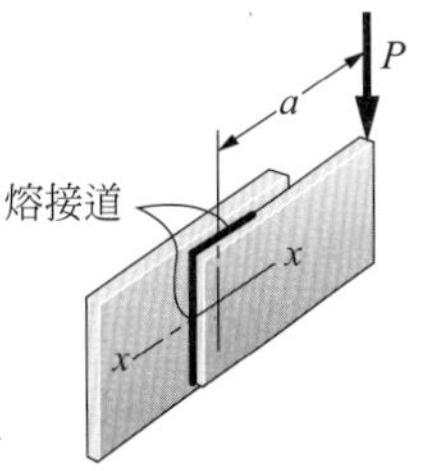 $J_u=\frac{(b+d)^4-6b^2d^2}{12(b+d)}$
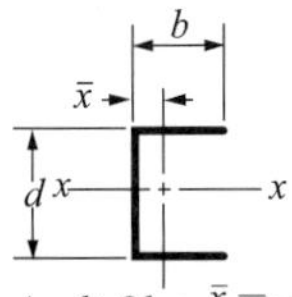 $A=d+2b$　$\bar{x}=\frac{b^2}{2(b+d)}$	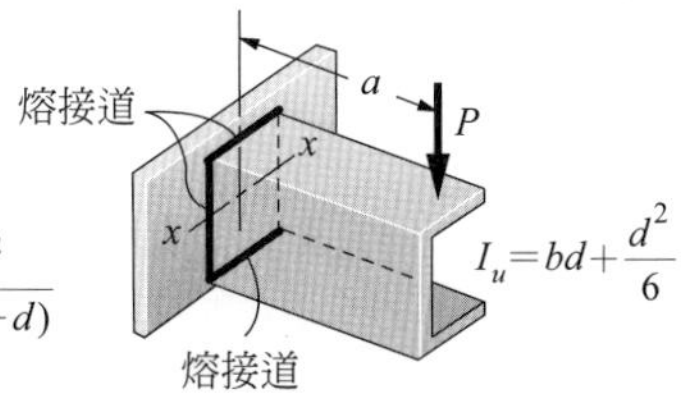 $I_u=bd+\frac{d^2}{6}$	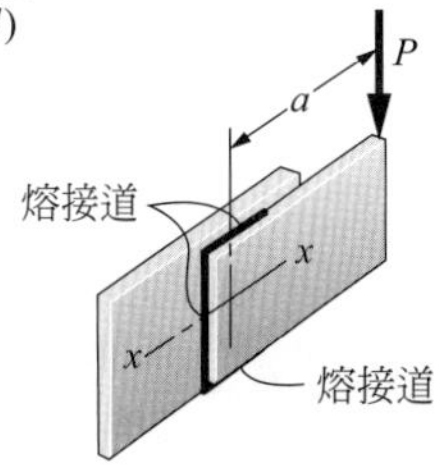 $J_u=\frac{(2b+d)^3}{12}-\frac{b^2(b+d)^2}{(2b+d)}$

表 6-4 填角熔接的扭轉與彎曲性質 (續)

熔接道尺寸	彎曲	扭轉
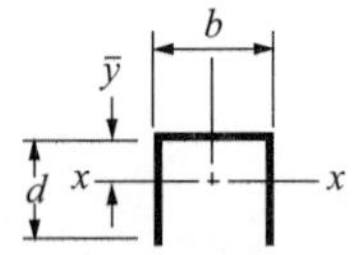 $A=b+2d$ $\quad \bar{y}=\frac{d^2}{(b+2d)}$	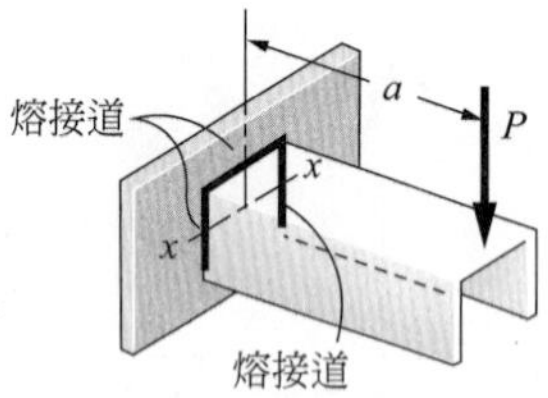 頂面 $I_u=\frac{2bd+d^2}{3}$ 底面 $I_u=\frac{d^2(2b+d)}{3(b+d)}$	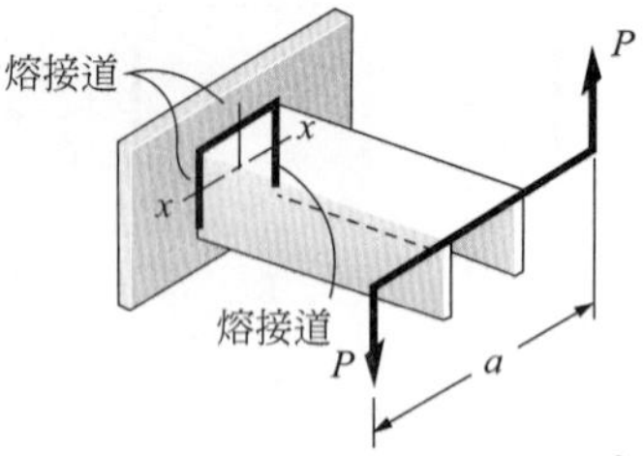 $J_u=\frac{(b+2d)^3}{12}-\frac{d^2(b+d)^2}{(b+2d)}$
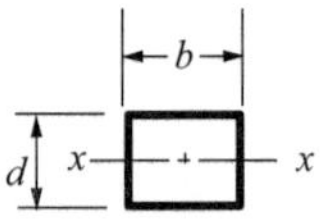 $A=2b+2d$	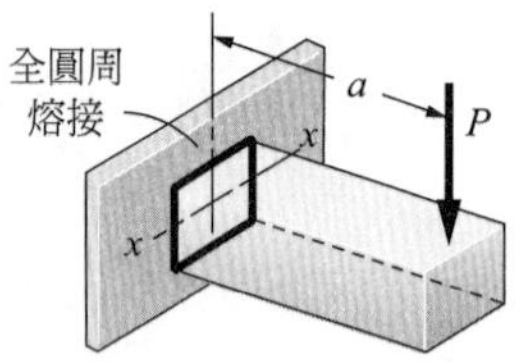 $I_u=bd+\frac{d^2}{3}$	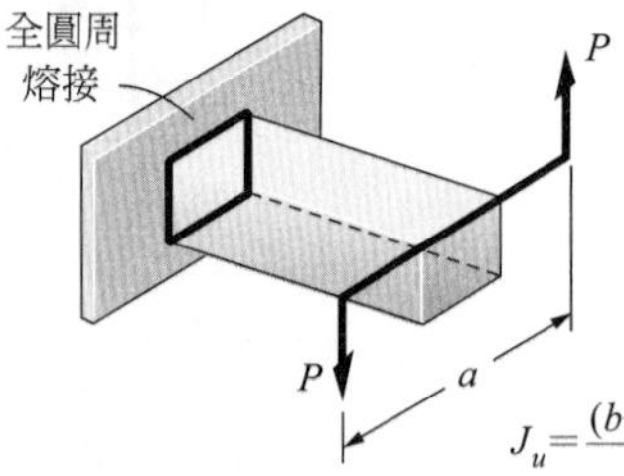 $J_u=\frac{(b+d)^3}{6}$
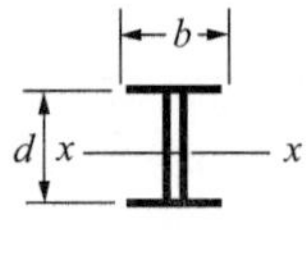 $A=2b+2d$	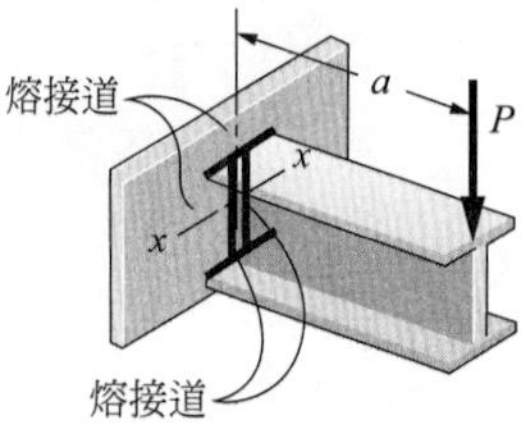 $I_u=bd+\frac{d^2}{3}$	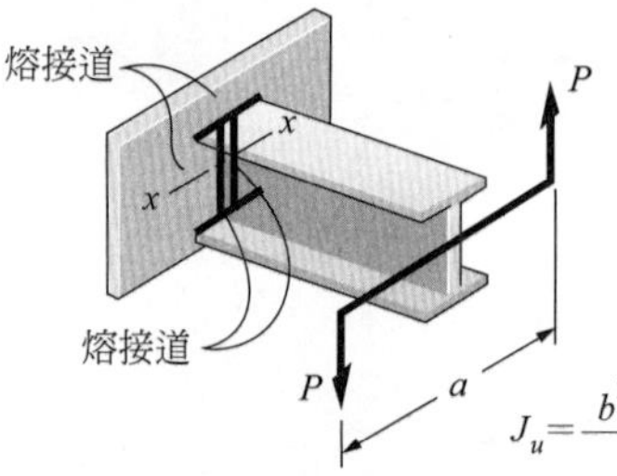 $J_u=\frac{b^3+3bd^2+d^3}{6}$
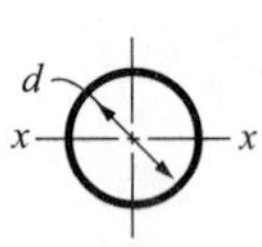 $A=\pi b$	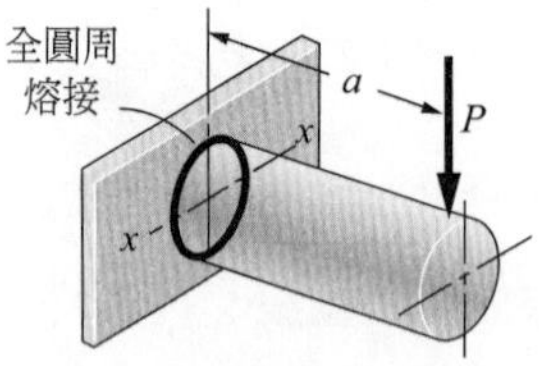 $I_u=\pi(\frac{d^2}{4})$	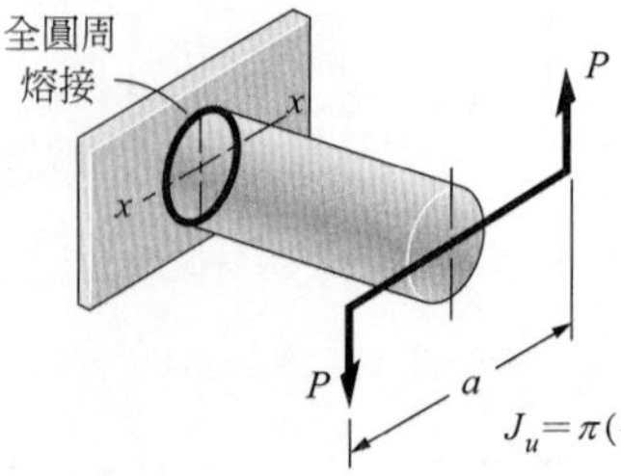 $J_u=\pi(\frac{d^3}{4})$

群出現時，必須使用 J_u **的轉移公式** (transfer formula)。在表 6-4 中可以尋得最常見之填角熔接喉部面積，與單位面積的二次極慣性矩。以下的範例為典型的計算程序。

範例 6-1

在圖 EX6-1 中的托架，承受負荷 $P = 23$ kN，以兩熔接道構成的熔接接頭附著於直立的鋼柱上，形成承受偏心靜負荷的熔接接頭。熔接時採用的熔接棒為 E70 系列。僅考慮扭轉剪應力，設計因數要求 2.5，試計算熔接道所需的最小熔接尺寸？假設該熔接件之懸臂樑組件安全絕無問題。

解：(1) 計算主應力 τ'。假設熔接道的腳長為 h，熔道喉部面積為

$$A = 0.707(h)[150 + 100] = 176.8h\ \text{mm}^2$$

則主剪應力為

$$\tau' = \frac{V}{A} = \frac{23(10)^3}{176.8h} = \frac{130.1}{h}\ \text{MPa}$$

(2) 在每個以字母標示的角落或端點處，依比例畫出 τ'，見圖 EX6-1(a)。

(3) 計算熔道群的形心，由 (d) 式可得

$$\bar{x} = \frac{100h(50) + 150h(0)}{(100 + 150)h} = 20\ \text{mm}, \qquad \bar{y} = \frac{100h(0) + 150h(75)}{(100 + 150)h} = 45\ \text{mm}$$

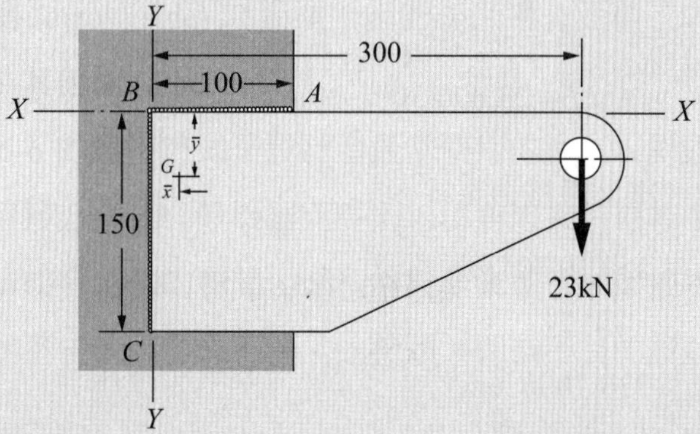

圖 EX6-1

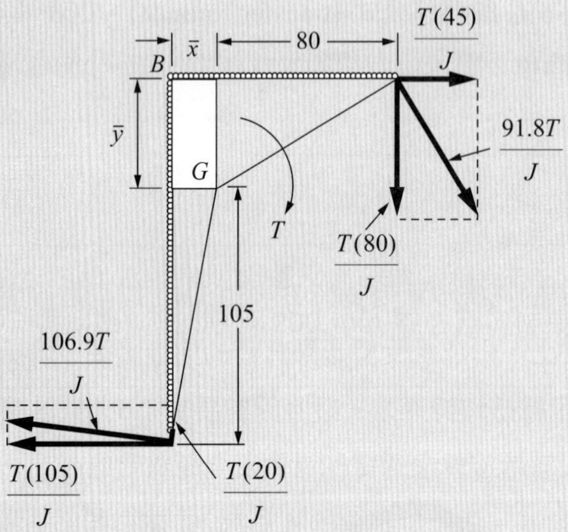

⚒圖 EX6-1(a)

(4) 計算距離 r_i (見圖 EX6-1(b))：

$$r_A = [(100-20)^2 + 45^2]^{\frac{1}{2}} = 91.80 \text{ mm}$$

$$r_B = [(20)^2 + (150-45)^2]^{\frac{1}{2}} = 106.89 \text{ mm}$$

由於剪應力之值與和與熔接道形心之距離成正比，兩熔接道相交之點與形心之距離，遠小於其他兩點，故不予考慮。這些距離也能依比例繪於圖中。

(5) 計算扭矩：

$$M = 23,000(300-20) = 6440 \text{ N} \bullet \text{m}$$

(6) 計算 J：對垂直熔接道

$$J_v = \frac{150^3(0.707)h}{12} + 150(0.707)(h)[20^2 + (75-45)^2]$$

$$= 336,700h \text{ mm}^4$$

對水平熔接道

$$J_H = \frac{100^3(0.707)h}{12} + 100(0.707)(h)[45^2 + (50-20)^2]$$

$$= 265,700h \text{ mm}^4$$

因此，

$$J = J_v + J_H = 602,400h \text{ mm}^4$$

(7) 計算字母標示之端點與角落的次剪應力：

$$\tau''_{Ax} = \frac{Tr_{Ax}}{J} = \frac{(6.44)(10^6)(45)}{(602,400)h} = \frac{481.1}{h} \text{ MPa}$$

$$\tau''_{Ay} = \frac{Tr_{Ay}}{J} = \frac{(6.44)(10^6)(80)}{(602,400)h} = \frac{855.2}{h} \text{ MPa}$$

$$\tau''_{Cx} = \frac{6.44(10^6)(105)}{(602,400)h} = \frac{1,122.5}{h} \text{ MPa}$$

$$\tau''_{Cy} = \frac{6.44(10^6)(20)}{(602,400)h} = \frac{213.8}{h} \text{ MPa}$$

於每個角落或端點依比例繪出 τ''。見圖 EX6-1(b)。請注意，這是側板

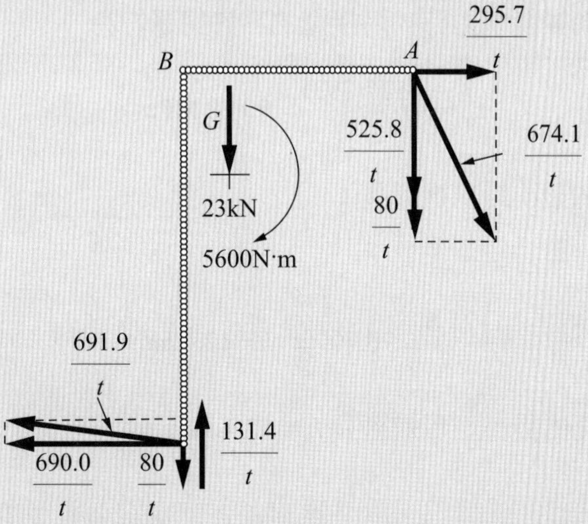

圖 EX6-1(b)　扭轉加主剪應力

之一的分離體圖，因此應力 τ' 及 τ'' 代表型鋼對側板的作用 (經由熔接道) 以維持側板於平衡狀態。

(8) 辨識應力最大的點：以向量加法合併各點的兩應力分量，可得

$$\tau_{Ax} = \tau''_{Ax} = \frac{481.1}{h}\text{ MPa}$$

$$\tau_{Ay} = \tau''_{Ay} + \tau' = \frac{985.3}{h}\text{ MPa}$$

$$\tau_A = \sqrt{\tau_{Ax}^2 + \tau_{Ay}^2} = \sqrt{\left(\frac{481.1}{h}\right)^2 + \left(\frac{985.3}{h}\right)^2} = \frac{1096.5}{h}\text{ MPa}$$

$$\tau_{Cx} = \tau''_{Cx} = \frac{1122.5}{h}\text{ MPa}$$

$$\tau_{Cy} = \tau''_{Cy} - \tau' = \frac{83.7}{h}\text{ MPa}$$

$$\tau_C = \sqrt{\tau_{Cx}^2 + \tau_{Cy}^2} = \sqrt{\left(\frac{1122.5}{h}\right)^2 + \left(\frac{83.7}{h}\right)^2} = \frac{1125.6}{h}\text{ MPa}$$

顯然 $\tau_C > \tau_A$，C 點為設計時應考慮的點。熔接道的容許剪應力：因採用熔接棒 E7 系列，由表 6-1 查得降伏強度為 $S_y = 393$ MPa，因此，當依據最大畸變能準則時，熔接道的容許剪應力為

$$\tau_a = \frac{0.577(393)}{2.5} = 90.70\text{ MPa}$$

決定所需的最小熔接道腳長：

令 $\tau_B = \tau_a$，即

$$\frac{1125.6}{h} = 90.70 \Rightarrow h = 12.4\text{ mm}$$

所以，所需的最小熔接道腳長 $h = 12.4$ mm。

6.5　負荷在熔接平面外之接頭中的應力

懸臂樑常以如圖 6-13 中的填角熔接方式固著於其支撐物上。在此情況下，分析各熔接道中所產生的應力時，計算熔接道的慣性矩，仍以熔接道喉部的寬度為其在熔接面上的有效寬度，而且假設熔接道喉部寬度與其他尺寸比較為非常小。熔接道承受的直接剪應力值為

$$\tau = \frac{V}{A} \tag{a}$$

其中 A 為熔接道喉部的面積。

力矩 M 則將在熔接道中誘發彎應力 σ，計算該項彎應力時熔接道對樑之中性軸的慣性矩為

$$I_X = I_h + I_v = 2\left(\frac{0.707ha^3}{12}\right) + 2(0.707hb)\left(\frac{a}{2}\right)^2$$

$$= 0.707ha^2\left(\frac{a}{6} + \frac{b}{2}\right) \tag{b}$$

式中的 I_h、I_v 分別為兩水平熔接道與垂直熔接道對樑之中性軸的二次慣性矩。於是，熔接道中誘發的彎應力 σ 為

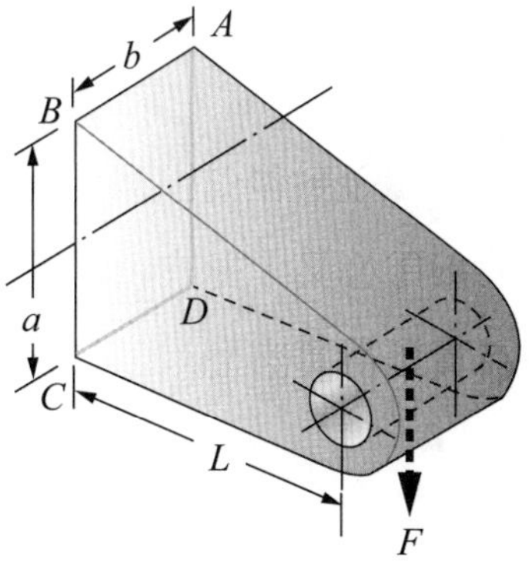

圖 6-13　負荷作用於熔接平面外的接頭

$$\sigma = \frac{Mc}{I} = \frac{M(a/2)}{0.707ha^2\left(\frac{a}{6}+\frac{b}{2}\right)}$$

即

$$\sigma = \frac{M}{0.707ha\left(\frac{a}{3}+b\right)} \tag{6-9}$$

而熔接道喉部平面承受的剪應力則為由 (a) 式所得的直接剪應力，與 (6-9) 式所得之彎應力的合應力。依據此一程序設計時，其失效準則通常選用最大畸變能準則。實務上，當熔接的板厚不大於 6 mm 時，最小的熔接道腳長不得小於 3 mm。

範例 6-2

圖 EX6-2 中托架承受熔接平面外的偏心負荷，若圖中的 $a = 120$，$b = 70$，$L = 160$，單位都是 mm，負荷 $\mathbf{F} = 10$ kN，試求該托架依畸變能準則要求的設計因數不小於 3.0 時，所需之最小熔接道的尺寸 h。假設將使用 E60XX 熔接棒，且懸臂樑本身沒有安全問題。

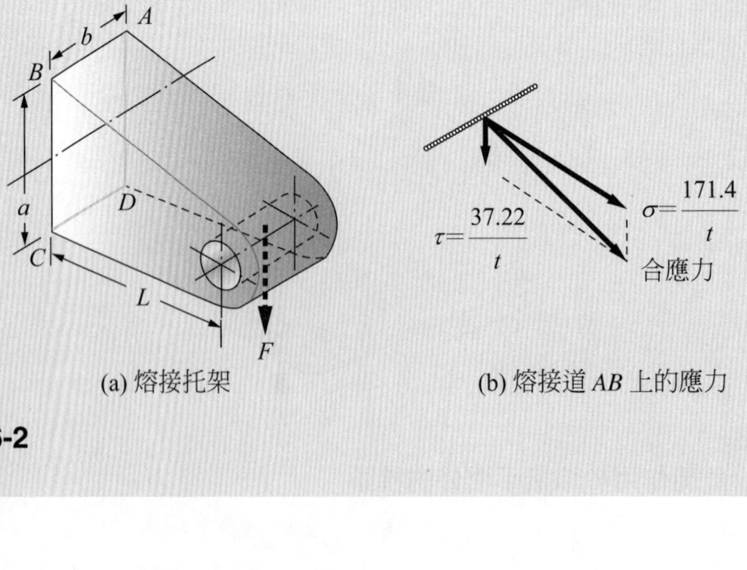

圖 EX6-2

解：(1) 計算直接剪應力 τ

$$\tau = \frac{V}{0.707h(2b+2d)} = \frac{10,000}{0.707h(2)(120+70)} = \frac{37.22}{h} \text{ MPa}$$

(2) 計算誘發的彎應力

由 (6-9) 式可得

$$\sigma = \frac{M}{0.707ha\left(\frac{a}{3}+b\right)}$$

$$= \frac{10,000(160)}{0.707h(120)\left(\frac{120}{3}+70\right)} = \frac{171.4}{h} \text{ MPa}$$

(3) 熔接棒的容許應力

因 E60 系列熔接棒的 $S_{yp} = 345$ MPa，因此

$$\sigma_a = \frac{345}{3.0} = 115 \text{ MPa}$$

(4) 熔接道喉部上的 von Mises 應力 σ_d

$$\sigma_d = (\sigma^2 + 3\tau^2)^{\frac{1}{2}} = \left[\left(\frac{171.4}{h}\right)^2 + \left(\frac{37.22}{h}\right)^2\right]^{\frac{1}{2}} = \frac{175.4}{h} \text{ MPa}$$

(5) 計算所需的最小熔接道的腳長

令 $\sigma_d = \sigma_a$，即

$$\frac{175.4}{h_{\min}} = 115 \;\Rightarrow\; h_{\min} = 1.52 \text{ mm}$$

但因實務上，當熔接的板厚不大於 6 mm 時，最小的熔接道腳長不得小於 3 mm。因此，取 $h_{\min} = 3.0$ mm。本題也可以利用表 6-4 中，填角熔接的扭轉及彎曲性質的公式求解，請讀者當作練習，自行求解。

6.6 熔接件的規範

熔接接頭的設計已經有各種的規範 (code) 加以規定，因此，設計熔接接頭時，應先瞭解各種相關規範的規定。針對熔接接頭設計的規範通常會包含下列各項：

- 熔接件模式 (含熔接道的 b 與 d)
- 電熔接棒的規格
- 熔接道的型式
- 開槽的型式
- 熔接滴珠長度 l
- 熔接腳尺寸 h

熔接模式可在工程圖上使用一個，或更多如圖 6-1 中的標準熔接圖示予以描述。電熔接棒的規格，則可利用熔接學會的電熔接棒數碼編號系統，或廠商的產品編號指定之。熔接型式——**聯珠** (bead)、填角、**塞孔** (plug)、或**起槽** (groove) 熔接——可於熔接符號中，或於他處陳述。熔接長度可於熔接符號中提示 (本側、兩側、節距、或全周) 或於他處陳述之。熔接腳尺寸可於熔接符號中標示或陳述於他處。

範例 6-3　承受靜負荷的熔接接頭

某降伏強度 $S_{yp} = 250$ MPa，抗拉強度 $S_u = 400$ MPa 的熱軋結構用型鋼，用於熔接件的附加件，其剖面如圖 EX6-3 所示。靜態負荷 $F = 210$ kN 將會通過該附加件的形心作用。熔接道設計將使用不對稱的熔接道，以補償偏心的效果，使得熔接道不須抵抗力矩。試為使用 E70 系列的熔接棒進行 $h = 8$ mm 的填角熔接，指定熔道長度 l_1 與 l_2。

解：該附件之剖面形心的 $\bar{y}$ 座標值為

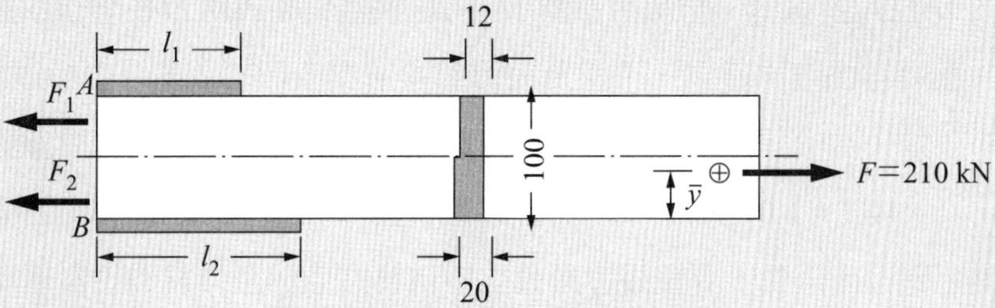

圖 EX6-3

$$\bar{y}=\frac{\sum y_iA_i}{\sum A_i}=\frac{25(20)(50)+75(50)(12)}{20(50)+12(50)}=43.75\text{ mm}$$

由靜平衡方程式，分別取對 A、B 兩點之力矩的和等於零，可得

$$\sum M_A=0=-F_2d+F(100-\bar{y})$$

$$\sum M_B=0=-F_1d+F\bar{y}$$

可得

$$F_1=\frac{210(43.75)}{100}=91,875\text{ kN}$$

$$F_2=\frac{210(100-43.75)}{100}=118,125\text{ kN}$$

因此，兩熔接道喉部面積的比值必須維持 118.125/91.875 = 1.286 的比值，也就是 l_2 = 1.2857 l_1。問題的陳述中已指定了設計變數為熔接腳尺寸 h。由表 6-2，可知熔道喉部之許用剪應力 τ_{all} 為

$$\tau_{\text{all}}=0.3(400)=120\text{ MPa}$$

在喉部 45° 剖面上的剪應力 τ 為

$$\tau=\frac{F}{2(0.707)(h)(l_1+l_2)}=\frac{F}{2(0.707)(h)(l_1+1.286l_1)}$$

$$=\frac{F}{2(0.707)(h)(2.286l_1)}=\tau_{\text{all}}=120\text{ MPa}$$

由此式可得熔接道長度 l_1 為

$$l_1 = \frac{210,000}{120(2)(0.707)(8)(2.286)} = 68 \text{ mm}$$

及

$$l_2 = 1.286 l_1 = 1.286(68) = 87 \text{ mm}$$

這些是由熔接金屬強度所需要的熔接滴珠的長度。在母材金屬中，附件的容許用剪應力由表 6-2 可得為

$$\tau_{\text{all}} = 0.4(S_y) = 0.4(250) = 100 \text{ MPa}$$

在母材金屬緊鄰熔接道處的剪應力為

$$l_1 = \frac{F}{100(h)(2.286)} = \frac{210,000}{100(8)(2.286)} = 115 \text{ mm}$$

$$l_2 = 1.286 l_1 = 1.286(115) = 148 \text{ mm}$$

這些是考慮母材金屬 (附件) 強度時，所需要的熔接滴珠的長度。可知母材金屬支配了熔道長度。附件柄為拉力元件，依據 AISC 的規定，其容許用拉應力 σ_{all} 應為 0.6 S_y，所以

$$\sigma_{\text{all}} = 0.6(S_y) = 0.6(250) = 150 \text{ MPa}$$

因負荷作用於剖面的形心，該標稱法向拉應力 σ 均勻分佈於整個剖面，其值為

$$\sigma = \frac{F}{A} = \frac{210,000}{12(50) + 20(50)} = 131.25 \text{ MPa} < \sigma_{\text{all}}$$

因為 $\sigma_{\text{all}} \geq \sigma$，附加件的剖面能夠滿足安全的要求。可取 l_1 = 115 mm，l_2 = 148 mm，而該接頭實質上將形成一個無力矩接頭。

範例 6-4

承受疲勞負荷的熔接接頭圖 EX6-4 中的 1018 熱軋鋼片，承受 4,500 N 交變負荷的作用。如果設計因數為 3，試依使用 AISC 的許用疲勞應力，評估該熔接件具無限壽命的適用性。

解： 由書末附錄 3.1 可知附件之母材金屬 1018 熱軋鋼的抗拉強度，及降伏強度分別為 $S_{ut} = 400$ MPa 及 $S_{yp} = 220$ MPa。

由表 6-1，熔接棒 E6010 的 $S_y = 345$ MPa。疲勞應力集中因數 $K_{fs} = 2.7$ 發生於熔接道與母材金屬的過渡區。

由 (3-1) 式及表 3-2，可得

$$k_a = 272(400)^{-0.995} = 0.701$$

該剪應力均勻分佈於喉部，而喉部總面積為

$$A = 2(0.707)(10)(50) = 707 \text{ mm}^2$$

因為承受的是軸向負荷，$k_b = 1$。熔接喉面上承受的是剪應力，依最大畸變能定理，$k_c = 0.577$。因此

$$S_{se} = 0.701(1)(0.577)(1)(1)(0.5)(400) = 80.9 \text{ MPa}$$

$$K_{fs} = 2.7, \qquad F_a = 4,500 \text{ N}, \qquad F_m = 0$$

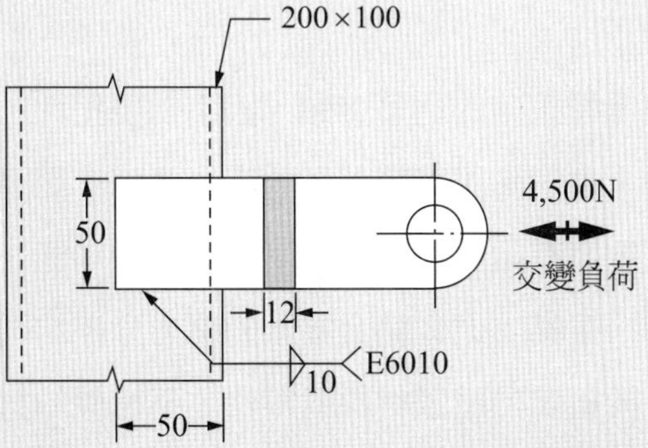

圖 EX6-4

僅有主剪力存在：

$$\tau'_a = \frac{K_{fs}F_a}{A} = \frac{2.7(4,500)}{707} = 17.18 \text{ MPa}, \qquad \tau'_m = 0 \text{ MPa}$$

由於中值分量為零，疲勞的安全因數 n_f 為

$$n_f = \frac{S_{se}}{\tau'_a} = \frac{80.9}{17.18} = 4.71 > 3$$

因為 $n_f > n_d$，該熔接件能滿足疲勞負荷的作用。

6.7 黏著劑黏合與設計的考慮

若零件的材料不具可熔接性，例如：金屬與塑料、橡膠、玻璃、陶瓷等非金屬的接合，也不能以螺栓或鉚釘接合，將導致許多接頭無法以傳統的接頭技術達成時，黏合製程便成了合理的選擇。黏合是利用黏著劑的吸附力，將兩個或更多個零件聯結在一起的製程。近年來，新黏著劑的開發成果，改善了其強健性與環境的可接受性，加上黏著劑具密封效果，又不必使用扣件，可減少接頭重量及組裝所需時間；同時具有結合改善疲勞性質及耐腐蝕的獨特性質，很適用於協同或取代機械扣件或熔接。由於能提供設計者訂製組合方式的空間，使得高分子黏著劑使用於組合性結構、半結構或非結構組合件的應用，呈現迅速擴張的趨勢。也由於黏著劑開發的蓬勃發展，使許多具有複雜接頭的現代載具、裝置、與結構的製造得以實現。

設計良好，處理過程正確的黏著接頭，因不需要扣件，可明顯地減輕接頭的重量；由於無須製孔，也消除了伴隨著孔的應力集中；而且容許使用相當薄的材料。此外，聚合黏著劑擁有阻尼性質，可消耗能量的功能，以衰減與近代載具之性能息息相關的噪音、振動。尤其黏合接頭的應力分佈均勻，具疲勞阻抗，有延長接頭壽命的效果。於組裝熱敏感材料或零件，不相似的材料，或不能以其他方式聯結之薄料的接頭時，黏合可以說是最佳的製程。在大批量生產的製程中，黏合也顯現了生產工藝及經濟上的優勢。飛機製造中的夾層結構，已經廣泛地採用金屬黏合，因為它結合了高剛度與低質量的優點。

雖然黏合具有不少傳統接合方式難以企及的優點，但黏合製程在實際應用上也有其限制，例如接合的表面需要預處理，需要較大的黏合面積，使用的溫度受到限制 (一般不宜超過 260℃)，施工難度較高，即使僅承受自重，仍有潛變的傾向，以及長時間的耐久性仍有待考驗等，都是黏合製程的缺點，設計接頭時，宜加以注意。

黏合作業應注意事項

對合成樹脂基的黏著劑而言，黏著性的主要關鍵在於黏著劑與金屬間的黏著力。為了產生滿意的金屬黏合，必須關注下列幾點：

1. 黏合表面必須以黏著劑可靠且均勻地濕潤；執行黏著作業後，應使內應力盡可能地小，也就是應使黏著後的收縮維持於最小。
2. 內應力會損及黏合強度，特別是濕潤性不足時。
3. 排除黏合層中的氣體或空氣雜質；精確地黏合。
4. 黏合面須清理乾淨，對鋁及鋁合金、鎂與鎂合金、銅與銅合金、玻璃與陶瓷材料的黏合，以酸洗或以腐蝕液作化學表面處理，較以細沙輪打磨或無油脂的細砂噴擊的機械處理方式，更能得到高黏合強度。若黏合鋼、鐵和其他非金屬材料時，則剛好相反。機械的表面處理方式已證實是可靠的。

黏著劑

黏合金屬時，合成樹脂黏著劑相較於其他黏著劑，屬於較佳的選擇。此種黏著劑可藉像二成分黏著劑，以化學反應的方式或溶劑揮發的方式癒合。

聚凝黏著劑 (polycondensation adhesive)，可在常溫下應用。當待黏合的組件接合後，聚凝的化學反應進行期間，通常會在壓力下承受短暫的加熱，此時產生化學聚凝反應以形成黏合接頭。癒合溫度與壓力通常都經由實驗以確定之。加入硬化劑，也可以於不加熱的情況下，達成相同的效果。

聚合黏著劑 (polymerization adhesive)，由於溶劑揮發而硬化，加熱並稍微施加壓力能產生加速效應，並改善聚合作用。應用於金屬材料時，應注意它的非多孔性結構於黏合之前溶劑容易揮發。

添加劑聚合黏著劑 (polyaddition adhesive)，藉著添加劑產生時效硬化，而免於產生熱裂產品的析出物。固態黏著劑為粉狀或棒狀，溫度升高時變為流體，需要較長的時間癒合。可以在無壓力的情況下，作**冷調** (cold setting) 或**熱調** (hot setting)。針對使用條件，黏著劑的選擇請參見表 6-6。

各種化學性質的黏著劑以許多不同的狀態存在。應用於結構的黏著劑，含以糊狀、液態、薄膜，及含支撐薄膜 (supported films) 等狀態存在者。後者含支撐

表 6-6 黏合鋼的基本黏著劑性質表

黏著劑	成分	硬化條件	強度等級	模塑性	潛變性	最高熱穩定溫度℃
環氧樹脂	2	20℃, 無壓力	極高/高	高	中等	60~80
環氧樹脂	1	120℃, 無壓力	極高	高	高	200
酚醛樹脂	2	150℃, 0.8 N/mm^2	高	中等	極高	200
聚氨樹脂	2	20℃, 無壓力	高/中等	極高	極高/高	60~80
混合聚合物	2	20℃, 無壓力	高/中等	高	高/中等	60~80
環氧、酚醛樹脂	1	150℃, 0.8 N/mm^2	極高	高/中等	極高/高	250
環氧、尼龍樹脂	1	150℃, 0.05 N/mm^2	極高	極高	極高/高	80
聚亞胺樹脂	1	180℃, 0.5 N/mm^2	高/中等	中等	極高	400
氰酸樹脂	1	180℃, 無壓力	高/中等	中等	高	200
快速硬化黏著劑						
氰丙烯酸脂	1	常溫, 無壓力	高	中等	中等	80
二丙烯酸脂	1	常溫, 無壓力	高	中等	中等	80~100
物理硬化黏著劑						
聚氯化烯塑料	1	150~250℃無壓力	中等/低	高	高	80~120
熱溶性黏著劑	1	100℃以上，接觸壓力	中等/低	極高	高	80~150

用的**鬆編織** (loose-knit) 襯裡布料，以改善處理的性質。這些黏著劑應保持於乾燥狀態，若沾染濕氣，將產生嚴重的失效問題。熱凝固的結構用黏著劑通常以**雙成分** (two-part) 的型式取得，藉由仔細控制的計量化學，混合成在預計時間內癒合的產品。**單成分** (one-part) 的黏著劑則以混和樹脂與硬化劑 (交錯聯結劑) 的型式存在。單成分的黏著劑在使用時必須維持於足夠防止其過早發生反應的低溫。

單成分熱固黏著劑有**貯藏壽命** (shelf-life) 的限制，必須貯藏於低溫環境，但它們能提供極高的效率。雙成分黏著劑則有**罐藏壽命** (pot life) 的問題，罐藏壽命指雙成分黏著劑從混合成可供使用，而且能維持形成滿意之黏合的持續時間。罐藏壽命太短，工作人員無法有充分的時間組裝成品；過長的罐藏壽命，則癒合時間延長，將延宕組裝的程序作業。

黏著劑的原始狀態影響塗佈黏著劑的方式。它能以人工方式噴灑於表面，或藉各種精巧的噴嘴與機械臂等裝置進行塗佈。某些黏著劑為維持黏合面的清潔，於癒合期間提供適合的工模與夾具，及適宜的癒合條件，都是執行黏合作業時的重要考慮因素。

玻璃過渡溫度指鄰近聚合物之不定型部分，從硬的，像玻璃的材料，過渡到類似軟橡皮材料的溫度範圍，對任何聚合物而言，玻璃過渡溫度都是很重要的性質。結構用熱固黏著劑的玻璃過渡溫度通常約 50℃，高於其預期的使用溫度。除非於癒合期間釋放大量的熱，黏著劑的玻璃過渡溫度很少高於癒合溫度 (cure temperature)。高性能的結構黏合於癒合時經常需要升高溫度，以便在合理的癒合時間內，提供充分的高玻璃過渡溫度。然而當黏合接頭自其癒合溫度冷卻至使用溫度期間，可能發展出殘留應力，必須予以關注。

圖 6-14 羅列了機械設計中最常見的搭接接頭型式。最簡單的搭剪接頭分析模型，假設作用負荷均勻地分佈於黏合表面上。依據 ASTM D1002 對單搭接頭 (single-lap joints) 的陳述：**“虛表剪強度”** (apparent shear strength) 為斷裂負荷 (breaking load) 除以接頭的黏合面積，也就是

$$\tau_{av} = \frac{P}{A} = \frac{P}{bL} \tag{6-11}$$

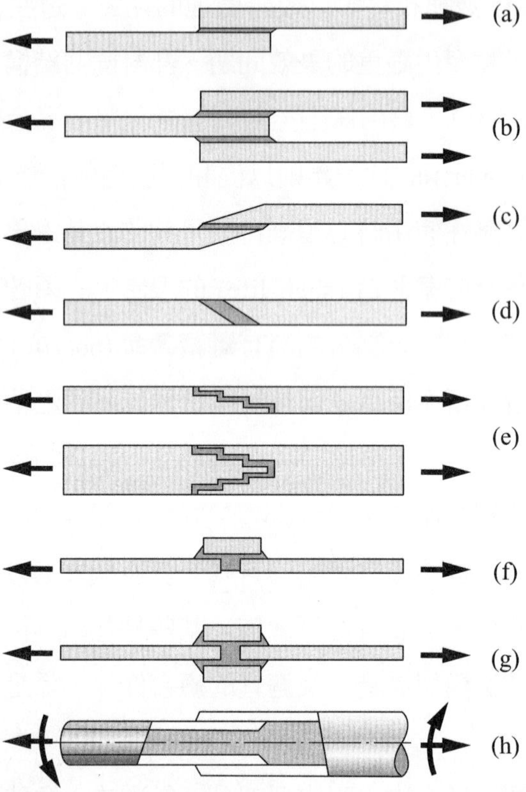

圖 6-14 機械設計中常見的搭接接頭型式：(a) 單搭接頭；(b) 雙搭接頭；(c) 嵌接接頭；(d) 斜搭 (bevel) 接頭；(e) 級搭 (step) 接頭；(f) 對接 (butt) 接頭；(g) 雙對接接頭 (h) 圓管接頭 (改編自 R. D. Adams, J. Comyn, and W. C. Wake, *Structural Joints in Engineering*, 2nd ed., Chapman and Hall, New York, 1997.)

式中的 P = 搭接接頭承受的負荷

b = 搭接接頭的寬度

L = 搭接接頭的搭接長度

然而，應力的實際分佈在整個搭接面積上並非都維持均勻，而是邊緣上的應力最高，中央部分的應力最低。就典型的搭接構形而言，可預期

$$\tau_{\max} = 2\tau_{av} = \frac{2P}{bL} \tag{6-12}$$

該應力分佈因數隨 b/L 的值變化，但於 b/L 比值為 1 時，其值為 2。

至於如圖 6-15(a) 所示的嵌接黏合接頭於承受軸向負荷時，若假設應力分佈均勻，則

$$\sigma_x = \frac{P}{bt_m / \sin\theta} = \frac{P\sin\theta}{bt_m}$$

式中 t_m = 最薄組件的厚度。

黏合表面上的法向與剪應力分量，可以分別寫成

$$\sigma_n = \sigma_x \sin\theta = \frac{P\sin^2\theta}{bt_m} \tag{6-13}$$

$$\tau = \sigma_x \cos\theta = \frac{P}{bt_m}\sin\theta\cos\theta = \frac{P\sin 2\theta}{2bt_m} \tag{6-14}$$

若嵌合接頭承受彎矩時，其嵌合面上的應力分佈為

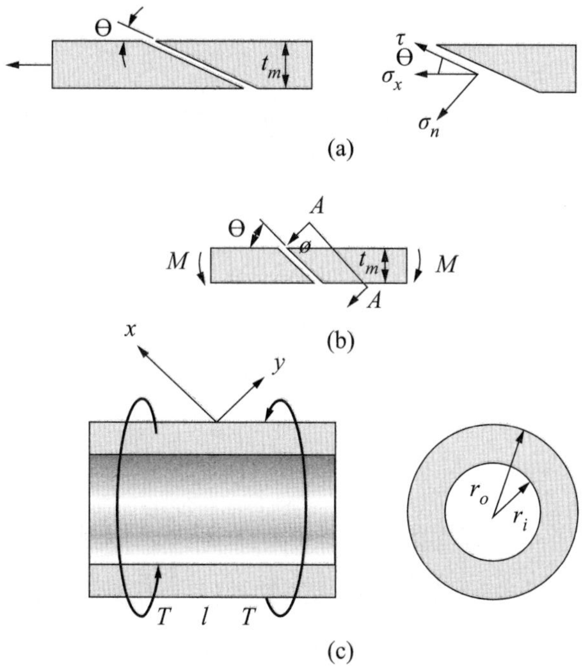

圖 6-15　嵌接黏合接頭：(a) 承受軸向負荷；(b) 承受彎曲負荷；(c) 承受扭轉負荷

$$\sigma_n = \frac{Mc}{I} = \frac{M(t_m/2\sin\theta)}{\frac{b}{12}\left(\frac{t_m}{\sin\theta}\right)^3} = \frac{6M\sin^2\theta}{bt_m^2} \quad \textbf{(6-15)}$$

$$\tau = \frac{\sigma_n}{\tan\theta} = \frac{6M\sin^2\theta}{\frac{\sin\theta}{\cos\theta}} = \frac{3M}{bt_m^2}\sin 2\theta \quad \textbf{(6-16)}$$

若嵌合接頭承受扭矩時，其嵌合面上的剪應力

$$\tau = \frac{Tr}{J}$$

式中的

$$J = \int r^2 dA = 2\pi\int_0^l r^3 dx$$

由於

$$dx = \frac{dr}{\sin\theta}$$

可得

$$J = \int r^2 dA = \frac{2\pi}{\sin\theta}\int_{r_i}^{r_0} r^3 dr = \frac{2\pi}{\sin\theta}(r_o^4 - r_i^4) \quad \textbf{(6-17)}$$

所以

$$\tau = \frac{2Tr\sin\theta}{\pi(r_o^4 - r_i^4)} \quad \textbf{(6-18)}$$

且

$$\sigma_n = 0$$

雖然此一簡單的分析，對剛性黏附件以軟黏著劑，於相對短的黏合長度黏合的情況下可以適用，然而除非黏著劑具有極佳的柔性，否則將有顯著的剪應力峰值發生。為了指出伴隨該項實務所出現之問題，ASTM D4896 列示了一些伴隨對搭接接頭，採用此極度簡化之觀點時所應考量的要點。表 6-7 列出了一些黏著劑的機械性能。

表 6-7　各種黏著劑的機械性能

黏附化學或型式	室溫，疊接剪強度 **Mpa**	每單位寬度剝落強度 **kN/m**
壓力敏感	0.01 ~ 0.07	0.18 ~ 0.88
粉基	0.07 ~ 0.7	0.18 ~ 0.88
Cellosics	0.35 ~ 3.5	0.18 ~ 1.8
橡皮基	0.35 ~ 3.5	1.8 ~ 7
明確描述熱融	0.35 ~ 4.8	0.88 ~ 3.5
合成設計的熱融	0.7 ~ 6.9	0.88 ~ 3.5
PVAc 乳膠 (白膠)	1.4 ~ 6.9	0.88 ~ 1.8
氰基亞克力製品	6.9 ~ 13.8	0.18 ~ 3.5
蛋白基	6.9 ~ 13.8	0.18 ~ 1.8
厭氣亞克力	6.9 ~ 13.8	0.18 ~ 1.8
氨酯	6.9 ~ 17.2	1.8 ~ 8.8
橡皮-改良亞克力樹脂	13.8 ~ 24.1	1.8 ~ 8.8
改良酚	13.8 ~ 27.6	3.6 ~ 7
未改良環氧樹脂	10.3 ~ 27.6	0.35 ~ 1.8
Bis-maleimide	13.8 ~ 27.6	0.18 ~ 3.5
聚醯亞胺	13.8 ~ 27.6	0.18 ~ 0.88
橡皮-改良環氧樹脂	20.7 ~ 41.4	4.4 ~ 14

資料來源：A. V. Pocius, *Adhesion and Adhesives Technology*, Hanser, New York, 1997, p.262

範例 6-5

某以 1000 rpm 轉速傳遞 125 kW 之空心圓軸中，有一嵌接黏合接頭，該空心軸的內徑與外徑的比值為 $r_i/r_o = 0.8$，若黏合使用之黏著劑的容許剪應力為 30 MPa，黏合面與軸的軸心線成 30° 角，試求該軸最小外徑及黏合面積各為若干？

解：該軸傳遞的扭矩 T 為

$$T = 9,550,000\frac{kW}{n} = 9,550,000\frac{125}{1000} = 1,193,750$$

由 (6-18) 式

$$\tau = \frac{2Tr\sin\theta}{\pi(r_o^4 - r_i^4)} = \frac{2Tr_o\sin\theta}{\pi r_o^4\left[1-\left(\frac{r_i}{r_o}\right)^4\right]} \le \tau_{all}$$

可知該軸所需的最小外半徑為

$$r_o = \left[\frac{2T\sin\theta}{\pi\tau_{all}\left\{1-\left(\frac{r_i}{r_o}\right)^4\right\}}\right]^{\frac{1}{3}} = \left[\frac{2(1193,750)\sin 30^\circ}{\pi(30)(1-0.8^4)}\right]^{\frac{1}{3}} = 27.8\ \text{mm}$$

嵌合接頭的黏合面積 A 為

$$A = \frac{\pi(r_o^2 - r_i^2)}{\sin\theta} = \frac{\pi(28)^2(1-0.8^2)}{\sin 30^\circ} = 1,773\ \text{mm}^2$$

剪力延遲、剝離應力、應力集中與殘留應力

O. Volkersen 曾以假設黏附件中無剪應變，而且黏著劑不承受軸向應力的剪力延遲模型分析搭接黏合接頭 (1938 年)。對許多黏合情況，這麼假設大約能滿足實務上的需求。然而，對剪彈模數相對地小，且黏附件不具均向性，例如以層狀複合材料或木質構成的黏附件，則有些存疑。根據該模型的分析，黏附件的模數 E_1、E_2，黏附件的厚度 t_1 與 t_2，黏附件的膨脹係數 (CTE) α_1 與 α_2，黏著劑厚度 h，黏著劑的剪彈模數 G，黏著長度 l，黏著寬度 b 等因素都會影響搭接黏合接頭中的剪應力。

這個模型用於求得黏著劑中的剪應力 (假設在整個黏合厚度中維持定值) 尚可，但求法向應力不適用。

經由剪力延遲模型提供的剪應力狀態，瞭解較厚與較軟 (與黏附件的勁度比

較) 的黏著劑層，所得的剪應力峰值有降低的傾向，不論該應力是源自於力或熱。然而，若黏著劑層太厚，黏合的品質會因黏著劑的流動與空隙變差。較軟的黏著劑，則可能不易長時間維持強度與勁度，導致系統無法長時間承擔負荷；也可能導致過度變形，必須維持緊尺寸配合，而形成特殊的問題。許多結構用黏合應用所要求的黏著劑典型厚度，通常在 0.1~0.5 mm 之間，雖然視該項應用及匹配組件的公差而有所調整，也可能要求更薄或更厚的黏合。圖 6-16 顯示了雙搭接頭的分析模型。

由於單搭接頭會誘發彎應力，設計所面臨的問題更複雜，負荷偏心為單搭接頭應力分析應注意的的重點。於指定黏合面積的情況下，黏附件彎曲將使得剪應力倍增。且**剝離應力** (peel stresses) 可能變得很大，而成為導致損壞的原因。黏附件彎曲導致的高應變，使得韌度較差的黏著劑難以抗拒，黏合將因而損壞。黏

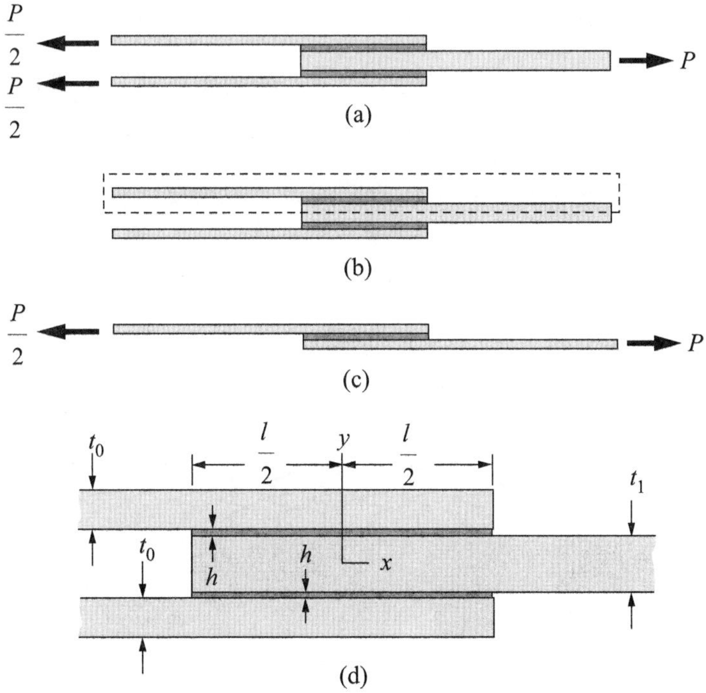

圖 6-16　雙搭接頭分析：(a) 雙搭接頭，未承受外施力矩；(b) 選擇作為分析基礎的系統：對稱的負荷使下邊界維持平直；(c) 系統的分離體圖；(d) 用於分析的符號

附件疊搭部分端點的彎應力，可高達黏附件中平均應力的四倍；設計時應予以考量。

Emil Winkler 於 1867 年發表的——樑在彈性基礎上的分析，後來成了壓力敏感的黏著膠帶，自剛固底面剝離之力學問題的關鍵觀念。考慮黏合問題時，多將在黏著劑上的黏附件，視如置於類似圖 6-17 所示，以系列軸向彈簧支持之彈性基礎上的簡單樑。該基礎作用的應力直接與撓度成正比。如果以此種基礎支持的樑相對地比較長，其端部將有橫向力及力矩作用，而形成剝離應力 (peel stresses)。該項應力與黏著劑的彈性模數 E_a，黏著劑的厚度 h，作用力 F，承受的力矩 M，視若樑之黏附件的彈性模數 E，該樑的二次面積矩 I，黏合的寬度 w 有關。樑在彈性基礎上，這個模型的重要特徵，就是由作用力矩所產生之總應力分佈的淨力為零。然而在黏合端部區域之峰值達中間部分峰值的五倍，如圖 6-18 所示。由於黏著劑承受拉力的能力遠低於承受壓力，對外緣的拉力應賦予較多的關切，以降低發生剝離的可能。

機件因孔的存在導致應力集中是眾所皆知的現象，適宜地採用黏著劑以消除鉚釘孔與螺栓孔，可明顯地降低伴隨機械扣件的應力集中現象。此外，為減輕機件的重量，可能使用較薄的材料，在此情況下，黏合接頭經常是接頭之較佳的選

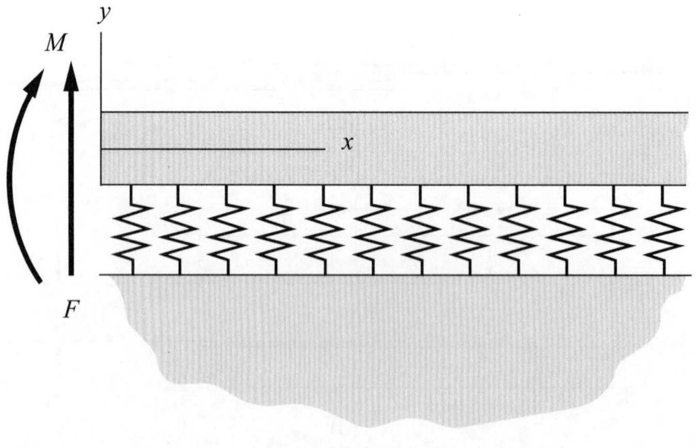

圖 6-17 置於彈性基礎上的半無限長樑，其左端承受橫向力與力矩作用。該基礎以分離的彈簧組合做基礎為模型，然而分析與應用於黏著劑層時，視為連續的支撐

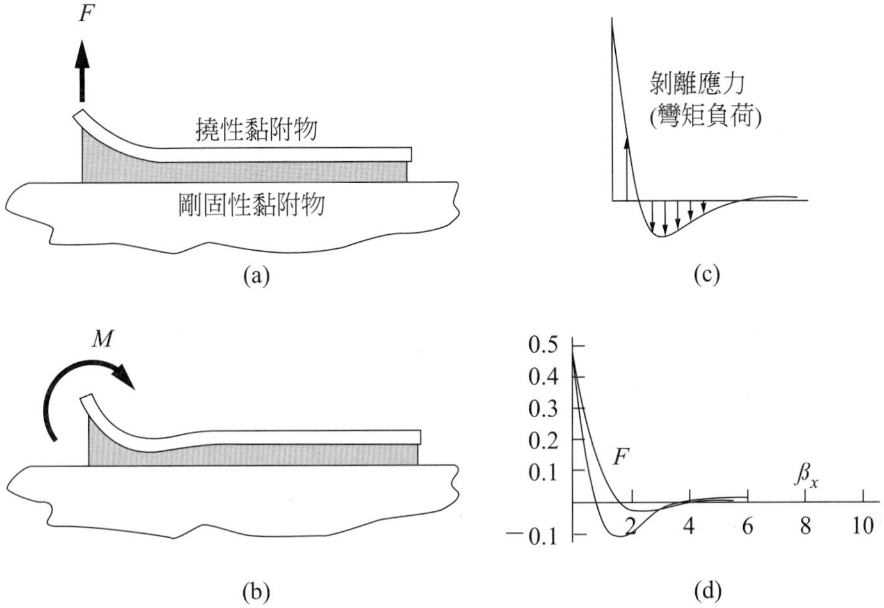

圖 6-18　樑在彈性基礎上的變形：(a) 外施力單獨作用；(b) 外施力矩單獨作用；承受外施力矩時的剝離應力分佈；(d) 力 F 或力矩 M 分別作用時，以 x 為橫座標的無因次法向應力 $\sigma/[E_aF/(hEI\beta^3)]$ 或 $\sigma/[E_aM/(hEI\beta^2)]$ 的線圖

擇。然而黏合接頭並非沒有應力集中現象。事實上，剪力延遲模型已經指出在黏合的端部都有應力增高的現象，這些峰值可能較應力的平均值大上許多。

黏合接頭中，突然的折角與材料性質的改變，都將產生應力集中。因此，單純的搭接接頭也得如同均質材料，有內圓角般的進入角。尖銳的角落可能導致嚴重的應力集中，尤其使用脆性黏著劑時，其影響甚為明顯。對能產生降伏與塑性變形的黏著劑，能明顯地緩和嚴重的應力集中現象。雖然可能維持明顯的應變，應力的值則尚可容忍。

當黏著劑與黏附件，或兩黏附件的熱膨脹係數不能匹配時，黏合接頭中可能導致相當嚴重的殘留應力。對具高玻璃過渡溫度，對蠕動抵抗較強，及黏著劑使用高溫度，並於提高的溫度中完成黏合劑癒合的情況，這種現象尤其值得重視。對相同材料製成，相對剛勁之黏附件，在黏合線中會發展出同平面之雙軸應力。

此外，鄰近黏合邊緣處也會發展出明顯的剪應力。若偏離製造過程或使用時導致的鋒緣、裂縫、瑕疵，或空隙等處，這些剪應力即迅速衰減。以不同黏附件製成的層狀結構中，殘留剪應力的現象更為顯著。黏附件中的殘留應力也可能導致明顯的翹曲。對此種可能性，設計程序中也應該加以考慮。

設計黏著接頭

黏著接頭可以減少孔的製作 (例如螺栓或鉚釘孔)，使結構更為強勁。車輛製造業結合黏著劑與點熔接，產生稱為熔接-黏合 (weld-bonding) 的製造程序。

在黏著劑癒合前使用點熔接以固定黏附件。黏著劑癒合後能顯著地提升汽車的勁度與阻滯特性，也封阻鹽水滲接頭。對車體具有改善噪音，振動及粗糙 (NVH) 等特性的效果。

理想上，黏合結構應該在黏合範圍之外損壞，也就是設計良好的接頭至少與黏附件本身應有相同強度。黏著劑的強度受到聚合物性質的限制，而與底面的黏合能力無關。雖然一般規定最大應力為黏著劑強度的 10~20%，但實際上黏著劑的安全因數仍未標準化。如果將環境，溫度與時間使黏合產生的退化也加以考慮，這些安全因數顯然仍嫌不足。如果長程的持久性是關切的重點，則瞭解潛在的退化機制非常重要。

視黏著劑黏合為材料系統，及視每一道黏合都應該以結構應力分佈，都具有固有的複雜性，為設計黏合接頭時必須於心中謹記兩項關鍵的觀念。評估黏合接頭的焦點多數在材料系統，包含黏著劑、底漆、表面處理方法，及待黏合的黏附件。從評估階段的試驗中忽略了這些組件中的一部分，將於確認可能的退化機制時導致失敗。即使因最簡單的試驗法導致不均勻的應力，於決定許用應力及設計程序時也應該加以考量。

設計黏合接頭時尚須注意的有：

- 暴露於水、溶劑及其他稀釋劑中，由於從表面移除黏著劑或使聚合物退化，或暴露於紫外線中，會顯著地使黏著劑的性能退化。在某些狀況下，某些黏著劑於存在某些溶劑時可能很容易因環境應力而碎裂。因此，必須瞭解黏著劑的環境限制條件，與表面處理方式。

- 可能的話，使用具有充分延性的黏著劑。黏著劑降伏的能力隨著接頭端部的應力集中因數增大而降低，並提升抵抗剝離擴散的韌度。
- 由於黏合的端部呈現剝離應力集中現象，若有必要，設計時可將黏附件兩端製成帶有錐度的形狀，以增加承受剝離應力的面積；或於剝離應力可能造成初始損壞的位置使用鉚釘。
- 給予足夠的黏合面積，使接頭於臨界狀態前可容忍一些剝離。這將能增加偵測出剝離的可能性。使整個黏合中的部分範圍處於相對低的應力水準，可顯著地改善接頭的持久性與可靠度。
- 設計時應考慮接頭所在位置是否容許或容易檢視黏合。因為黏合是否剝離，或不能滿足並非顯而易見的。
- 瞭解非破壞試驗在生產程序的品質管制中扮演的角色，並於使用壽命期間監測處於臨界狀態的結構。
- 可能的話，應以多重表面黏合，提供能承受多方向的負荷的黏合表面。於單一表面上黏合黏附件將於黏合中植入剝離應力，然而黏合於多個相鄰的平面時，將容許承受主要是剪力的任意負荷。
- 在設計程序中及早加入以黏著劑黏合的必要條件，以確保能有效地使用黏著劑。熔接或機械扣件無法單純地以黏著劑取代。
- 可能的話，使用強健的黏著劑，及對製作程序的變異與延遲較不敏感度之表面處理技術，以確認能以例行方式製作可重製的黏合接頭。
- 記得測試材料系統，並記住，所有的黏合接頭，即使僅具簡單的幾何形狀仍具有複雜應力的結構。
- 除非需要可解除的組裝，應就黏附件可能損壞來設計。
- 設計程序中應仔細確保能滿足癒合與固定的要求。為了滿足黏著劑的癒合，通常需要有足夠的時間維持於癒合溫度，並具有將黏附件維持於其位置至完成癒合的能力。

- 當以率-相依的材料應變 (rate-dependent materials) 設計時，應考慮黏著劑的有效應變率。黏著劑層中的剝離擴散迅速代表相當高的應變率。
- 請記住，所有聚合物都具應變率與溫度的相依性 (rate and temperature dependence)。在實驗室條件下測試黏著劑，可能較在衝擊與低溫條件下測試時，顯得更具延性。當於高溫下長時間承受負荷時，也顯示了更大的蠕動。

使用黏著劑的注意事項

縱使黏合接頭擁有許多超越傳統機械扣件與熔接的優點，當設計者為指定的應用選定適宜的連接法時，設計者必須處理許多應予關切的事項。程序的強健性與黏著劑黏合互相關聯。似乎表面的預處理、應用的方法，或癒合條件的稍許變化，都會明顯地影響其性能。集合化學家、材料科學家或程序工程師，與設計者一起工作，將有助於避免這些問題。

所有黏著劑都有必須避免的環境條件限制，甚至是很短暫的暴露。所有聚合物都屬黏彈性材料，展現與溫度相依的性質，如蠕動、鬆弛與阻滯等。這些性質強烈地依存於溫度及負荷率，彼此間的相關非常強烈。黏著劑也強烈地受到濕度、溶劑或其他稀釋液的影響。

以任何設計程序進行時，黏著劑的選擇常涉及協調：延性黏著劑具有較佳的容錯能力，但對長時間蠕動的阻抗則嫌不足。充分備妥對待黏合表面的失誤，可能顯著地降低黏合的性能或延性。使用黏著劑應跨領域瞭解黏著附件、黏合表面、黏著劑，及它們於黏合接頭的使用壽命中如何相互作用。

習　題

1. 圖 P6-1 中的水平鋼板厚 10 mm，熔接於垂直的支撐上以承受穩定的拉力。試求能在熔接道的喉部導致 140 MPa 剪應力的負荷 **F**。

2. 若指定問題 1 之熔接件使用 E7010 電熔接棒。試求熔接件上的許用負荷 **F** 為若干？

3. 若圖 P6-1 的鋼板承受 120 kN 的水平靜負荷，試求熔道喉部的剪應力。

4. 圖 P6-4 中厚 20 mm 的鋼板當樑使用，以上、下兩道填角熔接，熔接於垂直的支撐上，如圖所示。

(a) 如果熔道中的容許剪應力為 140 MPa，試求安全的橫向力 **F** 為若干？

(b) 在 (a) 中你會得到以許用剪應力表示之 **F** 的式子。如果電容接棒指定為 E7010，鋼板為 1020 熱軋鋼，而垂直支撐為 1015 熱軋鋼，試求許用負荷。

5. 除承受力的鋼板為熱軋鋼棒是 10 mm 厚的 AISI 1010 鋼，垂直支撐為同樣的 1010 鋼，電焊條為 E6010。圖 P6-5 的熔接件承受交變力 **F**。若使用 10 mm 的填角熔接，試估算該鋼棒可承擔的疲勞負荷 **F**。採用傳統的疲勞分析法及 DE 準則。

6. 若圖 P6-4 的 **F** 換成疲勞負荷試重解問題 5。

7. 拿兩種不同的熔接模式比較，觀察其對彎矩與扭矩的阻抗，及所堆積的熔接

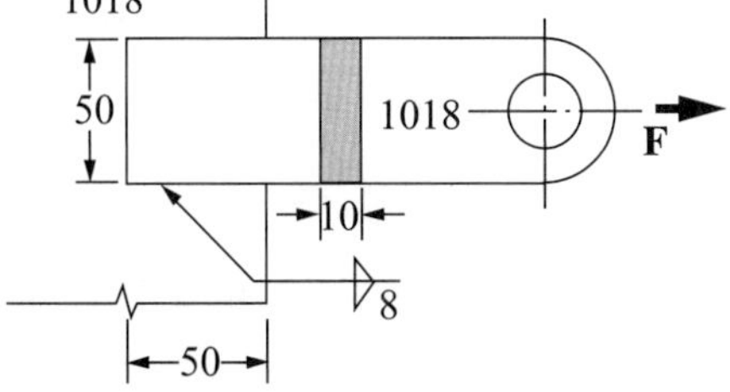

圖 P6-1

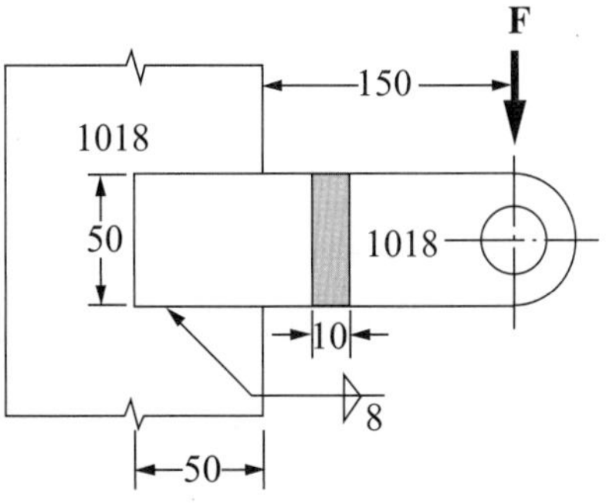

圖 P6-4

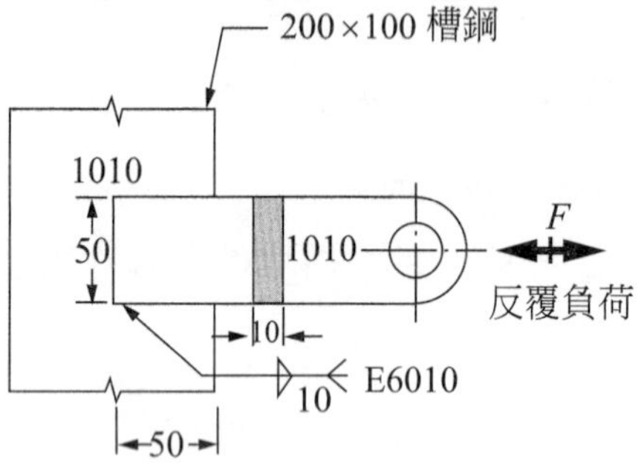

✖圖 P6-5

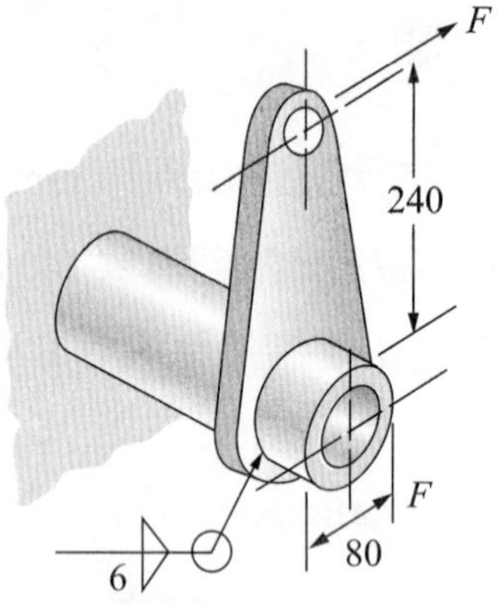

✖圖 P6-8

金屬非常有用。定義有效性的量度為二次面積矩除以熔接金屬的體積很有用。如果剖面某 150 × 200 mm 的懸臂樑於距離熔接平面 250 mm 處承受 90 kN 的靜彎曲負荷，實際的許用剪應力為 90 MPa，試比較水平熔接件與垂直熔接件。水平熔接件的熔接滴珠長 150 mm，且垂直熔接件的熔接滴珠長 200 mm。

8. 若圖 P6-8 中作用力 **F** = 9 kN，且圓管熔接件以腳長 h 為 6.5 mm 的全周熔接道熔接於其支撐物上。試估算熔接道喉部的最大剪應力。

9. 若圖 P6-8 所示之熔接件的容許剪應力為 140 MPa。試估算導致在熔接件熔接道喉部之剪應力達到容許值的力 **F**。

10. 試求圖 P6-10 中熔接金屬喉部的最大剪應力。

11. 圖 P6-11 顯示熔接的鋼質托架承受靜負荷 **F**。如果熔接道喉部的許用剪應力為 120 MPa，試估算其安全因數。

12. 圖 P6-12 的熔接件的母材金屬為 1018 熱軋鋼，電熔接棒採用 E6010，若圖中的 **F** 為交變負荷，試求要求設計因數為 2.5 時，容許承受之力 **F** 的值。

13. 圖 P6-13 中的托架採用 E6 系列的熔接棒熔接，若熔接腳長 8 mm，試求當設計因數取 3 時，該托架可承受的負荷 **F**。(註：圖中的兩側板平均承擔托架的負荷。)

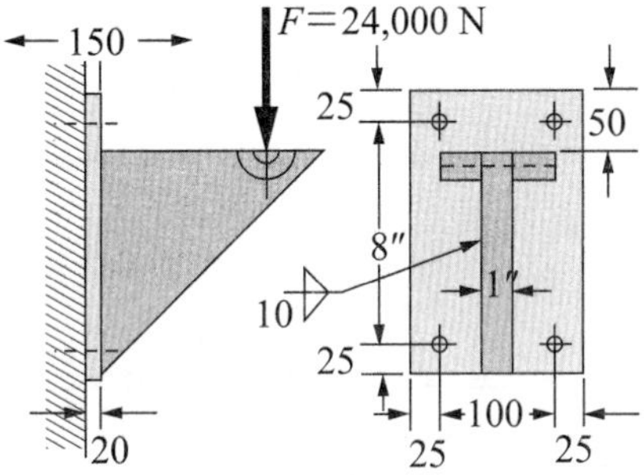

✖圖 P6-10

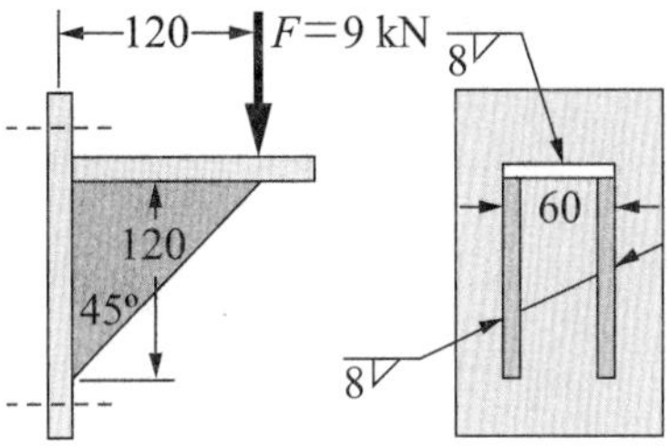

✖圖 P6-11

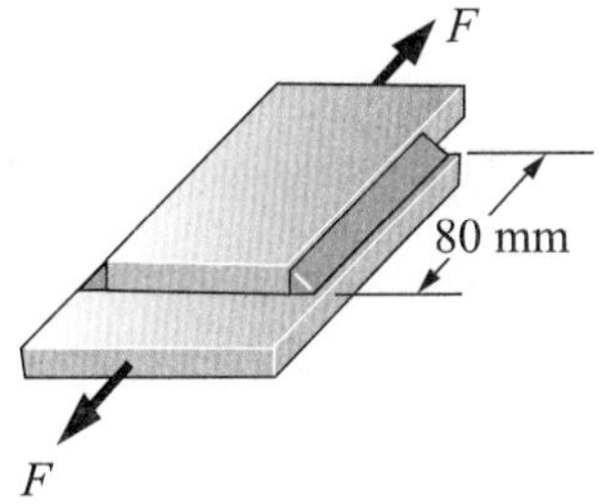

✖圖 P6-12

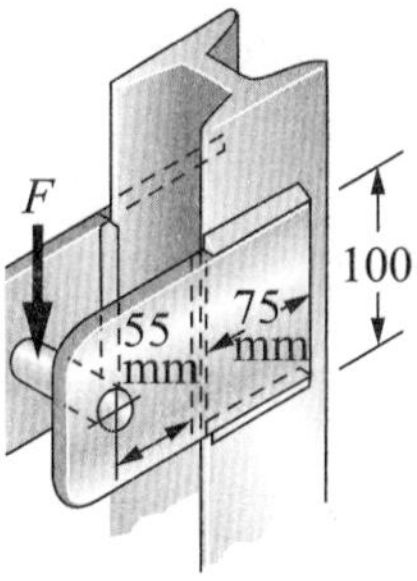

✖圖 P6-13

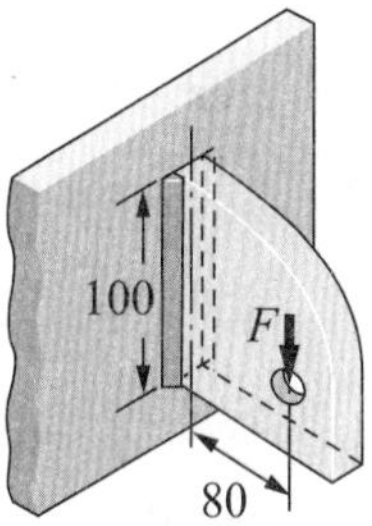

✖圖 P6-14

14. 圖 P6-14 中的托架採用 E6 系列的熔接棒於鋼板兩側熔接，並預計承受 18 kN 的靜負荷，若要求設計因數為 2.5，試求必要的熔接道腳長 h。

15. 若依問題 13 中托架承受的負荷為交變的負荷，試求依傳統的安全因數法計算時，容許的 **F** 值應為若干？設計因數為 2.0。

16. 若圖 P6-14 中以問題 14 所得的熔接腳長熔接，托架承受的負荷為交變負荷，則依傳統安全因數法計算時，容許負荷 **F** 的值應為若干？設計因數為 2.0。

17. 圖 EX6-4 中的 1018 熱軋鋼片製作的熔接件，若要求設計因數為 2.5，並使該熔接件具無限壽命。試依傳統的安全因數法，及 AISC 的許用疲勞應力，求該熔接件容許承受的交變 **F**。

18. 若寬 100 mm、厚 10 mm 的鋼板以 E7 系列的熔接棒，依圖 P6-18 的設計熔

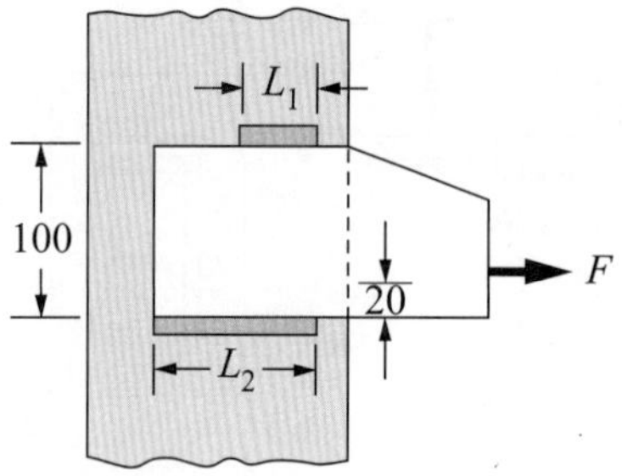

⚒圖 P6-18

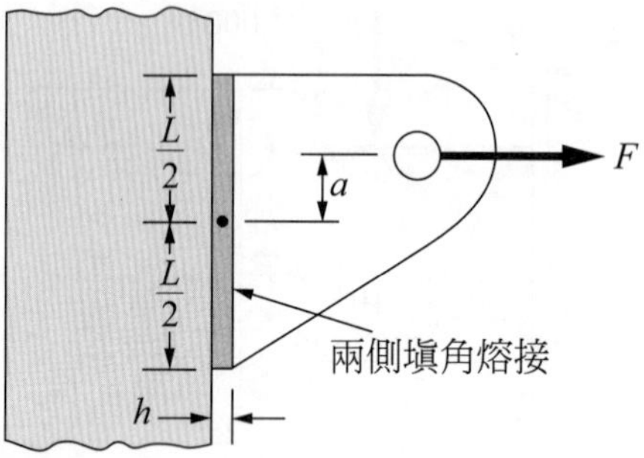

⚒圖 P6-19

接於其支撐物上，以承受 **F** = 120 kN 的靜負荷，熔接道的腳長 h = 8 mm，試求設計因數為 2.5 時所需的熔接道尺寸。

19. 圖 P6-19 中的托架承受靜負荷 **F** = 90 kN，若使用 E6 系列的熔接棒熔接，要求的設計因數為 2.5，其中 h = 10 mm，a = 50 mm。試使用傳統分析方式，求所需熔接道的長度。

20. 若圖 P6-20 中的托架承受的靜負荷 **F** = 100 kN，使用 E70 系列的熔接棒熔接，要求的設計因數為 3，試求所需熔接道的腳長 h。

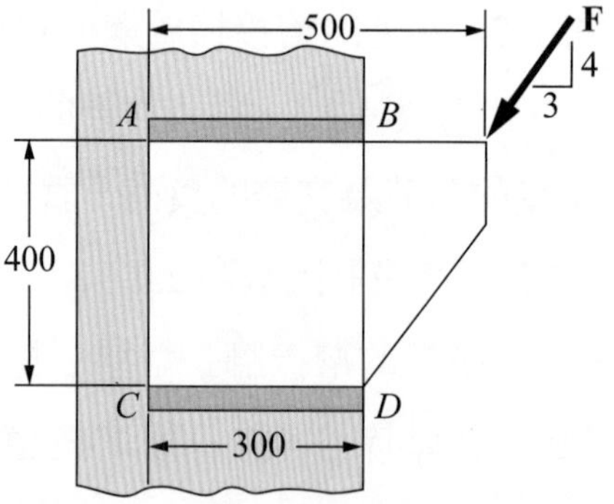

⚒圖 P6-20

21. 若問題 19 的疲勞負荷變化於 110 kN 及 90 kN 間，試重解問題 19。

22. 若問題 20 的疲勞負荷變化於 100 kN 及 80 kN 間，試重解問題 20。

23. 若問題 18 的負荷換成交變負荷，試重解問題 18。

Chapter 7

軸、銷與鍵

7.1 引言

軸是機器傳動不可或缺的元件，雖然絕大多數的軸具有圓形剖面，但並非所有的軸都得製成圓形剖面。通常將軸分成兩大類——**傳動軸** (shaft) 與**輪軸** (axle)。傳動軸為旋轉軸，其功能在傳遞功率，因此傳動軸上一般都有一個以上的旋轉機件，如齒輪，鏈輪或皮帶輪等，以銷、鍵或其他方式固定於傳動軸上，隨著傳動軸旋轉，傳動軸承受的主要負荷為扭矩 (torque) 與彎矩 (bending monent)，由於軸本身旋轉而形成疲勞負荷，設計時宜由疲勞失效著眼。輪軸不承受扭矩，本身可以旋轉，也可以不旋轉，視旋轉機件安置於軸上的方式而定。若旋轉機件安置的方式使它無法對軸作相對的旋轉，則輪軸必須旋轉；若旋轉機件與軸之間安置了軸承，則輪軸可以靜止不旋轉。由橫向負荷作用產生的彎矩是輪軸的主要負荷。

鍵與銷都是軸上的小元件，對軸上的旋轉機件有定位的功能，可防止軸上套入的旋轉機件與軸之間發生軸向或周向 (切線方向) 相對移位；同時也具有保護軸的功能，當軸的瞬間傳動負荷超過設計負荷時，藉著鍵或銷的剪斷可使軸免於損壞。

7.2 軸的造形

考量軸的造形就是要賦予待設計之軸合理的外形。由於軸的主要功能在於支持軸上的旋轉機件，而本身則由軸承加以支持。這些機件在軸上的佈置、定位和裝卸的問題，即是設計軸的造形時所考慮的問題。此外負荷的性質、大小、方向與分佈狀態、軸的聯結方式及軸的加工等因素也都得加以考慮。雖然需要考慮的因素甚多，而軸的設計條件也各不相同，使得軸不會有標準的造形。但是，無論如何，軸的造形必須滿足下列條件：

1. 使套在軸上的機件有準確的工作位置。

2. 使所有相關機件的裝卸、調整工作都易於執行。

3. 容易加工。

對軸進行造形設計時應考慮下列事項：

1. **軸上各機件的佈置**：不論是轉軸或輪軸都應盡可能佈置成靜定軸。各旋轉機件應安排於適當的位置，彼此間有適當的距離，較大的旋轉機件應置於兩軸承之間，並確定軸的長度及支撐點位置。

2. **軸上各機件的軸向定位**：這是為了使軸上各旋轉機件能有準確的工作位置，而採取之能達成此項目的的各種措施。常用的軸向定位方式有：軸肩 (shoulder)、軸套 (sleeve)、銷 (pin)、定位螺栓 (set screw)、扣環 (snap ring)、軸端檔板、軸環 (ring) 及鎖定螺帽等。在圖 7-1 中的軸上即使用了軸肩、軸環、軸套、鎖定螺帽及軸端擋板等軸向定位方式，圖 7-2 則顯示了扣環、定位螺栓、及圓錐形軸端的定位方式。在這些定位方式中，軸肩與軸環屬於固定式的軸向定位法，通常可承受較大的軸向力，但由於軸的剖面呈現階段式的變化而呈現應力集中的現象。圓錐形軸端有裝卸容易、能承受衝擊性負荷的優點，但圓錐面的加工不易。軸套則是結構簡單、可靠性高，不過僅適用於轉速不高的場合。扣環的優點是結構簡單、緊湊，但僅能承受較小的軸向力，而且容易導致高應力集中，使用時宜避開軸上出現高應力的位置。銷與定位螺栓能承受的

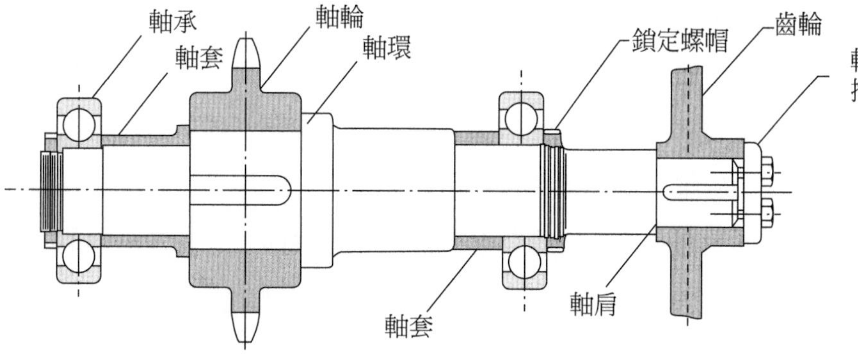

圖 7-1　軸的定位方式一

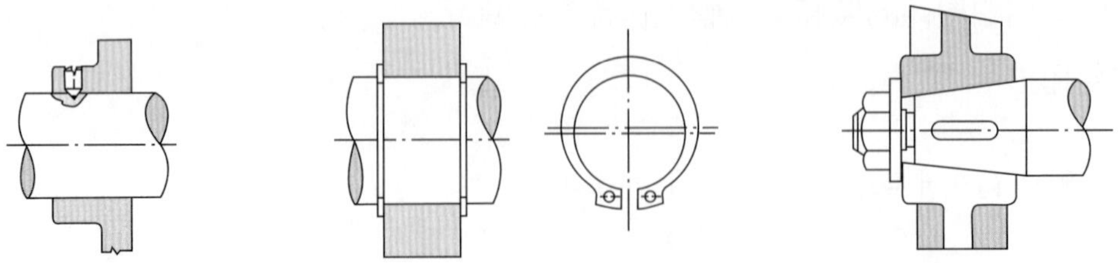

(a)定位螺栓　(b)扣環　(c)圓錐形軸端

圖 7-2　軸的定位方式二

軸向負荷並不大，但兩者都具有軸向定位與周向定位的雙重功能。軸端擋板與鎖定螺帽都是較可靠的軸向定位方式，也能承受較大的軸向力，只是車製螺紋會削弱軸的強度。此外，也能採用干涉配合來產生軸向與周向定位的作用，且能承受較大的疲勞負荷與衝擊負荷，唯裝卸不易，不適合使用於經常需要裝卸的場合。

3. **軸上各機件的周向定位**：軸上的機件間必須有可靠的周向定位，以避免兩者間沿周向發生相對的滑動。除了前面提過的銷、定位螺栓與干涉配合等方式外，鍵與軸栓也是常用的周向定位方式，尤其鍵有多種型式能適用於各種不同場合鍵，圖 7-3 顯示了較常用的鍵、軸栓槽的型式。周向定位方式的選擇應視負荷的性質、大小、軸與輪轂中心線對準精度的要求，軸向移動的可能性等因素而定。一般情況下，方鍵或平鍵使用最普遍；若需傳遞較高的扭矩、軸與軸上的機件間需作軸向的移動，或中心線對準精度的要求比較高時，軸栓是最佳的選擇；定位螺栓或銷僅適合用於負荷輕或較不重要的場合。

4. **裝配與加工**：為了便於裝配及軸向定位的需要，軸的整體造形多數呈現從兩端向中央直徑逐漸增大，而且剖面成階段式變化，如圖 7-1。軸上的階段數和相關尺寸通常取決於軸上裝配機件的數目、類型、配置與安裝方式。基本原則是每個機件在裝配過程中不可碰觸其他機件的配合表面，尤其是軸頸的表面；軸的形狀應維持簡單、尺寸不宜有太多的變化，如鍵槽，圓角半徑及為了有利於車削而設的退刀槽等的尺寸宜力求一致。

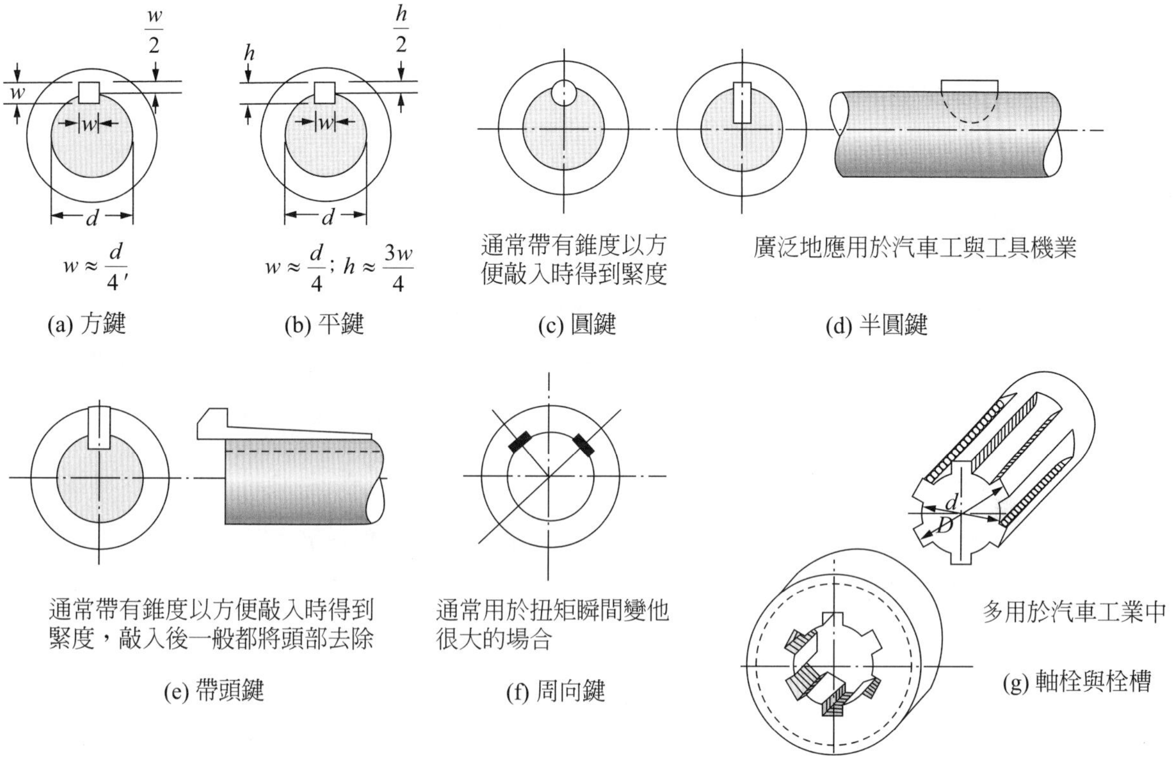

$w \approx \frac{d}{4}$,

(a) 方鍵

$w \approx \frac{d}{4}$; $h \approx \frac{3w}{4}$

(b) 平鍵
通常帶有錐度以方便敲入時得到緊度
(c) 圓鍵
廣泛地應用於汽車工與工具機業
(d) 半圓鍵
通常帶有錐度以方便敲入時得到緊度，敲入後一般都將頭部去除
(e) 帶頭鍵
通常用於扭矩瞬間變他很大的場合
(f) 周向鍵

多用於汽車工業中
(g) 軸栓與栓槽

圖 7-3　鍵與栓槽

由於軸經常得承受疲勞負荷，且軸肩、鍵、銷等定位方式都會導致應力集中，因此如何降低應力集中的效果，以免過度削弱軸的疲勞強度，也是考慮軸的造型設計時應該涵蓋的問題。至於軸的直徑尺寸，則於軸徑計算時再作決定。

7.3　軸的負荷分析

軸的造形確定後，軸上負荷的作用位置及支撐點的位置均已確定，此時即可進行負荷分析。由於軸的主要負荷為彎矩及扭矩，因此軸的負荷分析就是要瞭解在軸上各剖面所承受的彎矩或扭矩的大小，以作為決定軸徑尺寸的依據。軸的負荷分析所需要的知識，就是應用力學與材料力學兩學科的內涵，此處再提供一則軸的負荷分析過程中，經常需用到的功率與扭矩的轉換式，以方便將軸的傳動功率轉換成軸承受的扭矩，此轉換式為：

$$T = 9{,}550{,}000\left(\frac{L_w}{n}\right)\ \text{N} \bullet \text{mm} \tag{7-1}$$

式中 T 為軸承受的扭矩，L_w 為軸所傳遞的功率，單位為 kW (Kilowatt)，而 n 為軸每分鐘的轉速。

範例 7-1

圖 EX7-1 中為某傳動副軸的佈置圖，圖中 A 輪為正齒輪，壓力角為 20 度，節圓直徑為 250 mm。三角皮帶輪 C 的節圓直徑為 300 mm，皮帶的緊邊張力為 270 N，鬆邊張力為 50 N，試分析軸上的扭矩與彎矩的分佈。

解： 由圖 EX7-1 中可看出軸上的負荷並非全在相同的平面上，考慮軸的彎矩分佈時，須先將軸所承受的負荷分解至水平面與鉛直面分別考慮後，再求其合成的結果。

先考慮皮帶輪承受的負荷，由圖中可知皮帶承受的緊邊張力與鬆邊張力均沿著正 z 軸方向作用，所以，安置皮帶輪處承受的力為

$$F_{cz} = 270 + 50 = 320\ \text{N}$$

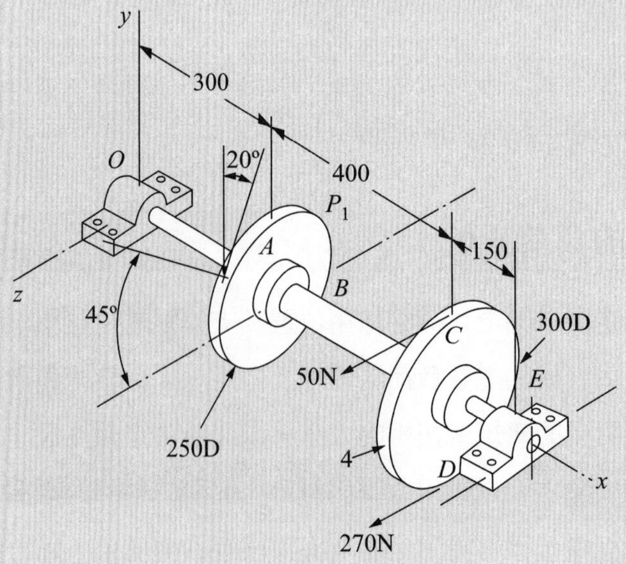

圖 EX7-1

由皮帶軸傳入的扭矩為

$$T = 150(270 - 50) = 33,000\ \text{N} \bullet \text{mm}$$

也就是在皮帶輪與齒輪之間的軸將承受 33 Nm 的扭矩。

接著考慮安置齒輪的位置上軸所承受的力。如果圖 EX7-1(a) 中的圓代表齒輪 *A* 的節圓，因齒輪 *A* 將承受自皮帶軸的扭矩，因此，由圖可知

$$F_{AT}(125) = 33,000\ \text{N} \bullet \text{mm}$$

可得

$$F_{AT} = 264\ \text{N}$$

而

$$F_{AR} = F_{AT} \tan 20° = 264 \tan 20° = 96\ \text{N}$$

於是可得作用於齒輪 *A* 安置位置上，軸所承受的鉛直力為

$$F_{Ay} = -F_{AT} \sin 45° + (-F_{AR} \sin 45°) = -255\ \text{N}$$

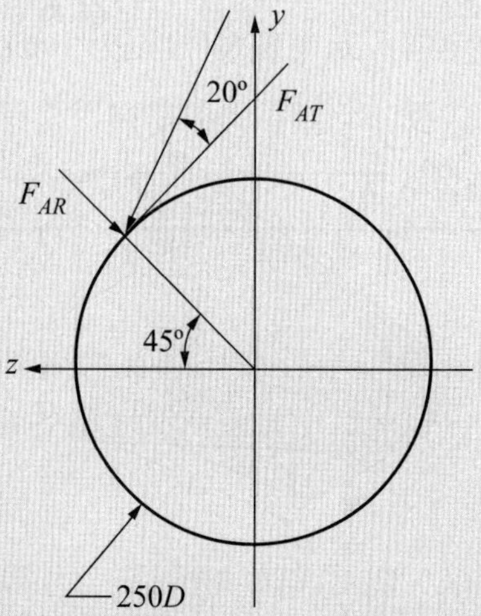

圖 EX7-1(a)

水平力為

$$F_{AZ} = -F_{AT}\sin 45° + (-F_{AR}\sin 45°) = 119\text{ N}$$

及其負值代表作用力指向座標軸的負值方向。

依前面分析所得的結果，可以求得該軸在水平面與鉛直面的負荷圖與彎矩圖分別如圖 EX7-1(b) 與圖 EX7-1(c) 所示。其中各支點的反力，可分別以靜平衡方程式求得為

$$F_{OY} = 165\text{ N}, \qquad F_{EY} = 90\text{ N}$$

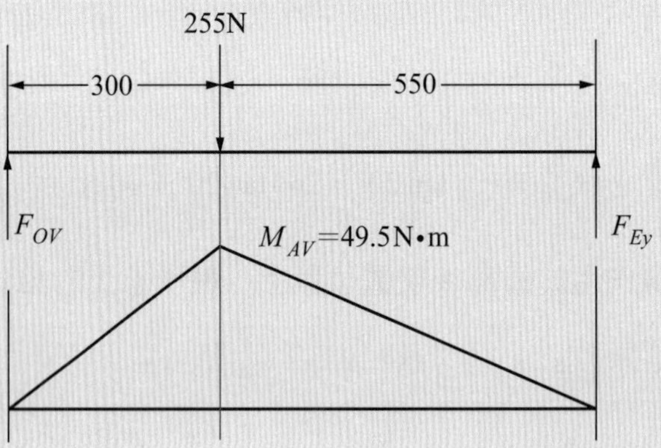

圖 EX7-1(b)

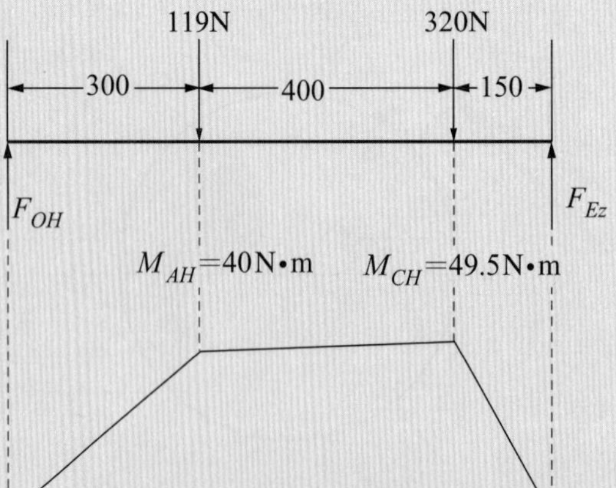

圖 EX7-1(c)

及

$$F_{OZ} = 130\ \text{N}, \qquad F_{EZ} = 306\ \text{N}$$

鉛直面與水平面的的彎矩分別如彎矩圖中所示。

從兩彎矩圖可觀察得知軸上的最大彎矩將發生於安置齒輪的位置，最大彎矩值為

$$M_A = (M_{AV}^2 + M_{AH}^2)^{1/2} = (49.5^2 + 39.0^2)^{1/2}$$
$$= 63.0\ \text{N} \bullet \text{m}$$

範例 7-1 的分析程序提供了軸上彎矩的分佈狀況，再配合軸承受的扭矩及其他設計條件而構成決定軸徑尺寸的基本資料。

7.4　如何決定圓軸直徑的尺寸

雖然軸的剖面並非必須是圓形，但廣泛地使用圓軸則是無可否認的事實。因此，圓軸直徑尺寸的決定，在軸的設計中其重要性自不待言，而且為了因應不同的運轉條件，設計時也有不同的準則。一般而言，設計軸常以要求強度、勁度及振動穩定度等為準則著手。本節即從如何以這些準則來決定圓軸直徑的尺寸。

強度準則

以強度作為設計的基準是由安全著眼，相對於運轉時的負荷條件，軸有足夠強度時，即不至於在運轉時有失效之虞。軸的強度準則因軸承受的負荷是靜負荷，或疲勞負荷而有不同，底下將依靜負荷，然後是疲勞負荷的順序，討論如何以強度準則來決定圓軸直徑的尺寸。

1. 靜負荷：依循前一節的負荷分析程序，可以找出軸上最可能發生損壞的位置，也就是所謂的臨界點。強度準則的要求就是：即使在臨界點處，軸的應力仍然

不得超過材料容許承受的應力。由於軸的主要負荷是彎矩與扭矩，有時候也承受軸向力，使得臨界點位置的應力可以寫成

$$\sigma_x = \frac{32M}{\pi d^3} + \frac{4F}{\pi d^2} \tag{7-2}$$

$$\tau_{xy} = \frac{16T}{\pi d^3} \tag{7-3}$$

式中的 M、T 與 F 分別代表作用於臨界位置的彎矩、扭矩及軸向力，而 d 則為圓軸的直徑，其中的 σ_x 值可能是正值也可能是負值。

因為軸的材料多屬於延性材料，軸是否會在負荷作用下失效，應以最大畸變能理論或最大剪應力理論作為判斷的標準。若以最大畸變能理論為準，則應力、降伏強度與安全因數之間應有下列關係

$$\frac{S_{yp}}{n} = \sigma_d = (\sigma^2 + 3\tau^2)^{\frac{1}{2}} \tag{a}$$

或將 (7-2)、(7-3) 式代入上式可得

$$\frac{S_{yp}}{n} = \frac{32}{\pi d^3}\left[\left(M + \frac{Fd}{8}\right)^2 + \frac{3}{4}T^2\right]^{\frac{1}{2}} \tag{7-4}$$

許多情況下，可藉軸上各旋轉機件的安排使軸向力小至可以忽略不計，則軸的直徑 d 可由下式求得

$$d = \left\{\frac{32n}{\pi S_{yp}}\left[M^2 + \frac{3}{4}T^2\right]^{\frac{1}{2}}\right\}^{\frac{1}{3}} \tag{7-5}$$

若以最大剪應力理論為準，則

$$\frac{0.5S_{yp}}{n} = \tau_{\max} = \left[\left(\frac{\sigma}{2}\right)^2 + \tau^2\right]^{\frac{1}{2}} \tag{b}$$

將 (7-2) 與 (7-3) 式代入上式，可得

$$\frac{0.5S_{yp}}{n}=\tau_{\max}=\left[\left(\frac{\sigma}{2}\right)^2+\tau^2\right]^{\frac{1}{2}} \tag{7-6}$$

同樣地，若軸向力可以忽略不計，則軸徑 d 可由下式求得

$$d=\left\{\frac{32n}{\pi S_{yp}}\left[M^2+T^2\right]^{\frac{1}{2}}\right\}^{\frac{1}{3}} \tag{7-7}$$

比較 (7-5) 與 (7-7) 兩式，可知在靜負荷作用下，以最大剪應力準則所得的軸 d 徑大於以最大畸變能準則所得的軸徑 d。也就是在靜負荷作用下，最大剪應力準則較最大畸變能準則保守。

2. **疲勞負荷**：有許多情況使軸承受疲勞負荷，此處僅討論傳動軸在穩定的彎矩及波動振幅為定值的扭矩作用下的情況。雖然傳動軸承受穩定的彎矩，但由於軸旋轉的緣故，使得軸除了軸心之外的任何點都將承受在正、負最大彎應力值間循環變化的交變應力。亦即，傳動軸即使承受穩定彎矩，但它導致的彎應力仍為疲勞應力，只是其平均應力值為零。

沿用先前使用的符號，平均應力以加下標 m 表示，應力振幅則加下標 a 表示。則在前述負荷狀態下，軸承受的應力為

$$\sigma_m=\frac{32M_m}{\pi d^3},\quad \sigma_a=K_f\frac{32M_a}{\pi d^3},\quad \tau_m=\frac{16T_m}{\pi d^3},\quad \tau_a=K_{fs}\frac{16T_a}{\pi d^3} \tag{7-8}$$

在前面已經學過，即使是以延性材料製成的機件，若承受交變應力作用，則應力集中因數的影響仍不能忽略，也就是應力振幅的部分應該乘以疲勞的應力集中因數。於是，在軸上臨界位置的應力將如圖 7-4(a) 的應力元素所示。而最嚴苛的應力狀態將是 $\sigma_{\max}$ 與 $\tau_{\max}$ 同步出現的情況。在最嚴苛情況下考慮臨界位置的應力，任意方向剖面上的法向應力 σ_C 及剪應力 τ_C，如圖 7-4(b) 所示。由作用於該單位厚度之應力元素上各個力的平衡關係，可得

$$-\tau_C dc+(\sigma_m+K_f\sigma_a)dy\cos\phi+(\tau_m+K_{fs}\tau_a)dx\cos\phi$$
$$-(\tau_m+K_{fs}\tau_a)dy\sin\phi=0 \tag{c}$$

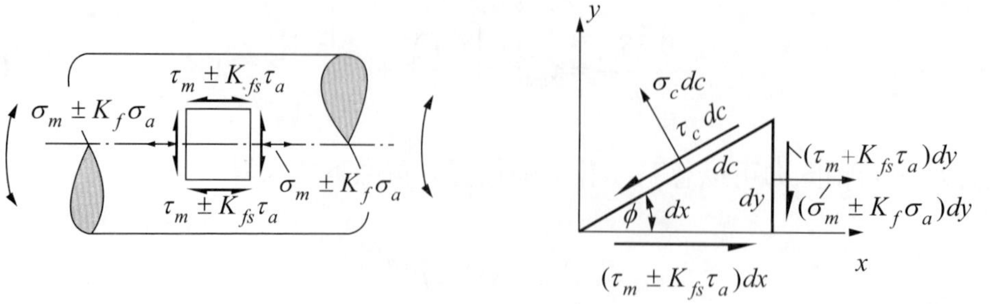

(a) 軸上波動法向應力與剪應力的分量　　(b) 單位厚度應力元素上的應力與合應力

圖 7-4　傳動軸上臨界點的應力

由於

$$dx = (dc)\cos\phi, \quad dy = (dc)\sin\phi$$

因此，可由 (c) 式得到

$$\tau_C = \frac{1}{2}(\sigma_m + K_f\sigma_a)\sin 2\phi + (\tau_m + K_{fs}\tau_a)\cos 2\phi \qquad \text{(d)}$$

或

$$\tau_C = \tau_{Cm} + \tau_{Ca} = \left(\frac{\sigma_m}{2}\sin 2\phi + \tau_m \cos 2\phi\right) + \left(\frac{1}{2}K_f\sigma_a \sin 2\phi + K_{fs}\tau_a \cos 2\phi\right)$$

亦即

$$\tau_{Cm} = \frac{1}{2}\sigma_m \sin 2\phi + \tau_m \cos 2\phi, \qquad \tau_{Ca} = \frac{1}{2}K_f\sigma_a \sin 2\phi + K_{fs}\tau_a \cos 2\phi \qquad \text{(e)}$$

在平均應力不為零的情況下，由蘇德葆 (Soderberg) 關係式

$$\frac{1}{n} = \frac{\tau_{\phi m}}{S_{sy}} + K_{fs}\frac{\tau_{\phi a}}{S_{se}}$$

可知

$$\frac{1}{n}=\frac{\frac{1}{2}\sigma_m \sin 2\phi+\tau_m \cos 2\phi}{S_{sy}}+\frac{\frac{1}{2}K_f \sigma_a \sin 2\phi+K_{fs}\tau_a \cos 2\phi}{S_{se}}$$

$$=\frac{1}{2}\left(\frac{\sigma_m}{S_{sy}}+K_f\frac{\sigma_a}{S_{se}}\right)\sin 2\phi+\left(\frac{\tau_m}{S_{sy}}+K_{fs}\frac{\tau_a}{S_{se}}\right)\cos 2\phi \tag{f}$$

在 (f) 式中 ϕ 為變數。若應力為最大時，安全因數值將最小，令

$$\frac{d}{d\phi}\left(\frac{1}{n}\right)=\left(\frac{\sigma_m}{S_{sy}}+K_f\frac{\sigma_a}{S_{se}}\right)\cos 2\phi^*-2\left(\frac{\tau_m}{S_{sy}}+K_{fs}\frac{\tau_a}{S_{se}}\right)\sin 2\phi^*=0$$

可求得

$$\tan 2\phi^*=\left(\frac{1}{2}\right)\left(\sigma_m+K_f\frac{S_{yp}}{S_e}\sigma_a\right)\Bigg/\left(\tau_m+K_{fs}\frac{S_{sy}}{S_{se}}\tau_a\right)=\frac{a}{b} \tag{g}$$

其中 ϕ^* 為軸的安全因數最小的方位，由三角學關係可知 $\tan\theta = a/b$ 時，

$$\sin\theta=\frac{a}{\sqrt{a^2+b^2}}\quad，\quad\cos\theta=\frac{b}{\sqrt{a^2+b^2}}$$

因此

$$\sin 2\phi^*=\frac{\frac{1}{2}\left(\sigma_m+K_f\frac{S_{yp}}{S_e}\sigma_a\right)}{\sqrt{\left(\frac{1}{4}\right)\left(\sigma_m+K_f\frac{S_{yp}}{S_e}\sigma_a\right)^2+\left(\tau_m+K_{fs}\frac{S_{sy}}{S_{se}}\tau_a\right)^2}} \tag{h}$$

$$\cos 2\phi^*=\frac{\left(\tau_m+K_{fs}\frac{S_{sy}}{S_{se}}\tau_a\right)}{\sqrt{\left(\frac{1}{4}\right)\left(\sigma_m+K_f\frac{S_{yp}}{S_e}\sigma_a\right)^2+\left(\tau_m+K_{fs}\frac{S_{sy}}{S_{se}}\tau_a\right)^2}} \tag{i}$$

將 (h)、(i) 兩式代入 (f) 式中，經化簡後可得

$$\frac{S_{sy}}{n}=\sqrt{\left(\frac{1}{4}\right)\left(\sigma_m+K_f\frac{S_{yp}}{S_e}\sigma_a\right)^2+\left(\tau_m+K_{fs}\frac{S_{sy}}{S_{se}}\tau_a\right)^2}$$

或

$$\frac{S_{yp}}{n}=\sqrt{\left(\sigma_m+K_f\frac{S_{yp}}{S_e}\sigma_a\right)^2+4\left(\tau_m+K_{fs}\frac{S_{sy}}{S_{se}}\tau_a\right)^2} \tag{7-9}$$

再將 (7-8) 式中各應力的關係式代入，即可獲得依最大剪應力準則的傳動軸軸徑計算式如下

$$\frac{S_{yp}}{n}=\sqrt{\left(\frac{32M_m}{\pi d^3}+K_f\frac{S_{yp}}{Se}\frac{32M_a}{\pi d^3}\right)^2+4\left(\frac{16T_m}{\pi d^3}+K_{fs}\frac{S_{yp}}{Se}\frac{16T_a}{\pi d^3}\right)^2}$$

或

$$d=\left\{\frac{32n}{\pi S_{yp}}\sqrt{\left(M_m+K_f\frac{S_{yp}}{S_e}M_a\right)^2+\left(T_m+K_{fs}\frac{S_{yp}}{S_e}T_a\right)^2}\right\}^{\frac{1}{3}} \tag{7-10}$$

若將蘇德葆 (Soderberg) 關係式寫成

$$\sigma_{eq}=\frac{S_{yp}}{n}=\sigma_m+\frac{S_{yp}}{S_e}K_f\sigma_a$$

$$\tau_{eq}=\frac{0.5S_{yp}}{n}=\tau_m+\frac{S_{yp}}{S_e}K_{fs}\tau_a$$

並代入 (7-9) 式中可得

$$\frac{S_{yp}}{n}=\sqrt{\sigma_{eq}{}^2+4\tau_{eq}{}^2}$$

此式中的 τ_{eq} 與 τ_{eq} 若以古德曼關係式取代可得

$$\frac{S_{yp}}{n}=\sqrt{\left(\sigma_m+K_f\frac{S_{ut}}{S_e}\sigma_a\right)^2+\left(\tau_m+K_{fs}\frac{S_{ut}}{S_e}\tau_a\right)^2} \tag{7-11}$$

以 (7-8) 式中的各關係式代入 (7-11) 式，再經整理後可得

$$d=\left\{\frac{32n}{\pi S_{yp}}\sqrt{\left(M_m+K_f\frac{S_{ut}}{S_e}M_a\right)^2+\left(T_m+K_{fs}\frac{S_{ut}}{S_e}T_a\right)^2}\right\}^{\frac{1}{3}} \tag{7-12}$$

此式即為依古德曼關係式與最大剪應力準則所得的軸徑計算式。依循此一

方式，可得依最大畸變能準則所得的相關計算式如下

$$\frac{S_{yp}}{n}=\sqrt{\left(\sigma_m+K_f\frac{S_{ut}}{S_e}\sigma_a\right)^2+3\left(\tau_m+K_{fs}\frac{S_{ut}}{S_e}\tau_a\right)^2} \tag{7-13}$$

與

$$d=\left\{\frac{32n}{\pi S_{yp}}\sqrt{\left(M_m+K_f\frac{S_{ut}}{S_e}M_a\right)^2+\frac{3}{4}\left(T_m+K_{fs}\frac{S_{ut}}{S_e}T_a\right)^2}\right\}^{\frac{1}{3}} \tag{7-14}$$

此式為在傳動軸承受穩定的彎矩的情況下，以古德曼關係式依最大畸變能準則所得的圓軸軸徑計算式。

若軸為空心圓軸，且其內徑與外徑的比為 r，則 (7-12) 式變成

$$d=\left\{\frac{32n}{\pi S_{yp}(1-r^3)}\sqrt{\left(M_m+K_f\frac{S_{ut}}{S_e}M_a\right)^2+\left(T_m+K_{fs}\frac{S_{ut}}{S_e}T_a\right)^2}\right\}^{\frac{1}{3}} \tag{7-15}$$

(7-14) 式則變成

$$d=\left\{\frac{32n}{\pi S_{yp}(1-r^3)}\sqrt{\left(M_m+K_f\frac{S_{ut}}{S_e}M_a\right)^2+\frac{3}{4}\left(T_m+K_{fs}\frac{S_{ut}}{S_e}T_a\right)^2}\right\}^{\frac{1}{3}} \tag{7-16}$$

旋轉軸承受的扭矩因軸轉速變動而發生波動，若定義旋轉軸轉速的波動係數(coefficient of speed fluctuation) C_s 為

$$C_s=\frac{\omega_{\max}-\omega_{\min}}{\omega_m} \tag{7-17}$$

式中 ω_{max}、ω_{mix} 與 ω_m 分別代表旋轉軸的最大、最小與平均轉速，由表 7-1 中的 C_s 值，則可算出 ω_{max} 與 ω_{mix} 而求得 T_m 與 T_a。

表 7-1 旋轉軸轉速的波動係數 C_s

從動機械	驅動方式	波動係數
AC 發電機、單一或並聯	以聯軸器直接聯結	0.01
同上	皮帶驅動	0.0167
DC 發電機、單一或並聯	以聯軸器直接聯結	0.0143
同上	皮帶驅動	0.029
紡紗機	皮帶驅動	0.02~0.015
壓縮機、幫浦	齒輪驅動	0.02
針織機、穀類磨粉機	皮帶驅動	0.025~0.02
木工及金工機械	同上	0.0333
剪切機與幫浦	撓性聯結	0.05~0.04
混凝土攪拌機、挖掘機	皮帶驅動	0.143~0.1
破碎機、鎚碎機	皮帶驅動	0.2

範例 7-2

若範例 7-1 之旋轉軸的預定造型如圖 EX7-2 所示，試求軸徑 d。其中在 B 處的 $D/d = 1.125$，在 C 處的 $D/d = 1.35$，軸上所有的內圓角半徑都維持 $r/d = 0.09$，且都經過研磨。該軸的材質為 AISI 1045 CD 的鋼料。軸旋轉時承受變化於 0.98 T_m 與 1.02 T_m 之間的扭矩，且安全因數要求為 2.5。

解： 由範例 7-1 得知在 B 點處的彎矩可依下列方式求得

$$M_{BV} = (165)(320) - 255(20) = 47.7 \ \text{Nm}$$

$$M_{BH} = (130)(320) - (119)(20) = 39.22 \ \text{Nm}$$

於是

$$M_B = (M_{BV}^2 + M_{BH}^2)^{\frac{1}{2}} = 61.75 \ \text{Nm}$$

然後依相同的方式可求得 $M_c = 48.65$ Nm。

因 B 處的 $D/d = 1.125$，$r/d = 0.09$，可由附錄 1 的應力集中因數線圖查得應力集中因數 $K_t = 1.58$，$K_{ts} = 1.35$；由於 C 處的 $D/d = 1.35$，$r/d =$

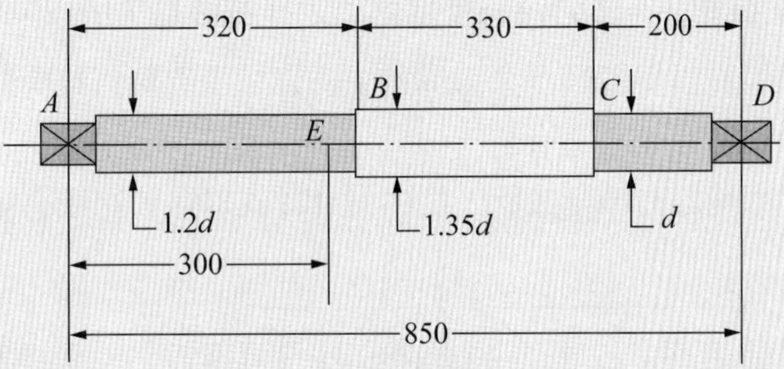

單位：mm

圖 EX7-2

0.09，可得應力集中因數為 $K_t = 1.63$，$K_{ts} = 1.45$。查表可知軸材料 AISI 1045 CD，的 $S_{ut} = 630$ MPa，$S_{yp} = 580$ MPa，則 $H_B = 154$。因內圓角半徑未知，仍無法確定缺口敏感度的大小，於判斷範例 7-1 中的 B 與 C 兩處剖面究竟何處應力較大時，暫以 K_t 與 K_{ts} 代替 K_f 與 K_{fs}。則

$$\sigma_B = K_t \frac{32M_B}{\pi d_B^3} = 1.58\frac{(32)(61.75)(10^3)}{\pi(1.2d)^3} = \frac{5.75(10^5)}{d^3} \quad \text{MPa}$$

$$\sigma_C = K_t \frac{32M_C}{\pi d_C^3} = 1.63\frac{(32)(48.65)(10^3)}{\pi d^3} = \frac{8.08(10^5)}{d^3} \quad \text{MPa}$$

$$\tau_B = K_{ts} \frac{16T_B}{\pi d_B^3} = 1.35\frac{(16)(6.6)(10^4)}{\pi(1.2d)^3} = \frac{2.627(10^5)}{d^3} \quad \text{MPa}$$

$$\tau_C = K_{ts} \frac{16T_C}{\pi d_C^3} = 1.45\frac{(16)(6.6)(10^3)}{\pi d^3} = \frac{4.878(10^5)}{d^3} \quad \text{MPa}$$

由於 $\sigma_C > \sigma_B$，$\tau_C > \tau_B$ 可知 C 處的應力大於 B 處的應力。其次應計算修正的疲勞限值，因 $S_e' = 0.5$，$S_{ut} = 315$ MPa，因此

$$k_a = aS_{ut}^b = 1.58(630)^{-0.085} = 0.914$$

其他的修正因數：k_b 因軸徑大小未知先不做修正，而由於未有相關資訊令 $k_c = k_d = 1$。所以

$$S_e = k_a S_e' = (0.914)(315) = 288 \text{ MPa}$$

由範例 7-1 得知 $T_m = 66$ N • m，且由於 $T_a = 0.02\ T_m$，所以

$$T_a = 0.02\,T_m = 1.32 \text{ N} \quad \text{m}$$

(1) 若以最大剪應力準則設計，則由 (7-12) 式求得軸的最小直徑 d 為

$$d = \left[\frac{32n}{\pi S_{yp}}\sqrt{\left(K_f \frac{S_{ut}}{S_e} M_r\right)^2 + \left(T_m + K_{fs}\frac{S_{ut}}{S_e}T_a\right)^2}\,\right]^{\frac{1}{3}}$$

$$= \left[\frac{32(2.5)}{\pi(580)}\sqrt{\left((1.63)\frac{630}{288}(48,650)\right)^2 + \left((66,000) + (1.45)\frac{630}{288}(1320)\right)^2}\,\right]^{\frac{1}{3}}$$

$$= 20.28 \text{ mm}$$

取優先數字 25 mm。由於先前修正疲勞限時軸徑尚屬未知數，並未針對疲勞限作尺寸因數的修正，而且應力集中因數也未考慮缺口敏感度，所以現在應回頭將這些因數併入考慮。尺寸修正因數 k_b 為

$$k_b = 1.189 d^{-0.097} = 1.189(25)^{-0.097}$$
$$= 0.870$$

則 S_e 之值為

$$S_e = k_a k_b S_e' = (0.914)(0.870)(315)$$
$$= 250.5 \text{ MPa}$$

且因為 C 剖面的內圓角半徑 $r = 0.09(25) = 2.25$ mm，可由 (2-49) 式可算得材料承受反覆彎應力之疲勞的應力集中因數

$$K_f = \frac{K_t}{1 + \dfrac{2(K_t - 1)}{K_t}\dfrac{\sqrt{a}}{\sqrt{r}}} = \frac{1.62}{1 + \dfrac{2(1.62 - 1)}{1.62}\dfrac{0.071}{\sqrt{2.25}}}$$

$$= 1.563$$

式中的 $\sqrt{a} = 0.0701$ 由 (2-48) 式計算所得。同樣地，算得承受反覆扭

轉剪應力的缺口敏感度為 $q = 0.966$，而

$$K_f = \frac{1.45}{1+\dfrac{2(1.45-1)}{1.45}\dfrac{0.071}{\sqrt{2.25}}} = 1.409$$

現在以新的 S_e、K_f 與 K_{fs} 值取代原來的 S_e、K_f 與 K_{fs} 代入 (7-13) 式，可得 $d = 19.88$ mm，取優先數字的結果為 20 mm，也就是該傳動軸中三段的直徑可分別為 20、25 與 30 mm。各段軸的交界處之內圓角半徑可採用一致的值 $r = 2.5$ mm。但軸的最終尺寸仍須視與軸搭配的各機件間的相對關係，做適當的調配後才能決定。

(2) 若選擇以最大畸變能準則設計傳動軸時，其設計程序仍與以最大剪應力準則設計時相同，但計算式須使用 (7-14) 式，所得的結果經取優先數字後與依最大剪應力準則所得者相同，其計算的過程與細節留給讀者作為練習。

勁度準則

軸的勁度有彎曲勁度與扭轉勁度兩種。依彎曲勁度準則設計軸時，通常是對軸的撓度 δ 或支承處的偏轉角 θ 加以限制；且依扭轉勁度準則設計軸時，則是對軸的總扭轉角 φ 予以限制。表 7-2 所列之值即為一般機械的傳動軸的容許撓度與容許偏轉角之值。

由於多數軸的剖面均沿著本身的軸向呈現階梯狀的變化，計算軸的撓度與偏轉角必須使用能處理非均勻剖面樑的方法，例如面積矩法、單位負荷法等，但是這些方法都有計算繁複，且每次僅能取得軸上一個點的撓度或偏轉角的缺點。因此，軸的撓度或偏轉角，應由執行計算機程式取得其值比較符合實際。如果令

$$\phi = \int_0^x \frac{M}{EI}dx, \qquad \psi = \int_0^x \varphi\, dx \qquad \textbf{(7-18a, b)}$$

則偏轉角 θ 為

表 7-2 軸的容許撓度 δ 與容許偏轉角 θ

應用實例	容許撓度 δ **mm**	應用實例	容許偏轉角 θ **rad**
一般用途之軸	$(0.0003\sim0.0005)l$	滑動軸承	0.001
剛度要求較嚴的軸	$0.0002l$	深槽滾珠軸承	0.005
感應電動機軸	$0.1\ \Delta$	球座深槽滾珠軸承	0.05
安裝齒輪的軸	$(0.01\sim0.05)\ m_n$	圓柱滾子軸承	0.0025
安裝蝸輪的軸	$(0.02\sim0.05)\ m_t$	圓錐滾子軸承	0.0016
		齒輪安裝位置	0.001~0.002

註：表中 l 的為軸的跨距，單位為 mm；Δ 為電動機轉子間的間隙，單位為 mm；m_n 為齒輪的法向模數；m_t 為蝸輪的端面模數。

$$\theta = \frac{dy}{dx} = \int_0^x \frac{M}{EI}dx + c_1 = \phi + c_1 \tag{7-19}$$

而撓度 y 則為

$$y = \psi + c_1 x + c_2 \tag{7-20}$$

為了適應不同的單位系統，將偏轉角與撓度兩式分別寫成

$$\theta = k(\phi + c_1) \tag{7-21}$$

$$y = k(\psi + c_2 x + c_1) \tag{7-22}$$

式中的 k 為定值，視使用的單位系統決定其值，c_1 與 c_2 微積分常數，可由指定支承處 $x=a$ 與 $x=b$ 處的撓度為零而解得其值為

$$c_1 = \frac{\psi(b) - \psi(a)}{x_b - x_a} \tag{7-23}$$

$$c_2 = \frac{x_b\psi(a) - x_a\psi(b)}{x_b - x_a} \tag{7-24}$$

然後使用數值積分法中的梯形法則 (trapezoidal rule) 將 (7-20) 式中的 ϕ 改寫成

$$\phi_{i+2} = \phi_i + \frac{1}{2}\left[\left(\frac{M}{EI}\right)_{i+1} + \left(\frac{M}{EI}\right)_i\right](X_{i+2} - X_i) \tag{7-25}$$

並以**辛普森法則** (Simpson rule) 將 (7-20) 式中的 ψ 改寫成

$$\psi_{i+4} = \psi_i + \frac{1}{6}(\phi_{i+4} + 4\phi_{i+2} + \phi_i)(X_{i+4} - X_i) \tag{7-26}$$

利用 (7-25) 式，自 X_1 始至 X_N 止依序計算各 ϕ_i 的值，其下標 N 代表在軸上所取的節點 (station) 數。同理，利用 (7-26) 式依序求得各 ψ_i 的值。

當 ϕ_i 與 ψ_i 的值已經全部求得，即可由 (7-23) 式與 (7-24) 式求得 c_1 與 c_2。一旦得到 c_1 與 c_2 之值，則軸的撓度與偏轉角即可由 (7-21) 與 (7-22) 兩式求得。使用這個方法時，軸上所選擇的節點應含有下列各點：

1. 所有支承點及集中負荷的作用點
2. 剖面呈現階梯式變化的位置
3. 希望知道撓度或偏轉處的各個點

其中撓度最大位置通常待定，也就是需要知道最大的撓度，但其位置未定而無法取為節點，此時可藉等效直徑法求得發生最大撓度的約略位置。等效直徑法是將原來具有階梯式剖面變化的軸視為具有等效直徑 d_e 的均勻剖面圓軸來處理，而等效直徑 d_e 為

$$d_e = \frac{\sum d_i L_i}{\sum L_i} \tag{7-27}$$

式中 d_i 為 i 段軸的直徑，L_i 則為 i 段軸的長度。由於均勻剖面的軸可以藉奇異函數得到軸的撓曲曲線方程式，最大撓度的位置即不難決定。

一般而言，軸的扭轉勁度對軸的正常運轉影響比較少，對它的規定較少。若以 ϕ 表示沿軸向每單位長度的容許扭轉角，則一般傳動時容許的 ϕ 值為 0.5° ~ 1°/m，較精確的傳動時 ϕ 值約為 0.25° ~ 0.5°/m，很重要的傳動時 ϕ 值應小於 0.25°/m。軸的扭轉角可利用材料力學中計算扭轉角的式子，分段計算各軸段的扭轉角後，再求其總和，即

$$\phi = \sum_{i=1}^{n} \frac{TL_i}{GJ_i} \Big/ L \quad \text{rad/ m}$$

$$= 53.7 \sum_{i=1}^{n} \frac{TL_i}{GJ_i} \Big/ L \quad \text{deg/ m} \qquad \textbf{(7-28a, b)}$$

式中 L_t、J_i 分別為各軸段的長度及極慣性矩，L 則為各軸段長度之和。

穩定度準則

當軸的轉速接近軸的自然頻率 (natural frequency) 時，會發生動態不穩定的情況，使軸在大撓度的狀況下運轉，嚴重時將導致軸的破壞。這種現象稱為共振 (resonance)，使軸產生共振現象的轉速稱為軸的**臨界轉速** (critical speed)。每支軸有許多臨界轉速，其中轉速最低者稱為一階臨界轉速，其他的則依序分別以二階、三階……臨界轉速稱呼之。一階臨界轉速的振動激烈，最為危險，所以設計傳動軸須考慮軸的動態穩定度時，通常以計算一階臨界轉速為主，只有在特定情況下才需要計算更高階的臨界轉速。

軸的一階臨界轉速常以 Rayleigh 能量法求其近似值，以下的推導將以圖 7-5 為依據，並忽略軸本身受重力影響而產生的撓曲。在圖 7-5 中導致轉軸產生撓曲的是軸上兩件旋轉元件處的力 P_1 與 P_2，若這兩項負荷的作用點於軸發生橫向振動時的振幅分別以 y_{1m} 與 y_{2m} 表示，由於旋轉元件在 y 方向的運動為簡諧運動，則在任意的 t 時刻，各元件作用點處的撓度可以

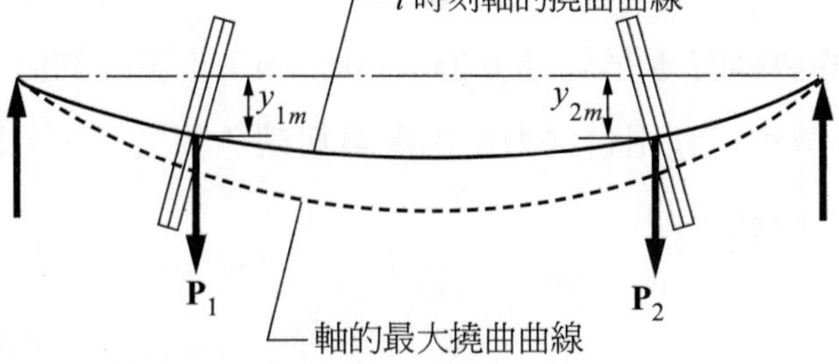

圖 7-5 旋轉軸的撓曲

$$y_1 = y_{1m}\cos\omega_n t \quad 與 \quad y_2 = y_{2m}\cos\omega_n t \tag{a}$$

表示，式中 ω_n 為軸的一階臨界轉速。兩旋轉元件在 y 方向的速度為

$$\dot{y}_1 = y_{1m}\omega_n \sin\omega_n t \quad 與 \quad \dot{y}_2 = y_{2m}\omega_n \sin\omega_n t \tag{b}$$

因為整個軸的撓曲程度在彈性範圍之內，依能量守恒原理可知

$$U = \frac{1}{2}\left(p_1 y_1 + p_2 y_2 + \frac{W_1}{g}\dot{y}_1^{\,2} + \frac{W_2}{g}\dot{y}_2^{\,2}\right) = \text{const.} \tag{c}$$

式中的 W_1 與 W_2 分別代表軸上旋轉元件的重量，於是，當各旋轉元件的撓度達到其極限位置時，$\dot{y}_1^{\,2} = \dot{y}_2^{\,2} = 0$，且當各旋轉元件的撓度為零時，其速度 $\dot{y}_1$ 與 $\dot{y}_2$ 均達到最大值即

$$\dot{y}_1 = y_1\omega_n \quad 與 \quad \dot{y}_2 = y_2\omega_n \tag{d}$$

因此，可得

$$\frac{1}{2}P_1 y_1 + \frac{1}{2}P_2 y_2 = \frac{1}{2}\frac{W_1}{g}(y_1\omega_n)^2 + \frac{1}{2}\frac{W_2}{g}(y_2\omega_n)^2 \tag{e}$$

由 (e) 式可得軸的一階臨界轉速為

$$\omega_n = \left[\frac{g(P_1 y_1 + P_2 y_2)}{W_1 y_1^{\,2} + W_2 y_2^{\,2}}\right]^{1/2} \ \text{rad/m} \tag{7-29}$$

(7-29) 式推廣至軸上有更多旋轉元件的情況時，(7-29) 式將改寫成

$$\omega_n = \left[\frac{g\sum_{i=1}^{N} P_i y_i}{\sum_{i=1}^{N} W_i y_i^{\,2}}\right]^{1/2} \ \text{rad/m} \tag{7-30}$$

但此種作法忽略了軸本身重量的影響，所得的臨界轉速僅是個近似值，軸的實際工作轉速應維持小於 0.85 ω_n 的轉速，比較能保證傳動軸的動態穩定性。

更高階之軸的臨界轉速，本書不予討論，有興趣者可參考有關振動理論的書籍，例如 *Vibration for Engineer* by Dimarogonas & Haddad Prentice Hall, 1992, Chapter 11。

7.5 軸的材料

選擇機械元件的材料時，應該先瞭解元件承受的主要負荷為何？可能的損壞為何？軸是相當重要的機械元件，大多數的軸都承擔傳達扭矩的任務，且需承受彎曲負荷，因此，軸承受的主要應力為波動扭轉剪應力及交變彎應力。依不同的機械類型，也可能承受過負荷或衝擊負荷。此外，軸頸部分則承受摩擦力的作用。

依據前面的敘述及軸實際損壞的統計分析，可知軸類元件主要的失效模式有疲勞失效、斷裂失效與摩擦失效。因此，適合製作軸的材料應具有恰如其分的強度及韌性，以防範過負荷及衝擊造成的失效；也應具有足夠的耐磨性，以抵抗軸頸的磨損；而且也應有高疲勞限或疲勞強度，以保證軸的疲勞性能。為了能夠兼顧這些性能上的要求，軸的材料通常以含碳量在 0.30~0.45% 間的中碳鋼與合金鋼最適合。

合金鋼較中碳鋼有更高的強度、韌度及熱處理性能，但相對地，對缺口的敏感度較高，價格也較碳鋼高，因此多用於對強度或使用條件較嚴苛的情況 (如高溫、大衝擊負荷)。雖然合金鋼都可以作為軸的材料，但實務上以選用鉻鉬與鎳鉻鉬鋼居多。

碳鋼較合金鋼便宜，對缺口的影響較不敏感，並可以藉熱處理的措施，針對特定的要求改善其性能。如利用滲碳淬火、氮化法或氰化法等熱處理方式，提高軸表面的硬度以改善其耐磨性，其他部分則維持原來的狀況。

由於冷拉製程能改善材料的物理性質，提昇材料的抗拉強度與降伏強度，並能擁有光潔的表面，而降低加工量，因此，普通碳鋼與各種合金鋼質的冷拉圓棒廣泛地使用於一般的傳動軸上。

若軸頸在較嚴苛的運轉條件下運轉，需要較高的強度時，以含碳量 0.3% 以上的碳鋼或合金鋼製成軸的毛胚，完成加工程序後再施以淬火與調質等熱處理程序，是一項很適合的作法；鐵道車輛與內燃機的軸大多以含碳量在 0.45% 左右的鋼料鍛造而成，即為實際的例子。

7.6 軸上的定位元件

在 7.2 節曾提及軸上的定位元件有軸套、銷、定位螺栓、扣環、鍵、軸栓與栓槽等，本節將討論與這些定位元件有關的設計及較詳細的分類、規格。

銷

銷兼具有軸向定位與周向定位的功能，但僅能傳遞小扭矩，而且會削弱軸承受負荷的能力，不適合用於軸上有高應力的位置。為了適應不同的需要，銷分成**半永久銷** (semi-permanent pin) 及**快鬆銷** (quick release pin) 兩大類，其下依其構造、形狀可再細分成不同型式的銷，如表 7-3 所示；圖 7-6 則顯示幾種銷的實際使用狀況。

銷承受的主要應力為剪應力與承應力，有時也承受彎應力。以銷作為定位元件時，承受剪力作用的條件為

$$\tau_a = \frac{4F}{Z\pi d^2} \tag{7-31}$$

表 7-3　銷的類型

半永久銷	快鬆銷
圓柱銷 (cylinderical pin)	確閂銷 (positive locking type)
定位銷 (dowel pin)	推拔銷 (push-pull type)
推拔銷 (tapper pin)	鉤銷 (knucle pin)
開口銷 (cotter pin)	線銷 (wire pin)
槽銷 (groove pin)	
彈簧銷 (spring pin)	

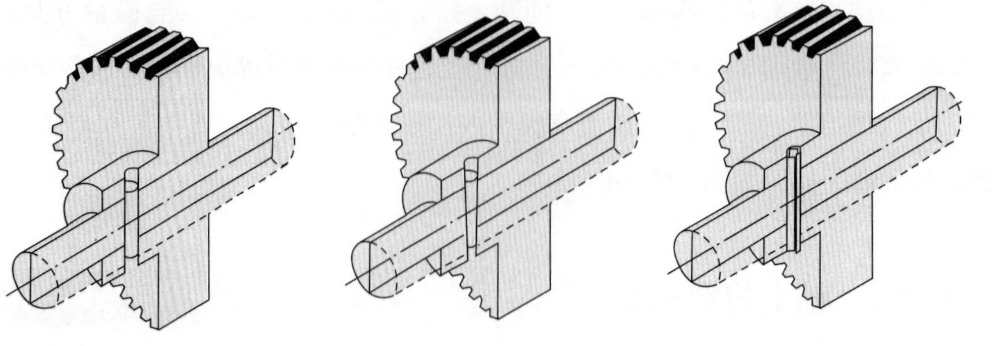

(a)圓柱銷　(b)推拔銷　(c)彈簧銷

圖 7-6　銷的應用

式中 τ_a 為銷的容許剪應力，F 為沿軸的軸向方向的負荷，d 為圓柱銷的直徑，若為推拔銷則 d 為平均直徑，Z 為承受剪力之銷的數目。銷承受承應力的條件為

$$\sigma_{Ba} = \frac{F}{dl} \tag{7-32}$$

式中 σ_{Ba} 為銷的容許承應力，F 為沿軸的軸向方向的負荷，d 為銷的直徑，為銷的接觸長度。

圓柱銷表 7-4 有均勻的直徑，藉微量的干涉配合安置於鉸製的銷孔中，若經多次拆裝將會降低定位的精度與可靠度。表 7-4 列出常用圓柱銷的尺寸。

推拔銷沿其軸向具有 2% 的錐度，藉錐面的擠壓作用固定於鉸製的銷孔中，常用於軸與輪轂前精確的定位。推拔銷的裝卸較圓柱銷容易，雖然多次拆裝，對精度的影響也不很大。圖 7-7(a) 即為普通的推拔銷，若沿推拔銷的軸向方向製成槽溝形狀，如圖 7-7(b)，即所謂的開槽推拔銷，可使配合更為緊密。表 7-5 與表 7-6 分別為開槽推拔銷與推拔銷的尺寸表。

彈簧銷具有彈簧高可撓性的特質，安裝的銷孔直徑略小於彈簧直徑，因此，安置妥適後彈簧銷將承受壓縮負荷，由於彈簧銷較高的可撓性，使它在承受衝擊或振動負荷時，對銷孔造成損壞的可能性降低。

表 7-4　圓柱銷尺寸

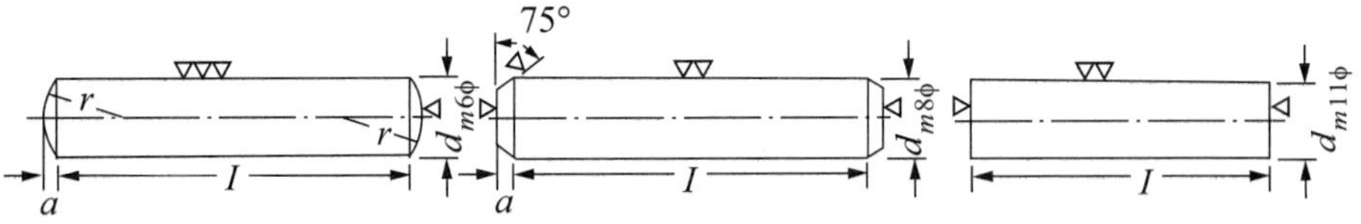

		標稱直徑 d_{norm}							
		1.6	**2**	**2.5**	**3**	**4**	**5**	**6**	**8**
d_{m6}	Max	1.61	2.01	2.51	3.01	4.01	5.01	6.01	8.02
	Min	1.60	2.00	2.50	3.00	4.00	5.00	6.00	8.01
d_{h6}	Max	1.60	3.00	2.50	3.00	4.00	5.00	6.00	8.00
	Min	1.59	1.99	2.49	2.99	3.98	4.98	5.98	7.98
d_{m11}	Max	1.60	2.00	1.50	3.00	4.00	5.00	6.00	8.00
	Min	1.54	1.94	2.44	2.94	3.92	4.92	5.92	7.91
	a_{max}	0.20	0.25	0.30	0.40	0.50	0.63	0.80	1.00
	r_{nom}	1.60	2.00	2.50	3.00	4.00	5.00	6.00	8.00
		標稱直徑 d_{norm}							
		10	**12**	**16**	**20**	**25**	**32**	**40**	**50**
d_{m6}	Max	10.02	12.02	16.02	20.02	25.02	32.02	40.02	50.02
	Min	10.01	12.01	16.01	20.01	25.01	32.01	40.01	50.01
d_{h6}	Max	10.00	12.00	10.00	20.00	25.00	32.00	40.00	50.00
	Min	9.98	11.97	15.97	19.97	24.97	31.96	39.96	49.96
d_{m11}	Max	10.00	12.00	16.00	20.00	25.00	32.00	40.00	50.00
	Min	9.91	11.89	15.89	19.87	24.87	31.84	39.84	49.84
	a_{max}	1.20	1.60	2.00	2.50	3.00	4.00	5.00	6.30
	r_{nom}	10.00	12.00	16.00	20.00	25.00	32.00	40.00	50.00

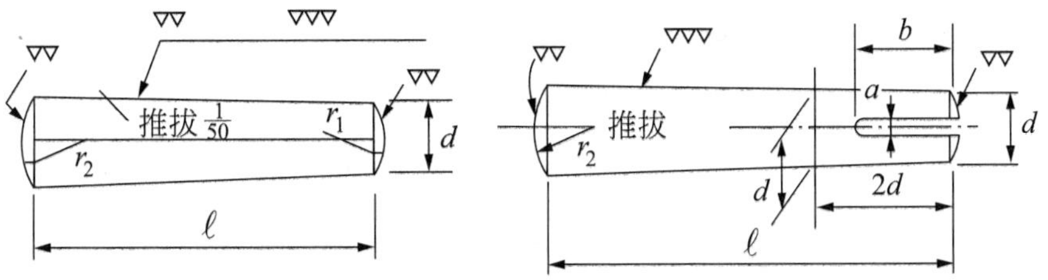

(a)推拔銷　　(b)開槽推拔銷

圖 7-7　推拔銷與開槽推拔銷

表 7-5 開槽推拔銷尺寸表 (mm)

d	2	2.5	3	4	5	6	7	8	10	13	16	20
a_{min}	0.4	0.4	0.6	0.6	0.6	0.8	0.8	0.8	1.0	1.0	1.0	1.6
b_{min}	3.0	3.5	4.5	6.0	7.5	9.0	10.5	12.0	15.0	20.0	24.0	30.0
b_{max}	4.0	5.0	6.0	8.0	10.0	12.0	14.0	16.0	20.0	26.0	32.0	40.0
l_{min}	12.0	14.0	14.0	18.0	20.0	28.0	32.0	36.0	45.0	56.0	70.0	80.0
l_{max}	28.0	36.0	50.0	63.0	70.0	80.0	100.0	125.0	140.0	160.0	200.0	225.0

表 7-6 推拔銷尺寸表 (mm)

	d_{nom}	1.6	2	2.5	3	4	5	6	8
d_{h10}	Max	1.60	2.00	2.50	3.00	4.00	5.00	6.00	8.00
	Min	1.54	1.96	2.46	2.94	3.95	4.95	5.95	7.94
	d_{nom}	10	12	16	20	25	32	40	50
d_{h10}	Max	10.00	12.00	16.00	20.00	25.00	32.00	40.00	50.00
	Min	9.94	11.93	15.63	19.92	24.92	31.90	39.90	49.90

圖 7-8 是推拔銷應用的實例，以推拔銷與軸套聯接承受軸向拉力的兩中空圓管，若承受的軸向拉力為 F，則應考慮下列應力：

1. 中空圓管的軸向拉應力 σ

$$\sigma = \frac{F}{\frac{\pi}{4}(d_2^2 - d_1^2) - (d_2 - d_1)d_m} \tag{7-33}$$

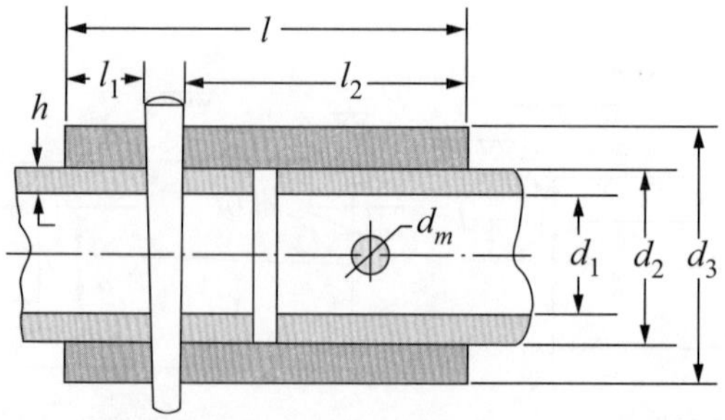

圖 7-8 推拔銷應用實例

2. 推拔銷在銷孔中承受的承應力 σ_b (圓管部分)

$$\sigma_b = \frac{F}{(d_2 - d_1)d_m} \tag{7-34}$$

式中的 d_m 為推拔銷的平均直徑。

3. 推拔銷在銷孔中承受的承應力 σ_b (軸套部分)

$$\sigma_b = \frac{F}{(d_3 - d_2)d_m} \tag{7-35}$$

4. 銷承受的剪應力

$$\tau = \frac{2F}{\pi {d_m}^2} \tag{7-36}$$

5. 圓管沿銷孔邊緣撕裂的剪應力

$$\tau = \frac{F}{2(d_2 - d_1)l_2} \tag{7-37}$$

6. 軸套沿銷孔邊緣撕裂的剪應力

$$\tau = \frac{F}{2(d_3 - d_2)l_1} \tag{7-38}$$

7. 軸套中的軸向拉應力

$$\sigma = \frac{F}{\frac{\pi}{4}(d_3^2 - d_2^2) - (d_3 - d_1)d_m} \tag{7-39}$$

整個設計必須以上各應力都在安全應力範圍內才是合格的設計。

槽銷是在沿銷的軸線方向製作不同凹槽的圓柱銷，通常都有三個槽，如圖 7-9 所示。槽銷的銷孔不需鉸光，當槽銷壓入銷孔後，藉銷槽的彈性變形，以及由於三個槽的尖脊造成的有效直徑增大的效果而固鎖於銷孔內，槽銷適合用於承受振動負荷的聯結，可取代鍵、推拔銷與螺栓等結合元件的功能。

銷也可以作為安全裝置中的過負荷剪斷元件，如圖 7-10 的安全銷。當發生過負荷時，安全銷應該先遭剪斷，銷承受的剪應力 τ 為

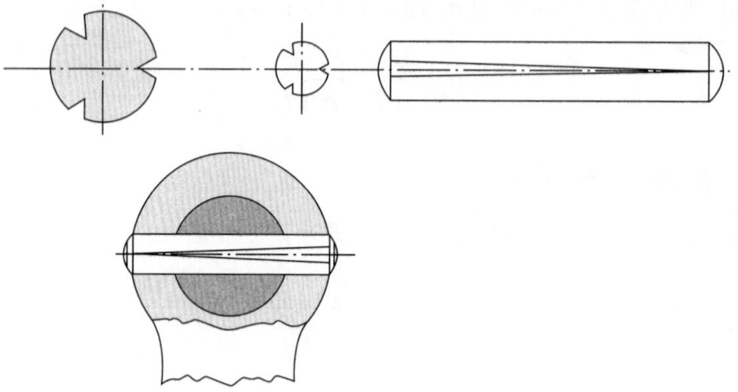

⚒圖 7-9　槽銷及其應用

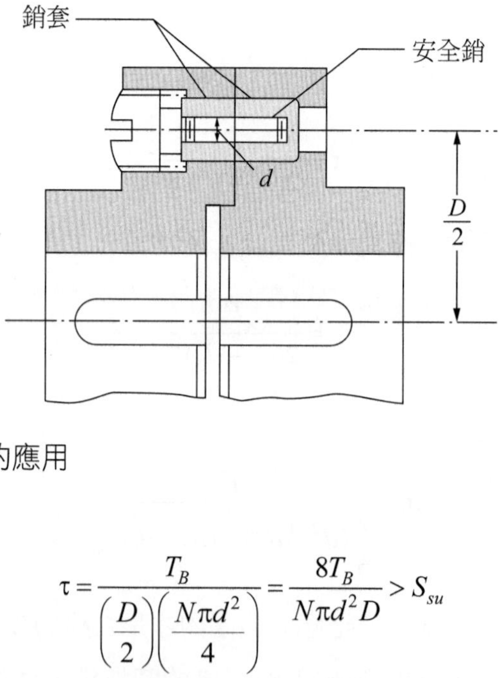

⚒圖 7-10　安全銷的應用

$$\tau = \frac{T_B}{\left(\frac{D}{2}\right)\left(\frac{N\pi d^2}{4}\right)} = \frac{8T_B}{N\pi d^2 D} > S_{su}$$

其中 T_B = 過負荷時軸承受的扭矩

D = 安全銷中心圓直徑

d = 安全銷直徑

N = 安全銷個數

S_{su} = 剪斷強度，通常約為 0.67 S_{ut}。

因此，安全銷的直徑約為

$$d = 1.6\left[\frac{T_B}{NDS_{su}}\right]^{\frac{1}{2}} \tag{7-40}$$

範例 7-3

若圖 7-10 的軸聯結裝置使用 6 個安全銷，銷的直徑 d = 5 mm，安全銷中心圓直徑 D = 80 mm，鍵的材質為 AISI 1020 CD。已知該項設計是依過負荷 20% 時安全銷即剪斷設計，試求該軸聯結裝置可以傳遞多大的扭矩。

解：AISI 1020 CD 鋼的抗拉強度 S_{ut} = 470 MPa，所以

$$S_{su} = 0.67S_{ut} = 0.67(470) = 315\ \text{MPa}$$

由 (7-33) 式可知過負荷扭矩 T 為

$$T_B = \frac{\pi}{8}Nd^2DS_{su} = \frac{\pi}{8}(6)(5)^2(80)(315) = 148.4\ \text{N}\bullet\text{m}$$

因設計的過負荷扭矩為額定扭矩的 120%，所以，標稱扭矩 T_B 的值為

$$T = T_B / 1.2 = 123.7\ \ \text{N}\bullet\text{m}$$

使用安全銷作為安全裝置，為了防止安全銷剪斷時傷及銷孔，通常都會置入銷套以作為防護措施，如圖 7-10 所示。

鍵

鍵是介入在軸與軸上之旋轉元件或擺動元件間的標準元件，具有周向定位以便傳遞扭矩，或軸向定位，軸向移動導軌的功能。鍵的類型頗多，常見的如圖 7-11 列出的方鍵 (squarekey)、平鍵 (flat key)、圓鍵 (round key)、半圓鍵 (woodruff key)、帶頭鍵 (Gib-head key)，及周向鍵 (tangential key) 等，分別適用於各種不同的情況。

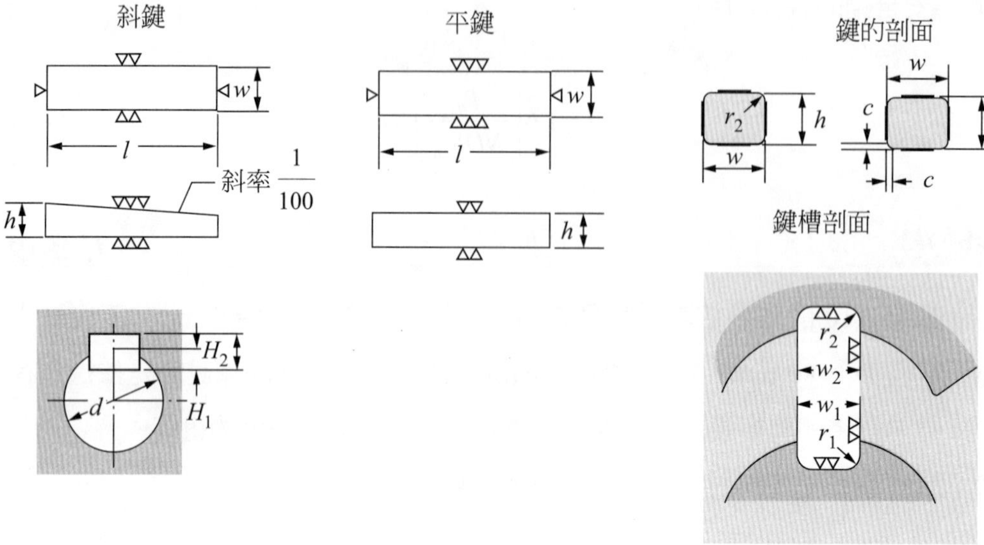

圖 7-11 斜鍵與平鍵的尺寸

選擇鍵的類型時，常從鍵的結構、使用特性與工作條件著手。應考慮傳遞功率的大小、鍵的位置 (軸的中段或端部)、聯結於軸上的元件是否需要作軸向的滑動及滑動的距離，以及是否需要軸向定位的功能等因素。

鍵的尺寸指鍵的剖面尺寸 (通常以鍵寬 $W\times$ 鍵高 H 表示) 及鍵的長度。鍵的剖面尺寸在標準中依軸徑 d 的大小決定，鍵的長度略短於輪轂，若需具有軸向滑動導軌的功能時，則視輪轂長度及滑動距離而定。

平鍵或方鍵是使用最廣泛的鍵，常使用於靜聯結。若聯結於軸上的元件需作軸向滑移，即需具有軸向滑動導軌作用時 (如變速箱中的滑移齒輪)，便於成動聯結。在靜聯結的情況下平鍵的主要損壞方式為鍵、軸與輪轂三者間最弱的接觸面，因承應力過大而損壞，或鍵因承受太大的剪力而剪斷。若鍵、軸與輪轂三者間有適宜的配合，依圖 7-12 考慮鍵的強度時

$$F=\frac{2T}{D} \tag{7-41}$$

式中 T 為軸傳遞的扭矩，D 為軸徑，且 F 為軸與輪轂接觸面間的周向力。而鍵、軸與輪轂的接觸面間的承應力為

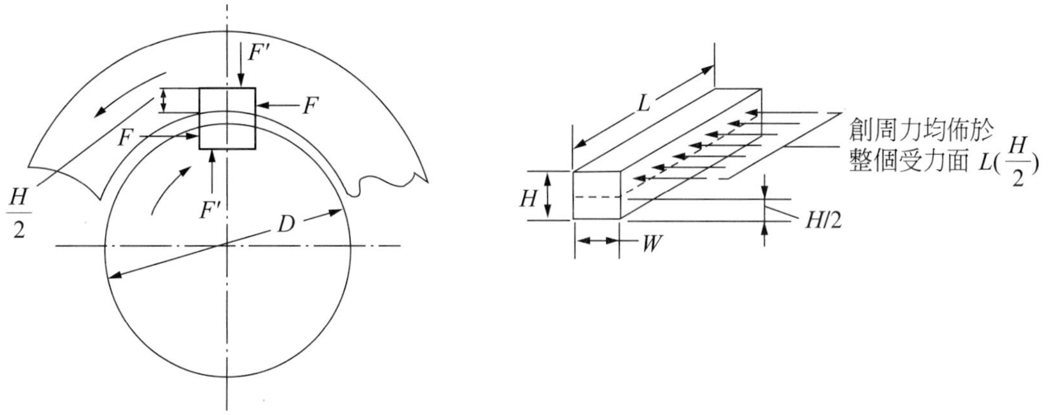

圖 7-12　軸、鍵與輪轂的組合及鍵承受的力

$$\sigma_B = \frac{4T}{DHL} \tag{7-42}$$

此項承應力的值應小於鍵、軸與輪轂三者中容許承應力的最小值。鍵所承受的剪應 τ 則為

$$\tau = \frac{2T}{DWL} \tag{7-43}$$

式中 W 為鍵寬，H 為鍵高，L 為鍵的長度。τ 的值也應小於鍵的容許剪應力。

半圓鍵因能對其幾何中心擺動，以適合輪轂中鍵槽的斜度，而有容易裝配的優點，尤其適合有錐度的軸端與輪轂的聯結。但使用半圓鍵時，軸的鍵槽較深，對軸的強度削弱較大，因此僅適合用在負荷較小的聯結。

帶頭鍵屬於楔形鍵，鍵的部分有 1：100 的推拔度，依賴軸與輪轂的接觸面間的摩擦力以傳遞扭矩的鍵。通常用於傳遞中程度的扭矩，並且藉輪轂與鍵間的楔作用 (wedging action) 鎖定其軸向與周向的位置。帶頭鍵的頭部常造成危險，安置妥適後，宜將頭部移除，或使用不帶頭部的斜鍵。表 7-7 所列者為平鍵的標準尺寸。

帶頭鍵或斜鍵可承受的傳動扭矩 T，若依圖 7-13 所使用的標示，可知

表 7-7 平鍵規格尺寸表

公稱尺寸	適用的軸徑		鍵之尺寸				鍵槽之尺寸		
$w \times h$	d_{min}	d_{max}	w	h	c	H_1	H_2	w_1 & w_2	r_1 & r_2
4 × 4	10	13	4	4.2		2.5	1.5	4	
5 × 5	13	20	5	5.2	0.5	3	2	5	0.4
7 × 7	20	30	6	7.2		4	3	7	
10 × 8	30	40	10	8.2		4.5	3.5	10	
12 × 8	40	50	12	8.2	0.8	4.5	3.5	12	0.6
15 × 10	50	60	15	10.2		5	5	15	
18 × 12	60	70	18	12.2		6	6	18	
20 × 13	70	80	20	13.2	1.2	7	6	20	1.0
24 × 16	80	95	24	16.2		8	8	24	
28 × 18	95	110	28	18.2		9	9	28	
32 × 20	110	125	32	20.2		10	10	32	
35 × 22	125	140	35	22.3	2	11	11	35	1.6
38 × 24	140	160	38	24.3		12	12	38	
42 × 26	160	180	42	26.3		13	13	42	
42 × 28	180	200	45	28.3	2	14	14	45	1.6
50 × 31.5	200	224	50	31.8		16	15.5	50	
56 × 35.5	224	250	56	35.8		18	17.5	56	
63 × 40	250	280	63	40.3		20	20	63	
71 × 45	280	315	71	45.4	3	22.5	22.5	71	2.5
80 × 50	315	355	80	50.4		25	25	80	
90 × 56	355	400	90	56.4	3	28	28	90	2.5
100 × 63	400	450	100	63.4		31.5	31.5	100	

$$T = \frac{1}{2}\mu_1 ND + \frac{1}{2}\mu_2 ND$$

但 $N = WLS_C$，可知

$$T = \frac{1}{2}(\mu_1 + \mu_2)DWLS_C \tag{7-44}$$

式中 T = 傳遞扭矩 (N • m)

μ_1 = 軸與輪轂間的摩擦係數

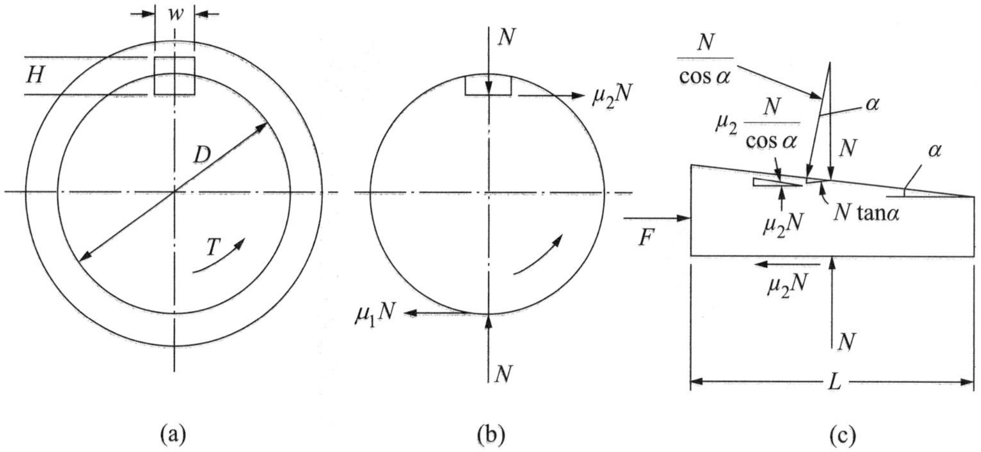

圖 7-13　(a) 錐鍵、軸與軸轂之聯結；(b) 軸的負荷；(c) 鍵的負荷

μ_2 = 鍵與軸上的鍵座 (keyseat) 間的摩擦係數

S_C = 鍵的承壓強度 (compressive strength) (MPa)

摩擦係數的合理估計值為 $\mu_1 = 0.25$，μ_2 因鍵與鍵座間實務上會塗佈油脂，所以值略小而為 $\mu_2 = 0.10$，則

$$T = 0.135DWLS_C \tag{7-45}$$

裝配時將鍵推入鍵座所需的力 F 為

$$F = 2\mu_2 N + N\tan\alpha = WLS_C(2\mu_2 + \tan\alpha) \tag{7-46}$$

因為 $\mu_2 = 0.10$，$\tan\alpha = 0.10$ (推拔度 = 0.01)，所以

$$F = 0.2104WLS_C \tag{7-47}$$

栓與栓槽

栓 (spline) 可視為是直接在傳動軸上沿軸方向切削製成的多個栓齒，套入在配合件上製成的相對應的栓槽，如圖 7-14，而形成如同鍵聯結的聯結方式。它的功能也與鍵相似，即在配合元件與軸之間傳遞扭矩。但因軸上通常至少有四個

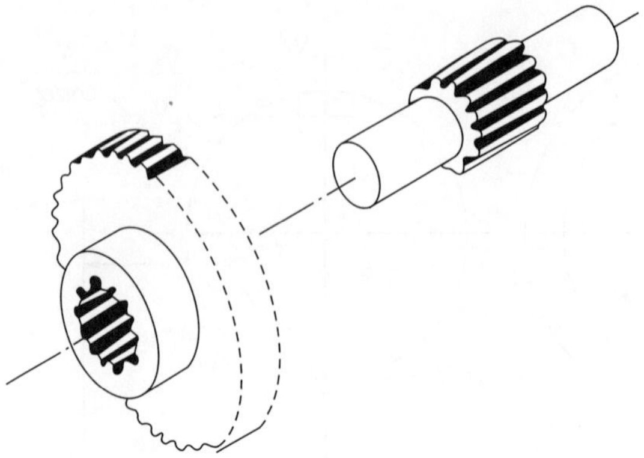

圖 7-14 栓與栓槽

栓，相較於普通軸上僅有一個或二個鍵的安排方式，栓與栓槽的聯結方式其扭矩傳遞較均勻，且軸與輪轂的接觸面間承受的負荷較低，軸上的旋轉元件與軸的同心度較高；但製造必須使用專用設備，所需的加工精度較高，導致成本較高。通常栓與栓槽都得施以表面硬化處理，尤其是以栓聯結的兩元件之間有相對滑動時，可以提供較大的耐磨性。

栓可以栓齒的外形分成方栓與漸開線齒栓兩種：

1. **方栓**：方栓是歷史較久遠的一種，有許多工具機及車輛採用這種型式。表7-8 顯示了 SAE 標準的 4、6、10 及 16 齒的配合栓槽。此型栓的損壞方式雖有個別栓齒因剪應力過大而剪斷的情況，但以因承壓齒面承受太大壓力而壓潰的情況居多，因此，考慮方栓傳動能力時，多依下列式計算

$$T = \frac{1}{2} N\sigma_C Lh(D-h) \tag{7-48}$$

式中的 D、h 如表 7-8 所示，N 為方栓齒數，L 為方栓的接觸長度，σ_C 為容許承應力，其值依配合等級而定，如表 7-8 所示。

2. **漸開線齒栓**：漸開線齒栓的齒根強度較方栓高，應力集中的現象較不顯著。可使用齒輪的製造設備來製作，精度較高，也比較容易得到較高的同心度。典型的漸開線齒栓係以 30°、37.5° 或 45° 的壓力角製成，並有下列兩種配合方式：

表 7-8 SAE 標準方栓槽及其各部分的比例

方栓型式	標示符號	各部分的比例	配合等級	容許承應力
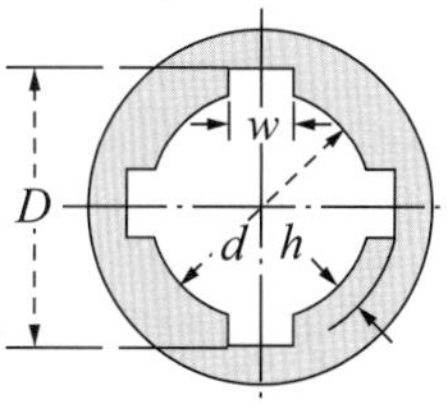	w h h	$w = 0.241D$ $4A, h = 0.075D$ $4B, h = 0.125D$	 A B	 20.6 13.7
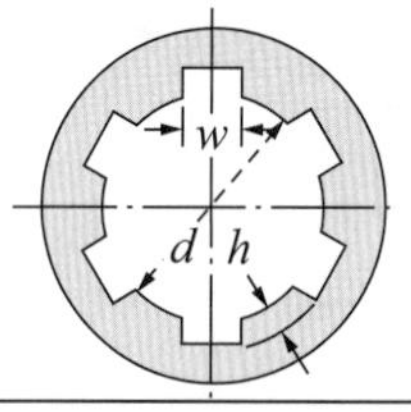	w h h h	$w = 0.250D$ $6A, h = 0.050D$ $6B, h = 0.075D$ $6C, h = 0.100D$	 A B C	 20.6 13.7 6.9
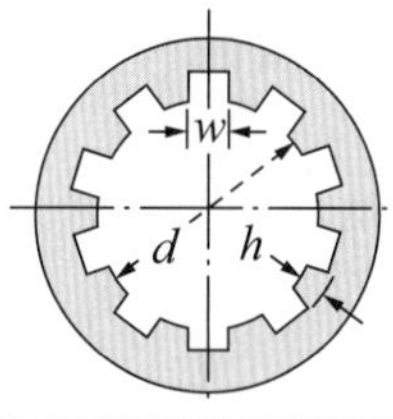	w h h h	$w = 0.156D$ $10A, h = 0.045D$ $10B, h = 0.070D$ $10C, h = 0.095D$	 A B C	 20.6 13.7 6.9
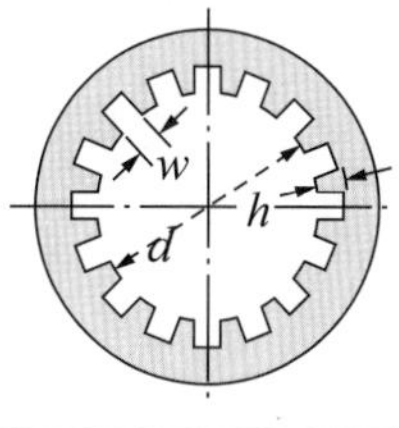	w h h h	$w = 0.098D$ $16A, h = 0.045D$ $16B, h = 0.070D$ $16C, h = 0.095D$	 A B C	 20.6 13.7 6.9

(1) 大徑配合 (major diameter fit)：以外栓齒的大徑變化控制配合。較容易達成軸與配件間的同心度。

(2) 齒側配合 (side fit)：以齒厚控制配合，僅齒側有接觸。因具有漸開線齒形，而有將軸心推至配合栓槽中心的趨勢，也就是有自動對心的效果。

漸開線齒栓所使用的專業名詞與齒輪所使用者相同。尺寸大小也由模數 m 表示，依定義

$$m = \frac{D}{N} \tag{7-49}$$

其中 D 為節圓直徑，N 為栓的齒數，且**基齒厚** (basic tooth thickness) t 為

$$t = \frac{\pi}{2} m \tag{7-50}$$

標準模數有 15 種，如下表所示。一般設計上使用的栓長 L 大約在 0.75D 至 1.25D 之間，D 為漸開線齒栓的節圓直徑。

漸開線齒栓的標準模數		
0.25	1.5	4
0.5	1.75	5
0.75	2	6
1	2.5	8
1.25	3	10

習　題

1. 圖 P7-1 的心軸以 AISI 1045 CD 鋼料製成，不作旋轉，若圖中的 $F_1 = F_2 = 9$ kN，另外軸也承受穩定扭矩 6 N • m，試依 (a) 最大剪應力理論；(b) 最大畸變能理論，求其安全因數。

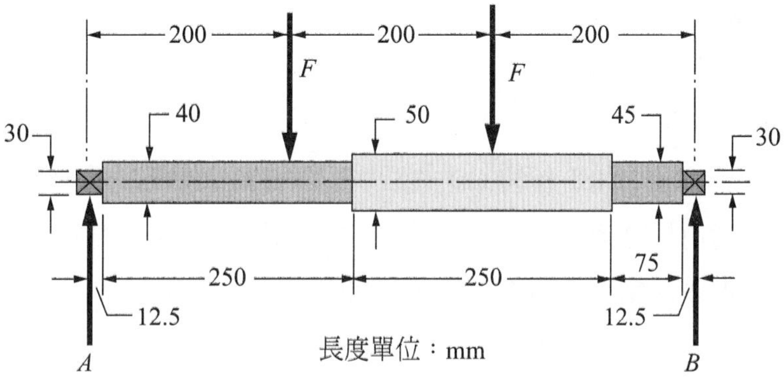

圖 P7-1

2. 若前題的軸改以 ASTM 50 鑄鐵製作，試依 (a) 莫爾理論；(b) 修正的莫爾理論，求軸的安全因數。

3. 若將問題 1 改成 $F_1 = 8$ kN，$F_2 = 10$ kN，其他條件不變，試重解問題 1。

4. 若問題 1 的 $F_1 = 10$ kN，$F_2 = 8$ kN，其他條件維持不變，試重解問題 1。

5. 將問題 3 與問題 4 中軸的材料改成 ASTM 50 的鑄鐵，試依 (a) 莫爾理論；(b) 修正的莫爾理論，求軸的安全因數。

6. 若問題 1 中的軸為傳動軸，其他條件不變，試重解問題 1。

7. 若問題 3 與問題 4 中的軸為傳動軸，其他條件維持不變，試依 (a) 最大剪應力理論；(b) 最大畸變能理論，求軸的安全因數。

8. 圖 P7-8 的傳動軸承受的扭矩動於 7.25 Nm 至 7.75 Nm 之間，若軸以 AISI 1050 CD 的圓鋼製成，但所有的內圓角都經過研磨，試依最大剪應力理論求軸的安全因數。$F_1 = F_2 = 8$kN。

9. 問題 8 中軸的材料若為 AISI 1045 CD，試依最大畸變能理論求軸的安全因數。

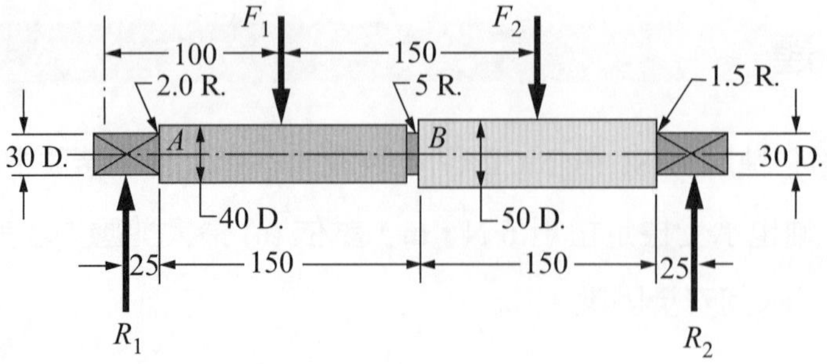

圖 P7-8

10. 試求問題 1 中軸的臨界轉速。

11. 圖 P7-8 呈現了以 AISI 1050 CD 的圓鋼製成之傳動軸的造形及負荷圖，若軸所有的內圓角都經過研磨，且承受的扭矩波動於 7.8 Nm 與 8.2 Nm 之間，試依最大畸變能理論求軸的安全因數。圖中的 $F_1 = 7.5$ kN, $F_2 = 9$ kN。

12. 試依最大剪應力理論求問題 11 之傳動軸的安全因數。

13. 試求問題 11 中所得的旋轉軸的臨界轉速。

14. 圖 P7-14(b) 為圖 7P-14(a) 的傳動軸，已知軸的轉速穩定，所有內圓角均經研磨，軸的材料為 AISI 1045 CD，設計因數為 2.0。圖中的 d_1 可直接由皮帶輪傳送的扭矩及軸的容許剪應力求得，且 E 處軸頸的直徑 $d = 1.238\ d_1$。所有的內圓角半徑與相鄰之較小直徑的比值 (即 r/d 之值) 為 0.08。試以最大畸變能理論計算，並依圖 P7-14(b) 的造形圖訂出軸的各部分尺寸。

15. 試以最大剪應力理論重解問題 14。

16. 問題 14 中的皮帶輪與齒輪都以平鍵與軸相聯結，若鍵以 AISI 1015 HR 鋼製作，設計因數為 2.0。試找出合適的平鍵，並依考慮剪應力與承應力以決定鍵的長度。

17. 圖 P7-17(b) 為圖 P7-17(a) 圖之傳動軸的尺寸圖，該軸承受穩定的扭矩。軸以 AISI 1050 Q&T 425℃ 的鋼料切削而成，所有的內圓角半徑均為 5 mm。斜齒輪上的作用力可以表示為

$$\mathbf{F}_D = -0.242\ F_D\mathbf{i} - 0.242\ F_D\mathbf{j} + 0.940\ F_D\mathbf{k}$$

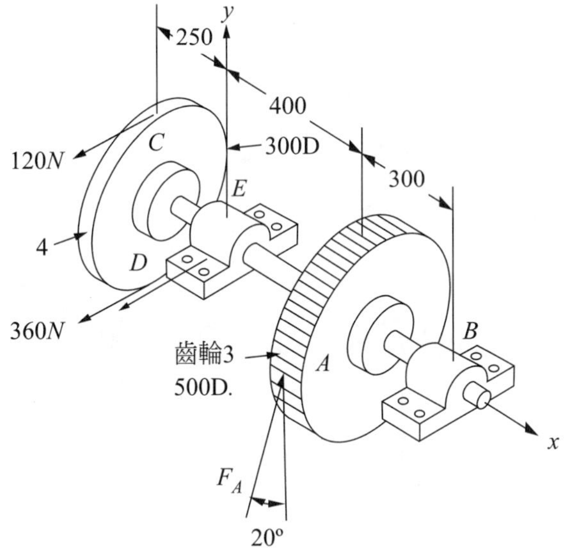

(a)

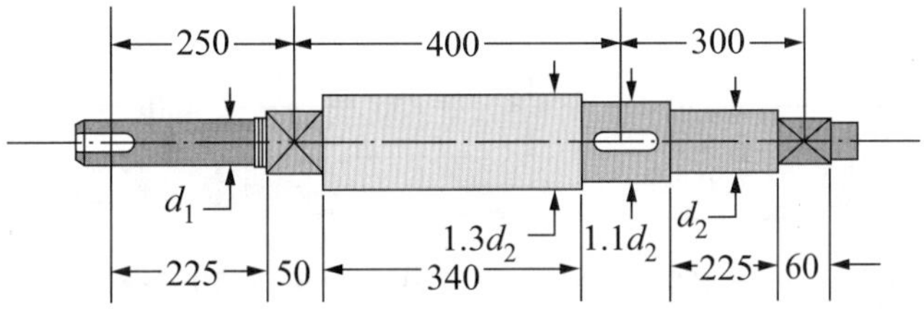

(b)

圖 P7-14

若疲勞強度的可靠度要求為 0.99，試依最大畸變能理論求軸的安全因數。

18. 試依考慮剪應力與承應力決定圖 P7-17(a) 中兩個齒輪與軸之間所需要的平鍵。鍵的材質為 AISI 1015 HR 鋼，設計因數為 1.6。

19. 圖 P7-19(a) 的副軸其細部尺寸如圖 P7-19(b) 所示。軸以 AISI 4340 Q&T 427℃的鋼料製成，所有內圓半徑都經研磨。軸承受穩定的扭矩，軸上三個齒輪承受的力可分別以 $\mathbf{F}_A = 18{,}450\mathbf{i} - 13{,}450\mathbf{j} + 32000\mathbf{k}$，$\mathbf{F}_B = -\,8{,}500\mathbf{i} + 32{,}000\mathbf{j} - 1{,}500\mathbf{k}$，及 $\mathbf{F}_C = -18{,}450\mathbf{i} - 13{,}450\mathbf{j} + 32{,}000\mathbf{k}$ 表示，單位均為 N。試依最大剪應力準則求軸的安全因數。

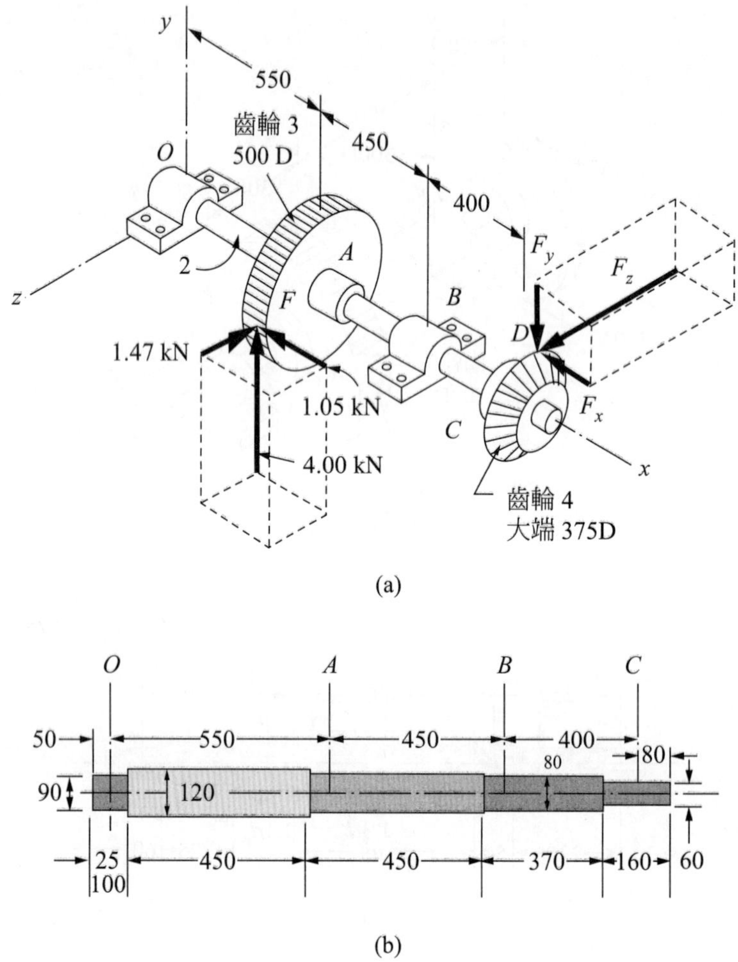

單位：mm

⚒圖 P7-17

20. 試以最大畸變能準則求問題 19 之軸的安全因數。

21. 試以最大畸變理論重解問題 19。

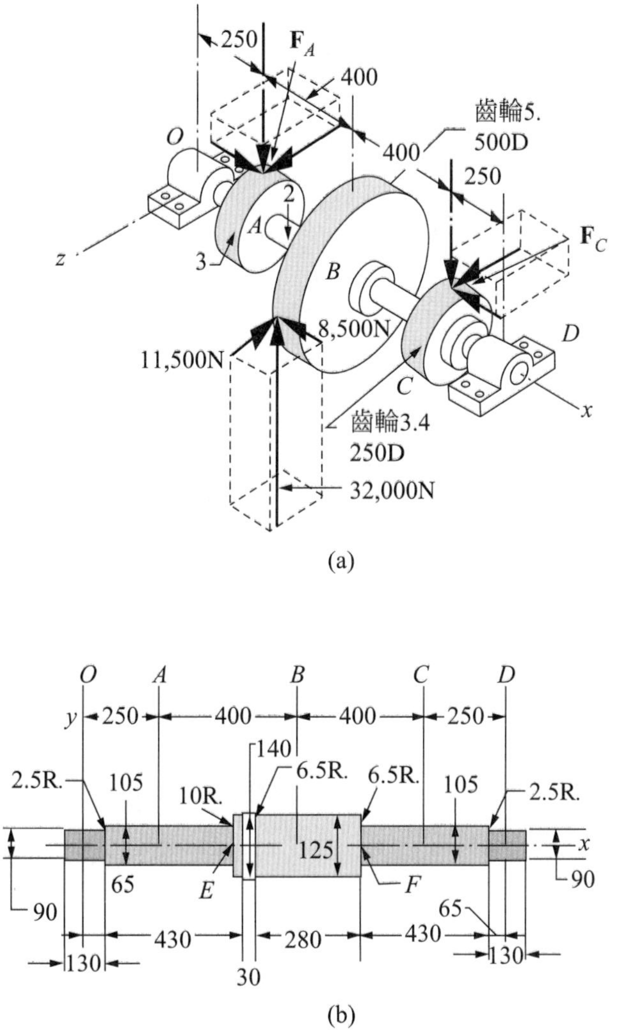

250
$\mathbf{F}_A$
400
O
齒輪5.
500D
400
250
2
A
z
3
$\mathbf{F}_C$
B
8,500N
D
11,500N
C
x
齒輪3.4
250D
32,000N
(a)
O
A
B
C
D
y
250
400
400
250
140
2.5R.
105
10R.
6.5R.
6.5R.
105
2.5R.
125
x
65
E
F
90
90
65
430
280
430
130
130
30
(b)

圖 P7-19

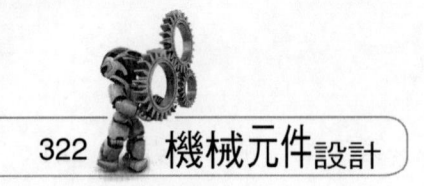

Chapter 8

滾動軸承

8.1 引言

軸承是使用於有相對運動的機件之間，用以減少摩擦損失的機械元件。依其藉以減少摩擦的方式分類，軸承可以分成滾動軸承與滑動軸承兩大類。滑動軸承是在軸承與軸頸間注入潤滑油，在軸承與軸頸間形成一層油膜分隔軸頸與軸承，以減少摩擦損失；滾動軸承則是在軸承的內外環之間置入滾子、滾針或滾珠，藉改變滑動摩擦為滾動摩擦，而達致減少摩擦損失的效果。

滑動軸承與滾動軸承各具優劣點，至於使用哪一類才是較佳的選擇，應視設計條件而定。一般而言，優先考慮使用滑動軸承的情況有：

1. 軸的轉速較高、負荷較大、而且預期壽命較長的場合，如連續運轉的輪機、發電機、離心泵等。
2. 軸的轉速不高，但負荷瞬間變化很大的場合，如沖床、碎石機等。
3. 軸的負荷不大，精度要求不高，但要求簡單，廉價的場合，如農業機械。

優先考慮使用滾動軸承的情況有：

1. 起動頻繁，要求在高負荷、低轉速下仍能輕易地起動的機械，如旋轉塔等。
2. 安裝位置隱蔽，平時維護不易的場合，如減速齒輪機、車輛及輸送機的軸承。
3. 程序工業使用的機器，由於機器若出狀況而停車修理，會影響整個生產線的生產者。

本章討論滾動軸承的性能、選擇時應考慮的因素及相關的計算，並舉例說明其應用。

8.2 滾動軸承的優點與缺點

為了在設計時能選用最適合的軸承，使得機器獲得最佳性能，應該瞭解各類軸承的優、缺點。當然軸承的某些特性是優點或是缺點須視觀點而定，例如滾動軸承轉速較高時易生噪音，可是也具有從聲音的異常察覺軸承即將損壞的優點。

滾動軸承有下列優點：

1. 起動轉矩小，在高負荷，低轉速的情況下仍能輕易地轉動。
2. 具有國際統一的規格 (specification)，互換性高。
3. 種類型式很多，能適應多種不同情況的需求，大多數型式的滾動軸承能同時承受徑向與軸向的負荷。
4. 精密度高，可靠度亦高，適用於精密度及可靠度要求高的場合。
5. 可注入油脂後密封使用，因而減少維護工作。
6. 不需要做適配運轉 (run in)。

滾動軸承也有下列缺點：

1. 承受衝擊負荷的能力差，不適合用於負荷瞬間變化很大的場合。
2. 採用干涉配合，裝卸不易。
3. 對侵入的外物非常敏感，需要有良好的防塵措施。
4. 會發生疲勞失效，有使用壽命的問題。
5. 高速運轉時易生噪音。
6. 相對於滑動軸承，滾動軸承的價格高出甚多。

此外，滾動軸承所需的徑向空間較大，軸向空間則需求較小，這一點也應列為選用軸承時的考慮因素之一。

8.3　各型滾動軸承概述

滾動軸承可再依其滾動元件形狀分成**滾珠軸承** (ball bearing)、**滾子軸承** (roller bearing) 及**滾針軸承** (needle bearing) 三大類，每一類又依其承受的主要負荷是徑向負荷 (radial load) 或軸向負荷 (axial load 或 thrust load) 製成各種不同型式的軸承，如表 8-1 所示，可說是族繁不及備載。以下將就常用的滾動軸承作概

表 8-1 各種型式的滾動軸承

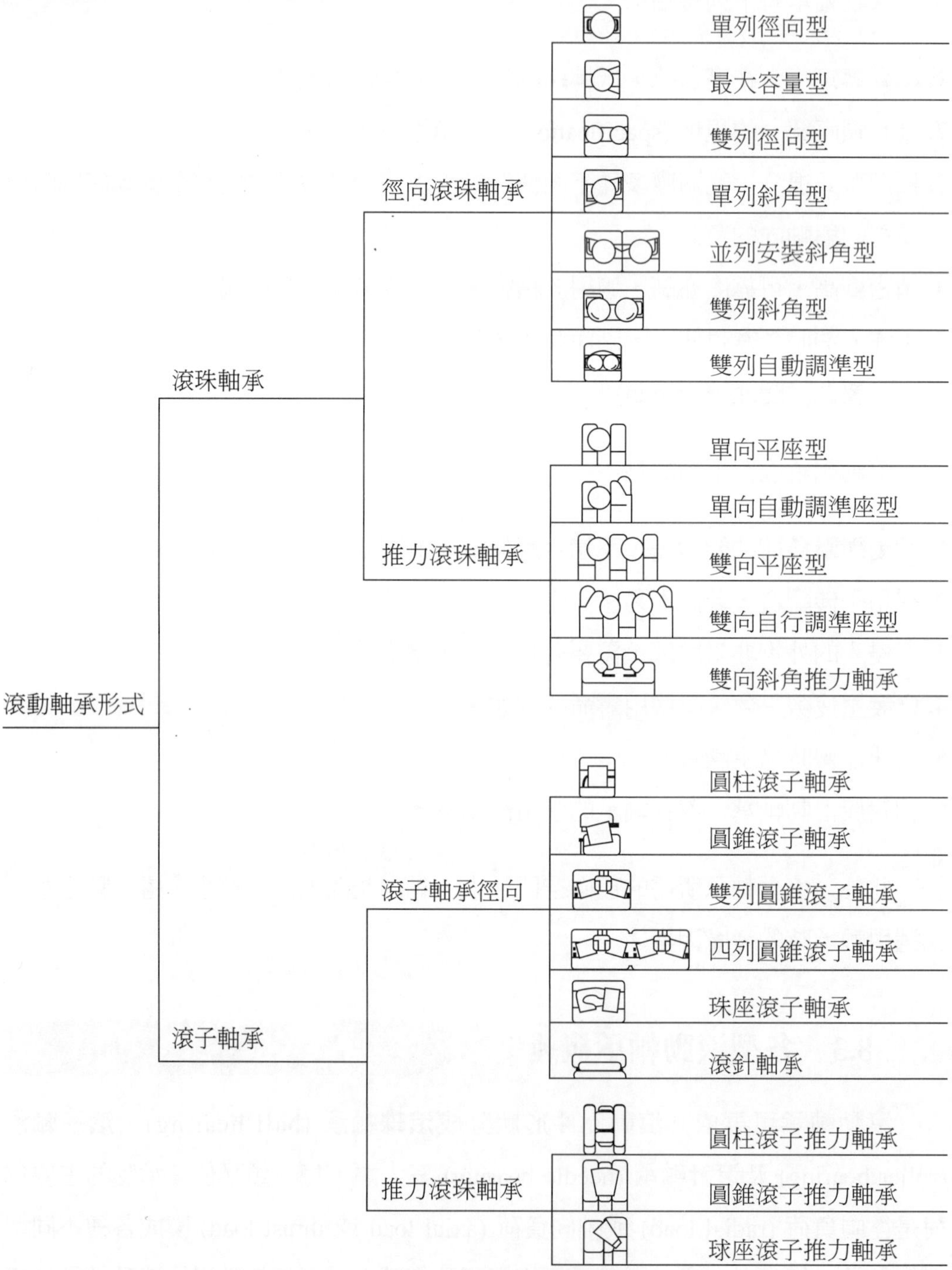
滾動軸承形式
滾珠軸承
徑向滾珠軸承
單列徑向型
最大容量型
雙列徑向型
單列斜角型
並列安裝斜角型
雙列斜角型
雙列自動調準型
推力滾珠軸承
單向平座型
單向自動調準座型
雙向平座型
雙向自行調準座型
雙向斜角推力軸承
滾子軸承
滾子軸承徑向
圓柱滾子軸承
圓錐滾子軸承
雙列圓錐滾子軸承
四列圓錐滾子軸承
珠座滾子軸承
滾針軸承
推力滾珠軸承
圓柱滾子推力軸承
圓錐滾子推力軸承
球座滾子推力軸承

略的敘述，各種軸承的詳細敘述可參考各大軸承製造商所提供的型錄。

1. **單列深槽滾珠軸承**：這是應用最廣的軸承，其內、外環軌道均有圓弧狀的深槽，不僅能承受徑向負荷、兩方向的軸向負荷，並可同時承受徑向及軸向負荷，適合高速運轉。由於構造簡單，較其他型式的軸承更容易製成高精密度的產品。此型軸承有已注入油脂的密封軸承、扣環式軸承、凸緣式軸承等型式。其分隔滾珠的保持器多由鋼帶或黃銅帶衝壓製成，高速迴轉或尺寸較大的軸承則使用塑膠保持器。
2. **電磁軸承**：常用於小型發電機中的軸承，內環與深槽滾珠軸承相似，有一道較淺的珠槽，因此承受軸向負荷的能力較差；外環僅一側形成肩部，他側則成圓筒狀，因外環可以分離，故安裝甚為方便。此型軸承的保持器以黃銅帶衝製而成，摩擦較小，因此也適用於高速旋轉的小型精密機械。
3. **雙列深槽滾珠軸承**：此型軸承除了有並列的兩道深槽，內、外環分別各成一體，且設有裝入滾珠的缺口，因此可以填入較多的鋼珠，獲得較大的徑向負荷承受能力，也因為有缺口而減弱了承受軸向負荷的能力。
4. **斜角滾珠軸承**：此型軸承的滾珠與軸承的內，外環接觸點連成的直線與徑向形成夾角 (接觸角)，由於構造上的特點，即使僅承受徑向負荷，也會自行誘發軸向負荷。它能承受較大的單一方向的軸向負荷，接觸角愈大承受軸向負荷的能力愈大。由於較深槽滾珠軸承容納更多的滾珠，負荷能力也較大。通常以兩個一組成對使用，組合的方式有 DB、DT、DF 等三種，如圖 8-l 所示。安裝時應調整間隙，需要較大剛性時，可藉使軸向間隙成為負值而達到目的。
5. **自動調準滾珠軸承**：此型軸承的外環內側製成球面，其球面的曲率中心與軸承的中心重合。因此，安裝時即使內環傾斜內環、滾珠、保持器對外環仍能保持固定、協調的關係，而具有自動調準 (self-aligned) 的功能。一般使用於軸承間距較大，軸承座加工不易同心，或安裝時軸心不易對準等場合。因能自動調整軸心誤差，且不至於在軸承上增添因軸心誤差導致的負荷。此類軸承的內孔可製成推拔孔，使用配合套筒使裝卸容易，但因軸向負荷能力不大，不適於軸向負荷特大的場合。

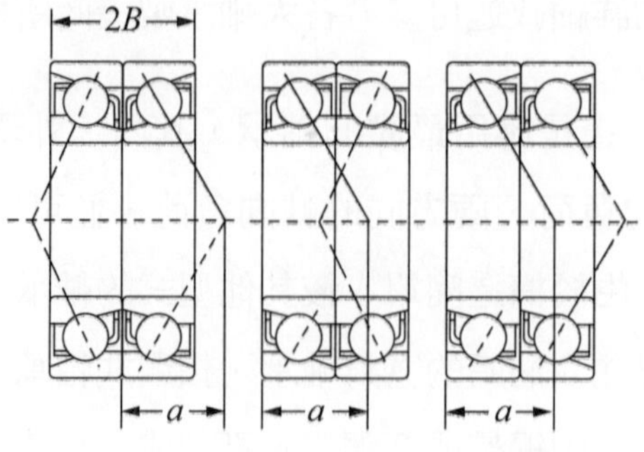

圖 8-1　軸承的組合應用方式

6. **圓柱滾子軸承**：此型軸承的滾子與軌道形成線接觸，故能承受甚大的徑向負荷，適合高精度、高負荷的場合。其內，外環與滾子接觸的滾動面無凸緣者，能沿著軸向作某一程度的軸向移動，使得因運轉所引起的溫度變化，不至於造成軸承的軸向負荷。故常用於軸的游動端。工作母機的主軸多採用推拔孔的高精度複列軸承，可藉內圈的推入量調整其徑向間隙。
7. **圓錐滾子軸承**：此型軸承之內、外環的滾動面以及滾子的圓錐頂點，與軸承的中心交於一點，能承受徑向、軸向，或這兩種負荷的合成負荷。負荷能力極高。此型軸承與斜角滾珠軸承相似，於承受徑向負荷時，也會在軸向誘發推力，因此和斜角滾珠軸承相似，常以兩個軸依 DF、DB 的組合方式，成對使用。
8. **自動調準滾子軸承**：此型軸承是將自動調準滾珠軸承的滾珠以腰鼓型的滾子取代，同樣具有自動調準的性能，且具有較大的負荷能力，耐重負荷及衝擊，故廣泛地使用於壓延機，混合機及其他產業機械上。
9. **滾針軸承**：以直徑 5 mm 以下的滾子裝配而成，較其他滾動軸承有更大的寬度，內孔直徑相同時其外徑較小而負荷能力較大。對於機械的小型化極有助益。
10. **止推軸承**：止推軸承又可分成滾珠與滾子兩類軸承，都用於承受軸向負荷。複式斜角滾珠軸承是以擴大斜角滾珠軸承的接觸角以背面組合 (DB 組合) 的構造製成。能承受雙向的軸向負荷，適於高精度、高轉速的主軸軸承。

11. **組合軸承**：以兩個或兩個以上的徑向軸承成組使用即為組合軸承。一般以斜角滾珠軸承及圓錐滾子軸承較常以組合軸承的方式使用。組合的方式就斜角滾珠軸承而言，已如前述，有正面組合 (DF)，背面組合 (DB) 及並列組合 (DT) 等三種。圓錐滾子軸承則有正面組合及背面組合兩種，都能承受徑向及兩方向的軸向負荷，並能獲得適合使用條件的間隙與預壓，多用於軸方向的移位必須限制的場合。

選擇軸承組合的方式應考慮軸承的安裝條件、負荷條件等。原則上，負荷有瞬間變動時，應選擇背面組合；若無法避免安裝誤差時，宜選擇正面組合；需要承受甚大的單方向軸向負荷時，以並列組合最合適。

8.4 軸承各組成部分的名稱

滾動軸承的結構較滑動軸承複雜得多，圖 8-2 為以一個單行深槽滾珠軸承的剖面圖，標示出其中最主要的組成件及相關部位的名稱。滾子軸承主要的組成元

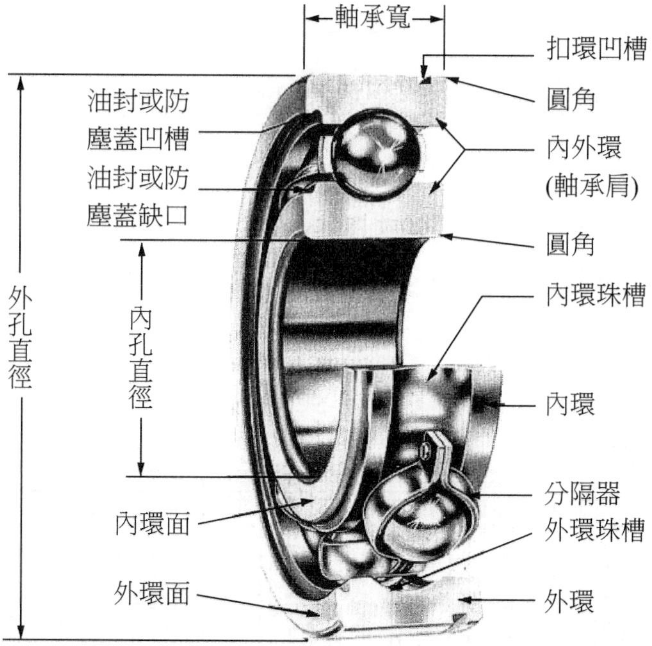

圖 8-2　滾動軸承的結構圖

件與滾珠軸承相似，最大的差異是滾動元件以滾子取代滾珠。滾針軸承有不具分隔器的型式，比較特殊。

8.5 滾動軸承的編碼規則

為了使軸承在國際間具有互換性，且能大量生產以符合經濟效益，國際標準化組織 (ISO) 對滾動軸承的一些主要尺寸加以標準化。這些標準化的主要尺寸為軸承輪廓的尺寸，如軸承的內孔直徑、外直徑、寬度或高度、去角尺寸等，內部構造的尺寸原則上並無規定。同時為了容易溝通，ISO 也規定了一套軸承型號的編碼規則，基本上這套規則以五個數字組成，另外加上一些補充符號，其排列順序如下：

<table>
<tr><th colspan="4">基本編碼</th><th colspan="6">補充記號</th></tr>
<tr><td colspan="2">軸承系碼</td><td rowspan="3">內徑號碼</td><td rowspan="3">接觸角記　號</td><td rowspan="3">保持器標　記</td><td rowspan="3">密封或防塵蓋標記</td><td rowspan="3">軸承環形狀控制</td><td rowspan="3">組合標記</td><td rowspan="3">間隙標記</td><td rowspan="3">等級標記</td></tr>
<tr><td rowspan="2">型式標記</td><td>尺寸系號</td></tr>
<tr><td>寬度系碼
直徑系碼</td></tr>
</table>

依此可知軸承型號編碼以標示軸承的主要尺寸為主要目的，其中尺寸系碼的規定如圖 8-3 所示。

由圖中標示的直徑系列與寬度系列，加上內徑尺寸，構成滾動軸成的基本編碼，其中對同一軸承內孔直徑，以階梯方式訂定不同軸承外徑的系列即為直徑

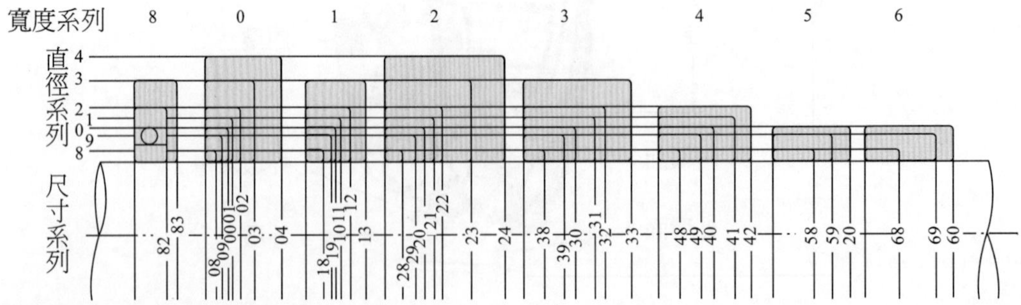

圖 8-3 滾動軸承的尺寸系列

系碼；而針對同一軸承內孔直徑與外徑所訂定的不同軸承寬度形成的系列即為寬度系碼。ISO 所訂定的滾動軸承標稱號碼用於表示軸承的型式、尺寸、精度及內部構造等資訊，某些型式的軸承的編碼中並未標示寬度系碼。由圖 8-3 中可看出寬度系列有 8、0、1、2、3、4、5、6 等八種，而直徑系列則有 8、9、0、1、2、3、4 等七種。內徑號碼的表示方式則如表 8-2 的範例所示。型式標記與軸承型式間的對應關係可由章末的附表 8-1(a) 查得，例如：6 表示單行深槽滾珠軸承，3 表示有裝入槽的雙列斜角滾珠軸承。有些軸承在基本編碼之前也另有補充記號，這些補充記號及滾動軸承完整標稱標示所代表的意義，可參考章末的附表 8-2。

表 8-2　內徑號碼的表示方法

軸承內徑 *d* mm		內徑系號的表示法	例
1.5		/1.5	68 / 1.5 內徑 d = 1.5 mm 軸承系號
2.5		2.5	
1~9 (一位的整數)		內徑尺寸以二位數字表示	69 5 內徑 d = 1.5 mm 軸承系號
10		00	62 01 內徑 d = 12 mm 軸承系號
12		01	
15		02	
17		03	
中間尺寸	22	/22	63 / 28 內徑 d = 28 mm 軸承系號
	28	/28	
	32	/32	
20~48 (5 的倍數)		數字為內徑尺寸 (單位：mm) 的 1/5	232 24 內徑 d = 120 mm 軸承系號
500 以上		/之後，直接將以 mm 為單位的內徑尺寸數字表示出來	231 710 內徑 d = 710 mm 軸承系號

8.6 選擇滾動軸承的考慮因素

由於滾動軸承的類型很多，如何選擇適宜的軸承型式才能獲得最佳的效果，就成了設計時應考慮的重要課題。然而選擇軸承需要考慮的因素不少，並且需要權衡各項因素的重要性，因此並無所謂的一般通則存在，下面僅就選擇軸承時不能忽視的因素提出討論，至於應用的巧妙則在於設計者個人的巧思與現實條件的限制。

選擇滾動軸承時，下列各項是不可以忽略的因素：

1. **安置軸承的空間**：軸承的內孔直徑當然是待選擇軸承的主要尺寸之一，且通常在設計軸的時候決定其大小。其他的相關的尺寸，如徑向、軸向空間是否受限也影響軸承的選擇。若徑向空間受限，則剖面直徑較小的軸承如 8、9 兩直徑系列的軸承是適合的選擇，另外也可以考慮滾針軸承或無內圈的軸承是否適用；若軸向空間受限，且僅承受徑向負荷時，單列圓柱滾子軸承是很適合的選擇。若除了徑向負荷之外還承受軸向負荷時，則深槽滾珠軸承或斜角接觸軸承都是適合的選擇。若僅承受軸向負荷時，則推力滾針軸承或推力圓柱軸承都是可以選用的軸承。
2. **軸承負荷的性質、大小和方向**：因為滾動軸承中滾動元件與內、外環滾動槽間的接觸方式有點接觸 (滾珠軸承) 與線接觸 (滾子軸承與滾針軸承) 的差異，使得外形尺寸相同的不同軸承呈現不等的負荷承載能力。以承擔衝擊負荷的性能而言，滾針軸承最佳，滾子軸承次之，而滾珠軸承則不宜承受衝擊性的負荷。負荷的承載能力一般也是線接觸的軸承優於點接觸的軸承。所以，通常軸兩端中負荷大的一端可選用滾子軸承。

   依負荷方向選擇軸承時，若為純軸向負荷應選擇推力軸承，負荷不大時選用滾珠軸承，負荷較大則選用滾子軸承。若為純徑向負荷，一般以選用深槽滾珠軸承，圓柱滾子軸承或滾針軸承較為合適。若徑向負荷之外還承受不大的軸向負荷時，可以選擇深槽滾珠軸承或接觸角較小的斜角滾珠軸承。如果徑向負荷之外的軸向負荷較大時，可選用圓錐滾子軸承或接觸角較大的斜角滾珠軸承，或由承受徑向負荷的軸承搭配推力軸承，以軸承組合的方式分別承受徑向負荷與軸向負荷。選用斜角滾珠軸承或圓錐滾子軸承時，因為常成對使用，應該考慮剛性的需要選擇 DF 或 DB 組合。

3. **軸承的轉速**：從轉速的觀點看，滾珠軸承的轉速極限高於滾子軸承；滾動體直徑愈小的軸承愈適合在高轉速下運轉。在一般轉速下，轉速對軸承類型的選擇影響不大，在轉速極高時，必須自軸承型錄中查明軸承的轉速極限，但轉速的限制也可以經由潤滑方式的選擇，及提高軸承的精度等措施來加以改善。若在軸承型錄中得不到答案，則應向製造商諮詢。

4. **自動調準的要求**：軸的剛度較差，或軸的中心線與軸承的中心線不易對準時，軸承的內、外環會造成偏斜現象，此時應選用軸承外環滾動槽製成球面的自動調準滾珠軸承，或自動調準滾子軸承，這類軸承在容許範圍內，即使內、外環發生偏斜，軸承仍能正常工作。短圓柱滾子對軸線偏斜最敏感，若軸的剛度和支承的剛度不足，或安裝時的對準工作不易進行時，宜避免使用。

5. **固定軸承或游動軸承**：支持軸的軸承一方面得具有將軸定位的功能，一方面當軸於運轉中受熱膨脹時，又不能使軸因受熱伸長而誘發額外應力，因此，兩端的軸承中常將一端設計成固定端，另一端則設計成游動端。

   短圓柱滾子軸承的內環或外環未製作滾動槽者，極適合作為游動端的軸承，固定端的軸承，則多半選用可同時承當徑向與軸向負荷的軸承。

6. **剛度與精度**：滾動軸承的剛性由其承受負荷時的彈性變形值來決定，在一般用途中這項考慮不須特別重視，但在工作母機主軸的軸承配置，或斜齒輪軸的軸承配置中，則是不可忽略的問題。

   一般而言，滾動元件與滾動槽間形成線接觸者剛性較佳，因此滾子軸承如圓柱或圓錐滾子軸承的剛性都較滾珠軸承為佳。另外，也可以採用預加負荷的方式提高軸承的剛性。

   至於精度方面，則在如工作母機主軸軸承的配置或需要極高轉速的場合，通常都需要高運轉精度的軸承配置，必須使用高於一般精度等級的軸承。

7. 價格：各類型軸承的價格間有相當的價差，用於量產機械上的軸承不能不考慮這項因素。一般而言，用得愈普遍的軸承價格愈低。像單行深槽滾珠軸承的價格即頗為便宜，滾子軸承中的圓錐滾子軸承也較自動調準滾子軸承便宜。軸承的價格也因精度的差異而不同，精度等級愈高的軸承，其價格也愈高。因此，若非要求軸承有較高的旋轉精度、較高的極限轉速或較長的使用壽命，否則避免使用精度等級較高的軸承。表 8-3 可供作選擇軸承的參考。

8. 噪音、低轉矩：一般而言，滾動軸承製作精度高，噪音與低轉矩的問題並不大，但如果對低噪音、低轉矩的要求比較嚴苛時，低噪音軸承以選擇單列深槽滾珠軸承與圓柱滾子軸承較佳。至於低轉矩軸承則以單列深槽滾珠軸承為宜。

表 8-3 根據使用狀況與負荷性質的軸承型式選擇方法

負荷種類 使用狀況	徑向負荷	推力負荷	徑向與推力的 合作負荷
確定軸有撓曲或軸承有安裝誤差而必須具有自動調準性時	1. 自動調準滾珠軸承 2. 自動調準滾子軸承	1. 調準座型止推軸承滾珠軸 2. 自動調準止推滾子軸承	1. 自動調準滾珠軸承 2. 自動調準滾子軸承 3. 自動調準止推滾子軸承
需要高精密度時	1. 深槽滾珠軸承 2. 斜角滾珠軸承組合 3. 圓柱滾子軸承 (雙列或單列)	1. 深槽滾珠軸承 2. 斜角滾珠軸承 3. 止推滾珠軸承	1. 深漕滾珠軸承 2. 斜角滾珠軸承 3. 圓錐滾子軸承
進行高速旋轉時	1. 深槽滾珠軸承 2. 斜角滾珠軸承的組合 3. 圓柱滾子軸承	1. 深槽滾珠軸承 2. 斜角滾珠軸承	1. 深槽滾珠軸承 2. 斜角滾珠軸承 3. 圓柱滾子軸承與深槽滾珠軸承的組合
中速以下且高精密度與自動調準性並非必要的一般使用狀況	1. 深槽滾珠軸承 2. 雙列斜角滾珠軸承 3. 圓錐滾子軸承的組合 4. 圓柱滾子軸承 5. 自動調準滾子軸承	1. 深槽滾珠軸承 2. 斜角滾珠軸承 3. 雙列斜角滾珠軸承 4. 止推滾珠軸承 5. 止推自動調準滾子軸承 6. 圓錐滾子止推軸承 7. 圓錐滾子軸承	1. 深槽滾珠軸承 2. 斜角滾珠軸承 3. 雙列斜角滾珠軸承 4. 圓錐滾子軸承

8.7　滾動軸承的壽命與軸承負荷間的關係

通常運轉一段時間後，軸承的滾動元件 (滾珠、滾子或滾針) 表面，或軸承內、外環滾動槽表面會出現疲勞點蝕 (表面出現點狀剝落) 現象，使得軸承失去功能。從軸承啟用到軸承最初出現疲勞點蝕跡象這段期間，軸承所經歷的總迴轉數就是所謂的**軸承壽命** (bearing life)。由於材料、熱處理可能的差異，及製造公差的存在，使得軸承即使型號相同，因滾動元件表面疲勞造成金屬剝離而失去其正常功能，所經歷的總迴轉數並不相同。當一組型號相同的滾動軸承於相同的運轉條件下同時啟用運轉，在該組軸承出現疲勞跡象的數目達到總數的 10% 這一段期間內，各軸承所經歷的總迴轉數稱為軸承的**額定壽命** (rating life)。依此定義，則軸承的額定壽命，約為全部軸承之平均壽命的 1/5。在一定的運轉條件下，使軸承的額定壽命為 100 萬次迴轉時，各軸承所能承受的最大負荷 (徑向軸承以徑向負荷值，軸向軸承以軸向負荷值表示) 稱為該型軸承的基本額定動負荷，通常以 C 表示之。

依實驗結果顯示，軸承的動負荷 P 與軸承的額定壽命 L 間的關係為：

$$\frac{L_1}{L_2}=\left[\frac{P_2}{P_1}\right]^a \tag{8-1}$$

式中 $a=\begin{cases}3 & \text{若為滾珠軸承}\\ 10/3 & \text{若為滾子或滾針軸承}\end{cases}$

L_i 為軸承承受動負荷 P_i 時的額定壽命。若令 $L_2=10^6$ 次迴轉，或等於以 $33\frac{1}{3}$ rpm 旋轉 500 小時，則 P_2 為該軸承的基本額定動負荷，在一般軸承型錄中，軸承的基本額定動負荷通常都以 C 表示。如果 L_2 也以 n rpm 旋轉 L_h 小時表示，(8-1) 式將變成

$$\frac{C}{P}=\left[\frac{n\times 60\times L_h}{33\frac{1}{3}\times 60\times 500}\right]^{\frac{1}{a}}=\left[\frac{L_h}{500}\right]^{\frac{1}{a}}\Bigg/\left[\frac{33\frac{1}{3}}{n}\right]^{\frac{1}{a}}$$

或

$$\frac{C}{P} = \frac{f_L}{f_n} \tag{8-2}$$

其中

$$f_L = \left[\frac{L_h}{500}\right]^{\frac{1}{a}} \tag{8-3}$$

$$f_n = \left[\frac{33\frac{1}{3}}{n}\right]^{\frac{1}{a}} \tag{8-4}$$

通常 f_L 稱為壽命因數，f_n 稱為速度因數，L_h 則為該軸承承受負荷 P 時的額定壽命。

8.8 基本額定靜負荷

所謂基本額定靜負荷，就是能使軸承在承受最大壓力之接觸部位中，滾動元件產生的變形量，與軸承的內環或外環接觸點的永久變形量之和，達到滾動元件直徑的 0.01% 倍的靜負荷。若為徑向軸承則以純徑向負荷表示，若為軸向軸承則以純軸向負荷表示。

對應於各種使用狀態，實際上軸承能承受的最大負荷 $P_{o\ max}$，應將表 8-4 中的安全因數 S_o 計入，即

表 8-4 軸承徑負荷的安全因數

使用條件	S_o
需要高旋轉精度時	1.5~2.0
有振動、衝擊時	1.2~2.5
一般運轉條件時	1.0~1.2
永久變形量稍大時	0.5~1.0
自動調準止推滾子軸承	2.0 以上
滾針軸承	1.5 以上

$$P_{o\max} = \frac{C_o}{S_o} \tag{8-5}$$

式中的 $P_{o\max}$ 即為最大等效靜負荷。在高負荷、低轉速的使用狀態下 (如起重機的旋轉座) 除了考慮軸承的壽命外，對於軸承的變形亦需加以考慮。

8.9　等效負荷

由於軸承的基本額定動負荷 C 與基本額定靜負荷 C_o，均以純徑向負荷或純軸向負荷表示。在實際應用上，常有一個軸承同時承受徑向負荷與軸向負荷的情形。此種負荷條件對軸承產生的效應，若與另一單純的徑向或軸向負荷對軸承產生的效應相同，則此單純的徑向負荷或軸向負荷，稱為原來含徑向負荷與軸向負荷之軸承負荷的**等效負荷** (equivalent load)。若某軸承承受 F_r 的徑向負荷，及 F_a 的軸向負荷，而以相同的轉速 n 運轉，其壽命正好與該軸承僅承受純徑向負荷 P 時的壽命相當，則 P 即為含 F_r 與 F_a 之原軸承負荷的等效動負荷。對應於動負荷與靜負荷，分別有等效動負荷與等效靜負荷。

等效徑向動負荷 P_r

等效徑向動負荷 P_r 可依下式計算

$$P_r = XF_r + YF_a \tag{8-6}$$

式中 P_r = 等效徑向動負荷 N

F_r = 軸承的徑向負荷 N

F_a = 軸承的軸向負荷 N

X = 徑向負荷因數

Y = 軸向負荷因數

X 與 Y 的值列於表 8-5。若單列徑向軸承的 F_a/C_o 值，小於表中所列的最小 F_a/C_o 值，或 F_a/F_r 之值小於表 8-5 中 F_a/C_o 所對應的 e 值，則計算等效徑向動負荷時可以忽略軸向負荷，僅保留徑向負荷，亦即 X = 1.0，Y = 0。但對雙列徑向

表 8-5 滾珠軸承的 ***X Y*** 因數表

$\frac{F_a}{C_0}$	標準軸承隙 e	$\frac{F_a}{F_r} \le e$ X	$\frac{F_a}{F_r} \le e$ Y	$\frac{F_a}{F_r} > e$ X	$\frac{F_a}{F_r} > e$ Y	軸承隙 C3 e	$\frac{F_a}{F_r} \le e$ X	$\frac{F_a}{F_r} \le e$ Y	$\frac{F_a}{F_r} > e$ X	$\frac{F_a}{F_r} > e$ Y	軸承隙 C4 e	$\frac{F_a}{F_r} \le e$ X	$\frac{F_a}{F_r} \le e$ Y	$\frac{F_a}{F_r} > e$ X	$\frac{F_a}{F_r} > e$ Y
0.025	0.22	1	0	0.56	2.0	0.31	1	0	0.46	1.75	0.40	1	0	0.44	1.42
0.04	0.24	1	0	0.56	1.8	0.33	1	0	0.46	1.62	0.42	1	0	0.44	1.36
0.07	0.27	1	0	0.56	1.6	0.36	1	0	0.46	1.46	0.44	1	0	0.44	1.27
0.13	0.31	1	0	0.56	1.4	0.41	1	0	0.46	1.30	0.48	1	0	0.44	1.16
0.25	0.37	1	0	0.56	1.2	0.46	1	0	0.46	1.14	0.53	1	0	0.44	1.05
0.50	0.44	1	0	0.56	1.0	0.54	1	0	0.46	1.00	0.56	1	0	0.44	1.00

軸承而言，則即使軸向負荷很小都不宜忽略不計。

等效軸向動負荷 P_a

等效軸向動負荷 P_a 可依下式計算

$$P_a = F_a + 1.2F_r \qquad \textbf{(8-7)}$$

式中 P_a ＝等效軸向動負荷動

F_r ＝軸承的徑向負荷 N

F_a ＝軸承的軸向負荷 N

但在此種情況下的徑向負荷必須小於軸向負荷的 55%。

等效徑向靜負荷 P_o

徑向軸承若同時承受徑向負荷 F_r 與軸向負荷 F_a 時，其等效徑向靜負荷 F_o 取 (8-8) 與 (8-9) 兩式之值中之較大的值。

$$P_0 = X_0F_r + Y_0F_a \qquad \textbf{(8-8)}$$

$$P_0 = F_r \qquad \textbf{(8-9)}$$

式中 P_o = 等效徑向靜負荷 N

F_r = 軸承的徑向負荷 N

X_0 = 靜徑向負荷因數

Y_0 = 靜軸向負荷因數

F_a = 軸承的軸向負荷 N

等效軸向靜負荷 P_{oa}

接觸角 $\alpha \neq 90°$ 的軸向軸承，若同時承受徑向負荷 F_r 與軸向負荷 F_a 時，其等效軸向靜負荷可依 (8-10) 式計算

$$P_{oa} = F_a + 2.3F_r \tan\alpha \quad \textbf{(8-10)}$$

式中 P_{oa} = 等效軸向靜負荷 N

F_r = 軸承的徑向負荷 N

F_a = 軸承的徑向負荷 N

α = 軸承的接觸角

若為軸向自動調準滾子軸承，且徑向負荷值小於軸向負荷值的 55% 時，則

$$P_{oa} = F_a + 2.7F_r \quad \textbf{(8-11)}$$

8.10　運轉條件非固定情況的處理

一般機械的運轉狀態，軸的負荷與轉速很少能維持於固定值，多數都視其運轉條件而變化。分析機械的使用狀況，通常可歸納出其變化的模式，然後藉龐格廉-麥因納方程式，求得所謂的平均負荷 P_m，以 P_m 代入 (8-1) 式或 (8-2) 式中的 P，即可估算軸承的預期壽命。

所謂平均負荷，即是相同的軸承在其他運轉條件不變的情況下，若以定值負荷作用於軸承所得的軸承額定壽命，與軸承在變動負荷下的額定壽命相當時，該定值負荷即為對應的變動負荷的平均負荷。

軸承運轉條件的變化大致可歸納成三種情形，即負荷不變轉速變、轉速不變負荷變及轉速與負荷均改變。底下將分別討論這三種情況的處理方式。

負荷不變轉速變

假設軸承的運轉狀態呈現下列的變化：

	轉速 (rpm)	等效動負荷 (N)	使用時間百分比
情況 I	n_1	P	α_1
情況 II	n_2	P	α_2
情況 III	n_3	P	α_3

首先可由 (8-2)，(8-3) 及 (8-4) 式解得軸承額定壽命 L_1 為

$$L_h = 500\left[\frac{C}{P}\right]^a\left[\frac{33\frac{1}{3}}{n}\right] \tag{8-12}$$

可知若僅以情況 I 運轉時，軸承的額定壽命 L_1 為

$$L_1 = 500\left[\frac{C}{P}\right]^a\left[\frac{33\frac{1}{3}}{n_1}\right]$$

而單以情況 II 或情況 III 的條件運轉時，其額定壽命則分別為

$$L_2 = 500\left[\frac{C}{P}\right]^a\left[\frac{33\frac{1}{3}}{n_2}\right] \quad \text{或} \quad L_3 = 500\left[\frac{C}{P}\right]^a\left[\frac{33\frac{1}{3}}{n_3}\right]$$

於是軸承的累積疲勞損壞壽命，可由龐格廉-麥因納方程式

$$\frac{\alpha_1}{L_1}+\frac{\alpha_2}{L_2}+\frac{\alpha_3}{L_3}=\frac{1}{L}$$

求得。

現在若有承受的負荷不變，且從啟用至發生疲勞失效之間，均以相同轉速運轉的軸承，其額定壽命 L 與先後以 n_1、n_2 與 n_3 的轉速運轉之軸承的額定壽命相同時，由於

$$L = 500\left[\frac{C}{P}\right]^{a}\left[\frac{33\frac{1}{3}}{n_m}\right]$$

所以將軸承在各種轉速下的壽命分別代入龐格廉-麥因納方程式，並消去相同的各項之後，可得

$$n_m = \alpha_1 n_1 + \alpha_2 n_2 + \alpha_3 n_3$$

或

$$n_m = \sum_{i=1}^{k} \alpha_i n_i \qquad \textbf{(8-13)}$$

這個轉速 n_m 即為轉速 n_1、n_2 與 n_3 的平均轉速。因此，若軸承以負荷不變轉速變的方式運轉時，可先以 (8-13) 式求得平均轉速後，再代入 (8-12) 式即可求得該軸承的額定壽命。

轉速不變，負荷變

若某個軸承的運轉狀態如下：

	轉速 (rpm)	等效動負荷 (N)	使用時間百分比
情況 I	n	P_1	α_1
情況 II	n	P_2	α_2
情況 III	n	P_3	α_3

該軸承以單一運轉狀態運轉時的額定壽命分別為

$$L_i = 500\left[\frac{C}{P_i}\right]^{a}\left[\frac{33\frac{1}{3}}{n}\right] \quad i = 1, 2, 3......$$

則可以將由上式所得的各額定壽命代入龐格廉-麥因納方程式中，求得該軸承的額定壽命。

且若相同的軸承以相同的轉速運轉，但承受 P_m 的負荷，也得到等值的額定壽命時，其額定壽命可由 (8-13) 式求得為

$$L = 500\left[\frac{C}{P_m}\right]^a\left[\frac{33\frac{1}{3}}{n}\right]$$

然後將各 L_i 與 L 代入龐格廉-麥因納方程式中並消去相同的各項後，可得

$$P_m = (\alpha_1 P_1^a + \alpha_2 P_2^a + \alpha_3 P_3^a + ...)^{\frac{1}{a}}$$

或

$$P_m = (\sum_i^k \alpha_i P_i^a)^{\frac{1}{a}} \quad i = 1, 2, 3, ... \tag{8-14}$$

式中的 P_m 稱為平均負荷。於是當軸承以轉速不變負荷變的方式運轉時，壽命的計算可先以 (8-15) 式求得平均負荷後，再代入 (8-14) 式計算即可。

轉速與負荷均改變

工業上的實際應用中，軸的轉速多數是隨著軸所承受的負荷而變，例如工具機視切削的進刀量的大小而調整主軸的轉速，對支持主軸的軸承而言，它的轉速自然也隨著所承受的負荷而改變，也就是軸承工作時，以負荷變轉速也跟著變的情況更接近實際情況，因此若有某個軸承的運轉狀態如下：

	轉速 (rpm)	等效動負荷 (N)	使用時間百分比
情況 I	n_1	P_1	α_1
情況 II	n_2	P_2	α_2
情況 III	n_3	P_3	α_3

處理方式類似前述兩種狀況，先以 (8-13) 式求得軸承的平均轉速，再依轉速不變，負荷變情況的處理方式，若使具相同的軸承維持於平均負荷 P_m，並以所求得的平均轉速 n_m 運轉，而得到相同的額定壽命時，經過類似轉速不變，負荷變情況的運算程序後，可以求軸承能承受的平均負荷 P_m 為

$$P_m = \left[\alpha_1 \frac{n_1}{n_m} P_1^a + \alpha_2 \frac{n_2}{n_m} P_2^a + \alpha_3 \frac{n_3}{n_m} P_3^a + ...\right]^{\frac{1}{a}}$$

或

$$P_m = \left[\sum_i^k \alpha_i \frac{n_i}{n_m} P_i^a \right]^{\frac{1}{a}} \quad i = 1, 2, 3, ... \tag{8-15}$$

式中

$$n_m = \sum_{i=1}^{k} \alpha_i n_i$$

然後再代入 (8-12) 式，即可求得轉速與負荷均改變之情況下，軸承的額定壽命。

$$L = 500 \left(\frac{C}{P_m} \right)^a \left(\frac{33\frac{1}{3}}{n_m} \right) \tag{8-16}$$

8.11　軸承負荷的相關因數

機械運轉時，除了旋轉機件的重量與傳動產生的負荷，使軸承承受了以 F_a 與 F_r 的方式呈現的負荷之外，機械運轉時所產生的振動或衝擊，都將導致軸承承受高於理論計算所得的負荷，通常這些額外的負荷以依經驗獲得的係數加以涵括，因此用來計算軸承壽命的軸承負荷為

$$P = fP_r \tag{8-17}$$

式中的 f 視傳動元件的不同，可以是衝擊係數 f_w、齒輪係數 f_g 或皮帶係數 f_b，各係數的值如表 8-6 至表 8-8 所列。若為鏈條傳動則 f 的值多取在 1.2~1.5 之間。

表 8-6　衝擊係數 f_w

衝擊程度	f_w	典型範例
幾乎沒有衝擊	1.0~1.2	電器機械、工作母機、儀器類、泵、送風機
稍有衝擊	1.2~1.5	鐵路車輛、汽車、壓延機、傳動裝置、內燃機、金屬機械、製紙機械、橡膠機械、印刷機、飛機、纖維機械、事務機械、電器用品
激烈衝擊	1.5~3.0	粉碎機械、農業機械、建築機械、振動篩、捲吊機械

表 8-7 齒輪係數 f_g

齒輪精製等級	f_z
精密齒輪 (節距誤差與形狀均在 0.02 mm 以下)	1.05~1.10
一般機械加工齒輪 (節距誤差與形狀均在 0.02~0.1 mm 間者)	1.10~1.30

表 8-8 皮帶係數 f_b

皮帶種類	f_b
V 型皮帶	1.5~2.0
定時皮帶	1.0~1.3
平皮帶 (具有張力皮帶輪)	2.5~3.0
平皮帶	3.0~4.0

8.12 能誘發軸向推力之軸承的等效徑向負荷

某些型式的滾動軸承，如斜角滾珠軸承、圓錐滾子軸承等，由於其結構特性，使得即使軸承本身僅承受徑向負荷，也會誘發軸向負荷。使用此類軸承時，通常以兩個軸承構成 DF 或 DB 組合使用。由於它會誘發軸向負荷，等效徑向負荷 P_r 的計算不能使用先前的計算方式，圖 8-4 即用於說明圓錐滾子軸承之等效徑向負荷的計算方式。

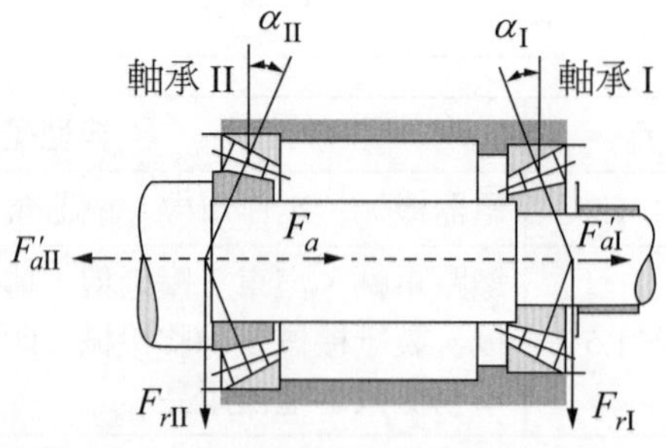

圖 8-4 圓錐滾子軸承的負荷

圖 8-4 中的兩個圓錐滾子軸承形成 DB 組合，誘發的軸向推力 F'_a 為

$$F'_a = F_r / 2Y \tag{8-18}$$

其中 Y 為 $(F_a/F_r) > e$ 時的軸向負荷因數。由圖 8-4 可看出軸承 II 所誘發的軸向推力 $F'_{a\mathrm{II}}$ 指向左方，而由軸承 I 所誘發的軸向推力 $F'_{a\mathrm{I}}$ 指向右方。若軸本身及承受向右的軸向推力 F_a，則可能出現下列的兩種狀況：

1. $F_a > F'_{a\mathrm{II}} - F'_{a\mathrm{I}}$。在此情況下為了不使軸向右移動，軸承 II 上必須另外對軸施予向左方的力 F 以維持平衡，也就是使

$$F + F'_{a\mathrm{II}} = F_a + F'_{a\mathrm{I}}$$

由此可得作用力 F 的大小為

$$F = F_a + F'_{a\mathrm{I}} - F'_{a\mathrm{II}}$$

因此，作用於軸承 II 的軸向負荷為

$$F_{a\mathrm{II}} = F + F'_{a\mathrm{II}} = (F_a + F'_{a\mathrm{I}} - F'_{a\mathrm{II}}) + F'_{a\mathrm{II}}$$

即

$$F_{a\mathrm{II}} = F_a + F'_{a\mathrm{I}} = F_a + F_{r\mathrm{I}} / 2Y_{\mathrm{I}} \tag{8-19}$$

而軸承 I 承受的軸向負荷 $F_{a\mathrm{I}}$ 的大小則為

$$F_{a\mathrm{I}} = F_{r\mathrm{I}} / 2Y_{\mathrm{I}} \tag{8-20}$$

2. $F_a < F'_{a\mathrm{II}} - F'_{a\mathrm{I}}$。依第一種狀況的分析方式可得

$$F_{a\mathrm{I}} = F'_{a\mathrm{II}} - F_a = F_{r\mathrm{II}} / 2Y_{\mathrm{II}} - F_a \tag{8-21}$$

即

$$F_{a\mathrm{II}} = F_{r\mathrm{II}} / 2Y_{\mathrm{II}} \tag{8-22}$$

當單列圓錐滾子軸承單獨使用時，其等效徑向動負荷為：

$$P = F_r \qquad 若\ F_a / F_r \le e \tag{8-23}$$

$$P = 0.4F_r + YF_a \qquad 若\ F_a / F_r > e \tag{8-24}$$

若單列圓錐滾子軸承兩個組配對使用時，則

$$P = F_r + Y_1F_a \qquad 若\ F_a / F_r \le e \tag{8-25}$$

$$P = 0.67F_r + Y_2F_a \qquad 若\ F_a / F_r > e \tag{8-26}$$

而等效徑向靜負荷 P_0 之值，當單 列圓錐滾子軸承單獨使用時

$$P_0 = 0.5F_r + Y_0F_a \tag{8-27}$$

單列圓錐滾子軸承兩個組成配對使用時

$$P_0 = F_r + Y_0F_a \tag{8-28}$$

若 $P_0 < F_r$，則取 $P_0 = F_r$，式中的 F_a、F_r 分別為作用於軸承或軸承對的軸向負荷與徑向負荷；Y_0、Y_1 與 Y_2 及所需的 e 值之值可由軸承型錄中該型軸承的規格表中查得。

表 8-9 列出常用配置的等效徑向負荷計算式，單列斜角滾珠軸承的等效徑向負荷計算方式，可以比照對應的情況來處理，其計算時所需的相關計算式與係數，都可以自軸承型錄或機械工程師手冊查得。

8.13 滾動軸承的計算例

範例 8-1

某 6205 的單行深槽滾珠軸承承受下列負荷，試計算其額定壽命。

(1) $F_a = 400$ N，$F_r = 2400$ N，軸以 900 rpm 的轉速運轉。

(2) $F_a = 600$ N，$F_r = 2000$ N，但軸以 900 rpm 的轉速運轉。

表 8-9　常用配置的等效徑向負荷計算式

軸承配置圖	負荷條件	軸向負荷	等效徑向負荷
DB 配置 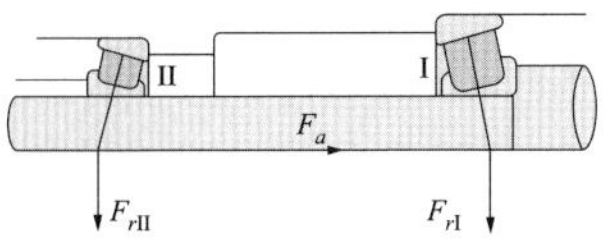	$\frac{0.5F_{rII}}{Y_{II}} \le \frac{0.5F_{rI}}{Y_{É}} + F_a$	$F_{aI} = \frac{0.5F_{rI}}{Y_I}$ $F_{aII} = \frac{0.5F_{rI}}{Y_I} + F_a$	$P_{rI} = F_{rI}$ $P_{rII} = XF_{rI} + Y_{II}F_{aII}$
DF 配置 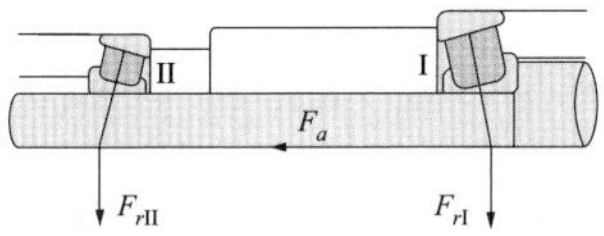	$\frac{0.5F_{rII}}{Y_{II}} > \frac{0.5F_{rI}}{Y_I} + F_a$	$F_{aI} = \frac{0.5F_{rII}}{Y_{II}} - F_a$ $F_{aII} = \frac{0.5F_{rII}}{Y_{II}}$	$P_{rI} = XF_{rI} + Y_{II}F_{aI}$ $P_{rII} = F_{rI}$
DB 配置 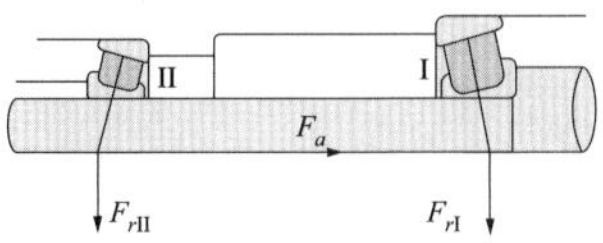	$\frac{0.5F_{rI}}{Y_1} \le \frac{0.5F_{r11}}{Y_{11}} + F_a$	$F_{aI} = \frac{0.5F_{rII}}{Y_{II}} + F_a$ $F_{aII} = \frac{0.5F_{rII}}{Y_{II}}$	$P_{rI} = XF_{rI} + Y_{II}F_{aI}$ $P_{rII} = F_{rII}$
DF 配置 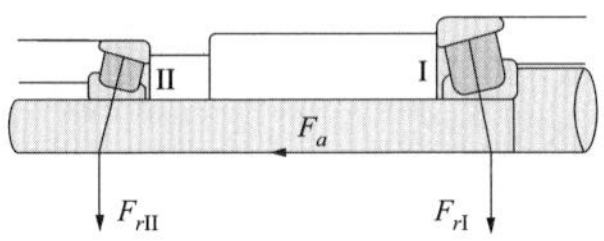	$\frac{0.5F_{rI}}{Y_1} > \frac{0.5F_{r11}}{Y_{11}} + F_a$	$F_{aI} = \frac{0.5F_{rI}}{Y_I}$ $F_{aII} = \frac{0.5F_{rI}}{Y_I} - F_a$	$P_{rI} = F_{rI}$ $P_{rII} = XF_{rII} + Y_{II}F_{aII}$

解： 由書末附錄 2.2 的軸承型錄中可查得該軸承的基本額定靜負荷 C_0 與基本額定動負荷 C 的值分別為 $C_0 = 6{,}950$ N，$C = 1{,}400$ N (註：不同廠家的值各不相同，應依據所使用軸承廠牌所提供的型錄查詢)。於是

(1) 因 $F_a/C_0 = 0.057$，由表 8-5 可知 e 的值大於 0.24，且 $F_a/F_r = 0.167$，所以 $F_a/F_r \le e$，$X = 1.0$，$Y = 0$。因此該軸承承受的等效動徑向負荷 P_r 為

$$P_r = XF_r + YF_a = (1.0)(2,400) + 0(400)$$
$$= 2,400 \text{ N}$$

速度因數 f_n 為

$$f_n = \left[\frac{33\frac{1}{3}}{n}\right]^{\frac{1}{a}} = \left[\frac{33\frac{1}{3}}{900}\right]^{\frac{1}{3}} = 0.333$$

因為是滾珠軸承，式中的 $a=3$。再由 (8-2) 式可得壽命因數 f_L 為

$$f_L=\frac{C}{P_r}f_n=\frac{14,000}{2,400}(0.333)=1.944$$

於是由 (8-3) 式可求得軸承的額定壽命為

$$L_h=500f_n^a=500(1.944)^3$$
$$\approx 3,670\ \text{hr}$$

(2) 因 $F_a/F_r=0.3$，且 $F_a/C_0=0.08633$ 所對應的 e 值介於 0.27~0.31 之間，使用內差法可以求得 $e=0.281$。可知 $F_a/F_r>e$，由表 8-5 得 $X=0.56$，且 Y 值則介於 1.6~1.4 之間，以內差法可求得 $Y\approx 1.546$，於是可得軸承的等效動徑向負荷 P_r 為

$$P_r=(0.56)(2,000)+(1.546)(600)$$
$$=2,048\ \text{N}$$

可求得

$$f_L=\frac{C}{P_r}f_n=\frac{14,000}{2,048}(0.333)=2.279$$

因此軸承的額定壽命為

$$L_h=500f_n^a=500(2.279)^3$$
$$\approx 5,900\ \text{hr}$$

範例 8-2

若前例中的軸承用於負荷略具衝擊性的事務機器，試重新計算其額定壽命。

解： 由於負荷略具衝擊性，計算軸承的額定壽命所用的等效徑向負荷，應該將負荷的衝擊係數加入考慮，由表 8-7 可查得其值約為 1.2~1.5 之間，因為

是事務機器，取 $f = 1.2$。所以在前題中兩種情況下的等效徑向動負荷分別為

$$P_{r\mathrm{I}} = 1.2(2,400) = 2,880 \text{ N}$$

與

$$P_{r\mathrm{II}} = 1.2(2,048) = 2,458 \text{ N}$$

壽命因數則分別為

$$f_{L\mathrm{I}} = \frac{C}{P_r} f_n = \frac{14,000}{2,880}(0.333) = 1.620$$

與

$$f_{L\mathrm{II}} = \frac{C}{P_r} f_n = \frac{14,000}{2,458}(0.333) = 1.899$$

所以該軸承的額定壽命為

$$L_{h\mathrm{I}} = 500 f_n^a = 500(1.620)^3$$
$$\approx 2,100 \text{ hr}$$

與

$$L_{h\mathrm{II}} = 500 f_n^a = 500(1.899)^3$$
$$\approx 3,400 \text{ hr}$$

範例 8-3

某 6308 的滾珠軸承之運轉狀態如下表所示，其中 P_i 為狀態 i 的等效動徑向負荷；α_i 為狀態 i 使用時間佔總使用時間的百分比；n_i 則為狀態 i 時的轉速，以 rpm 表示。試求該軸承的額定壽命。

i	n_i (rpm)	P_i (N)	α_i
1	400	19,600	3%
2	800	9,800	5%
3	1,600	4,900	22%
4	2,400	2,450	70%

解：先查出 6308 軸承的基本額定動負荷 $C = 41{,}000$ N，且軸承單獨在各種狀態下運轉時的額定壽命 L_i 可由 (8-18) 式求得，令式中的 $a = 3$，所以

$$L_1 = \frac{10^6}{60(400)}\left[\frac{41{,}000}{19{,}600}\right]^3 = 381 \text{ hr}$$

$$L_2 = \frac{10^6}{60(800)}\left[\frac{41{,}000}{9{,}800}\right]^3 = 1{,}526 \text{ hr}$$

$$L_3 = \frac{10^6}{60(1{,}600)}\left[\frac{4{,}000}{4{,}900}\right]^3 = 6{,}102 \text{ hr}$$

$$L_4 = \frac{10^6}{60(2{,}400)}\left[\frac{41{,}000}{2{,}450}\right]^3 = 32{,}545 \text{ hr}$$

再使用龐格廉-麥因納式，即可求得軸承的額定壽命 L，即

$$L = \frac{1}{\sum_{i=1}^{n}\frac{\alpha_i}{L_i}} = \frac{1}{\frac{0.03}{381}+\frac{0.05}{1526}+\frac{0.22}{6102}+\frac{0.7}{32{,}545}}$$

$$\approx 5{,}915 \text{ hr}$$

也就是該軸承的額定壽命為 5,915 hr。

這個問題也可以利用 (8-16) 式，先求得 P_m 後，再以 (8-17) 式計算軸承的額定壽命 L，其程序如下：

$$n_m = \sum_{i=1}^{4}\alpha_i n_i = 2{,}084 \text{ rpm}$$

而 P_m 則為

$$P_m = \left[\sum_{i=1}^{4} \alpha_i \frac{n_i}{n_m} P_i^a \right]^{\frac{1}{a}}$$

$$= \left[(0.03)\left(\frac{400}{2,048}\right)(19,600)^3 + (0.05)\left(\frac{800}{2,048}\right)(9,800)^3 \right.$$

$$\left. + (0.22)\left(\frac{1,600}{2\,048}\right)(4,900)^3 + (0.70)\left(\frac{2,400}{2,048}\right)(2,450)^3 \right]^{\frac{1}{3}}$$

$$= 4,533 \text{ N}$$

所以，該軸承的額定壽命為

$$L = 500\left[\frac{C}{P_m}\right]^a \left[\frac{100}{3n_m}\right] = 500\left[\frac{41,000}{4,533}\right]^3 \left[\frac{100}{2,048}\right]$$

$$= 5,918 \text{ hr}$$

範例 8-4

圖 EX8-4 中有 30206J 與 30306J 兩個軸承分別安裝於某傳動軸的兩端，軸以 1,200 rpm 的轉速旋轉，試求各軸承的額定壽命。

解：由軸承型錄中查得兩軸承的相關數據如下：

$$30,306\text{ J} \quad C = 59,500 \text{ N} \quad C_0 = 60,000 \text{ N} \quad e = 0.32 \quad Y = 1.9$$
$$30,206\text{ J} \quad C = 43,500 \text{ N} \quad C_0 = 48,000 \text{ N} \quad e = 0.38 \quad Y = 1.6$$

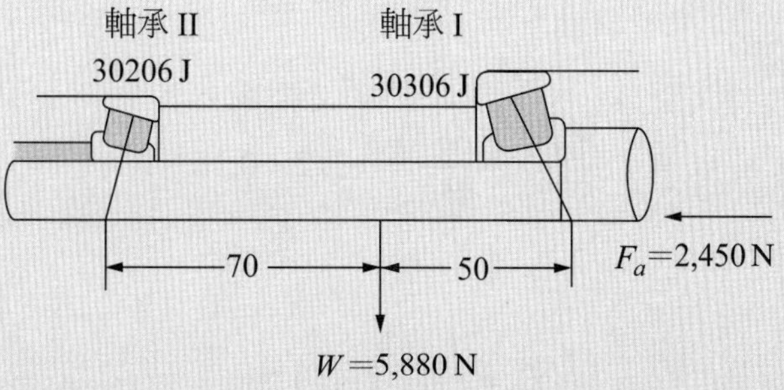

圖 EX8-4

首先計算兩軸承所承受的徑向負荷

$$F_{r\mathrm{I}}=\frac{(5,880)(70)}{(50+70)}=3,430\ \mathrm{N}$$

$$F_{r\mathrm{II}}=\frac{(5,880)(50)}{(50+70)}=2,450\ \mathrm{N}$$

由於兩個軸承都是會誘發軸向負荷的圓錐滾子軸承，因此先算出各軸承誘發的軸向負荷如下：

$$F'_{a\mathrm{I}}=\frac{F_{r\mathrm{I}}}{2Y_{\mathrm{I}}}=\frac{3,430}{2(1.9)}=903\ \mathrm{N}$$

$$F'_{a\mathrm{II}}=\frac{F_{r\mathrm{II}}}{2Y_{\mathrm{II}}}=\frac{2,450}{2(1.6)}=766\ \mathrm{N}$$

再由兩軸承採 DB 配置，且外施的軸向負荷由右向左，可由表 8-10 查得兩軸承實際承受的軸向負荷如下：

$$F_{a\mathrm{I}}=F'_{a\mathrm{II}}+P_a=766+2,450=3,216\ \mathrm{N}$$

$$F_{a\mathrm{II}}=F'_{a\mathrm{II}}=766\ \mathrm{N}$$

因為

$$\frac{F_{a\mathrm{I}}}{F_{r\mathrm{I}}}=\frac{3,216}{3,430}=0.938>0.32$$

所以，依 (8-26) 式可得

$$P_{\mathrm{I}}=0.4F_{r\mathrm{I}}+YF_{a\mathrm{I}}=(0.4)(3,430)+(1.9)(3,216)=7,482\ \mathrm{N}$$

而軸承 II 則因

$$\frac{F_{a\mathrm{II}}}{F_{r\mathrm{II}}}=\frac{766}{2,450}=0.312<0.38$$

可知

$$P_{\mathrm{II}}=F_{r\mathrm{II}}=2,450\ \mathrm{N}$$

因此兩軸承的額定壽命 L_{I} 與 L_{II} 分別為

$$L_{\mathrm{I}} = \frac{10^6}{60n}\left[\frac{C_{\mathrm{I}}}{P_{\mathrm{I}}}\right]^a = \frac{10^6}{(60)(1,200)}\left[\frac{59,500}{7,482}\right]^{\frac{10}{3}} = 13,942 \text{ hr}$$

$$L_{\mathrm{II}} = \frac{10^6}{60n}\left[\frac{C_{\mathrm{II}}}{P_{\mathrm{II}}}\right]^a = \frac{10^6}{(60)(1,200)}\left[\frac{43,500}{2,450}\right]^{\frac{10}{3}} = 202,805 \text{ hr}$$

8.14　軸承之非額定壽命的計算

由於各類機械對於可靠度的要求不盡相同，若軸承壽命可靠度的要求有別於 90% 時，則其壽命值可於求得軸承的額定壽命 L 後，再依下式求可靠度為 R 時的預期壽命 L_R

$$L_R = L\left[21.88 \log\frac{1}{R}\right]^k \tag{8-29}$$

其中

$$k = \begin{cases} 0.9 & \text{若為滾珠軸承} \\ 8/9 & \text{若為滾子軸承} \end{cases}$$

此式適用於要求的可靠度 R 在 $0.4 < R < 0.93$ 之間的情況，若可靠度的要求高於 90%，則軸承的預期壽命可依下式求得

$$L_R = C_1 L \tag{8-30}$$

式中的可靠度係數 C_1 可自表 8-10 查得。

工業中使用的各種機器，設計時即應基於實際的需要，配合機器維修的時程表，賦予軸承合理的預期壽命，表 8-11 列出常見機械的合理預期壽命推薦值。

表 8-10 可靠度係數 C_1

可靠度	90%	95%	96%	97%	98%	99%
C_1	1.0	0.62	0.53	0.41	0.3	0.21

表 8-11 軸承使用於各類型機器的預期壽命推薦值

機器類型	預期壽命小時
非經常使用之儀器或設備，如閘門開關裝置等	500
航空用發動機	500~2,000
短期或間歇使用，使用中斷不致引起嚴重後果的機器，如手動工具等	4,000~8,000
間歇使用，中斷使用後果嚴重的機器，如動力輔助設備、裝配線自動輸送裝置、升降機、吊車等	8,000~12,000
每日使用 8 小時，使用時大多不在滿載情況下運轉的機器，如一般的齒輪裝置、一般的工廠電動機	12,000~20,000
每日多在滿載運轉情況下使用 8 小時的機器，如長時間使用的裝置、中間傳動軸、機械工業用之一般機器、送風機、木材加工機等	20,000~30,000
24 小時連續運轉，一般可靠度的機器，如空氣壓縮機、船用推進器傳動軸、幫浦等	50,000~60,000

8.15 滾動軸承的潤滑

滾動軸承接觸面間存在相當複雜的運動現象，它兼具了相對滾動與滑動運動，滾動軸承的潤滑是為了減少軸承接觸面間的摩擦與磨耗，防止它於運轉時過熱。亦即潤滑的目的在於：

1. 減少滾動元件與軌道面間的滾動與滑動摩擦。

2. 排除摩擦與其他因素導致的熱量。

3. 防塵與防鏽。

潤滑方式與潤滑劑的選擇是否恰當，對滾動軸承的性能與壽命有顯著的影響。

潤滑方法的選擇

滾動軸承的潤滑方法將影響支座與密封裝置的設計，因此必須在結構設計階段開始之前確定。潤滑方法的選擇視軸承的運轉條件和運轉環境而定，表 8-12 可作為選擇潤滑方式時的指引。

脂潤滑法

大多數滾動軸承採用脂 (grease) 潤滑 (約佔 90%)，其優點是軸承殼與密封的結構簡單，成本較低，相對於油潤滑所需的維護工作少得多，且少有洩漏污染環境的顧慮。但脂潤滑也有冷卻效應、流動性差，以及自脂中濾除顆粒狀侵入物幾乎不可能的缺點。

採用脂潤滑時，潤滑脂的填充量視軸的轉速而定。軸承中的空隙應填滿潤滑脂，使得所有的工作表面間都能充分地獲得潤滑；但軸承殼內的空間在軸以較高轉速運轉時，宜保持擁有足夠的空間，以容納自軸承中排擠出來的潤滑脂。對於含防塵與密封裝置的軸承，考慮其壽命與摩擦，一般多僅在軸承殼的空間中填入約 30% 的潤滑脂，所需的約略潤滑脂量可由下式計算：

$$G = fBd_m \text{ mm}^3 \tag{8-31}$$

表 8-12　潤滑方法的選用

潤滑方法	轉速特徵值 $n \cdot d_m$ (mm • min^{-1})
脂潤滑	$< 0.5\ (10^6)$
(特殊潤滑脂)	$1.5\ (10^6)$
滴油潤滑	$< 0.5\ (10^6)$
油霧潤滑	$\le 1.0\ (10^6)$
油浴或浸油潤滑	$\le 0.5\ (10^6)$
循環油或連續供油潤滑	$\le 0.8\ (10^6)$
噴油潤滑	$> 1.0\ (10^6)$

註：d_m：軸承內、外環直徑的平均值。

表 8-13 f值

d_m (mm)	≤ 40	40~100	100~130	130~160	160~200	> 200
f	1.5	1.0	1.5	2.0	3.0	4.0

式中 B = 軸承寬度 mm，若為推力軸承時，則以軸承高度 H 取代

d_m = 軸承內、外環直徑的平均值

滾動軸承使用的潤滑脂通常含三種基本組成物：

1. **增稠劑**：由微細的纖維或粒子形成弱結合的海綿狀組織，大致分成金屬皂與非金屬皂兩大類。其中金屬皂有鈣皂、鋰皂、鋇皂、鋁皂及鈉皂等；非金屬皂則有聚合尿素、矽膠、有機化之漿土等。
2. **基油**：浸泡增稠劑的液態潤滑劑，以礦物油使用最為廣泛，但為了提高耐熱性與穩定性，也使用聚酯油及矽油等合成油。
3. **添加劑**：為賦予潤滑脂特定性能而加入的添加成分，如防氧化劑、極壓劑，及防鏽劑等。

表 8-14 列舉滾動軸承常用之潤滑脂的特性，可作為選用潤滑脂時的參考。雖然使用脂潤滑的滾動軸承比較不需要維護，但仍須視潤滑脂的使用壽命，定期清洗並更換潤滑脂。

圖 8-5 顯示兩種採取脂潤滑法時，軸承殼中潤滑脂供給與排除的設計。各家軸承製造商的型錄中，有許多現成的設計實例，可供使用者參考。

油潤滑法

若同一項設計中已有其他機件使用油潤滑，或運轉期間將產生大量的熱需要散熱時，可採取油潤滑。油 (oil) 潤滑的優點是散熱的效果甚佳，油的流動性良好，更換潤滑油容易，也容易濾除油中的顆粒狀侵入物；缺點是需要複雜的軸承殼與密封裝置設計，有污染環境的疑慮，以及需要經常性的維護，導致需要較高

表 8-14 滾動軸承常用潤滑脂特性

	增稠劑	基油	使用溫度℃	耐水性	註釋
1	鈉皂	礦物油	–20~100 –	不穩定	遇水乳化，某特定條件下具有流動性
2	鋰皂	礦物油	–20~130	90℃以下穩定	遇水稍微乳化，大量混合時軟化，為多用途潤滑脂
3	鋁皂	礦物油	–20~50	很穩定	稠化作用好，不能容納入侵的水份
4	複合鈉皂	礦物油	–20~70	穩定	稠化作用好，能防水
5	複合鈉皂	礦物油	–20~100	80℃以下穩定	適用於較高溫度和較大負荷
6	複合鋇皂	礦物油	–20~130	很穩定	多用途潤滑脂、適用於較高溫度和較大負荷
7	複合鋇皂	礦物油	–20~150	穩定	多用途潤滑脂、適用於較高溫度和較大負荷，阻尼性佳
8	聚和尿素	礦物油	–20~150	穩定	適用於較高溫度、較大負荷及較高轉速
9	複合鋁皂	礦物油	–20~150	穩定	適用於較高溫度、較大負荷及較高轉速
10	有機化漿土	礦物油、酯化油	–60~130	穩定	膠凝脂，低轉速時適用於較高溫度
11	鋰皂	酯化油	–60~130	穩定	適用於低溫及高轉速
12	複合鋇皂	酯化油	–60~130	穩定	適用於低溫及高轉速，阻尼性佳
13	鋰皂	硅化油	–40~170	很穩定	低負荷及中等以下轉速時，適用於較高與低溫度

的成本。

油潤滑如表 8-12 所列者，有滴油潤滑、油霧潤滑、油浴或浸油潤滑、循環油或連續供油潤滑及噴油潤滑等方式，選用的基準主要是依據軸的轉速，轉速極高時使用噴油潤滑，潤滑油的主要任務為散熱，潤滑油經由軸承殼上設置的噴嘴，噴入滾動元件與滾動槽之間，依據經驗，油速的最低速度為 15 m/s，且需要

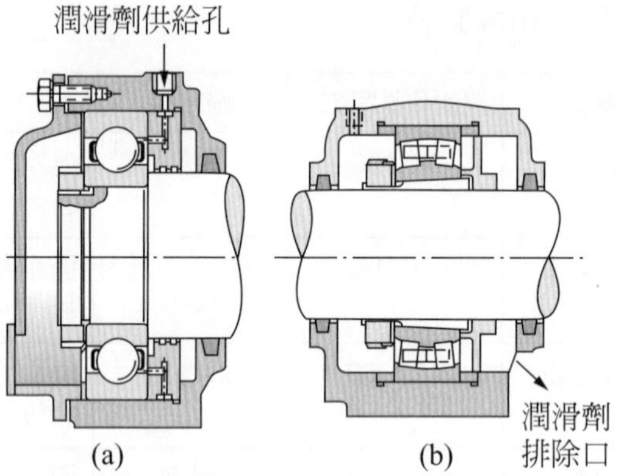

圖 8-5 脂潤滑的潤滑劑供給與排除設計

設置排油通道，以避免阻塞。

低轉速可使用油浴或浸油潤滑，但靜止的油面僅能到最低處滾動元件的中心，更高的油面可能造成擾動，反而影響潤滑功能。有些設計更加上供油盤，可從軸承殼內的油池掐油以強化對軸承的供油，但多在轉速較高時使用。

需要迅速移走摩擦熱或濾出磨損生成的金屬微粒時，可選擇循環油潤滑，尤其是剖面不對稱的軸承 (如圓錐滾子軸承) 具有輔助輸送作用，可以減輕構造成本。圖 8-6 至圖 8-9 為油潤滑方式的一些實際設計實例。

油潤滑法的潤滑油也有使用壽命的問題，必須經常注意潤滑油的耗損，需要定期維護，維護費用高於脂潤滑法。滾動軸承潤滑油的功能如下：

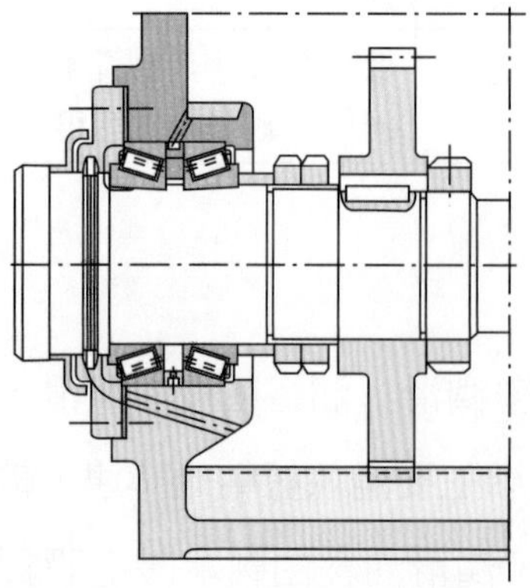

圖 8-6 非對稱軸承的循環油潤滑

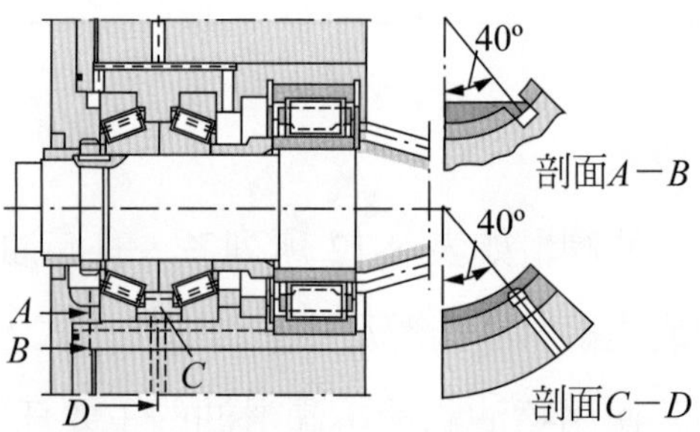

圖 8-7 小齒輪軸的循環油潤滑

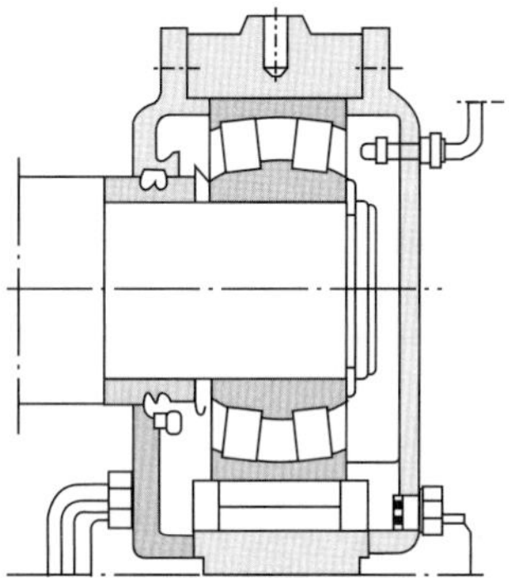

圖 8-8　噴油潤滑

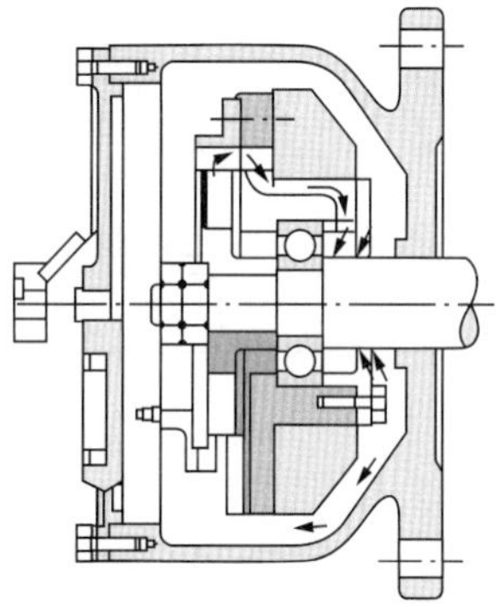

圖 8-9　供油盤潤滑

1. 於滑動及滾動面間形成潤滑液薄膜。
2. 協助熱的分佈及散逸。
3. 防止軸承面腐蝕。
4. 保護零件防止異物侵入。

固態潤滑劑通常僅在軸承用於特殊任務時才使用。

8.16　滾動軸承的密封

為了保證滾動軸承在其運轉期間能無故障地工作，不會污染環境，並擁有長壽命，必須防範異物侵入軸承和潤滑劑流失，因此滾動軸承需要良好的密封保護。常用的軸承密封方式有非接觸式密封與接觸式密封兩種，底下就兩種方式再加以分類，並予以簡單地介紹。

先就無接觸密封按密封效果的高下，依序介紹三種方法：

1. 迷宮式密封，如圖 8-10(a) 所示，是用於高轉速下的脂潤滑或油霧潤滑，但應設計成自動補充潤滑脂或能通過補充孔補充潤滑脂。
2. 彈性密封蓋，如圖 8-10(b)，彈性密封蓋經適配運轉 (run in) 後，可形成無磨損運轉，最適合使用於不可拆的剛性軸承。

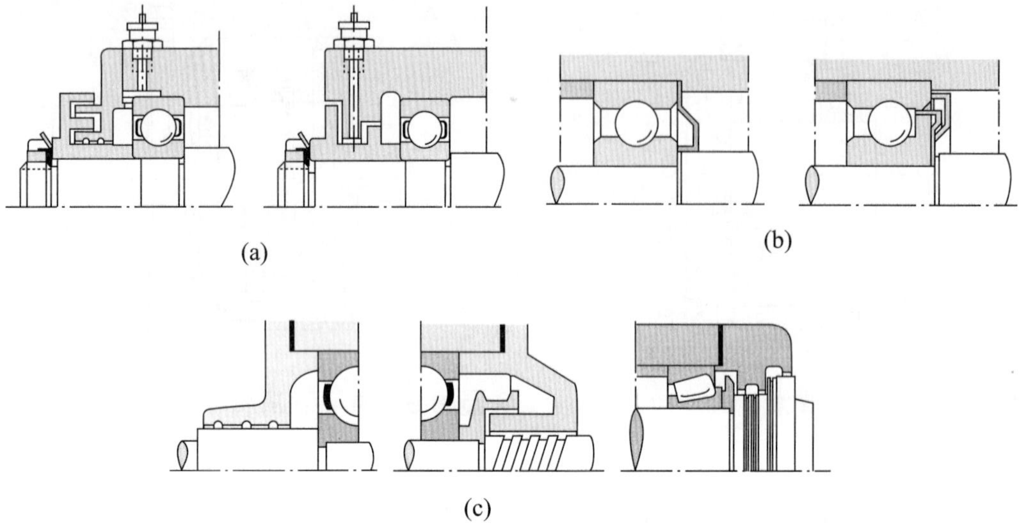

圖 8-10　無接觸式密封裝置

3. 具有填脂槽的間隙密封，如圖 8-10(c)，適用於高轉速脂潤滑，其間隙部分愈長，密封效果愈好，若用於循環油潤滑，則需設置甩油裝置或輸油的螺紋。

常用的接觸式密封有四種，簡介如下：

1. 滑環密封，如圖 8-11(a) 所示，通常以石墨或金屬製作，用於油潤滑，藉彈性元件保持密封，適用的圓周速度高達 15 m/s 左右。
2. 徑向密封圈，如圖 8-11(b)，藉密封唇的塑料圈達成密封效果，以環形彈簧將密封緊壓於軸上，由於密封唇與軸間有相對滑動，會產生磨損而有使用壽命的問題。適用的圓周轉速在 8 到 12 m/s 之間。
3. 毛毡圈密封，如圖 8-11(c)，因毛毡圈用久有彈性疲勞而產生間隙的現象，其密封效果隨時間經歷降低，一般都僅用於外物不易侵入的場所。多用於圓周速度 4 m/s 以下。
4. 含防塵蓋 (編碼以 Z 結束)，和含密封蓋 (編碼以 RS 結束者) 之滾動軸承。這兩種密封裝置都安置於軸承殼內部，防塵蓋為無接觸密封，密封蓋則為接觸式密封。兩側加蓋並填入潤滑脂的軸承，多用於不易施行維護的位置。

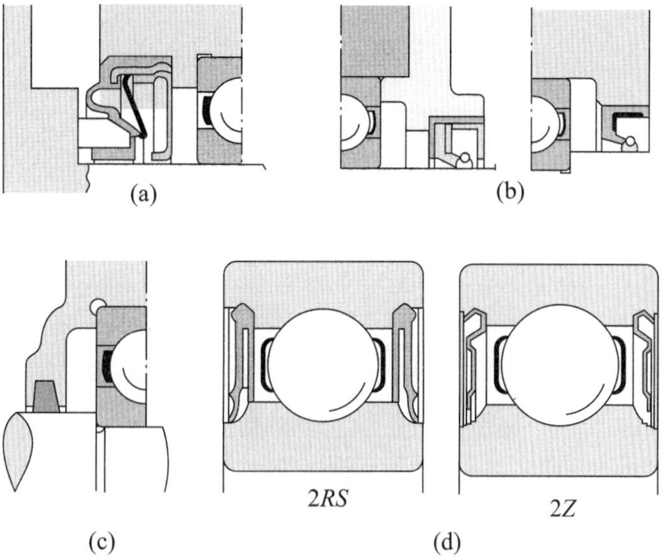

圖 8-11　接觸式密封裝置

8.17　滾動軸承的佈置與安裝

佈置與安裝滾動軸承對設計者而言，是一項考驗巧思的惱人問題。進行軸承佈置的設計時，首先遇到的問題是如何選出在運轉條件下最適合的軸承。軸的兩端不一定使用相同的軸承，也不一定使用相同個數的軸承，常可看見一端使用滾珠軸承，另一端使用滾子軸承，如圖 8-12；或一端使用單一軸承，另一端使用組合各種不同軸承的佈置，如圖 8-13。其中涉及軸承用於固定端或游動端，軸承承受負荷之大小、方向與性質等等條件。例如，若需要最大剛性，或需抵抗軸的欠對準時，常以兩個斜角軸承做複合式排列組合。因此，還需要豐富的實務經驗，才能做出最恰當的抉擇。各家軸承製造商都有豐富的成功應用實例可資參考，若有疑難也可以向製造商諮詢。

安裝軸承時為了穩定軸承或定位，常使軸承的內環緊靠軸肩，並以螺帽固鎖於攻製螺紋的軸上，如圖 8-14(a) 中單行滾珠軸承的標準安裝。但定位的方式也可以用齒輪或皮帶輪的輪轂、彈簧扣圈、間隔管或間隔環、蓋板、定位螺樁等方

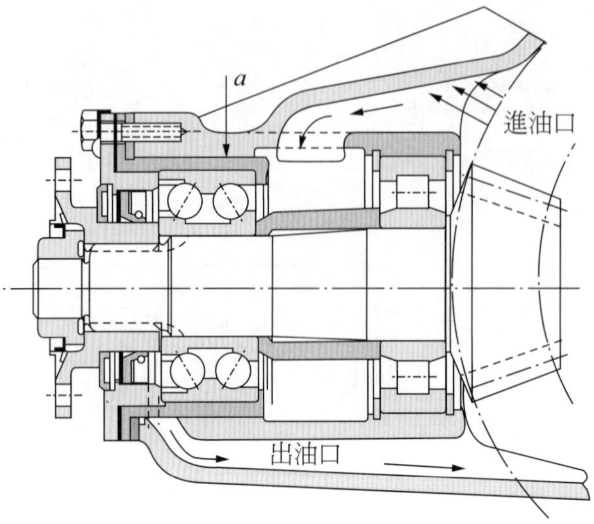

圖 8-12　汽車斜齒輪軸的軸承佈置

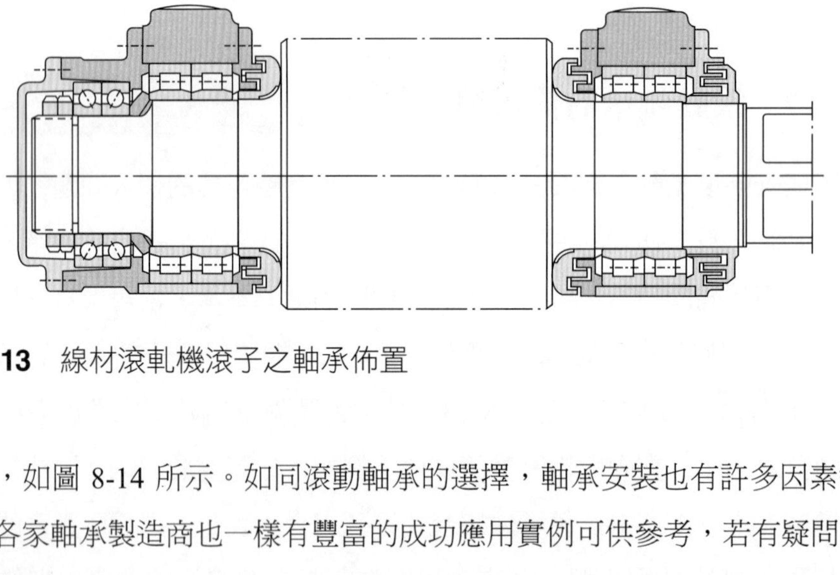

圖 8-13　線材滾軋機滾子之軸承佈置

式取代，如圖 8-14 所示。如同滾動軸承的選擇，軸承安裝也有許多因素需要考慮，但各家軸承製造商也一樣有豐富的成功應用實例可供參考，若有疑問可向製造商查詢。

安裝滾動軸承時，軸孔配合的精密度也影響軸承的運轉性能，各軸承製造商都有累積多年的成功應用實例，可提供使用者參考，書末附錄 2.2 中有軸承製造商 SKF 的軸承配合實例表可供參考。此外，預加負荷、對準的限制、潤滑油的

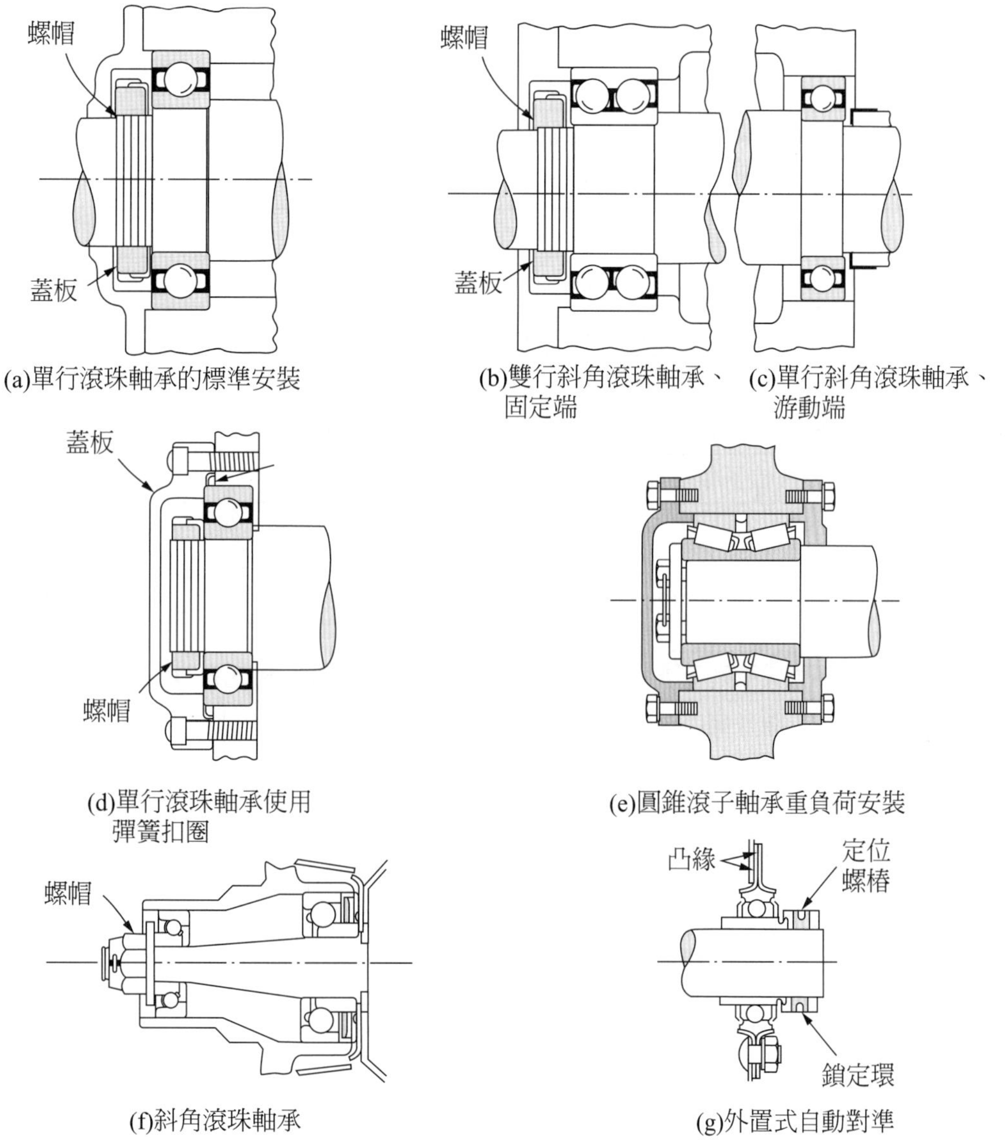

(a)單行滾珠軸承的標準安裝

(b)雙行斜角滾珠軸承、固定端

(c)單行斜角滾珠軸承、游動端

(d)單行滾珠軸承使用彈簧扣圈

(e)圓錐滾子軸承重負荷安裝

(f)斜角滾珠軸承

(g)外置式自動對準

圖 8-14　滾動軸承的安裝方式

選用等，也會影響軸承的運轉性能，但在此不擬討論，必要時可參考工程師手冊，或向軸承製造商詢問。

附表 8-1 補充字首規定

規範	定義
TS-	高溫使用尺寸穩定化軸承 (Dimension stabilized bearing for high temperature use)
M-	硬鍍鉻軸承 (Hard chrome plated bearings)
F-	不鏽鋼軸承 (Stainless steel bearings)
H-	高速鋼軸承 (High speed steel bearings)
N-	特殊材料軸承 (Special material bearings)
TM-	特殊處理長壽命軸承 (Specially treated long-life bearings)
EC-	膨脹補償軸承 (Expansion compensation bearings)
4T-	NTN 頂推拔滾子軸承 (NTN 4 Top tapered roller bearings)
ET-	ET 推拔滾子軸承 (ET Tapered roller bearings)

附表 8-1(a) 軸承編碼系列

TS2 – 7 3 05 B L1 DF + 10 C3 P5

編號與號碼安排				代號
補充字首	特殊應用編碼 材料/熱處理編碼			TS2
基本編碼	軸承系列	設計編碼		7
		尺寸系列編號	寬/高系列編碼	
			直徑系列編碼	3
	內孔直徑編碼			05
	接觸角編碼			B
補充字尾編碼	內部條改編碼			
	分隔器編碼			L1
	油封/防塵編碼			
	環構形編碼			
	雙重排列編碼			DF + 10
	內部餘隙編碼			C3
	公差編碼			P5
	潤滑方式編碼			

附表 8-2 補充字首編碼

編碼		說明
內部修飾	U	內部可交換圓錐滾子軸承
	R	非內部可交換滾子軸承
	ST	低扭矩滾子軸承
	HT	高軸向負荷用圓柱滾子軸承
分隔器	L1	機製黃銅分隔器
	F1	機製鋼質分隔器
	G1	圓柱滾子軸承的機製黃銅分隔器無鉚釘軸承
	G2	圓錐滾子軸承的針型鋼質分隔器
	J	受壓鋼質分隔器
	T1	合成樹脂分隔器
	T2	耐隆或鐵弗龍質塑性分隔器
油封或防塵蓋	LLB	合成橡塑油封 (無接觸型)
	LL	合成橡膠油封 (接觸型)
	U	防塵蓋
	ZZ	可移除防塵蓋
	ZZ	
	A	
環構形	K	錐型內環孔，錐度 1:12
	K30	錐型內環孔，錐度 1:30
	N	外環有扣環槽，但無扣環
	NR	外環上有扣環
	D	含油孔的軸承
雙列安排	DB	背對背排列
	DF	面對面排列
	DT	串列排列
	D2	兩個完全相同的成對軸承
	G	單軸承，對 DB、DF，及 DT 排列相鄰的研磨面
	$+\alpha$	間隔環 (α = 間隔環的標稱寬度，mm)

編碼		說明
內部餘隙	C2	小於常態徑向內餘隙
	C3	大於常態徑向內餘隙
	C4	徑向餘隙大於 C3
	CM	電動機軸承的徑向內餘隙
	NA	不可互換餘隙 (顯示於餘隙編碼之後)
	/GL	輕預負荷
	/GN	一般預負荷
	/GM	中等預負荷
	/GH	重預負荷
公差標準	P6	JIS 標準 6 級
	P6X	JIS (圓錐滾子軸承)
	P5	JIS 標準 5 級
	P4	JIS 標準 4 級
	P2	JIS 標準 3 級
	2	in- 系列圓錐滾子軸承 2 級
	3	in- 系列圓錐滾子軸承 3 級
	0	in- 系列圓錐滾子軸承 0 級
	00	in- 系列圓錐滾子軸承 00 級
潤滑	/2A	Shell Alvania 2 油脂
	/5C	Caltex RPM SRI-2 油脂
	/3E	ESSO Beacon 325 油脂
	/5K	MUL-TEMP SRL

習　題

1. 試說明下列軸承編碼代表的意義。

(a) 32012KLI。

(b) 7208BDB + C3p5。

(c) 6315ZZNR。

2. 試由軸承型錄或機械工程師手冊中查出滾珠軸承，滾子軸承與滾針軸承在高轉速或負荷具衝擊時，軸承適用性的排序。

3. 試分辨軸承壽命與軸承的額定壽命間的差異。

4. 某 6308 滾珠軸承在 400 rpm 轉速下，若承受徑向負荷 $F_r = 10$ kN，試求

(a) 軸承的額定壽命。

(b) 可靠度為 80% 時的預期壽命。

5. 若 6308 滾珠軸承在 400 rpm 轉速下承受徑向負荷 $F_r = 8$ kN，軸向負荷 $F_a = 1.6$ kN，試求該軸承的額定壽命。若軸承負荷具有輕度衝擊性時，試求其額定壽命。

6. 若問題 5 的負荷改成 $F_r = 7.7$ kN，$F_a = 1.8$ kN。試求

(a) 軸承的額定壽命。

(b) 可靠度為 80% 時的預期壽命。

7. 若需要以單列深槽滾珠軸承在 $F_r = 2.0$ kN，$F_a = 0.6$ kN，及軸轉速 $n = 900$ rpm 的運轉條件下，得到約 5,900 小時的額定壽命。軸頸直徑預估在 20~30 mm 間。試求適合的軸承型號。

8. 問題 7 的型號未知，將與前面的範例很不相同，一般都以自軸承型錄中選擇可能符合條件的軸承，然後依試誤法求解，也就是使用相關計算式核驗軸承的額定壽命是否合乎要求，作為軸承選用的處理方式，試嘗試以其他可能的方法選用軸承，並以問題 7 展示新的解法。

9. 試以 $F_r = 3$ kN，$F_a = 0.87$ kN，軸轉速 $n = 1{,}200$ rpm，且額定壽命 6,000 小時為設計條件，自軸承型錄中找出適用的 6 字頭的軸承，但軸承的內孔直徑要

求為 30 ≤ d ≤ 40 mm。

10. 若問題 9 中限定使用型式為 22 或 23 的自動調準滾珠軸承，試從軸承型錄中挑選適用的軸承。

11. 某 6315 的單列深槽滾珠軸承的使用狀況如下表所示，試求其額定壽命。

	F_r (N)	F_r (N)	N rpm	α_i %
I	1600	620	1200	20
II	2400	960	1000	45
III	6000	2000	600	25
IV	7500	4000	400	10

12. 若問題 11 的各項轉速均減半，試求其額定壽命為若干？其他條件維持不變。

13. 若問題 11 的各項負荷均減半，試求則其額定壽命為若干？其他條件維持不變。

14. 試比較問題 12 與問題 13 的結果，判斷轉速與負荷究竟哪一項對軸承的壽命影響比較大。

15. 若範例 8-4 的軸承 II 因修改軸徑且可以 30205 的軸承取代，其餘條件不變，試重新計算各軸承的額定壽命。

16. 試由軸承型錄查詢單列滾珠軸承、斜角滾珠軸承、自動調準滾珠軸承、圓柱自動滾子軸承、圓錐滾子軸承與調準滾子軸承的極限轉速，並將資料列印成參考用的表格。

17. 圖 P8-17 為某離心幫浦的部分組合圖，其軸以 1,450 rpm 運轉，並以兩個 7307 的斜角滾珠軸承形成 DF 組合作為支持。軸承承受 $F_r = 5.4$ kN，$F_a = 7.2$ kN 的負荷。試求軸承的額定壽命。

18. 圖 P8-18 的軸承 I 為 FAG 30210 軸承，軸承 II 則為 FAG 30207 圓錐滾子軸承，試求軸承的額定壽命。軸的轉速為 n = 1,200 rpm。其中 $F_{r\text{I}} = 6.0$ kN，$F_{r\text{II}} = 1.8$ kN，且 $F_a = 1.0$ kN。

19. 若問題 18 的軸承 I 為 FAG 30210 軸承，軸承 II 則為 FAG 30207 圓錐滾子軸

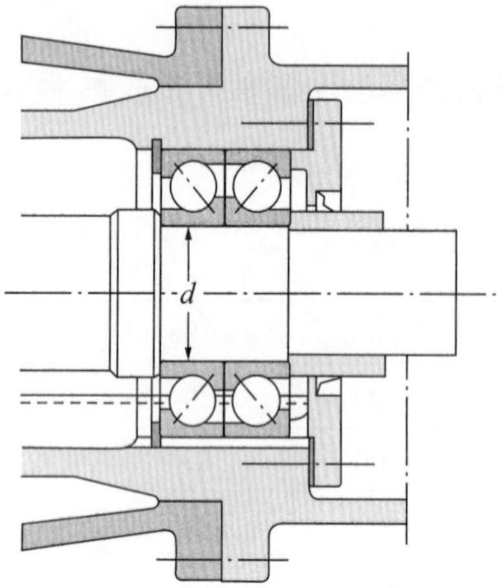

圖 P8-17

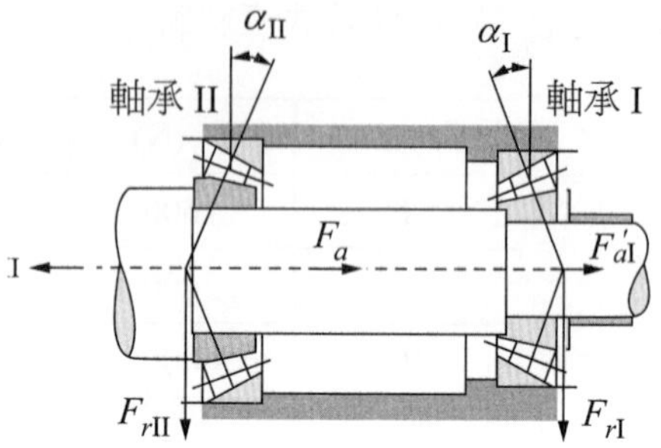

圖 P8-18

承，各負荷改成 F_{rI} = 6.8 kN，F_{rII} =1.5 kN，且 F_a = 0.8 kN。試求軸承的額定壽命。

20. 試將前面各計算各軸承額定壽命的問題改成計算可靠度 80% 的預期壽命。

21. 某 6312 的單列深槽滾珠軸承的使用狀況如下表所示，試求其額定壽命。

	F_r (N)	F_r (N)	N rpm	α_i %
I	1200	600	1200	25
II	2000	900	1000	45
III	4000	1200	600	20
IV	6400	2000	400	10

22. 圖 P8-22 為齒輪轉速機構的副軸，當軸的轉速為 250 rpm，要求壽命為 32,000 小時，齒輪因數 f_z 取 1.15，可靠度為 0.93 時，試為軸的兩端選出適用的單行深槽滾珠軸承。

23. 圖 P8-23 的傳動軸支撐兩個齒輪，其中齒輪 4 為螺旋齒輪。當軸的轉速為 200 rpm，要求壽命為 45,000 小時，齒輪因數 f_z 取 1.05，可靠度為 0.99 時，試為該軸選出適用的單行斜角滾珠軸承，軸承內孔為 25 或 30 mm。圖中的 F_C = 400 N。

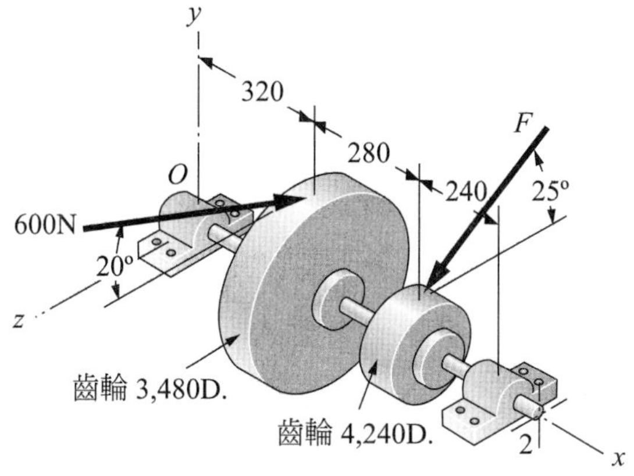
y
320
280
240
F
25°
O
600N
20°
z
x
2
齒輪 3,480D.
齒輪 4,240D.

圖 P8-22

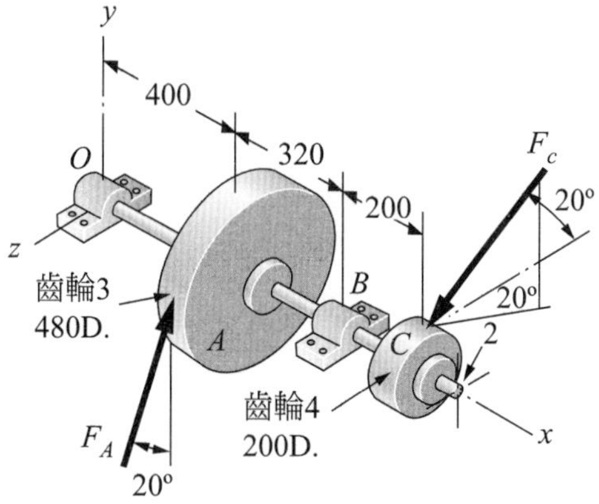
y
400
320
200
O
z
F_c
20°
20°
B
齒輪3
480D.
A
C
2
齒輪4
200D.
x
F_A
20°

圖 P8-23

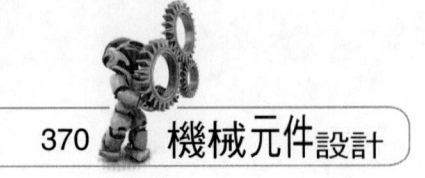

Chapter 9

齒輪——通論

人類很早便使用齒輪作為傳動元件，西元 2000 多年前，亞里斯多德 (384~322 B.C.) 的著作《機械的問題》中，已經記載了以青銅或鑄鐵製成的齒輪傳遞旋轉運動的記錄；稍後的阿基米德 (287~212 B.C.) 則留下以類似蝸桿蝸輪組的機構，作為起重裝置的記錄；在中國，黃帝大戰蚩尤時所使用的指南車，據考證也是以齒輪作為傳動元件。但齒輪輪廓線的研究，卻一直到十八世紀才開始作有系統的研究。

本章將處理四種主要型式之齒輪的幾何、運動學及重要的力與力矩的分析。力與力矩將傳遞至囓合的齒輪，及它們所附著的軸與支撐軸的軸承。扭矩將驅動齒輪作動力傳遞，其他的彎矩則影響軸以及支撐它的軸承。

9.1 齒輪的分類及型式

齒輪常依其所驅動之傳動軸的配置來分類，依此方式分類，齒輪可以分成於 (a) 平行軸 (parallel shaft)；(b) 正交軸；(c) 非平行非相交軸 (non-parallel and non-intersection shaft) 上使用的齒輪。據此，各分類能使用的齒輪型式如表 9-1 所示。

在圖 9-1，繪出了一般工業中最常使用的各種型式的齒輪，可與表 9-1 交互參考，以瞭解各型式齒輪的傳動方式。

9.2 與齒輪相關的專業名詞

首先藉圖 9-2 的部分正齒輪圖形及圖 9-3 中一對傳動齒輪的示意圖，介紹與齒輪相關的專業名詞。為認識下列的各專業名詞所代表的意義，請參照圖 9-3。

1. 節圓 (pitch circle)：為所有與齒輪相關計算所依據的一個虛構的理論圓，以齒輪的中心為圓心，齒輪的中心至節點的距離為半徑所繪成的圓。

2. 周節 (circular pitch)：節圓上相鄰兩輪齒的對應點，沿節圓圓周所量得的距離。一般以 P_c 作為周節的代表符號。

表 9-1　齒輪分類方式及適用的齒輪型式

齒輪分類	齒輪型式	傳動效率
平行軸驅動用	正齒輪	98.0~99.0%
	齒條	
	內齒輪	
	螺旋齒輪	
	斜齒條	
	雙螺旋齒輪	
交叉軸驅動用	直齒斜齒輪	98.0~99.0%
	蝸線斜齒輪	
	Zerol 斜齒輪	
非平行非相交軸	蝸桿蝸輪組	30.0~90.0%
	螺旋齒輪	70.0~95.0%

註：表中的傳動效率不含軸承損失及攪拌潤滑油的損失，並且是在正常安裝情況下運轉的傳動效率。若斜齒輪安裝時，其圓錐交點出現誤差時，其效率會有顯著的降低。

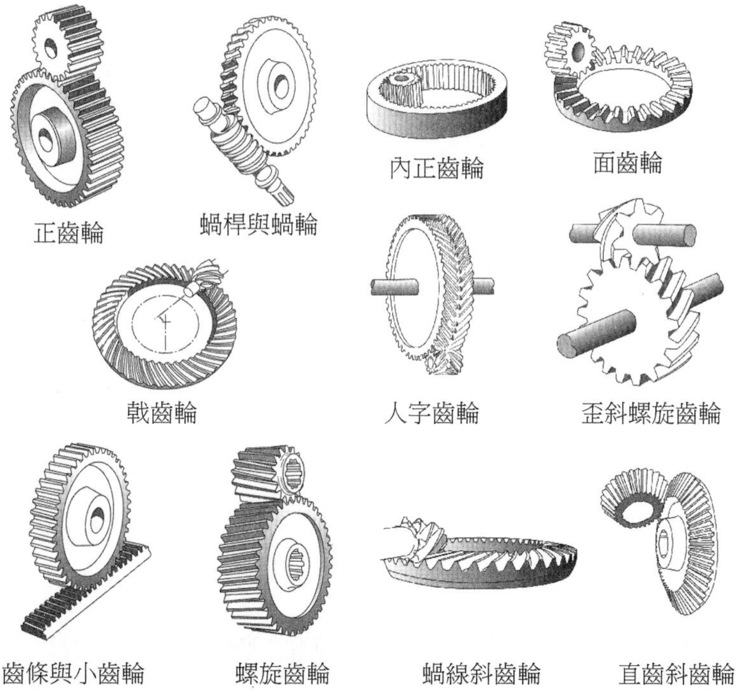

圖 9-1　工業中常使用的齒輪型式

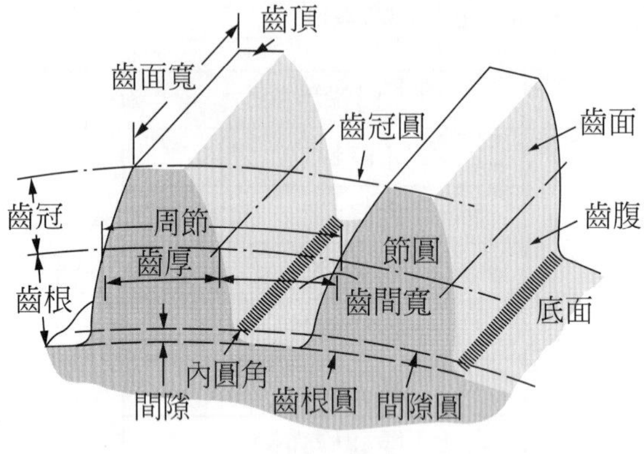

圖 9-2　齒輪的專業名詞

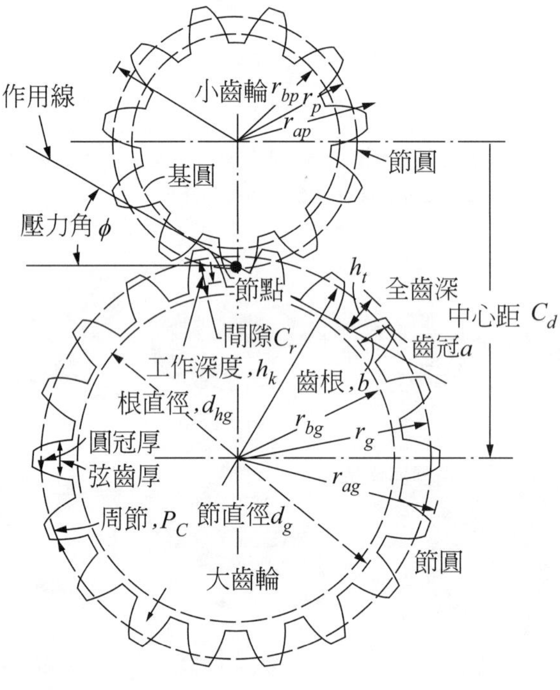

圖 9-3　齒輪傳動示意圖

3. 徑節 (diametral pitch)：英制齒輪輪齒大小的表示方式，其定義為每 in 節圓直徑上所能有的齒數，徑節的值愈大，輪齒愈小。徑節一般以 P_d 作為代表符號。

4. 模數 (module number)：SI 制齒輪輪齒大小的表示方式，其定義為節圓直徑與齒輪齒數的比值。模數值愈大，輪齒愈大。m 為模數的代表符號。

5. 齒冠 (addendum)：齒冠圓與節圓間的徑向距離。通常以 a 作為齒冠的代表符號。

6. 齒根 (dedendum)：齒根圓與節圓間的徑向距離。齒根通常以 b 為代表符號。

7. 全齒深或全齒高 (full depth)：齒冠與齒根的和。通常全齒深的代表符號為 h_t。

8. 齒隙 (clearance)：齒輪的齒根超過嚙合齒輪之齒冠所產生的餘隙。一般以 c 為齒隙的代表符號。

9. 基圓 (base circle)：創生漸開線輪齒所依據的圓。

10. 壓力角 (pressure angle)：嚙合的兩齒輪之內公切線，也就是齒輪傳動的作用線 (line of action)，與通過節點的兩節圓的公切線相交所形成的角。如圖 9-3 中的 ϕ 角。

上述各齒輪之專業名詞中的模數 m、節圓直徑 d、與齒數 N 間有下列關係存在：

$$m = \frac{d}{N} \tag{9-1}$$

且模數與周節 (p_c) 間的關係則為

$$\frac{p_c}{m} = \pi \tag{9-2}$$

9.3　輪齒齒制[1]

齒制是為了達成使具有相同壓力角及周節，但齒數不同的齒輪間，能具有互換性，而制定的一項標準，其中明確地規定了輪齒之齒冠、齒根、工作深度、輪

1 美國齒輪製造者協會 (American Gear Manufacturers Association, AGMA) 做標準化的工作。可以向 AGMA 洽購完整的標準列表，因為它們隨時在改變。地址是：1500 King Strret, Suite 201, Alexandria, VA 22314.

齒厚度及壓力角間的關係。

表 9-2 列出目前最常用到的正齒輪標準。$14\frac{1}{2}°$ 的壓力角的齒輪曾廣泛使用但目前已經過時。此一齒制的齒輪，常需使用相對較多的齒數以避免發生干涉。

表 9-3 於選擇齒輪的徑節或模數時特別有用。該表中列出的刀具規格一般都能取得。

表 9-4 列出標準直齒斜齒輪輪齒之大端的比例。其專業名詞定義於圖 9-2。

表 9-2 正齒輪的通用標準輪齒齒制

齒制	壓力角 ϕ	齒冠 a	齒根 b
全深齒	20°	$1/P_d$ 或 1 m	$1.25/P_d$ 或 1.25 m
			$1.35/P_d$ 或 1.35 m
	$22\frac{1}{2}°$	$1/P_d$ 或 1 m	$1.25/P_d$ 或 1.25 m
			$1.35/P_d$ 或 1.35 m
	25°	$1/P_d$ 或 1 m	$1.25/P_d$ 或 1.25 m
			$1.35/P_d$ 或 1.35 m
短齒	20°	$0.0/P_d$ 或 0.8 m	$1/P_d$ 或 1 m

表 9-3 (a) 通用輪齒大小

	徑節
粗	2，$2\frac{1}{2}$，$2\frac{1}{4}$，3，4，6，8，10，12，16
細	20，24，32，40，48，64，80，96，120，150，200

表 9-3 (b) 通用輪齒大小

	模數
優先	1，1.25，1.5，2，2.5，3，4，5，6，8，10，12，16，20，25，32，40，50
次優先	1.125，1.375，.75，2.25，2.75，3.5，4.5，5.5，7，9，11，14，8，22，28，36，45

表 9-4 20° 直齒斜齒輪的標準輪齒比例

條目	公式
工作深度	$h_k = 2.0\ \text{m}$
間隙	$c = 0.188\ \text{m} + 0.05\ \text{mm}$
齒輪的齒冠	$a_G = 0.54\ \text{m} + \dfrac{0.46\ \text{m}}{P(m_{90})^2}$
齒數比	$m_G = NG / N_P$
等效 90° 比	當 $\Sigma = 90^\circ$ 時，$m_{90^\circ} = m_G$
	當 $m_{90^\circ} \neq m_G$ 時，$m_{90^\circ} = \sqrt{m_G \dfrac{\cos\gamma}{\cos\Gamma}}$
齒面寬	$F = \dfrac{A_0}{3}$ 或 $F = 10.0\ \text{m}$ 中之較小者
齒冠	
大齒輪	$a_G = 0.54\ \text{m} - a_G$
小齒輪	$a_P = 2.000\ \text{m} - a_P$
齒根	
大齒輪	$b_G = 2.188\ \text{m} + 0.05 - a_G$
小齒輪	$b_P = 2.188\ \text{m} + 0.05 - a_P$
最少齒數	小齒輪：16, 15, 14, 13；大齒輪：16, 17, 20, 30

最少齒數：

小齒輪	16	15	14	13
大齒輪	16	17	20	30

註：A_0：錐距

螺旋齒輪標準齒的比例列於表 9-5。輪齒比例以法壓力角 (normal pressure angle) 為基準；各角與正齒輪作了相同的標準化。通常螺旋齒輪為獲得良好的作用，AGMA 建議其齒面寬至少應為軸節 (axial pitch) 的 1.15 倍。

蝸輪的輪齒規格仍未完全標準化，蝸輪組使用的壓力角範圍相當大，且約略地受到**導程角** (lead angle) 的影響，為了得到良好的輪齒作用，其壓力角必須大到足以避免在接觸端這一側造成蝸輪的輪齒清角 (under cutting)。可以滿足的

表 9-5 螺旋齒輪的標準輪齒比例

量*	公式	量*	公式
齒冠	$1.0\, m_n$	外齒輪	
齒根	$1.25\, m_n$	標準中心距離	$\dfrac{D+d}{2}$
小齒輪節圓直徑	$\dfrac{N_P m_n}{\cos\psi}$	大齒輪外直徑	$D+2a$
大齒輪節圓直徑	$\dfrac{N_G m_n}{\cos\psi}$	小齒輪外直徑	$d+2a$
法向弧輪齒厚度	$\pi m_n - \dfrac{B_n}{2}$	大齒輪根直徑	$D-2b$
小齒輪基圓直徑	$d\cos\phi_t$	小齒輪根直徑	$D-2b$
大齒輪基圓直徑	$D\cos\phi_t$	內齒輪	
基圓螺旋角	$\tan^{-1}(\tan\psi\cos\phi_t)$	中心距離	$\dfrac{D-d}{2}$
		內直徑	$D-2a$
		根直徑	$D-2b$

* 所有的尺寸以 mm 為單位，而角以度為單位。

齒深對導程角維持成正確的比例，也許可藉令該深度為其軸向周節的某個比例獲得。表 9-6 中之壓力角與輪齒深度，可視為良好實務經驗值的摘要。

表 9-6 蝸輪之壓力角與輪齒深度的推薦值

導程角 λ	壓力角 ϕ_n	齒冠 a	齒根 b_G
0~15	$14\frac{1}{2}°$	$0.3683\, p_x$	$0.3683\, p_x$
15~30	20°	$0.3683\, p_x$	$0.3683\, p_x$
30~35	25°	$0.2865\, p_x$	$0.3314\, p_x$
35~40	25°	$0.2546\, p_x$	$0.2947\, p_x$
40~45	30°	$0.2228\, p_x$	$0.2578\, p_x$

蝸輪的齒面寬 FG 應該使之與蝸桿節圓切線與其齒冠圓之兩交點之間的長度相等。

9.4　共軛條件

為維持固定的轉速比，輪齒的齒廓必須滿足齒輪的基本定理，那就是“為使齒輪傳動時維持固定的轉速比，其輪齒的輪廓必須能使接觸點的公法線與兩齒輪中心連線的交點為固定點”。任何兩個嚙合齒輪的輪齒齒廓能滿足齒輪的基本定理時，即為**共軛齒廓** (conjugate profile)。齒輪乃是藉嚙合輪齒彼此抵觸以傳遞旋轉，理論上兩齒輪之中，至少其中之一的輪齒齒廓可以任意地選擇，然後為嚙合齒輪尋求具有共軛作用的齒廓。雖有許多曲線能使兩嚙合輪齒形成共軛齒廓，但使用較廣泛者僅有**擺線** (cycloidal) 及**漸開線** (involute) 兩種。

齒輪傳動時，乃是由一個輪齒的齒腹曲面推擠另一輪齒的齒腹曲面 (圖 9-4) 時，兩曲面在其接觸點 c 彼此相切，且任何時刻作用力都沿著兩曲面的公法線 (common normal) 作用。兩齒間的傳動力循 ab 線作用線，所以稱 ab 為作用線 (line of action)。作用線與兩嚙合齒輪的連心線 $O-O'$ 交會於 P 點，這個點稱為**節點** (pitch point)。兩旋轉臂間的轉速比與它們的旋轉中心至節點 P 的距離成反比，且為了以定值的角速度比傳遞運動，節點必須維持固定，亦即每一瞬時之接

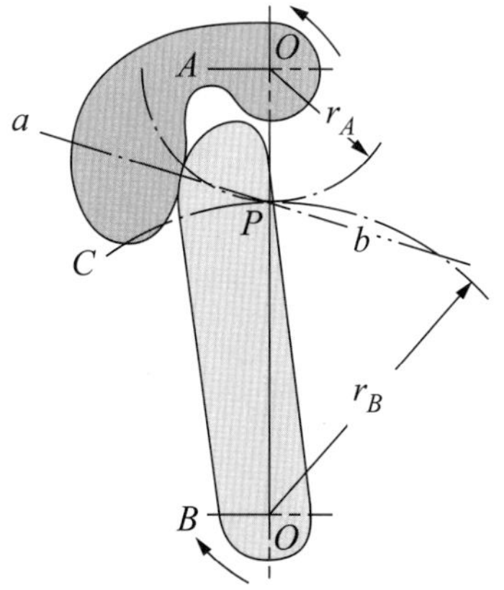

圖 9-4

觸點的作用線都必須通過相同的 P 點。以 A、B 兩點圓心，$\overline{AP}$、$\overline{BP}$ 為半徑，通過 P 點的兩個圓即為**節圓** (pitch circle)，節圓的半徑稱為節半徑 (pitch radius)。

齒輪的運轉，實際上與一對凸輪的運轉無異，它們通過一小段弧線作用，並在離開該段弧線輪廓前，又有另一對輪廓完全相同的凸輪開始接觸。這些凸輪能做兩個方向的旋轉，且具有能傳遞等角速度的構形，圖 9-4 表示其運轉的情形。若輪齒使用漸開線齒廓，將容許該齒輪對的中心距離略有誤差，而仍能維持其角速比不變。此外，齒條輪廓的齒腹為直線，使得基本工具比較單純。

漸開線齒廓，所有的接觸點都發生在相同的直線 ab 線上，所有在接觸點與齒廓線正交的法線都與 ab 線重合是可以證明的，因此，漸開線齒廓能夠傳遞均匀的迴轉運動。

9.5 漸開線的性質

漸開線曲線可能以圖 9-5(a) 顯示的方式產生，先以綳緊的弦線纏繞於圓柱上。弦線上的 T 點代表描繪點 (tracing point)。若使弦線於綳緊的情況下，自圓柱上依反捲繞方向舒捲，則 T 點所描繪出的軌跡即為漸開線。漸開線的曲率半徑呈現連續地變化，從曲率半徑為 0 的 T_0 點變化至 T_1 點時有最大值。在 T 點時的半徑為 $\overline{AT}$，因為 T 點對 A 點做瞬時旋轉。因此，創生線 (即綳緊的弦線) 在與

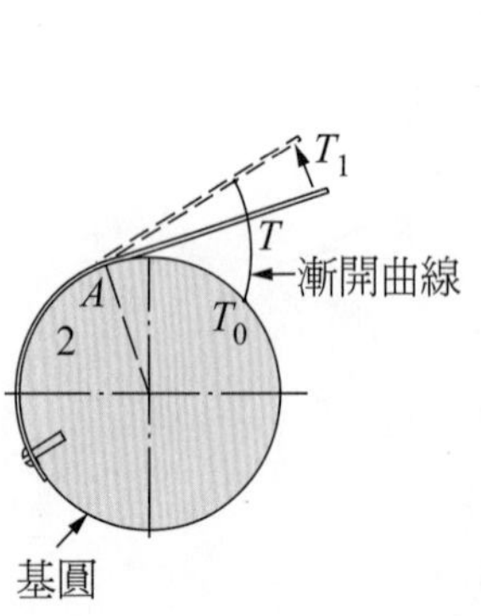

(a)

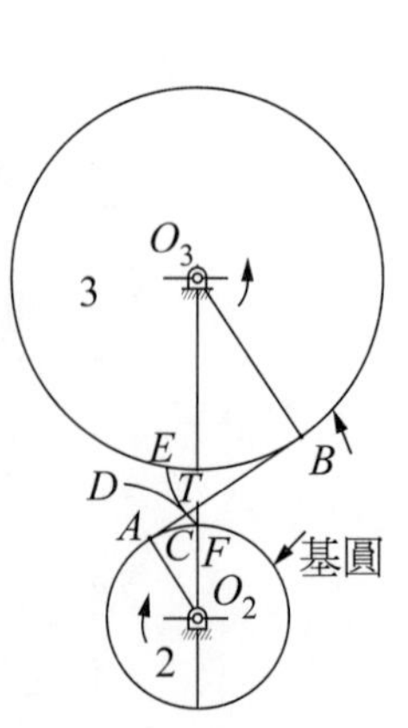

(b)

圖 9-5

漸開線相交的交點上，都與漸開線正交，同時也都與圓柱相切。創生漸開線所用之圓柱的圓周稱為**基圓** (basic circle)。

接著以圖 9-6 來探討輪齒作用的基本原理。當兩個輪齒嚙合時，節圓將在節點 (pitch point) p 處相切，且將互相作無滑動的滾動。以 r_2 和 r_3 分別標示節圓半徑，並以 ω_2 與 ω_3 分別標示其角速度。則節線速度為

$$V = |r_2\omega_2| = |r_3\omega_3|$$

所以，半徑與角速度間的關係為

$$\left|\frac{\omega_2}{\omega_3}\right| = \frac{r_3}{r_2} \tag{9-3}$$

通過節點 p 並與兩節圓的公切線形成壓力角 ϕ 的線段 CD，通常稱為**壓力線** (pressure line)，**創生線** (generation line)，或**作用線** (line of action)。它是兩輪齒間合力的作用線。ϕ 角稱為**壓力角** (pressure angle)，雖然 $14\frac{1}{2}°$ 的壓力角也曾經廣泛使用過，但目前常用的為 20° 或 25°。

每個齒輪的基圓 (basic circle) 都與作用線相切。由於基圓與作用線相切，壓力角決定了它的大小。如圖 9-7 所示，基圓的半徑為

$$r_b = r\cos\phi \tag{9-4}$$

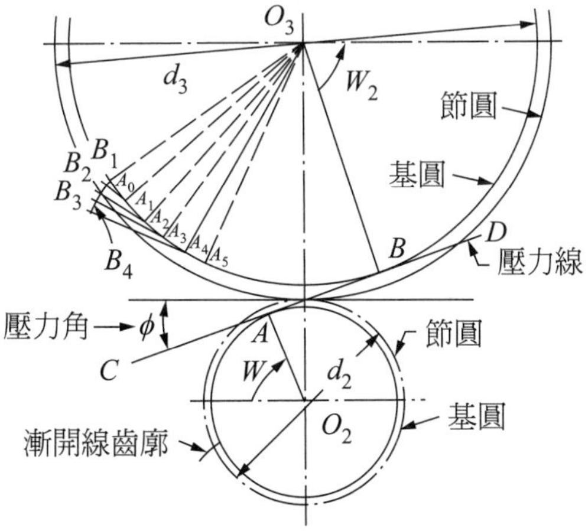

圖 9-6

其中 r 為節圓半徑。

可互換的標準齒輪，其齒冠與齒根的徑向距離分別為 1 m 及 1.25 m。周節可由 (9-2) 式，得知為 $p_c = \pi m$，而在節圓上量得的齒厚為 $t = \pi m/2 = 1.57$ m。因為漸開線是由基圓繪起，基圓以下並無定義。因此，基圓以下的部分通常以徑向線作為齒廓。實際情況則與以何種方式製作輪齒有關，亦即視齒廓如何產生而定。輪齒在間隙圓和齒根圓之間的部分為內圓角。

圖 9-7 中，中心位於 O_1 的小齒輪為依逆時針方向旋轉的驅動輪。壓力線，即為圖 9-5(a) 中用於創生漸開線的弦線，兩齒輪即沿著此線發生接觸。接觸始於驅動輪的齒腹與從動輪的齒尖接觸。此種情況發生於圖 9-7 的 a 點，此時從動輪的齒冠圓與壓力線相交於該點。若通過 a 點繪製齒廓，並由這些齒廓線與節圓的交點，向各齒輪的中心畫徑向線，則此徑向線與兩齒輪之連心線間的夾角稱為各齒輪的**漸近角** (angle of approach)。

當兩個輪齒進入嚙合時，接觸點將向驅動輪齒的齒尖滑動，且當驅動輪齒的齒尖與從動齒輪的齒腹接觸時，該對輪齒的接觸即告終了。

通過圖 9-7 的 b 點繪出另一組齒廓線，然後依循求漸近角的相同方式，可得

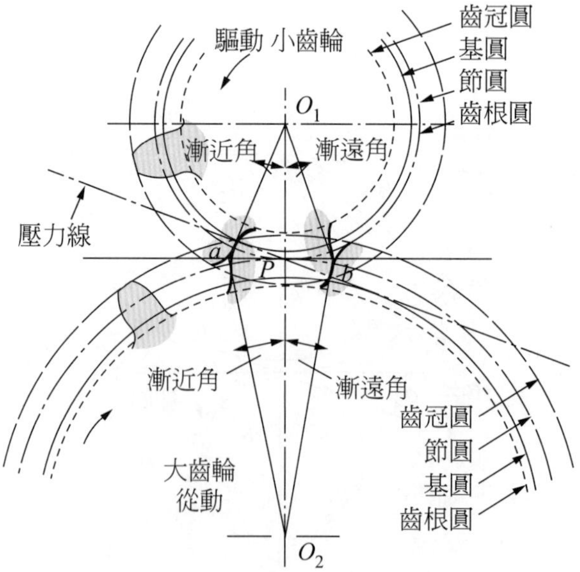

圖 9-7

每個齒輪的**漸遠角** (angle of recess)。每個齒輪的漸近角與漸遠角之和，稱為**作用角** (angle of action)。線段 *ab* 稱為作用線。

齒條 (rack) 可以想像成節圓直徑無限大的正齒輪。所以齒條為齒數無限的齒輪。齒條上漸開線輪齒的兩邊都成直線，並與連心線形成一個和壓力角相等的角。圖 9-8 顯示漸開線齒條與小齒輪嚙合的情形。漸開線輪齒的各個對應邊為平行的曲線；其**基節** (base pitch) 為常數，而且是相鄰兩曲線間沿公法線的基本距離，如圖 9-8 所示。基節與周節間的關係式為

$$p_b = p_c \cos\phi \tag{9-5}$$

式中 p_b 為基節。

圖 9-9 顯示與內 (internal) 或環齒輪 (annular gear) 嚙合的小齒輪。由於兩齒

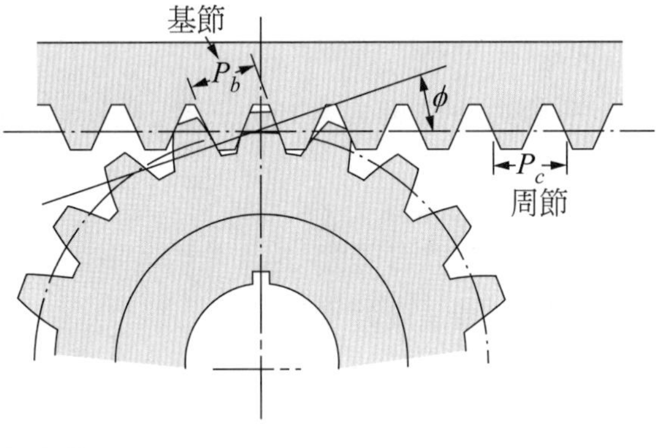

圖 9-8　齒條與小齒條

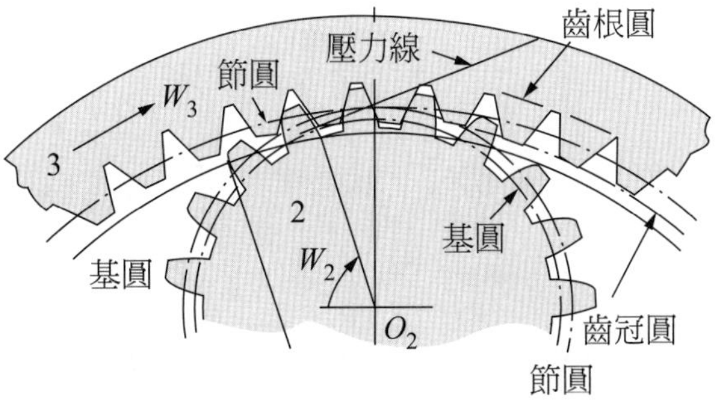

圖 9-9　內齒輪與小齒輪

輪的旋轉中心都在節點的同一側，其齒冠圓與齒根圓的相對位置正好相反。內齒輪的齒冠圓落在節圓的內側。此外，圖 9-9 顯示，內齒輪的基圓也落在節圓內側，且與齒冠圓非常接近。

一對嚙合齒輪之節圓的**運轉直徑** (operating diameters) 不一定得與齒輪設計時的節圓直徑相等。若將中心距增大，則由於齒輪的節圓必須在節點處彼此相切，因此將形成兩個新的直徑較大的運轉節圓。

由於產生齒廓的依據是基圓，中心距的改變對基圓並無影響。因此，增大中心距僅會增大壓力角並縮短作用線，但輪齒仍能維持共軛，角速比並不會改變。

範例 9-1

某齒輪組由 16 齒的小齒輪驅動 40 齒的大齒輪所組成。齒輪的模數為 10，且齒冠與齒根分別為 1 m 及 1.25 m。齒輪的壓力角為 20°。

(a) 試計算周節、中心距及兩基圓的半徑。

(b) 安裝這組齒輪時，中心距發生增大 4 mm 的誤差，試計算新的壓力角及節圓半徑。

解：(a) $p = \pi m = 3.1416\,(10) = 31.416 \text{ mm}$

小齒輪與大齒輪的節圓直徑分別為

$$d_P = N_P m = 16\,(10) = 160 \text{ mm}$$

$$d_G = N_G m = 40\,(10) = 400 \text{ mm}$$

所以，中心距為

$$\frac{d_P + d_G}{2} = \frac{160 + 400}{2} = 280 \text{ mm}$$

由於輪齒以 20° 壓力角切成，基圓半徑可用 $r_b = r\cos\phi$ 求得

$$r_b\,(\text{小齒輪}) = \tfrac{160}{2}\cos 20^\circ = 75.2 \text{ mm}$$

$$r_b\,(\text{大齒輪}) = \tfrac{400}{2}\cos 20^\circ = 188.8 \text{ mm}$$

(b) 以 d'_P 及 d'_G 標示新的節圓直徑，中心距增加 4 mm 成為

$$\frac{d'_P + d'_G}{2} = 280 + 4 = 284 \text{ mm} \tag{a}$$

因漸開線齒輪的中心距改變，不會改變速度比，所以

$$\frac{d'_P}{d'_G} = \frac{16}{40} \tag{b}$$

聯立 (1)、(2) 兩式，得

$$d'_P = 162.3 \text{ mm} \qquad d'_G = 405.7 \text{ mm}$$

因為 $r_b = r\cos\phi$，所以新的壓力角為

$$\phi' = \cos^{-1}\frac{r_b}{d'/2} = \cos^{-1}\frac{75.2}{162.3/2} = 22.12°$$

齒輪的壓力角 20° 從增大至 22.12°。

9.6　接觸比

齒輪傳動是否圓滑與齒輪的齒數多寡，及傳動時兩齒輪之接觸比值的大小關係甚巨，要獲得圓滑的傳動，齒輪傳動的接觸比值不宜小於 1.3。因此，接下來將參考圖 9-10 推導接觸比的計算式。

在圖 9-10，驅動齒輪的齒腹在 B 點與從動齒輪的齒尖接觸，推動從動齒輪旋轉至 C 點時，驅動齒輪的齒尖將離開從動齒輪的齒腹，所以線段 $\overline{BC}$ 為該嚙合齒輪對的接觸線 L_c，$\overline{BC}$ 的長度可由下式求得

$$L_c = \overline{BC} = \overline{AC} + \overline{BD} - \overline{AD}$$

由於

$$\overline{AC} = \sqrt{\overline{O_2C}^2 - \overline{O_2A}^2} = \sqrt{(r_p + a)^2 - r_p^2\cos^2\phi}$$

$$\overline{BD} = \sqrt{\overline{O_3B}^2 - \overline{O_3D}^2} = \sqrt{(r_g + a)^2 - r_g^2\cos^2\phi}$$

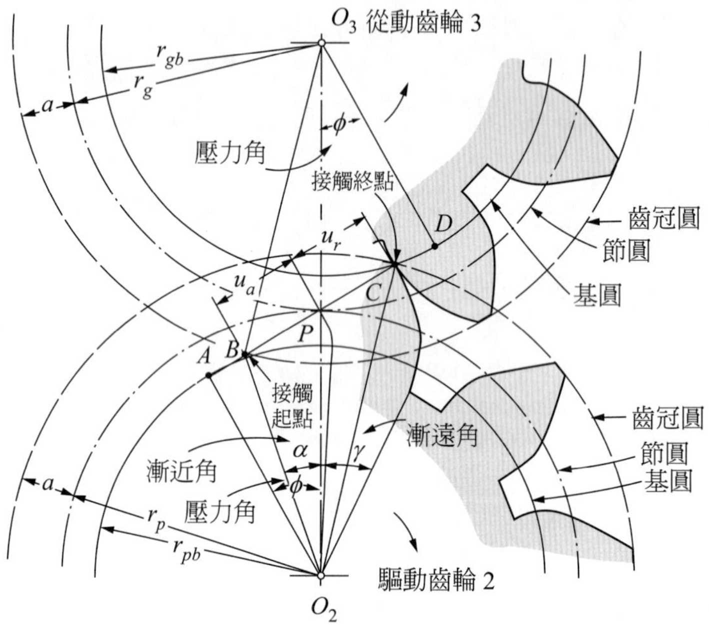

圖 9-10 嚙合齒輪對的接觸線

$$\overline{AD} = \overline{AP} + \overline{PD} = r_p \sin\phi + r_g \sin\phi = C\sin\phi$$

因此

$$L_c = \sqrt{(r_p + a)^2 - r_p^2 \cos^2\phi} + \sqrt{(r_g + a)^2 - r_g^2 \cos^2\phi} - C\sin\phi \quad \textbf{(9-6)}$$

式中的 r_p、r_g 分別為驅動齒輪與從動動齒輪的節圓半徑，a 為齒冠。

接觸比依定義為接觸線長與齒輪之基節 p_b 的比值，因為

$$p_b = p_c \cos\phi = \pi m \cos\phi \quad \textbf{(9-7)}$$

其中 p_c 為齒輪的周節。所以接觸比 γ_c 可由下式求得

$$\gamma_c = \frac{L_c}{\pi m \cos\phi} \quad \textbf{(9-8)}$$

9.7 齒輪傳動的干涉

基本上只要具有共軛作用 (conjugate action) 的曲線都可以作為傳動齒輪之輪齒的輪廓線，但早期輪齒的齒形以擺線為主，後來發展出齒廓為漸開線的齒形，由於漸開線齒形具有容易量產，且安裝時容許中心距略有誤差等兩項優點，因此成了目前應用最廣泛的齒形。然而漸開線齒形的齒輪傳動時卻有發生干涉的可能，底下將推導計算不發生干涉之最少齒數的計算式。

以創生法 (generation method) 製造無**清角** (undercut) 的齒輪時，齒刀 (cutter) 可以使用的最少齒數若以 N_p 表示，則計算 N_p 值的計算式可參考圖 9-11 推導如下：

依圖 9-11，漸開線齒輪傳動不會發生干涉的條件是：大齒輪的齒冠圓與作用線的交點必須落在作用線與兩基圓的切點之間，因此該點的極限位置是 E 點，則大齒輪的齒冠圓半徑 R_{ga} 可以下式表示

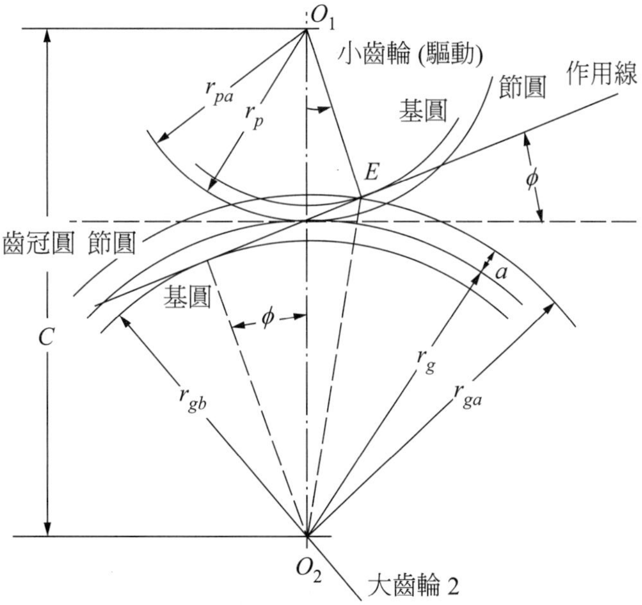

圖 9-11

$$R_{ga} = \sqrt{R_{gb}^2 + C^2 \sin^2 \phi} \tag{a}$$

式中 R_{gb} 為大齒輪的基圓半徑，C 則為兩齒輪的中心距。由於

$$R_{ga} = R_g + a = \frac{N_g + 2k}{2} m, \quad R_{gb} = \frac{1}{2} N_g m \cos\phi \tag{b}$$

且

$$C = \left[\frac{N_p + N_g}{2} m \right] \sin\phi \tag{c}$$

其中 N_g、N_p 分別代表大小齒輪的齒數，m 為齒輪的模數，a 為齒冠，且 $a = km$，至於 k 的值則為

$$k = \begin{cases} 1.0 & \text{若為標準齒} \\ 0.8 & \text{若為短齒} \end{cases} \tag{9-9}$$

將 (b)、(c) 代入 (a) 式可得

$$\frac{N_g + 2k}{2} m = \sqrt{\left[\frac{N_g m}{2} \right]^2 \cos^2\phi + \left[\frac{N_p + N_g}{2} m \right]^2 \sin^2\phi}$$

此式經展開簡化後可得

$$N_p^2 + 2N_g N_p - 4k(N_g + k)/\sin^2\phi = 0 \tag{9-10}$$

齒輪傳動的轉速比與究竟選擇標準齒或短齒決定之後，可將 (9-10) 式化成 N_p 的二次方程式，求解該二次方程式即可得到小齒輪的最少齒數。將 (9-10) 式的各項除以 N_g，並令 N_g 趨於無限，將可得到以齒條刨削產製齒輪時，不發生清角之最少小齒輪齒數的計算式

$$N_p = \frac{2k}{\sin^2\phi} \tag{9-11}$$

依據此式可以計算出各種齒制與齒條嚙合，且不至於發生干涉現象之小齒輪的最少齒數如表 9-7(a) 所示。表 9-7(b) 則列出與 20° 全深齒小齒輪嚙合且不發生干涉之全深大齒輪的最多齒數。

表 9-7 (a) 與齒條嚙合且不至於發生干涉現象之小齒輪的最少齒數

壓力角	齒制	齒數
$14\frac{1}{2}°$	標準齒	31
$14\frac{1}{2}°$	短　齒	25
20°	標準齒	18
20°	短　齒	15
25°	標準齒	12

表 9-7 (b) 與 20° 全深齒小齒輪嚙合且不發生干涉之全深大齒輪的最多齒數

小齒輪齒數	13	14	15	16	17
大齒輪齒數	16	26	45	101	1309

範例 9-2

若兩軸間的轉速比為 1/3，選擇壓力角 20° 的標準漸開線齒輪作為傳動元件，試求傳動不會發生干涉時，小齒輪可以使用的最少齒數。若該對嚙合齒輪的模數 $m = 2$ mm，且小齒輪齒數取 $N_p = 18$ 時，試求其接觸比。

解： 由於轉速比為 1/3，所以

$$\frac{N_p}{N_g} = \frac{1}{3} \quad \Rightarrow N_g = 3N_p$$

因使用標準輪齒，$k = 1$，且壓力角 $\phi = 20°$，將以上關係代入 (9-4) 式可得

$$N_p^2 + 2(3N_p)N_p - \frac{4(1)(3N_p + 1)}{\sin^2 20^\circ} = 0$$

或

$$7N_p^2 - 102.6N_p - 34.2 = 0$$

解此二次方程式可得

$$N_p = 14.90 \approx 15$$

這就是要求傳動不發生干涉時，小齒輪所容許使用的最少齒數。但為了使傳動更圓滑，通常會採用稍微多一些的齒數，所以取 $N_p = 18$。

因 $N_p = 18$，且 $m = 2$，可知 $r_p = 18$ mm，$r_g = 54$ mm。於是由 (9-6) 式可求得接觸線長為

$$L_c = \sqrt{(18+2)^2 - 18^2\cos^2 20} + \sqrt{(54+2)^2 - 54^2\cos^2 20} - 72\sin 20^\circ$$
$$= 9.735 \text{ mm}$$

且基節

$$p_b = \pi(2)\cos 20^\circ = 5.904 \text{ mm}$$

所以接觸比為

$$r_c = \frac{9.735}{5.904} = 1.649$$

為了消除齒輪傳動時的干涉現象，通常可以採用下列的措施：

1. **清角**：當以齒條採創生法製作齒數少的齒輪時，能除去部分齒腹，使製成的齒輪與其他齒輪嚙合時不至於發生干涉。然而，以清角方式改善干涉現象會減弱輪齒根部的抗彎強度，也會降低接觸比，而降低了傳動的圓滑性。
2. **使用較多的齒數**：傳動時小齒輪的齒數若大於依 (9-10) 式計算所得的齒數，傳動時即不會產生干涉，但小齒輪的齒數增多大齒輪的齒數也隨之增加，將使所需的成本與空間都增加。
3. **採用較大的壓力角**：由 (9-11) 式可以看出採用較大的壓力角可使不發生干涉的最少齒數降低，但是採用較大的壓力角將使齒輪的徑向負荷增大，使軸與軸承承受較大的負荷。
4. **採用短齒制**：同樣地，由 (9-11) 式可看出採用短齒制時，k 值為 0.8，也可以

使不發生干涉的最少齒數減少。採用短齒制將減少傳動的接觸比，降低傳動的圓滑性是其缺點。

5. **採用移位齒輪**：移位齒輪是增加小齒輪的齒冠，但減少大齒輪的齒冠，因而可以得到沒有干涉的傳動，也沒有前述方式的缺點，但是移位齒輪不是標準齒輪，不同的工業體系有不同的移位量計算式。

9.8　平行軸螺旋齒輪

螺旋齒輪 (helical gear) 也廣泛地用於兩平行軸間的傳動。但必須滿足下列條件：

1. 兩齒輪的螺旋角相同。
2. 徑節或模數相等。
3. 必須是一個齒輪為右手螺旋，另一個齒輪為左手螺旋。

螺旋齒輪的輪齒形狀為漸開線螺旋體 (involute helicoid)，若以平行四邊形的紙片捲繞於圓柱上，紙的邊緣即形成螺旋線，且於解開紙片時，使角緣上的每個點產生一條漸開線而形成的表面所包覆體積，即稱為漸開線螺旋體。

螺旋齒輪傳動的特徵是輪齒由一個點接觸開始，然後隨著嚙合輪齒增多，而擴延成為一直線，不像正齒輪的輪齒接觸之初，即為橫貫齒面且與旋轉軸平行的一條直線。螺旋齒輪的接觸線為橫越齒面的對角線。由於輪齒以漸進式嚙合，將負荷平滑地由一個輪齒傳遞至另一個輪齒，這使得螺旋齒輪能在高轉速下傳送較大的負荷，且噪音較小。

使用螺旋齒輪傳動時將誘發軸向推力，因此，支撐軸的軸承將同時承受徑向及推力負荷。當誘發的軸向力很大或有其他理由時，可考慮同時使用含兩個反向螺旋線的雙螺旋齒輪 (double helical gear)。它們誘發反方向的推力，因而抵銷了軸向力。通常為了限制誘發的軸向力，單螺旋齒輪的螺旋角多限制在 23° 以下。雙螺旋齒輪可使用較大的螺旋角，但一般也都有不大於 45° 的限制。當兩個或更多個單螺旋齒輪安裝於同一軸上時，螺旋方向的安排，應使軸承承受最小的推力負荷。

圖 9-12 代表部分螺旋齒條的上視圖。線段 *ab* 與 *cd* 為在節平面 (pitch plane) 上相鄰兩輪齒的中心線。其中的 ψ 角為**螺旋角** (helix angle)。距離 *ac* 為旋轉平面上的**橫向周節** (transverse circular pitch)(通常稱為周節)。距離 *ae* 為**法周節** (normal circular pitch) p_n，與橫向周節的關係如下：

$$p_n = p_t \cos\psi \tag{9-12}$$

距離 *ad* 為**軸向周節** (axial pitch) p_x，與橫向周節的關係為

$$p_x = \frac{p_t}{\tan\psi} \tag{9-13}$$

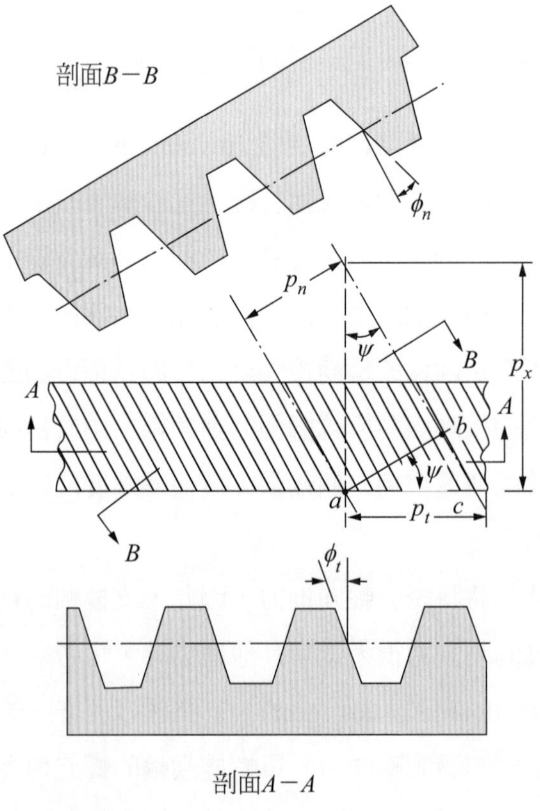

圖 9-12 螺旋齒條的視圖

而**橫向模數** (transverse module) 與**法模數** (normal module) 間的關係為

$$m_t = \frac{m_n}{\cos\psi} \tag{9-14}$$

由於輪齒的角度狀態、法向的壓力角不同於旋轉方向的壓力角。這些角之間的關係為

$$\cos\psi = \frac{\tan\phi_n}{\tan\phi_t} \tag{9-15}$$

圖 9-13 顯示與正剖面成 ψ 角的傾斜平面 *AA* 切割圓柱的情形。傾斜平面切割出一個在節點 *P* 之曲率半徑為 r_e 的橢圓。此曲率半徑 r_e 稱為等效節圓半徑。沿輪齒方向觀看時，r_e 為螺旋齒輪輪齒所顯示的節圓半徑。模數相同，且以 r_e 為節圓半徑的齒輪，由於半徑增大，將擁有較多的齒數。此一齒數稱為虛齒數 (virtual number of teeth)。以解析幾何可證明虛齒數與實際齒數間的關係為

$$N' = \frac{N}{\cos^3\psi} \tag{9-16}$$

其中 N' 為虛齒數且 N 為實際齒數。進行強度設計或切削螺旋齒輪時應知道虛齒數。由於 $\cos\psi$ 的值小於 1，虛齒數的值將大於實際齒數，這表示在螺旋齒輪可使用較少的齒，仍然不會發生干涉現象。

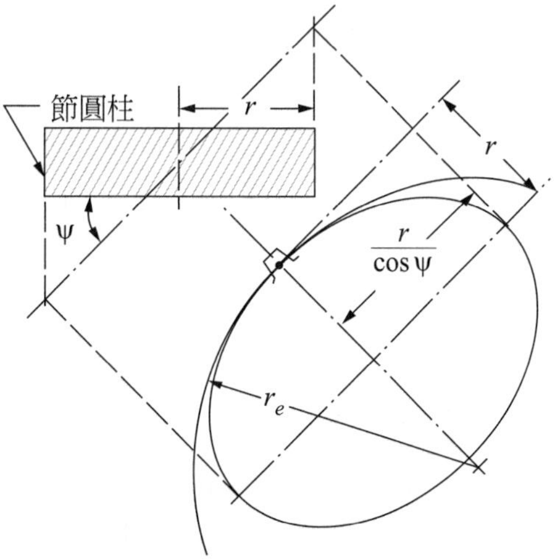

圖 9-13

範例 9-3

某螺旋齒輪的法壓力角為 20°，螺旋角 30°，橫向模數 m_t = 4 mm，且有 18 齒，試求：

(a) 節圓直徑

(b) 橫向、法及軸向周節

(c) 法模數

(d) 橫向壓力角

解：(a) $d = Nm_t = 18(4) = 72 \text{ mm}$

(b) $p_t = \pi m_t = \pi(14) = 12.57 \text{ mm}$

$$p_n = p_t \cos\psi = 12.57 \cos 30° = 10.89 \text{ mm}$$

$$p_x = \frac{p_t}{\tan\psi} = \frac{12.57}{\tan 30°} = 97.95 \text{ mm}$$

(c) $m_n = m_t \cos\psi = 4\cos 30° = 3.464 \text{ mm}$

(d) $\phi_t = \tan^{-1}\left(\frac{\tan\phi_n}{\cos\psi}\right) = \tan^{-1}\left(\frac{\tan 20°}{\cos 30°}\right) = 22.80°$

9.9 螺旋齒輪——作用力分析

圖 9-14 以三維視圖顯示螺旋齒輪輪齒上的各作用力。節平面及齒面的中心為各作用力的作用點。依圖中的幾何關係可知，輪齒的總法向 (normal) 作用力 W 的三個分量分別為

$$W_r = W \sin\phi_n \tag{9-17a}$$

$$W_t = W \cos\phi_n \cos\psi \tag{9-17b}$$

$$W_a = W \cos\phi_n \sin\psi \tag{9-17c}$$

其中 W = 總作用力

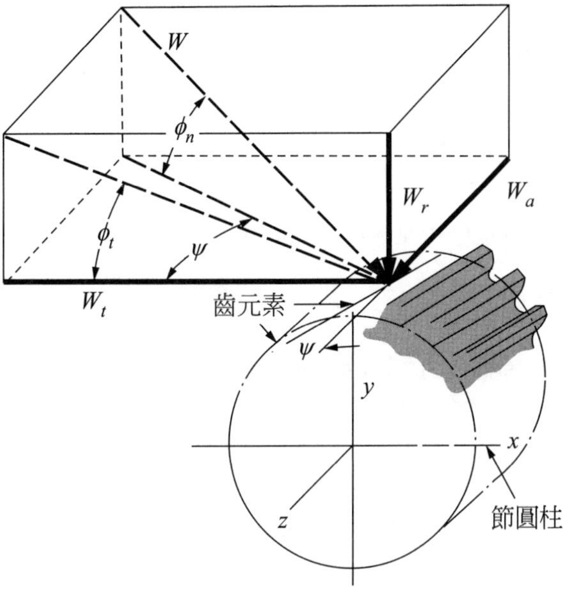

圖 9-14

W_r = 徑向分量

W_t = 切線分量；也稱為傳動負荷

W_a = 軸向分量；也稱為推力負荷

通常 W_t 可由傳動功率、齒輪轉速及齒輪的節半徑求得，而其他各力則可由各力與 W_t 間的幾何關係得到下列各式

$$W_r = W_t \tan \phi_t$$

$$W_a = W_t \tan \psi$$

$$W = \frac{W_t}{\cos\phi_n \cos\psi} \tag{9-17d}$$

範例 9-4

若 1.5 kW 的電動機軸上以鍵固定的螺旋齒輪，其法壓力角 20°，螺旋角 30°，齒數 19 齒，法模數 2.5 mm，電動機軸以 1,800 rev/min 轉速旋轉，驅動

嚙合的螺旋齒輪。試求該對螺旋齒輪上作用的各個力。

解：由 (9-15) 式可得

$$\phi_t = \tan^{-1}\frac{\tan\phi_n}{\cos\psi} = \tan^{-1}\frac{\tan 20°}{\cos 30°} = 22.8°$$

而且，$m_t = m_n / \cos\psi = 2.5 / \cos 30° = 2.887\ \text{mm}$。所以，該螺旋齒輪的節圓直徑為 $d_p = 2.5(19) = 47.5\ \text{mm}$。且輸出扭矩為

$$T = 95{,}500{,}000\frac{L}{n} = 95{,}500{,}000\frac{1.5}{1{,}800} = 79{,}583\ \text{N}\bullet\text{mm}$$

傳動負荷為

$$W_t = \frac{2T}{d} = \frac{2(79{,}583)}{47.5} = 3{,}351\ \text{N}$$

由 (9-17d) 式可得

$$W_r = W_t\tan\phi_t = (3{,}351)\tan 22.8° = 1{,}409.0\ \text{N}$$

$$W_a = W_t\tan\psi = (3{,}351)\tan 30° = 1{,}935.0\ \text{N}$$

$$W = \frac{W_t}{\cos\phi_n\cos\psi} = \frac{3{,}351}{\cos 20°\cos 30°} = 4{,}118.0\ \text{N}$$

9.10 直齒斜齒輪

需要在兩相交軸間傳動時，常得使用斜齒輪。雖然斜齒輪也有幾種不同的型式，但本節將僅討論直齒斜齒輪。斜齒輪相關的專業名詞如圖 9-15 所示。斜齒輪一般以兩個節圓錐表示，安裝時必須使兩個節圓錐的錐頂重合，因為輪齒的周節與和頂點的距離有關。

圖 9-16 中的一對斜齒輪，其節圓錐的節半徑分別為 r_2 及 r_3，角 γ_2 及角 γ_3 定義為**節錐角** (pitch angle)，且該兩角之和即為兩軸間的**軸角** (shaft angle) Σ。其轉速比與正齒輪轉速比的取法相同，為

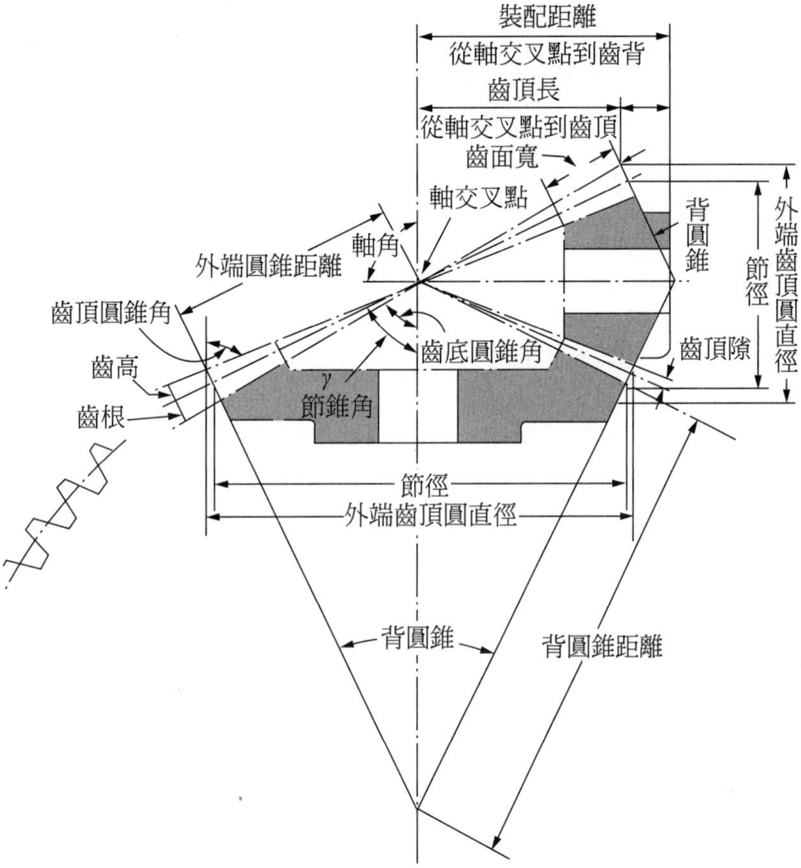

圖 9-15　斜齒輪使用的相關專業名詞

$$\frac{\omega_2}{\omega_3} = \frac{r_3}{r_1} = \frac{N_3}{N_2} \tag{9-18}$$

真正的斜齒輪齒廓，應該由以圓錐之共同頂點為圓心的球剖面取得，但此種作法複雜且耗時費力，通常以 Tredgold 近似法取代，此近似法以在輪齒大端與節圓錐正交之元素形成**背錐** (back cone)，而該背錐元素的長度稱為背錐半徑 (radius of back cone)，然後再以背錐半徑構成虛正齒輪，如此可形成一對半徑分別為 r_{e_2} 及 r_{e_3} 的虛正齒輪，如圖 9-16 所示，這對等效虛正齒輪用於定義輪齒的齒廓，也可用於決定輪齒的作用及接觸狀況，從圖 9-16 可知

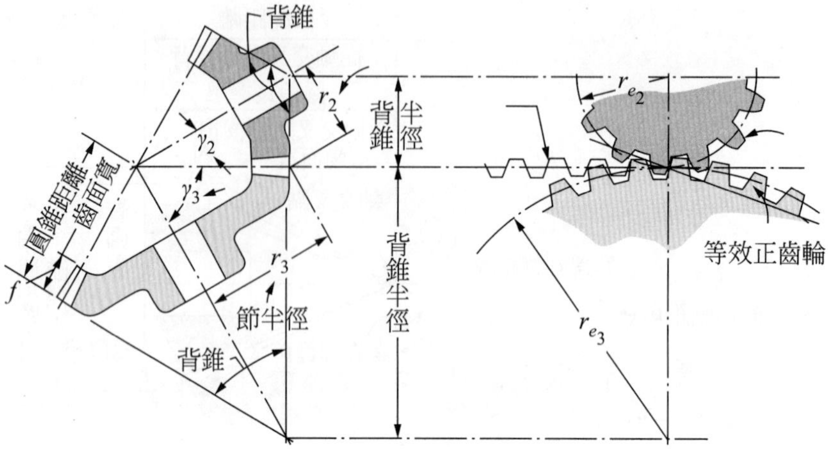

⚒圖 9-16

$$r_{e_2} = \frac{r_2}{\cos\gamma_2} \qquad r_{e_3} = \frac{r_3}{\cos\gamma_3} \tag{9-19}$$

等效正齒輪的齒數為

$$N_e = \frac{2\pi r_e}{p_C} \tag{9-20}$$

式中的 P_C 為斜齒輪自輪齒大端所量得的周節。通常等效正齒輪所得的齒數不為整數。

斜齒輪的節錐角 γ，與齒數間存在下列關係：

$$\tan\gamma_2 = \frac{\sin\Sigma}{(N_3/N_2)+\cos\Sigma} \tag{9-21}$$

$$\tan\gamma_3 = \frac{\sin\Sigma}{(N_2/N_3)+\cos\Sigma} \tag{9-22}$$

若軸角為 90°，則

$$\tan\gamma_2 = \frac{N_2}{N_3} \tag{9-23}$$

$$\tan\gamma_3 = \frac{N_3}{N_2} \tag{9-24}$$

壓力角 20° 之直齒斜齒輪的規格請參考表 9-4。

9.11　斜齒輪──作用力分析

計算斜齒輪傳動時輪齒間的作用力，也就是傳動軸與軸承的負荷時，實務上是由有效的傳動負荷著手，並假設所有的力均集中作用於輪齒的中點。然而，實際上合力作用於輪齒中點至輪齒大端之間的某個位置，不過此項假設造成的誤差很小，可以忽略。因此，關於有效傳動負荷，可依下式求得

$$W_t = \frac{T}{r_{av}} \tag{9-25}$$

式中 T 為傳動扭矩，且 r_{av} 為該齒輪輪齒中點的節圓半徑。各力作用於齒輪中點的情況如圖 9-17 所示。其合力 W 有三個分力：切線力 W_t、徑向力 W_r，及軸向力 W_a。由圖中的三角關係，可得

$$W_r = W_t \tan\phi \cos\gamma \tag{9-26}$$

$$W_a = W_t \tan\phi \sin\gamma \tag{9-27}$$

這三個力，W_t、W_r 及 W_a 彼此間各成直角，然後藉靜力學的方法決定軸承負荷。

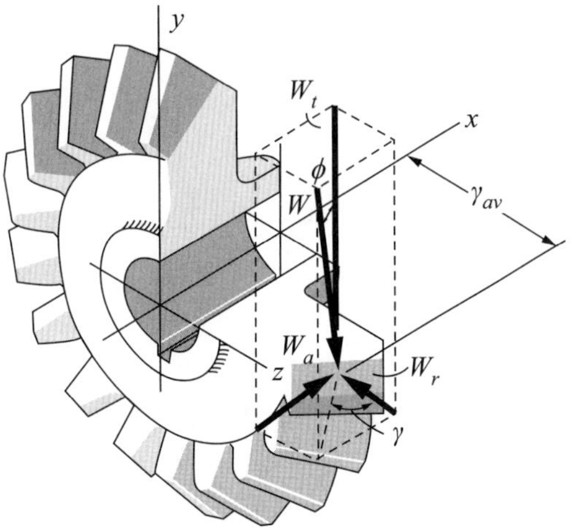

圖 9-17　斜齒輪齒面中點的各個作用力

範例 9-5

某壓力角 20°，模數 3，齒數 25，節錐角 20°41′ 的斜齒輪，以 1,000 rpm 的轉速傳遞 15 kW 的功率，試求作用於輪齒上之有效傳動力，徑向力，及軸向力之值。

解： 背錐節半徑

$$r = Nm/2 = 3(25)/2 = 37.5\text{ mm}$$

錐距

$$A_0 = r/\sin\gamma = 37.5/\sin 21.67° = 101.6\text{ mm}$$

由表 9-4 知道齒面寬 f 為 $A_0/3$ 與 10 m 中之較小值，所以

$$f = 30\text{ mm}$$

於是輪齒中點之節半徑為

$$r_p = (A_0 - f/2)\sin\gamma = (101.6-15)\sin 21.67° \approx 32\text{ mm}$$

該斜齒輪的傳動扭矩

$$T = 9{,}550{,}000\frac{L}{n} = 9{,}550{,}000\frac{15}{1{,}000} = 143{,}250\text{ Nmm}$$

可知有效傳動力 W_t 為

$$W_t = \frac{T}{r_p} = \frac{143{,}250}{32} = 4{,}477\text{ N}$$

由此可得徑向力 W_r 為

$$W_r = W_t\tan\phi\cos\gamma = 4{,}477\tan 20°\cos 21.67° = 1{,}514.3\text{ N}$$

軸向力 W_a

$$W_a = W_t\tan\phi\cos\gamma = 4{,}477\tan 20°\sin 21.67° = 601.7\text{ N}$$

9.12 蝸桿及蝸輪組

蝸桿及蝸輪組使用的專業名詞如圖 9-18 所示。蝸桿及蝸輪構成的組合與叉交螺旋齒輪一樣，有相同指向 (same hand) 的螺旋線，螺旋角通常差異相當大。一般而言，蝸桿上的螺旋角相當大。在蝸輪上則很小。由於這個緣故，通常在蝸桿上指定導程角 λ，且在蝸輪上則指定螺旋角 ψ_G，**軸角** (shaft angle) 成 90° 時，這兩個角相等。蝸桿的導程角為蝸輪螺旋角的餘角，如圖 9-18 所示。

通常用於規定蝸輪組周節的是蝸桿的**軸向周節** (axial pitch) p_x，及嚙合蝸輪的**橫向周節** (transverse circular pitch) p_t，一般簡稱為周節。若軸角成 90°，則兩者相等。蝸輪的節圓直徑，自包含蝸桿中心軸的平面上量度，如圖 9-18 所示。

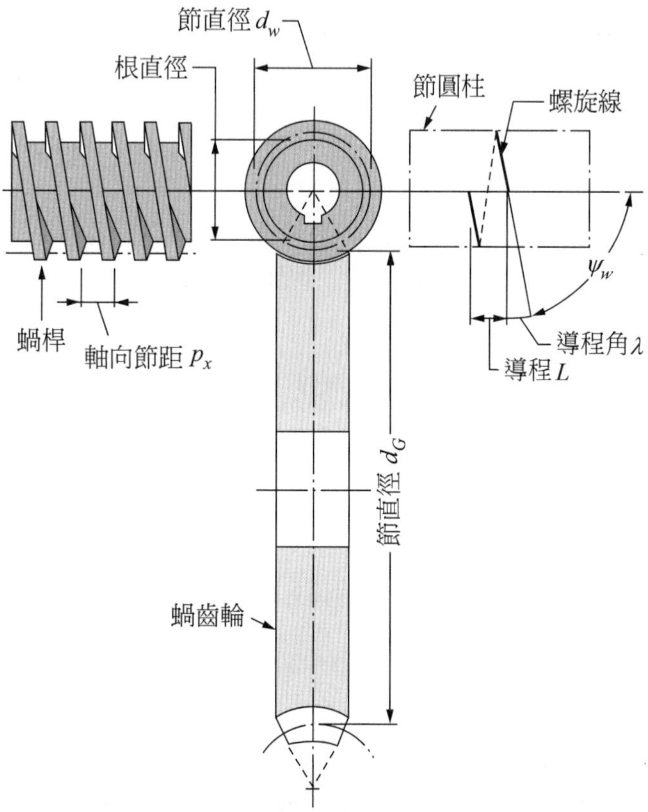

圖 9-18　蝸桿蝸輪組的相關專業名詞

其定義與正齒輪的節圓直徑相似，且為

$$d_G = \frac{N_G p_t}{\pi} \tag{9-28}$$

式中 d_G = 蝸輪的節圓直徑

N_G = 蝸輪的齒數

p_t = 周節

雖然蝸桿可以有任意的節圓直徑；然而，其節圓直徑應與切削蝸輪輪齒的滾齒刀具的節圓直徑相同。蝸桿所選用的節圓直徑，通常在下列的範圍內

$$\frac{C^{0.875}}{3.0} \le d_W \le \frac{C^{0.875}}{1.7} \tag{9-29}$$

其中 C 為中心距。這些比值可以使蝸輪組得到最佳化的馬力容量。

蝸桿的導程 (lead) L 及導程角 (lead angle) λ 間的關係如下：

$$L = p_x N_W \tag{9-30}$$

其中 N_W 為蝸桿的螺紋數。

$$\tan\lambda = \frac{L}{\pi d_W} \tag{9-31}$$

9.13 蝸輪系——作用力分析

當摩擦力可忽略時，作用於蝸桿上的力僅有具 W^x、W^y 及 W^z 等三個正交分量的力 W，如圖 9-19 所示。由圖中可看出示蝸輪作用於其上的力

$$W^x = W\cos\phi_n \sin\lambda$$

$$W^y = W\sin\phi_n$$

$$W^z = W\cos\phi_n \cos\lambda \tag{9-32}$$

如果以下標 W 與 G 分別標示作用於蝸桿與蝸輪上的力，上標則顯示該分量為那個座標軸上的分量。如圖所示，W^y 為同時作用於蝸桿及蝸輪上的分離

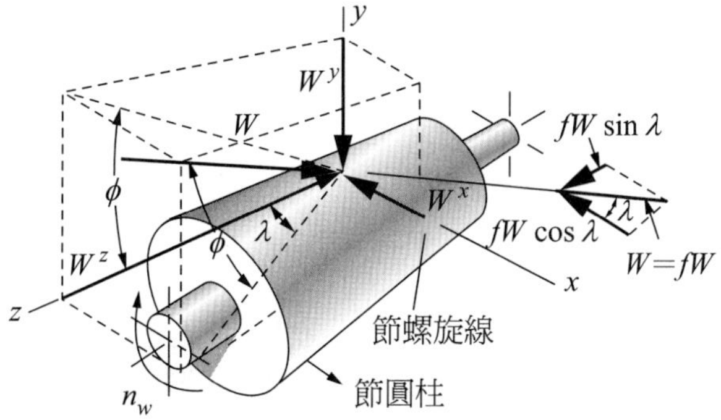

圖 9-19　蝸輪作用於蝸桿節圓柱上的力

(separating) 或徑向作用力。若軸角成 90° 時，則作用於蝸桿上的切線力為 W^x，作用於蝸輪上的為 W^z。因蝸輪的作用力與蝸桿的作用力方向相反，從這些關係可求得

$$W_{Wt}=-W_{Ga}=W^x$$

$$W_{Wr}=-W_{Gr}=W^y$$

$$W_{Wa}=-W_{Gt}=W^z \tag{9-33}$$

分析蝸輪組的作用力時，令蝸輪軸平行於 x 方向，蝸桿軸平行於 z 方向的右手直角座標系，則使用 (9-32) 式及 (9-33) 式將更方便。

先前已提過囓合輪齒間的運動以滾動為主。事實上也僅於節點發生純滾動。而蝸桿與蝸輪間輪齒的相對運動為純滑動。因此，摩擦成為影響蝸輪系性能最主要的因素，一點都不足為奇。為彰顯摩擦對蝸輪系的影響，引入摩擦係數 μ，可導出一組類似 (9-33) 式的關係式。在圖 9-19，沿蝸桿齒廓法向作用的作用力 W，誘導出摩擦力 $W_f=\mu W$，其分量 $\mu W\cos\lambda$ 指向負 x 方向，另一分量 $\mu W\sin\lambda$ 則指向正 z 軸方向。於是，(9-32) 式將變成

$$W^x=W(\cos\phi_n\sin\lambda+\mu\cos\lambda) \tag{9-34a}$$

$$W^y=W\sin\phi_n \tag{9-34b}$$

$$W^z = W(\cos\phi_n \cos\lambda - \mu\sin\lambda) \tag{9-34c}$$

且 (9-33) 式則依然可以使用。

為了求得摩擦力，將 W^z 代入 (9-33) 式的第三式，先求得 W 後，於兩端各乘以 μ，可得

$$W_f = \mu W = \frac{\mu W_{Gt}}{\mu\sin\lambda - \cos\phi_n \cos\lambda} \tag{9-35}$$

然後聯立 (9-33) 式的第一和第三式，可得兩切線力間的關係式

$$W_{Wt} = W_{Gt}\frac{\cos\phi_n \sin\lambda + \mu\cos\lambda}{\mu\sin\lambda - \cos\phi_n \cos\lambda} \tag{9-36}$$

定義**蝸輪組的傳動效率** (efficiency) η 為

$$\eta = \frac{W_{Wt}(\text{無摩擦})}{W_{Wt}(\text{有摩擦})} \tag{9-37}$$

以令 $\mu = 0$ 的 (9-36) 式代入 (9-37) 式的分子，並以原式代入分母。經整理後，可求得效率為

$$\eta = \frac{\cos\phi_n - \mu\tan\lambda}{\cos\phi_n + \mu\cot\lambda} \tag{9-38}$$

以表 9-8 所列的常用壓力角，與典型的摩擦系數值，代入 (9-38) 式，可獲得一些很有用的設計資料。表 9-8 列出了一些常用螺旋角所對應的傳動效率。

已經有許多實驗證實，摩擦係數與兩接觸元件的相對速度，或滑動速度有關。在圖 9-20 顯示蝸桿的節線速度 $\mathbf{V}_W$，為蝸輪的節線速度 $\mathbf{V}_G$ 與滑動速度 $\mathbf{V}_S$ 的向量和，即 $\mathbf{V}_W = \mathbf{V}_G + \mathbf{V}_S$；故

$$\mathbf{V}_S = \frac{\mathbf{V}_W}{\cos\lambda} \tag{9-39}$$

由於表面精製，材質及潤滑情況的影響，依據已公佈的摩擦係數值顯示，其值有 20% 的出入。圖 9-21 顯示了具有代表性蝸輪摩擦係數的數值，及一般的趨向。

表 9-8　$f = 0.05$ 時，蝸輪組的效率

螺旋角 ψ 度	效率 η (%)
1.0	25.2
2.5	45.7
5.0	62.0
7.5	71.3
10.0	76.6
15.0	82.7
20.0	85.9
30.0	89.1

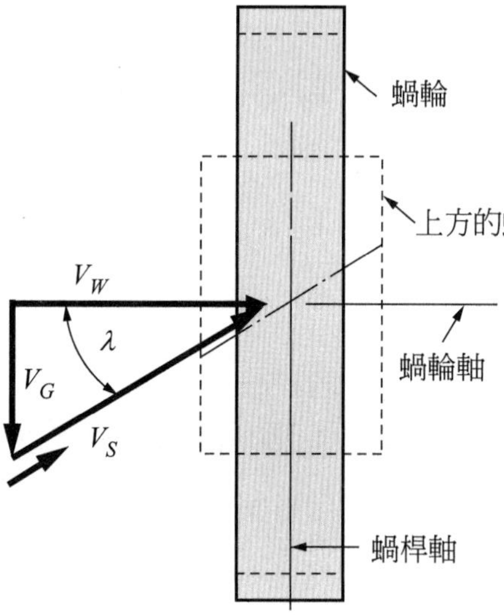

圖 9-20

圖 9-21 的值得自於潤滑良好的情況。曲線 B 用於類似潤滑品質良好之滲碳鋼質蝸桿與磷青銅質蝸輪嚙合的情況。當預期會出現如鑄鐵質蝸桿與鑄鐵質蝸輪嚙合之較苛摩擦狀況時，宜使用曲線 A。

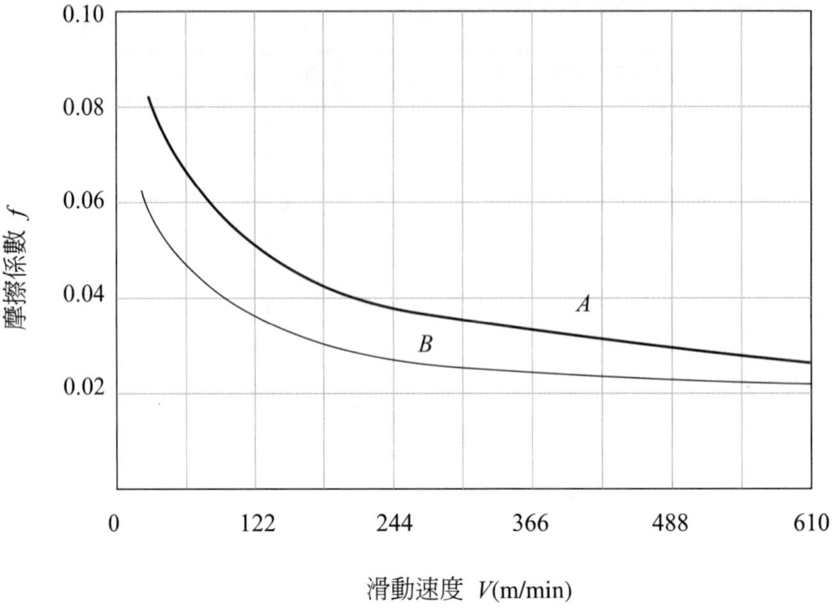

圖 9-21　蝸輪摩擦係數的代表值

範例 9-6

某 2 齒右手螺旋蝸桿，以轉速 1,200 rev/min 傳送 2 hp 至一個 30 齒的蝸輪。該蝸輪的橫向徑節為 6 齒/in，且齒面寬為 1 in。蝸桿的節圓直徑為 2 in。法壓力角為 $14\frac{1}{2}°$。而它的材質及製作品質適合由圖 9-21 的曲線 *B* 取得摩擦係數。試求軸向周節、中心距、導程及導程角。

圖 EX9-6(a) 的蝸輪組，乃依據本節稍早描述的座標系繪成；蝸輪由軸承 *A* 和軸承 *B* 支持。試求蝸輪軸的各個支撐軸承作用於軸上的力，及輸出的扭矩。

解：(1) 蝸桿的軸向周節與蝸輪的橫向周節相等，其值為

$$p_t = \frac{\pi}{P} = \frac{\pi}{6} = 0.5236\ \text{in}$$

蝸輪的節圓直徑為 $d_G = N_G/P = 30/6 = 5$ in。所以，中心距為

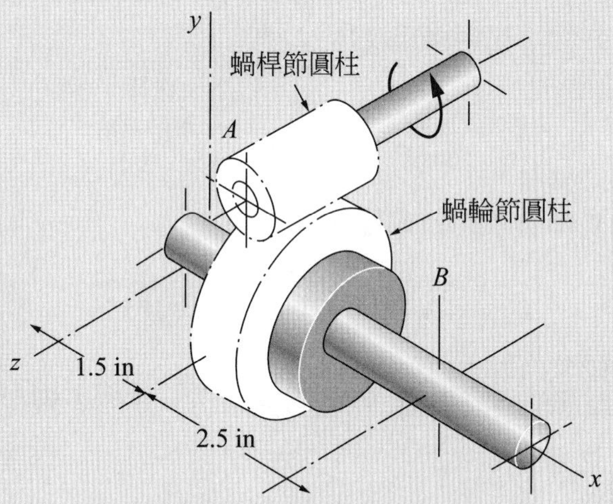

圖 EX9-6(a)

$$C = \frac{d_W + d_G}{2} = \frac{2+5}{2} = 3.5 \text{ in}$$

由 (9-30) 式可得導程為

$$L = p_x N_W = (0.5236)(2) = 1.0472 \text{ in}$$

同時，藉由 (9-31) 式，可得

$$\lambda = \tan^{-1}\frac{L}{\pi d_W} = \tan^{-1}\frac{1.0472}{\pi(2)} = 9.47°$$

(2) 以右手法則施於蝸桿的旋轉軸，將發現拇指對準正 z 軸方向。當圖 EX9-6(a) 中的蝸輪與蝸桿嚙合時，會向負 z 軸方向移動。以右手拇指指向負 x 軸方向時，蝸輪將對 x 軸依順時針方向旋轉。蝸桿的節線速度為

$$\mathbf{V}_W = \frac{\pi d_W n_W}{12} = \frac{\pi(2)(1200)}{12} = 628 \text{ ft/min}$$

蝸輪的轉速為 $n_G = (\frac{2}{30})(1,200) = 80 \text{ rev/ mir}$。因此，節線速度為

$$\mathbf{V}_G = \frac{\pi d_G n_G}{12} = \frac{\pi(5)(80)}{12} = 105 \text{ ft/min}$$

利用 (9-39) 式，可得滑動速度 $\mathbf{V}_S$ 為

$$\mathbf{V}_S = \frac{\mathbf{V}_W}{\cos\lambda} = \frac{628}{\cos 9.47^\circ} = 637 \text{ ft/min}$$

各作用力可由功率的公式著手求得

$$W_{Wt} = \frac{33{,}000L}{\mathbf{V}_W} = \frac{33{,}000(2)}{628} = 105 \text{ lb}$$

並指向負 z 軸方向。自圖 9-20 可查得 $\mu = 0.03$。接著，由 (9-35) 式的第一式可求得

$$W = \frac{W^x}{\cos\phi_n \sin\lambda + \mu\cos\lambda} = \frac{105}{\cos 14.5^\circ \sin 9.47^\circ + 0.03\cos 9.47^\circ}$$
$$= 556 \text{ lb}$$

同樣地，由 (9-35) 式也可求得

$$W^y = W\sin\phi_n = 556\sin 14.5^\circ = 139.2 \text{ lb}$$

$$W^z = W(\cos\phi_n\cos\lambda - \mu\sin\lambda)$$
$$= 556(\cos 14.5^\circ\cos 9.47^\circ - 0.03\sin 9.47^\circ) = 528 \text{ lb}$$

分辨作用於蝸輪上的各力，可得

$$W_{Ga} = -W^x = 105 \text{ lb}$$

$$W_{Gr} = -W^y = 139.2 \text{ lb}$$

$$W_{Gt} = -W^z = -528 \text{ lb}$$

將這個點繪製成如圖 EX9-6(b) 的三維線圖。請注意 y 軸為垂直軸，且 x 軸與 z 軸則與水平線成 30° 角。通過各關注的點，畫出平行於各軸的平行線以提高視覺的感受。

為使蝸輪軸處於受壓狀態，於 B 處使用推力軸承。求 x 方向各作用力的和可得

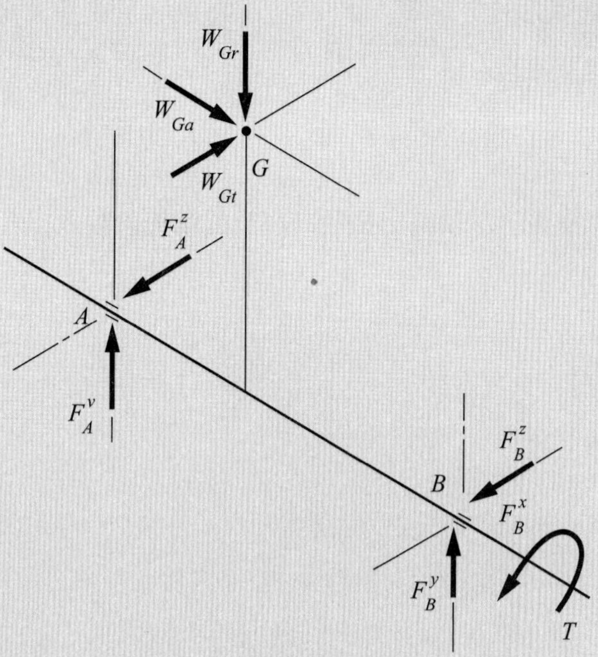

圖 EX9-6　範例 9-6 之蝸輪組的等角示意圖

$$F_B^x = -105 \text{ lb}$$

對 z 軸取力矩，可得

$$-(105)(2.5) - (139.2)(1.5) + 4F_B^y = 0 \qquad F_B^y = 117.8 \text{ lb}$$

對 y 軸取力矩可得

$$(528)(1.5) - 4F_B^z = 0 \qquad F_B^y = 198 \text{ lb}$$

將這三個分量填入圖 EX9-6(b)。然後求 y 方向各作用力之和可得

$$-139.2 + 117.8 + F_A^y = 0 \qquad F_A^y = 21.4 \text{ lb}$$

同樣地，求 z 方向各作用力的和，可得

$$-528 + 198 + F_A^z = 0 \qquad F_A^z = 330 \text{ lb}$$

再將這兩個力的分量填入圖中的 A 點處。於是待解的方程式僅餘一個。求對 x 軸的力矩

$$-(5284)(2.5)+T=0 \qquad T=1\,320\ \text{lb} \quad \text{in}$$

由於摩擦損失，該項輸出扭矩將小於齒輪比與輸入扭矩的乘積。

習　題

1. 模數 3 mm 齒數 17 的小正齒輪，以 1,160 rev/min 旋轉並驅動從動齒輪以 290 rev/min 的轉速旋轉。試求該齒輪的齒數及其理論中心距。

2. 以 1,740 rev/min 轉速旋轉之齒數 15，模數 3 mm 的小正齒輪。其從動齒輪齒數為 60 齒。試求從動齒輪的轉速、周節及理論中心距。

3. 正齒輪對的模數為 4 mm，速比為 3.5。小齒輪的齒數為 18，試求從動齒輪的齒數、節圓直徑及理論中心距。

4. 某 15 齒的正齒輪與 20 齒的大齒輪嚙合。模數為 8 mm，壓力角為 20°。試繪出每個齒輪上顯示一齒的圖。並求其漸近弧、漸遠弧及作用弧弧長；基節及接觸比。

5. 某壓力角為 20°，齒數 13 且模數為 4 mm 的直齒斜齒輪用於驅動 33 齒的大齒輪。兩軸成 90° 且在同一平面。試求

(a) 節錐距，

(b) 周節角，

(c) 節圓直徑，

(d) 齒面寬。

6. 平行軸螺旋齒輪組，使用 15 齒的小齒輪驅動 30 齒的大齒輪。小齒輪右手螺旋角為 30°，法壓力角為 20°，法模數為 5 mm。試求

(a) 法基節，

(b) 法周節、橫向周節及軸向周節，

(c) 橫向壓力角及橫向模數，

(d) 各齒輪的齒冠、齒根及節圓直徑。

7. 某平行軸螺旋齒輪組以 19 齒的小齒輪驅動 59 齒的大齒輪。小齒輪左手螺旋角為 20°，法壓力角為 $14\frac{1}{2}°$，法模數為 2.5 mm。試求

(a) 法周節、橫向周節及軸向周節，

(b) 橫向模數及橫向壓力角。

(c) 每個齒輪的齒冠、齒根及節圓直徑。

8. 某齒數 18，壓力角 20° 的全深齒小正齒輪，以 1,750 rev/min 的轉速旋轉。希望在 81 mm 的中心距內將轉速減為 500 rev/min 時。試求

(a) 嚙合之大齒輪的齒數；

(b) 輪齒的模數；

(c) 該項傳動是否會發生干涉，試以計算方式驗證之；

(d) 該對齒輪傳動時的接觸比。

9. 對壓力角 20° 的全深齒，試求

(a) 能以相同齒輪作嚙合運轉之齒輪的最少齒數，

(b) 轉速比 1：4 時小齒輪的最少齒數，

(c) 能與齒條嚙合運轉之小齒輪的最少齒數，

(d) 能與由 (a) 所得小齒輪嚙合運轉之大齒輪的最大齒數。

10. 對壓力角 $22\frac{1}{2}°$ 的全深齒，試求

(a) 能以相同齒輪作嚙合運轉之齒輪的最少齒數，

(b) 能與齒條嚙合運轉之小齒輪的最少齒數，

(c) 轉速比 1：4 時不發生干涉之小齒輪的最少齒數。

11. (a) 若速比為 2：1 時，並選擇 $\phi = 20°$，$m_t = 4$ mm 及 $\psi = 30°$，試選出能避免發生干涉的小齒輪與大齒輪的適宜齒數。

(b) 試以速比 5：1 重解 (a)。

12. 藉使用較大的標準壓力角、小齒輪可以使用較少的齒數，使大齒輪的齒數減少，且於創生輪齒時不必清角。若兩個齒輪都是正齒輪，9 齒的小齒輪與齒條嚙合且不必清角的最小壓力角為若干？

13. 某平行軸螺旋齒輪組，以 18 齒的小齒輪驅動 32 齒的大齒輪組成。小齒輪左手螺旋角為 25°，法壓力角為 20°，法模數為 3 mm。試求

(a) 法周節、橫向周節及軸向周節。

(b) 橫向模數及橫向壓力角。

(c) 兩齒輪的節圓直徑。

14. 圖 P9-14 所示的兩個齒輪系之法模數為 6，法壓力角為 20°，且螺旋角為 30°。兩齒輪系均傳遞 3.6 kN 的負荷。圖 P9-14(a) 的小齒輪對 y 軸做逆時針方向旋轉。試求圖中每個齒輪作用於其軸上的力。

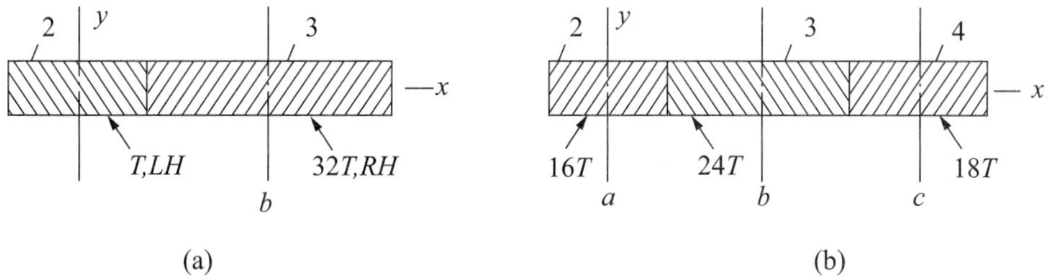

圖 P9-14

15. 本題要求您就問題 9-14(b) 的齒輪系求得齒輪 2 與齒輪 3 作用於其軸上的力。齒輪 2 對 y 軸依順時針方向旋轉。齒輪 3 為惰齒輪。

16. 圖 P9-16 為一具兩段減速螺旋齒輪組。驅動的小齒輪 2 依圖示方向傳遞扭矩 135 Nm。小齒輪 2 的法模數為 3 mm，齒數 14，法壓力角 20°，並且以 30° 螺旋角依右手螺旋切製成。在 b 軸上的嚙合齒輪 3 有 36 齒。齒輪 4 為齒輪系中第二對齒輪的驅動齒輪，法模數 5 mm，齒數 15 齒，法壓力角 20°，以 15° 螺旋角依左手螺旋切成。嚙合齒輪 5 有 45 齒。試求軸 b 上之軸承 C 與

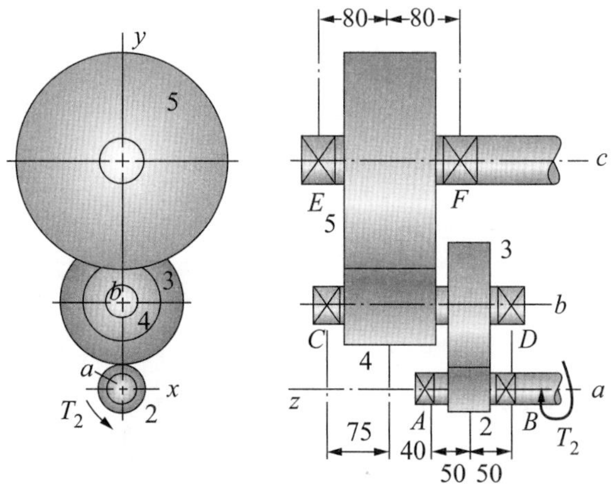

圖 P9-16

D 所承受作用力的大小與方向，假設軸承 C 僅能承受徑向負荷，而軸承 D 為固定軸承可承受徑向與推力負荷。

17. 圖 P9-17 顯示以 16 齒，壓力角 20° 的小直齒斜齒輪驅動齒數 32 的大齒輪，及支撐軸承的中心線。若小齒輪軸 a 以 250 rev/min 的轉速傳遞 2.5 kW。軸承 A 同時承受徑向及推力負荷，試求 A 和 B 處的軸承反力。

18. 圖 P9-18 顯示以模數 10 mm，齒數 15，壓力角 20° 的小直齒斜齒輪驅動一個 25 齒的大齒輪，傳遞負荷為 150 N。若軸承 D 承受徑向及推力負荷，試求輸出軸在 C 及 D 處的軸承反力。

19. 圖 P9-19 中，某右手螺紋，硬度未指明的單齒硬化鋼質蝸桿，與 45 齒鑄鐵蝸輪嚙合，於 576 rev/min 時，可傳遞額定功率 1875 W。蝸桿的軸向節距為 25 mm，法壓力角為 $14\frac{1}{2}°$，節直徑為 100 mm，蝸桿與蝸輪的齒面寬分別為 100 mm 與 50 mm。依圖示，在蝸桿軸上的軸承 A 與 B 置於對稱於蝸桿並相距 200 mm 的位置上。試問哪一個應該是推力軸承？以及由兩個軸承作用於蝸桿上之各力的大小與方向。

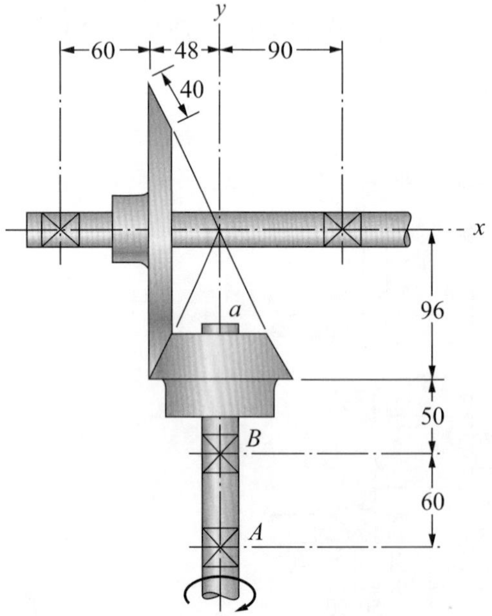

圖 P9-17

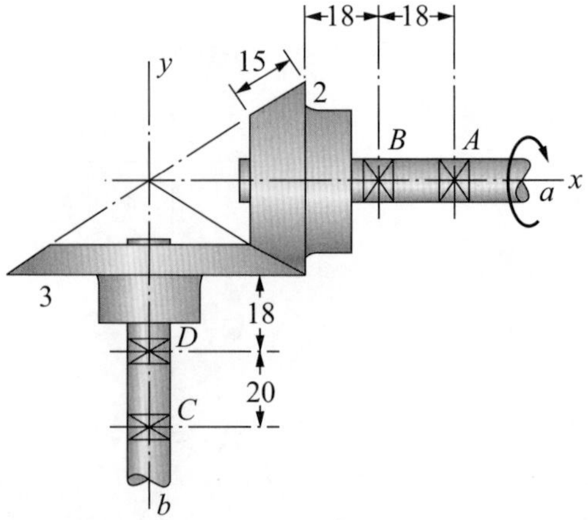

圖 P9-18

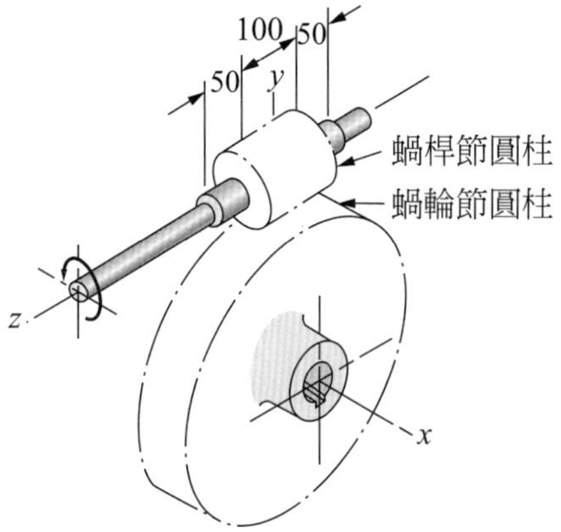

圖 P9-19

20. 若圖 P9-19 中，蝸桿對 z 軸作順時針方向的旋轉，且兩齒的左手螺紋蝸桿以 900 rev/min 傳遞 $\frac{1}{2}$ kW 至 36 齒的蝸輪，其橫向模數為 2.5 mm。蝸桿的法壓力角 $14\frac{1}{2}°$，節直徑 40 mm，齒面寬為 40 mm。試於摩擦係數為 0.05 的情況下，試求由蝸輪作用於蝸桿的力，以及其輸入扭矩。

21. 某蝸桿蝸輪組的軸角為直角，中心距 178.0 mm，轉速比為 17.5：1。若蝸桿的軸向周節為 26.192 mm，試求可用於驅動之蝸桿及蝸輪上的最大齒數，及它們所對應的節直徑。

22. 試利用試算表軟體，撰寫一個分析正齒輪或螺旋齒輪的計算模組。輸入 ϕ_n、ψ、P_t、N_p 及 N_G；計算 m_G、d_P、d_G、p_t、p_n、p_x 及 ϕ_t；且能提供有關與和本身相同之齒輪，與其大齒輪，及與齒條運轉時，不致發生干涉之最少齒數的建議，並提供可與所得小齒輪配合之大齒輪可採用的最大齒數。

Chapter 10

正齒輪與螺旋齒輪的設計

10.1 引言

本章討論設計與正齒輪與螺旋齒輪時，防範輪齒因彎曲、疲勞失效或齒面磨耗而失效的相關問題。彎曲失效多因輪齒應力大於或等於降伏強度或疲勞限。表面失效則發生於齒面接觸應力大於或等於耐磨號強度，或表面疲勞限的情況。

美國齒輪製造者協會 (American Gear Manufacturers Association) 縮寫為 AGMA，這是由美國齒輪製造業出資的研究機構，研究重點偏重在齒輪的設計、製造與檢測方式的訂定，是一個研究並推廣齒輪設計及分析知識的專責組織。當強度及磨耗為主要考慮因素時，這個組織所發展的分析及設計法聲譽卓著，應用十分廣泛。基於此項事實，本書也採取 AGMA 的方法來引介齒輪的強度設計。

由於 AGMA 的處理方式使用大量表和圖，本章無法一一引入，在此將針對單一壓力角、全深齒型，引用必要圖表的方式，介紹通用 AGMA 設計方法的程序。AGMA 有許多與齒輪相關的出版品極具參考價值，對齒輪的設計分析有興趣作更深入瞭解時，可向 AGMA 組織洽購。

10.2 輪齒失效的模式

在進行齒輪的強度設計之前，應該先瞭解輪齒的失效模式，探究輪齒失效的原因，才能對症下藥，設計出適用的齒輪，因此本節先介紹輪齒損壞的模式及導致損壞的原因。

依輪齒失效的統計分析，輪齒的失效可以分成下列五種類型：

1. 輪齒斷裂 (tooth breakage)：輪齒斷裂是輪齒材料成塊狀崩裂的現象，造成輪齒斷裂的主要原因有齒輪運轉時承受了非預期的巨大負荷，或輪齒承受了高於疲勞限的彎應力，導致齒輪於長期運轉後，發生彎曲疲勞失效，選擇不適當的內圓角導致過度的應力集中現象，也常是造成疲勞失效的原因。

2. 點蝕或孔蝕 (pitting)：點蝕或孔蝕也是一種疲勞失效，呈現的現象是材料以細顆粒，或片狀的碎屑自輪齒表面剝落，使輪齒表面出現不規則的坑坑洞洞。原因是輪齒表面承受了過大的接觸應力 (contact stress)。點蝕失效的方式通常會以漸增的速率持續進行。

3. 擦損 (scuffing)：擦損多因負荷過重、潤滑不當等因素，使潤滑油膜破裂，導致兩嚙合輪齒的齒面直接接觸，因相對滑動而在接觸面上產生磨耗的現象。通常模數較大的輪齒擦損情況較嚴重，產生的危險性也較大。

4. 刮傷 (scoring or abrasion)：刮傷呈現的現象是在輪齒接觸面上出現刮痕，產生刮傷的主因是有高硬度外物侵入，或輪齒表面硬度不足所致。

5. 腐蝕 (corrosion)：腐蝕是由於潤滑油酸化或鹼性化所導致，由於輪齒表面的高接觸應力，為產生強韌的潤滑油膜，通常會使用所謂的 EP 潤滑油，也就是在潤滑油中添加含高分子化合物的極化劑，這些極化劑可能因運轉產生的熱而分解，使潤滑油酸化或鹼性化而腐蝕輪齒。

以上五種輪齒失效的模式，除了刮傷與腐蝕之外都與輪齒承受的應力有關，為了能有安全適用的齒輪，齒輪的強度設計自然必須針對失效的模式進行。下一節開始的輪齒強度設計將針對輪齒的抗彎能力施行。

10.3　輪齒的抗彎強度設計

1892 年，Wilfred Lewis 以視輪齒為承受靜負荷之懸臂樑為模型，提出一般稱為 Lewis 方程式的輪齒彎應力計算式。現在以圖 10-1 來推導 Lewis 方程式。

假設輪齒的最大應力發生於 a 點，則由彎應力計算式，可知 a 點的彎應力為

$$\sigma = \frac{M}{Z} = \frac{6W_t l}{Ft^2} \qquad \text{(a)}$$

由相似三角形可得

$$\frac{t/2}{x} = \frac{l}{t/2} \quad \text{或} \quad x = \frac{t^2}{4l} \qquad \text{(b)}$$

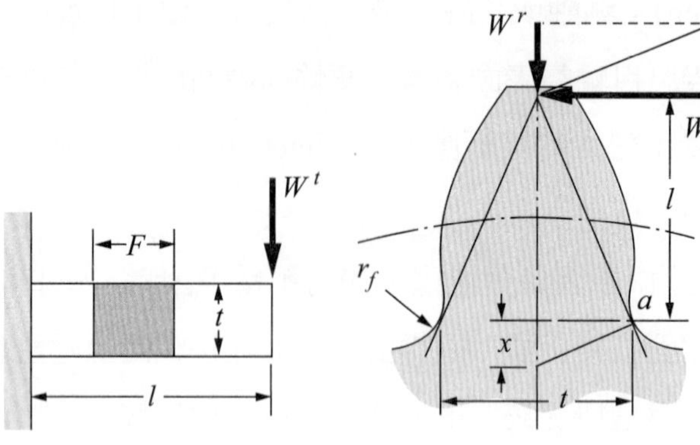

圖 10-1 輪齒模型

經由整理 (a) 式

$$\sigma = \frac{6W_t l}{Ft^2} = \frac{W_t}{F}\frac{1}{t^2/6l} = \frac{W_t}{F}\frac{1}{t^2/4l}\frac{1}{\frac{4}{6}} \tag{c}$$

若將 (b) 式的 x 值代入 (c) 式，並將分子、分母都以周節 p 乘之，可得

$$\sigma = \frac{W_t p}{F(\frac{2}{3})xp} \tag{d}$$

令 $y = 2x/3p$，可得

$$\sigma = \frac{W_t}{Fpy} \tag{10-1}$$

如此便完成了原始 Lewis 方程式的推導過程。式中

W_t = 作用於輪齒節圓的切線力，為齒輪的有效驅動力或傳動力

σ_b = 齒輪材料的容許彎應力

F = 輪齒的齒面寬

y = 輪齒的**齒形因數** (Lewis form factor)

在使用英制單位的國家，輪齒的大小以徑節 P 規範，標準徑節列於表 9-2(a)。因此，使用這個方程式時，很多工程師習慣藉徑節計算應力，這可經由

以 $P=\pi/p$ 和 $Y=\pi y$ 代入 (10-1) 式，可得

$$\sigma = \frac{W_t P}{FY} \tag{10-2}$$

式中

$$Y = \frac{2xP}{3} \tag{10-3}$$

Y 為輪齒的齒形因數 (form factor) 或稱 **Lewis 因數** (Lewis factor)。

以此方程式所得的 Y 僅考慮輪齒彎曲，忽略了徑向力分量導致輪齒壓縮的影響。依此式所求得的 Y 值，隨齒輪的壓力角大小、齒輪的齒數與輪齒為標準齒 (即全深齒) 或短齒而變化，壓力角 20° 之輪齒的齒形因數值列於表 10-1。

(10-3) 式的 Y 值代表由單一輪齒承擔所有傳動負荷，其他各齒並未分攤負荷，且最大的負荷作用於輪齒頂端。然而，實際上齒輪傳動的接觸比必須要大於 1，最大負荷不應發生於輪齒的頂端。經檢視運轉過的輪齒發現，最重的負荷實際上發生於輪齒接近中間的部分。這表示最大負荷可能產生在單獨一對輪齒承受全負荷，且另一對輪齒即將進入接觸時的位置。

表 10-1　壓力角 20° 之輪齒的齒形因數 Y 之值

齒數	標準齒	短齒	齒數	標準齒	短齒	齒數	標準齒	短齒
10	0.201	0.261	19	0.314	0.386	43	0.396	0.462
11	0.226	0.289	20	0.320	0.393	50	0.408	0.474
12	0.245	0.311	21	0.327	0.399	60	0.421	0.484
13	0.261	0.324	23	0.333	0.408	75	0.436	0.496
14	0.274	0.339	25	0.339	0.418	100	0.446	0.506
15	0.289	0.349	27	0.349	0.427	150	0.459	0.518
16	0.295	0.361	30	0.358	0.437	300	0.471	0.534
17	0.302	0.368	34	0.371	0.446			
18	0.308	0.377	38	0.383	0.456	齒條	0.484	0.550

在 SI 制單位中，輪齒的大小以模數 m 表示，表 9-2(b) 列出常用的輪齒模數值。因為模數為徑節的倒數，因此，在 SI 制中，(10-2) 式改寫成

$$\sigma = \frac{W_t}{FYm} \tag{10-4}$$

(10-4) 式至今依然沿用。由於當時 Lewis 以靜負荷作為輪齒承受的負荷，但實際運轉時承受的負荷並非靜負荷，且經驗顯示，因齒輪製作上的誤差、軸的變形、轉動元件未執行動平衡，以及齒輪軸安裝時對準不良等因素，使得同樣的齒輪若將運轉的速度提高，其能夠安全承擔的負荷即隨之降低。因此，為涵括此種因動負荷導致的效應，在 (10-4) 式中加入速度因數 K_v，將 (10-4) 式改寫成

$$W_t = K_v \sigma_b FYm \tag{10-5}$$

式中的 K_v 為速度因數，視齒輪製作的精度使用不同的計算式，通常分三個等級而有三個計算式，稱為 **Barth 方程式**。後經 AGMA 修訂成下列四式：

1. 鑄造、鍛造、冷拉、擠出成型、創生、鉋削齒輪 (適用於 $v_p \le 5$ m/s)

$$K_v = \frac{3.05}{3.05 + v_p} \tag{10-6}$$

2. 滾製或鉋削的齒輪 (適用於 $v_p \le 10$ m/s)

$$K_v = \frac{6.1}{6.1 + v_p} \tag{10-7}$$

3. 經研磨、剃刨等精製過程的高精度齒輪 (適用於 $v_p \le 20$ m/s)

$$K_v = \frac{3.56}{3.56 + \sqrt{v_p}} \tag{10-8}$$

4. 經壓光、搪光、研光等精製過程的高精度齒輪 (適用於 $v_p > 20$ m/s)

$$K_v = \sqrt{\frac{5.6}{5.6 + \sqrt{v_p}}} \tag{10-9}$$

原來的 Lewis 方程式經此修訂後，一直沿用迄今，並無重大的改變。目前仍

然是計算輪齒抗彎能力所依據的計算式。

10.4　依抗彎能力取得齒輪的模數

經由觀察 (10-5) 式，可知該式僅適合用於核驗已知齒輪是否適用，用於依抗彎強度設計齒輪時並不合適。因設計齒輪時輪齒的模數仍屬未知數，故無法預知節圓的大小，連帶使 v_p 也成為未知數，自然無法計算 K_v，W_t 因節圓直徑未定也無法計算。此外，齒面寬 F 也是個待定數。也就是 (10-5) 式中有四個未知數，很難經由試誤法求得輪齒的模數值。為了求得以輪齒抗彎能力為考量基準的輪齒模數，試將 (10-5) 式作下列的變化。

首先，雖然無法求得 W_t 值，但傳動軸的轉速通常是已知條件，於是齒輪傳遞的扭矩可依下式求得

$$T = 9{,}550{,}000\frac{L}{n} \quad \text{N} \bullet \text{mm} \tag{10-10}$$

式中 L 為齒輪對傳遞的功率，單位為 kW，n 則為齒輪軸的轉速，單位為 rpm。因此，(10-5) 式可改寫成

$$T = K_v \sigma_b FYm\left[\frac{d_p}{2}\right] \tag{a}$$

其中 $d_p = Nm$ 為齒輪的節圓直徑，N 為齒輪的齒數，m 為該齒輪的模數。

然後依齒輪設計與製造安裝的實務經驗得知，輪齒最適宜的齒面寬值大約在 $8\text{ m} \le F \le 16\text{ m}$ 的範圍內，取中間值，令 $F = 12\text{ m}$，並將 F 與 d_p 代入 (a) 式可得

$$T = 6K_v \sigma_b YNm^3 \tag{b}$$

或

$$m = \left[\frac{T}{6K_v \sigma_b YN}\right]^{\frac{1}{3}} \tag{10-11}$$

使用 (10-11) 式，即可經由試誤法求得輪齒的模數值。因為在此式中，T 可由

(10-10) 式求得，N 的值可依其他設計條件決定，且 Y 的值在決定齒數與齒制時即已確定。σ_b 通常由設計者視其他設計條件決定齒輪材料後即可知曉。因此，(10-10) 式中僅餘 m 與 K_v 為未知數，可藉試誤法假設 K_v 值以計算 m 值。

由於 (10-10) 式所得的 m 值一般不會是標準模數，必須自表 9-3(b) 中選出與計算值最接近的標準模數作為輪齒模數，然後以此標準模數計算 d_p，並依預定的齒輪製作方式，與齒輪的節圓上的切線速度，選擇 (10-6) ~ (10-9) 式中之一式計算 K_v，再代入由 (a) 式轉換成的

$$F=\frac{2T}{K_v\sigma_b Ymd_p} \tag{10-12}$$

計算 F 的值，以驗證是否能符合 $8\text{ m}\le F\le 16\text{ m}$ 的條件。

幸運地，如果驗證的結果能符合條件，即表示所選擇的標準模數值能滿足設計條件，可取該模數為齒輪的模數。若結果是 $F < 8\text{m}$，表示原先假設的 K_v 值太小，導致計算所得的 m 值太大，因此可以選擇次小的模數再作驗證；反之，若結果是 $F > 16\text{m}$，代表原先假設的 K_v 太大，使計算所得的 m 值太小，因此可以選擇大一級的模數再作驗證。如無特殊狀況，經此調整後，多半即能找到適用的模數。

範例 10-1

若要輸入軸轉速為 1,760 rpm，輸出軸的轉速在 580~590 rpm 的兩軸間，以壓力角 20° 的滾製標準齒正齒輪傳遞 15 kW。小齒輪齒數選擇為 18 齒，齒輪材料為 AISI 1045 CD，安全因數要求為 2.5，試為該齒輪對選擇適宜的模數，輪齒的齒面寬，大齒輪的齒數。

解：大齒輪的齒數 N_g 可由下式求得

$$N_g=\frac{n_p}{n_g}N_p=\frac{1,760}{585}(18)=54.15$$

取 $N_g=54$，則

$$n_g = \frac{18}{54}(1,760) = 586.6 \text{ rpm}$$

大齒輪軸轉速符合在 580~590 rpm 間的限制，故可接受。

由於 AISI 1045 CD $\Rightarrow$ $S_{yp} = 530$ MPa，可知

$$\sigma_b = \frac{S_{yp}}{SF} = \frac{530}{2.5} = 212 \text{ MPa}$$

齒形因數可由表 10-1 查得，依 $N = 18$，$\phi = 20°$ 的標準齒，可查得 $Y = 0.308$。

小齒輪軸傳遞的扭矩可由 (10-14) 式求得為

$$T = 9,550,000\frac{L}{n} = 9,550,000\frac{15}{1,760}$$
$$= 81,392 \text{ N} \bullet \text{mm}$$

接著假設 $K_v = 0.65$，於是由 (10-11) 式可求得可能的模數 m 為

$$m = \left[\frac{T}{6K_v\sigma_b YN}\right]^{\frac{1}{3}} = \left[\frac{81,392}{6(0.65)(212)(0.308)(18)}\right]^{\frac{1}{3}}$$
$$= 2.61 \text{ mm}$$

由表 9-3(b) 查得最接近的標準模數為 $m = 2.5$ mm，所以

$$d_p = Nm = 18(2.5) = 45 \text{ mm}$$

於是

$$v_p = \frac{\pi d_p n}{60,000} = \frac{\pi(45)(1,760)}{60,000} = 4.15 \text{ m/s}$$

因齒輪以滾製製成，速度因數 K_v 可由 (10-7) 式計算

$$K_v = \frac{6.1}{6.1 + v_p} = \frac{6.1}{6.1 + 4.15} = 0.595$$

再以 (10-12) 式核驗齒輪的齒面寬 F

$$F=\frac{2T}{K_v\sigma_b Ymd_p}=\frac{2(81,392)}{0.595(212)(0.308)(2.5)(45)}$$

$$=37.24\text{ mm}\approx 38\text{ mm}<16\text{ m}$$

$$8\text{ m}=8(2.5)=20\text{ mm}$$

因 $8\text{ m}\le F\le 16\text{ m}$，故可取模數 $m=2.5$ mm，齒面寬 $F=40$ mm。

10.5 AGMA 的輪齒抗彎能力設計

AGMA 對輪齒抗彎能力的設計方法，仍然以 Lewis 方程式為基礎，然後針對齒輪傳動效率發生影響的各項因素，以不同的因數修正其所產生的效應，而提出下列的彎應力計算式：

$$\sigma_b=\frac{W_t}{FmJ}\frac{K_aK_m}{K_v}K_SK_BK_I \tag{10-13}$$

式中 K_a = **應用因數** (application factor)，用於考量傳動負荷不同等級的振動狀況，其值可由表 10-2 中查得。

從動機械負荷的振動程度分級如下：

1. **均匀負荷**：連續使用的發電機。
2. **輕衝擊負荷**：風扇、低速離心泵、液體攪拌器、可變能率發電機、負荷均匀的輸送器、旋轉式正移位泵。
3. **中等衝擊負荷**：高速離心泵、往復式泵與壓縮機、重負荷輸送器、工具機驅動

表 10-2 應用因數值 K_a

驅動機械	從動機械			
	均匀	輕衝擊	中等衝擊	重衝擊
均匀 (電動機、氣輪機)	1.00	1.25	1.50	≥ 1.75
輕度衝擊 (多缸引擎)	1.20	1.40	1.75	≥ 2.25
中度衝擊 (單缸引擎)	1.30	1.70	2.00	≥ 2.75

器、水泥混合機、紡織機器、金屬研磨機、電動鋸。

4. 重衝擊：碎石機、衝壓機驅動器、磨粉機、打磨滾筒、碎木機、震動篩、軌道車輛的卸貨車。

K_m = **負荷分佈因數** (load distribution factor)，用於考量傳動軸安裝的欠對準，或輪齒輪廓在軸向上的偏差導致的負荷不均勻的分佈狀況，其值列於表 10-3 (表中 [ ] 內的數值用於螺旋齒輪)。

K_I = **惰齒輪因數** (idler factor)，用於考量惰齒輪承受雙向疲勞負荷的受力狀態。若為惰齒輪則 $K_I = 1.42$，若非惰齒輪則 $K_I = 1.0$。

K_B = **輪緣厚度因數** (rim thickness factor)，用於使用輪緣與輪臂而非實體之大型齒輪。AGMA 定義支撐比 m_B 為

$$m_B = \frac{t_R}{h_t} \tag{10-14}$$

式中 t_R = 從齒根圓到輪緣內徑間的徑向距離

h_t = 全齒深，即齒冠與齒根之和

這個比值用於定義輪緣厚度因數 K_B 如下

$$K_B = -2m_B + 3.4 \quad 若 \quad 0.5 \le m_B \le 1.2 \tag{10-15a}$$

$$K_B = 1.0 \quad 若 \quad m_B > 1.2 \tag{10-15b}$$

表 10-3　負荷分佈因數值 K_m

支持方式的特徵	齒面寬 F (mm)			
	≤ 50	≤ 150	≤ 225	≤ 400
安裝精準、軸承間隙小、精密齒輪、軸的撓度非常小	1.3 [1.2]	1.4 [1.3]	1.5 [1.4]	1.8 [1.7]
軸的安裝剛度不足、輪齒精度較差、全齒面接觸	1.6 [1.5]	1.7 [1.6]	1.8 [1.7]	2.0 [2.0]
因精度與安裝的精準度不足，以致未能達成全齒面接觸	> 2.0 [> 2.0]	> 2.0 [> 2.0]	> 2.0 [> 2.0]	> 2.0 [> 2.0]

AGMA 不推薦使用 $m_B < 0.5$ 的設計。

K_S = **尺寸因數** (size factor)，使用法與疲勞強度修正因數相同，AGMA 迄今仍未發表推薦值，一般多使用 1 或比較保守的 1.25 或 1.50。

K_v = 速度因數或**動態因數** (dynamic factor)，AGMA 使用的速度因數與 Lewis 方程式中所使用的 Barth 方程式並不相同，AGMA 的速度因數隨齒輪對的**品質指數** (quality index) Q_v 而定，根據 Q_v 的範圍在下列的三個情況擇一計算。

1. 若 $Q_v \le 5$

$$K_v = \frac{50}{50 + \sqrt{200V_t}} \quad \textbf{(10-16)}$$

2. 若 $6 \le Q_v \le 11$，則

$$B = \frac{(12 - Q_v)^{\frac{2}{3}}}{4} \quad \textbf{(10-17)}$$

$$B = 50 + 56\,(1 - B) \quad \textbf{(10-18)}$$

$$K_v = \left[\frac{A}{A + \sqrt{200V_t}}\right]^B \quad \textbf{(10-19)}$$

(10-19) 式適用於 $V_t \le V_{t\max}$ 的情形，其中

$$V_{t\max} = \frac{[A + (Q_v - 3)]^2}{200} \quad \textbf{(10-20)}$$

3. 若 $Q_v \ge 12$ 則

$$0.90 \le K_v \le 0.98 \quad \textbf{(10-21)}$$

J = **AGMA 幾何因數** (geometry factor)，J 的值比 Y 的值複雜，因為 J 的值除了與齒制、齒數有關之外，與嚙合之齒輪的齒數也有關聯。同一個齒輪與不同齒數的齒輪嚙合時，J 的值並不相同。壓力角 20° 齒輪的幾何因數 J 值可以自圖 10-2 查得。

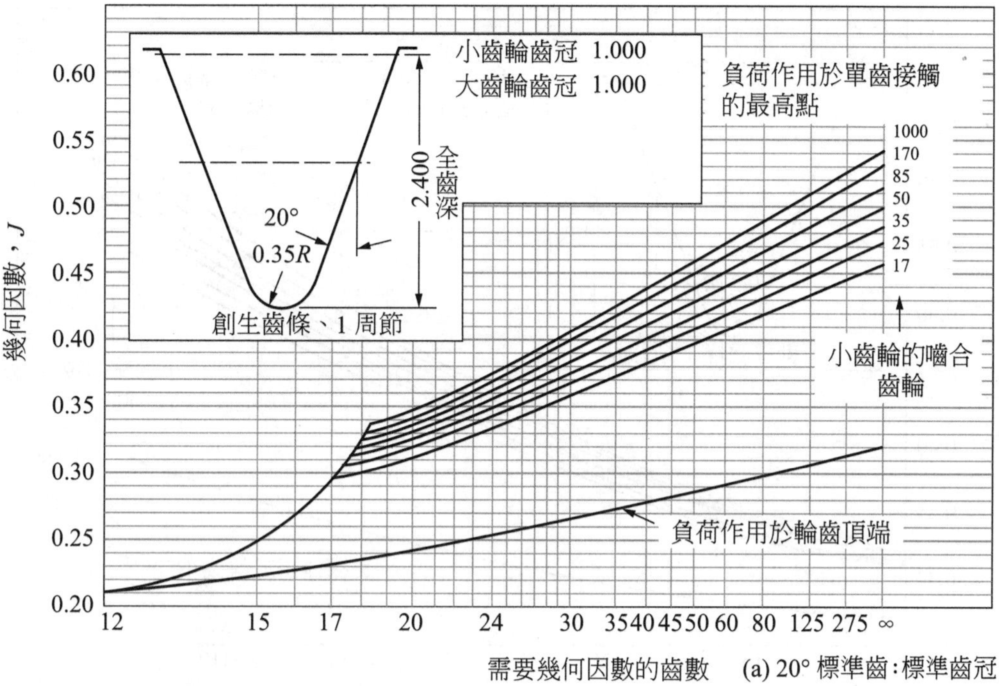

圖 10-2　20° 正齒輪：標準齒冠的幾何因數 J

AGMA 也有壓力角 $22\frac{1}{2}$ 與 25° 齒輪的相似資料，例如壓力角為 25° 之齒輪的 J 值可自圖 10-3 查得，其他不同壓力角的相關圖表資料，可向 AGMA 組織洽購。表 10-4 列出 20° 標準齒負荷作用於齒頂時，大、小齒輪的幾何因數 J 之值；表 10-5 則列出 20° 標準齒單對輪齒接觸且負荷作用於最高點時，大、小齒輪的幾何因數 J 之值。例如，21 齒的小齒輪與 35 齒的大齒輪嚙合時，小齒輪的 $J = 0.24$，大齒輪的 $J = 0.26$。

表 10-4 及表 10-5 的選擇視輪齒加工精度而定，若精度不高宜用表 10-5。20° 及 25° 標準齒的齒頂承受負荷時，齒輪的 J 值也可由下列兩式求得

$$(20°)\quad J = 0.0311 \ln N + 0.15 \tag{10-22}$$

$$(25°)\quad J = 0.0367 \ln N + 0.2016 \tag{10-23}$$

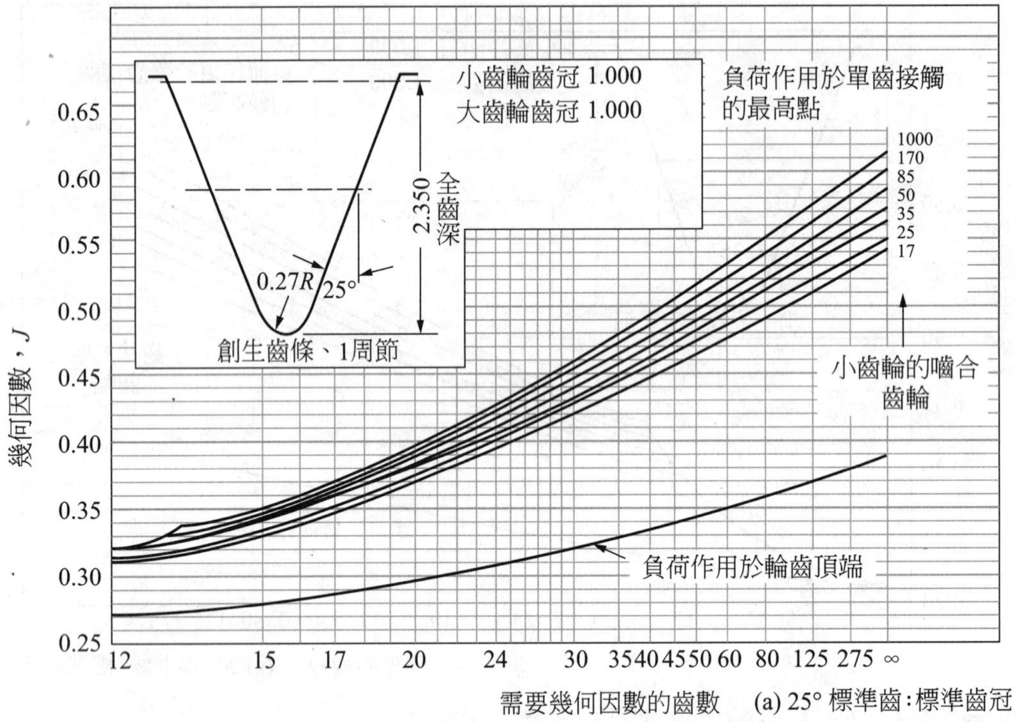

圖 10-3 25° 正齒輪：標準齒冠的幾何因數 J

表 10-4 20° 標準齒的齒頂承受負荷時，大、小齒輪的 J 值

大齒輪齒數	小齒輪齒數									
	21		26		35		55		135	
	P	G	P	G	P	G	P	G	P	G
21	0.24	0.24								
26	0.24	0.25	0.25	0.25						
35	0.24	0.26	0.25	0.26	0.26	0.26				
55	0.24	0.28	0.25	0.28	0.26	0.28	0.28	0.28		
135	0.24	0.29	0.25	0.29	0.26	0.29	0.28	0.29	0.29	0.29

為得到比較安靜及平滑的運轉，通常齒輪的節線速度愈高，所要求的品質數即愈高，齒輪不同節線速度範圍所推薦的品質數值如表 10-6 所示。

表 10-5　單對 20° 標準齒齒接觸，負荷作用於最高點時的大、小齒輪的 J 值

大齒輪齒數	小齒輪齒數									
	21		26		35		55		135	
	P	G	P	G	P	G	P	G	P	G
21	0.33	0.33								
26	0.33	0.35	0.35	0.35						
35	0.33	0.37	0.36	0.38	0.39	0.39				
55	0.34	0.40	0.37	0.41	0.40	0.42	0.43	0.43		
135	0.35	0.43	0.38	0.44	0.41	0.45	0.45	0.47	0.49	0.49

表 10-6　齒輪不同節線速度範圍的品質數建議值

節線速度範圍 (m/s)	0~4.0	4.0~10.0	10.0~20.0	> 20.0
輪齒品質數	6~8	8~10	10~12	12~14

在各種不同的應用類型中，或由於齒輪節線速度的大小，或該項應用對精密度的要求，其適用的品質數當然不應相同，對各種應用類型之齒輪品質數的建議值可以參考表 10-7。

表 10-7　應用的適用品質數建議值

應用類型	建議品質數	應用類型	建議品質數
水泥混合桶驅動	3 ~ 5	小型電動鑽床	7 ~ 9
水泥旋窯	5 ~ 6	洗衣機	8 ~ 10
軋鋼機驅動	5 ~ 6	印刷機	9 ~ 11
割稻機	5 ~ 7	計算機構	10 ~ 11
吊車	5 ~ 7	汽車傳動系統	10 ~ 11
衝壓機	5 ~ 7	雷達天線驅動	10 ~ 12
礦業輸送帶驅動	5 ~ 7	船舶推進器	10 ~ 12
紙盒製作機器	6 ~ 8	航空引擎驅動	10 ~ 13
空氣錶機構	7 ~ 9	陀螺	12 ~ 14

範例 10-2

若範例 10-1 中所得的齒輪對，使用於以電動機驅動負荷均勻的機器，齒輪品質指數為 8，安裝的等級能使輪齒作全齒面接觸，試以 AGMA 的彎應力計算方式，計算該齒輪對的安全因數。

解：AGMA 的輪齒彎應力計算式為

$$\sigma_b = \frac{W_t}{FmJ}\frac{K_a K_m}{K_v}K_S K_B K_I$$

由於齒輪對的品質指數在 6 與 11 之間，K_v 值可由 (10-19) 式求得，因

$$B = \frac{(12-Q_v)^{\frac{2}{3}}}{4} = \frac{(12-8)^{\frac{2}{3}}}{4} = 0.630$$

$$A = 50 + 56(1-B) = 50 + 56(1-0.630) = 70.72$$

因 $V_t = 4.15$ m/s，K_v 值為

$$K_v = \left[\frac{A}{A+\sqrt{200V_t}}\right]^B = \left[\frac{70.72}{70.72+\sqrt{200(4.15)}}\right]^{0.630} = 0.806$$

K_a 與 K_m 的值可分別由表 10-2 及表 10-3 中查出為

$$K_a = 1.0, \quad K_m = 1.6$$

小齒輪的幾何因數 J 可以從圖 10-2 中查得為 $J = 0.315$。因小齒輪的 $d_p = 45$ mm，傳遞的扭矩為 $T = 81,392$ Nmm，可知

$$W_t = \frac{2T}{d_p} = \frac{2(81,392)}{45} = 3,617 \text{ N}$$

由於不是惰齒輪取 $K_I = 1$，又 $K_B = 1$，因齒輪尺寸不大而做成實體齒輪，並取 $K_S = 1$，且 $F = 40$ mm，於是

$$\sigma_b = \frac{W_t}{FmJ}\frac{K_a K_m}{K_v}K_S K_B K_I = \frac{3,617}{40(2.5)(0.315)}\frac{1.0(1.6)}{0.806}(1)(1)(1)$$

$$= 228 \text{ MPa}$$

所以，該齒輪對之小齒輪的安全因數為

$$SF = \frac{530}{228} = 2.325$$

10.6　抗彎曲疲勞的設計

AGMA 法

前面已經提過，輪齒的彎曲疲勞失效也是輪齒斷裂損壞模式的原因之一，因此 AGMA 也針對彎曲疲勞失效提出輪齒彎曲疲勞強度的修正計算式

$$S_{fb} = \frac{K_L}{K_T K_R} S'_{fb} \tag{10-24}$$

式中 S_{fb} = 修正後的彎曲疲勞強度。

K_L = 壽命因數，由於 S'_{fb} 的值是以 10^7 次應力循環試驗所得，若要求的循環

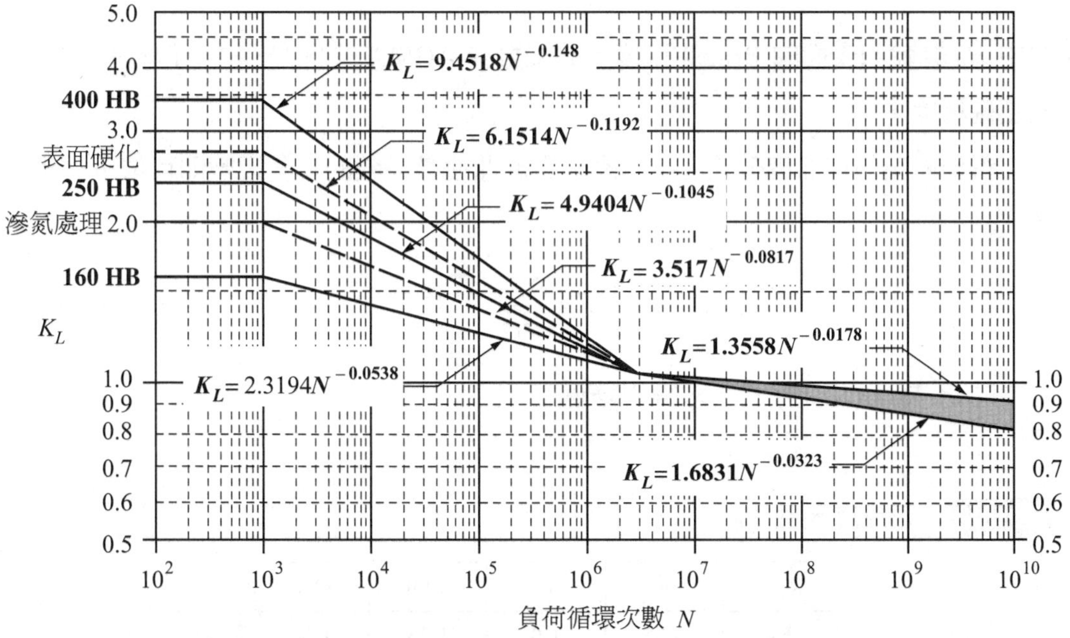

圖 10-4　AGMA 的抗彎曲強度壽命因數

次數高於或低於 10^7 次，即須以 K_L 修正 S'_{fb}。K_L 的值可由圖 10-4 中查出。

K_T = 溫度因數，當潤滑油油溫超過 120° 時才需要修正，油溫低於 120℃ 時 $K_T = 1$。

K_R = 可靠度因數，由於 AGMA 的彎曲疲勞強度乃是基於 99% 的可靠度，因此，如果要求的可靠度高於或低於 99%，即須以 K_R 修正之，K_R 的值如表 10-8 所列。

S'_{fb} = 為 AGMA 公佈的齒輪材料的彎曲疲勞強度，這是承受 10^7 次重複性應力循環，且可靠度 99% 的疲勞強度。這個值對應於以 (10-13) 式計算所得的 σ_b，而且為符合輪齒承受負荷的實際狀況，也已將古德曼關係包含在內。常用齒輪材料的 S'_{fb} 值可由表 10-9 查得。AGMA 定義的 grade 1 級鋼與 grade 2 級鋼製成之齒輪的 S'_{fb} 值可自圖 10-5 讀取。

對於 30 至 40 級的鑄鐵可藉下式計算 S'_{fb}

$$S'_{fb} = 1.24H_B - 158.5\ \text{MPa} \tag{10-25}$$

式中 H_B 為輪齒表面的 Brinell 硬度。此式雖非 AGMA 的官方公式，但具有 99% 的正確精度。

得到修正的彎曲疲勞強度後，齒輪對彎曲疲勞失效的安全因數即可依下式求得

$$SF = \frac{S_{fb}}{\sigma_b} \tag{10-26}$$

式中的 σ_b 為以 (10-13) 式所求得的彎應力。

表 10-8 可靠度因數 K_R

***R* %**	90	99	99.9	99.99
K_R	0.85	1.0	1.25	1.50

表 10-9　常用齒輪材料的 AGMA 彎曲疲勞強度 S'_{fb} 值

材料	AGMA 等級	材料標示	熱處理	最小表面硬度	彎曲疲勞強度 MPa
鋼	A1-A5		穿透硬化	≤180 HB	170~230
			穿透硬化	240 HB	210~280
			穿透硬化	300 HB	250~325
			穿透硬化	360 HB	280~360
			穿透硬化	400 HB	290~390
			火焰或感應硬化	Type A 模式50-54 HRC	310~380
			火焰或感應硬化	Type B 模式	150
			滲碳並表面硬化	55-64HRC	380~520
		AISI 4140	氮化	84.6 15 N	230~310
		AISI 4340	氮化	83.5 15 N	250~325
		Nitralloy 135M	氮化	90.0 15 N	260~330
		Nitralloy N	氮化	90.0 15 N	280~345
		2.5% Chrome	氮化	87.5-90.0 15N	380~450
鑄鐵	20	Class 20	視若鑄造		35
	30	Class 30	視若鑄造	175 HB	69
	40	Class 40	視若鑄造	200 HB	90
球化鑄鐵(韌性)	A-7-a	60-40-18	退火	140 HB	150~230
	A-7-c	80-55-06	淬火並回火	180 HB	150~230
	A-7-d	100-70-03	淬火並回火	230 HB	180~280
	A-7-e	120-90-02	淬火並回火	230 HB	180~280
可鍛鑄鐵(波來鐵)	A-8-c	45007		165 HB	70
	A-8-e	50005		180 HB	90
	A-8-f	53007		195 HB	110
	A-8-I	80002		240 HB	145
青銅	Bronze 2	AGMA 2C	砂鑄	最小抗拉強度 276 MPa	40
	Al/Br 3	ASTM B-148 78 alloy 954	熱處理	最小抗拉強度 620 MPa	160

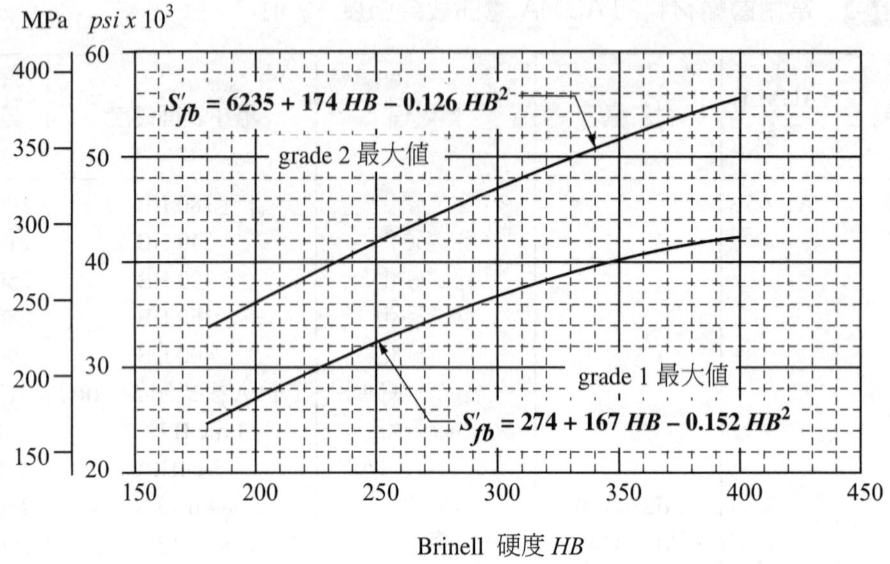

圖 10-5 AGMA 鋼料的彎曲疲勞強度

範例 10-3

若範例 10-2 的小齒輪要求在可靠度 90% 的情況下，有 $3(10^6)$ 次應力循環的壽命，試求該齒輪的安全因數。

解： 因 AISI 1045 CD 鋼材熱處理後的 Brinell 硬度小於 180，由表 10-8 中可查得 $S'_{fb} = 200$ MPa，可靠度 90% 時的 $K_R = 0.85$，由圖 10-4 可得知壽命因數應由下列的計算求得

$$K_L = 2.3194N^{-0.0538} = 2.3194(3,000,000)^{-0.0538}$$
$$= 1.04$$

因此

$$S_{fb} = \frac{K_L}{K_T K_R} S'_{fb} = \frac{1.04}{0.85}(200) = 244.7 \text{ MPa}$$

由範例 10-2 已知該小齒輪的 σ_b = 240 MPa，由此可知該小齒輪的安全因數為

$$SF = \frac{S_{fb}}{\sigma_b} = \frac{244.7}{240} = 1.02$$

疲勞強度修正法

當手邊沒有 AGMA 的設計參考資料時，可以採取另一種設計方式。由於設計中最主要的數據是齒輪材料的疲勞強度，只要有齒輪材料的抗拉強度值，即可利用在第三章的疲勞強度修正方式，取得依據齒輪運轉條件求得的各項修正因數，然後由疲勞限 (持久限) 的修正式，計算齒輪材料的疲勞限或疲勞強度。回顧第三章中持久限的修正式為

$$S_e = k_a k_b k_c k_d k_e k_f S'_e \tag{3-10}$$

式中各符號代表的意義如下：

S_e = 機械元件的疲勞限 (持久限)
S'_e = 迴轉樑試件的疲勞限 (持久限)
k_a = 表面因數
k_b = 尺寸因數
k_c = 負荷因數
k_d = 可靠度因數
k_e = 溫度因數
k_f = 雜項效果因素

各個修正因數可仿照第三章的方式求得。

表面因數 k_a　雖然輪齒的齒腹表面或許經過研磨、剃刨等表面光製程，但其齒根處通常維持切削表面狀態，因此，k_a 的值都採用切削表面的修正值。

尺寸因數 k_b 已在第三章中提出為

$$k_b = \begin{cases} 1 & \text{當} \quad d \le 8\ \text{mm} \\ 1.189d^{-0.097} & \text{當} \quad 8\ \text{mm} < d \le 250\ \text{mm} \end{cases} \tag{3-11}$$

式中 d 為迴轉樑試片的直徑，當機件的剖面不是圓形或不迴轉時，d 以有效直徑 d_e 取代，輪齒的剖面為矩形，由 (3-13b) 式可得其有效直徑

$$d_e = 0.808\sqrt{hb} \tag{3-13b}$$

式中 h 為齒厚，約為周節 p 之半，且 b 為輪齒的齒面寬 F。以 $b = 3\,p$ 及 $h = p/2$ 代入 (3-13b) 式，可得

$$d_e \approx p = \pi m \tag{a}$$

因此，此處的尺寸因數可依據下式求得

$$k_b = \begin{cases} 1 & \text{當} \ m \le 2\ \text{mm} \\ 1.064m^{-0.097} & \text{當} \ 2\ \text{mm} < m \le 50\ \text{mm} \end{cases} \tag{10-27}$$

式中 m 為輪齒的模數值。

負荷因數 k_c 因齒根承受彎應力，$k_c = 1$。

可靠度因數與溫度因數 可依第三章中的方式求得。

應力集中因數 k_f 涵括於雜項效應因數 K_f 中，以 $k_f = 1/K_f$ 表示。K_f 的值可由 $K_f = 1 + q(K_f - 1)$ 求得，式中的 q 為缺口敏感度，可經由 (2-47) 及 (2-48) 兩式求得。K_t 為幾何應力集中因數。

此處將輪齒簡化為懸臂樑，懸臂樑的固定端視如輪齒的齒根，以齒根處的內圓角半徑 r_f 與固定支撐相連接。就 20° 全深齒而言，此內圓角半徑 $r_f = 0.3$ m。齒根處的幾何應力集中因數值可經由 Dolan 與 Broghamer 方程式

$$K_t = 0.18 + \left(\frac{t}{r_f}\right)^{0.15}\left(\frac{t}{L}\right)^{0.45} \quad \text{用於 } \phi = 20^\circ \text{ 的齒輪} \tag{10-28}$$

$$K_t = 0.14 + \left(\frac{t}{r_f}\right)^{0.11}\left(\frac{t}{L}\right)^{0.5} \quad \text{用於 } \phi = 25° \text{ 的齒輪} \tag{10-29}$$

求得，對應於輪齒式中的 $r = r_f$，$d = t =$ 齒厚，相當於齒輪周節之半，亦即 $t = \frac{1}{2}$ πm，L 為負荷作用的位置到齒根間的距離，以全深齒而言，L 以齒高 h 代入，即 $L = 2.25$ m。因此，

$$K_t = 1.37 \quad \text{用於 } \phi = 20° \text{ 的齒輪} \tag{10-30}$$

$$K_t = 1.14 \quad \text{用於 } \phi = 25° \text{ 的齒輪} \tag{10-31}$$

其次，由於齒輪有兩種可能的運轉方式，永遠以同一方向作順時針或逆時針旋轉的運轉，或作為惰齒輪時可改變轉向的運轉。當齒輪永遠以同一轉向運轉時，永遠以同一邊承受負荷。此時輪齒承受的是間歇且重複的負荷作用，單方向的脈動彎曲負荷而非交變負荷。處於這種情況時，輪齒承受的平均與交變應力分量

$$\sigma_a = \sigma_m = \frac{\sigma}{2} \tag{b}$$

式中 σ 為以 (10-5) 式所求得的輪齒承受的彎應力。將此項結果代入修正的古德曼關係式

$$\frac{S_a}{S_e} + \frac{S_m}{S_{ut}} = 1 \tag{c}$$

可得

$$\sigma_a^* = \frac{S_e S_{ut}}{S_{ut} + S_e} \tag{10-32}$$

由此式所得的 σ_a^*，為輪齒承受單向重複負荷的情況下，不至於發生疲勞失效所能承受的最大彎應力。請記住在第三章中提過，當 $S_{ut} < 1{,}400$ MPa 時，$S_e' = 0.5$ S_{ut}；且當 $S_{ut} \geq 1{,}400$ MPa 時，$S_e' = 700$ MPa。依據此一方法，輪齒的安全因數值 SF 為

$$SF = \frac{\sigma_a^*}{\sigma_a} \tag{10-33}$$

範例 10-4

試以本節的方法，核驗範例 10-1 所得之小齒輪的防範彎曲疲勞失效的安全因數。

解：由範例 10-1 可知小齒輪的齒數 $N = 18$，模數 $m = 2.5$ mm，$K_v = 0.595$，齒面寬 $F = 40$ mm，節圓直徑 $d_p = 40$ mm，齒形因數 $Y = 0.308$，齒輪傳動扭矩 $T = 81{,}400$ N • mm，於是由 (10-12) 式可得輪齒承受的彎應力為

$$\sigma_b = \frac{2T}{K_v FYmd_p} = \frac{2(81,400)}{0.595(40)(0.308)(2.5)(45)}$$

$$= 197.4 \text{ MPa}$$

且 AISI 1045 CD 鋼的 $S_{ut} = 630$ MPa，故 $S'_e = 0.5\,S_{ut} = 315$ MPa

表面因數 k_a　依齒底為切削表面，可得

$$k_a = aS_{ut}^b = 4.45(630)^{-0.265}$$
$$= 0.806$$

尺寸因數 k_b　由 (10-27) 式，因 $m = 2.5$ mm > 2.0 mm 可知

$$k_b = 1.064m^{-0.097} = 1.064(2.5)^{-0.097}$$

$$= 0.974$$

應力集中因數 k_f　幾何應力集中因數由 (10-30) 式可知為 $K_t \approx 1.37$，Neuber 材料常數，可由 (2-48) 式求得

$$\sqrt{a} = 0.245799 - 0.446726(10^{-3})(630)$$
$$+ 0.317816(10^{-6})(630)^2 - 0.816240(10^{-10})(630)^3$$
$$= 0.0701$$

因 $r_f = 0.3\ m = 0.3(2.5) = 0.75$ mm，由 (2-47) 式，可知缺口敏感度 q

$$q = \frac{1}{1+\sqrt{\frac{a}{\rho}}} = \frac{1}{1+\frac{0.0701}{\sqrt{0.75}}} = 0.925$$

可知疲勞應力集中因數 K_f 的值為

$$K_f = 1 + q(K_t - 1) = 1 + 0.925(1.37 - 1) = 1.342$$

所以

$$k_f = \frac{1}{K_f} = \frac{1}{1.342} = 0.7452$$

其他因數因未提及，都視為 1。因此

$$S_e = k_a k_b k_c k_d k_e k_f S_e' = 0.806(0.974)(0.7452)(315)$$

$$= 184.3\ \text{MPa}$$

再由 (10-31) 式，可得

$$\sigma_a^* = \frac{S_e S_{ut}}{S_{ut} + S_e} = \frac{184.3(630)}{630 + 184.3}$$

$$= 142.6\ \text{MPa}$$

於是由(10-29)式可得齒輪的安全因數為

$$SF = \frac{\sigma_a^*}{\sigma_a} = \frac{142.6}{(197.4/2)} = 1.445$$

10.7 表面持久性

前面已經討論了輪齒承受彎曲時的應力及強度，以及如何防範輪齒由於承受過大的靜負荷或疲勞彎曲負荷而斷裂的可能。本節將討論輪齒的表面毀損 (failure of surface)，即一般所謂的磨耗 (wear)。齒面點蝕 (pitting) 是因承受多次重複的高接觸應力導致的表面毀損。屬於表面毀損的失效模式，以及前面提過的因潤滑不良引起的擦傷，或由於異物侵入所造成的刮損或磨損。

齒輪的設計必須使得**動態表面應力** (dynamic surface stress) 小於材料的表面持久強度，才能擁有令人滿意的壽命。由於節線附近是齒輪傳動時最大動力負荷作用的區域，從許多輪齒失效的案例中，常在節線附近觀察到肉眼可見的明顯磨耗現象。

由 Hertz 定理可得兩圓柱間的接觸應力，可依下式計算

$$p_{\max} = \frac{2F}{\pi b l} \tag{10-34}$$

式中 $p_{\max}$ = 表面壓力

F = 迫使兩圓柱緊靠的力

l = 圓柱長

b 的值可由下式計算得之

$$b = \sqrt{\frac{2F}{\pi l}\frac{[(1-\nu_1^2)/E_1]+[(1-\nu_2^2)/E_2]}{(1/d_1)+(1/d_2)}} \tag{10-35}$$

式中 ν_1、ν_2、E_1、E_2 及 d_1、d_2 分別為兩圓柱材料的彈性常數及直徑。將 (10-35) 式中的變數以合於齒輪系統的符號，即 d 以 $2r$，F 以 $W_t/\cos\phi$，及 l 以齒面寬 F 取代。再將所得的 b 值代入 (10-33) 式。以 σ_H 取代 $p_{\max}$ 代表輪齒的表面接觸應力 (surface contact stress)，亦即**赫芝應力** (Hertzian stress)，可得

$$\sigma_H^2 = \frac{W_t}{F\cos\phi}\frac{(1/r)+(1/r_2)}{[(1-\nu_1^2)/E_1]+[(1-\nu_2^2)/E_2]} \tag{10-36}$$

式中 r_1、r_2 分別為小齒輪與大齒輪的齒廓於接觸位置的瞬時曲率半徑。求得所承擔的負荷 W_t 之值後，(10-35) 式即可用於計算由接觸起始至終了間，任何或所有輪齒接觸點的赫芝應力。當然輪齒的運動，僅節點處是純滾動，其他位置的運動則混合了滾動與滑動。以 (10-35) 式估算應力時，並未計入滑動作用。

接著將導出一對輪齒於節點處接觸時的接觸應力。當兩輪齒接觸於節點時的狀況，可視如曲率半徑分別為 r_1 及 r_2 的兩個圓柱體在節點 P 處互相接觸，由圖

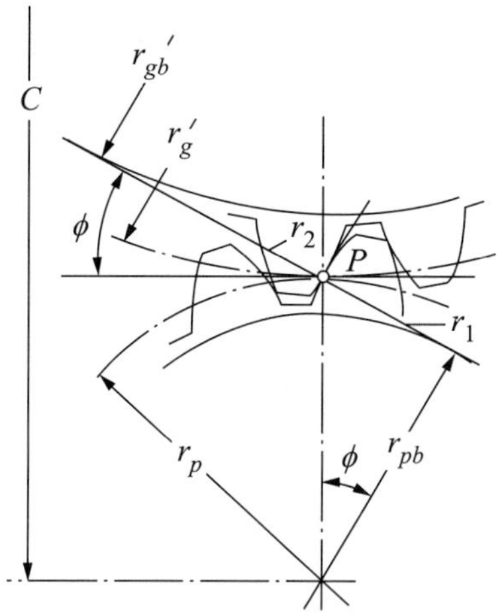

圖 10-6　兩輪齒接觸於節點 *P*

10-6 可看出 r_1 及 r_2 分別為

$$r_1 = \frac{d_p \sin\phi}{2}, \quad r_2 = \frac{d_g \sin\phi}{2}$$

式中 ϕ 為壓力角，d_p 與 d_g 分別為小齒輪與大齒輪的節圓直徑。因此

$$\frac{1}{r_1} + \frac{1}{r_2} = \frac{2}{\sin\phi}\left[\frac{1}{d_p} + \frac{1}{d_g}\right] \tag{10-37}$$

定義轉速比 m_G 為

$$m_G = \frac{N_g}{N_p} = \frac{d_g}{d_p} \tag{10-38}$$

則 (10-37) 式可寫成

$$\frac{1}{r_1} + \frac{1}{r_2} = \frac{2}{\sin\phi}\frac{m_G + 1}{m_G d_p} \tag{10-39}$$

將上式代入 (10-36) 式並整理後成為

$$\sigma_H = -\sqrt{\frac{W_t}{Fd_p}\frac{2(m_G + 1)}{\pi[(1-\nu_p^2)/E_p + (1-\nu_g^2)/E_2]m_G \cos\phi \sin\phi}} \tag{10-40}$$

負號代表接觸應力 σ_H 為壓應力。式中 ν 與 E 的下標 p 與 g 分別代表小齒輪

與大齒輪。定義彈性係數 C_p 為

$$C_p = \sqrt{\frac{1}{\pi[(1-\nu_p^2)/E_p + (1-\nu_g^2)/E_g]}} \tag{10-41}$$

由 (10-41) 式可知 C_p 值必須於兩齒輪的材料確定之後才能決定，C_p 的值可由表 10-10 查得。

正齒輪的幾何因數 I 定義為

$$I = \frac{\cos\phi\sin\phi}{2}\frac{m_G}{m_G+1} \tag{10-42}$$

此定義適用於外接齒輪，若為內接齒輪時

$$I = \frac{\cos\phi\sin\phi}{2}\frac{m_G}{m_G-1} \tag{10-43}$$

並加入速度因數 C_v 的考量，則正齒輪的接觸應力計算式可以寫成

$$\sigma_H = -C_p\sqrt{\frac{W_t}{C_v F d_p I}} \tag{10-44}$$

式中的速度因數 C_v 之值仍然以 Barth 方程式計算，採用不同的符號表示只是為

表 10-10 齒輪對的彈性係數 C_p

小齒輪材料	小齒輪的彈性模數 E_p GPa	大齒輪材料與彈性模數 E_g					
		鋼料	可鍛鑄鐵	球墨鑄鐵	鑄鐵	鋁青銅	錫青銅
		200	**170**	**170**	**150**	**120**	**110**
鋼料	200	191	181	179	174	162	158
可鍛鑄鐵	170	181	174	172	168	158	154
球墨鑄鐵	170	179	172	170	166	156	152
鑄鐵	150	174	168	166	163	154	149
鋁青銅	120	162	158	158	156	145	141
錫青銅	110	158	154	152	152	141	137

表 10-11 齒輪材料的容許壓應力 σ_H

材料	硬度		容許接觸應力
	$(H_B)_{ave}$	$(R_C)_{ave}$	σ_H
鑄鐵	180		345
鑄鐵	230		414
鋼	180		414
鋼	230		483
鋼	325	35	688
火焰或感應硬化		50	1103
滲碳或表面硬化		60	1380

了區分用於抗彎強度，或是耐磨耗強度。齒輪材料的容許接觸應力 σ_H 之值與輪齒表面熱處理的硬度高度相關，其值可自表 10-11 查得。

與 (10-6) 式相似，(10-44) 式也無法直接用於估算模數。依循與前面推導 (10-11) 式相似的程序，同樣地可得類似 (10-11) 式的模數估算式如下

$$m=\left[\frac{C_p^2 T}{6C_v\sigma_H^2 N^2 I}\right]^{\frac{1}{3}} \tag{10-45}$$

式中仍然是只有 m 與 C_v 為未知數，所以依舊以推測的 C_v 值代入式中，求得估算的 m 值，並據以選擇數值最接近的標準模數，並計算齒輪的節圓徑。再由 Barth 方程式計算 C_v，然後以

$$F=\frac{2C_p^2 T}{C_v\sigma_H^2 d_p^2 I} \tag{10-46}$$

計算齒面寬 F，並驗證是否符合 $8\,m \le F \le 16\,m$ 的條件，如果符合，則所得的模數即為所求；若不能符合，則仍以前述的方式調整，直至得到適合的模數為止。

範例 10-5

若範例 10-1 的齒輪對改由耐磨耗模式設計，其鋼質小齒輪的輪齒經過穿透硬化處理，使硬度達 300 H_B。大齒輪以可鍛鑄鐵製造，齒面硬化至 240 H_B，齒輪以滾齒法製成。試為該齒輪對選擇適合的模數。

解： 由於小齒輪為鋼質，大齒輪為可鍛鑄鐵製成，由表 10-10 可以查得彈係數 $C_p = 181$ GPa。小齒輪的硬度為 300 H_B，由表 10-11 可得容許表面接觸應力 $\sigma_H = 630$ MPa。因為齒數比 $m_G = 3$，所以

$$I = \frac{\cos\phi\sin\phi}{2}\frac{m_G}{m_G+1} = \frac{\cos 20°\sin 20°}{2}\frac{3}{3+1} = 0.1205$$

小齒輪的齒數 $N = 18$，並假設 $C_v = 0.58$，則

$$m = \left[\frac{C_p^2 T}{6C_v\sigma_H^2 N^2 I}\right]^{\frac{1}{3}} = \left[\frac{(181)^2(81,392)}{6(0.58)(630)^2(18)^2(0.1205)}\right]^{\frac{1}{3}} = 3.67$$

取 $m = 4$ mm，則 $d_p = 4(18) = 72$ mm，$v_p = 6.635$ m/s，於是動態因數

$$C_v = \frac{6.1}{6.1+v_p} = \frac{6.1}{6.1+6.635} = 0.479$$

再由

$$F = \frac{2C_p^2 T}{C_v\sigma_H^2 d_p^2 I} = \frac{(2)(181)^2(81,392)}{(0.479)(630)^2(72)^2(0.1205)} = 44.91\text{ mm}$$

取 $F = 45$ mm。由於 $8\,m \le F \le 16\,m$，所以 $m = 4$ mm 即符合所求。

10.8 AGMA 的點蝕應力計算式

與 AGMA 彎曲應力計算式相似，AGMA 的點蝕應力計算式以 (10-44) 式為基礎，再加上由 AGMA 訂定的修正因數，而得到

$$\sigma_c = C_p\left[\frac{W_t C_a}{C_v}\frac{C_s}{Fd_p}\frac{C_m C_f}{I}\right]^{\frac{1}{2}} \tag{10-45}$$

式中 σ_c = 接觸應力 (contact stress) 的絕對值

C_p = 彈性係數 (elastic coefficient)

C_a = 應用因數

C_v = 動態因數

C_s = 尺寸因數

C_m = 負荷分佈因數

C_f = 表面狀態因數，用於考量齒面經加工後的不尋常粗糙狀態，由於 AGMA 尚未公佈推薦值，因此令 $C_f = 1$

d_p = 小齒輪節圓直徑

I = 幾何因數

範例 10-6

若範例 10-5 中所得的齒輪對用於以電動機驅動的機器，齒輪品質指數為 8，安裝的等級能使輪齒作全齒面接觸，試以 AGMA 的應力計算方式，計算小齒輪的接觸應力。

解： 由於修正因數 $C_m = 1.6$，$C_a = 1$，$C_s = 1$，$C_f = 1$，同時由範例 10-5 已經求得 $I = 0.1205$，經計算可得 $A = 70.72$，$B = 0.630$，於是可求得動態因數

$$C_v = \left[\frac{A}{A+\sqrt{200V_t}}\right]^B = \left[\frac{70.72}{70.72+\sqrt{200(6.635)}}\right]^{0.630} = 0.660$$

由於

$$W_t = \frac{2T}{d_p} = \frac{2(81,392)}{72} = 2,261\ \text{N}$$

所以

$$\sigma_c = C_p\left[\frac{W_t C_a}{C_v}\frac{C_s}{Fd}\frac{C_m C_f}{I}\right]^{1/2} = (181)\left[\frac{(2,261)(1)(1)(1.6)(1)}{(0.660)(45)(72)(0.1205)}\right]^{\frac{1}{2}}$$

$$= 678\text{ MPa} > 630\text{ MPa}$$

顯示齒面寬 45 mm 有所不足。因此，嘗試調整齒面寬 F 為 60 mm，則

$$\sigma_c = C_p\left[\frac{W_t C_a}{C_v}\frac{C_s}{Fd}\frac{C_m C_f}{I}\right]^{1/2} = (181)\left[\frac{(2,261.0)(1)(1)(1.6)(1)}{(0.660)(60)(72)(0.1205)}\right]^{\frac{1}{2}}$$

$$= 587.3\text{ MPa} < 630\text{ MPa}$$

也就是能符合接觸應力小於容許接觸應力的要求。

10.9 AGMA 之齒輪材料的表面疲勞強度

與彎曲疲勞強度相似，AGMA 對齒輪材料的表面疲勞強度也有修正計算式，若修正後的表面疲勞強度以 S_{fc} 表示，則

$$S_{fc} = \frac{C_L C_H}{C_T C_R} S'_{fc} \tag{10-48}$$

式中 S'_{fc} = AGMA 公佈的齒輪材料的表面疲勞強度值，該值的定義與 S'_{fb} 相似，S'_{fc} 的值可以從表 10-12 查得。AGMA 的 grade 1 級與 grade 2 級鋼之 S'_{fc} 值則可依圖 10-7 的計算式求得。

C_L = 壽命因數，若齒輪壽命的要求高於或低於 10^7 次應力循環，即需做壽命因數的修正，壽命因數的修正值可從圖 10-7 中查得，圖中陰影部分的上限用於一般的商用齒輪，下限則使用於要求運轉圓滑與低振動的嚴苛狀況，但圖 10-7 僅適用於鋼質齒輪，其他材質的齒輪並不適用。

C_H = 硬度比因數 (hardness ratio factor)，此因數值是齒輪的齒數比與小齒輪

表 10-12 常用齒輪材料的 AGMA 表面疲勞強度的值

材料	AGMA 等級	材料標示	熱處理	最小表面硬度	表面疲勞強度 MPa
鋼	A1-A5		穿透硬化	≤180 HB	590~660
			穿透硬化	240 HB	720~790
			穿透硬化	300 HB	830~930
			穿透硬化	360 HB	1000~1100
			穿透硬化	400 HB	1100~1200
			火焰或感應硬化	50 HRC	1200~1300
			火焰或感應硬化	54 HRC	1200~1300
			滲碳並表面硬化	55-64 HRC	1250~1300
		AISI 4140	氮化	84.6 HR 15 N	1100~1250
		AISI 4340	氮化	83.5 HR 15 N	1050~1200
		Nitalloy 135M	氮化	90.0 HR 15 N	1170~1350
		Nitralloy N	氮化	90.0 HR 15 N	1340~1410
		2.5% Chrome	氮化	87.5 HR 15 N	1100~1200
		2.5% Chrome	氮化	90.0 HR 15 N	1300~1500
鑄鐵	20	Class 20	視若鑄造		340~410
	30	Class 30	視若鑄造	175 HB	450~520
	40	Class 40	視若鑄造	200 HB	520~590
球化鑄 (韌性)	A-7-a	60-40-18	退火	140 HB	530~630
	A-7-c	80-55-06	淬火並回火	180 HB	530~630
	A-7-d	100-70-03	淬火並回火	230 HB	630~770
	A-7-e	120-90-02	淬火並回火	230 HB	710~870
可鍛鑄鐵 (波來鐵)	A-8-c	45007		165 HB	500
	A-8-e	50005		180 HB	540
	A-8-f	53007		195 HB	570
	A-8-i	80002		240 HB	650
青銅	Bronze 2	AGMA 2C	砂鑄	最小抗拉強度 276 MPa	450
	Al/Br 3	ASTM B-148 78 alloy 954	熱處理	最小抗拉強度 620MPa	450

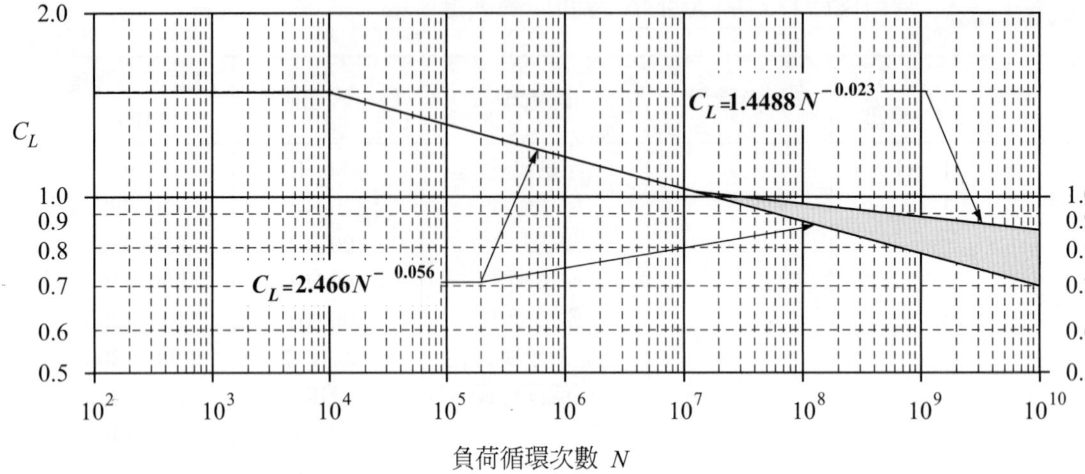

圖 10-7 AGMA 的表面疲勞強度壽命因數

與大齒輪相對硬度的函數，且 $C_H \geq 1$。由於小齒輪的硬度總是高於或等於大齒輪的硬度，因此在磨合 (run in) 期間小齒輪對大齒輪的輪齒具有工作硬化 (work harden) 的效果，而能提高輪齒的接觸疲勞強度。因此，C_H 僅應用於大齒輪輪齒，不使用於小齒輪。

對經穿透硬化處理的小齒輪和大齒輪而言

$$C_H = 1 + A(m_G - 1) \qquad \textbf{(10-49)}$$

式中 m_G 為齒輪的齒數比，A 的值則依下列幾種狀況而定

1. 若 $\dfrac{H_{Bp}}{H_{Bg}} < 1.2$ ，則

$$A = 0 \qquad \textbf{(10-50a)}$$

2. 若 $1.2 < \dfrac{H_{Bp}}{H_{Bg}} \leq 1.7$ ，則

$$A = 0.00898\frac{H_{Bp}}{H_{Bg}} - 0.00829 \qquad \textbf{(10-50b)}$$

3. 若 $\dfrac{H_{Bp}}{H_{Bg}} > 1.7$ ，則

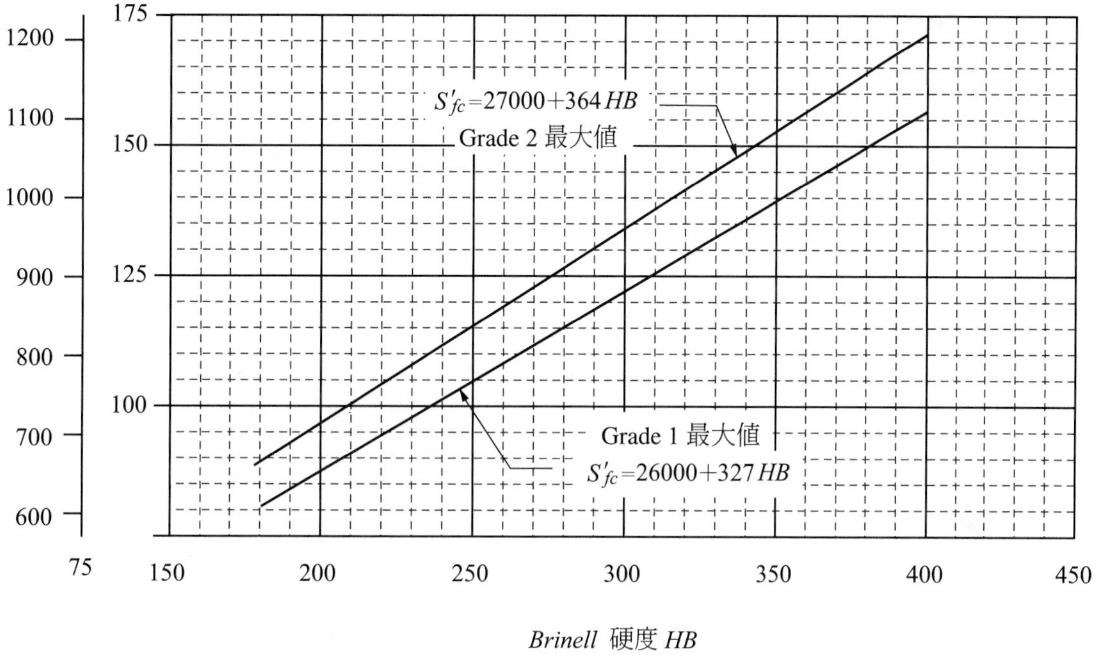

圖 10-8　AGMA 鋼料的表面疲勞強度

$$A = 0.00698 \tag{10-50c}$$

對表面硬化的小齒輪 (HRC > 48) 與經穿透硬化處理的大齒輪嚙合時

$$C_H = 1 + B(450 - H_{Bg}) \tag{10-51}$$

$$B = 0.00075\exp(-0.052R_q) \tag{10-52}$$

式中 R_q 為小齒輪的表面粗度之平方根值 (rms)，單位為 μ_{in}。

齒輪的齒數比愈大，大齒輪的輪齒愈強，且承受的應力循數也少於小齒輪，因此通常小齒輪熱處理後的硬度要高於或等於大齒輪的硬度，齒數比與大小齒輪齒面硬度間的關係如表 10-13。

表 10-13 齒數比與大、小齒輪輪齒齒面硬度間的關係

齒數比	大、小齒輪輪齒齒面硬度關係
1:1 ~ 2:1	大、小齒輪的硬度
2:1 ~ 8:1	相等小齒輪的硬度高於大齒輪 40 H_B
8:1 以上	小齒輪的硬度高於大齒輪的硬度超過 50 H_B

10.10 螺旋齒輪的強度設計

螺旋齒輪因為運轉時，齒面的接觸及脫離為漸進的方式，比正齒輪多了軸向的重疊，其接觸比 γ_c 由橫向接觸比 γ_t 及軸向接觸比 γ_a 合成。橫向接觸比的計算方式與正齒輪相似，也就是

$$\gamma_t = \frac{L_C}{\pi m_t \cos\phi_t} \tag{10-53}$$

式中

$$L_C = \sqrt{(r_p + a)^2 - r_p^2 \cos^2\phi_t} + \sqrt{(r_g + a)^2 - r_g^2 \cos^2\phi_t} - C\sin\phi_t \tag{10-54}$$

$$\gamma_a = \frac{F\sin\psi}{\pi m_n} \tag{10-55}$$

所以，螺旋齒輪的接觸比 γ_c 為

$$\gamma_c = \gamma_t + \gamma_a \tag{10-56}$$

由於接觸比較大，使得有較多對輪齒同時維持於接觸狀態，所以運轉時較正齒輪圓滑、安靜。此外，較諸同樣大小的正齒輪，螺旋齒輪也具有較高的承載能力，對齒形的誤差也比較不敏感，因而適宜用於高轉速的場合。

從前一章中可知螺旋齒輪有法模數 m_n 及橫向模數 m_t 兩種模數，通常螺旋齒輪以滾齒機切製時，常使用法模數；若以刨齒機切製，則多使用橫向模數。螺旋齒輪一般多取法模數作為基準。螺旋齒輪的強度設計與正齒輪的設計相似，也由

輪齒的抗彎強度、抗彎曲疲勞，及表面持久性等來考量，接下來將依序討論如何就上述三項因素考量求得螺旋齒輪的模數。

抗彎強度

依抗彎強度設計螺旋齒輪時，乃是針對螺旋齒輪的等效正齒輪，使用正齒輪的方程式進行設計，參考圖 10-9 可知 Lewis 方程式可寫成

$$W_n = K_v \sigma_b F_n Y m_n \tag{10-57}$$

式中 W_n = 作用於輪齒法向上的切線力，為有效傳動力 W_t 與軸向力 W_a 的合力

$$W_n = W_t / \cos\psi \tag{a}$$

K_v = 速度因數，仍由 (10-6) 式至 (10-9) 式求得。

σ_b = 齒輪材料的容許彎應力

F_n = 螺旋齒輪的法向齒面寬

$$F_n = F / \cos\psi \tag{b}$$

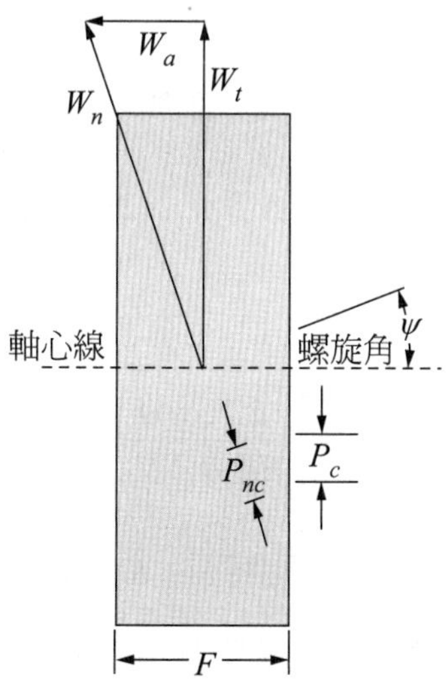

圖 10-9　螺旋齒輪傳動負荷

Y = 螺旋齒輪之虛齒數所對應的齒形因數

m_n = 螺旋齒輪的法模數

將 (a)、(b) 兩式代入 (10-5) 式，並於兩端乘上螺旋齒輪的節圓半徑，可得

$$T = K_v \sigma_b F Y m_n \left[\frac{d_P}{2} \right] \tag{c}$$

然而，由於螺旋齒輪的製造費用高於正齒輪，且其輪齒接觸傳動的方式優於正齒輪，因此，AGMA 建議螺旋齒輪的齒面寬應大於螺旋齒輪軸向周節的 1.15 倍，而一般螺旋齒輪的齒面寬也少見大於小齒輪節圓直徑者，即齒面寬 F 的值應在

$$1.15 p_x \le F < N_p m_t \tag{10-58}$$

若取 F 的值為其上、下限的平均值，即

$$F = \frac{1}{2}\left(\frac{1.15\pi m_n}{\sin\psi} + \frac{N_p m_n}{\cos\psi} \right) = \frac{m_n}{2}\left(\frac{1.15\pi}{\sin\psi} + \frac{N_p}{\cos\psi} \right) = \beta m_n$$

其中

$$\beta = \frac{1}{2}\left(\frac{1.15\pi}{\sin\psi} + \frac{N_p}{\cos\psi} \right) \tag{10-59}$$

以 $F = \beta m_n$、$d_e = N_p m_n / \cos\psi$ 代入 (c) 式，並加以整理，可得

$$T = \beta K_v \sigma_b N_p Y m_n^3 / (2\cos\psi)$$

於是可求得

$$m_n = \left[\frac{2T\cos\psi}{\beta K_v \sigma_b Y N_p} \right]^{\frac{1}{3}} \tag{10-60}$$

和求正齒輪模數的程序一樣，仍由假設 K_v 的值，藉此式求得螺旋齒輪的法模數近似值，再取最接近的標準模數當作輪齒的模數。然後檢視齒面寬是否落在 (10-58) 式指定的範圍，以確定該模數是否可以接受，或須作調整的程序，其過程如同正齒輪的設計程序。

範例 10-7

若輸入軸轉速為 1,160 rpm，輸出軸的轉速在 460~470 rpm 間的兩軸間，以法壓力角 20°，螺旋角 20° 銑製成的標準齒單螺旋齒輪傳遞 20 kW。小齒輪齒數選擇為 18 齒，齒輪材料為 AISI 1045 CD，安全因數要求為 2.5，試依抗彎強度為該齒輪對選擇適宜的法模數、輪齒的齒面寬，並計算其接觸比。

解：(1) 螺旋齒輪的法模數

由於 AISI 1045 CD　⇒　$S_{yp} = 530$ MPa，可知

$$\sigma_b = S_{yp} / SF = 530 / 2.5 = 212 \ \text{MPa}$$

小齒輪的虛齒數 N' 為

$$N' = \frac{N}{\cos^3 \psi} = \frac{18}{\cos^3 20°} = 21.7 \approx 22$$

由表 10-1 中依 $N = 20$，$\phi_n = 20°$ 的標準齒，可查得 $Y = 0.320$。小齒輪軸傳遞的扭矩可由 (10-10) 式求得為

$$T = 9{,}550{,}000\frac{L}{n} = 9{,}550{,}000\frac{20}{1{,}160}$$

$$= 164{,}655 \ \text{N} \bullet \text{mm}$$

接著假設 $K_v = 0.63$，β 為

$$\beta = \frac{1}{2}\left(\frac{1.15\pi}{\sin\psi} + \frac{N_p}{\cos\psi}\right) = \frac{1}{2}\left(\frac{1.15\pi}{\sin 20°} + \frac{18}{\cos 20°}\right) = 14.86$$

於是由 (10-58) 式可求得可能之法模數 m_n 的近似值為

$$m_n = \left[\frac{2T\cos\psi}{\beta K_v \sigma_b Y N_p}\right]^{\frac{1}{3}} = \left[\frac{2(164{,}655)\cos 20°}{14.86(0.63)(212)(0.320)(18)}\right] = 2.97$$

再由表 9-3(b) 中，取標準模數為 $m_n = 3.0$ mm，所以

$$m_t = \frac{m_n}{\cos\psi} = \frac{3.0}{\cos 20°} = 3.19 \text{ mm}$$

$$d_p = Nm_t = 18(3.19) = 54.42 \text{ mm}$$

於是

$$v_p = \frac{\pi d_p n}{60,000} = \frac{\pi(54.42)(1,160)}{60,000} = 3.49 \text{ m/s}$$

因齒輪以銑製製成，速度因數 K_v 可由 (10-7) 式計算為

$$K_v = \frac{6.1}{6.1 + v_p} = \frac{6.1}{6.1 + 3.49} = 0.636$$

則齒輪的齒面寬 F 應為

$$F = \frac{2T}{K_v \sigma_b Y m_n d_p} = \frac{2(164,655)}{0.636(212)(0.320)(3.0)(54.42)}$$

$$= 45.29 \text{ mm} < 54.47 \text{ mm}$$

$$1.15\, p_x = \frac{1.15\pi m_n}{\sin\psi} = \frac{1.15\pi(3.0)}{\sin 20°} = 31.69 \text{ mm}$$

因能滿足 $1.15\, p_x \le F < N_p m$ 的要求，所以 $m_n = 3.0$ mm 為適宜的模數，可以取齒面寬 $F = 50$ mm。

大齒輪的齒數 N_g 可由下式求得

$$N_g = \frac{n_p}{n_g} N_p = \frac{1,160}{465}(18) = 44.90$$

若取 $N_g = 45$，則

$$n_g = \frac{18}{45}(1,160) = 464 \text{ rpm}$$

符合要求條件，故取 $N_g = 45$。

(2) 該螺旋齒輪對的接觸比

螺旋齒輪的橫向壓力角

$$\phi_t = \tan^{-1}\left(\frac{\tan\phi_n}{\cos\psi}\right) = \tan^{-1}\left(\frac{\tan 20°}{\cos 20°}\right) = 21.173°$$

$$L_C = \sqrt{(r_p + a)^2 - r_p^2\cos^2\phi_t} + \sqrt{(r_g + a)^2 - r_g^2\cos^2\phi_t} - C\sin\phi_t$$

$$= \sqrt{(27.24+3)^2 - 27.24^2\cos^2 21.173°} + \sqrt{(68.1+3)^2 - 68.1^2\cos^2 21.173°}$$

$$-95.34\sin 21.173°$$

$$= 13.95 \text{ mm}$$

所以

$$\gamma_t = \frac{L_C}{\pi m_t \cos\phi_t} = \frac{13.95}{\pi(3.19)\cos 21.173°} = 1.493$$

軸向接觸比

$$\gamma_a = \frac{F\sin\psi}{\pi m_n} = \frac{50\sin 20}{\pi(3.0)} = 1.81$$

因此，該螺旋齒輪對的接觸比

$$\gamma = \gamma_t + \gamma_a = 1.493 + 1.814 = 3.307$$

表面持久強度

與抗彎強度相似，依表面持久強度設計螺旋齒輪時，依然是由針對螺旋齒輪的等效正齒輪著手，因此首先由

$$\sigma_H = -C_p\sqrt{\frac{W_n}{C_v F_n d_e I}} \tag{d}$$

式中 d_e 為螺旋齒輪的等效節圓直徑，C_v 為速度因數，仍依 (10-6) 式至 (10-9) 式計算，其餘符號代表的意義，與本章先前賦予的意義相同。

依前一小節中螺旋齒輪依抗彎強度設計時，求法模數近似值公式相同的推導方式，可得

$$m_n = \left[\frac{2C_p^2 T \cos^2 \psi}{\beta C_v \sigma_H^2 N_p^2 I} \right]^{\frac{1}{3}} \tag{10-61}$$

此式可用於考量表面持久強度設計螺旋齒輪時，估算螺旋齒輪法模數之近似值。至於所得模數值是否適宜，仍應以符合 (10-58) 式螺旋齒輪齒面寬 F 的範圍為判斷的準繩。

範例 10-8

若範例 10-7 的齒輪對改依耐磨耗模式設計，小齒輪材料選用 AGMA 的 grade 1 級鋼料，輪齒採穿透硬化，硬度為 300 H_B。大齒輪以可鍛鑄鐵製造，齒面硬化至 240 H_B，齒輪以滾齒法製成。試為該齒輪對選擇適合的模數。

解： 由於小齒輪為鋼質，大齒輪為可鍛鑄鐵製成，由表 10-10 可查得彈性係數 C_p = 181 GPa。小齒輪硬度為 300 H_B，由表 10-11 可求得容許表面接觸應力約為 $\sigma_H = 630$ MPa。因為齒數比 $m_G = 3$，所以

$$I = \frac{\cos\phi_n \sin\phi_n}{2} \frac{m_G}{m_G + 1} = \frac{\cos 20^\circ \sin 20^\circ}{2} \frac{3}{3+1} = 0.1205$$

因小齒輪齒數 $N = 18$，並假設 $C_v = 0.58$，由範例 10-7 可知 $\beta = 14.86$，故

$$m_n = \left[\frac{2C_p^2 T \cos^2 \phi}{\beta C_v \sigma_H^2 N^2 I} \right]^{\frac{1}{3}} = \left[\frac{2(181)^2 (164,655) \cos^2 20^\circ}{14.86(0.58)(630)^2 (18)^2 (0.1205)} \right]^{\frac{1}{3}} = 4.14$$

取 $m_n = 4$ mm，則 $d_p = N_p(m_n/\cos\psi) = 18(4.0/\cos 20^\circ) = 76.62$ mm，$v_p = 4.654$ m/s，且動態因數

$$C_v = \frac{6.1}{6.1 + v_p} = \frac{6.1}{6.1 + 4.654} = 0.567$$

因為

$$1.15\, p_x = \frac{1.15\pi m_n}{\sin\psi} = \frac{1.15\pi(4.0)}{\sin 20^\circ} = 42.25 \text{ mm}$$

且由

$$F=\frac{2C_p^2T}{C_v\sigma_H^2d_p^2I}=\frac{(2)(181)^2(164,655)}{(0.567)(630)^2(76.62)^2(0.1205)}=67.77\text{ mm}$$

取 $F = 70$ mm。由於齒面寬 1.15 $p_x \le F \le d_p$，所以該螺旋齒輪的法向模數可以取 $m_n = 4$ mm。但最好如範例 10-6，再核驗輪齒的表面接觸應力是否低於容許接觸應力，以決定應有的齒面寬。尤其當兩齒輪的材質不相同時。

10.11　齒輪材料

齒輪通常以鋼、可鍛鑄鐵與球墨鑄鐵、青銅或酣樹脂等材料製成。近年來已經成功地製成尼龍、鐵弗龍、鈦及燒結鐵質的齒輪。由於有多種不同材質可以用於製造齒輪，使設計者得以選擇最適當的材料以滿足任何特殊要求，例如高強度、長磨耗壽命、運轉安靜或高可信度等。

由於鋼兼具高強度及低成本的特點，在許多應用中成為唯一合適的材料。需要經淬火及回火處理的齒輪，常使用含碳量在 0.4% 到 0.6% 點之間的鋼材。若需經表面硬化處理，則使用含碳量 0.2% 點或更少的鋼材。心部與表面的性質通常需要加以考慮。以合金鋼製造齒輪可以獲得高強度與表面硬度，縮小整個傳動裝置所需的空間，但相對地必須付出較高的成本。常用的碳鋼與合金鋼有：

AISI 1020	AISI 1040	AISI 1050
AISI 3140	AISI 4140	AIAI 4150
AISI 4340	AISI 6150	AISI 8650

鑄鐵的耐磨耗性很好，是極佳的齒輪材料。它容易鑄造、切削，傳動時較鋼更為安靜。常作為齒輪材料的鑄鐵有灰鑄鐵、球墨鑄鐵與可鍛鑄鐵三種，表 10-14 列出這些鑄鐵的容許彎應力與容許接觸應力。由於灰鑄鐵屬於脆性材料，不

表 10-14 鑄鐵與青銅齒輪的容許應力值

材料名稱	表面硬度 H_B	容許彎應力 MPa	容許接觸應力 MPa
灰鑄鐵 ASTM A48			
Class 20	—	35	340
Class 30	175	59	450
Class 40	200	90	520
球狀延性鑄鐵 ASTM A536			
60-14-18	140	150	530
80-55-06	180	150	530
100-70-03	230	180	630
200-90-02	270	210	710
可鍛鑄鐵 ASTM A220			
45007	165	70	500
50005	180	90	540
53007	195	110	570
錫青銅 UNS NO.90070 $S_{ut}\|_{min} = 275$ MPa		40	200
鋁青銅 UNS NO.95400 ALB3 $S_{ut}\|_{min} = 620$ MPa		160	450

適合用於負荷具有衝擊性的場合。

青銅具有良好的耐蝕性與耐磨性，而且摩擦係數低，使它成為極佳的齒輪材料，在腐蝕環境中使用的齒輪通常以青銅製造。此外，使用於像是蝸桿齒輪等有高相對滑動速度的應用場合，也能有效地減少磨擦及磨耗。青銅質的齒輪多數採鑄造的方式製成，但市售品則多屬鍛造品，其硬度約在 70 至 85 Bhn 之間。表 10-14 也列出了青銅的容許彎應力與容許接觸應力。

為獲得最大的負荷承載能力 (load-carrying capacity)，常使用非金屬質的齒輪與鋼質或鑄鐵質的齒輪配對。為了保證有良好的耐磨性，金屬齒輪的硬度至少為

300 Bhn。即使由於彈性模數小、強度較差，但非金屬齒輪的負載能力，約略與良質鑄鐵或軟鋼質的齒輪相等。低彈性模數使非金屬齒輪能吸收輪齒誤差引起的振動，減少動力負荷導致的不良效應。非金屬齒輪也具有能在邊界潤滑的情況下，運轉良好的重大優點。

若承受的負荷不大，且要求質輕、運轉安靜、低摩擦、耐蝕、耐磨耗，則塑膠材料是最佳的齒輪材料。塑膠齒輪多以模造成型，無須另外加工，因此製造成本低廉。常用的塑膠齒輪材料有酚樹脂、聚硫化苯、聚碳酸脂、聚酯、尼龍、聚胺甲酸酯、聚亞醯胺等。

10.12　齒輪的成形

有許多方法可以完成輪齒成形的工作，例如：砂模鑄造 (sand casting)、殼模製造 (shell casting)、包模鑄造 (investment casting)、金屬模鑄造 (per-manent -mold casting)、壓鑄 (die casting) 及離心鑄造 (centrifugal casting) 等。輪齒成形也可採用粉末冶金 (powder-metallurgy) 程序或使用擠壓成形 (extrusion)，先形成棒材，然後切片而成為齒輪。承受的負荷與其大小之比值大的齒輪，通常以成形刀具 (form cutter) 或創生刀具 (generation cutter) 切製而成。創生法係以形狀與齒廓不同的刀具，與齒輪的模胚作相對運動而形成輪齒，圖 10-10 列出 4 種輪齒的成形刀具。

圖 10-10　輪齒成形刀具

最新且最具前途的輪齒成形方法稱為冷作成形 (cold forming) 或冷軋 (cold rolling) 法，此法以模具對鋼質模胚滾軋形成輪齒。金屬的機械性質由於經滾軋程序獲得大幅改善，從而獲得高品質的創生齒廓。

輪齒也可以採用銑製 (milling)、刨削 (shaping) 或滾齒 (hobbing) 等方法製成。並可採用剃刨 (shaving)、擦光 (burrnishing)、研磨 (grinding) 及擦準 (lapping) 等方法進行齒廓精製。

銑製

齒輪的輪齒可藉成形銑刀銑出齒間。理論上，這種方法需以不同的刀具來製作不同的齒輪。因為，例如，25 齒的齒輪與 24 齒的齒輪，其齒間的形狀並不相同。然而實際上齒間的變化並不大，而且已經知道由 12 齒至齒條的範圍內，僅需要八具銑刀，即足以銑出相當精確的任意齒數的齒輪。當然，每一模數的輪齒都需要有與其對應的刀具組。

刨削

輪齒能以小齒輪或齒條為刀具以創生法製作。小齒輪刀具 (pinion cutter) [圖 10-11(a), (b)] 沿垂直軸作往復運動，並緩緩地向齒輪模胚進給至必要的深度。每完成一次切削衝程兩節圓將相切，此時刀具及模胚都須稍作旋轉。因為刀具的每一輪齒都是切削刀具，當模胚完成一個迴轉後，輪齒即告切削完成。

漸開線齒條的輪齒兩側都呈直線，使齒條創生刀具 (rack generation tool) 提供了精確的輪齒切削法。這也是一種刨削作業，說明於圖 10-11(c)。作業時，刀具作往返運動先向齒輪胚模進給，直到節圓相切。然後，在每次切削行程後，齒輪胚模及刀具在其節圓略作旋轉。當齒輪模胚旋轉了等於一個周節的距離時，刀具即回到起點，這種程序將會持續至所有輪齒都切削完成為止。

滾齒

滾齒程序說明如圖 10-12，滾齒刀只是形狀類似蝸桿的刀具，其輪齒有如齒

(a)　側削輪齒

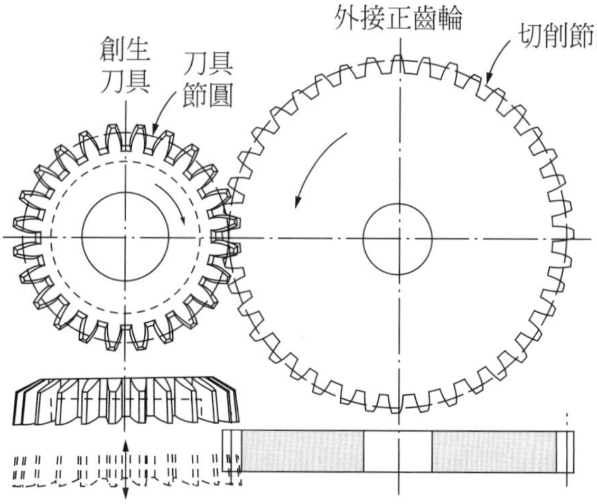

(b) Fellows 輪齒創生法

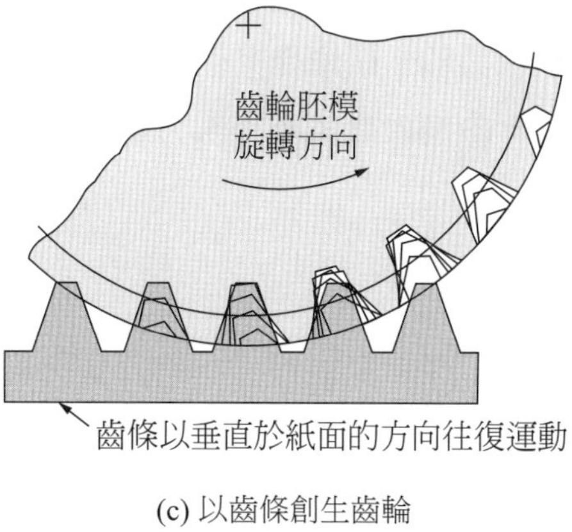

(c) 以齒條創生齒輪

圖 10-11

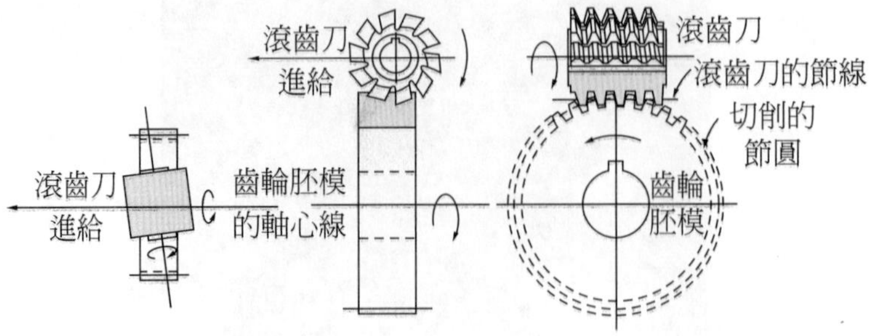

圖 10-12 以滾齒刀產生正齒輪

條，兩邊呈直線，但為了切削正齒輪的輪齒，滾齒的軸線必須經由一個導角作旋轉。由於這個緣故，使用滾齒刀滾銑而成的輪齒，其齒形與以齒條創生產成者略有不同。滾齒刀具與胚模必須以精確的角-速比 (angular-velocity ratio) 旋轉。然後，滾銑刀具緩慢地進給，橫過胚模表面，直到所有的輪齒切削完畢為止。

精製

高速旋轉及傳遞大負荷的齒輪，若輪齒廓有誤差，將承受額外的動態負荷。這些誤差可經由齒廓的精製而稍微減小。輪齒切成之後也許會以剃刨、擦光的方式精製。有許多剃刨機械可用於削除微量金屬，使輪齒精度維持於 75 μm 的限值內。擦光與剃刨相似，使用於已完成切削，而仍未熱處理的齒輪。擦光時以輪齒微量大於標準輪齒的硬化齒輪與齒輪嚙合，直到表面光滑為止。研磨與擦準則使用於已熱處理後的硬化齒輪。研磨作業係利用創生原理 (generating principle) 來產生非常精確的齒輪。在擦準作業，輪齒與刀具沿著軸向滑動，使整個輪齒表面能均勻地磨耗。

習　題

1. 某銑床的傳動機構需要一對驅動齒輪，其輸入軸轉速為 1,160 rpm，輸出軸轉速則在 485~495 rpm 之間。若該對齒輪所傳遞的功率為 10 kW，小齒輪的材質將採用 AGMA grade 2 的鋼材，其容許彎應力 $\sigma_b = 500$ MPa，硬度 $H_B = 350$。齒輪為壓力角 $\phi = 20°$ 的標準齒正齒輪，齒面經過精密研磨。試求 (a) 不發生干涉的最少齒數；(b) 若小齒輪的齒數取 $N_p = 19$，則大齒輪的齒數 N_g 為若干？輸出軸的轉速為若干。若依齒面的抗彎強度選擇輪齒的模數時，試求 (c) 齒輪的模數；(d) 接觸比；(e) 齒輪的齒面寬。

2. 問題 1 中，若輪齒的品質數 $Q_v = 9$，試以 AGMA 的彎應力計算式，計算輪齒的彎應力。

3. 問題 1 的齒輪若改以考量耐彎曲疲勞失效來設計時，壽命要求達 5×10^6 次應力循環的可靠度為 90%，試求齒輪的模數。

4. 問題 1 中，大齒輪以鑄鋼製作，硬度為 $H_B = 300$，現在若改由考量輪齒的表面持久性設計，要求安全因數為 2.0 時，試求適合的輪齒模數。

5. 問題 4 所得的齒輪，若要求壽命達 5×10^6 次應力循環的可靠度為 99% 時，試求其安全因數。

6. 問題 1 中使用的齒輪，改以法向壓力角 $\phi_n = 20°$，螺旋角 $\psi = 20°$ 的螺旋齒輪取代，試求螺旋齒輪之 (a) 虛正齒輪的齒數；(b) 齒輪的模數；(c) 齒輪的齒面寬；(d) 齒輪運轉時的接觸比。

7. 試以法壓力角 $\phi_n = 20°$，螺旋角 $\psi = 20°$ 的螺旋齒輪，重解問題 2。

8. 試以法壓力角 $\phi_n = 20°$，螺旋角 $\psi = 20°$ 的螺旋齒輪，重解問題 3。

9. 試以法壓力角 $\phi_n = 20°$，螺旋角 $\psi = 20°$ 的螺旋齒輪，重解問題 4。

10. 試以法壓力角 $\phi_n = 20°$，螺旋角 $\psi = 20°$ 的螺旋齒輪，重解問題 5。

11. 試以法壓力角 $\phi_n = 20°$，螺旋角 $\psi = 20°$ 的螺旋齒輪，重解問題 6。

12. 某吊車的減速機構中需要一對正齒輪，其輸入軸連結的電動機轉速為 1,755 rpm，功率為 7.5 kW，經該對齒輪減速後，大齒輪軸的轉速為 450 rpm。若鋼質小齒輪的表面硬度擬處理至 240 HB，可鍛鑄鐵質的大齒輪表面硬度擬處理至 200 HB。若該齒輪對要求於可信度 99.9% 的情況下，能擁有 $5(10^7)$ 次迴轉的壽命，試分別依 (a) 耐彎曲疲勞；及 (b) 表面疲勞的考量，設計該對齒輪，並計算其接觸比為若干？

13. 若問題 12 的齒輪對改採法壓力角 $\phi_n = 20°$，螺旋角 $\psi = 23°$ 的螺旋齒輪，試重新設計該對齒輪。

14. 若問題 12 的齒輪對由於動力計算的疏失，實際上必須傳遞的功率為 8 kW，若其他的條件不變，試問所得的齒輪估計預期有多少迴轉的壽命？

15. 若問題 13 的螺旋齒輪對由於動力計算的疏失，實際上必須傳遞的功率為 8 kW，若其他的條件不變，試問所得的齒輪估計預期能有多少迴轉的壽命？

16. 問題 1 的齒輪若從耐彎曲疲勞失效考量設計，要求不發生疲勞失效的安全因數為 1.6 時，試以疲勞強度修正法的方法求該正齒輪的模數。

17. 若問題 3 的齒輪改為法向壓力角 $\phi_n = 20°$，螺旋角 $\psi_n = 20°$ 的螺旋齒輪，要求不發生彎曲疲勞失效的安全因數為 1.6 時，試以疲勞強度修正法的方法求該螺旋齒輪應有的模數 m_n。

18. 問題 1 的齒輪若從耐彎曲疲勞失效考量設計時，試以疲勞強度修正法的方法求該齒輪的模數。

19. 若問題 16 所得的齒輪，改從表面持久度考量，試求其安全因數。若安全因數小於 1，試以 AGMA 的方法估計其可能的運轉壽命。

20. 若問題 17 所得的齒輪，改從表面持久度考量，試求其安全因數。若安全因數小於 1，試以 AGMA 的方法估計其可能的運轉壽命。

21. 若問題 18 所得的齒輪，改從表面持久度考量，試求其安全因數，若安全因數小於 1 ，試以 AGMA 的方法估計其可能的運轉壽命。

Chapter 11

撓性傳動設計

11.1 引言

皮帶與鏈條是撓性傳動元件的代表，為兩軸的軸間距離較大、傳動負荷有較大的瞬間變化等，不適合以齒輪傳動時的理想傳動元件。與齒輪傳動比較，它們具有傳動較安靜且成本較低等優點，是非常普遍的傳動元件。本章即以應用較廣泛的窄邊三角皮帶與滾子鏈條的傳動設計為討論的對象。

11.2 傳動皮帶的種類及其優點

常用的傳動皮帶有平皮帶、三角皮帶、窄邊三角皮帶、連帶型皮帶及定時皮帶等，底下是這幾種傳動皮帶的概述。

1. 平皮帶 (flat belt)：見圖 11-1(a)，通常以纖維編織物被覆皮革或橡膠製成。高速時傳動效率高達 98%，不亞於齒輪；傳動時的噪音大於其他型式的傳動皮帶；吸收系統扭矩波動的能力較其他皮帶更佳；可用於非平行軸的傳動。由於皮帶輪表面光滑，傳動扭矩高於某限定值時皮帶即發生滑動，故常用於較精巧的機械，以獲得過負荷時保護機械的功能。

2. 三角皮帶 (V_type belt)：見圖 11-1(b)，一般以人造纖維或鋼質纖維被覆強固的橡膠化合物製成，其楔型剖面有助於摩擦力的提升。已規格化且有多種剖面尺寸及長度可供應用條件不同時選擇；由於拉力產生的伸長量較平皮帶小，可同時使用多條皮帶以傳動較大的動力。

3. 窄邊三角皮帶 (wedge type belt)：剖面與三角皮帶相似，但比較狹窄，具有小

(a) (b) (c) (d) (e)

圖 11-1 常用的傳動皮帶型式

型化、傳動功率大、耐熱、耐油、耐靜電及可在較高速迴轉下傳動等優點，通常以 3V、5V、8V 標示其規格。見圖 11-1(c)。

4. 連帶型皮帶 (banded belt)：見圖 11-1(d)，多條三角皮帶彼此相連接，長度齊一、平衡性與耐衝擊性均較佳，傳動時震動較小，用於較大的軸心距離。

5. 定時皮帶 (timing belt)：見圖 11-1(e)，通常以人造纖維或鋼質纖維織成的弦線被覆強固的橡膠化合物製成。具有鼓起的齒型以與帶輪的齒槽嚙合，不會產生大伸長和滑動，可在固定的轉速比下傳輸高功率；不必設定初張力且可使用固定的中心距；適用速度範圍甚廣，幾乎可在任何速度下運轉。

三角皮帶曾是工業上使用最普遍的傳動皮帶，但目前窄邊三角皮帶已經逐漸取代三角皮帶成為業界最泛用的傳動皮帶。底下即就窄邊三角皮帶的傳動設計程序加以說明。

三角皮帶的傳動特點

由於三角皮帶傳動是目前工業界廣泛使用的傳動方式，必須對它傳動的特性有充分的認識，才能將它用於最適合的狀況。

下列各項即為一般楔形剖面皮帶傳動的特性：

1. 藉摩擦力傳動，因此不能保證有固定的轉速比。

2. 適用於負荷瞬間變化很大的機械，如沖床、碎石機等的傳動。

3. 單位皮帶的傳動能力隨著皮帶線速度增加而提高，但由於皮帶輪多以鑄鐵鑄成，鑄鐵的容許拉應力成為限制皮帶線速度的主要因素。三角皮帶的線速度不宜超過 30 m/s，窄邊三角皮帶的線速度則可高至 33 m/s。

4. 適用於較高速及較大軸心距間的傳動。

5. 使用時通常使緊邊在下方，鬆邊在上方。

6. 需要有初拉力，使軸承受額外的徑向負荷，對軸與軸承的設計不利。

7. 除調緊之外不需要潤滑，所需維護工作不多，維護費用低廉。

8. 傳動時噪音甚低。

9. 會因潮濕與油污而降低傳動效率，較不適合在高溫或油膩的場合中傳動。

10. 可同時使用多條皮帶以傳遞較大的動力，但更換時必須同時更換，且同時使用多條皮帶傳動需要較寬的皮帶輪，將增加軸與軸承的負荷，所以同時使用太多條皮帶傳動並不適當。

11.3 三角皮帶傳動設計的程序

不論是普通的三角皮帶或窄邊三角皮帶的傳動設計，其應決定的項目與設計的過程都相同。所需決定的項目有皮帶的規格，含皮帶的剖面型式、長度的標示號碼，所需數量及兩軸間的軸間距離。皮帶輪帶槽的尺寸通常可自廠商的產品型錄中查得，至於皮帶輪的各部尺寸應如何決定則留待稍後再作介紹。

從設計條件到獲得上述各項數據資料必須經歷七個步驟，以下將逐一介紹每個步驟所做的工作，及進行設計時所需的資料。

1. 計算設計功率 L_d

相同的機械如果在不同使用條件下運轉，設計所依據的數據理應不同。為了考慮此種使用條件不同所造成的差異，設計時依據的功率，不應該是該機械驅動功率，而應該依據以 (11-1) 式定義的設計功率

$$L_d \text{ (設計功率)} = L^* \text{ (驅動功率)} \times SF \text{ (使用因數)} \tag{11-1}$$

藉定義設計功率，以不同的使用因數值涵蓋各種不同的使用條件。使用因數值的大小視動力源、從動機械類別與每日使用時數的多寡加以區分，然後自表 11-1 中選取適宜的值。驅動功率是驅動從動機械所需的功率，與採用為動力源之電動機的額定功率不盡相同，一般電動機依一定的規格生產，從動機械的驅動功率不一定剛好與生產的規格相符，因此採用為動力源之電動機的額定功率值應大於驅動功率。

表 11-1　三角皮帶使用因數表

	交流馬達：正常扭矩、鼠籠式、同步與分相 直流馬達：分繞 引擎：多缸內燃機			交流馬達：高扭矩、高滑動、感應、單相、串繞與滑環 直流馬達：串繞、複繞 引擎：單缸內燃機		
每天使用時數	3~5	8~10	16~24	3~5	8~10	16~24
液體攪拌器、鼓風機及氣體排放機、離心泵與壓縮機、10 hp 以下的風扇、輕型輸送器	1.0	1.1	1.2	1.1	1.2	1.3
輸送砂石、穀粒等的皮帶輸送機、和麵機、10 hp 以上的風扇、發電機、總軸、洗衣機、工具機、衝孔機、壓床、剪床、印刷機、正排量旋轉式泵、旋轉與振動篩	1.1	1.2	1.3	1.2	1.3	1.4
製磚機、箕式升降機、勵磁機、活塞式壓縮機、輸送機(牽引、盤、螺旋)、鎚式碎石機、擣紙機、活塞式泵、正排量鼓風機、碎煤機、鋸木機與木工機械、針織機	1.2	1.3	1.4	1.4	1.5	1.6
軋碎機：迴轉、顎式、鎚式粉碎機、起重機、橡皮滾壓機、擠製機、磨粉機	1.3	1.4	1.5	1.5	1.6	1.8

2. 選擇皮帶剖面型式

選擇皮帶剖面型式依據設計功率與較速軸的轉速值 (rpm)，藉助圖 11-2，自橫座標上取得設計功率值的位置，再於縱座標上取得較速軸轉速值的位置，然後自這兩個點繪製與各軸垂直的直線，則這兩直線之交點所處區域的標示字母，即代表適用之窄邊三角皮帶的剖面的標示字母。

3. 決定皮帶輪直徑

由於較高的皮帶線速度可提高皮帶的傳動能力，且皮帶輪直徑太小時，皮帶繞

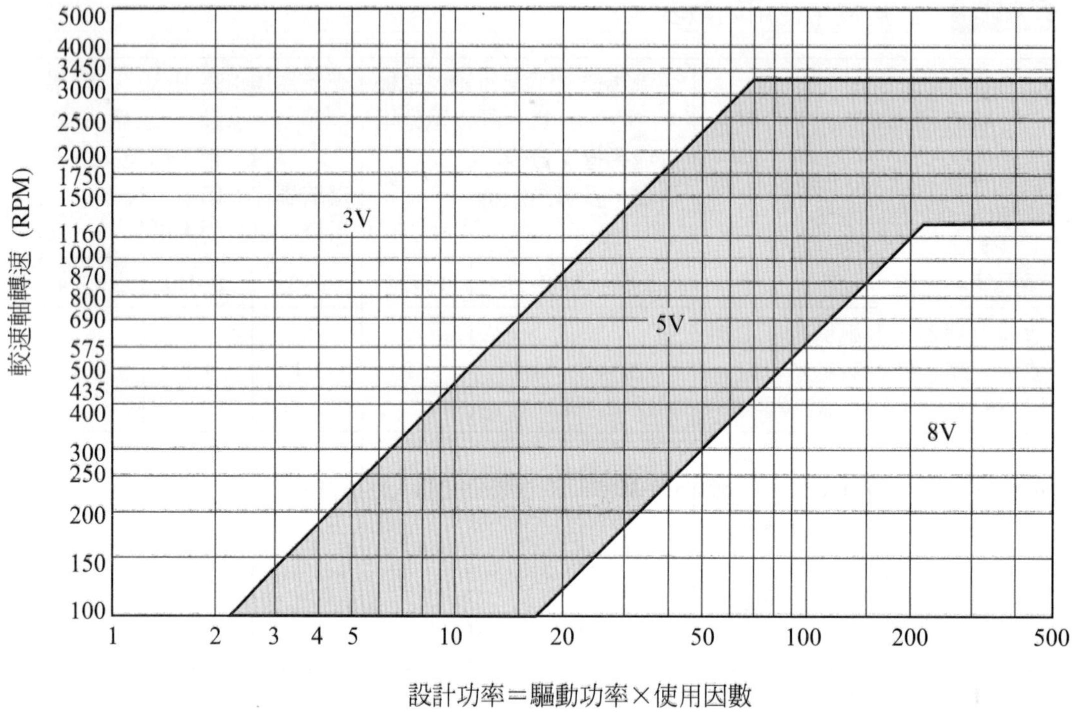

圖 11-2　窄邊三角皮帶剖面選擇圖

過帶輪將承受很大的彎應力，易導致皮帶壽命急劇地縮短，似乎較大的皮帶輪對皮帶傳動較為有利；但高轉速比時，使用直徑較大的小皮帶輪，將導致大皮帶輪直徑大增，不但影響軸與軸承的設計，且使所需的皮帶增長，將提高成本。所以，決定皮帶輪直徑前，應以轉速比 n_r 作為選擇小皮帶輪直徑的參考，再依表 11-2 選定小皮帶輪外直徑 d，表中各型皮帶之最小皮帶輪直徑，為該型皮帶容許使用的最小皮帶輪直徑。決定小皮帶輪直徑後，計算大皮帶輪的外直徑 D 為

$$D = d \times n_r \tag{11-2}$$

4. 確定所需皮帶的長度

窄邊三角皮帶的規格編碼是以皮帶節線長度 (單位為 in) 乘以 10 表示，皮帶的節線長 L_p 以下式計算之

表 11-2　小皮帶輪外直徑的推薦值

	3V	5V	8V
小皮帶輪外直徑推薦值	—	180	315
	67	190	335
	71	200	355
	75	212	375
	80	224	400
	90	236	425
	100	250	450
	112	280	475
	125	315	500
	140	350	560
	160	400	630
	180	450	710
	200	500	800
	250	630	1000
	315	800	1250
	400	1000	1600
	500	1250	—
	630	—	—

$$L_p = 2C + 1.57(D_p + d_p) + \frac{(D_p - d_p)^2}{4C} \tag{11-3}$$

式中 C 標示兩傳動軸的軸間距離，若空間不受限制時，其值通常大多取在 $D_p < C + 2(D_p + d_p)$ 間，D_p 與 d_p 分別為大、小皮帶輪的節直徑 (pitch diameter) D_p 與 d_p 的值，由 D 與 d 減去由表 11-3 中找出的皮帶輪外直徑與節直徑間的差值而得，即

$$d_p = d - \Delta d \quad \text{及} \quad D_p = D - \Delta d \tag{11-4}$$

(11-3) 式所得的皮帶節線長度，不一定為皮帶的標準規格長度，因此，需從製造商的產品型錄中找出合適的規格。因規格長度不等於原來的計算長度，使得實際的軸間距離 C 也得依下式加以修正

表 11-3 皮帶節直徑與外直徑的差值表 (mm)

剖面型式	3V	5V	8V
外直徑－節直徑＝	1.2	2.6	5.0

$$C=\frac{1}{4}\left(B+\sqrt{B^2-2(D_p-d_p)^2}\right) \tag{11-5}$$

式中 $B=L_p-1.57\times(D_p+d_p)$。

至於皮帶與小皮帶輪的包覆角 θ_1 的大小，則可由 (11-6) 式求得，其值不應小於 120°

$$\theta_1=180^\circ-2\sin^{-1}\left(\frac{D_p-d_p}{2C}\right) \tag{11-6}$$

5. 求單一皮帶的標準額定傳動功率

單一皮帶的標準額定傳動功率，除了基本額定功率 L_b 外，其額定功率中，尚含轉速比補償功率 L_a 一項，即單一皮帶的標準額定傳動功率 L_r 為

$$L_r=L_b+L_a \tag{11-7}$$

窄邊三角皮帶的額定傳動功率值隨皮帶的線速度而變，速度愈高傳動功率也隨之提高，皮帶線速度的速限應向製造商諮詢。每條窄邊三角皮帶的額定傳動功率，可由表 11-4 (摘自日商 Mitsubishi 的型錄) 查出，表中最左邊一列的數字為較速軸的轉速，單位為 rpm，最上方一行中的數字為較速皮帶輪的節圓直徑值，其單位為 mm，由較速軸的轉速與較速皮帶輪節圓直徑所決定的數字為每條窄邊三角皮帶的基本傳動功率，其單位為 PS，1 PS = 0.7356 kW。

6. 計算每條皮帶的實際傳動容量

由於傳動受轉速比及皮帶長度的影響，因此每條皮帶的實際傳動容量，仍須以下式修正

$$L=k_\theta\times k_l\times L_r \tag{11-8}$$

表 11-4 窄邊三角皮帶的額定傳動功率

3V 剖面　　　　基本額定功率　(**PS**)

較速軸的轉速	對應於皮帶線速度每條皮帶的基本額定傳動功率											
	67	**71**	**75**	**80**	**90**	**100**	**112**	**125**	**140**	**160**	**180**	**200**
725	0.85	0.99	1.12	1.29	1.61	1.94	2.33	2.74	3.22	3.84	4.46	5.07
870	0.99	1.15	1.30	1.50	1.89	2.27	2.73	3.28	3.78	4.52	5.24	5.96
950	1.06	1.23	1.40	1.61	2.04	2.45	2.95	3.48	4.08	4.88	5.66	6.44
1160	1.24	1.45	1.65	1.91	2.41	2.91	3.51	4.14	4.86	5.81	6.74	7.65
1425	1.45	1.71	1.95	2.26	2.87	3.47	4.18	4.94	5.80	6.93	8.03	9.11
1750	1.71	2.01	2.30	2.67	3.40	4.12	4.97	5.88	6.90	8.23	9.51	10.80
2850	2.42	2.88	3.33	3.89	5.00	6.07	7.32	8.63	10.10	11.90	13.60	15.10
3450	2.74	3.27	3.80	4.46	5.73	6.97	8.39	9.85	11.40	13.40	15.00	16.40
1000	1.10	1.28	1.46	1.69	2.13	2.56	3.08	3.64	4.27	5.11	5.92	6.73
2000	1.89	2.22	2.56	2.97	3.79	4.60	5.55	6.56	7.69	9.16	10.60	11.90
3000	2.51	2.98	3.46	4.04	5.19	6.31	7.61	8.96	10.40	12.30	14.00	15.50
4000	2.98	3.59	4.18	4.91	6.32	7.67	9.21	10.80	12.40	14.30	15.80	
5000	3.32	4.02	4.71	5.55	7.15	8.64	10.30	11.80	13.40			

較速軸的轉速	因轉速比每條皮帶增添的功率									
	1.00 至 **1.01**	**1.02** 至 **1.05**	**1.06** 至 **1.11**	**1.12** 至 **1.18**	**1.19** 至 **1.26**	**1.27** 至 **1.38**	**1.39** 至 **1.57**	**1.58** 至 **1.94**	**1.95** 至 **3.38**	**3.39** 以上
725	0	0.01	0.04	0.07	0.09	0.11	0.13	0.15	0.16	0.17
870	0	0.02	0.05	0.08	0.11	0.14	0.16	0.18	0.19	0.21
950	0	0.02	0.05	0.09	0.12	0.15	0.17	0.19	0.21	0.22
1160	0	0.02	0.06	0.11	0.15	0.18	0.21	0.24	0.26	0.27
1425	0	0.03	0.08	0.13	0.18	0.22	0.26	0.29	0.32	0.34
1750	0	0.03	0.09	0.16	0.22	0.27	0.32	0.36	0.39	0.41
2850	0	0.06	0.15	0.27	0.37	0.44	0.52	0.58	0.64	0.67
3450	0	0.07	0.19	0.32	0.44	0.54	0.63	0.71	0.77	0.81
1000	0	0.02	0.05	0.09	0.13	0.16	0.18	0.20	0.22	0.24
2000	0	0.04	0.11	0.19	0.26	0.31	0.36	0.41	0.45	0.47
3000	0	0.06	0.16	0.28	0.38	0.47	0.55	0.61	0.67	0.71
4000	0	0.08	0.22	0.38	0.51	0.62	0.73	0.82	0.89	0.94
5000	0	0.10	0.27	0.47	0.64	0.78	0.91	1.02	1.11	1.18

表 11-4 窄邊三角皮帶的額定傳動功率 (續)

5V 剖面 基本額定功率 (PS)

較速軸的轉速	對應於皮帶線速度每條皮帶的基本額定傳動功率											
	180	**190**	**200**	**212**	**224**	**236**	**250**	**280**	**315**	**355**	**400**	**450**
575	7.29	8.02	8.75	9.62	10.50	11.30	12.30	14.50	16.90	19.60	22.60	25.90
690	8.52	9.38	10.20	11.30	12.30	13.30	14.50	16.90	19.80	23.00	26.40	30.20
725	8.88	9.78	10.70	11.80	12.80	13.90	15.10	17.70	20.60	23.90	27.60	31.50
870	10.40	11.40	12.50	13.70	15.00	16.20	17.60	20.60	24.10	27.90	32.00	36.30
950	11.10	12.30	13.40	14.80	16.10	17.40	19.00	22.20	25.90	29.90	34.20	38.80
1160	13.10	14.50	15.80	17.40	19.00	20.50	22.30	26.10	30.30	34.80	39.60	44.60
1425	15.40	17.00	18.60	20.40	22.30	24.10	26.10	30.40	35.10	40.10	45.10	49.90
1750	17.90	19.70	21.60	23.70	25.80	27.80	30.10	34.80	39.80	44.80		
2850	23.50	25.80	28.00	30.50	32.70	34.80	36.90					
3450	24.40	26.60	28.60	30.70	32.40							
1000	11.60	12.80	14.00	15.40	16.80	18.20	19.80	23.10	26.90	31.10	35.60	40.30
2000	19.60	21.60	23.60	25.90	28.10	13.20	32.70	37.50	42.40			
3000	23.90	26.20	28.40	30.80	33.00							

較速軸的轉速	因轉速比每條皮帶增添的功率									
	1.00 至 **1.01**	**1.02** 至 **1.05**	**1.06** 至 **1.11**	**1.12** 至 **1.18**	**1.19** 至 **1.26**	**1.27** 至 **1.38**	**1.39** 至 **1.57**	**1.58** 至 **1.94**	**1.95** 至 **3.38**	**3.39** 以上
725	0	0.01	0.04	0.07	0.09	0.11	0.13	0.15	0.16	0.17
870	0	0.02	0.05	0.08	0.11	0.14	0.16	0.18	0.19	0.21
950	0	0.02	0.05	0.09	0.12	0.15	0.17	0.19	0.21	0.22
1160	0	0.02	0.06	0.11	0.15	0.18	0.21	0.24	0.26	0.27
1425	0	0.03	0.08	0.13	0.18	0.22	0.26	0.29	0.32	0.34
1750	0	0.03	0.09	0.16	0.22	0.27	0.32	0.36	0.39	0.41
2850	0	0.06	0.15	0.27	0.37	0.44	0.52	0.58	0.64	0.67
3450	0	0.07	0.19	0.32	0.44	0.54	0.63	0.71	0.77	0.81
1000	0	0.02	0.05	0.09	0.13	0.16	0.18	0.20	0.22	0.24
2000	0	0.04	0.11	0.19	0.26	0.31	0.36	0.41	0.45	0.47
3000	0	0.06	0.16	0.28	0.38	0.47	0.55	0.61	0.67	0.71
4000	0	0.08	0.22	0.38	0.51	0.62	0.73	0.82	0.89	0.94
5000	0	0.10	0.27	0.47	0.64	0.78	0.91	1.02	1.11	1.18

表 11-4　窄邊三角皮帶的額定傳動功率 (續)

8V 剖面　　　基本額定功率　**(PS)**

較速軸的轉速	對應於皮帶線速度每條皮帶的基本額定傳動功率											
	315	**335**	**355**	**375**	**400**	**425**	**450**	**475**	**500**	**560**	**630**	**710**
485	26.20	29.50	32.70	35.90	39.90	43.90	47.80	51.70	55.50	64.60	74.80	86.20
575	30.10	33.90	37.70	41.40	46.00	50.60	55.00	59.50	63.90	74.20	85.70	98.30
690	34.90	39.30	43.70	48.00	53.30	58.50	63.70	68.80	73.80	85.40	98.20	111.9
725	36.20	40.80	45.40	49.90	55.40	60.80	66.20	71.40	76.60	88.50	101.7	115.5
870	41.60	46.90	52.10	57.30	63.60	69.70	75.70	81.60	87.30	100.2	114.1	128.0
950	44.40	50.00	55.60	61.00	67.70	74.10	80.40	86.50	92.40	105.7	119.5	132.9
1160	50.70	57.10	63.40	69.50	76.80	83.90	90.60	97.00	103.0	116.0	128.3	
1425	56.80	63.90	70.70	77.20	84.80	91.90	98.50	104.4	109.7			
1750	61.00	68.30	75.10	81.30	88.20	94.20						
500	26.90	30.20	33.50	36.90	40.90	45.00	49.00	53.00	56.90	66.20	76.70	88.30
1000	46.00	51.80	57.60	63.20	70.10	76.70	83.10	89.30	95.30	108.7	122.3	135.2
1500	58.10	65.30	72.20	78.70	86.30	93.20	99.50	105.2	110.1			
2000	61.40	68.30	74.50	79.80								

較速軸的轉速	因轉速比每條皮帶增添的功率									
	1.00 至 **1.01**	**1.02** 至 **1.05**	**1.06** 至 **1.11**	**1.12** 至 **1.18**	**1.19** 至 **1.26**	**1.27** 至 **1.38**	**1.39** 至 **1.57**	**1.58** 至 **1.94**	**1.95** 至 **3.38**	**3.39** 以上
575	0	0.05	0.18	0.31	0.42	0.51	0.59	0.67	0.73	0.77
690	0	0.08	0.21	0.37	0.50	0.61	0.71	0.80	0.87	0.92
725	0	0.08	0.22	0.39	0.53	0.64	0.75	0.84	0.92	0.97
870	0	0.10	0.27	0.46	0.63	0.76	0.90	1.01	1.10	1.16
950	0	0.11	0.29	0.51	0.69	0.84	0.98	1.10	1.20	1.27
1160	0	0.13	0.35	0.62	0.84	1.02	1.19	1.34	1.46	1.55
1425	0	0.16	0.44	0.76	1.03	1.25	1.47	1.65	1.80	1.91
1750	0	0.20	0.54	0.93	1.27	1.54	1.80	2.03	2.21	2.34
2850	0	0.32	0.87	1.52	2.07	2.51	2.93	3.30	3.60	3.81
3450	0	0.39	1.05	1.84	2.50	3.03	3.55	4.00	4.36	4.61
1000	0	0.11	0.31	0.53	0.73	0.88	1.03	1.16	1.26	1.34
2000	0	0.22	0.61	1.07	1.45	1.76	2.06	2.32	2.52	2.67
3000	0	0.34	0.92	1.60	2.18	2.64	3.09	3.48	3.79	4.01

式中 k_θ = 皮帶包覆角修正因數

k_l = 皮帶長度修正因數

L = 每條皮帶實際傳動容量

k_l 值可依據皮帶的標示號碼，由表 11-5 中查得，k_θ 則於計算皮帶輪上的接觸

表 11-5 長度修正因數

標準皮帶號碼	修正因數 K_L			標準皮帶號碼	修正因數 K_L		
	3V	5V	8V		3V	5V	8V
250	0.83			1180	1.12	0.99	0.89
265	0.84			1250	1.13	1.00	0.90
280	0.85			1320	1.14	1.01	0.91
300	0.86			1400	1.15	1.02	0.92
315	0.87			1500		1.03	0.93
335	0.88			1600		1.04	0.94
355	0.89			1700		1.05	0.94
375	0.90			1800		1.06	0.95
400	0.92			1900		1.07	0.96
425	0.93			2000		1.08	0.97
450	0.94			2120		1.09	0.98
475	0.95			2240		1.09	0.98
500	0.96	0.85		2360		1.10	0.99
530	0.97	0.86		2500		1.11	1.00
560	0.98	0.87		2650		1.12	1.01
600	0.99	0.88		2800		1.13	1.02
630	1.00	0.89		3000		1.14	1.03
670	1.01	0.90		3150		1.15	1.03
710	1.02	0.91		3350		1.16	1.04
750	1.03	0.92		3550		1.17	1.05
800	1.04	0.93		3750			1.06
850	1.06	0.94		4000			1.07
900	1.07	0.95		4250			1.08
950	1.08	0.96		4500			1.09
1000	1.09	0.96	0.87	4750			1.09
1060	1.10	0.97	0.88	5000			1.10
1120	1.11	0.98	0.88				

表 11-6 接觸角修正因數

$\frac{D-d}{c}$	皮帶在小皮帶輪上的包覆角 θ (單位：度)	接觸角修正因數 k_0
0.00	180	1.00
0.10	174	0.99
0.20	169	0.97
0.30	163	0.96
0.40	157	0.94
0.50	151	0.93
0.60	145	0.91
0.70	139	0.89
0.80	133	0.87
0.90	127	0.85
1.00	120	0.82
1.10	113	0.80
1.20	106	0.77
1.30	99	0.73
1.40	91	0.70
1.50	83	0.65

角 θ 或 $(D-d)/C$ 之值後，由表 11-6 中查得。

7. 計算傳動所需的皮帶數量

$$N=\frac{L_d}{L} \tag{11-9}$$

所得商數值含小數時，均進位取整數值作為傳動所需的皮帶數量。

範例 11-1

某離心泵主軸轉速為 440 rpm，所需驅動功率為 10 kW，每日使用時數在 16 小時以上，擬以正常扭矩的 4 極交流馬達驅動，使用的電源為 220 V，60 Hz。試為此離心泵規劃合適的三角皮帶傳動。但小皮帶輪軸與馬達輸出軸以聯軸器聯結。

解：根據驅動機械為正常扭矩的交流馬達，從動機械為離心泵及每日使用時數可由表 11-1 得知使用因數 $SF = 1.2$，所以設計功率

$$L_d = 10 \times 1.2 = 12(\text{kW}) = 16(\text{hp}) = 16.3 \text{ ps}$$

小皮帶輪軸以聯軸器與馬達輸出軸聯結，因此與馬達輸出軸的轉速相同，即

$$n = \frac{1200 \times f}{p} \times (1-\varepsilon) = \frac{(1200)(60)}{4} \times (1-0.03) = 1,746 \text{ rpm}$$

以 n 與 L_d 可由圖 11-2 中尋得適合的三角皮帶為 3V 型的三角皮帶。由傳動的轉速比

$$n_r = \frac{1,746}{440} \approx 3.97$$

自表 11-2 選擇小皮帶輪外直徑 $d_o = 160$ mm，則大皮帶輪的節直徑 D_o 為

$$D_o = d_p \times n_r + 1.2 = (160 - 1.2) \times 3.97 + 1.2 \approx 632.0 \text{ mm}$$

若軸間距離為 C，取

$$C = (D_p + d_p) = (632.0 + 158.8) \approx 790 \text{ mm}$$

則皮帶的節線長可依 (11-3) 式計算求得為

$$L_p = (2)(790) + 1.57(632.0 + 158.8) + \frac{(632.0 - 158.8)^2}{(4)(790)}$$
$$= 2,891.0 \text{ mm} \approx 113.8 \text{ in}$$

可知皮帶長編碼可取為 1140，依此由表 11-5 中查得 $k_l = 1.113$。

然後以 (11-7) 式計算單一皮帶的額定功率，先由皮帶額定功率表 11-4 中以較速軸轉速與小皮帶輪的外徑，查得 $L_b = 8.23$ ps，以轉速比查得補償 $L_a = 0.41$ ps，所以額定功率為

$$L_r = 8.23 + 0.41 = 8.64\ \text{ps}$$

接下來求 k_θ 之值前必須先求得實際的兩軸中心距 C，由於

$$B = 114 \times 25.4 - 1.57 \times (632 + 158.6) = 1,654\ \text{mm}$$

由 (11-5) 式可得

$$C = \left(\frac{1}{4}\right) \times [1,654 + \sqrt{(1,654)^2 - 2 \times (632 - 158.8)^2}\,] = 791.6\ \text{mm}$$

因為

$$\frac{D_p - d_p}{C} = \frac{632 - 158.8}{791.6} = 0.598$$

然後由表 11-6 可查得皮帶接觸角修正因數 $k_\theta \approx 0.90$，所以

$$L = (0.90)(1.113)(8.64) = 8.655\ \text{ps}$$

最後，由 (11-8) 式可查得可求得傳動所需皮帶數 N

$$N = \frac{16.3}{8.655} = 1.88 \approx 2$$

於是可得設計結果如下：

皮帶規格：3V

皮帶號碼：1140

所需皮帶數：2

小皮帶輪外徑：63 mm

大皮帶輪外徑：160 mm

兩軸中心距：791.6 mm

窄邊三角皮帶的設計程序與軸心距離的計算式，和標準三角皮帶所使用者相似，只是所查詢的圖表不同。此類圖表可以向製造商索取，以作為設計時的參考。

11.4 鏈條傳動

傳動鏈條的種類與其特點

傳動鏈條 (power transmission chain) 主要用於傳遞功率，常用的傳動鏈條有下列三型：

1. 塊型鏈 (block chain)：傳動速率多在 4~4.5 m/s 之間。
2. 滾子鏈 (roller chain)：是使用最廣泛的傳動鏈條，傳動速率可高於前述鏈條，但也多在 10 m/s 以下。
3. 無聲鏈條 (silent chain)：又稱為倒齒鏈，傳動速率在 7.5~9 m/s 間，無聲鏈條的鏈板與鏈輪的鏈齒，在開始接觸與分離時，兩者間沒有相對滑動，使傳動圓滑而降低噪音。由於構造的緣故，無聲鏈條的銷子孔，不會因磨損而變大，而是鏈板因受拉而伸長，但鏈板變長後能自行調整它在鏈齒上的位置，仍維持傳動功能，一般的無聲鏈條的效率在 94~96% 之間，最高甚至可達 99%。

雖然傳動鏈條的型式頗多，但以下的各項敘述都是針對產業界使用最廣泛的滾子鏈條。

滾子鏈條傳動的特點：

1. 多使用於軸間距離與傳動功率較大，且需要固定轉速比的場合。
2. 屬於中低速的傳動元件，鏈條的線速率多在 10 m/s 以下。

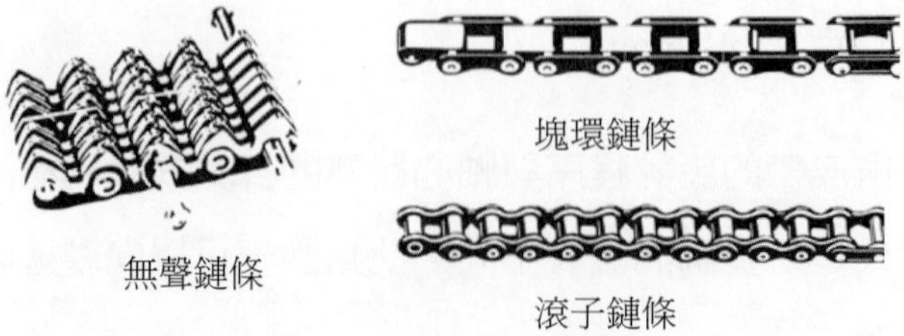

圖 11-3　常見的傳動鏈條

3. 使用時多使緊邊在上方，鬆邊在下方。
4. 由於不藉摩擦力傳動，安裝時不需初拉力，軸與軸承所承受的負荷較小。
5. 不會因為潮濕或高溫影響傳動的效率。
6. 因傳動時的多邊形效應，使負荷的傳遞呈現波動現象。
7. 傳動時鬆邊的張力幾近於零，因而有效傳動力高於皮帶傳動。
8. 在維護良好的情況下，傳動效率不下於齒輪傳動。
9. 傳動速率不均勻，易使鏈條有擺動的情形。
10. 製造成本與安裝精度的要求較高，需要定期維護。
11. 較適合水平的平行軸間的傳動，兩軸軸心的聯線與水平線間的夾角多維持在 60° 以下。
12. 對瞬間變化較大的負荷並不適用，需要其他的保護措施。

鏈條傳動設計應注意的事項

鏈條傳動也屬於撓性傳動，但並不是依賴摩擦力傳動，且鏈條的撓性來自鏈節間的相對轉動，不同於皮帶的撓性乃是來自本身的撓性。因此，雖然與皮帶傳動相似，也屬於撓性傳動，但設計上應注意的事項卻有相當的差異，以下各點就是設計鏈條傳動時應注意的事項：

1. 除非小鏈輪的轉速低於 100 rpm，負荷也不大，否則小鏈輪的齒數不宜少於 17 齒，而且應盡可能取奇數齒。
2. 單級傳動的減速比不宜高於 1：7。
3. 鏈條在小鏈輪上的接觸角不應小於 120°。
4. 大鏈輪的齒數不應多於 150 齒。
5. 軸間距可調時，軸間距離通常應在鏈條節距的 30 倍到 50 倍之間。
6. 鏈節的總節數以偶數為宜，鏈節的總節數 N_L 與小鏈輪齒數 Z_1、大鏈輪齒數 Z_2、以鏈節節數 N_c 表示的兩軸軸間距離如下：

$$N_L = 2N_c + \frac{1}{2}(Z_2 + Z_1) + \frac{(Z_2 - Z_1)^2}{4\pi^2 N_c} \tag{11-10}$$

通常所得的 N_L 值不會剛好是整數，一般都是取最接近的偶數值 N_L^*。且依據 N_L^* 決定的以鏈節節數表示的實際軸心距為

$$N_c^* = \frac{1}{4}\left\{N_L^* - \frac{1}{2}(Z_2 + Z_1) + \sqrt{[N_L^* - \frac{1}{2}(Z_1 + Z_2)]^2 - \frac{2}{\pi^2}(Z_2 - Z_1)^2}\right\} \tag{11-11}$$

7. 鏈條傳動時多使鬆邊在下方，緊邊在上方。

8. 鏈條傳動時需要潤滑，且依鏈條的傳動速率 v_p 的差異，潤滑方式可分成下列三種方式 (如圖 11-4)：

a. 以人工或滴油方式 (適用於 $v_p < 3.3$ m/s)：以人工用油刷至少每 8 小時刷一次，或以油杯滴油將油直接滴於鏈板上。

b. 油池或油盤方式 (適用於 3.3 m/s $< v_p <$ 7.5 m/s)：使鏈條通過儲油槽，或使用油盤激起潤滑油使之飛濺於鏈板上而達成潤滑效果。

c. 噴油潤滑 (適用於 $v_p > 7.5$ m/s)：使用油泵持續地將油噴於下方鏈條的鏈板上以達到潤滑的效果。

9. 傳遞相同的功率時，若使用鏈節較小與列數較多的鏈條，可以使傳動更安靜；使用鏈節較大的單一列數鏈條，則通常成本較低，重量也較輕。

10. 鏈輪有較多齒數時，傳動較平穩也可以減低磨耗。

滾子鏈條的功率容量 (power capacity)

根據美國鏈條協會多年的實驗室測試與現場觀測，鏈條的傳遞功率容量，受鏈板疲勞與滾子及其襯套的衝擊疲勞大約為 15,000 小時之限制。基於鏈板 (link plate) 的疲勞壽命，每列鏈條的傳動功率為

$$hp_{lp} = k_s Z_1^{1.08} n_1^{0.9} p^{(3.00-0.07p)} \tag{11-12}$$

若基於滾子與襯套的衝擊壽命，則每列鏈條的傳動功率為

$$hp_{rb} = k_r p^{0.8}\left(\frac{100Z_1}{n_1}\right)^{1.5} \tag{11-13}$$

潤滑方式	圖解	潤滑間隔與潤滑劑劑量	備註
I	每日手動潤滑 1 次 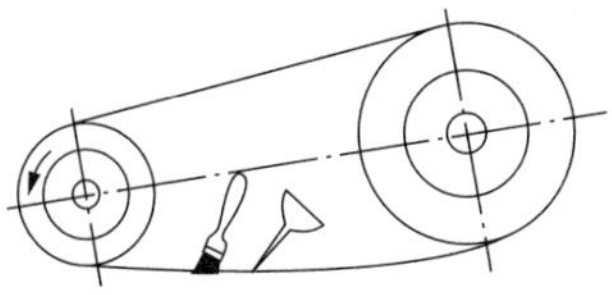	至少週期性地以加油墨或油刷在滾子上施予潤滑油	當鏈輪低速轉動時，連續地在整個滾子上潤滑 3~4 次
II	滴油潤滑 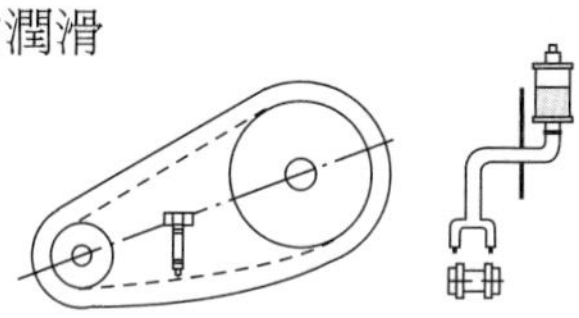	每分鐘供應潤滑油 5~30 滴	建議提供簡單的外殼，以防止潤滑油飛濺
III	油池潤滑 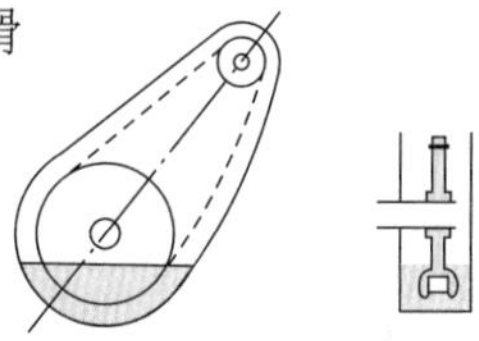	鏈條浸入 10 mm 深的潤滑油中	在使用油箱之前，宜仔細地清除油箱中的污垢等外界的侵入物
	迴轉圓盤潤滑 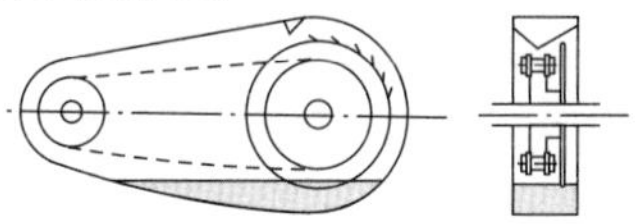	迴轉圓盤大約浸入油中 20 mm，並以 20 mm/s 的周速將潤滑油飛濺至滾子鏈條上	
IV	強迫循環潤滑 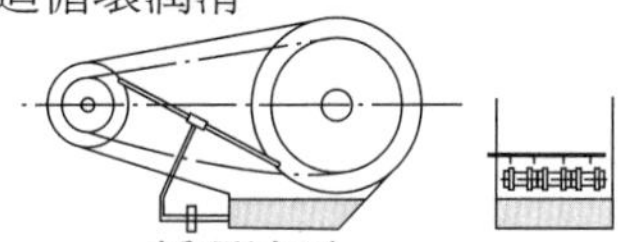	需要注意精準的循環油油量，以避免過熱	在使用油箱之前，宜仔細地清除油箱中的污垢等外界的侵入物

圖 11-4　鏈條的潤滑方式 (潤滑方式對應於鏈條傳動功率表中的傳動方式)

其中的兩個定值 k_s 與 k_r 分別為

$k_s = 0.004$ 用於標號 41 之外的所有滾子鏈條

$= 0.022$ 用於標號 41 的滾子鏈條

$k_r = 29$ 用於標號 25 及 35 的滾子鏈條

$= 3.4$ 用於標號 41 的滾子鏈條

$= 17$ 用於標號 41 之外 40 至 240 間所有的滾子鏈條

而鏈條之銷與襯套的擦損則限制了鏈條的速度。小鏈輪轉速 n，建議為

$$n_1 \le 1000\left[\frac{82.5}{7.95^{p}(1.0278)^{Z_1}(1.323)^{F/1000}}\right] - 1/(1.59 Log\ p + 1.873) \qquad \textbf{(11-14)}$$

式中的 F 為鏈條中的張力，單位為 l_b。

在指定節距的情況下，鏈條的傳動功率為 (11-12) 與 (11-13) 兩式計算所得之較小的功率。如果手邊有鏈條製造廠商的型錄，鏈條節距的選擇與傳動功率也可以直接由型錄中，如圖 11-5 的鏈條節距之選擇圖與鏈條傳動功率表 (如附錄五的鏈條傳動功率表) 查詢求得。

滾子鏈條傳動設計的程序

滾子鏈條傳動設計與三角皮帶傳動設計相似，也可以依循一定的設計程序進行，當完成各設計步驟時，也完成了滾子鏈條的傳動設計。以下就是進行滾子鏈條傳動設計所依循的設計程序。

1. 計算設計功率：設計功率的定義依然是

$$L_d\,(\text{設計功率}) = L^*\,(\text{驅動功率}) \times SF\,(\text{使用因數}) \qquad \textbf{(11-1)}$$

但是使用因數則選自表 11-7。

2. 確定鏈條號碼：以較速軸轉速與設計功率，自圖 11-5 中查出適合的鏈條號碼，或以 (11-12) 及 (11-13) 兩式計算，求得適合的鏈條節距。在此步驟中，應注意鏈條節距與兩軸中心距間的關係，若兩軸中心距 C 不符合 $30p < C < 50p$ 的約束，則將設計功率除以表 11-8 所列之鏈條的多列鏈條因數，以所得的商值與較速軸轉速，重新尋求使用多列鏈條時的適合鏈條號碼。此外，得注意各號碼鏈條的極限轉速，以避免鏈條的急速損耗。

3. 選擇小鏈輪齒數：自廠商的滾子鏈條額定功率表中，選出適合的小輪齒數。此步驟中應記得，除非小鏈輪的轉速低於 100 rpm，負荷也不大，否則小鏈輪的齒數不宜少於 17 齒，且應盡可能取奇數齒。此外，應注意小鏈輪能容許的最

表 11-7 滾子鏈條使用因數

	從動機械的負荷型式		
	平滑負荷	中等衝擊	重衝擊
驅動動力源	液體攪拌機、均勻負荷輸送機、小型風扇、輕負荷的天軸、輕型且無逆轉的各型機械、供料均勻的旋轉篩等	重負荷或負荷不均勻的輸送機、中等負荷的吊車、食品機械、洗濯機械、重負荷的天軸、工作機械、具中等衝擊負荷且不逆轉的各型機械、級配石料的旋轉篩、針織機械等	往復式與震動式輸送機、重負荷的吊車、鎚磨機、衝孔與剪切工具機、具有重衝擊負荷、速度變化很大與會逆轉的各型機械、旋轉型球磨機、水泥旋轉窯、針織機械等
具流體機構的內燃機	1.0	1.2	1.4
電動機或渦輪機	1.0	1.3	1.5
不具流體機構的內燃機	1.2	1.4	1.7

大軸徑，應大於安裝小鏈輪的軸徑，及大鏈輪的齒數不得大於 150 齒。小鏈輪的齒數也能由 (11-12) 或 (11-13) 式計算，然後取最接近兩計算值中之較大者的整數為齒數。

4. **確定大鏈輪的齒數**：計算傳動的轉速比，再由轉速比與小鏈輪的齒數，確定大鏈輪的齒數。由於轉速比不見得會是整數，大鏈輪的齒數通常都選擇較接近計算值的整數，但應校核大鏈輪的轉速是否合於要求。此外大、小鏈輪的齒數取一奇一偶是較好的選擇。

5. **計算鏈條長度**：鏈條長度與軸心距有關，以節距表示的鏈條長度可以由 (11-10) 式計算，然後取最接近計算值的偶數為鏈條總節數。若軸心距大於節距的 50 倍，則應注意鏈條的懸垂度是否太大，是否需要惰輪。一般而言，能不使用惰輪盡可能不使用惰輪，以減少鏈條的磨耗。如果軸心距小於節距的 30 倍時，應注意鏈條捲繞於小鏈輪上的角度 ψ 不得小於 120°。由圖 11-6 可知鏈輪的節圓直徑分別為

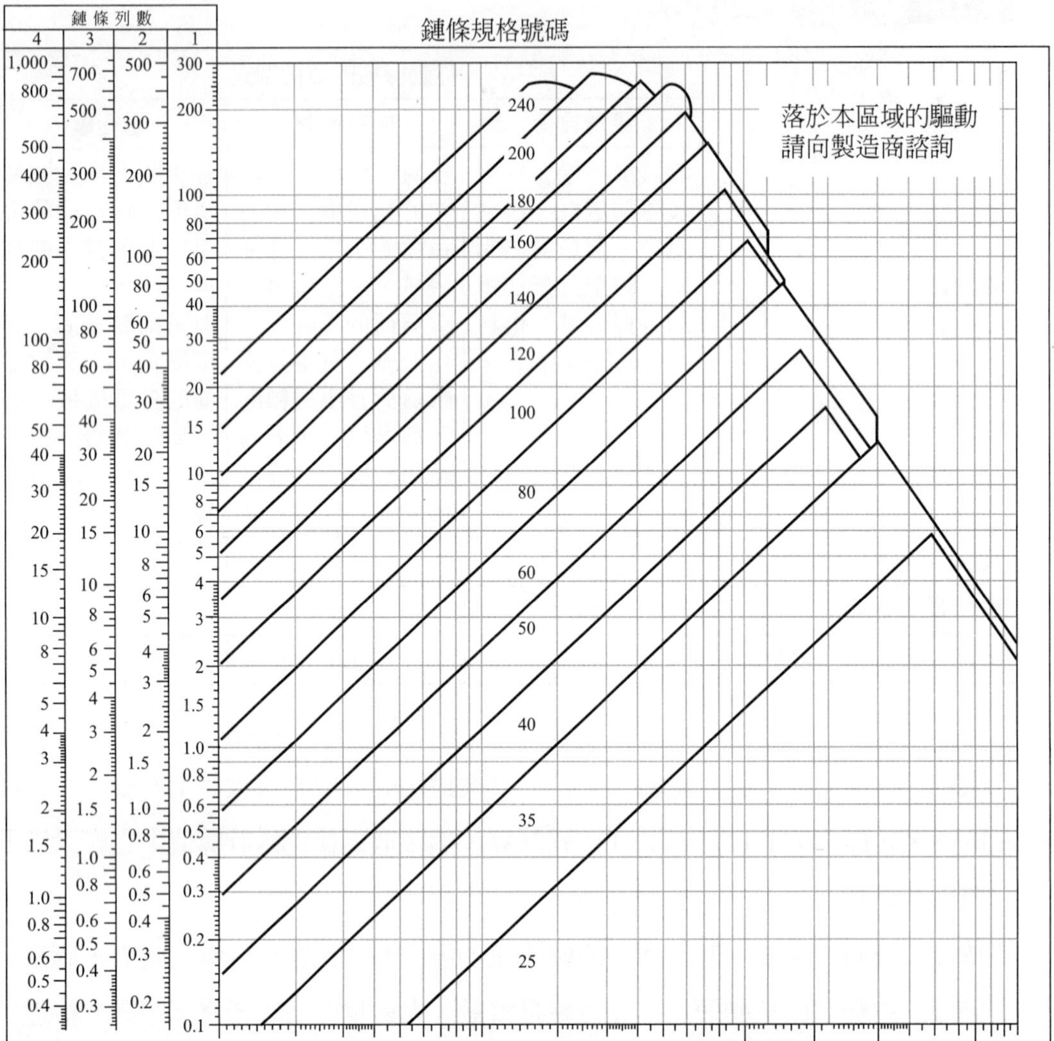

圖 11-5 鏈條節距選擇圖

表 11-8 鏈條的多列鏈條因數

鏈條列數	2	3	4
多列因數	1.7	2.5	3.3

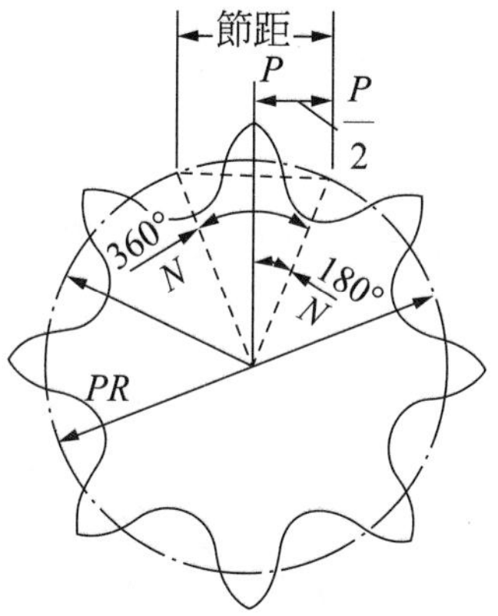

圖 11-6　鏈輪示意圖

$$d = \frac{p}{\sin\frac{\pi}{Z_1}} \quad \text{與} \quad D = \frac{p}{\sin\frac{\pi}{Z_2}} \qquad \textbf{(11-15)}$$

然後由圖 11-7 可得 ψ 角為

$$\phi = 180° - \sin^{-1}\frac{1}{2N_c^*}\left[\frac{1}{\sin\frac{\pi}{Z_2}} - \frac{1}{\sin\frac{\pi}{Z_1}}\right] \qquad \textbf{(11-16)}$$

鏈條的總節數決定之後，可以使用 (11-10) 式求得實際的以鏈條節距表示的軸心距。然而，應該記得，鏈條傳動與皮帶傳動相似，軸心距離應設計成可以調

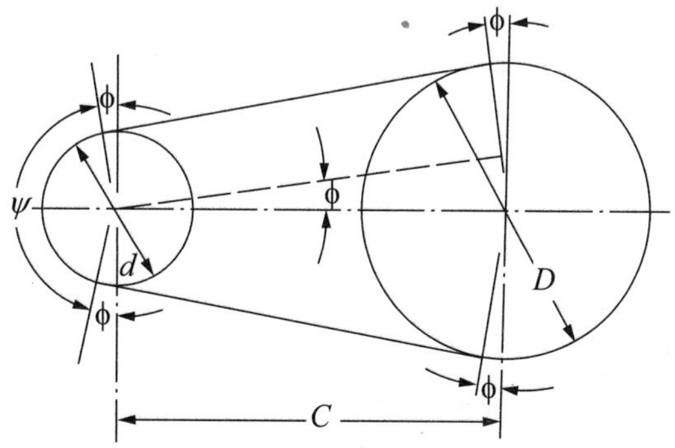

圖 11-7　鏈條傳動佈置圖

整，驅動軸通常都安置於可調整座上，以利於軸心距離的調整。

經歷以上五個步驟，即可獲得一項鏈條傳動裝置的規劃，並應將所得的鏈條號碼 (或節距)，大、小鏈輪的齒數，鏈條的總節數，實際的軸心距等一一列示，才算完成鏈條傳動設計。

範例 11-2

某負荷不均勻的輸送機主軸轉速應在 230~240 rpm 之間，以內燃機經過機械傳動機構傳出的軸轉速 900 rpm 作為輸入軸轉速，輸送機的驅動功率為 15 hp。試為此傳動條件，規劃合適的滾子鏈條傳動裝置。

解： (1) 計算設計功率：由表 11-7 可查得使用因數為 1.4，所以設計功率為

$$L_d = 15(1.4) = 21\,\text{hp}$$

(2) 確定鏈條號碼：因較速軸轉速為 900 rpm，且設計功率為 21 hp，依此可由圖 11-4 查得適用的鏈條號碼為 NO.60，節距 $p = 3/4$ in。

(3) 選擇小鏈輪齒數小鏈輪齒數可由 (11-12) 與 (11-13) 兩式分別基於鏈板的疲勞壽命與滾子與襯套的衝擊壽命求得，然後取其中較多的齒數。依鏈板的疲勞壽命

$$hp_{lp} = k_s Z_1^{1.08} n_1^{0.9} p^{(3.00-0.07p)}$$

所以

$$21 = 0.004 Z_1^{1.08} (900)^{0.9} (0.75)^{(3.00-0.07\times 0.75)}$$

或

$$Z_1 = \left[\frac{21.0}{(0.004)(900)^{0.9}(0.75)^{2.9475}}\right]^{\frac{1}{1.08}} = 21.07$$

若依滾子與襯套的衝擊壽命，則

$$hp_{rb} = k_r p^{0.8} \left(\frac{100Z_1}{n_1} \right)^{1.5}$$

可知

$$21 = (17)(0.75)^{0.8} \left(\frac{100Z_1}{900} \right)^{1.5}$$

或

$$Z_1 = \left[\frac{21}{(17)(0.75)^{0.8}} \right]^{\frac{1}{1.5}} (9) = 12.1$$

由以上計算之結果可知，小鏈輪齒數應選擇 21 齒。小鏈輪齒數也可以由書末附錄五中之鏈條的傳動功率表中查得。

(4) 確定大鏈輪的齒數：傳動轉速比 n_r 以大鏈輪容許轉速範圍的中值計算為

$$n_r = \frac{900}{235} = 3.83$$

則大鏈輪齒數為

$$Z_2 = n_r \times Z_1 = 3.83(21) = 80.43 \approx 80$$

若取 $Z_2 = 80$，則大鏈輪轉速 n_2 為

$$n_2 = \frac{Z_1}{Z_2} n_1 = \frac{21}{80}(900) = 236.25$$

亦即，大鏈輪轉速 n_2 在容許速度範圍內，且齒數也合乎一奇一偶的理想。

(5) 計算鏈條長度：由於軸心距並無限制，可以取 30 p 與 50 p 的中值 40 p，然後以 (11-10) 式計算所需的鏈節數 N_L

$$N_L = 2N_c + \frac{1}{2}(Z_2 + Z_1) + \frac{(Z_2 - Z_1)^2}{4\pi^2 N_c} = 2(40) + \frac{1}{2}(80 + 21) + \frac{(80 - 21)^2}{4\pi^2 (40)}$$

$$= 132.7 \approx 132$$

取 132 節，因總鏈節數宜為偶數。確定總鏈節數後可藉 (11-11) 式反求實際的以鏈條節距表示的軸心距

$$N_c^* = \frac{1}{4}\left\{N_L^* - \frac{1}{2}(Z_2 + Z_1) + \sqrt{[N_L^* - \frac{1}{2}(Z_1 + Z_2)]^2 - \frac{2}{\pi^2}(Z_2 - Z_1)^2}\right\}$$

$$= \frac{1}{4}\left\{132 - \frac{1}{2}(80 + 21) + \sqrt{[132 - \frac{1}{2}(80 + 21)]^2 - \frac{2}{\pi^2}(80 - 21)^2}\right\}$$

$$= 39.64$$

所以，軸心距為

$$C = N_c^* \times P = 39.64(0.75) = 29.73 \text{ in} = 755.1 \text{ mm}$$

最後，總結所得數據如下：

鏈條號碼：NO.60 (節距 $p = 0.75$ in)

小鏈輪齒數：21

大鏈輪齒數：80

鏈條總節數：132

軸心距：755 mm

若空間受到限制時，可取 $N_c = 30$，則總鏈條節數為

$$N_L = 2N_c + \frac{1}{2}(Z_2 + Z_1) + \frac{(Z_2 - Z_1)^2}{4\pi^2 N_c} = 2(30) + \frac{1}{2}(80 + 21) + \frac{(80 - 21)^2}{4\pi^2 (30)}$$

$$= 113.4 \approx 112$$

而實際的軸心距以鏈條節數表示時

$$N_c^* = \frac{1}{4}\left\{N_L^* - \frac{1}{2}(Z_2 + Z_1) + \sqrt{[N_L^* - \frac{1}{2}(Z_1 + Z_2)]^2 - \frac{2}{\pi^2}(Z_2 - Z_1)^2}\right\}$$

$$= \frac{1}{4}\left\{112 - \frac{1}{2}(80 + 21) + \sqrt{[112 - \frac{1}{2}(80 + 21)]^2 - \frac{2}{\pi^2}(80 - 21)^2}\right\}$$

$$= 29.24$$

然後，以 (11-16) 式校核鏈條捲繞於小鏈輪上的角度 φ

$$\phi = 180° - \sin^{-1}\frac{1}{2N_c^*}\left[\frac{1}{\sin\frac{180°}{Z_2}} - \frac{1}{\sin\frac{180°}{Z_1}}\right]$$

$$= 180° - \sin^{-1}\frac{1}{2(29.24)}\left[\frac{1}{\sin\frac{180°}{80}} - \frac{1}{\sin\frac{180°}{21}}\right]$$

$$= 161.3° > 120°$$

此軸心距可以接受，實際軸心距為

$$C = 0.75(29.24)(25.4) = 557 \text{ mm}$$

最後，總結所得數據如下：

鏈條號碼：NO.60 (節距 $p = 0.75$ in)

小鏈輪齒數：21

大鏈輪齒數：80

鏈條總節數：112

軸心距：557 mm

習　題

1. 某齒輪泵以 2,450 rpm 的轉速運轉，每日使用時數約在 8~10 小時間，驅動功率為 10 kW，驅動的交流電動機轉速約為 1,160 rpm，傳動的負荷略帶衝擊性，若因空間限制，使得軸間距離必須在 400~500 mm 之間，且小帶輪的直徑不宜大於 95 mm。試為此齒輪幫浦設計窄邊三角皮帶傳動裝置。
2. 某液體攪拌機以轉速 1,500 rpm 運轉，每日使用時數約在 8~10 小時間，驅動功率為 5 kW，驅動的交流電動機轉速約為 1,750 rpm，由於安裝空間限制使得軸間距離必須在 300~400 mm 之間。試為此液體攪拌機設計窄邊三角皮帶傳動裝置。
3. 某黏液攪拌機以轉速 900 rpm 運轉，每日使用時數約在 16~24 小時，驅動功率為 7.5 kW，驅動的交流電動機轉速約為 1,160 rpm，安裝時使用置於鬆邊外側的惰輪。試為此黏液攪拌機設計窄邊三角皮帶傳動裝置。
4. 某顎式壓碎機的主軸轉速為 360 rpm，所需驅動功率為 55 kW，每日使用時數值約為 8~10 小時之間，擬以高扭矩的 6 極交流馬達驅動，使用的電源為 440V、60Hz。試為此顎式壓碎機規劃合適的窄邊三角皮帶傳動。小皮帶輪軸與馬達輸出軸以聯軸器聯結。
5. 某往復式空氣壓縮機的主軸轉速為 860 rpm，所需的驅動功率為 5 kW，每日使用時數值約為 8~10 小時之間，擬以正常扭矩的 4 極交流馬達驅動，使用的電源為 220V、60Hz。試為此往復式空氣壓縮機規劃合適的窄邊三角皮帶傳動規劃。小皮帶輪軸與馬達輸出軸以聯軸器聯結。
6. 某製磚機的主軸轉速為 560 rpm，所需驅動功率為 25 kW，每日使用時數值約為 8~10 小時之間，以轉速 2,200 rpm 的內燃機驅動。試為此製磚機規劃合適的窄邊三角皮帶傳動。小皮帶輪軸與內燃機的輸出軸以聯軸器聯結。
7. 試由機械設計手冊或廠商的型錄，收集滾子鏈條的傳動功率表，並比較它們之間的差異；以及它們與利用兩式計算所得之值間的差異。
8. 試由機械設計手冊或廠商的型錄，收集有關滾子鏈條的鏈條與鏈輪的規格。

9. 某具以震動篩為進料器的級配石料帶式輸送機，驅動功率為 30 kW，以輸出轉速 300 rpm 變速電動機作為驅動裝置，若輸送機主動輪的轉速在 55~59 rpm 間。試為此輸送帶設計鏈條傳動裝置。

10. 某食品機械，驅動功率為 15 kW，以輸出轉速 1,160 rmp 的交流電動機為驅動裝置，若該食品機械主軸轉速在 255~265 rpm 間。試為該食品機械設計鏈條傳動裝置。

11. 某級配石料的旋轉篩主軸轉速應在 70~80 rpm 之間，以內燃機經過機械傳動機構輸出轉速 360 rpm 作為輸入軸轉速，輸送機的驅動功率為 20 kW。試為此傳動條件規劃合適的滾子鏈條傳動裝置。

12. 某印刷機驅動功率為 5 kW，以輸出轉速 1,750 rpm 的交流電動機為驅動裝置，若該印刷機械主軸轉速在 870~880 rpm 間。試為該印刷機械設計鏈條傳動裝置。

13. 某級配石料的震動篩主軸轉速應在 110~120 rpm 之間，以內燃機經過機械傳動機構輸出的轉速 420 rpm 作為輸入軸轉速，輸送機的驅動功率為 40 kW。試為此傳動條件規劃合適的窄邊三角皮帶傳動裝置。

14. 某鎚式碎石機的主軸轉速為 440 rpm，所需驅動功率為 75 kW，每日使用時數值約為 16 小時以上，擬以高扭矩的 6 極交流馬達驅動，使用的電源為 440V、60Hz。試為此鎚式碎石機規劃合適的窄邊三角皮帶傳動。小皮帶輪軸與馬達輸出軸以聯軸器聯結。

15. 某運送砂石的帶式輸送機其主軸轉速在 50~60 rpm 之間，所需驅動功率為 25 kW，每日使用時數值約 8~10 小時，以轉速 2,200 rpm 的內燃機驅動。試為此輸送機規劃合適的窄邊三角皮帶傳動。小皮帶輪軸以聯軸器聯結內燃機的輸出軸。

16. 某旋轉型球磨機需以 75 rpm 左右的轉速旋轉，若以 8 極、50Hz，功率 40 kW 的交流電動機驅動，試為此球磨機就 (a) 有充分安裝空間；(b) 空間不足的情況，設計適用的鏈條傳動裝置。

17. 若問題 15 的驅動裝置的安裝空間不很充分，試就此狀況重作設計。

18. 若問題 13 的驅動裝置的安裝空間不很充分，試就此狀況重作設計。

19. 若問題 9 的驅動裝置的安裝空間不很充分，試就此狀況重作設計。

20. 若問題 4 的驅動裝置的安裝空間不很充分，試就此狀況重作設計。

Chapter 12

彈　簧

12.1 引　言

彈簧是一種日常生活上經常看得到的機械元件，其主要用途依存於因彈簧本身的變形，而產生施力，如一般的文件夾；儲存能量，如鐘錶的發條；緩衝，如機動車輛的懸吊系統；以及量測，如彈簧秤等功能。為了適應各種不同場合的需要，彈簧以各種不同的形態出現，由圖 12-1 可以看到各種型式的彈簧。

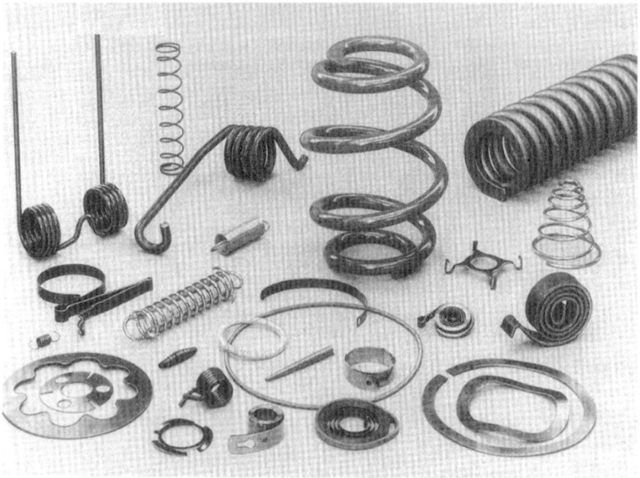

圖 12-1　各種型式的彈簧

由於彈簧的功能來自其撓曲，因此，彈簧的負荷與變形間的關係對彈簧性能有很大的影響。一般而言，彈簧可以分成**線性彈簧** (linear spring)、**非線性漸硬彈簧** (nonlinear stiffening spring)，以及**非線性漸軟彈簧** (nonlinear softening spring) 等三種，其負荷與變形間的關係分別如圖 12-2 所示。

由於螺圈彈簧是應用最廣泛的彈簧，因此本章討論的重點放在螺圈彈簧，然後再簡單地涉獵其他的彈簧。螺圈彈簧依其承受的負荷可分成拉伸彈簧、壓縮彈簧與扭轉彈簧，前兩者的彈簧線都承受剪應力，後者承受彎應力，以下就先從拉伸、壓縮彈簧做說明。

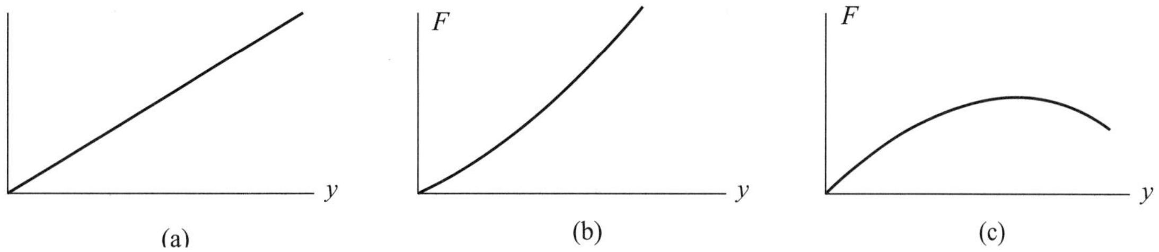

圖 12-2　彈簧的負荷與變形量間的關係

12.2　壓縮彈簧中的應力

圖 12-3 顯示一個圓鋼線繞成的螺圈壓縮彈簧，承受軸向壓縮負荷 F 作用的分離體圖，其中 D 為彈簧的平均直徑，d 為彈簧線的線徑。由圖中可以看出彈簧線承受了直接剪力 F 與扭矩 T 的作用，因此彈簧線剖面上任一點的剪應力 τ 可以由直接剪力 F 產生的直接剪應力，與 T 作用產生的扭轉剪應力重疊求得，即

$$\tau = \frac{F}{A} \pm \frac{Tr}{J} \tag{a}$$

式中 $T = F(D/2)$，為因外力 F 作用於彈簧的中心線，對彈簧線偏心，所誘發而作用於彈簧線上的扭矩。因此，彈簧線中的最大剪應力顯然會發生於其內緣，且其值為

$$\tau_{max} = \frac{4F}{\pi d^2} + \frac{8FD}{\pi d^3} \tag{12-1}$$

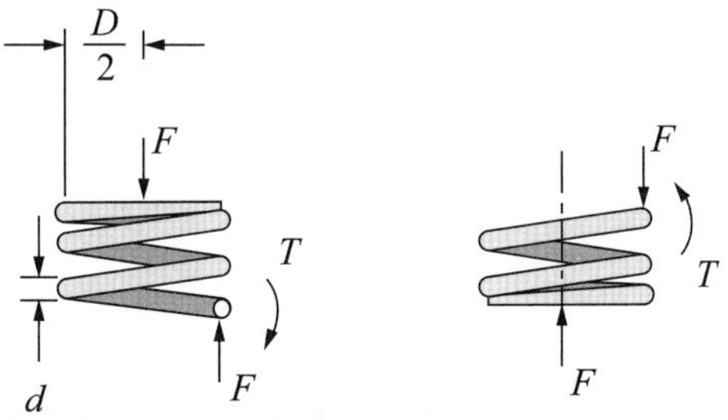

圖 12-3　壓縮彈簧的分離體圖

如果定義**彈簧指數** (spring index) C 為

$$C = \frac{D}{d} \tag{12-2}$$

則 (12-1) 式可以改寫成

$$\tau_{max} = \frac{8FD}{\pi d^3}\left(1 + \frac{1}{2C}\right) \tag{12-3}$$

或

$$\tau_{max} = K_S \frac{8FD}{\pi d^3} \tag{12-4}$$

式中

$$K_S = 1 + \frac{1}{2C} \tag{12-5}$$

稱為**剪應力修正因數** (shear-stress correction factor)。

然而 (12-3) 式乃直接自直圓桿的剪應力公式導出，忽略了螺圈彈簧彈簧線的曲率所導致的應力集中效應，忽略與考慮彈簧線的曲率之間應力分佈的差別，可由圖 12-4 觀察出來，顯然彈簧線螺圈內側之應力遠大於螺圈外側的應力。

如果將曲率的影響加入考慮，則 (12-4) 式可以寫成

$$\tau_{max} = K_W \frac{8FD}{\pi d^3} \tag{12-6}$$

式中

$$K_W = \frac{4C-1}{4C-4} + \frac{0.615}{C} \tag{12-7}$$

稱為**華爾因數** (Wahl factor)。(12-7) 式右側的第一項可以視為應力集中因數，因彈簧多由延性材料製成，當彈簧承受靜負荷時可以不考慮應力集中因數，於是螺圈彈簧承受靜負荷時的最大剪應力可依下式計算

$$\tau_{max} = \frac{8FD}{\pi d^3}\left(1 + \frac{0.615}{C}\right) \tag{12-8}$$

如果彈簧承受疲勞負荷，則其剪應力應以 (12-6) 式計算。K_W 也可以表示成

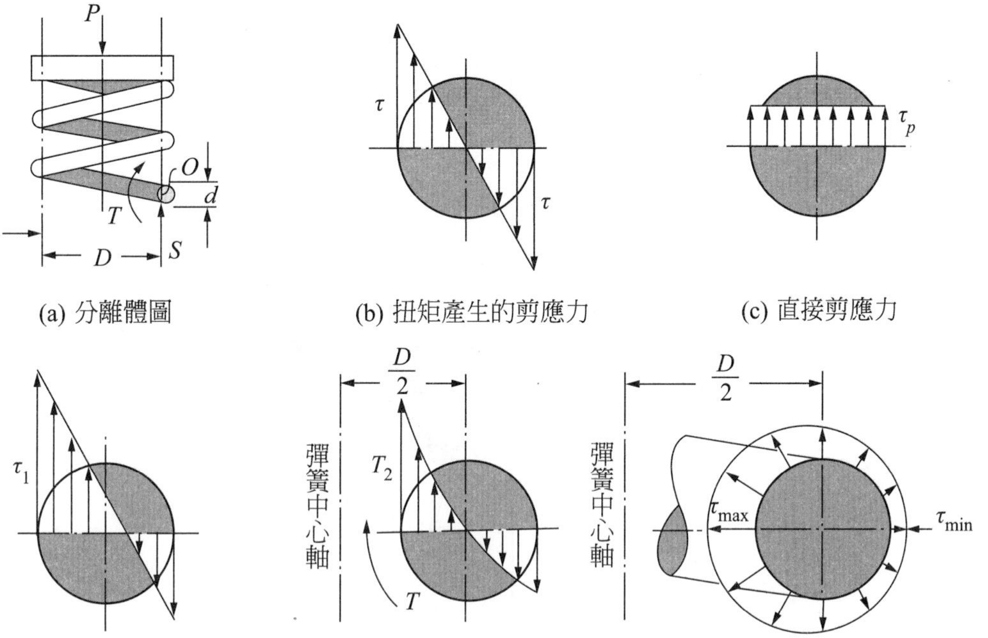

(a) 分離體圖 (b) 扭矩產生的剪應力 (c) 直接剪應力

(d) 應力重疊的結果 (e) 曲率的效應 (f) 剖面上的應力分佈

圖 12-4 螺圈壓縮彈簧中的剪應力

$$K_W = 1.60C^{-0.140} \tag{12-9}$$

依據 R. C. Johnson 的陳述，彈簧指數在最常用的 $5 \le C \le 18$ 之間時，以 (12-9) 式所產生的 K_W 之值，誤差在 2% 之內。

12.3 螺圈彈簧的變形量與勁度

彈簧的撓曲變形與勁度是使用彈簧時的重要參數，彈簧受力作用所產生的變形量可以藉能量法很容易地求得，圖 12-5 是一個螺圈彈簧受力作用時，彈簧線上之一小段元素的分離體圖，由能量守恆及圖中的各項負荷可知

$$\frac{1}{2}F\delta = \frac{1}{2}M\phi + \frac{1}{2}T\theta \tag{a}$$

式中 δ 為彈簧的總變形量，ϕ 為彈簧線受力後的斜率，而 θ 則為彈簧線的總扭轉角。

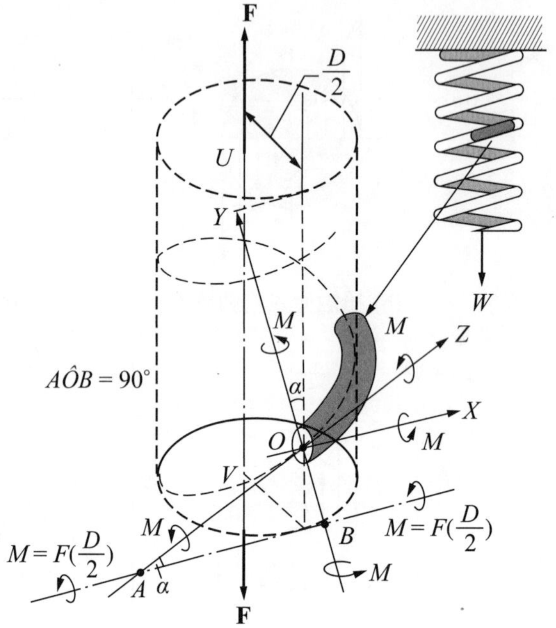

圖 12-5　使彈簧變形的負荷

同樣地，由圖 12-5 可看出

$$M_x = 0 \tag{b}$$

$$M_z = T = F\left(\frac{D}{2}\right)\cos\alpha \tag{c}$$

$$M_y = M = F\left(\frac{D}{2}\right)\sin\alpha \tag{d}$$

將 (c)、(d) 兩式代入 (a) 式可得

$$\delta = \frac{D}{2}[\theta\cos\alpha + \phi\sin\alpha] \tag{e}$$

由於

$$\phi = \frac{Ml}{EI}, \qquad \theta = \frac{Tl}{GJ}$$

式中 $l = \pi D N_a \sec\alpha$，N_a 為螺圈彈簧的有效圈數，也就是 l 為彈簧的總長度。於

是由 (e) 式可得

$$\delta = \frac{D}{2}\left[\frac{Ml}{EI}\sin\alpha + \frac{Tl}{GJ}\cos\alpha\right] = \frac{FD^3 l \sec\alpha}{4}\left[\frac{\sin^2\alpha}{EI} + \frac{\cos^2\alpha}{GJ}\right]$$

式中 D 為彈簧線圈的平均直徑。由於螺圈彈簧中 $\alpha << 10°$，所以 $\cos\alpha \to 1$，$\sin\alpha \to 0$，可得

$$\delta = \frac{FD^3 N_a}{4GJ} \tag{f}$$

再將 $J = \pi d^4/32$ 代入，於是由 (f) 式可求得彈簧的總撓曲變形量 δ 為

$$\delta = \frac{8FD^3 N_a}{Gd^4} \tag{12-10}$$

式中 d 為彈簧線的線徑。此式也可以下列各式表示

$$\delta = \frac{8FC^3 N_a}{Gd} = \frac{8FC^4 N_a}{GD} \tag{12-11}$$

彈簧的勁度 k 依定義為

$$k = \frac{F}{\delta}$$

所以，螺圈彈簧的勁度可表示成

$$k = \frac{Gd^4}{8D^3 N_a} = \frac{Gd}{8C^3 N_a} = \frac{GD}{8C^4 N_a} \tag{12-12a, b, c}$$

由於裝置空間的限制，或者是組合數個彈簧較單一彈簧在使用上更為理想，彈簧經常以組合方式應用。彈簧的組合方式有 (a) 串聯，例如前一章螺栓的含螺紋部分與不含螺紋的部分即構成串聯的型式；(b) 並聯，如圖 12-6；(c) 串聯與並聯混合等三種形態，但基本形態就是串聯與並聯。當彈簧以組合的方式出現時，通常都需要求得組合彈簧的等效彈簧勁度 k_e，等效彈簧勁度的計算式如下：

1. 串聯彈簧：串聯彈簧組合中的彈簧元件，除了首尾兩個彈簧各有一端與固定端連接之外，每一個彈簧元件的兩端各與另一個彈簧元件相連接，若串聯之各個

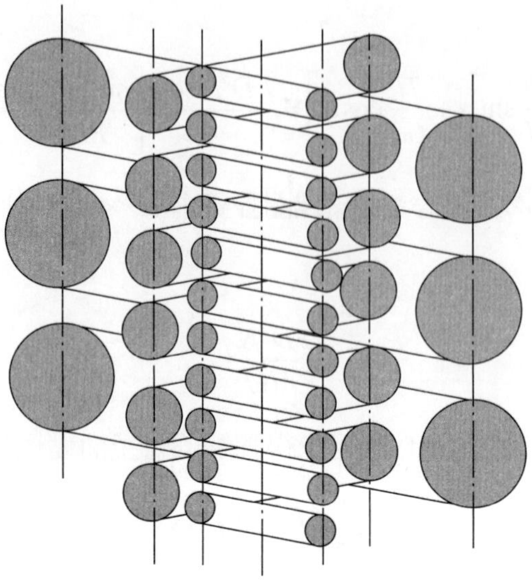

圖 12-6　形成巢狀的並聯螺圈彈簧

彈簧的勁度以 k_i 表示，則組合彈簧的等效彈簧勁度 k_e 為

$$\frac{1}{k_e}=\sum_{i}^{n}\frac{1}{k_i} \tag{12-13}$$

2. 並聯彈簧：並聯彈簧組合中的每個元件彈簧的兩端，連接的都是共同的固定端，若並聯之各個彈簧的勁度為 k_i，則組合彈簧的等效彈簧勁度 k_e 為

$$k_e=\sum_{i}^{n}k_i \tag{12-14}$$

12.4　拉伸、壓縮彈簧的端圈

在前一節螺圈彈簧之撓曲變形量的計算式 (12-10) 式中，涉及彈簧的作用圈數 N_a，彈簧的作用圈數不同於總圈數，作用圈數與螺圈彈簧端圈處理的方式相關，若端圈處理的方式不同，即使總圈數相同，作用圈數也不相同。圖 12-7 展示壓縮彈簧的四種端圈處理方式，及各種處理方式的作用圈數與總圈數之間的關係式，圖中 N_t 為彈簧的總圈數。表 12-1 則列出壓縮彈簧的自由長度 L_o、壓實長

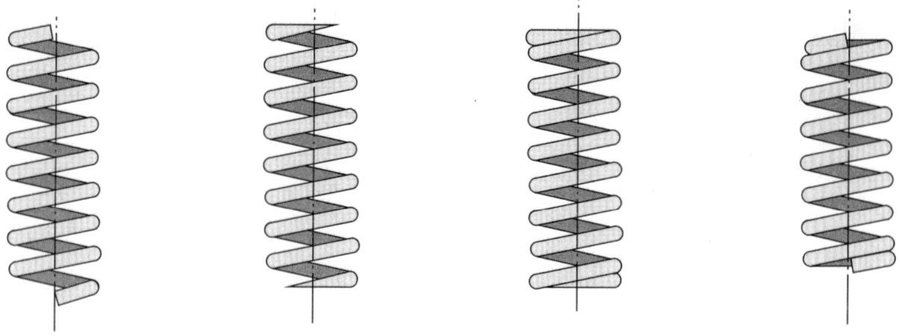

圖 12-7　壓縮彈簧的端圈

表 12-1　壓縮彈簧的相關計算式

	端圈型式			
	平端	研磨平端	方端	研磨方端
總圈數 N_t	N_a	$N_a + 1$	$N_a + 2$	$N_a + 2$
自由長度 L_o	$pN_a + d$	$p(N_a + 1)$	$pN_a + 3d$	$pN_a + 2d$
壓實長度 L_S	$d(N_t + 1)$	dN_t	$d(N_t + 1)$	dN_t
節距 p	$(L_o - d)/N_a$	$L_o/(N_a + 1)$	$(L_o - 3d)/N_a$	$(L_o + 2d)/N_a$

度 L_S，與螺圈節距 p 和總圈數 N_t、作用圈數 N_a 之間的關係式。

同樣地，拉伸彈簧的端圈掛鉤也有多種不同的設計，圖 12-8 顯示了幾種比較常見的拉伸彈簧掛鉤型式。設計掛鉤必須考量因彈簧線的曲率半徑導致的應力集中，藉圖 12-9 中的符號，及依據試驗與分析顯示，當彈簧承受的負荷偏位時，因彈簧線的曲率半徑導致的彎應力，與扭轉剪應力的應力集中因數 K 可以表示成

$$K = \frac{r_m}{r_i} \qquad \textbf{(12-15)}$$

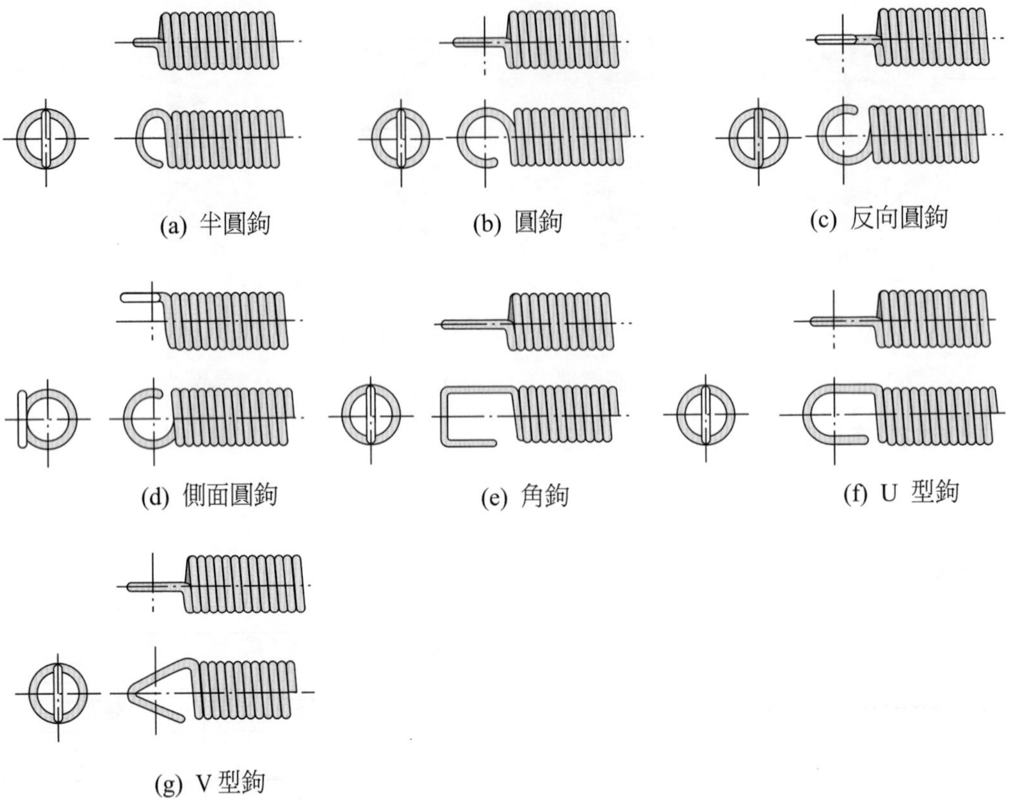

(a) 半圓鉤
(b) 圓鉤
(c) 反向圓鉤
(d) 側面圓鉤
(e) 角鉤
(f) U 型鉤
(g) V 型鉤

圖 12-8 拉伸彈簧的各型掛鉤

圖 12-9 為一般掛鉤設計與改良設計的比較。其中 (a) 為一般設計，(c) 為改良設計，(b) 與 (d) 分別為 (a) 與 (c)的側視圖。圖中 *A* 點的應力疊合了軸向應力與彎應力；*B* 點的應力主要是扭轉剪應力。

拉伸彈簧的自由長度為其本體長度與兩個掛鉤的長度之和，且以鉤的內側為量測的依據。由於拉伸彈簧位受力之前呈現密實狀態，其本體長度 L_S 為

$$L_S = d(N_a + 1) \tag{12-16}$$

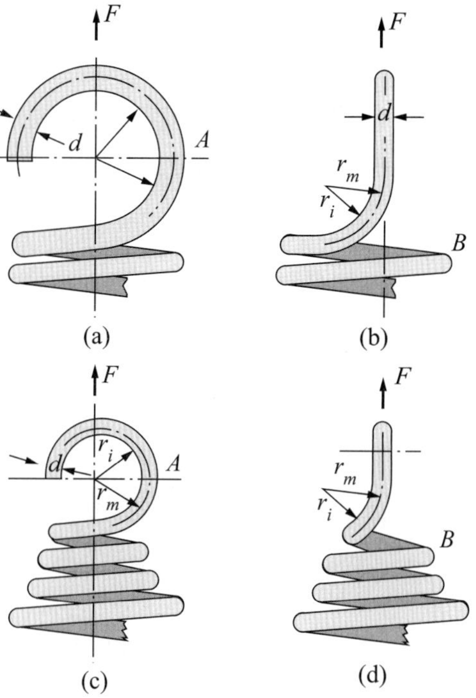

圖 12-9　拉伸彈簧掛鉤的設計

12.5　彈簧的製作與後處理

各類彈簧中，以螺圈彈簧的應用最廣泛，其製作過程含 (1) 繞圈；(2) 端圈加工，如壓縮彈簧的端圈壓平，或拉伸彈簧的掛勾製作；(3) 熱處理；(4) 調定處理 (setting) 等四個階段。

製作螺圈彈簧的繞圈工作，量產的螺圈彈簧以自動化的繞圈機做繞圈的工作；少量生產時，繞圈工作多在一般車床上完成。由於普通的碳鋼線熱處理後常有脫碳現象，導致彈簧線材表面粗糙化，影響彈簧的持久性，所以如果彈簧線材的線徑比較小 ($d \leq 10$ mm)，且彈簧指數適宜 ($C \geq 4$) 時，多取用預先熱處理過的線材以冷作法繞圈，再經回火以消除繞圈所殘留的應力。線材的線徑較大 ($d > 10$ mm) 時，為了避免以冷作法繞圈形成高殘留應力，則多以熱作法繞圈，若以冷作法繞圈，應採用退火的鋼線；而不論以冷作或熱作法進行繞圈，完成後都必須依規定另外進行淬火與回火。

以冷作法繞圈時，由於完成繞圈後彈簧有**回彈** (spring back) 現象，繞圈使用的心棒直徑應略小於彈簧的內徑；而熱作繞圈方式不會產生回彈現象，所以心棒直徑應與螺圈內徑相同。

調定處理是將彈簧持續地處於超過其最大負荷之負荷作用下 6~48 小時，使彈簧產生必要的塑性，以及與工作應力形成反方向的殘留應力，壓縮彈簧在調定處理之前其長度都大於規定，然後在調定處理程序中除去 10% 到 30% 的初始長度；拉伸彈簧則在調定處理程序中建立必要的初拉力 F_i，如圖 12-10。一般的拉伸彈簧均藉初拉力來控制精確的自由長度，通常初拉力在彈簧線中形成的剪應力 τ_i 宜維持於一定的範圍，即 $\tau_{min} \le \tau_i \le \tau_{max}$，其中

$$\tau_{min} \approx (-0.0292C^3 + 1.25C^2 - 23.34C + 197.3) \text{ MPa} \quad \textbf{(12-17a)}$$

$$\tau_{max} \approx (-0.0206C^3 + 0.962C^2 - 23.61C + 264.6) \text{ MPa} \quad \textbf{(12-17b)}$$

彈簧經調定處理後，顯示能提升彈簧的強度，對用於儲存能量的彈簧特別有

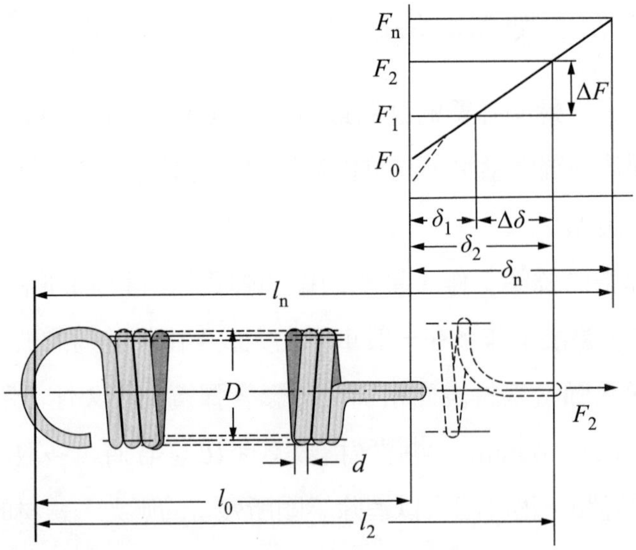

圖 12-10 彈簧的初拉力

用。但是需承受疲勞負荷的彈簧則不宜做調定處理。

為了提高彈簧的耐疲勞能力，常以珠擊 (shot peening) 法處理彈簧，藉以改善彈簧的表面光度，並在彈簧線材的表面造成壓縮的殘留應力層。不過珠擊法雖然提升了彈簧承受疲勞負荷時，所能忍受的應力變幅，但並未提升線材的疲勞強度。

12.6 彈簧材料

彈簧經常用來承受波動負荷，因此彈簧材料的疲勞強度與抗拉強度都是很重要的性質；需要作淬火與回火等熱處理的彈簧，所使用的材料應具有良好的淬透性，且不容易脫碳；以冷作法製作的彈簧應使用硬度均勻的材料，且通過繞圈與彎曲試驗始有適宜的塑性。常用的彈簧材料有下列數種：

含碳量為 0.6%~0.7% 的硬拉鋼線，如 ASTM 的 A227 是當成本為最主要考慮因素時最常用的彈簧材料，它僅適合用於承受靜負荷，且應力不高的情況，對環境溫度高於 120℃，或低於 0℃ 的場合也不適用。

琴鋼線含碳量 0.80%~0.95%，如 A228，對承受疲勞負荷的小型彈簧而言，是極佳的彈簧材料，具有極佳的強韌性與表面光度，抗拉強度極高，比其他彈簧材料更適合用於承受疲勞負荷。但琴鋼線線徑的範圍僅在 0.12~3.0mm 之間，因此僅適用於小型彈簧，環境溫度高於 120℃ 或低於 0℃ 的場合也不適用。

如果彈簧需要承受疲勞負荷，但成本因素受限，則油浴回火鋼線是琴鋼線的代用品，含碳量 0.6%~0.7%，如 A229，線徑範圍在 3~12mm 之間。油浴回火鋼線雖然可以承受疲勞負荷，但不宜使用於需要長疲勞壽命者，且不能承受陡震或衝擊負荷，環境溫度限制在 0℃ 與 180℃ 之間。

鉻釩鋼線如 A231，為最常用的合金鋼彈簧線材，適用於需要長壽命，且承受的應力高於高碳鋼的場合。耐陡震與衝擊負荷的性能極佳，也能耐高溫，因此多用於飛機引擎的閥門及高溫度 (220℃) 的環境。已退火或油浴回火的線徑範圍在 0.8~12mm 之間。

鉻矽鋼線是要求長壽命、承受高應力、陡震或衝擊負荷時的最佳彈簧材料，可適用的溫度更高於鉻釩鋼線，達 250℃。線徑範圍與鉻釩鋼線相同。

彈簧鋼中的矽、鉻、釩與錳等元素具有提升鋼材強度的功能，含矽 (Si > 2%) 高的鋼料耐衝擊負荷的性能較佳，但容易發生表面脫碳的現象。鉻與錳等元素則有抑制游離碳析出的功能。

至於彈簧使用的不鏽鋼材以奧斯田鐵不鏽鋼與麻田散鐵合金鋼居多。奧斯田鐵不鏽鋼的強度、耐蝕性與製作的工藝性均佳，因此應用廣泛；但奧斯田鐵不鏽鋼不能透過淬火的方式硬化，通常於固溶處理後，以加工硬化的方式提高其強度，因硬化深度有限，不宜用於製作大線徑的彈簧。奧斯田鐵的低溫韌性頗佳，因此可以在低溫下使用。麻田散鐵不鏽鋼在大氣、蒸汽、碳水與稀酸中具有耐蝕性，但對強腐蝕環境中則不宜使用。麻田散鐵不鏽鋼可以藉淬火回火來獲取強化的效果，可用於製造大型的彈簧。

另外，析出硬化不鏽鋼加工成形的性能良好，於回火過程中會產生析出硬化的效果，對強度極有助益，常用於製造形狀複雜，且要求有良好表面狀態的彈簧。

銅合金也是使用相當廣泛的彈簧材料，常用的有錫青銅、矽青銅、磷青銅與鈹青銅。錫青銅在大氣的、海水與稀鹼中的耐蝕性極佳，但對酸液與氨水的耐蝕性則很差。具有不錯的機械性能與延性，通常以熱作的方式製作 0.1~12mm 的彈簧線與金屬帶。

矽青銅的耐磨性、耐蝕性、彈性與減磨性均佳，可以進行冷作或熱作加工，且價格比錫青銅低廉。矽青銅冷拉成線材時有加工硬化現象，因此以冷作繞圈成形後應進行退火，以消除殘留應力。

磷青銅的耐蝕性、耐磨性與電氣性能良好，常用於電氣開關中的接觸機構。

鈹青銅是高級的彈簧材料，具有高強度、彈性、疲勞強度、硬度、耐磨性、耐蝕性與可熔接性，且具有銅合金中最佳的耐熱性。鈹青銅可以進行淬火與回火，經適當熱處理後的鈹青銅，其機械性質與中等強度的鋼料相當。鈹青銅在淬火狀態仍具有良好的塑性，延伸率可達 25%，因此適合冷作加工。適合用於儀錶彈簧或在高溫、高腐蝕環境中承受疲勞負荷的彈簧。但鈹青銅的價格高昂，而且鈹為劇毒元素，生產時安全防護的要求很高。

彈簧材料均依工業上常用的一些線規、金屬板規製作，表 12-2 即羅列了一些常用的線規與金屬板規。

此外，彈簧線線材的抗拉強度隨線徑大小有大幅度的變化，其抗拉強度與線徑之間的關係可以 (12-17) 式描述之

$$S_{ut} = \frac{A}{d^m} \tag{12-18}$$

式中 d 為彈簧線的線徑，A 與指數 m 均為定值，其值可以由表 12-3 查得。

抗拉強度 S_{ut} 與 S_{yp} 間的關係如下

$$S_{yp} = \sigma_a = \begin{cases} 0.78S_{ut} & \text{冷拉碳鋼} \\ 0.87S_{ut} & \text{硬化回火鋼與低合金鋼} \\ 0.61S_{ut} & \text{奧斯田鐵不鏽鋼與非鐵合金} \end{cases} \tag{12-19a}$$

抗拉強度 S_{ut} 與 S_{sy} 間的關係依 Joerres 的報告指出

$$S_{sy} = \tau_a = \begin{cases} 0.45S_{ut} & \text{冷拉碳鋼} \\ 0.50S_{ut} & \text{硬化回火鋼與低合金鋼} \\ 0.35S_{ut} & \text{奧斯田鐵不鏽鋼與非鐵合金} \end{cases} \tag{12-19b}$$

抗拉強度 S_{ut} 與抗剪強度 S_{su} 間的關係為

$$S_{su} = 0.67S_{ut} \tag{12-19c}$$

至於承受扭轉剪應力情況下彈簧鋼的疲勞限，Zimmerli 指出材料的尺寸與材料的抗拉強度對彈簧鋼的疲勞限都沒有影響，只有是否經過珠擊法處理會影響彈簧鋼的疲勞限，對已做過修正之彈簧鋼的疲勞限，他提出的數值是

經珠擊法處理的彈簧　$S_{se} = 465\text{ MPa}$　**(12-20a)**

未經珠擊法處理的彈簧　$S_{se} = 310\text{ MPa}$　**(12-20b)**

而承受彎曲疲勞應力時彈簧鋼的疲勞限則為

表 12-2 線規與金屬板規的十進位數值表 (單位：in)

線規名稱	AMERICAN OR BROWN & SHARPE	BIRMING HAM OR STUBS	美國國家標準	製造商標準	鋼線或 WASHBURN & MOEN	琴鋼線	STUBS 鋼線	麻花鑽
主要用途	非鐵金屬薄版線材與棒材	鐵質管件板條線材及彈簧鋼	薄鐵片及鐵板 480 lb/ft^3	薄鐵片	琴鋼線之外的所有鐵線	琴鋼線	鋼質鑽頭棒材	麻花鑽頭與鋼質鑽頭
7/0	—	—	0.500	—	0.4900			
6/0	0.5800	—	0.46875	—	0.4615	0.004		
5/0	0.5165	—	0.4375	—	0.4305	0.005		
4/0	0.4600	0.454	0.40625	—	0.3938	0.006		
3/0	0.4096	0.425	0.375	—	0.3625	0.007		
2/0	0.3648	0.380	0.34375	—	0.3310	0.008		
0	0.3249	0.340	0.3125	—	0.3065	0.009		
1	0.2893	0.300	0.28125	—	0.2830	0.010	0.227	0.2280
2	0.2576	0.284	0.265625	—	0.2625	0.011	0.219	0.2210
3	0.2294	0.259	0.25	0.2391	0.2437	0.012	0.212	0.2130
4	0.2043	0.238	0.234375	0.2242	0.2253	0.013	0.207	0.2090
5	0.1819	0.220	0.21875	0.2092	0.2070	0.014	0.204	0.2055
6	0.1620	0.203	0.203125	0.1943	0.1920	0.016	0.201	0.2040
7	0.1443	0.180	0.1875	0.1793	0.1770	0.018	0.199	0.2010
8	0.1285	0.165	0.171875	0.1644	0.1620	0.020	0.197	0.1990
9	0.1144	0.148	0.15625	0.1495	0.1483	0.022	0.194	0.1960
10	0.1019	0.134	0.140625	0.1345	0.1350	0.024	0.191	0.1935
11	0.09074	0.120	0.125	0.1196	0.1205	0.026	0.188	0.1910
12	0.08081	0.109	0.109357	0.1046	0.1055	0.029	0.185	0.1890
13	0.07196	0.095	0.09375	0.0897	0.0915	0.031	0.182	0.1850
14	0.06408	0.083	0.078125	0.0747	0.0800	0.033	0.180	0.1820
15	0.05707	0.072	0.0703125	0.0673	0.0720	0.035	0.178	0.1800
16	0.05082	0.065	0.0625	0.0598	0.0625	0.037	0.175	0.1770
17	0.04526	0.058	0.05625	0.0538	0.0540	0.039	0.172	0.1730

表 12-2 線規與金屬板規的十進位數值表 (續)　　(單位：in)

線規名稱	AMERICAN OR BROWN & SHARPE	BIRMING HAM OR STUBS	美國國家標準	製造商標準	鋼線或 WASHBURN & MOEN	琴鋼線	STUBS 鋼線	麻花鑽
主要用途	非鐵金屬薄版線材與棒材	鐵質管件板條線材及彈簧鋼	薄鐵片及鐵板 480 lb/ft^3	薄鐵片	琴鋼線之外的所有鐵線	琴鋼線	鋼質鑽頭棒材	麻花鑽頭與鋼質鑽頭
18	0.04030	0.049	0.05	0.0478	0.0475	0.041	0.168	0.1695
19	0.03589	0.042	0.04375	0.0418	0.0410	0.043	0.164	0.1660
20	0.03196	0.035	0.0375	0.0359	0.0348	0.045	0.161	0.1610
21	0.02846	0.032	0.034375	0.0329	0.0317	0.047	0.157	0.1590
22	0.02535	0.028	0.03125	0.0299	0.0286	0.049	0.155	0.1570
23	0.02257	0.025	0.028125	0.0269	0.0258	0.051	0.153	0.1540
24	0.02010	0.022	0.025	0.0239	0.0230	0.055	0.151	0.1520
25	0.01790	0.020	0.021875	0.0209	0.0204	0.059	0.148	0.1495
26	0.01594	0.018	0.01875	0.0179	0.0181	0.063	0.146	0.1470
27	0.01420	0.016	0.0171875	0.0164	0.0173	0.067	0.143	0.1440
28	0.01264	0.014	0.015625	0.0149	0.0162	0.071	0.139	0.1405
29	0.01126	0.013	0.0140625	0.0135	0.0150	0.075	0.134	0.1360
30	0.01003	0.012	0.0125	0.0120	0.0140	0.080	0.127	0.1285
31	0.008928	0.010	0.0109375	0.0105	0.0132	0.085	0.120	0.1200
32	0.007950	0.009	0.01015625	0.0097	0.0128	0.090	0.115	0.1160
33	0.007080	0.008	0.009375	0.0090	0.0118	0.095	0.112	0.1130
34	0.006305	0.007	0.00859375	0.0082	0.0104	–	0.110	0.1110
35	0.005615	0.005	0.0078125	0.0075	0.0095	–	0.108	0.1100
36	0.005000	0.004	0.00703125	0.0067	0.0090	–	0.106	0.1065
37	0.004453	–	0.006640625	0.0064	0.0085	–	0.103	0.1040
38	0.003965	–	0.00625	0.0060	0.0080	–	0.101	0.1015
39	0.003531	–	–	–	0.0075	–	0.099	0.0995
40	0.003145	–	–	–	0.0070	–	0.097	0.0980

資料取自 Reynold Metal Company。

表 12-3 (12-17) 式中的常數

線材名稱	材料編碼	線徑範圍 (mm)	*m*	*A*
BS 5216				
第一級	BS 5216	2.0 ~ 9	0.251	1630
第二級	BS 5216	0.2 ~ 12.5	0.191	1720
第三級	BS 5216	0.2 ~ 12.5	0.179	1980
第四級	BS 5216	0.1 ~ 4	0.145	2160
第五級	BS 5216	0.1 ~ 2.8	0.156	2370
琴鋼線	A228	0.1 ~ 6.5	0.163	2170
油浴回火鋼線	A229	0.5 ~ 12	0.193	1880
硬拉鋼線	A227	0.7 ~ 12	0.201	1810
鉻釩鋼線	A232	0.8 ~ 12	0.155	1970
鉻矽鋼線	A401	1.6 ~ 10	0.091	2020

經珠擊法處理的彈簧 $S_e = 806\ \text{MPa}$ **(12-21a)**

未經珠擊法處理的彈簧 $S_e = 537\ \text{MPa}$ **(12-21b)**

12.7 螺圈彈簧的挫曲

螺圈壓縮彈簧承受負荷的狀況與柱承受負荷的狀況相似，因此螺圈壓縮彈簧一樣有挫曲的問題，螺圈壓縮彈簧如果撓曲變形量太大，就有發生挫曲的可能，其臨界撓曲變形量可由下式求得

$$\delta_{cr} = L_o C_1 \left[1 - \left(1 - \frac{C_2}{\lambda_{\text{eff}}^2} \right)^{\frac{1}{2}} \right] \tag{12-22}$$

式中 δ_{cr} 對應於彈簧開始不穩定時的變形量，λ_{eff} 稱為有效細長比 (effective slenderness ratio)，其定義為

$$\lambda_{\text{eff}} = \frac{\alpha L_o}{D} \tag{12–23}$$

其中 α 稱為端點條件常數，其值視彈簧兩端的支持方式而定，可由表 12-4 查得。C_1 與 C_2 均為彈性常數，分別定義為

表 12-4　螺圈彈簧的端點條件常數

螺圈彈簧的端點條件	端點條件常數 α
彈簧兩端以平行平面支持 (相當於兩端固定)	0.5
一端以與螺圈中心軸正交的平面支持，另一端以銷接支持 (相當於一端固定，一端銷接)	0.707
兩端銷接	1
一端夾持，另一為自由端	2

$$C_1 = \frac{E}{2(E-G)} \quad \textbf{(12-24)}$$

$$C_2 = \frac{2\pi^2(E-G)}{2G+E} \quad \textbf{(12-25)}$$

如果 (12-23) 式的 $C_2/\lambda_{\text{eff}}^2$ 小於 1，則彈簧絕對不會發生不穩定的情況，也就是，若要維持螺圈壓縮彈簧絕對穩定，則必須

$$L_o < \frac{\pi D}{\alpha}\left[\frac{2(E-G)}{2G+E}\right]^{\frac{1}{2}} \quad \textbf{(12-26)}$$

如果是鋼質彈簧，則上式可簡化為

$$L_o < 2.63\frac{D}{\alpha} \quad \textbf{(12-27)}$$

12.8　設計承受靜負荷的彈簧

設計新的彈簧有一些條件是必須先知道，在設計過程中必須加以考慮的，這些條件包含：

1. 彈簧安置的空間，也就是彈簧運作空間的大小。

2. 承受的工作負荷與撓曲變形的大小。

3. 彈簧運作空間的環境條件，如運作溫度、運作環境是否具腐蝕性等。

4. 精確度與可靠度的要求。

5. 所需間隙與規格上的容許變異量 (permissible variation)。

6. 成本與批量的要求。

設計工程師依據這些條件選擇彈簧的材質、線徑、平均直徑、彈簧的圈數、自由長度、端圈的處理方式與能滿足工作負荷和撓曲變形量關係的彈簧勁度。此外，彈簧線材應選用量產的商品，在最大變形量時彈簧的工作應力不能大於線材的降伏強度等，都是設計彈簧時必須注意的事項。

通常螺圈壓縮彈簧的線材，依彈簧的使用環境與負荷條件來選擇，接著由選擇彈簧的線徑 d，與平均直徑 D 著手，然後以 (12-6) 式核驗承受負荷後的應力及變形條件是否合乎要求，以確定是否需要重新設計。一般而言，彈簧的勁度 (或彈簧率) 在彈簧總變形的前 20% 與後 20% 部分略成非線性變化的現象，因此彈簧的運作範圍宜維持於其變形之中段 60% 內。以下以一個支持柱塞之彈簧的設計，說明承受靜負荷之螺圈壓縮彈簧的設計過程。

範例 12-1

某柱塞需要一個支持的螺圈壓縮彈簧，該彈簧兩端為方端，並將安置於一個直徑 5.1562 mm 的圓孔中。柱塞底端與孔的底部的最短距離為 8.636 mm，當柱塞底端距離孔的底部 9.779 mm 時，彈簧需作用 32.026 N 的力於柱塞底端，且在柱塞底端距離孔的底部最遠的 11.43 mm 處，彈簧應作用 8.896 N 的力於柱塞底端。試設計此一彈簧。

解： 先嘗試取 W&M 線規 21 號的油浴回火鋼線，d = 0.0317 in，或 0.8052 mm，因需預留彈簧安裝後的間隙，取螺圈的平均直徑 D = 4.1478 mm。由 (12-17) 式與表 12-3 可得彈簧鋼線的抗拉強度為

$$S_{ut} = \frac{1880}{(0.8052)^{0.193}} = 1{,}960.3\ \mathrm{MPa}$$

彈簧指數

$$C = \frac{4.1478}{0.8052} = 5.151$$

彈簧勁度 k 為

$$k = \frac{32.026 - 8.896}{11.43 - 9.779} = 14 \text{ N/ mm}$$

接著由 (12-12) 式可以求得彈簧的作用圈數

$$N_a = \frac{Gd^4}{8D^3k} = \frac{(79.3)(10^3)(0.8052)^4}{8(4.1478)^3(14)} = 4.171 \text{ turns}$$

則彈簧總圈數 $N_t = N_a + 2 = 6.171$ 圈，然後由表 12-1 可知彈簧的壓實長度

$$L_s = d(N_t + 1) = 0.8052(6.171 + 1)$$
$$= 5.774 \text{ mm} < 8.636 \text{ mm}$$

彈簧對柱塞的最大作用力 $F_{\max}$ 為

$$F_{\max} = 32.0256 + 14(9.779 - 8.636)$$
$$= 48.03 \text{ N}$$

由於彈簧並非承受疲勞負荷，於是可由 (12-8) 式求得彈簧中的剪應力

$$\tau = \frac{8FD}{\pi d^3}\left(1 + \frac{0.615}{C}\right) = \frac{8(48.03)(4.1478)}{\pi(0.8052)^3}\left(1 + \frac{0.615}{5.151}\right)$$
$$= 1{,}087 \text{ MPa}$$

由 (12-18) 式可得

$$\tau_a = 0.5S_{ut} = 0.5(1{,}960.3) = 980.1 < 1{,}087 \text{ MPa}$$

可知 21 號彈簧線不適用。接著取 20 號彈簧線，$d = 0.8839$ mm，抗拉強度 $S_{ut} = 1{,}925$ MPa，可知 $\tau_a = 962.5$ MPa 且 $D = 4.069$ mm，$C = 4.604$，$N_a = 6.415$，故壓實長度 $L_S = 5.670 < 8.636$ mm，且 $\tau = 816.9$ MPa $< \tau_a$，因此，可使用 W&M 線規的 20 號油浴回火鋼線。彈簧的自由長度 L_o 為

$$L_o = 8.636 + \frac{48.03}{14} = 12.067 \text{ mm}$$

由表 12-1 可得彈簧的節距 p

$$p = \frac{L_o - 3d}{N_a} = \frac{12.067 - 3(0.8839)}{6.415} = 1.468 \text{ mm}$$

且由於彈簧的兩端為方端，由表 6-4 可查得 $\alpha = 0.5$，因

$$2.63\frac{D}{\alpha} = 2.63\left(\frac{4.0691}{0.5}\right) = 21.4 > 12.067 \text{ mm} = L_o$$

可知彈簧不會發生挫曲的問題。

12.9 螺圈壓縮彈簧的自然頻率

由於彈簧常承受波動負荷，如果彈簧承受波動負荷時，彈簧的顫動問題也是設計彈簧時必須考慮的問題。所謂顫動是指，當作用於螺圈彈簧之軸向波動負荷的頻率，與彈簧的自然頻率相近時，將會引起共振，而導致彈簧發生過度撓曲與螺圈之間產生衝擊而損壞彈簧的現象。為了避免顫動現象，螺圈彈簧的負荷運作頻率應避開彈簧的自然頻率，最理想的是負荷運作頻率為彈簧之自然頻率的 15 倍以上。

螺圈壓縮彈簧的自然頻率 ω_n 或 f_n 的值視其兩端的支持方式而定，兩端固定的安排方式是比較常用也是比較理想的方式，因為以 f_n 的值而言，這種方式的值為一端固定、另一端自由之支持方式的兩倍。若兩端均為固定支持方式

$$\omega_n = \pi\sqrt{\frac{k}{m}} \text{ rad/ sec} \qquad f_n = \frac{1}{2}\sqrt{\frac{k}{m}} \text{ Hz} \qquad \textbf{(12-27a, b)}$$

式中 k 為彈簧率，m 為彈簧的質量。由於彈簧的質量

$$m = \frac{1}{4}\pi^2 d^2 D N_a \rho$$

其中的 γ 為彈簧材料的比重。將 m 與 (12-12a) 式的 k 代入 (12-27b) 式可得

$$f_n = \frac{d}{2\pi N_a D^2}\sqrt{\frac{G}{2\gamma}} \ \text{Hz} \tag{12-29}$$

此式用於計算螺圈壓縮彈簧的自然頻率 f_n。若彈簧以一端固定另一端自由的方式支持，則其自由頻率與兩倍長度之彈簧以兩端固定的方式支持的自然頻率相等。也就是 (12-28) 式的 N_a 若以 2 倍的 N_a 值代入，所得的 f_n 就是彈簧以一端固定另一端自由的方式支持時的 f_n。

12.10 承受波動負荷的螺圈壓縮彈簧

若螺圈彈簧承受的負荷於最大負荷 F_{max} 與最小負荷 F_{min} 間波動，設計彈簧時就必須考慮彈簧的疲勞失效。由於彈簧的使用方式只讓彈簧承受拉伸負荷，或承受壓縮負荷，因此螺圈彈簧承受波動負荷時，其負荷狀態通常都是 $F_{max} > 0$ 與 $F_{min} > 0$，且 $0 < F_{min}/F_{max} < 0.8$。先前遭遇波動負荷時都以古德曼關係式討論問題，以下仍然以古德曼關係式來討論螺圈壓縮彈簧承受波動負荷的情況。

若螺圈壓縮彈簧承受的最大負荷為 F_{max}，最小負荷為 F_{min}，則定義

$$F_m = \frac{1}{2}(F_{max} + F_{min}) \qquad F_a = \frac{1}{2}(F_{max} - F_{min}) \tag{12-30a, b}$$

為彈簧線承受的平均負荷與負荷振幅 (amplitude)。因彈簧為延性線材料製成，平均負荷通常視為靜負荷，所以對應於 F_{max} 與 F_{min}，彈簧線中的應力分量 τ_m 與 τ_a 分別為

$$\tau_m = \frac{8FD}{\pi d^3}\left(1 + \frac{0.615}{C}\right) \tag{12-31}$$

$$\tau_a = \frac{8FD}{\pi d^3}\left(\frac{4C-1}{4C-4} + \frac{0.615}{C}\right) \tag{12-32}$$

因彈簧於安裝時，通常會在彈簧線中建立預應力，使得彈簧鋼線中的應力狀態如圖 12-11 所示，因此應用於此種應力狀態的古德曼關係式成為

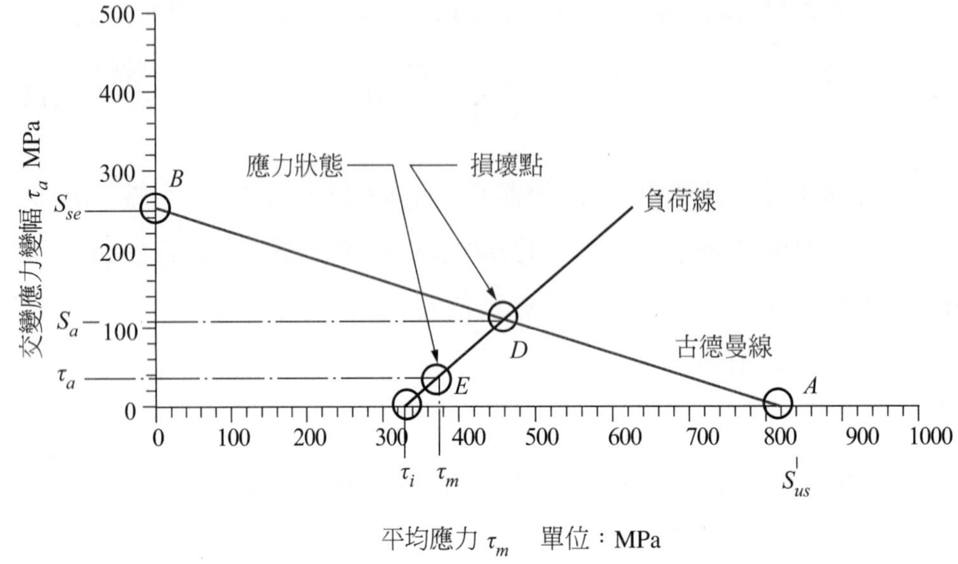

圖 12-11 彈簧的波動應力狀態

$$\frac{\tau_m-\tau_i}{S_{su}}+\frac{\tau_a}{S_{se}}=\frac{1}{n}\left(1-\frac{\tau_i}{S_{su}}\right) \tag{12-33}$$

式中 S_{se} 視彈簧線材是否經珠擊法處理選擇 (12-19a) 或 (12-19b) 之值，而 S_{su} 之值則為

$$S_{su}=0.67S_{ut} \tag{12-34}$$

彈簧的安全因數可依下式求得

$$n=\frac{S_{se}(S_{su}-\tau_i)}{\tau_a S_{su}+(\tau_m-\tau_i)S_{se}} \tag{12-35}$$

範例 12-2

某凸輪軸以 650 rpm 運轉，每一回轉將升降從動件各一次，如圖 EX12-2 所示。為了使從動件隨時保持與凸輪表面接觸，使用一個螺圈壓縮彈簧對從動件施力。該彈簧在從動件相距 25 mm 的最高與最低兩個位置間，所施予從動件的力在 300 N 到 600 N 之間變化。螺圈兩端為經研磨的方端。彈簧線的線材

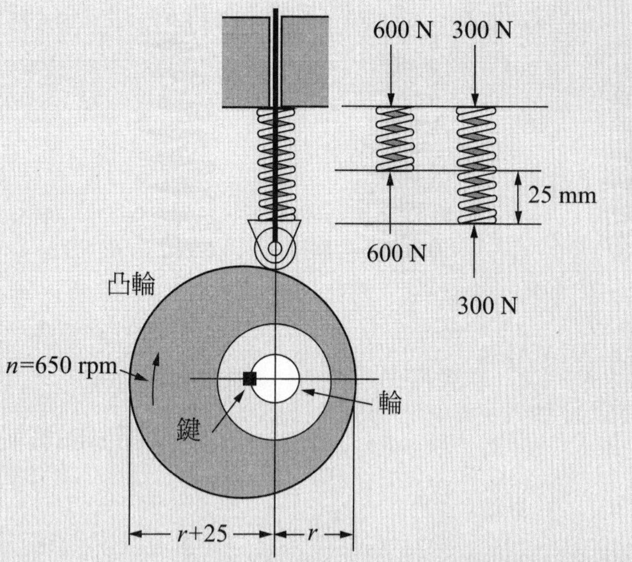

圖 EX12-2

為鉻釩鋼線，由於空間的限制，螺圈的外直徑不能大於 50 mm。試設計該彈簧，並討論該彈簧的安全因數、穩定性與發生顫動現象的可能性。

解：首先計算彈簧率

$$k=\frac{600-300}{25}=12\text{ N/ mm}$$

因彈簧承受波動負荷，為降低應力集中的影響，選擇較大的彈簧指數 C，令 $C=9.0$，因空間限制，D 不能大於 50 mm，因此先選用經過珠擊法處理的 W&M 線規的 7 號鉻釩鋼線，線徑 $d=4.8768$ mm，所以 $D=43.8912$ mm，由表 12-3 與 (12-17) 式可得

$$S_{ut}=\frac{A}{d^m}=\frac{1,970}{(4.8768)^{0.155}}=1,541\text{ MPa}$$

由於 $F_{max}=600$ N，$F_{min}=300$ N，可知 $F_m=450$ N，$F_a=150$ N。由 (12-30) 式可得

$$\tau_m = \frac{8F_mD}{\pi d^3}\left(1+\frac{0.615}{C}\right) = \frac{8(450)(43.8912)}{\pi(4.8768)^3}\left(1+\frac{0.615}{9.0}\right)$$

$$= 463.268 \text{ MPa}$$

由 (12-31) 式可得

$$\tau_a = \frac{8F_aD}{\pi d^3}\left(\frac{4C-1}{4C-4}+\frac{0.615}{C}\right) = \frac{8(150)(43.8912)}{\pi(4.8768)^3}\left(\frac{4(9.0)-1}{4(9.0)-4}+\frac{0.615}{9.0}\right)$$

$$= 167.974 \text{ MPa}$$

彈簧的預負荷為 $F_i = F_{\min}$，可知

$$\frac{\tau_i}{\tau_m} = \frac{F_i}{F_m}$$

即

$$\tau_i = \frac{F_i}{F_m}\tau_m = \frac{300}{450}(463.3) = 308.8 \text{ MPa}$$

因彈簧鋼線經珠擊法處理 $S_{se} = 465$ MPa，且

$$S_{su} = 0.67S_{ut} = 0.67(1,541) = 1,032.5 \text{ MPa}$$

所以彈簧的安全因數為

$$n = \frac{S_{se}(S_{su}-\tau_i)}{\tau_a S_{su} + (\tau_m - \tau_i)S_{se}}$$

$$= \frac{465(1,032.5-384.84)}{167.974(1,032.5)+(463.268-308.84)(465)}$$

$$= 1.37$$

彈簧的有效圈數 N_a 為

$$N_a = \frac{Gd}{8C^3k} = \frac{79.3(10^3)(4.8768)}{8(9.0^3)(12)} = 5.526$$

由 (12-19b) 式可得

$$\tau_a = 0.5S_{ut} = 0.5(1,541) = 770.5 \text{ MPa}$$

因此，將彈簧壓成壓實長度所需的力為

$$F=\frac{\pi d^3\tau_a}{8D\left(1+\dfrac{0.615}{C}\right)}=\frac{\pi(4.8768^3)(770.5)}{8(43.8912)\left(1+\dfrac{0.615}{9.0}\right)}$$

$$=748.43\ \text{N}$$

可知彈簧的最大撓曲變形 $\delta_{\max}$ 為

$$\delta_{\max}=\frac{F}{k}=\frac{748.43}{12}=62.37\ \text{mm}$$

由表 12-1 可得彈簧的壓實長度為

$$L_s=dN_t=4.8768(5.526+2)=36.70\ \text{mm}$$

依此壓實長度與彈簧的最大撓曲變形 $\delta_{\max}$，可得彈簧的自由長度為

$$L_o=L_S+\delta_{\max}=36.70+62.37=99.07\ \text{mm}$$

因此，彈簧的節距為

$$p=\frac{L_o-2d}{N_a}=\frac{99.07-2(4.8768)}{5.526}=16.16\ \text{mm}$$

因兩端為研磨方端 $\alpha=0.5$，再依 (12-26) 式

$$2.63\frac{D}{\alpha}=2.63\frac{43.8912}{0.5}=230.87\ \text{mm}>100.04\ \text{mm}$$

因此，該彈簧不會發生挫曲。彈簧的自然頻率 f_n 可依 (12-28) 式求得為

$$f_n=\frac{30}{\pi}\frac{d}{N_aD^2}\sqrt{\frac{G}{2\gamma}}=\frac{30}{\pi}\frac{0.0048768}{(4.70)(0.0463296^2)}\sqrt{\frac{79.3(10^9)}{2(7.8)(10^3)}}$$

$$=10{,}408.0\ \text{Hz}=65{,}395\ \text{rpm}$$

因負荷的頻率為 650 rpm，即彈簧的自然頻率約為負荷頻率的 100 倍，大於避免發生顫動所需的 15 倍，所以該彈簧不會有顫動的問題。

12.11 螺圈扭轉彈簧

螺圈扭轉彈簧也是日常用品中經常用到的彈簧，諸如門扉的鉸鏈、文書夾、運動器材的握持力鍛鍊器等，或用於使受力部分於施力消失時回歸關閉狀態，或施力以夾緊文件，都可以使用螺圈扭轉彈簧。和拉伸彈簧相似，為適應不同的使用場合，螺圈扭轉彈簧兩端也有各種不同的設計，圖 12-12 列出了一些比較常見的扭轉彈簧兩端部的設計。螺圈扭轉彈簧的外觀與螺圈拉伸、壓縮彈簧相似，但多數形成密螺圈，螺圈與螺圈間都留有微小的餘隙。

螺圈扭轉彈簧受力點受外力作用時，將對螺圈的中心線產生力矩，使螺圈直徑發生變化，因此螺圈扭轉彈簧的彈簧線中承受的是彎應力，與螺圈壓縮或拉伸彈簧不同。由於繞圈時常在螺圈內側留下殘餘應力，如果能使工作應力的方向與

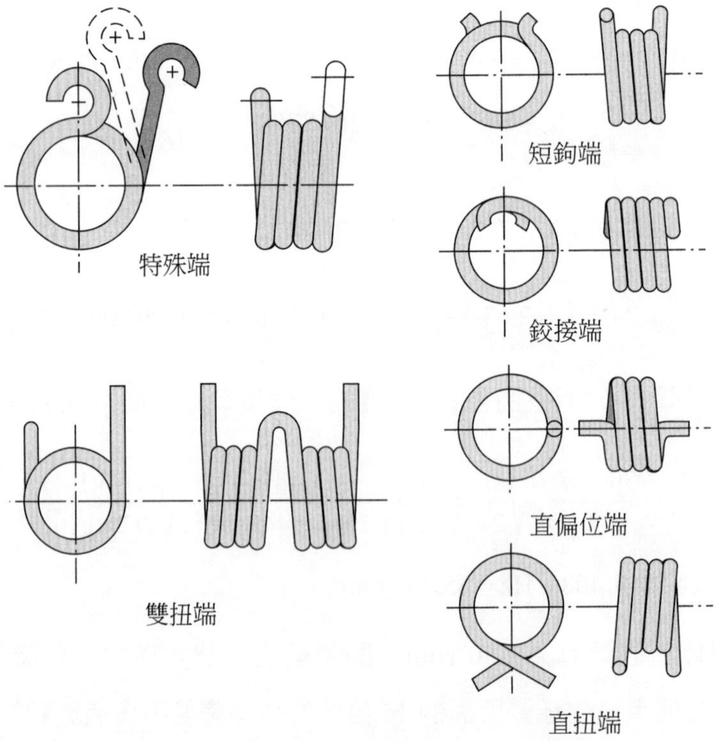

圖 12-12 常見的螺圈扭轉彈簧的兩端處理方式

該殘餘應力的方向相反，將使彈簧能承受更大的負荷，甚至可使設計應力高於彈簧線材的降伏強度。

承受負荷時，螺圈扭轉彈簧的彈簧線有如承受純彎矩的曲樑，曲樑中的彎應力可以藉直樑的彎應力計算式計算，並以彈簧線曲率導致的應力集中因數修正，由下式求得

$$\sigma_b = K\frac{Mc}{I}$$

式中 K 即為因彈簧線的曲率所導致的應力集中因數。K 的值視彈簧線的剖面形狀與在螺圈內側或螺圈外側的位置而定。

根據華爾 (Wahl) 的分析，圓形剖面之彈簧線的 K 值可依下列兩式求得

$$K_i = \frac{4C^2 - C - 1}{4C(C-1)} \qquad K_o = \frac{4C^2 + C - 1}{4C(C+1)} \tag{12-36}$$

式中 C 為彈簧指數，下標 i 與 o 分別表示螺圈的內緣或外緣。由於內緣的應力集中因數較大，因此設計時通常僅需考慮螺圈內緣的應力。若彈簧線的剖面為圓形，則將 M 與 I 代入後，可得

$$\sigma_b = K\frac{32Fr}{\pi d^3} \tag{12-37}$$

此式用於計算以圓形剖面彈簧線繞成之螺圈扭轉彈簧，承受負荷時彈簧線中的彎應力。承受負荷後，螺圈扭轉彈簧扭轉角 θ 的改變量可依下列程序求得，因

$$\frac{d^2y}{dx^2} = \frac{d}{dx}\left[\frac{dy}{dx}\right] = \frac{d\theta}{dx} = \frac{M}{EI} \tag{a}$$

所以

$$\theta = \int_0^L \frac{M}{EI}dx = \frac{ML}{EI} \tag{b}$$

圖 12-13 為扭轉彈簧的示意圖，若外施力 F 的施力點至螺圈中心線的力臂為 r，則

$$M = Fr \tag{c}$$

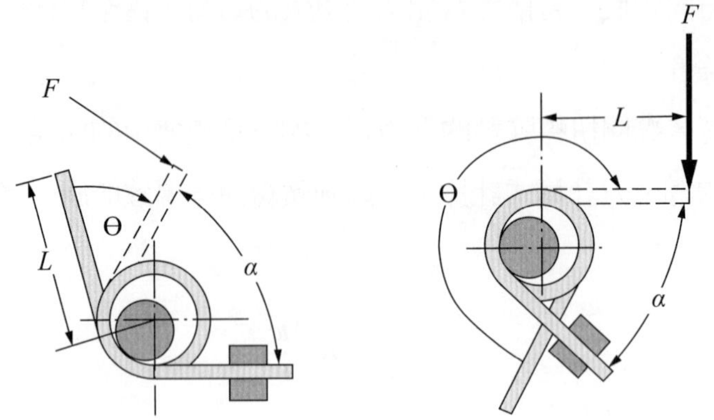

圖 12-13 扭轉彈簧示意圖

L 代表彈簧線的有效長度，所以

$$L = \pi D N_a \tag{d}$$

D 與 N_a 仍代表螺圈的平均直徑與作用圈數。螺圈扭轉彈簧的尾端圈數與拉伸、壓縮彈簧的作用圈數計算方式不同，螺圈扭轉彈簧直線端部的尾端圈數可依下式計算

$$N_e = \frac{L_1 + L_2}{3\pi D} \tag{e}$$

式中 L_1、L_2 分別為彈簧兩端與螺圈相切之直線部分的長度。若彈簧本體的圈數為 N_b，則螺圈扭轉彈簧的作用圈數 N_a

$$N_a = N_b + N_e \tag{12-38}$$

將 (c)、(d) 兩式與 I 代入 (b) 式中可得

$$\theta = \frac{64FrDN_a}{d^4 E} \tag{12-39}$$

式中 θ 就是螺圈扭轉彈簧承受扭矩 M 時的總扭轉角，並以弳度為單位。螺圈扭轉彈簧的彈簧率 k 為

$$k = \frac{M}{\theta} = \frac{d^4 E}{64 D N_a} \tag{12-40}$$

此式所代表的彈簧率為使 θ 改變一單位弳度所需的扭矩，所以單位為 Nm/rad。若以 Nm/turn 為單位，即以扭轉一周為單位時，彈簧率 k' 為

$$k' = \frac{d^4 E}{10.2 D N_a}$$

但此式乃是以直樑的關係式導出，並未考慮實際彈簧線的曲率，若將彈簧線的曲率也加入考慮，則依實際試驗顯示，(12–40) 式應修正為

$$k' = \frac{d^4 E}{10.8 D N_a} \tag{12-41}$$

這是個使用較廣的彈簧率定義。

螺圈扭轉彈簧承受負荷時期曲率半徑隨負荷的大小而改變，由於實際應用上，螺圈扭轉彈簧通常繞於一根圓棒或銷上使用，因此必須預先考慮彈簧的內徑會不會縮小至小於或等於圓棒或銷的直徑，以防止彈簧因此而損壞。螺圈扭轉彈簧承受負荷後的內徑可依下式求得

$$D_i' = \frac{N_a}{N_a'} D_i \tag{12-42}$$

式中 D_i 與 N_a 分別為彈簧受力前的螺圈內徑與螺圈的作用圈數；而 D_a' 與 N_a' 則分別為彈簧受力後的螺圈內徑與螺圈的作用圈數。

如果螺圈扭轉彈簧承受的是波動負荷，則設計時仍可以古德曼關係式作為彈簧是否發生疲勞失效的準則，所使用的計算式與 (12-33) 式及 (12-35) 式相似，只是其中的應力換成彎應力，也就是

$$\frac{\sigma_m - \sigma_i}{S_{ut}} + \frac{\sigma_a}{S_e} = \frac{1}{n}\left(1 - \frac{\sigma_i}{S_{ut}}\right) \tag{12-43a}$$

或

$$n = \frac{S_e (S_{ut} - \sigma_i)}{\sigma_a S_{ut} + (\sigma_m - \sigma_i) S_e} \tag{12-43b}$$

以上兩式中　σ_i = 彈簧線中的預應力

σ_m = 彈簧線中的平均彎應力

σ_a = 彈簧線中的彎應力振幅

範例 12-3

某裝置需要一個能在經歷 250° 角變形間操控 1.7 Nm 力矩負荷的螺圈扭轉彈簧。彈簧承受最大負荷時，螺圈的內徑不能小於 16 mm，以免彈簧抵觸軸心的圓鋼棒而損傷彈簧，彈簧材料指定為琴鋼線。試為此裝置設計所需的彈簧。

解：為降低應力集中因數，選擇較大的彈簧指數，令 $C = 10$，因螺圈內徑有不能小於等於 16 mm 的限制條件，因此先嘗試 33 號的琴鋼線，線徑 $d =$ 0.095 in，或 $d = 2.413$，由表 12-3 與 (12-17) 式，可得

$$S_{ut} = \frac{A}{d^m} = \frac{2{,}170}{2.413^{0.146}} = 1{,}908 \text{ MPa}$$

且由

$$S_{yp} = 0.78 S_{ut} = 1{,}488 \text{ Mpa}$$

因彈簧螺圈內側的應力集中因數為

$$K_i = \frac{4C^2 - C - 1}{4C(C-1)} = \frac{4(10)^2 - 10 - 1}{4(10)(10-1)} = 1.081$$

且由 (12-38) 式可以計算出該彈簧可以容忍的最大扭矩 M

$$M = Fr = \frac{\pi d^3 \sigma}{32K} = \frac{\pi(2.413)^3(1{,}488)}{32(1.081)}$$

$$= 1.899 \text{ Nm} > 1.7 \text{ Nm}$$

依定義彈簧的彈簧率為

$$k' = \frac{1.7}{(250/360)} = 2.448 \text{ Nm/ turn}$$

於是由 (12-40) 式可以求得彈簧的作用圈數 N_a

$$N_a = \frac{d^4 E}{10.8Dk'} = \frac{(2.413)^4(207)(10^3)}{10.8(24.13)(2.448)(10^3)} = 11 \text{ turns}$$

因螺圈的初始內徑為 $D_i = D - d = 24.13 - 2.413 = 21.717$ mm，彈簧在承受最大扭矩時的 θ′ 之角變形為

$$\theta' = \frac{1.899}{1.7}(250°) = 279.26° = 0.776 \text{ turns}$$

所以

$$N' = 11 + 0.776 = 11.776 \text{ turns}$$

於是彈簧在承受最大扭矩時的內徑 D_i' 可由 (12-42) 式計算，得

$$D_i' = \frac{N_a}{N_a'} D_i = \frac{11}{11.776}(21.717)$$

$$= 20.286 \text{ mm} > 16 \text{ mm}$$

因此該彈簧可選用規號 33 號的琴鋼線，令螺圈外徑 D_o = 26.543 mm，螺圈的有效圈數 N_a = 11 圈，彈簧率 k' = 2.448 Nm/turns。

12.12 貝里彈簧

貝里彈簧 (Belleville spring washers) 又稱**錐形彈簧** (coned-disk springs)，以薄鋼板冷衝或熱衝製成，具有圓錐台的外型，其名稱來自它的發明者 Julian F. Belleville。

貝里彈簧僅能用於承受壓縮負荷，通常裝在套筒中或裝在中央心軸上使用。承受負荷時，負荷沿彈簧的邊緣均勻分佈。由於負荷與撓曲間呈現非線性關係，使得貝里彈簧在某些應用領域特別有用，它的形狀非常緊緻，可用於空間受限的場合，以承擔很大的推力。圖 12-14 即為貝里彈簧的剖面圖，圖中的貝里彈簧厚度為 t，錐台的內側高度為 h。藉著變化 h/t 的比值，可使負荷曲線產生很大的變

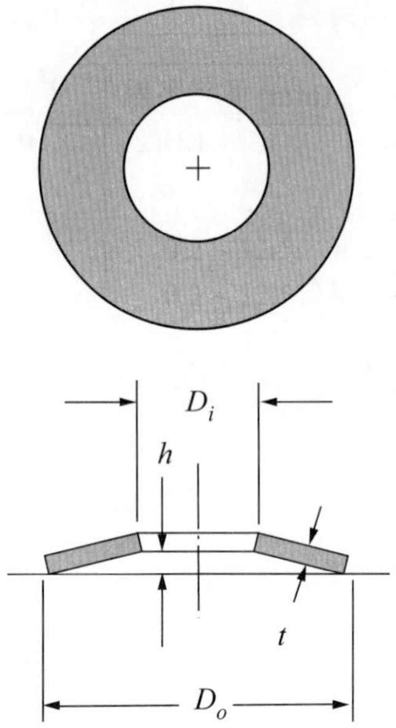

圖 12-14 貝里彈簧剖面圖

化，甚至可以使彈簧在相當大的撓曲變形範圍內，負荷維持於定值。

圖 12-15 的縱座標為彈簧撓曲變形量 δ，與彈簧錐台之內側高度 h 的比值。從圖中可以觀察到當 $h/t = 0.4$，彈簧的特性曲線與線性螺圈彈簧的特性曲線相似，當 h/t 的比值漸增，彈簧的非線性也隨之增高。且於 $h/t = \sqrt{2}$ 時，特性曲線以 $\delta/h = 1$，也就是彈簧壓扁的狀態，中央有一部呈現水平，也就是彈簧在此撓曲變形範圍內，負荷維持於定值。從圖 12-16 可以看出，當 δ/h 之值在 0.8 與 1.2 之間時，作用於彈簧上的負荷與壓扁彈簧所需力之比的偏差在 1% 之內，如果容許負荷有 10% 的偏差時，δ/h 之值甚至可以在 55% 至 145% 間變動。

貝里彈簧的負荷、應力與撓曲間之關係的理論分析非常複雜，不擬在此介紹，以下介紹的各關係式僅是理論分析的結果，式中使用符號所代表的意義如圖 12-17 所示。圖中 F 代表均匀分佈於彈簧邊緣之負荷的合力。

先前已經提過貝里彈簧的負荷與撓曲量之間的關係呈現非線性，因此不能稱為彈簧率。彈簧的負荷與撓曲量間的函數關係如下：

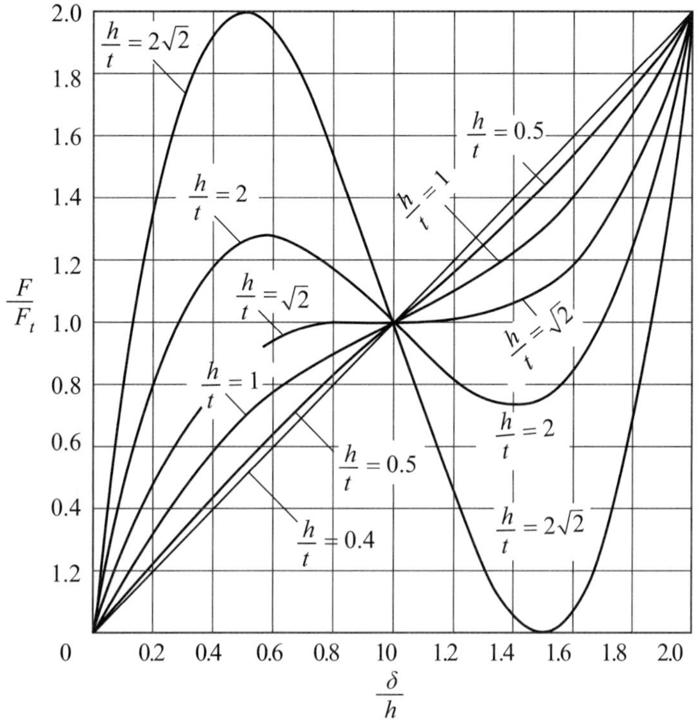

圖 12-15 正規化之貝里彈簧的負荷與撓曲變形特性圖

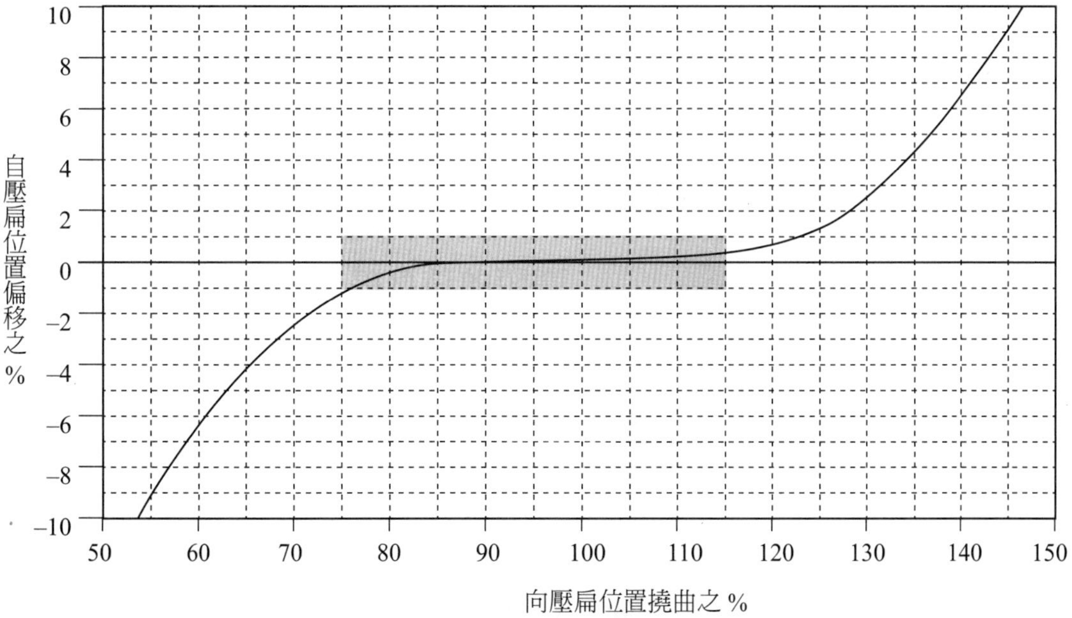

圖 12-16 定值力之貝里彈簧鄰近壓扁位置之誤差 % ($\alpha = 2.0$，$h/t = 1.414$)

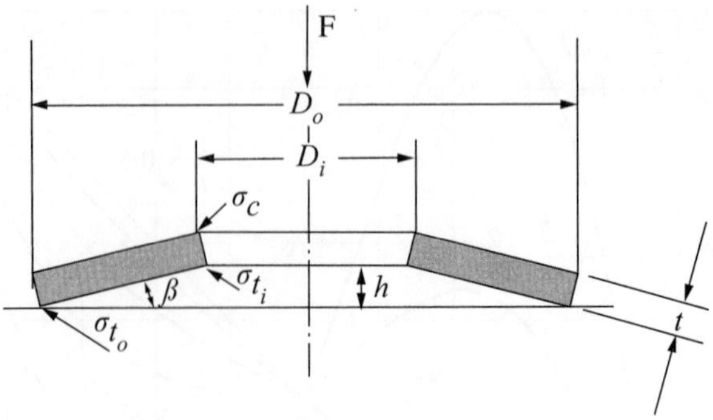

圖 12-17 貝里彈簧的負荷與應力

$$F=\frac{4E\delta C_1}{(1-\nu^2)D_o^2}\left[(h-\delta)\left(h-\frac{\delta}{2}\right)t+t^3\right] \tag{12-44}$$

式中 δ 為貝里彈簧偏離其自由位置的撓曲量。且

$$C_1=\frac{\pi\ln\alpha}{6}\left[\frac{\alpha}{\alpha-1}\right]^2 \qquad \alpha=\frac{D_o}{D_i} \tag{12-45a, b}$$

若 (12-44) 式中 $\delta = h$ 時，所得之負荷即為將貝里彈簧壓成扁平時所需的負荷 F_f，所以

$$F_f=\frac{4EC_1ht^3}{(1-\nu^2)D_o^2} \tag{12-46}$$

雖然作用於貝里彈簧的負荷均勻分佈於其邊緣，但彈簧中的應力並非均勻分佈，而集中於內徑與外徑的尖端，如圖 12-17 的 σ_C、σ_{t_o} 與 σ_{t_i}，其中 σ_C 是最大的應力，而且是壓應力。在彈簧內側邊脊上的應力則為張應力，而 σ_{t_o} 又大於 σ_{t_i}。這三項應力可依下列各式求得

$$\sigma_C=-\frac{4E\delta C_1}{D_o^2(1-\nu^2)}\left[C_2\left(h-\frac{\delta}{2}\right)+C_3t\right] \tag{12-47}$$

$$\sigma_{t_i}=\frac{4E\delta C_1}{D_o^2(1-\nu^2)}\left[-C_2\left(h-\frac{\delta}{2}\right)+C_3t\right] \tag{12-48}$$

$$\sigma_{t_o}=\frac{4E\delta C_1}{D_o^2(1-\nu^2)}\left[C_4\left(h-\frac{\delta}{2}\right)+C_5t\right] \tag{12-49}$$

式中

$$C_2 = \frac{6}{\pi \ln \alpha}\left(\frac{\alpha - 1}{\ln \alpha} - 1\right) \tag{12-50}$$

$$C_3 = \frac{3(\alpha - 1)}{\pi \ln \alpha} \tag{12-51}$$

$$C_4 = \left[\frac{\alpha}{(\alpha - 1)^2}\right]\left[\frac{\alpha \ln \alpha - (\alpha - 1)}{\ln \alpha}\right] \tag{12-52}$$

$$C_5 = \frac{\alpha}{2(\alpha - 1)} \tag{12-53}$$

單一貝里彈簧能產生的撓曲量很有限，為了得到大的撓曲量，貝里彈簧也和螺圈彈簧相似，可以堆疊形成串聯，如圖 12-18(a) 所示。則彈簧在承受相同的負荷下，可以獲得較大的撓曲量。同樣地，如果需要貝里彈簧在相同的撓曲量下，能承受更大的負荷，則可以如圖 12-18(b) 所示，將彈簧堆疊成並聯的方式，只是堆疊成串聯的方式時，通常具有不穩定性，因此必須使用套筒或以心軸作為導引，但採取此種安裝方式時，由於摩擦的關係，會降低可利用的負荷。當然，貝里彈簧也可形成串聯與並聯的彈簧組合方式，如圖 12-18(c) 所示，但也存在不穩定的問題。

貝里彈簧的設計是一件很繁瑣的事，因為設計時採試誤法進行，通常必須先假設適當的 α 與 h/t 之值，一般而言，為了獲得有效率的設計，α 的值宜維持在

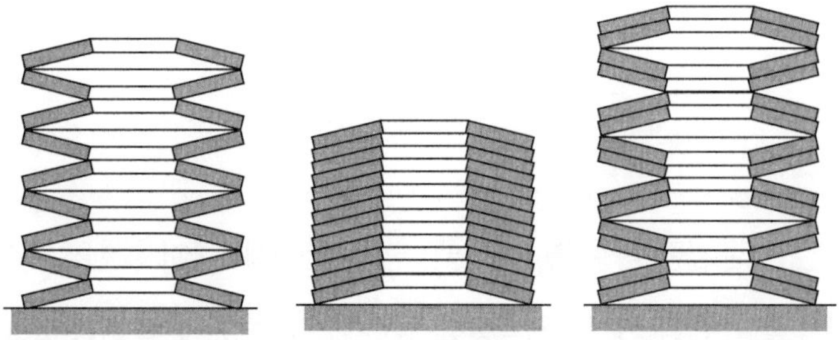

(a) 串聯堆疊　(b) 並聯堆疊　(c) 串、並聯堆疊

圖 12-18　貝里彈簧的彈簧組合

大於或等於 2，才容易在彈簧的內側邊脊得到合適的高應力。為了使彈簧能撓曲至近乎扁平的位置，並獲得彈簧的最佳效益，h/t 之值宜維持於 1 至 1.5 之間。除非有較例外的需求，否則 h/t 之值不宜使用此一範圍之外的值。

當彈簧撓曲至逼近於壓扁位置時，彈簧中的最大應力 σ_C 之值，視圖 12-17 中的 β 角而定。合適的貝里彈簧依 (12-47) 式計算所得之 σ_C 的絕對值，宜在 0.6 $E\beta^2$ 與 0.8 $E\beta^2$ 間。因此 β 不可能大於 0.1 rad 太多，才能在逼近扁平的位置仍不會發生太高的應力。β 之值可由下式估算

$$\beta = \left\{ \frac{2\sigma_C}{1.1E\left[k + \frac{t}{h}(\alpha - 1)\right]} \right\}^{\frac{1}{2}} \tag{12-54}$$

式中

$$k = \frac{\alpha - 1}{\ln\alpha} - 1 \tag{12-55}$$

一旦確定 α、h/t 與 β 之值後，貝里彈簧的各項比例即告確定。由於 β 角很小，可令

$$\frac{2h}{D_o - D_i} \approx \beta$$

於是可將 (12-46) 式改寫成

$$F_f = \frac{EC_1\beta^2}{(1-\nu^2)}\left(\frac{\alpha - 1}{\alpha}\right)^2\left(\frac{t}{h}\right)t^2 \tag{12-56}$$

然後由 (12-56) 式求得彈簧的厚度 t。最後再由 h/t、α 與 β 等關係式計算其他各項尺寸。

範例 12-4

某傳動軸上的軸端密封裝置，需要一個能夠因應軸因溫度變化產生微小位移時，施予定值負荷的彈簧。該彈簧必須能在標稱撓度 ± 0.15 mm 的範圍內，維持其作用力於 45 N，但容許有 ± 4% 的偏差，且該彈簧將置入直徑 32 mm

的圓孔中。試為此一密封裝置設計適用的彈簧，彈簧材料的 $S_{ut} = 1690$ MPa。

解： 彈簧須在一定的撓曲範圍內維持施力於定值，可知貝里彈簧是適宜的選擇。由圖 12-16 可看出要施力維持定值時，應使 $h/t = \sqrt{2}$，令 $\alpha = 2$，則由 (12-45a) 式可得

$$C_1 = \frac{\pi \ln \alpha}{6}\left[\frac{\alpha}{\alpha - 1}\right]^2 = \frac{\pi \ln 2}{6}\left[\frac{2}{2-1}\right]^2$$
$$= 1.452$$

鋼的 $E = 207$ GPa，$v = 0.3$，若假設 β =0.08 rad 則可由 (12-56) 式求得彈簧的厚度 t，即

$$t = \left[\frac{F_f(1-\nu^2)}{EC_1\beta^2}\left(\frac{\alpha}{\alpha-1}\right)^2\left(\frac{h}{t}\right)\right]^{\frac{1}{2}} = \left[\frac{45(1-0.3^2)}{207(10^3)(1.452)(0.08)^2}\left(\frac{2}{2-1}\right)^2\sqrt{2}\right]^{\frac{1}{2}}$$
$$= 0.347 \text{ mm}$$

於是可求得

$$h = \sqrt{2}t = 0.491 \text{ mm}$$

由於施力容許 4% 的偏移，由圖 12-16 可知 $0.65 \le \delta/h \le 1.35$，即

$$\delta_{\max} = 1.35h = 0.663 \text{ mm}，\delta_{\min} = 0.65h = 0.319 \text{ mm}$$

即在 $\delta_{\min} < \delta < \delta_{\max}$ 內，彈簧的作用力能維持於 4% 誤差內，其次

$$C_2 = \frac{6}{\pi \ln \alpha}\left(\frac{\alpha - 1}{\ln \alpha} - 1\right) = \frac{6}{\pi \ln 2}\left(\frac{2-1}{\ln 2} - 1\right) = 1.220$$

$$C_3 = \frac{3(\alpha - 1)}{\pi \ln \alpha} = \frac{3(2-1)}{\pi \ln 2} = 1.378$$

由於該彈簧將置入直徑 32 mm 的圓孔中，選擇 $D_o = 30$ mm，即可求得彈簧中的最大應力 σ_C 之值為

$$\sigma_C = -\frac{4E\delta C_1}{D_o^2(1-\nu^2)}\left[C_2\left(h-\frac{\delta}{2}\right)+C_3 t\right]$$

$$= -\frac{4(207)(10^3)(0.491)(1.452)}{30^2(1-0.3^2)}\left[1.22\left(0.491-\frac{0.491}{2}\right)+1.378(0.347)\right]$$

$$= -560.5 \text{ MPa}$$

而彈簧中應力的上、下限 σ_U 與 σ_L 分別為

$$\sigma_U = 0.8\beta^2 E = 0.8(0.08^2)(207)(10^3) = 1{,}060 \text{ MPa} > |\sigma_C|$$

$$\sigma_L = 0.6\beta^2 E = 0.6(0.08^2)(207)(10^3) = 795 \text{ MPa} > |\sigma_C|$$

顯然 $|\sigma_C|$ 的值偏低，改令 $\beta = 0.072$ rad，然後依循先前的求解過程，可先求得 $t = 0.386$ mm，然後求出 $h = 0.545$ mm，$\delta_{max} = 0.736$ mm，$\delta_{min} = 0.354$ mm，並計算求得 $\sigma_C = -691.5$ Mpa，$\sigma_U = 858.5$ MPa，$\sigma_L = 643.8$ MPa，可知此一假設符合 $\sigma_L < |\sigma_C| < \sigma_U$ 的條件，再由 (12-46) 式

$$F_f = \frac{4EC_1 h t^3}{(1-\nu^2)D_o^2} = \frac{4(207)(10^3)(1.452)(0.545)(0.386)^3}{(1-0.3^2)(30)^2}$$

$$= 46.0 \text{ N}$$

這個值在容許的 42.75 N 與 47.25 N 的範圍內。而設計條件中要求維持作用力於定值的撓曲範圍為

$$\delta_L = 0.545 - 0.15 = 0.395 \text{ mm}, \quad \delta_U = 0.545 + 0.15 = 0.695 \text{ mm}$$

也為這個彈簧能維持定值作用力的區間 0.354~0.736 mm 所涵蓋，所以這個貝里彈簧能合乎要求，其尺寸為

$$D_o = 30 \text{ mm}, \quad D_i = 15 \text{ mm}$$

$$t = 0.385 \text{ mm}, \quad h = 0.545 \text{ mm}$$

彈簧的安全因數

$$n=\frac{1,690}{691.5}=2.44$$

因

$$C_4=\left[\frac{\alpha}{(\alpha-1)^2}\right]\left[\frac{\alpha\ln\alpha-(\alpha-1)}{\ln\alpha}\right]=\left[\frac{2}{(2-1)^2}\right]\left[\frac{2\ln 2-(2-1)}{\ln 2}\right]=1.115$$

$$C_5=\frac{\alpha}{2(\alpha-1)}=\frac{2}{2(2-1)}=1$$

所以其他兩項應力分別為

$$\sigma_{t_i}=\frac{4E\delta C_1}{D_o^2(1-\nu^2)}\left[-C_2\left(h-\frac{\delta}{2}\right)+C_3t\right]$$

$$=\frac{4(207)(10^3)(0.736)(1.452)}{30^2(1-0.3^2)}\left[-1.220\left(0.545-\frac{0.736}{2}\right)+1.378(0.386)\right]$$

$$=341.4\text{ MPa}$$

$$\sigma_{t_o}=\frac{4E\delta C_1}{D_o^2(1-\nu^2)}\left[C_4\left(h-\frac{\delta}{2}\right)+C_5t\right]$$

$$=\frac{4(207)(10^3)(0.736)(1.452)}{30^2(1-0.3^2)}\left[1.115\left(0.545-\frac{0.736}{2}\right)+1(0.386)\right]$$

$$=630.3\text{ MPa}$$

又

$$k=\frac{\alpha-1}{\ln\alpha}-1=\frac{2-1}{\ln 2}-1=0.4427$$

所以

$$\beta=\left\{\frac{2\sigma_C}{1.1E\left[k+\frac{t}{h}(\alpha-1)\right]}\right\}^{\frac{1}{2}}=\left\{\frac{2(691.5)}{1.1(207)(10^3)\left[0.4427+\frac{1}{\sqrt{2}}(2-1)\right]}\right\}^{\frac{1}{2}}$$

$$=0.07268$$

與假設之 β 值相差不及 1%。

習 題

1. 以 W&M 線規之 11 號硬拉鋼線，製成兩端為方端，外徑為 30.607 mm 的螺圈壓縮彈簧，作用圈數 $N_a = 12$，試求

(a) 對應於材料降伏強度，該彈簧所能承受的最大靜負荷。

(b) 承受最大靜負荷時，彈簧的最大撓曲變形量。

(c) 彈簧的彈簧率。

(d) 彈簧的壓實長度。

(e) 若彈簧在承受最大負荷時，彈簧長度正好是其壓實長度，試求彈簧的自由長度與彈簧的節距。

2. 若問題 1 中的彈簧改成以油浴回火鋼線製作，試重解問題。

3. 某承受靜負荷的螺圈壓縮彈簧，以 W&M 線規的 17 號硬拉鋼線製成，螺圈外徑 11 mm，兩端為方端，總圈數 $N_t = 12$，彈簧承受負荷後產生的撓曲為 12 mm，試求

(a) 彈簧率。

(b) 彈簧承受的靜負荷，與安全因數。

(c) 若彈簧線中的應力達到 0.9 S_{sy} 時，彈簧即呈壓實狀態，試求彈簧的自由長度。

(d) 彈簧的節距。

(e) 是否發生挫曲。

4. 若以 W&M 線規之 22 號油浴回火鋼線製成兩端鉤如圖 12-9(a) 與圖 12-9(b) 所示的拉伸彈簧，作用圈數 $N_a = 24$，$C = 80$，其承受彎曲與扭轉的平均半徑分別為 6 mm 與 3.6 mm，該彈簧捲繞完成時留下 80 MPa 的預應力，以維持彈簧於未承受夠大的負荷之前，能維持各螺圈於緊密狀態，安裝完成時兩鉤端的距離為 60 mm，試求

(a) 該彈簧安裝時的預負荷為若干。

(b) 承受多大的負荷時，彈簧會發生降伏現象。

(c) 彈簧的彈簧率。

(d) 彈簧降伏時所呈現的撓曲量。

5. 以 W&M 線規之 17 與 13 號油浴回火鋼線製成兩個彈簧指數 $C = 10$，且兩端為研磨方端的螺圈壓縮彈簧，前者 $N_a = 18$，後者 $C = 12$，使兩個彈簧具有相同的自由長度並構成巢形彈簧組合。若兩彈簧之一承受的應力達到降伏值時，該彈簧正好形成壓實狀態，試求

(a) 各彈簧的彈簧率與彈簧組合的彈簧率。

(b) 兩彈簧之一承受的應力達到其降伏值時，彈簧組合所承受的負荷與撓曲量。

(c) 彈簧的自由長度與各彈簧的節距。

6. 某庫存螺圈壓縮彈簧以 28 號琴鋼線製成，彈簧外徑 $D_o = 19.84$ mm，彈簧率 $k = 1.624$ N/mm，端圈為未經研磨的方端，若彈簧壓實時彈簧鋼線中的應力為 0.9 S_{sy}，試求該彈簧的

(a) 將彈簧壓實所需的負荷。

(b) 彈簧的壓實長度。

(c) 彈簧的自由長度。

(d) 彈簧的節距。

(e) 彈簧的作用圈數。

(f) 該彈簧是否有挫曲的問題。

7. 某庫存螺圈壓縮彈簧以 28 號琴鋼線製成，彈簧外徑 $D = 19.84$ mm，壓實長度 $L_s = 15.10$ mm，端圈為未經研磨的方端，若彈簧壓實時彈簧鋼線中的應力為 0.9 S_{sy}，試求該彈簧的

(a) 彈簧率。

(b) 將彈簧壓實所需的負荷。

(c) 彈簧的自由長度。

(d) 彈簧的節距。

(e) 彈簧的作用圈數。

(f) 該彈簧是否有挫曲的問題。

8. 以 W&M 的 14 號硬拉鋼線繞成端圈如圖 12-9(a)(b) 所示的某拉伸彈簧，鉤端半徑在圖 12-9(a) 中之 $r_m = 6$ mm，有效圈數 $N_a = 100$，由兩鉤內緣量得的彈簧長度為 227.2 mm，彈簧的外徑為 14.224 mm，於彈簧調定處理時已經施予預施力 30 N；試求

(a) 彈簧鋼線的抗拉強度與降伏強度。

(b) 彈簧鋼線中的預施力是否合宜？

(c) 若使彈簧本體鋼線中之應力達到降伏值，應施予彈簧的拉力；

(d) 彈簧的彈簧率。

(e) 彈簧於降伏前所能展現的最大伸長 δ_{yp}。

9. 問題 8 的拉伸彈簧若使用於承受於 0 至 F_{max} 間波動的負荷，且要求安全因數 $n = 2.5$。試求 F_{max}。彈簧線經珠擊法處理。

10. 以線徑 2 mm 經珠擊法處理的琴鋼線繞成外徑 12 mm，兩端製成方端的壓縮彈簧，並於安裝時施予 $\tau = 0.1\ S_{sy}$ 的預應力。該彈簧將用於承受 $F_{max} = 1.2\ F_{min}$ 的波動負荷，在負荷變動期間經歷的撓曲量為 2 mm，彈簧的安全因數 2.4。若已知當彈簧線中的應力 $\tau = 0.5\ S_{sy}$ 時，彈簧即成為壓實狀態，試求該彈簧的

(a) 承受的最大負荷 F_{max}。

(b) 作用圈數。

(c) 自由長度。

(d) 節距。

(e) 會不會有挫曲的問題。

11. 若前題的彈簧改以鉻釩鋼線繞成，承受的負荷變成 $F_{max} = 1.4\ F_{min}$，而預應力仍為 $\tau_i = 0.1\ S_{sy}$。試求該彈簧的最大負荷及彈簧率。

12. 某機械之底座使用 8 個完全相同的螺圈壓縮彈簧並聯支撐，底座施予彈簧的負荷有 $F_{max} = 1.4\ W$ 的關係，W 為機械靜止時底座施予彈簧之負荷。若彈簧以經珠擊法處理的油浴回火鋼線繞成，因安裝空間的限制，每個彈簧的外

徑不能大於 40 mm，為了降低應力集中的影響，彈簧指數 C 的值取在 10 左右。並規定底座僅能有 5 mm 的位移，彈簧即處於壓實狀態時彈簧中的應力為 0.85 S_{sy}，並要求彈簧的安全因數為 2.0。若個彈簧的端圈均為未經研磨的方端，試求

(a) 適宜的彈簧鋼線線徑。

(b) 彈簧的作用圈數。

(c) 最大負荷 $F_{\max}$。

(d) 彈簧的節距與自由長度。

13. 將問題 12 的鋼線改成鉻釩鋼線，試重解問題，並比較兩者答案的差距。

14. 圖 P12-14 為一具飛球調速器，其中彈簧以 W&M 線規的鉻釩鋼線繞成，兩端為平端，彈簧指數為 8。當飛球靜止時，調速器飛球處於如圖 P12-14(a) 的位置，彈簧承受的負荷為 170 N，當運轉至極速時，調速器飛球的位置如圖P12-14(b) 所示，彈簧承受的負荷為 510 N。引擎運轉時飛球將在圖中的兩極限位置間旋轉，若限制彈簧線中的最大剪應力不得超過 800 MPa，試求

(a) 兩位置間彈簧的變形量。

(b) 彈簧的彈簧率。

(c) 彈簧線的線徑與 S_{ut}、S_{us}。

(d) 彈簧的作用圈數。

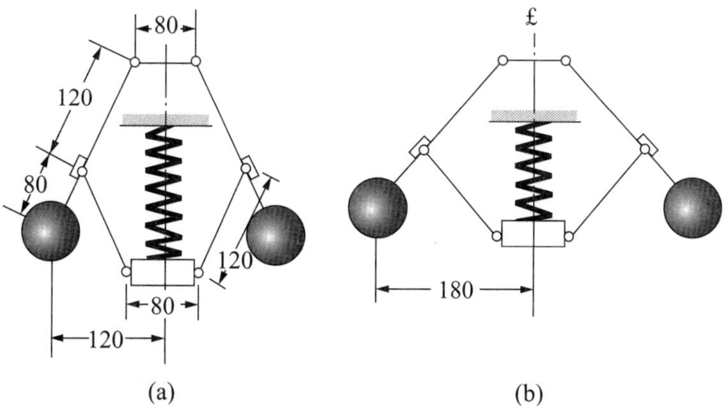

圖 P12-14

(e) 若圖 P12-14(b) 的彈簧處於壓實狀態，則彈簧的自由長度為若干。

(f) 該彈簧防止疲勞失效的安全因數，若安全因數小於 1 時，並計算彈簧的預期壽命。

15. 圖 P12-15 以 27 號琴鋼線繞成的螺圈扭轉彈簧，作用圈數為 6.25，將使用於裝配線上之夾具中。已知安裝時彈簧已承受降伏扭矩之 20% 的預加扭矩，作業時的最大扭矩為降伏扭矩之 40%，試求

(a) 降伏扭矩。

(b) 彈簧的安全因數。

(c) 若安全因數小於 1 時，請計算其預期壽命。

(d) 彈簧的彈簧率。

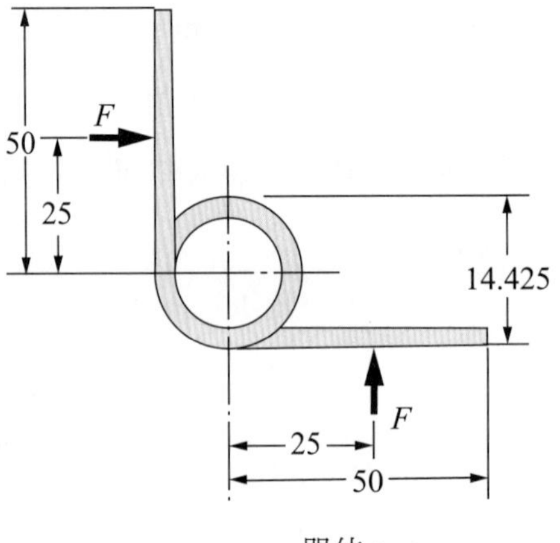

圖 P12-15

16. 問題 15 中的彈簧若希望能有 70 (10^4) 次負荷循環的預期壽命，試求

(a) 彈簧能承受的最大扭矩。

(b) 彈簧的最大扭轉角。

(c) 彈簧的最小螺圈內徑。

17. 圖 P12-17 為汲水幫浦之蝶形閥示意圖，圖中之螺圈壓縮彈簧以油浴回火鋼線繞成，設計條件是彈簧於閥閉合時需承受 F_i = 440 N 的負荷，閥全開時應

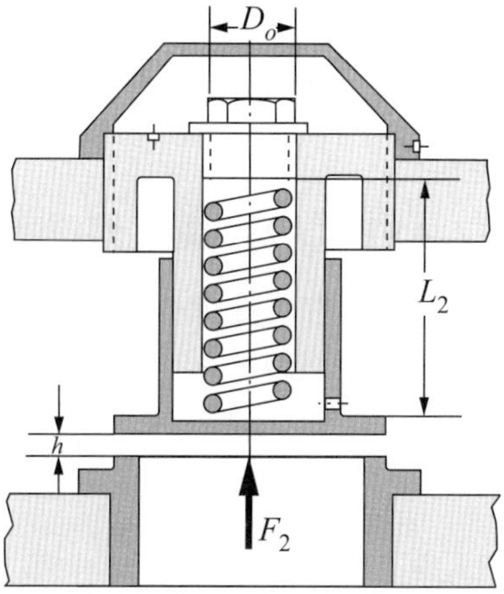

圖 P12-17

上升 15 mm，此時彈簧應承受 F_{max} = 680 N 的負荷，並要求在

(a) 該波動負荷作用下的安全因數為 1.2。由於安裝空間的限制，彈簧的外徑不能大於 30 mm，彈簧的最小長度必須大於 50 mm。彈簧線經珠擊法處理。

(b) 試為該彈簧選擇合適的線徑。

(c) 彈簧的彈簧指數。

(d) 彈簧的作用圈數。

(e) 彈簧兩端為研磨方端，試研判其挫曲的可能。

18. 某貝里彈簧必須能在撓曲 ± 0.6mm 的範圍內，維持 240 N ± 5% 的作用力，而且該彈簧將置入直徑 63 mm 的圓孔中。試為該彈簧訂定各項尺寸。彈簧材料的 S_{ut} = 1,690 MPa。

19. 若需要貝里彈簧在 ± 1 mm 的撓曲範圍內，維持作用力於 400 ± 10% N，且該彈簧將置入直徑 83 mm 的圓孔中。試為該彈簧訂定各項尺寸。彈簧材料的 S_{ut} = 1,690 MPa。

20. 問題 14 中的彈簧若防範疲勞失效的安全因數小於 1，試重新設計以使其防範疲勞失效的安全因數能大於 1，試問應選用的 W&M 線規幾號的線？

21. 某貝里彈簧必須能夠在 ± 0.30 mm 的撓曲範圍內，維持 60 N ± 5% 的作用力，且該彈簧將置入直徑 60 mm 的圓孔中。試為該彈簧訂定各項尺寸。彈簧材料的 S_{ut} = 1,690 MPa。

22. 某凸輪-從動件機構中之 ASTM A232 鉻釩鋼質螺圈壓縮彈簧，承受變化於 300 N ~ 600 N 間的負荷，試以古德曼準則決定

(a) 適用的線徑

(b) 自由長度

(c) 顫動頻率

(d) 彈簧是否會發生挫曲

Appendix 1

幾何應力集中因數線圖

圖 1

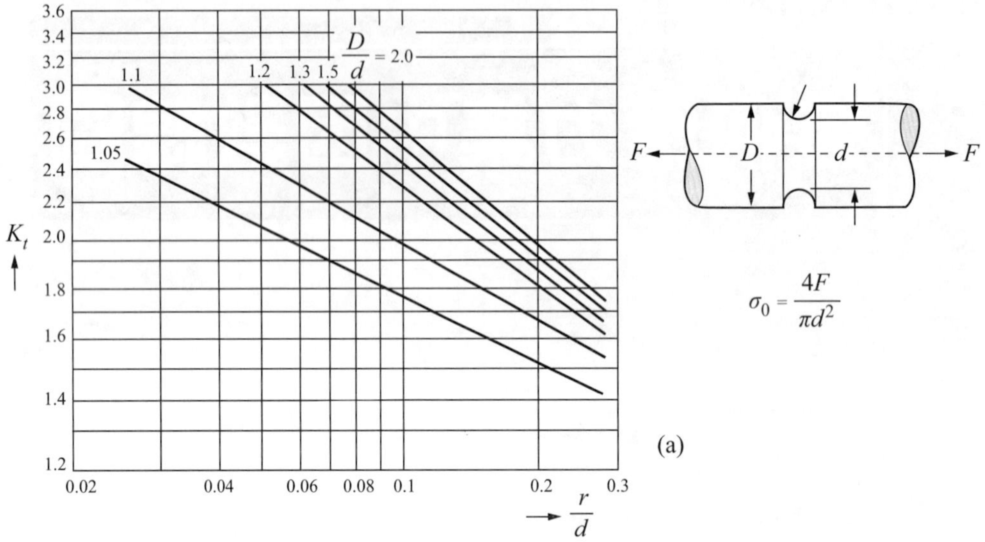

圖 2

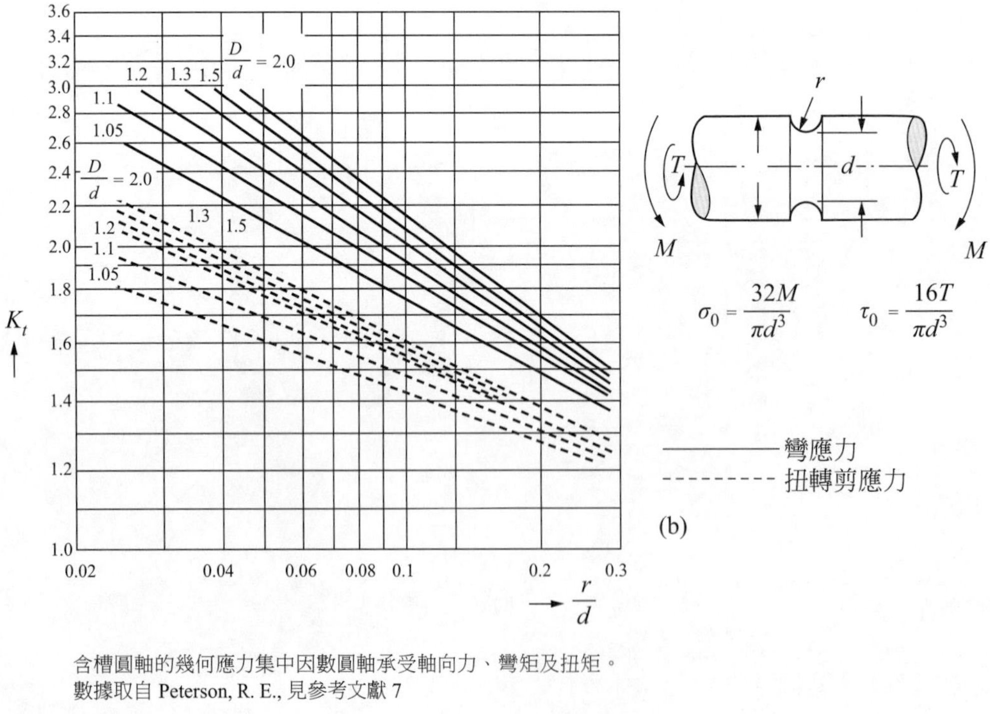

含槽圓軸的幾何應力集中因數圓軸承受軸向力、彎矩及扭矩。
數據取自 Peterson, R. E., 見參考文獻 7

圖 3

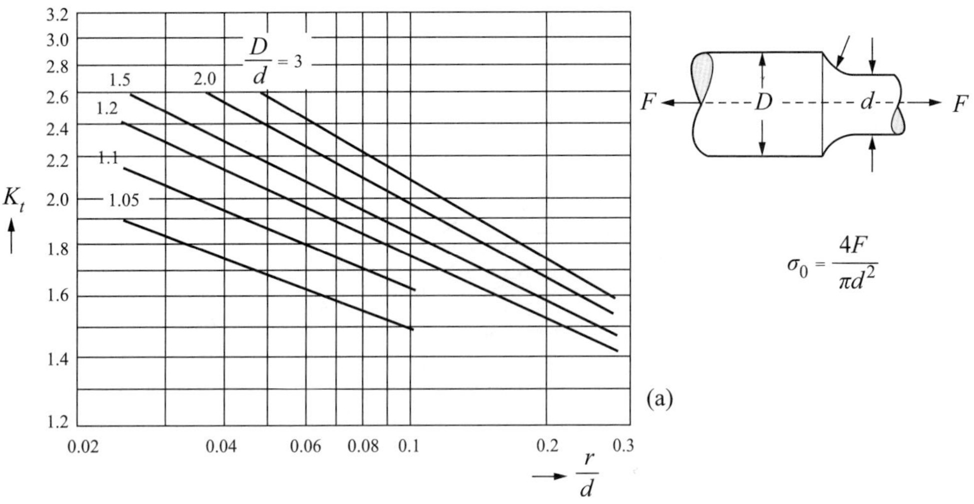

(a)

圖 4

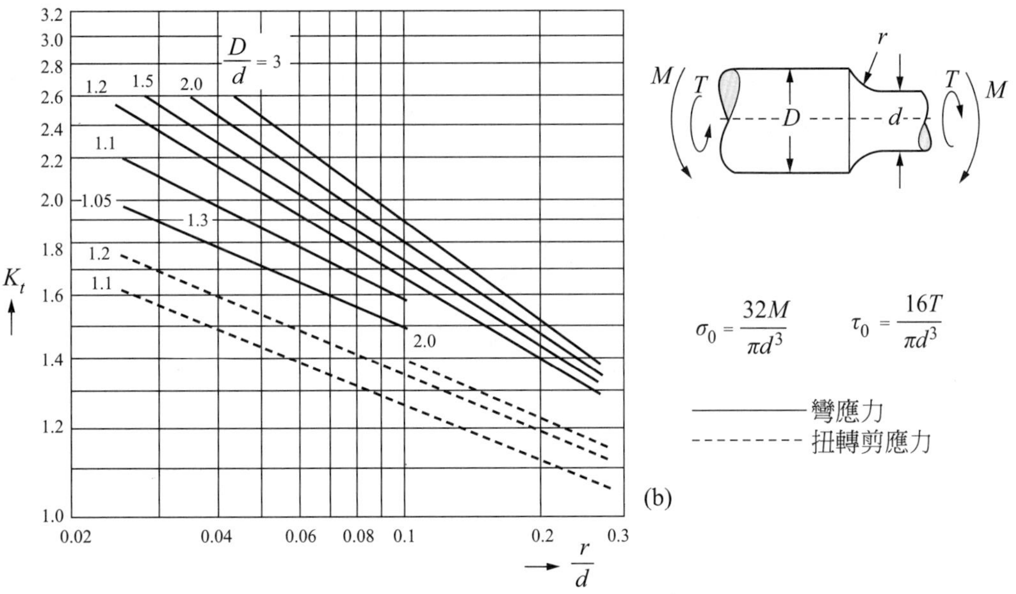

(b)

圓軸含軸肩內圓角的幾何應力集中因數圓軸承受軸向力、彎矩及扭矩。數據取自 Peterson, R. E., 見參考文獻 7

圖 5

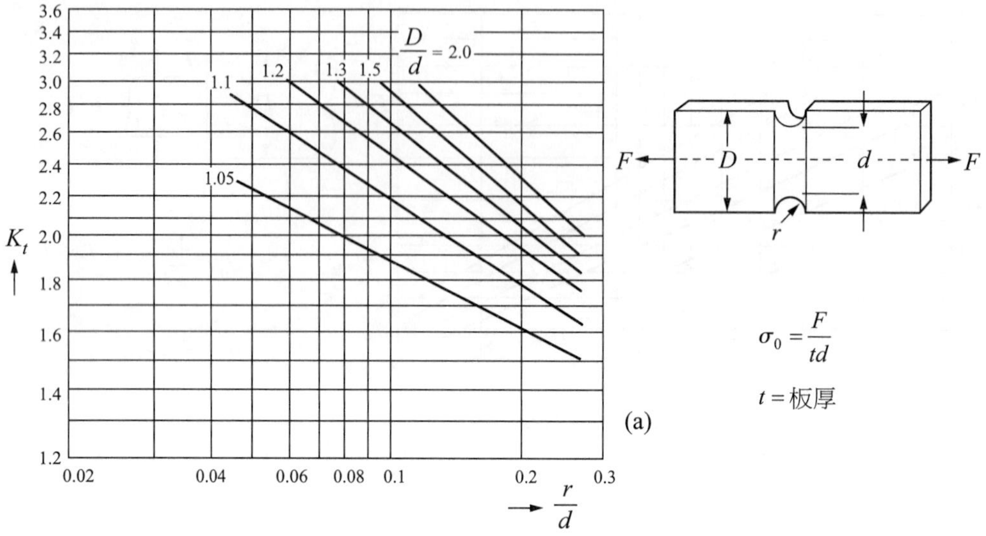

圖 6

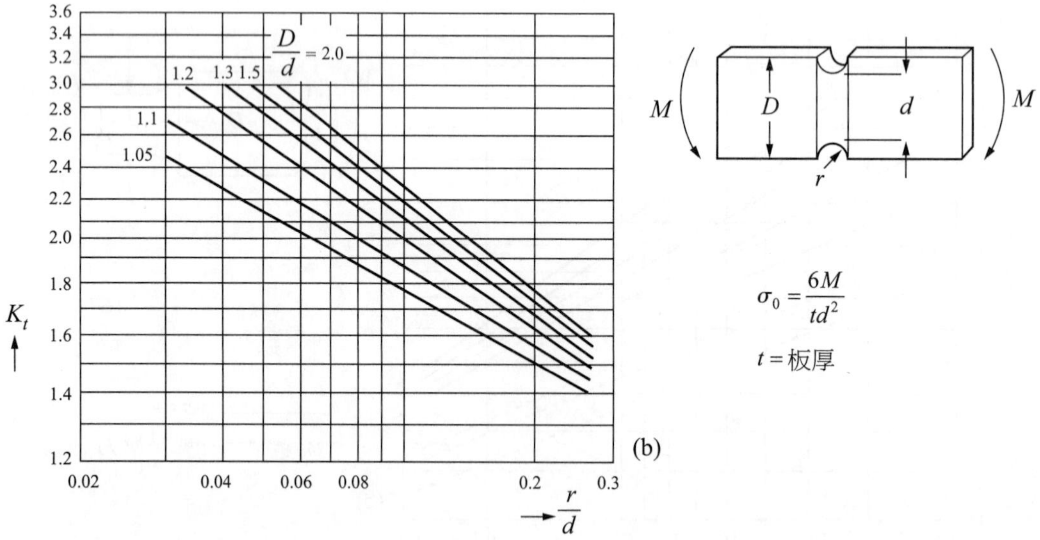

含內圓角平板承受彎矩時的應力集中因數平板承受軸向力、彎矩。數據取自 Peterson, R. E., 見參考文獻 7

圖 7

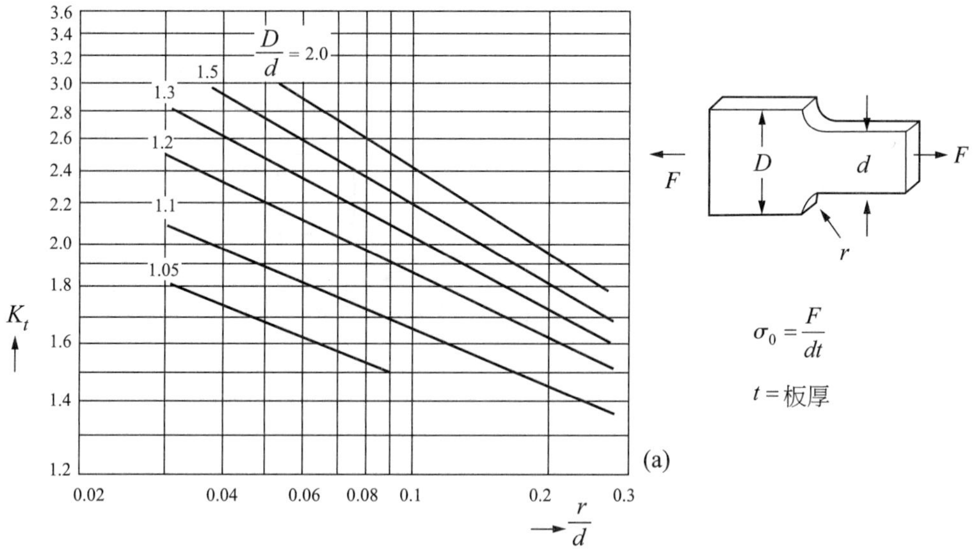

圖 8

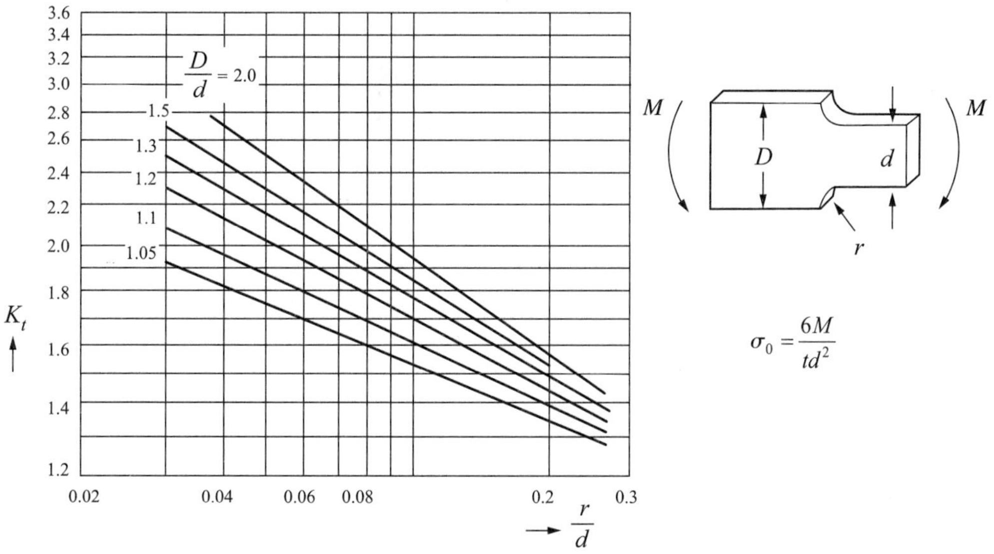

含內圓角平板承受彎矩時的應力集中因數平板承受軸向力、彎矩。數據取自 Peterson, R. E., 見參考文獻 7

圖 9

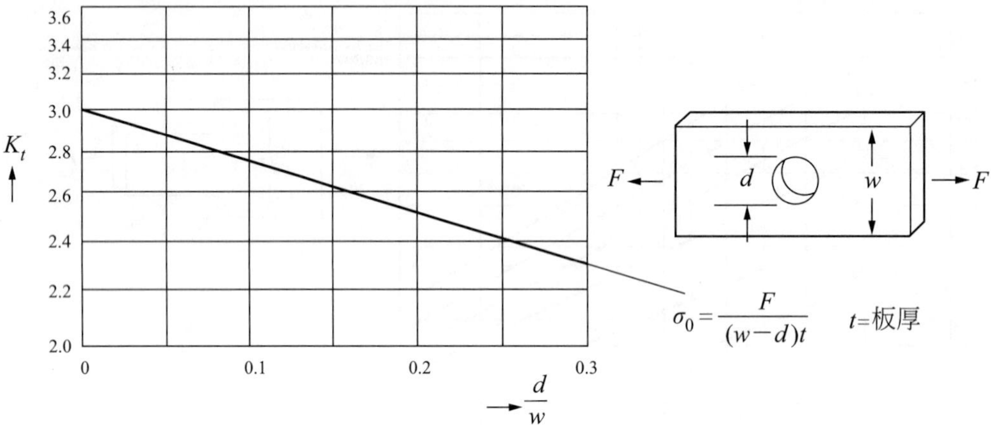

含鍵槽軸的幾何應力集中因數圓軸承受彎矩及扭矩。
數據取自 Peterson, R. E., 見參考文獻 7

圖 10

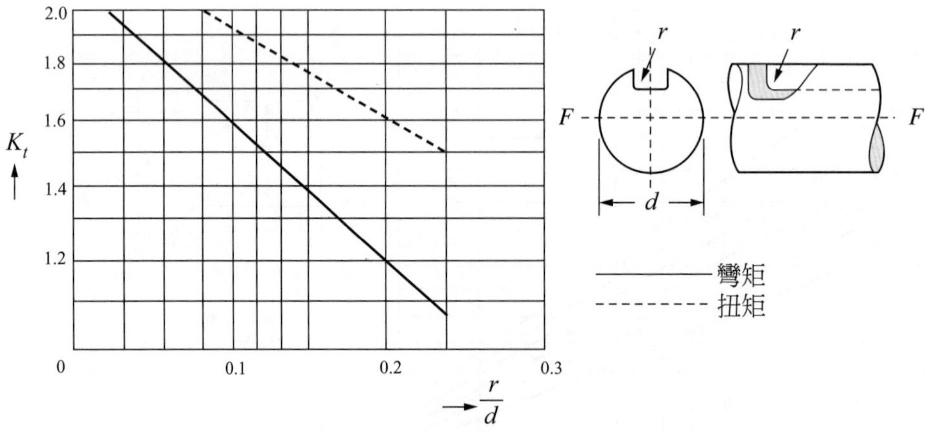

含圓孔平板的幾何應力集中因數平板承受軸向力。
數據取自 Peterson, R. E., 見參考文獻 7

Appendix 2

1. 樑的撓度與斜率

樑與負荷	彈性曲線	最大撓度	端點斜率	彈性曲線方程式
1 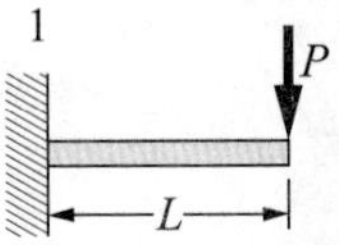	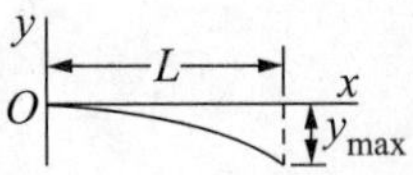	$-\frac{PL^3}{3EI}$	$-\frac{PL^2}{2EI}$	$y=\frac{P}{6EI}(x^3-3Lx^2)$
2 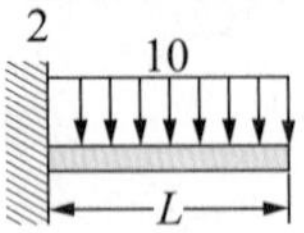	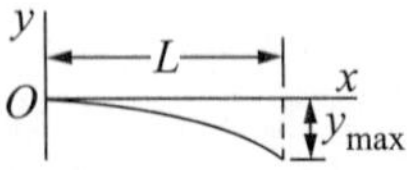	$-\frac{wL^4}{8EI}$	$-\frac{wL^3}{6EI}$	$y=-\frac{w}{24EI}(x^4-4Lx^3+6L^2x^2)$
3 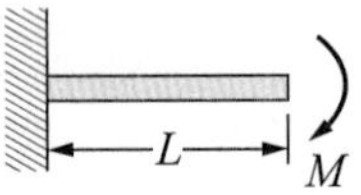	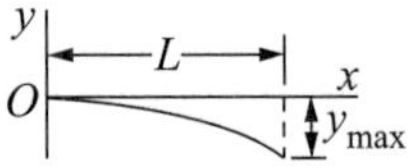	$-\frac{ML^2}{2EI}$	$-\frac{ML}{EI}$	$y=-\frac{M}{2EI}x^2$
4 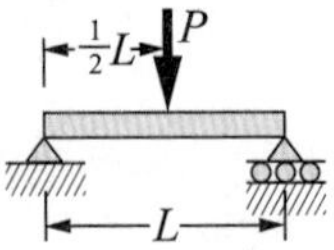	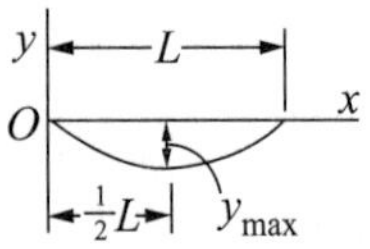	$-\frac{PL^3}{48EI}$	$\pm\frac{PL^2}{16EI}$	於 $x\le\frac{1}{2}L$： $y=\frac{P}{48EI}(4x^3-3L^2x)$
5 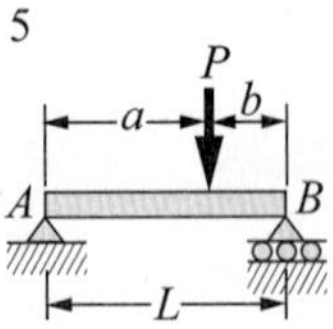	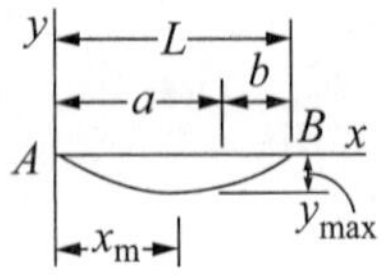	於 $a>b$： $-\frac{Pb(L^2-b^2)^{3/2}}{9\sqrt{3}EIL}$ 於 $x_m=\sqrt{\frac{L^2-b^2}{3}}$	$\theta_A=-\frac{Pb(L^2-b^2)}{6EIL}$ $\theta_B=+\frac{Pa(L^2-a^2)}{6EIL}$	於 $x>a$： $y=\frac{Pb}{6EIL}[x^3-(L^2-b^2)x]$ 於 $x=a$：　$y=-\frac{Pa^2b^2}{3EIL}$
6 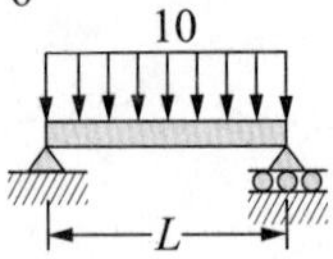	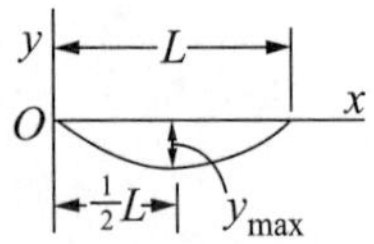	$-\frac{5wL^4}{384EI}$	$\pm\frac{wL^3}{24EI}$	$y=-\frac{w}{24EI}(x^4-2Lx^3+L^3x)$
7 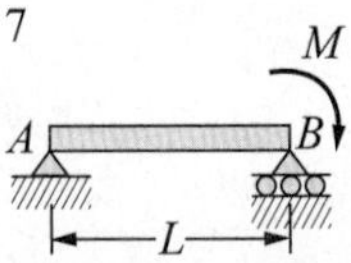	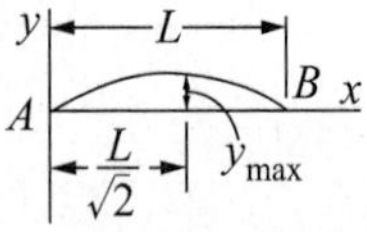	$\frac{ML^2}{9\sqrt{3}EI}$	$\theta_A=+\frac{ML}{6EI}$ $\theta_B=-\frac{ML}{3EI}$	$y=-\frac{M}{6EIL}(x^3-L^2x)$ $y=-\frac{M}{6EIL}(x^3-L^2x)$

2. 各式滾動軸承的配合選擇

使用場所	圓周載荷		軸公差					箱公差
	內圈	外圈	深槽滾珠軸承	斜角滾珠軸承	圓柱滾子軸承	滾錐軸承	自動調準滾子軸承	珠軸承滾子軸承
汽車								
前輪								
內軸承		●		k6 (h6)		k6 (h6)		N6 (N7)
		●	h6-j6		k6		M6	
輕金屬輊轂		●		h6 (h6)		k6 (k6)		P7
外軸承		●		h6-j6		h6-j6		N6 (N7)
		●	h6-j6		k6			M6
輕金屬輪轂		●		h6-j6		h6-j6		P7
曲柄軸	●		k6				K6	
	●			k6-m6	m6-n5			M6
輕金屬箱	●		k6	k6-m6	m6-n5			P6
變速聯動裝置	●		k6					J6-K6
	●				k6-m5			K6-M6
輕金屬箱	●		k6					M6-N6
	●				k6-m5			K6-M6
滾錐軸承、內圈已調整	●					h6-j6		M6-N7
滾錐軸承、外圈已調整	●					k6		J6
軸主動	●	k6	k5 雙行	k6-m5			J6-K6	
滾錐軸承、內圈已調整	●					j6		M6
滾錐軸承、外圈已調整	●					k6-m6		J6
電動機								
家務用電動機	●		h5-j5					H5 (H6)
小型大量製造發動機	●		j5					H5 (H6)
中型大量製造發動機	●		k5		k5-m5			H6-K6
大型發動機	●				m5-m6			K6
電器牽引發動機	●				n5			K6-M6
有軌車輛								
軸頸箱								
運礦車	●						m6-p6	H7

使用場所	圓周載荷		軸公差					箱公差
	內圈	外圈	深槽滾珠軸承	斜角滾珠軸承	圓柱滾子軸承	滾錐軸承	自動調準滾子軸承	珠軸承滾子軸承
電車	●				m6-p6		n6	H7-J7
客車	●				n6-p6		p6	H7-J7
露天採礦廢物運搬車	●				n6-p6		p6	H7
機動車	●				n6-p6		n6-p6	H7-K7
熔礦廠機動車	●				m6-p6		m6-p6	H7
快車機車	●				p6		p6	H7
調車用機車	●				n6-p6		n6-p6	H7
礦場機車、建築場所機車	●				m6-n6		m6-m6	H7
熔爐車	●		j6					G7-F7
自位滾子軸承、拔脫套筒在軸頸箱裡	●						h9/IT6 (5)	H7
浮動輪軸承		●	h6		h6	h6	h6	N7
有軌車輛的聯動裝置	●		k5-m5	m5	m5-p6	m5	m5-p6	K6-M6
		●			m5			N6
輾機								
冷和熱輾架								
至 500 mm 內徑	●		f6	f6				D10
			軸向導路					
	●				n6-p6			H6
500 mm 以上內徑	●		f7	f7				D10
			軸向導路					
	●				r6			H6
	●				r6			H6
輾機聯動裝置	●		f6-h6	f6-h6	m6-p6	j6-m6	j6-p6	H6
			軸向導路					
滾柱床	●		j6-k6		k6-n6	j6-n6	k6-m6	G7-H7
剪刀	●		j6-k6	j6-k6	k6-n6	j6-n6	k6-m6	H6
造船廠								
船螺旋槳推枕	●						m6	H7
船螺旋槳軸台、接頭套筒						h10/IT 7	H7	
舵軸軸承、接頭套筒	靜載荷						h10/IT 7	H7

使用場所	圓周載荷		軸公差					箱公差
	內圈	外圈	深槽滾珠軸承	斜角滾珠軸承	圓柱滾子軸承	滾錐軸承	自動調準滾子軸承	珠軸承滾子軸承
一般機械工程								
小型通風機	●		j5					H6-J6
中型通風機	●		k5	k5	m5		k6	H6-K6
接頭套筒	●						h8/IT 5	G6-H7
大型通風機	●		k5	k5	m5		k6	J6-K6
接頭套筒	●						h8/IT 5	G6-H7
壓縮機	●		k5		m5			H6-K7
分離器	●		k5	k5	k5			H6-K6
繩輪、拔脫套筒	●						h7(6)/IT 5	H7
繩滾子		●	g6-h6		k6	h6	g6-h6	K6-N6 (7)
惰輪、靜止軸		●	g6-h6					K7-M7
惰輪、迴轉輪	●		k6-m6					H7
運搬帶鼓輪、接頭套筒	●						h6/IT 5	H7
起重機導輪、靜止軸		●					g6	M7
起量機導輪、滑走用具	●				n5			K6-M6
	●						m6	H7
牙形軋碎機、拔脫和接頭套筒	●						h7(8)/IT 5	H7
衝擊磨、拔脫套筒	●						h7/IT 5	G7-H7
管輾機、拔脫和接頭套筒	●						h7(8)/IT 5	H7
振動篩		●					g6	N7
拔脫套筒		●					h7/IT 5	N7
擺動輾機		●			k6			N6-P6
攪拌器	●		j6-k6	j6	k6	k6	k6	J7-H7
迴轉爐滑車、拔脫套筒	●						h7/IT 5	H7
飛輪		●	j5	j5	j5-k5		g5-h5	M6
絞繩機	●		j6-k6		k6-m6		k6	H6
造紙機	●						k6	H7
拔脫套筒	●						h7/IT 5 H7	
乾燥輾	●						k6	G7
拔脫套筒	●						h7/IT 5	G7
離心鑄模機	●		m6		m6			J6
紡織機	●		j5	j5	k5	k5	j5-k5	J6

使用場所	圓周載荷		軸公差					箱公差
	內圈	外圈	深槽滾珠軸承	斜角滾珠軸承	圓柱滾子軸承	滾錐軸承	自動調準滾子軸承	珠軸承滾子軸承
機械工具								
鏇床、銑床和鑽孔心軸	●				k5 圓柱形內徑	k5		K6
	●		j5	j5				J6
鑽孔機的鑽孔軸	●				k4 圓柱形內徑	k4		K5
磨軸、圓磨床	●				k4 圓柱形內徑	k4		K5
	●		j4	j4				J5
機械工具聯動裝置	●		j5	j5				J6
	●				k5	k5	K6	
	●						j5-k5	H6
木村加工機								
工作軸	●		j5	j5				J6
框鋸								
曲輪銷		●					錐形內徑	P6
框銷	不定載荷				m6			P6
主軸、接頭套筒	●						h10/IT 7	J7

註：吋制軸承符號後面必須加 i、例如 h5 作為 h5i。

Appendix 3

材料性質篇

1. 熱軋、冷拉鋼的機械性質

部分熱軋(HR)及冷拉(CD)鋼之機械性質的平均值

USN 編碼	SAE 及／或 AISI 編碼	製程	抗拉強度 MPa(kpsi)	降伏強度 MPa(kpsi)	2 in 長的伸長率 %	面積縮減率 %	BRINELL 硬度
G10060	1006	HR	300(43)	170(24)	30	55	86
		CD	330(48)	280(41)	20	45	95
G10100	1010	HR	320(47)	180(26)	28	50	95
		CD	370(53)	300(44)	20	40	105
G10150	1015	HR	340(50)	190(27.5)	28	50	101
		CD	390(56)	320(47)	18	40	111
G10180	1018	HR	400(58)	220(32)	25	50	116
		CD	440(64)	370(54)	15	40	126
G10200	1020	HR	380(55)	210(30)	25	50	111
		CD	470(68)	390(57)	15	40	131
G10300	1030	HR	470(68)	260(37.5)	20	42	137
		CD	520(76)	440(64)	12	35	149
G10350	1035	HR	500(72)	270(39.5)	18	40	143
		CD	550(80)	460(67)	12	35	163
G10400	1040	HR	520(76)	290(42)	18	40	149
		CD	590(85)	490(71)	12	35	170
G10450	1045	HR	570(82)	310(45)	16	40	163
		CD	630(91)	530(77)	12	35	179
G10500	1050	HR	620(90)	340(49.5)	15	35	179
		CD	690(100)	580(84)	10	30	197
G10600	1060	HR	680(98)	370(54)	12	30	201
G10800	1080	HR	770(112)	420(61.5)	10	25	229
G10950	1095	HR	830(120)	460(66)	10	25	248

資料來源：*1986 SAE Handbook*, p. 2.15.

2. 鋁合金的機械性質

部分鋁合金的機械性質這些是大約 1/2 in 尺寸的典型機械性質；相似的性質可以藉適宜的採購規格獲得。提供的疲勞強度對應於 $50(10^7)$次完全反覆應力循環。鋁合金沒有疲勞限。其降伏強度以 0.2% 偏位法定義取得。

製鋁業協會編碼	回火	強度			2 in 長的伸長率	BRINELL 硬度
		降伏,$S_{y'}$ MPa(kpsi)	抗拉,$S_{u'}$ MPA(kpsi)	疲勞,S_{f} MPA(kpsi)	%	H_B
鍛鋁：						
2017	O	70(10)	179(26)	90(13)	22	45
2024	O	76(11)	186(27)	90(13)	22	47
	T3	345(50)	482(70)	138(20)	16	120
3003	H12	117(17)	131(19)	55(8)	20	35
	H16	165(24)	179(26)	65(9.5)	14	47
3004	H34	186(27)	234(34)	103(15)	12	63
	H38	234(34)	276(40)	110(16)	6	77
5052	H32	186(27)	234(34)	117(17)	18	62
	H36	234(34)	269(39)	124(18)	10	74
鑄鐵：						
319.0*	T6	165(24)	248(36)	69(10)	2.0	80
333.0△	T5	172(25)	234(34)	83(12)	1.0	100
	T6	207(30)	289(42)	103(15)	1.5	105
355.0*	T6	172(25)	241(35)	62(9)	3.0	80
	T7	248(36)	262(38)	62(9)	0.5	85

*砂鑄∧金屬模鑄

部分熱處理鋼的機械性質

AISI 編號	熱處理方式	溫度 ℃(℉)	抗拉強度 MPa(kpsi)	降伏強度 MPa(kpsi)	伸長率 %	面積縮減率 %	BRINELL 硬度
1030	Q&T*（淬水並回火）	205(400)	848(123)	648(94)	17	47	495
	Q&T*	315(600)	800(116)	621(90)	19	53	401
	Q&T*	425(800)	731(106)	579(84)	23	60	302
	Q&T*	540(1000)	669(97)	517(75)	28	65	255
	Q&T*	650(1200)	586(85)	441(64)	32	70	207
	正常化	925(1700)	521(75)	345(50)	32	61	149
	退　火	870(1600)	430(62)	317(46)	35	64	137
1040	Q&T	205(400)	779(113)	593(86)	19	48	262
	Q&T	425(800)	458(110)	552(80)	21	54	241
	Q&T	650(1200)	634(92)	434(63)	29	65	192
	正常化	900(1650)	590(86)	374(54)	28	55	170
	退　火	790(1450)	519(75)	353(51)	30	57	149
1050	Q&T*	205(400)	1120(163)	807(117)	9	27	514
	Q&T*	425(800)	1090(158)	793(115)	13	36	444
	Q&T*	650(1200)	717(104)	538(78)	28	65	235
	正常化	900(1650)	748(108)	427(62)	20	39	217
	退　火	790(1450)	636(92)	365(53)	24	40	187
1060	Q&T	425(800)	1080(156)	765(111)	14	41	311
	Q&T	540(1000)	965(140)	669(97)	17	45	277
	Q&T	650(1200)	800(116)	524(76)	23	54	229
	正常化	900(1650)	776(112)	421(61)	18	37	229
	退　火	790(1450)	626(91)	372(54)	22	38	179
1095	Q&T	315(600)	1260(183)	813(118)	10	30	375
	Q&T	425(800)	1210(176)	772(112)	12	32	363
	Q&T	540(1000)	1090(158)	676(98)	15	37	321
	Q&T	650(1200)	896(130)	552(80)	21	47	269
	正常化	900(1650)	1010(147)	500(72)	9	13	293
	退　火	790(1450)	658(95)	380(55)	13	21	192
1141	Q&T	315(600)	1460(212)	1280(186)	9	32	415
	Q&T	540(1000)	896(130)	765(111)	18	57	262
4130	Q&T*	205(400)	1630(236)	1460(212)	10	41	467
	Q&T*	315(600)	1500(217)	1380(200)	11	43	435
	Q&T*	425(800)	1280(186)	1190(173)	13	49	380
	Q&T*	540(1000)	1030(150)	910(132)	17	57	315
	Q&T*	650(1200)	814(118)	703(102)	22	64	245
	正常化	870(1600)	670(97)	436(63)	25	59	197
	退　火	865(1585)	560(81)	361(52)	28	56	156
4140	Q&T	205(400)	1770(257)	1640(238)	8	38	510
	Q&T	315(600)	1550(225)	1430(208)	9	43	445
4140	Q&T	425(800)	1250(181)	1140(165)	13	49	370
	Q&T	540(1000)	951(138)	834(121)	18	58	285
	Q&T	650(1200)	758(110)	655(95)	22	63	230
	正常化	870(1600)	1020(148)	655(95)	18	47	302
	退　火	815(1500)	655(95)	417(61)	26	57	197
4340	Q&T	315(600)	1720(250)	1590(230)	10	40	486
	Q&T	425(800)	1470(213)	1360(198)	10	44	430
	Q&T	540(1000)	1170(170)	1080(156)	13	51	360
	Q&T	650(1200)	965(140)	855(124)	19	60	280

3. 鑄鐵的機械性質

灰鑄鐵的典型機械性質：美國材料測試學會的灰鑄鐵編碼對應於灰鑄鐵的最小抗拉強，因此，編碼 ASTM No.20 的灰鑄鐵其最小抗拉強度為 20 kpsi.表中所列者為其典型值

ASTM 編碼	抗拉強度 $S_{ut'}$ MPa	抗壓強度 $S_{uc'}$ MPa	破裂的抗剪強度 $S_{su'}$ MPa	彈性模數，GPa 拉伸	彈性模數，GPa 扭轉	持久限* $S_{e'}$ MPa	BRINELL 硬度 H_B	疲勞應力集中因數 K_t
20	152	572	179	66-96.5	26.9-38.6	68.9	156	1.00
25	179	668	220	79-102	31.7-41.3	79.2	174	1.05
30	214	751	276	89.6-113	35.8-45.5	96.5	201	1.10
35	251	854	334	100-118.5	40.0-47.5	110.2	212	1.15
40	293	965	393	110-137.8	44.0-53.7	127.5	235	1.25
50	362	1130	503	129.5-157	49.6-55.0	148.0	262	1.35
60	431	1192	610	140.6-162	53.7-58.6	168.8	302	1.50

*使用拋光或車削試片。

4. 彈簧線線材的規格

彈簧線線材線規的對等十進位尺寸　　　　　　　　　　　　　　(所有尺寸以 in 為單位)

線規名稱	AMERICAN OR BROWN & SHARPE	BIRMINGHAM OR STUBS 鐵線	WASHBURN & MOEN 鋼線	琴鋼	STUBS 鋼線
70	-	-	0.490 0		
6/0	0.580 0	-	0.461 5	0.004	
5/0	0.516 5	-	0.430 5	0.005	
4/0	0.460 0	0.454	0.393 8	0.006	
3/0	0.409 6	0.425	0.362 5	0.007	
2/0	0.364 8	0.380	0.331 0	0.008	
0	0.324 9	0.340	0.306 5	0.009	
1	0.289 3	0.300	0.28300	0.010	0.227
2	0.257 6	0.284	0.262 5	0.011	0.219
3	0.229 4	0.259	0.243 7	0.012	0.212
4	0.204 3	0.238	0.225 3	0.013	0.207
5	0.181 9	0.220	0.207 0	0.014	0.204
6	0.162 0	0.203	0.192 0	0.016	0.201
7	0.144 3	0.180	0.177 0	0.018	0.199
8	0.128 5	0.165	0.162 0	0.020	0.197
9	0.114 4	0.148	0.148 3	0.022	0.194
10	0.101 9	0.134	0.135 0	0.024	0.191
11	0.090 74	0.120	0.120 5	0.026	0.188
12	0.080 81	0.109	0.105 5	0.029	0.185
13	0.071 96	0.095	0.091 5	0.031	0.182
14	0.064 08	0.083	0.080 0	0.033	0.180
15	0.057 07	0.072	0.072 0	0.035	0.178
16	0.050 82	0.065	0.062 5	0.037	0.175
17	0.045 26	0.058	0.054 0	0.039	0.172
18	0.040 30	0.049	0.047 5	0.041	0.168
19	0.035 89	0.042	0.041 0	0.043	0.164
20	0.031 96	0.035	0.034 8	0.045	0.161
21	0.028 46	0.032	0.031 7	0.047	0.157
22	0.025 35	0.028	0.028 6	0.049	0.155
23	0.022 57	0.025	0.025 8	0.051	0.153
24	0.020 10	0.022	0.023 0	0.055	0.151
25	0.017 90	0.020	0.020 4	0.059	0.148
26	0.015 94	0.018	0.018 1	0.063	0.146
27	0.014 20	0.016	0.017 3	0.067	0.143
28	0.012 64	0.014	0.016 2	0.071	0.139
29	0.011 26	0.013	0.015 0	0.075	0.134
30	0.010 03	0.012	0.014 0	0.080	0.127
31	0.008 928	0.010	0.013 2	0.085	0.120
32	0.007 950	0.009	0.012 8	0.090	0.115
33	0.007 080	0.008	0.011 8	0.095	0.112
34	0.006 305	0.007	0.010 4	-	0.110
35	0.005 615	0.005	0.009 5	-	0.108
36	0.005 000	0.004	0.009 0	-	0.106
37	0.004 453	-	0.008 5	-	0.103
38	0.003 965	-	0.008 0	-	0.101
39	0.003 531	-	0.007 5	-	0.099
40	0.003 145	-	0.007 0	-	0.097

Appendix 4

機械元件篇

1. 螺栓相關

六頭及六角頭螺栓尺寸

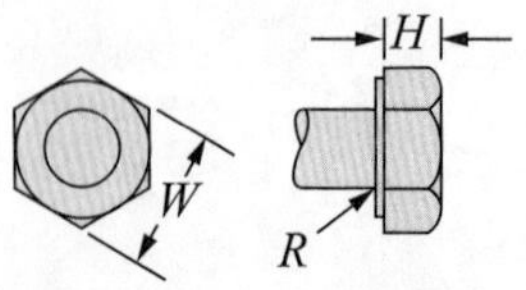

標稱編碼	螺栓頭型式													
	方頭		常規六角頭			重型六角頭			結構型六角頭		
	W	H	W	H	R_{min}	W	H	R_{min}	W	H	R_{min}
M5	8	3.58	8	3.58	0.2						
M6			10	4.38	0.3						
M8			13	5.68	0.4						
M10			16	6.85	0.4						
M12			18	7.95	0.6	21	7.95	0.6			
M14			21	9.25	0.6	24	9.25	0.6			
M16			24	10.75	0.6	27	10.75	0.6	27	10.75	0.6
M20			30	13.40	0.8	34	13.40	0.8	34	13.40	0.8
M24			36	15.90	0.8	41	15.90	0.8	41	15.90	1.0
M30			46	19.75	1.0	50	19.75	1.0	50	19.75	1.2
M36			55	23.55	1.0	60	23.55	1.0	60	23.55	1.5

SI 制螺栓墊圈尺寸　　　　(所有尺寸單位皆為 mm)

墊圈標示	內直徑	外直徑	墊圈厚度	墊圈標示	內直徑	外直徑	墊圈厚度
1.6 N	1.95	4.00	0.70	10 N	10.85	20.00	2.30
1.6 R	1.95	5.00	0.70	10 R	10.5	28.00	2.80
1.6 W	1.95	6.00	0.90	10 W	10.85	39.00	3.50
2 N	2.50	5.00	0.90	12 N	13.30	25.40	2.80
2 R	2.50	6.00	0.90	12 R	13.30	34.00	3.50
2 W	2.50	8.00	0.90	12 W	13.30	44.00	3.50
2.5 N	3.00	6.00	0.90	14 N	15.25	28.00	2.80
2.5 R	3.00	8.00	0.90	14 R	15.25	39.00	3.50
2.5 W	3.00	10.00	1.20	14 W	15.25	50.00	4.00
3 N	3.50	7.00	0.90	16 N	17.25	32.00	3.50
3 R	3.50	10.00	1.20	16 R	17.25	44.00	4.00
3 W	3.50	12.00	1.40	16 W	17.25	56.00	4.60
3.5 N	4.00	9.00	1.20	20 N	21.80	39.00	4.00
3.5 R	4.00	10.00	1.40	20 R	21.80	50.00	4.60
3.5 W	4.00	15.00	1.75	20 W	21.80	66.00	5.10
4 N	4.70	10.00	1.20	24 N	25.60	44.00	4.60
4 R	4.70	12.00	1.40	24 R	25.60	56.00	5.10
4 W	4.70	16.00	2.30	24 W	25.60	72.00	5.60
5 N	5.50	11.00	1.40	30 N	32.40	56.00	5.10
5 R	5.50	15.00	1.75	30 R	32.40	72.00	5.60
5 W	5.50	20.00	2.30	30 W	32.40	90.00	6.40
6 N	6.65	13.00	1.75	36 N	38.30	66.00	5.60
6 R	6.65	18.80	1.75	36 R	38.30	90.00	6.40
6 W	6.65	25.40	2.30	36 W	38.30	110.00	8.50
8 N	8.90	18.80	2.30				
8 R	8.90	25.40	2.30				
8 W	8.90	32.00	2.80				

註：N＝狹；R＝常規；W＝寬*與螺栓或螺釘的尺寸相同。

帶頭六角螺釘及重型六角螺釘的尺寸（W= 跨平行邊寬度；H= 螺釘頭厚度；見方頭及六角頭螺栓表中的圖）

標稱編碼 mm	最小內圓角半徑	螺釘型式 帶頭 W	重型 W	螺釘頭厚度 H
M5	0.2	8		3.65
M6	0.3	10		4.15
M8	0.4	13		5.50
M10	0.4	16		6.63
M12	0.6	18	21	7.76
M14	0.6	21	24	9.09
M16	0.6	24	27	10.32
M20	0.8	30	34	12.88
M24	0.8	36	41	15.44
M30	1.0	46	50	19.48
M36	1.0	55	60	23.38

2. 滾動軸承相關

具扣環槽的深槽滾珠軸承 d 10~50 mm

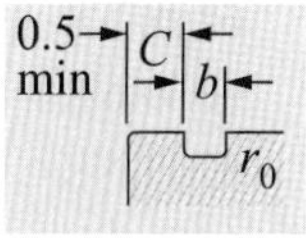

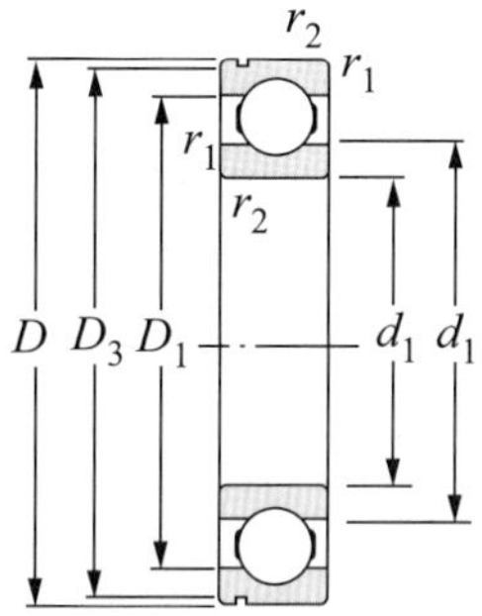

軸承具扣環槽
及完整外環

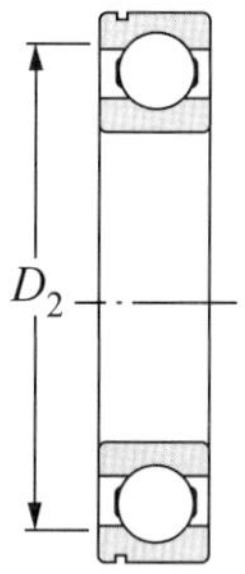

軸承具扣環槽
及漸近外環

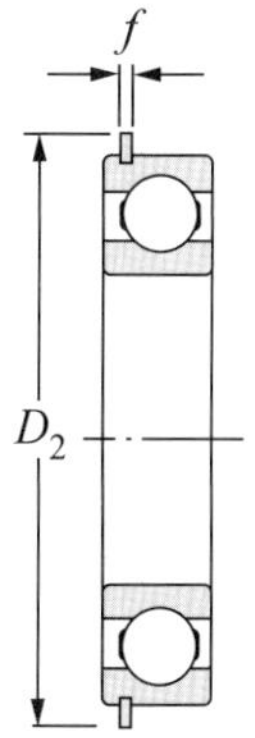

軸承具扣環槽
及扣環

主要尺寸			基本額定負荷		極限轉速			標示		
			動	靜	潤滑方式			軸承具	扣環模	適用
d	D	B	C	C_0	油脂	油	質量	扣環模	及扣環	扣環
mm			n		r/min		kg	-		
10	30	9	5 070	2 240	24 000	30 000	0.032	6200 N	6200 NR	SP 30
12	32	10	6 890	3 100	22 000	28 000	0.037	6201 N	6201 NR	SP 32
15	35	11	7 800	3 550	19 000	24 000	0.045	6202 N	6202 NR	SP 35
17	40	12	9 560	4 500	17 000	20 000	0.065	6203 N	6203 NR	SP 40
	47	14	13 500	6 550	16 000	19 000	0.12	6303 N	6303 NR	SP 47
20	42	12	9 360	4 400	17 000	20 000	0.069	6004 N	6004 NR	SP 42
	47	14	12 700	6 200	15 000	18 000	0.11	6204 N	6204 NR	SP 47
	52	15	15 90	7 800	13 000	16 000	0.14	6304 N	6304 NR	SP 52
25	47	12	11 200	5 600	15 000	18 000	0.080	6005 N	6005 NR	SP 47
	52	15	14 000	6 950	12 000	15 000	0.13	6205 N	6205 NR	SP 52
	62	17	22 500	11 400	11 000	14 000	0.23	6305 N	6305 NR	SP 62
30	55	13	13 300	6 800	12 000	15 000	0.12	6006 N	6006 NR	SP 55
	62	16	19 500	10 000	10 000	13 000	0.20	6206 N	6206 NR	SP 62
	72	19	28 100	14 600	9 000	11 000	0.35	6306 N	6306 NR	SP 72
35	62	14	15 900	8 500	10 000	13 000	0.16	6007 N	6007 NR	SP 62
	72	17	25 500	13 700	9 000	11 000	0.29	6207 N	6207 NR	SP 72
	80	21	33 200	18 000	8 500	10 000	0.46	6307 N	6307 NR	SP 80
	100	25	55 300	31 000	7 000	8 500	0.95	6407 N	6407 NR	SP 100

40	68	15	16 800	9 300	9 500	12 000	0.19	6008 N	6008 NR	SP 68
	80	18	30 700	16 600	8 500	10 000	0.37	6208 N	6208 NR	SP 80
	90	23	41 000	22 400	7 500	9 000	0.63	6308 N	6308 NR	SP 90
	110	27	63 700	36 500	6 700	8 000	1.25	6408 N	6408 NR	SP 110
45	75	16	21 200	12 200	9 000	11 000	0.25	6009 N	6009 NR	SP 75
	85	19	33 200	18 600	7 500	9 000	0.41	6209 N	6209 NR	SP 85
	100	25	52 700	30 000	6 700	8 000	0.83	6309 N	6309 NR	SP 100
	120	29	76 100	45 500	6 000	7 000	1.55	6409 N	6409 NR	SP 120
50	80	16	21 600	13 200	8 500	10 000	0.26	6010 N	6010 NR	SP 80
	90	20	35 100	19 600	7 000	8 500	0.46	6210 N	6210 NR	SP 90
	110	27	61 800	36 000	6 300	7 500	1.05	6310 N	6310 NR	SP 110
	130	31	87 100	52 000	5 300	6 300	1.90	6410 N	6410 NR	SP 130
55	90	18	28 100	17 000	7 500	9 000	0.39	6011 N	6011 NR	SP 90
	100	21	43 600	25 000	6 300	7 500	0.61	6211 N	6211 NR	SP 100
	120	29	71 500	41 500	5 600	6 700	1.35	6311 N	6311 NR	SP 120
	140	33	99 500	63 000	5 000	6 000	2.30	6411 N	6411 NR	SP 140
60	95	15	29 600	18 300	6 700	8 000	0.42	6012 N	6012 NR	SP 95
	110	22	47 500	28 000	6 000	7 000	0.78	6212 N	6212 NR	SP 110
	130	31	81 900	48 000	5 000	6 000	1.70	6312 N	6312 NR	SP 130
	150	35	108 000	69 500	4 800	5 600	2.75	6412 N	6412 NR	SP 150
65	100	18	30 700	19 600	6 300	7 500	0.44	6013 N	6013 NR	SP 100
	120	23	55 900	34 000	5 300	6 300	0.99	6213 N	6213 NR	SP 120
	140	33	92 300	56 000	4 800	5 600	2.10	6313 N	6313 NR	SP 140
	160	37	119 000	78 000	4 500	5 300	3.30	6413 N	6413 NR	SP 160
70	110	20	37 700	24 500	6 000	7 000	0.60	6014 N	6014 NR	SP 110
	125	24	61 800	37 500	5 000	6 000	1.05	6214 N	6214 NR	SP 125
	150	35	104 000	63 000	4 500	5 300	2.50	6314 N	6314 NR	SP 150
75	115	20	39 700	26 000	5 600	6 700	0.64	6015 N	6015 NR	SP 115
	130	25	66 300	40 500	4 800	5 600	1.20	6215 N	6215 NR	SP 130
	160	37	112 000	72 000	4 300	5 000	3.00	6315 N	6315 NR	SP 160
80	125	22	47 500	31 500	5 300	6 300	0.85	6016 N	6016 NR	SP 125
	140	26	70 200	45 000	4 500	5 300	1.40	6216 N	6216 NR	SP 140
85	130	22	49 400	33 500	5 000	6 000	0.89	6017 N	6017 NR	SP 130
	150	28	83 200	53 00	4 300	5 000	1.80	6217 N	6217 NR	SP 150
90	140	24	58 500	39 000	4 800	5 600	1.15	6018 N	6018 NR	SP 140
	160	30	95 600	62 000	3 800	4 500	2.15	6218 N	6218 NR	SP 160
95	170	32	108 000	69 500	3 600	4 300	2.60	6219 N	6219 NR	SP 170
100	150	24	60 500	41 500	4 300	5 000	1.25	6020 N	6020 NR	SP 150
	180	34	124 000	78 000	3 400	4 000	3.15	6220 N	6220 NR	SP 180

具扣環槽的深槽滾珠軸承 d 55~100 mm

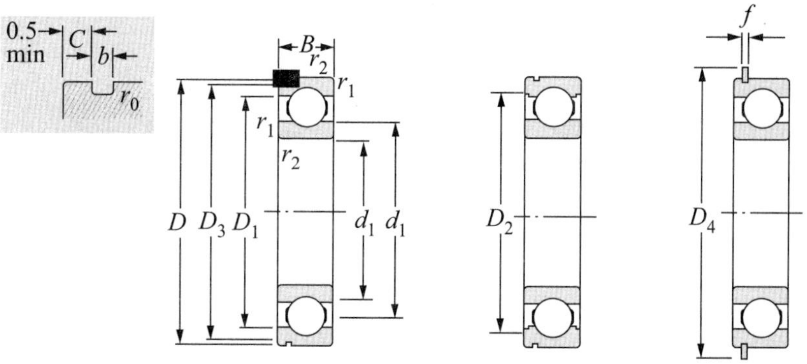

軸承具扣環槽及完整外環　　軸承具扣環槽及漸近外環　　軸承具扣環槽及扣環

主要尺寸			基本額定負荷		極限轉速			標示		
			動	靜	潤滑方式					
d	D	B	C	C_0	油脂	油	質量	軸承具扣環模	扣環模及扣環	適用扣環
mm			n		r/min		kg	-		
55	90	18	28 100	17 000	7 500	9 000	0.39	6011 N	6011 NR	SP 90
	100	21	43 600	25 000	6 300	7 500	0.61	6211 N	6211 NR	SP 100
	120	29	71 500	41 500	5 600	6 700	1.35	6311 N	6311 NR	SP 120
	140	33	99 500	63 000	5 000	6 000	2.30	6411 N	6411 NR	SP 140
60	95	18	29 600	18 300	6 700	8 000	0.42	6012 N	6012 NR	SP 95
	110	22	47 500	28 000	6 000	7 000	0.78	6212 N	6212 NR	SP 110
	130	31	81 900	48 000	5 000	6 000	1.70	6312 N	6312 NR	SP 130
	150	35	108 000	69 500	4 800	5 600	2.75	6412 N	6412 NR	SP 150
65	100	18	30 700	19 600	6 300	7 500	0.44	6013 N	6013 NR	SP 100
	120	23	55 900	34 000	5 300	6 300	0.99	6213 N	6213 NR	SP 120
	140	33	92 300	56 000	4 800	5 600	2.10	6313 N	6313 NR	SP 140
	160	37	119 000	78 000	4 500	5 300	3.30	6413 N	6413 NR	SP 160
70	110	20	37 700	24 500	6 000	7 000	0.60	6014 N	6014 NR	SP 110
	125	24	61 800	37 500	5 000	6 000	1.05	6214 N	6214 NR	SP 125
	150	35	104 000	63 000	4 500	5 300	2.50	6314 N	6314 NR	SP 150
75	115	20	39 700	26 000	5 600	6 700	0.64	6015 N	6015 NR	SP 115
	130	25	66 300	40 500	4 800	5 600	1.20	6215 N	6215 NR	SP 130
	160	37	112 000	72 000	4 300	5 000	3.00	6315 N	6315 NR	SP 160
80	125	22	47 500	31 500	5 300	6 300	0.85	6016 N	6016 NR	SP 125
	140	26	70 200	45 000	4 500	5 300	1.40	6016 N	6216 NR	SP 140
85	130	22	49 400	33 500	5 000	6 000	0.89	6017 N	6017 NR	SP 130
	150	28	83 200	53 000	4 300	5 000	1.80	6217 N	6217 NR	SP 150
90	140	24	58 500	39 000	4 800	5 600	1.15	6018 N	6018 NR	SP 140
	160	30	95 600	62 000	3 800	4 500	2.15	6218 N	6218 NR	SP 160
95	170	32	108 000	69 500	3 600	4 300	2.60	6219 N	6219 NR	SP 170
100	150	24	60 500	41 500	4 300	5 000	1.25	6020 N	6020 NR	SP 150
	180	34	124 000	78 000	3 400	4 000	3.15	6220 N	6220 NR	SP 180

單列圓錐滾子軸承 d 15~32mm

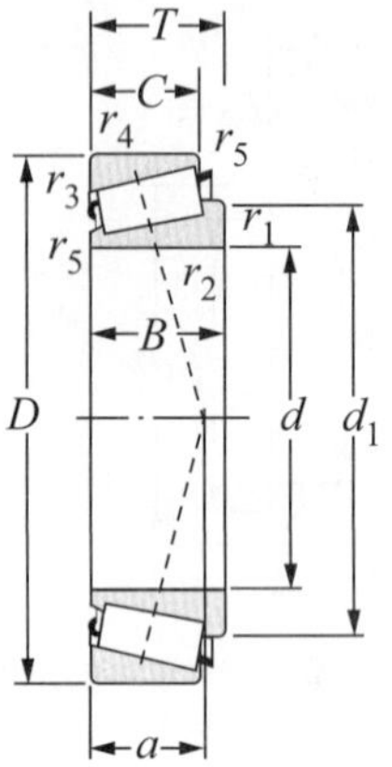

	主要尺寸		基本額定負荷 動	靜	極限轉速 潤滑方式 油脂	油	質量	標示	ISO 355 尺寸系列
d	D	B	C	C_0	油脂	油			
mm			N		r/min		kg	-	-
15	42	14.25	21 200	12 700	9 000	13 000	0.095	30302	2FB
17	40	13.25	17 900	11 000	9 000	13 000	0.075	30203	2DB
	47	12.25	26 000	16 000	8 500	12 000	0.13	30303	2FB
	47	20.25	33 000	21 200	8 000	11 000	0.17	32303	2FD
20	42	15	22 900	15 600	8 500	12 000	0.097	32004 X	3CC
	47	15.25	26 000	16 600	8 000	11 000	0.12	30204	2DB
	52	16.25	31 900	20 000	8 000	11 000	0.17	30304	2FB
	52	22.25	41 300	28 000	7 500	10 000	0.23	32304	2FD
22	44	15	23 800	16 600	8 000	11 000	0.10	320/20 X	3CC
	47	17	31 900	22 000	8 000	11 000	0.14	T2CC 022	2CC
25	47	15	25 500	18 300	8 000	11 000	0.11	32005 X	4CC
	52	16.25	29 200	19 300	7 500	10 000	0.15	30205	3CC
	52	19.25	34 100	25 000	7 000	9 500	0.19	32205 B	5CD
	52	22	44 000	32 500	6 700	9 000	0.23	33205	2DE
	62	18.25	41 800	26 500	6 700	9 000	0.26	30305	2FB
	62	18.25	35 800	23 200	5 600	7 500	0.26	31305	7FB
	62	25.25	39 000	6 000	8 000	0.36	32305	2FD	6225.25
28	52	16	29 700	21 600	7 000	9 500	0.15	320/28 X	4CC
	58	20.25	39 600	28 500	6 300	8 500	0.25	322/28 B	5DD
30	55	17	33 600	24 500	6 700	9 000	0.17	32006 X	4CC
	62	17.25	38 000	25 500	6 300	8 500	0.23	30206	3DB
	62	21.25	47 300	33 500	6 300	8 500	0.28	32206	3DC
	62	21.25	45 700	33 500	6 000	8 000	0.30	32206 B	5DC
	62	25	60 500	45 500	5 600	7 500	0.37	33206	2DE
	72	20.75	52 800	34 500	5 600	7 500	0.39	30306	2FB
	72	20.75	44 600	29 000	5 000	6 700	0.39	31306	7FB
	72	28.75	72 100	52 000	5 300	7 000	0.55	32306	2FD
32	58	17	34 700	26 000	6 300	8 500	0.19	320/32 X	4CC

單列圓錐滾子軸承 d 35~45 mm

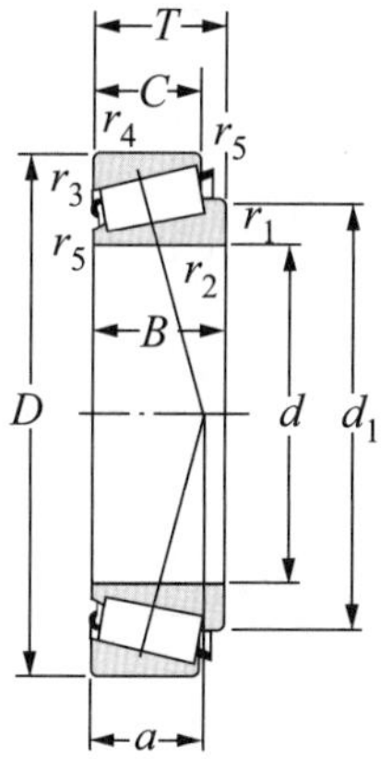

主要尺寸 d	D	B	基本額定負荷 動 C	靜 C_0	極限轉速 潤滑方式 油脂	油	質量	標示	ISO 355 尺寸系列
mm			N		r/min		kg	-	-
35	62	18	40 200	30 500	6 000	8 000	0.22	32007 X	4CC
	72	18.25	48 400	32 500	5 300	7 000	0.32	30207	3DB
	72	24.25	61 600	45 000	5 300	7 000	0.43	32207	3DC
	72	24.25	57 200	42 500	5 300	7 000	0.44	32207 B	5DC
	72	28	79 200	62 000	4 800	6 300	0.56	33207	2DE
	80	22.75	68 200	45 000	5 000	6 700	0.52	30307	2FB
	80	22.75	57 200	39 000	4 500	6 000	0.52	31307	7FB
	80	32.75	89 700	65 500	4 800	6 300	0.73	32307	2FB
	80	32.75	88 000	67 000	4 500	6 000	0.80	32307 B	5FE
40	68	19	49 500	40 000	5 300	7 000	0.27	32008 X	3CD
	75	26	74.800	58 500	5 000	6 700	0.51	33108	2CE
	80	19.75	58 300	40 000	4 800	6 300	0.42	30208	3DB
	80	24.75	70 400	50 000	4 800	6 300	0.53	32208	3DC
	80	32	96 800	78 000	4 300	5 600	0.77	33208	2DE
	85	33	114 000	90 000	4 500	6 000	0.90	T2EE 040	2EE
	90	25.25	80 900	56 000	4 500	6 000	0.72	30308	2FB
	90	25.25	63 300	46 500	4 000	5 300	0.72	31308	7FB
	90	35.25	110 000	83 000	4 000	5 300	1.000	32308	2FB
45	75	20	55 000	44 000	4 800	6 300	0.34	32009 X	3CC
	80	26	79 200	64 000	4 500	6 000	0.56	33109	3CE
	85	20.75	62.700	44 000	4 500	6 000	0.48	30209	3DB
	85	24.75	74 800	56 000	4 500	6 000	0.58	32209	3DC
	85	32	101 000	81 500	4 000	5 300	0.82	33209	3DE
	95	29	84 200	63 000	3 600	4 800	0.92	T7FC 045	7FC
	95	36	140 000	110 000	4 000	5 300	1.20	T2ED 045	2ED
	100	27.25	101 000	72 000	4 000	5 300	0.97	30309	2FB
	100	27.25	85 800	60 000	3 400	4 500	0.95	31309	7FB
	100	38.25	132 000	102 000	3 600	4 800	1.35	32309	2FD
	100	38.25	128 000	102 000	3 600	4 800	1.45	32309 B	5FD

單列圓錐滾子軸承 d 50~55 mm

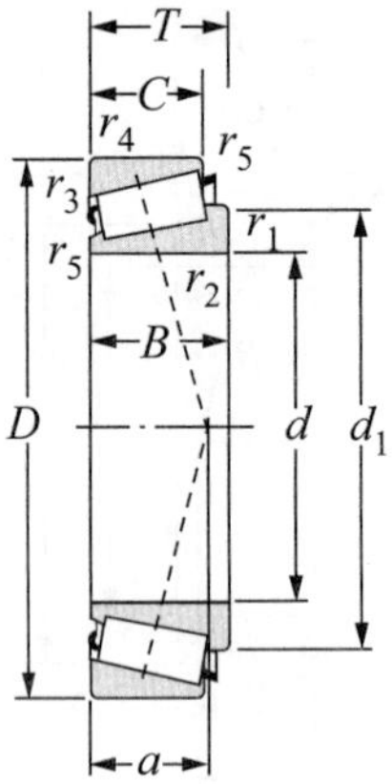

	主要尺寸		基本額定負荷 動	靜	極限轉速 潤滑方式 油脂	油	質量	標示	尺寸 系列
d	D	B	C	C_0	油脂	油			
mm			N		r/min		kg	-	-
50	80	20	57 200	48 000	4 500	6 000	0.37	32010 X	3CC
	80	24	64 400	56 000	4 500	6 000	0.45	33010	2CE
	85	26	80 900	67 000	4 300	5 600	0.59	33110	3CE
	90	21.75	70 400	52 000	4 300	5 600	0.54	30210	3DB
	90	24.75	76 500	57 000	4 300	5 600	0.61	32210	3DC
	90	32	108 000	90 000	3 800	5 000	0.90	33210	3DE
	100	36	145 000	118 000	3 800	5 000	1.30	T2ED 050	2ED
	105	32	102 000	78 000	3 200	4 300	1.25	T7FC 050	7FC
	110	29.25	117 000	83 000	3 600	4 800	1.25	30310	2FB
	110	29.25	99 000	69 500	3 200	4 300	1.20	31310	7FB
	110	42.25	161 000	127 000	3 200	4 300	1.80	32310	2FD
	110	42.25	151 000	125 000	3 200	4 300	1.85	32310 B	5FB
55	90	23	76 500	64 000	4 000	5 300	0.55	32011 X	3CC
	90	27	84 200	75 000	4 000	5 300	0.67	33011	2CE
	95	30	105 000	86 500	3 800	5 000	0.86	33111	3CE
	100	22.75	84 200	61 000	3 800	5 000	0.70	30211	3DB
	100	26.75	99 000	75 000	3 800	5 000	0.83	32211	3DC
	100	35	130 000	108 000	3 400	4 500	1.20	33211	3DE
	110	9	168 000	137 000	3 400	4 500	1.70	T2ED 055	2ED
	115	34	119 000	91 500	3 000	4 000	1.60	T7FC 055	7FC
	120	31.5	134 000	96 500	3 200	4 300	1.55	30311	2FB
	120	31.5	114 000	80 000	2 800	3 800	1.55	31311	7FB
	120	45.5	187 000	150 000	3 000	4 000	2 30	32311	2FD
	120	45.5	179 000	150 000	2 800	3 800	2.50	32311 B	5FD

單列圓錐滾子軸承 d 60~65 mm

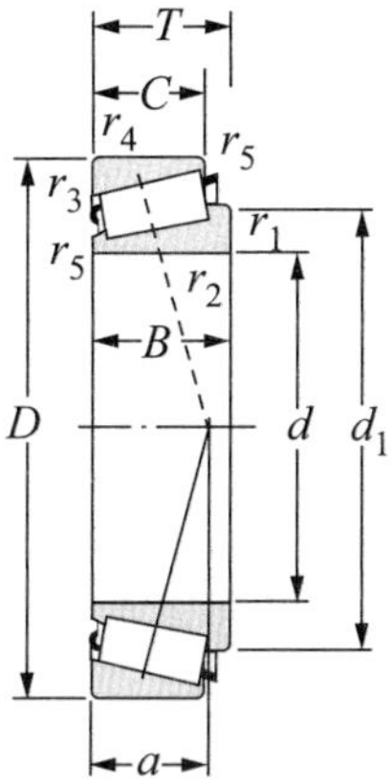

	主要尺寸		基本額定負荷 動	靜	極限轉速 潤滑方式				ISO 355
d	D	B	C		C0		油脂	油	尺寸系列
mm			N		r/min		kg	-	-
60	95	23	76 500	67 000	3 800	5 000	0.59	32012 X	4CC
	95	27	85 800	78 000	3 800	5 000	0.71	33012	2CE
	100	30	110 000	95 000	3 600	4 800	0.92	33112	3CE
	110	23.75	91 300	65 500	3 400	4 500	0.88	30212	3EB
	110	29.75	119 000	91 500	3 400	4 500	1.15	32212	3EC
	110	38	157 000	134 000	3 000	4 000	1.60	33212	3EE
	115	39	157 000	137 000	3 000	4 000	1.85	T5ED 060	5ED
	115	40	183 000	153 000	3 200	4 300	1.85	T2EE 060	2EE
	125	37	145 000	116 000	2 600	3 600	2.05	T7FC 060	7FC
	130	33.5	161 000	116 000	3 000	4 000	1.95	30312	2FB
	130	33.5	134 000	96 500	2 600	3 600	1.90	31312	7FB
	130	48.5	216 000	173 000	2 600	3 600	2.85	32312	2FD
	130	48.5	205 000	176 000	2 600	3 600	2.80	32312 B	5FD
65	100	23	78 100	68 000	3 400	4 500	0.63	32013 X	4CC
	100	27	91 300	83 000	3 400	4 500	0.78	33013	2CE
	110	34	134 000	116 000	3 200	4 300	1.30	33113	3DE
	120	24.75	108 000	78 000	3 000	4 000	1.15	30213	3EB
	120	32.75	142 000	112 000	3 000	4 000	1.50	32213	3EC
	120	39	151 000	134 000	3 000	4 000	1.95	T5ED 065	5ED
	120	41	183 000	153 000	2 800	3 800	2.05	33213	3EE
	130	37	142 000	114 000	2 400	3 400	2.15	T7FC 065	7FC
	140	36	183 000	134 000	2 600	3 600	2.40	30313	2GB
	140	36	154 000	112 000	2 200	3 200	2.35	31313	7GB
	140	51	246 000	200 000	2 400	3 400	3.45	32313	2GD
	140	51	233 000	200 000	2 200	3 200	3.35	32313 B	5GD

Appendix 5

鏈條功率

■傳動功率表 (型號 25)　　〈單位 KW〉

小鏈輪	小鏈輪轉速 RPM																				
齒數	100	500	900	1200	1800	2500	3000	3500	4000	4500	5000	5500	6000	6500	7000	7500	8000	8500	9000	10000	
潤滑方式	I				II																
11	0.04	0.17	0.29	0.38	0.55	0.74	0.85	0.99	1.07	0.89	0.76	0.66	0.58	0.51	0.46	0.41	0.38	0.35	0.32	0.27	
12	0.04	0.19	0.32	0.41	0.60	0.80	0.95	1.09	1.22	1.02	0.87	0.75	0.66	0.59	0.53	0.47	0.43	0.39	0.36	0.31	
13	0.05	0.20	0.35	0.45	0.65	0.88	1.04	1.19	1.34	1.15	0.98	0.85	0.74	0.66	0.59	0.53	0.48	0.44	0.41	0.35	
14	0.05	0.23	0.38	0.49	0.71	0.95	1.12	1.28	1.45	1.28	1.10	0.95	0.83	0.74	0.66	0.59	0.54	0.50	0.45	0.38	III
15	0.06	0.24	0.41	0.53	0.76	1.02	1.21	1.39	1.56	1.42	1.22	1.05	0.92	0.82	0.74	0.66	0.60	0.55	0.50	0.43	
16	0.06	0.26	.044	0.56	0.82	1.10	1.29	1.49	1.67	1.56	1.34	1.16	1.01	0.90	0.80	0.73	0.66	0.60	0.56	0.47	
17	0.06	0.28	0.47	0.61	0.87	1.17	1.38	1.58	1.79	1.71	1.48	1.27	1.11	0.98	0.89	0.80	0.72	0.66	0.61	0.52	
18	0.07	0.29	0.50	0.65	0.92	1.25	1.46	1.69	1.90	1.87	1.59	1.38	1.22	1.07	0.96	0.87	0.79	0.72	0.66	0.56	
19	0.07	0.31	0.53	0.68	0.98	1.32	1.55	1.79	2.02	2.03	1.73	1.50	1.31	1.16	1.04	0.94	0.86	0.78	0.71	0.61	
20	0.08	0.33	0.56	0.72	1.04	1.40	1.64	1.89	2.13	2.18	1.83	1.62	1.42	1.26	1.13	1.01	0.92	0.84	0.77	0.66	
21	0.08	0.35	0.59	0.76	1.10	1.47	1.73	1.99	2.24	2.35	2.01	1.74	1.53	1.35	1.21	1.10	0.99	0.91	0.83	0.71	
22	0.09	0.36	0.62	0.80	1.15	1.55	1.82	2.09	2.36	2.52	2.15	1.87	1.64	1.45	1.30	1.17	1.07	0.97	0.89	0.76	
23	0.09	0.38	0.65	0.84	1.21	1.62	1.91	2.20	2.48	2.69	2.30	2.00	1.75	1.54	1.39	1.25	1.13	1.04	0.95	0.81	IV
24	0.09	0.40	0.68	0.88	1.27	1.70	2.00	2.30	2.60	2.87	2.45	2.12	1.86	1.64	1.48	1.34	1.21	1.10	1.01	0.87	
25	0.10	0.42	0.71	0.92	1.32	1.78	2.09	2.40	2.71	2.99	2.61	2.26	1.98	1.76	1.58	1.42	1.29	1.18	1.08	0.92	
26	0.10	0.43	0.73	0.95	1.37	1.84	2.18	2.51	2.83	3.15	2.77	2.39	2.09	1.89	1.69	1.53	1.40	1.28	1.18	0.98	
28	0.11	0.47	0.80	1.04	1.49	2.00	2.36	2.72	3.06	3.41	3.09	2.68	2.35	2.09	1.87	1.68	1.53	1.40	1.28	1.10	
30	0.12	0.51	0.86	1.12	1.61	2.16	2.54	2.93	3.30	3.67	3.43	2.97	2.60	2.31	2.07	1.87	1.70	1.55	1.42	1.22	
32	0.13	0.55	0.92	1.20	1.73	2.32	2.73	3.14	3.53	3.93	3.77	3.27	2.87	2.54	2.28	2.06	1.87	1.70	1.56	1.34	
35	0.14	0.60	1.02	1.32	1.90	2.55	3.01	3.46	3.89	4.34	4.32	3.74	3.29	2.91	2.61	2.35	2.14	1.95	1.79	1.53	

潤滑方式請參見 p.485 I=A, II=B, III=C

■傳動功率表（型號 35）

〈單位 KW〉

小鏈輪齒數	小鏈輪轉速 RPM																			
	50	200	400	600	900	1200	1800	2400	3000	3500	4000	4500	5000	5500	6000	6500	7000	7500	8000	9000
潤滑方式	I			II				III					IV							
11	0.17	0.59	1.11	1.61	2.32	3.00	3.47	2.26	1.61	1.28	1.05	0.88	0.75	0.64	0.57	0.50	0.45	0.41	0.37	0
12	0.18	0.65	1.23	1.76	2.55	3.30	3.96	2.57	1.84	1.46	1.19	0.99	0.85	0.74	0.64	0.57	0.51	0.46	0.42	0
13	0.20	0.71	1.34	1.93	2.78	3.60	4.46	2.90	2.08	1.64	1.35	1.13	0.96	0.83	0.73	0.54	0.58	0.52	0.47	0
14	0.22	0.77	1.45	2.08	3.01	3.90	4.99	3.24	2.32	1.84	1.50	1.26	1.08	0.93	0.82	0.73	0.64	0.58	0.52	0
15	0.23	0.83	1.56	2.25	3.24	4.20	5.54	3.59	2.57	2.04	1.67	1.40	1.19	1.03	0.91	0.80	0.72	0.64		
16	0.26	0.89	1.67	2.41	3.47	4.50	6.10	3.96	2.83	2.25	1.84	1.54	1.32	1.14	0.99	0.88	0.79	0.71		
17	0.27	0.96	1.79	2.57	3.71	4.81	6.68	4.34	3.11	2.46	2.02	1.69	1.44	1.25	1.09	0.97	0.87	0.78		
18	0.29	1.02	1.90	2.74	3.95	5.11	7.28	4.72	3.38	2.68	2.20	1.84	1.57	1.36	1.19	1.05	0.94	0.85		
19	0.31	1.08	2.02	2.90	4.19	5.42	7.83	5.13	3.67	2.91	2.38	1.99	1.70	1.47	1.29	1.14	1.02	0.93		
20	0.32	1.14	2.13	3.07	4.43	5.73	8.28	5.54	3.96	3.14	2.57	2.15	1.84	1.59	1.40	1.24	1.11	0.99		
21	0.34	1.20	2.25	3.23	4.66	6.05	8.72	5.96	4.26	3.38	2.76	2.32	1.98	1.71	1.50	1.33	1.19	1.08		
22	0.36	1.26	2.36	3.40	4.90	6.35	9.17	6.39	4.57	3.63	2.96	2.49	2.12	1.84	1.61	1.43	1.28			
23	0.38	1.32	2.48	3.57	5.14	6.66	9.62	6.83	4.88	3.87	3.17	2.66	2.27	1.96	1.73	1.53	1.37			
24	0.40	1.39	2.59	3.74	5.39	6.98	10.0	7.28	5.21	4.13	3.38	2.83	2.42	2.09	1.84	1.63	1.46			
25	0.41	1.45	2.71	3.90	5.63	7.29	10.5	7.75	5.54	4.39	3.59	3.01	2.57	2.23	1.96	1.73				
26	0.43	1.51	2.82	4.08	5.88	7.62	10.9	8.23	5.88	4.66	3.82	3.20	2.73	2.37	2.08	1.85				
28	0.46	1.64	3.06	4.42	6.37	8.28	11.8	9.17	6.56	5.21	4.26	3.57	3.05	2.64	2.32	2.05				
30	0.50	1.77	3.30	4.75	6.86	8.87	12.8	10.1	7.28	5.78	4.72	3.96	3.38	2.93	2.57					
32	0.54	1.90	3.54	5.11	7.35	9.54	13.7	11.1	8.05	6.37	5.21	4.37	3.73	3.23	2.83					
35	0.60	2.08	3.90	5.62	8.13	10.5	15.1	12.8	9.17	7.28	5.96	4.99	4.26	3.70						

潤滑方式請參見 p.485 I=A, II=B, III=C

■傳動功率表 (型號 40)　〈單位 KW〉

小鏈輪齒數	小鏈輪轉速 RPM																			
	50	200	400	600	900	1200	1800	2400	3000	3500	4000	4500	5000	5500	6000	6500	7000	7500	8000	9000
潤滑方式	I			II				III					IV							
11	0.17	0.59	1.11	1.61	2.32	3.00	3.47	2.26	1.61	1.28	1.05	0.88	0.75	0.64	0.57	0.50	0.45	0.41	0.37	0
12	0.18	0.65	1.23	1.76	2.55	3.30	3.96	2.57	1.84	1.46	1.19	0.99	0.85	0.74	0.64	0.57	0.51	0.46	0.42	0
13	0.20	0.71	1.34	1.93	2.78	3.60	4.46	2.90	2.08	1.64	1.35	1.13	0.96	0.83	0.73	0.64	0.58	0.52	0.47	0
14	0.22	0.77	1.45	2.08	3.01	3.90	4.99	3.24	2.32	1.84	1.50	1.26	1.08	0.93	0.82	0.73	0.64	0.58	0.52	0
15	0.23	0.83	1.56	2.25	3.24	4.20	5.54	3.59	2.57	2.04	1.67	1.40	1.19	1.03	0.91	0.80	0.72	0.64		
16	0.26	0.89	1.67	2.41	3.47	4.50	6.10	3.96	2.83	2.25	1.84	1.54	1.32	1.14	0.99	0.88	0.79	0.71		
17	0.27	0.96	1.79	2.57	3.71	4.81	6.68	3.34	3.11	2.46	2.02	1.69	1.44	1.25	1.09	0.97	0.87	0.78		
18	0.29	1.02	1.90	2.74	3.95	5.11	7.28	4.72	3.38	2.68	2.20	1.84	1.57	1.36	1.19	1.05	0.94	0.85		
19	0.31	1.08	2.02	2.90	4.19	5.42	7.83	5.13	3.67	2.91	2.38	1.99	1.70	1.47	1.29	1.14	1.02	0.93		
20	0.32	1.14	2.13	3.07	4.43	5.73	8.28	5.54	3.96	3.14	2.57	2.15	1.84	1.59	1.40	1.24	1.11	0.99		
21	0.34	1.20	2.25	3.23	4.66	6.05	8.72	5.96	4.26	3.38	2.76	2.32	1.98	1.71	1.50	1.33	1.19	1.08		
22	0.36	1.26	2.36	3.40	4.90	6.35	9.17	6.39	4.57	3.63	2.96	2.49	2.12	1.84	1.61	1.43	1.28			
23	0.38	1.32	2.48	3.57	5.14	6.66	9.62	6.83	4.88	3.87	3.17	2.66	2.27	1.96	1.73	1.53	1.37			
24	0.40	1.39	1.59	3.74	5.39	6.98	10.0	7.28	5.21	4.13	3.38	2.83	2.42	2.09	1.84	1.63	1.46			
25	0.41	1.46	2.71	3.90	5.63	7.29	10.5	7.75	5.54	4.39	3.59	3.01	2.57	2.23	1.96	1.73				
26	0.43	1.51	2.82	4.08	5.88	7.62	10.9	8.23	5.88	4.66	3.82	3.20	2.73	2.37	2.08	1.85				
28	0.46	1.64	3.06	4.42	6.37	8.28	11.8	9.17	6.56	5.21	4.26	3.57	3.05	2.64	2.32	2.05				
30	0.50	1.77	3.30	4.75	6.86	8.87	12.8	10.1	7.28	5.78	4.72	3.96	3.38	2.93	2.57					
32	0.54	1.90	3.54	5.11	7.35	9.54	13.7	11.1	8.05	6.37	5.21	4.37	3.73	3.23	2.83					
35	0.60	2.08	3.90	5.62	8.13	10.5	15.1	12.8	9.17	7.28	5.96	4.99	4.26	3.70						

潤滑方式請參見 p.485 I=A, II=B, III=C

■傳動功率表 (型號 50) 〈單位 KW〉

小鏈輪齒數	小鏈輪轉速 RPM 50	100	300	500	900	1200	1500	1800	2100	2400	2700	3000	3300	3500	4000	4500	5000	5400	5800	6200
潤滑方式	I		II				III							IV						
11	0.33	0.62	1.67	2.64	4.52	5.86	5.55	4.16	3.29	2.70	2.26	1.93	1.67	1.53	1.25	1.05	0.90	0.79	0.72	0
12	0.37	0.68	1.84	2.91	4.96	6.44	6.34	4.75	3.75	3.08	2.58	2.20	1.91	1.75	1.43	1.20	1.02	0.91	0.82	0
13	0.40	0.75	2.01	3.17	5.41	7.02	7.13	5.34	4.22	3.46	2.90	2.48	2.15	1.97	1.61	1.35	1.15	1.02	0.92	0
14	0.43	0.81	2.17	3.43	5.87	7.60	7.98	5.97	4.72	3.87	3.25	2.77	2.40	2.20	1.79	1.50	1.29	1.14		
15	0.46	0.87	2.34	3.70	6.32	8.20	8.87	6.63	5.24	4.29	3.60	3.08	2.67	2.44	1.99	1.67	1.43	1.26		
16	0.49	0.96	2.51	3.97	6.78	8.80	9.77	7.30	5.77	4.73	3.96	3.38	2.93	2.70	2.20	1.84	1.57	1.40		
17	0.53	0.99	2.68	4.24	7.23	9.39	10.6	7.98	6.32	5.18	4.34	3.71	3.22	2.95	2.40	2.02	1.73	1.52		
18	0.57	1.06	2.85	4.51	7.68	9.99	11.6	8.72	6.89	5.65	4.73	4.04	3.50	3.21	2.62	2.20	1.88			
19	0.60	1.12	3.02	4.78	8.13	10.5	12.6	9.47	7.46	6.13	5.13	4.38	3.80	3.49	2.84	2.38	2.04			
20	0.64	1.19	3.20	5.05	8.65	11.1	13.5	10.2	8.05	6.61	5.55	4.73	4.11	3.76	3.07	2.57	2.20			
21	0.67	1.26	3.37	5.33	9.10	11.7	14.3	10.9	8.65	7.12	5.97	5.09	4.42	4.05	3.31	2.76	2.37			
22	0.70	1.32	3.55	5.60	9.54	12.3	15.1	11.7	9.32	7.60	6.40	5.46	4.74	4.34	3.55	2.96	2.55			
23	0.74	1.38	3.73	5.88	9.99	12.9	15.8	12.6	9.92	8.13	6.84	5.84	5.06	4.64	3.78	3.17				
24	0.77	1.45	3.90	6.16	10.5	13.6	16.6	13.4	10.5	8.72	7.29	6.22	5.40	4.95	4.04	3.38				
25	0.81	1.52	4.08	6.43	10.9	14.2	17.3	14.2	11.2	9.25	7.75	6.62	5.74	5.26	4.29	3.60				
26	0.83	1.58	4.26	6.72	11.4	14.8	18.1	15.1	11.9	9.8	8.20	7.02	6.10	5.59	4.56					
28	0.89	1.71	4.61	7.28	12.3	16.1	19.6	16.9	13.3	10.9	9.17	7.83	6.81	6.24	5.09					
30	0.99	1.80	4.96	7.83	13.3	17.3	21.1	18.7	14.8	12.1	10.2	8.72	7.53	6.92	5.64					
32	1.05	1.98	5.32	8.42	14.3	18.5	22.6	20.6	16.3	13.4	11.1	9.62	8.28	7.60	6.22					
35	1.17	2.18	5.86	9.25	15.8	20.4	24.9	23.6	18.7	15.2	12.8	10.9	9.54	8.72	7.12					

潤滑方式請參見 p.485 I=A, II=B, III=C

■傳動功率表(型號 60) 〈單位 KW〉

小鏈輪齒數	50	100	200	500	700	900	1200	1400	1600	1800	2000	2200	2400	2600	2800	3000	3500	3800	4000	4600
潤滑方式	I		II				III							IV						
11	0.58	1.07	2.00	4.58	6.20	7.83	8.87	7.04	5.74	4.84	4.11	3.56	3.13	2.77	2.48	2.23	1.78	1.56	1.45	0
12	0.63	1.17	2.20	5.02	6.81	8.57	10.1	8.05	6.55	5.53	4.69	4.07	3.57	3.17	2.83	2.55	2.02	1.79	1.66	0
13	0.69	1.28	2.40	5.47	7.43	9.32	11.4	9.02	7.37	6.22	5.28	4.58	4.02	3.56	3.19	2.87	2.28	2.01	1.86	0
14	0.74	1.39	2.60	5.93	8.05	10.1	12.7	10.1	8.28	6.95	5.90	5.11	4.49	3.98	3.56	3.20	2.55	2.24	2.08	0
15	0.80	1.49	2.80	6.39	8.65	10.8	14.0	11.1	9.17	7.68	6.54	5.67	4.98	4.42	3.95	3.55	2.82	2.49	2.31	0
16	0.86	1.61	3.00	6.85	9.32	11.7	15.1	12.3	10.0	8.50	7.20	6.25	5.49	4.87	4.35	3.91	3.11	2.74	2.55	0
17	0.92	1.71	3.21	7.31	9.92	12.4	16.1	13.5	11.0	9.32	7.90	6.84	6.01	5.33	4.77	4.28	3.40	3.00	2.79	0
18	0.98	1.82	3.41	7.75	10.5	13.2	17.1	14.7	12.0	10.1	8.57	7.46	6.54	5.81	5.19	4.67	3.71	3.27	3.04	0
19	1.04	1.93	3.62	8.28	11.1	14.0	18.2	16.0	13.0	10.9	9.32	8.13	7.10	6.30	5.63	5.07	4.02	3.55	3.29	0
20	1.10	2.05	3.82	8.72	11.8	14.8	19.2	17.3	14.0	11.8	10.0	8.72	7.68	6.80	6.09	5.47	4.34	3.83		
21	1.16	2.15	4.03	9.17	12.4	15.6	20.2	18.5	15.1	12.7	10.8	9.39	8.28	7.32	6.55	5.89	4.67	4.12		
22	1.22	2.26	4.24	9.69	13.1	16.4	21.3	19.9	16.2	13.7	11.6	10.0	8.87	7.83	7.02	6.31	5.02	4.42		
23	1.28	2.37	4.45	10.1	13.7	17.3	22.3	21.3	17.3	14.6	12.4	10.7	9.47	8.42	7.53	6.75	5.36			
24	1.34	2.49	4.66	10.5	14.3	18.1	23.4	22.6	18.5	15.5	13.2	11.4	10.0	8.95	7.98	7.19	5.71			
25	1.40	2.60	4.87	11.1	15.0	18.9	24.5	24.1	19.6	16.6	14.0	12.2	10.7	9.54	8.50	7.68	6.07			
26	1.46	2.71	5.08	11.5	15.5	19.7	25.5	25.6	20.9	17.6	14.9	12.9	11.3	10.1	9.02	8.15	6.45			
28	1.58	2.94	5.50	12.5	17.0	21.4	27.6	28.6	23.3	19.6	16.7	14.4	12.6	11.2	10.0	9.10	7.20			
30	1.70	3.17	5.93	13.5	18.3	23.0	29.8	31.7	25.8	21.7	18.5	16.0	14.0	12.5	11.1	10.0				
32	1.82	3.40	6.36	14.4	19.6	24.6	32.0	34.9	28.4	24.0	20.3	17.6	15.5	13.8	12.3	11.1				
35	2.01	3.74	7.01	15.9	21.6	27.2	35.2	39.9	32.6	27.5	23.3	20.2	17.7	15.7	14.0	12.6				

潤滑方式請參見 p.485 I=A, II=B, III=C

■傳動功率表 (型號 80)　　〈單位 KW〉

小鏈輪齒數	小鏈輪轉速 RPM 25	50	100	200	300	400	500	700	900	1000	1200	1400	1600	1800	2000	2200	2400	2600	2800	3000
潤滑方式	I		II					III					IV							
11	0.72	1.34	2.50	4.68	6.74	8.72	10.6	14.4	17.1	14.6	11.1	8.80	7.22	6.05	5.17	4.48	3.93	3.49	3.11	0
12	0.79	1.47	2.76	5.13	7.40	9.62	11.7	15.8	19.5	16.7	12.6	10.0	8.28	6.92	5.90	5.11	4.49	3.98	3.56	0
13	0.86	1.61	3.00	5.60	8.05	10.4	12.7	17.3	21.7	18.7	14.3	11.3	9.32	7.75	6.64	5.75	5.05	4.48	4.01	0
14	0.93	1.74	3.25	6.07	8.72	11.3	13.8	18.7	23.4	21.0	15.9	12.6	10.3	8.72	7.43	6.43	5.64	5.01	4.48	0
15	1.00	1.87	3.50	6.54	9.39	12.2	14.9	20.2	25.3	23.2	17.7	14.0	11.4	9.62	8.20	7.13	6.26	5.55	0.31	0
16	1.08	2.01	3.75	7.01	10.0	13.0	15.9	21.6	27.1	25.6	19.5	15.5	12.6	10.5	9.10	7.83	6.90	6.12		
17	1.15	2.14	4.01	7.46	10.8	13.9	17.0	23.1	29.0	28.0	21.3	16.9	13.8	11.6	9.92	8.57	7.53	6.69		
18	1.22	2.29	4.26	7.98	11.4	14.8	18.2	24.6	30.8	30.5	23.2	18.5	15.1	12.6	10.8	9.39	8.20	7.30		
19	1.29	2.42	4.52	8.42	12.1	15.7	19.2	26.1	32.6	33.1	25.2	20.0	16.4	13.7	11.7	10.1	8.95	7.90		
20	1.37	2.56	4.78	8.95	12.8	16.6	20.3	27.6	34.6	35.8	27.3	21.6	17.7	14.8	12.6	10.9	9.62	0.70		
21	1.44	2.70	5.04	9.39	13.5	17.6	21.4	29.0	36.4	38.5	29.3	23.2	19.0	15.9	13.6	11.8	10.3			
22	1.52	2.84	5.30	9.92	14.2	18.5	22.6	30.5	38.3	41.4	31.4	24.9	20.4	17.1	14.6	12.6	11.1			
23	1.59	2.98	5.56	10.3	14.9	19.3	23.6	32.0	40.2	44.1	33.6	26.7	21.8	18.3	15.6	13.6	11.8			
24	1.67	3.12	5.82	10.8	15.6	20.2	24.8	33.5	42.0	46.2	35.8	28.4	23.2	19.5	16.6	14.4	12.6			
25	1.74	3.26	6.09	11.3	16.3	21.1	25.9	35.0	44.0	48.4	38.1	30.2	24.7	20.7	17.7	15.3	6.22			
26	1.82	3.41	6.35	11.8	17.0	22.1	27.0	36.5	45.9	50.5	40.4	32.1	26.2	22.0	18.8	16.2				
28	1.97	3.68	6.88	12.8	18.5	23.9	29.3	39.6	49.6	54.6	45.2	35.8	29.3	24.6	21.0	18.2				
30	2.12	3.97	7.41	13.8	19.9	25.8	31.5	42.7	53.5	58.8	50.1	39.7	32.5	27.3	23.2	18.2				
32	2.28	4.25	7.98	14.8	21.3	27.5	33.7	45.8	57.4	63.1	55.2	43.7	35.8	30.0	25.6					
35	2.51	4.69	8.72	16.3	23.5	30.5	37.3	50.5	63.2	69.6	63.1	50.1	41.0	34.3	29.3					

潤滑方式請參見 p.485 I=A, II=B, III=C

■傳動功率表 (型號 100) 〈單位 KW〉

小鏈輪齒數	小鏈輪轉速 RPM 10	25	50	100	200	300	400	500	600	700	800	900	1000	1100	1200	1400	1600	1800	2000	2200
潤滑方式	I			II			III							IV						
11	0.60	1.38	2.57	4.80	8.95	12.9	16.7	20.4	24.0	27.6	24.4	20.5	17.4	15.1	13.2	10.5	8.65	7.24	5.18	0
12	0.56	1.51	2.82	5.27	9.84	14.1	18.3	22.4	26.4	30.4	27.9	23.4	19.9	17.3	15.2	12.0	9.84	8.28		
13	0.72	1.65	3.08	5.75	10.7	15.4	20.0	24.4	28.8	33.1	31.4	26.3	22.4	19.4	17.0	13.5	11.1	9.32		
14	0.78	1.79	3.34	6.22	11.6	16.7	21.7	26.5	31.2	35.8	35.0	29.3	25.0	21.7	19.0	15.1	12.3	10.3		
15	0.84	1.93	3.59	6.71	12.5	18.0	23.4	28.5	33.7	38.7	38.9	32.6	27.8	24.1	21.1	16.7	13.8	11.5		
16	0.91	2.06	3.85	7.19	13.4	19.3	25.0	30.6	36.1	41.4	42.8	35.8	30.6	26.5	23.3	18.5	15.1	12.6		
17	0.96	2.20	4.11	7.68	14.3	20.6	26.7	32.7	38.5	44.3	46.9	39.3	33.5	29.0	25.5	20.2	16.5	13.5		
18	1.02	2.34	4.37	8.20	15.2	22.0	28.4	34.8	41.0	47.1	51.1	42.8	36.6	31.7	27.8	22.0	18.1	12.3		
19	1.08	2.49	4.64	8.65	16.1	23.2	30.2	36.9	43.4	49.9	55.5	46.4	39.6	34.3	30.2	23.9	19.6	4.99		
20	1.15	2.63	4.90	9.17	17.0	24.6	31.9	39.0	45.9	52.8	59.5	50.2	42.8	37.1	32.6	25.8	21.1			
21	1.21	2.77	5.17	9.62	18.0	25.9	33.6	41.1	48.4	55.6	62.7	54.0	46.1	39.9	35.0	27.8	22.7			
22	1.27	2.91	5.44	10.1	18.9	27.3	35.3	43.2	50.9	58.5	66.0	57.9	49.4	42.8	37.5	29.8	24.4			
23	1.34	3.05	5.70	10.6	19.8	28.6	37.0	45.3	53.4	61.3	69.2	61.9	52.8	45.8	40.2	31.9	26.1			
24	1.40	3.20	5.98	11.1	20.8	29.9	38.8	47.5	55.9	64.3	72.5	65.9	56.3	48.8	42.8	34.0	27.8			
25	1.46	3.34	6.24	11.6	21.7	31.3	40.5	49.6	58.4	67.2	76.0	70.1	59.9	51.9	45.5	36.1	27.0			
26	1.53	3.49	6.51	12.1	22.7	32.6	42.3	51.7	61.0	70.1	79.3	74.4	63.6	55.1	48.4	38.4	19.2			
28	1.65	3.78	7.06	13.2	24.6	35.4	45.8	56.0	66.0	76.0	85.7	82.8	71.0	61.5	54.0	42.8	3.69			
30	1.79	4.08	7.60	14.1	26.4	38.1	49.4	60.4	71.2	82.0	92.5	92.5	79.0	68.2	59.9	47.5				
32	1.91	4.37	8.13	15.2	28.4	40.8	53.0	64.8	76.0	88.0	99.2	101	86.5	75.3	66.0	52.3				
35	2.11	4.81	8.95	16.7	31.2	45.0	58.4	71.3	84.2	96.9	108	116	99.2	85.7	75.3	36.1				

潤滑方式請參見 p.485 I=A, II=B, III=C

■傳動功率表（型號 120）

〈單位 KW〉

小鏈輪齒數	小鏈輪轉速 RPM																			
	10	25	50	100	150	200	300	400	500	600	700	800	900	1000	1100	1200	1300	1400	1500	1600
潤滑方式	I		II				III					IV								
11	1.02	2.32	4.34	8.13	11.6	15.1	21.7	28.1	34.5	40.6	34.4	28.1	23.6	20.2	17.5	15.3	13.6	12.1	10.9	0
12	1.11	2.55	4.76	8.87	12.8	16.6	23.9	30.9	37.8	44.6	39.3	32.2	27.0	23.0	19.9	17.5	15.5	13.9	12.5	0
13	1.22	2.79	5.19	9.69	13.9	18.1	26.1	33.7	41.3	48.7	44.3	36.2	30.3	25.9	22.4	19.7	17.5	15.6	14.0	0
14	1.32	3.02	5.63	10.5	15.1	19.6	28.2	36.6	44.7	52.7	49.5	40.5	33.9	29.0	25.1	22.0	19.5	17.5	9.39	0
15	1.42	3.25	6.06	11.3	16.3	21.1	30.4	39.4	48.1	56.7	54.9	44.9	37.6	32.1	27.9	24.4	21.7	19.3	3.35	0
16	1.52	3.48	6.50	12.1	17.4	22.6	32.6	42.2	51.6	60.9	60.5	49.5	41.4	35.4	30.7	26.9	23.8	21.4		
17	1.63	3.72	6.94	12.9	18.6	24.1	34.8	45.1	55.2	65.0	66.2	54.2	45.4	38.7	33.6	29.5	26.1	23.4		
18	1.73	3.96	7.38	13.8	19.8	25.7	37.0	47.9	58.6	69.1	72.1	59.0	49.5	42.2	36.5	32.2	28.5	21.3		
19	1.84	4.19	7.83	14.6	21.0	27.2	39.3	50.8	62.2	73.3	78.3	64.0	53.7	45.8	39.7	34.8	30.9	15.5		
20	1.94	4.43	8.28	15.4	22.2	28.7	41.5	53.7	65.7	77.5	84.2	69.2	57.9	49.5	42.8	37.6	33.4	8.28		
21	2.05	4.67	8.72	16.2	23.4	30.3	43.7	56.6	69.3	82.0	91.0	74.4	62.3	53.2	46.1	40.5	35.9			
22	2.15	4.91	9.17	17.1	24.6	31.9	46.0	59.6	72.8	85.7	97.7	79.8	66.9	57.1	49.5	43.4	37.4			
23	2.26	5.16	9.62	17.9	25.8	33.5	48.3	62.5	76.8	90.2	103	85.0	71.5	61.0	52.8	46.4	31.6			
24	2.37	5.40	10.0	18.7	27.1	35.1	50.5	65.5	79.8	94.7	108	91.0	76.0	65.0	56.3	49.4	24.3			
25	2.47	5.64	10.5	19.6	28.3	36.7	52.8	68.4	83.5	98.4	113	96.9	81.3	69.2	59.9	52.5				
26	2.58	5.89	10.9	20.5	29.5	38.3	55.1	71.5	87.2	102	118	103	86.2	73.4	63.7	10.0				
28	2.79	6.37	11.9	22.2	32.0	41.4	59.7	77.5	94.7	111	128	114	96.2	82.0	71.0					
30	3.01	6.87	12.8	23.9	34.5	44.6	64.3	83.5	102	120	138	126	106	91.0	79.0					
32	3.23	3.37	13.7	25.6	36.9	47.8	68.9	89.5	108	128	147	140	117	99.9	76.0					
35	3.55	8.13	15.1	28.2	40.7	52.7	76.0	98.4	120	141	162	160	134	114	50.9					

潤滑方式請參見 p.485 I=A, II=B, III=C

■傳動功率表 (型號 140)　　〈單位 KW〉

小鏈輪齒數	小鏈輪轉速 RPM																			
	10	25	50	1000	150	200	250	300	350	400	450	500	550	600	700	800	900	1000	1100	1200
潤滑方式	I		II			III								IV						
11	1.58	3.62	6.75	12.6	18.2	23.4	28.7	33.9	38.9	43.9	48.8	53.7	56.0	49.0	38.9	31.9	26.7	22.8	19.7	0
12	1.74	3.97	7.41	13.8	19.9	25.8	31.5	37.2	42.7	48.1	53.5	58.9	60.7	53.3	42.3	34.6	29.0	24.7	21.4	0
13	1.90	4.34	8.13	15.1	21.7	28.1	34.4	40.5	46.6	52.5	58.4	64.3	70.0	63.1	50.0	40.9	34.3	29.3	25.4	0
14	2.05	4.70	8.80	16.4	23.5	30.5	37.3	44.0	50.5	57.0	63.4	69.7	75.3	70.4	55.9	45.8	38.3	32.7	28.3	0
15	2.22	5.07	9.47	17.6	25.4	32.8	40.2	47.4	54.5	61.4	68.3	75.3	82.0	78.3	62.0	50.8	42.5	36.3	29.8	0
16	2.37	5.43	10.1	18.9	27.2	35.2	43.1	50.8	58.4	65.8	73.2	80.5	88.0	85.7	68.3	55.9	46.8	40.0	25.8	0
17	2.54	5.79	10.8	20.2	29.0	37.6	46.0	54.3	62.3	70.2	78.3	85.7	93.9	93.9	74.6	61.3	51.3	43.8	22.2	0
18	2.70	6.16	11.4	21.4	30.8	40.0	48.9	57.6	66.2	74.6	82.8	91.0	99.2	102	81.3	67.1	55.9	47.7	16.9	0
19	2.86	6.54	11.9	22.7	32.8	42.5	52.2	61.2	70.3	79.0	88.0	96.9	105	111	88.7	72.74	60.6	51.7	9.69	0
20	3.02	6.90	12.9	24.0	34.6	44.8	54.8	64.6	74.2	83.5	93.2	102	111	120	95.4	78.3	65.4	54.4	3.87	0
21	3.19	7.28	13.5	25.3	36.5	47.2	57.8	68.1	78.3	88.0	98.4	108	117	127	102	84.2	70.4	51.4		
22	3.35	7.68	14.3	26.7	38.4	49.7	60.8	71.7	82.8	93.2	103	113	123	134	110	90.2	75.3	46.2		
23	3.52	8.05	14.9	27.9	40.3	52.2	63.8	75.3	86.5	97.7	108	119	129	140	117	96.2	80.5	41.7		
24	3.69	8.42	15.7	29.3	42.2	54.6	66.9	79.0	90.2	102	113	124	135	146	125	102	85.7	34.6		
25	3.85	8.80	16.4	30.6	44.1	57.1	69.9	82.0	94.7	106	118	130	141	153	133	109	89.5	28.1		
26	4.02	9.17	17.1	31.9	46.0	59.5	72.9	85.7	98.4	111	123	135	148	160	141	116	84.1			
28	4.35	9.92	18.5	34.6	49.8	64.5	79.0	93.2	106	120	134	146	160	173	158	129	73.1			
30	4.69	10.7	19.9	37.3	53.7	69.5	85.0	99.9	114	129	144	158	173	187	175	130	61.9			
32	5.02	11.4	21.4	39.9	57.5	74.5	91.0	107	123	139	154	170	185	199	187	125	48.3			
35	5.55	12.6	23.5	44.0	63.4	82.0	100	118	135	153	170	187	204	220	180	106	21.4			

潤滑方式請參見 p.485 I=A, II=B, III=C

■傳動功率表 (型號 180) 〈單位 KW〉

小鏈輪齒數 \ 小鏈輪轉速 RPM	10	25	50	100	150	200	250	300	350	400	500	550	600	700	750	800	850	900	950	1000
潤滑方式	I		II			III								IV						
11	2.29	5.23	9.7	18.2	26.1	33.9	41.4	48.8	56.1	63.3	72.1	62.5	54.6	43.4	39.2	35.6	31.3	20.1	9.69	0
12	2.51	5.75	10.7	19.9	28.7	37.2	45.5	36.6	61.6	69.6	82.0	71.4	62.5	49.7	44.7	40.7	29.3	16.7		
13	2.73	6.28	11.7	21.7	31.3	40.5	49.6	58.4	67.2	76.0	92.5	80.5	70.2	55.9	50.3	45.8	27.4	13.4		
14	2.96	6.78	12.6	23.5	33.9	44.0	53.7	63.3	72.8	82.0	100	89.5	78.4	62.5	56.2	51.1	25.5	10.0		
15	3.19	7.35	13.6	25.4	36.5	47.3	57.9	68.2	78.3	88.7	108	99.9	87.2	69.3	62.4	49.4	23.5	6.71		
16	3.42	7.83	14.6	27.2	39.1	50.8	62.1	73.1	84.2	94.7	116	109	96.2	76.0	64.0	47.7	21.6	3.73		
17	3.65	8.35	15.5	29.0	41.8	54.2	56.3	78.3	89.5	101	123	120	105	83.5	65.7	46.0	19.6			
18	3.88	8.95	16.5	30.9	44.4	57.6	70.4	82.8	95.4	107	132	131	114	91.0	67.4	44.3	17.7			
19	4.12	9.47	17.6	32.8	47.1	61.1	74.6	88.0	101	114	140	141	123	99.2	69.3	42.5	15.8			
20	4.36	9.99	18.6	34.6	49.9	64.6	79.0	93.2	107	120	147	158	134	100	70.8	40.2	13.4			
21	4.59	10.5	19.6	36.5	52.5	68.1	83.5	98.4	112	127	155	159	143	95.4	65.1	36.2	11.4			
22	4.83	11.1	20.6	38.4	55.2	71.6	87.2	102	118	133	164	161	154	90.2	59.3	32.2				
23	5.07	11.6	21.6	40.3	57.9	75.3	91.7	108	124	140	172	162	152	85.0	53.6	28.1				
24	5.31	12.1	22.6	42.2	60.7	79.0	96.2	113	130	146	179	164	151	79.8	47.8	24.1				
25	5.55	12.7	23.7	44.1	63.4	82.0	100	118	136	153	185	165	149	74.6	42.1	14.1				
26	5.79	13.2	24.7	46.0	66.2	85.7	105	123	142	160	188	166	148	69.4	36.4					
28	6.27	14.3	26.7	49.9	71.6	93.2	113	133	154	173	193	168	145	58.9	24.9					
30	6.75	15.4	28.8	53.7	77.5	99.9	122	143	165	187	201	171	141	48.4	13.4					
32	7.24	16.6	30.9	57.6	82.8	107	131	154	178	200	198	165	135	38.7						
35	7.98	18.2	34.0	63.4	91.0	118	144	170	196	220	196	160	122	22.3						

潤滑方式請參見 p.485 I=A, II=B, III=C

■傳動功率表 (型號 200) 〈單位 KW〉

小鏈輪齒數	小鏈輪轉速 RPM 5	10	15	20	30	40	50	60	80	100	150	200	250	300	350	400	450	550	600	650
潤滑方式	I				II					III					IV					
11	2.25	4.19	6.05	7.83	11.2	14.6	17.9	21.0	27.3	33.3	48.1	62.2	76.0	89.5	100	91.0	77.5	43.4	23.2	0
12	2.47	4.61	6.64	8.57	12.3	16.1	19.6	23.1	29.9	36.6	52.8	68.4	83.5	98.4	108	96.9	82.0	44.3	21.8	0
13	2.70	5.02	7.24	9.39	13.5	17.5	21.4	25.2	32.6	39.9	57.5	74.5	91.0	107	114	102	85.7	44.7	20.1	0
14	2.91	5.45	7.83	10.1	14.6	19.0	23.2	27.3	35.4	43.2	62.3	80.5	98.4	116	121	107	89.5	44.6	17.7	0
15	3.14	5.87	8.42	10.9	15.8	20.4	24.9	29.4	38.1	46.6	87.2	87.2	106	128	128	112	93.2	44.0	14.9	0
16	3.37	6.29	9.10	11.7	16.9	21.9	26.7	31.5	40.8	49.9	72.0	93.2	114	134	134	117	96.2	42.8	11.5	0
17	3.60	6.72	9.69	12.5	18.0	23.4	28.6	33.7	43.6	53.4	76.8	99.9	121	140	139	121	98.4	41.1	7.53	0
18	3.83	7.14	10.2	13.3	19.2	24.9	30.4	35.8	46.4	56.7	82.0	105	129	145	144	125	100	39.1	3.06	0
19	4.05	7.60	10.8	14.1	20.3	26.4	32.2	37.9	49.2	60.2	86.5	112	137	151	149	128	102	36.4		
20	4.29	7.98	11.5	14.9	21.5	27.9	34.0	40.2	52.0	63.6	91.7	118	145	171	154	132	103	33.2		
21	4.52	8.42	12.1	15.7	22.6	29.3	35.9	42.3	54.9	67.0	96.9	125	152	176	158	134	104	29.5		
22	4.75	8.87	12.7	16.5	23.8	30.9	37.8	44.5	57.7	70.5	101	131	161	182	162	136	104	25.4		
23	4.99	9.32	13.4	17.3	25.0	32.4	39.6	46.6	60.5	74.0	106	138	168	187	166	138	104	20.6		
24	5.22	9.77	14.0	18.2	26.2	34.1	41.5	48.9	63.4	77.5	111	144	176	192	170	140	104	15.6		
25	5.46	10.2	14.6	19.0	27.3	35.5	43.4	51.1	66.2	81.3	116	151	185	196	173	141	102	9.99		
26	5.70	10.6	15.1	19.8	28.5	37.0	45.3	53.3	69.0	84.7	121	157	193	201	175	142	101			
28	6.17	11.4	16.5	21.4	30.9	40.1	49.0	57.7	74.6	91.7	132	170	208	208	180	143	98.4			
30	6.65	12.3	17.9	23.1	33.3	43.2	52.8	62.2	80.5	98.4	141	184	224	215	183	142	93.2			
32	7.13	13.2	19.1	24.8	35.8	46.3	56.6	66.7	86.5	105	152	196	240	221	185	139	85.7			
35	7.83	14.6	21.1	27.3	39.3	51.1	62.4	73.5	95.4	116	167	217	256	227	185	133	71.7			

潤滑方式請參見 p.485 I=A, II=B, III=C

■傳動功率表 (型號 200)　　〈單位 KW〉

小鏈輪齒數	小鏈輪轉速 RPM 5	10	15	20	25	30	40	50	60	80	100	125	150	175	200	250	300	350	400	450
潤滑方式	I				II					III						IV				
11	3.64	6.79	9.77	12.6	15.5	18.2	23.6	28.9	34.0	44.1	53.9	65.9	77.5	89.5	94.7	85.7	70.6	50.8	26.9	0
12	3.99	7.46	10.7	13.9	17.0	20.0	25.9	31.7	37.4	48.4	59.3	72.4	85.0	97.7	101	91.7	75.3	53.1	26.7	0
13	4.35	8.13	11.7	15.1	18.5	21.8	28.3	34.6	40.8	52.8	64.6	79.0	93.2	106	108	97.7	79.0	55.1	26.1	0
14	4.72	8.80	12.6	16.4	20.0	23.6	30.6	37.5	44.1	57.2	69.9	85.7	100	115	115	102	82.8	56.6	24.9	0
15	5.08	9.47	13.6	17.7	21.6	25.5	33.0	40.4	47.5	61.6	75.3	92.5	108	125	122	108	86.5	57.8	23.4	0
16	5.45	10.1	14.6	19.0	23.2	27.3	35.4	43.3	51.0	66.0	80.5	98.4	116	132	128	113	89.5	58.4	21.4	0
17	5.82	10.8	15.6	20.2	24.7	29.1	37.8	46.2	54.4	70.5	86.5	105	124	138	135	117	92.5	58.9	19.0	0
18	6.19	11.5	16.6	21.5	26.3	31.0	40.2	49.1	57.9	75.3	91.7	111	132	145	140	122	94.7	58.8	16.1	0
19	6.56	12.2	17.6	22.9	27.9	32.8	42.6	52.1	61.4	79.8	96.9	118	140	151	146	126	96.9	58.4	12.8	0
20	6.94	12.9	18.6	24.1	29.5	34.8	45.1	55.1	64.9	84.2	102	126	148	157	152	130	98.4	57.6	9.10	0
21	7.31	13.6	19.6	25.5	31.1	36.7	47.5	58.1	68.4	88.7	108	132	155	163	157	134	99.9	56.4	4.84	0
22	7.68	14.3	20.6	26.7	32.7	38.5	49.9	61.0	71.9	93.2	114	139	164	169	162	137	101	54.9	0.35	0
23	8.05	15.0	21.7	28.1	34.3	40.5	52.4	64.1	75.3	97.7	119	146	172	174	167	140	102	52.9		
24	8.42	15.7	22.6	29.4	35.9	42.3	54.9	67.1	79.0	102	125	152	180	179	171	143	102	50.6		
25	8.80	16.4	23.7	30.7	37.5	44.3	57.3	70.1	82.8	107	131	160	189	185	176	146	102	47.8		
26	9.19	17.1	24.7	32.0	39.1	46.2	59.8	73.0	86.2	111	136	166	194	189	179	148	101	44.3		
28	9.99	18.6	26.8	34.7	42.4	50.0	64.9	79.0	93.2	120	147	180	205	199	187	152	100	37.3		
30	10.7	20.0	28.8	37.4	45.8	53.9	69.9	85.7	100	130	159	194	214	207	194	154	97.7	28.3		
32	11.5	21.4	30.9	40.1	49.0	57.8	74.6	91.7	108	139	170	208	223	214	200	155	93.9	17.8		
35	12.6	23.7	34.1	44.2	54.0	63.7	82.8	100	118	154	187	230	235	225	208	155	85.0			

潤滑方式請參見 p.485 I=A, II=B, III=C

各型部面面積的性質

符號：$A=$ 面積

$\bar{x},\bar{y}=$ 到形心 C 之間的距離

$I_x, I_y=$ 面積分別對 x, y 座標軸的二次慣性矩

$I_{xy}=$ 面積分別對 x, y 座標軸的慣性積

$I_p = I_x + I_y =$ 面積分別對 x, y 座標軸之原點的極慣性矩

$I_{BB}=$ 面積對軸 B-B 的慣性矩

1

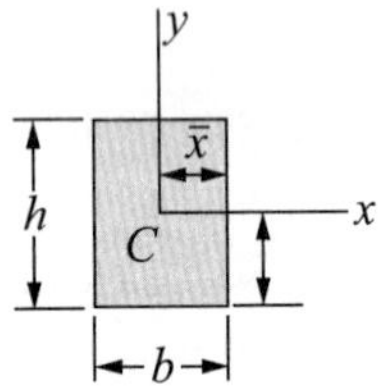

矩形（原點在形心的位置上）

$$A = bh \quad \bar{x} = \frac{b}{2} \quad \bar{y} = \frac{h}{2}$$

$$I_x = \frac{bh}{12} \quad I_y = \frac{bh^2}{12} \quad \bar{y} = \frac{h}{2} \quad I_x = 0 \quad I_p = \frac{bh}{12}(h^2 + b^2)$$

2

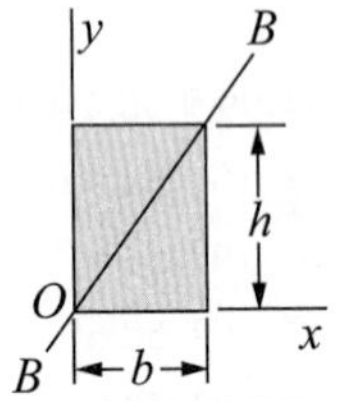

矩形（原點在角上）

$$I_x = \frac{bh^3}{3} \quad I_y = \frac{bh^3}{3} \quad I_{xy} = \frac{b^2h^2}{4} \quad I_p = \frac{bh}{3}(h^2 + b^2)$$

$$I_{BB} = \frac{b^3h^3}{6(h^2 + b^2)}$$

3

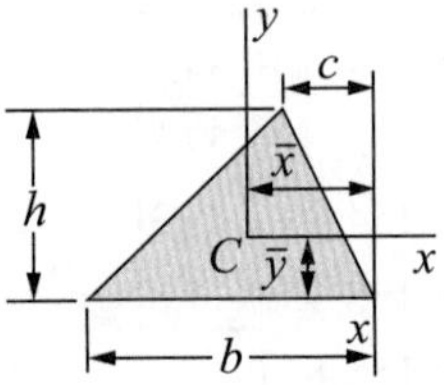

三角形（原點在形心的位置上）

$$A = \frac{bh}{2} \quad \bar{x} = \frac{b + C}{3} \quad \bar{y} = \frac{h}{3}$$

$$I_x = \frac{bh^3}{36} \quad I_y = \frac{bh}{36}(h^2 + b^2 - bc + c^2)$$

$$I_{xy} = \frac{bh^2}{72}(b - 2C) \quad I_p = \frac{bh}{36}(h^2 + b^2 - bc + c^2)$$

4

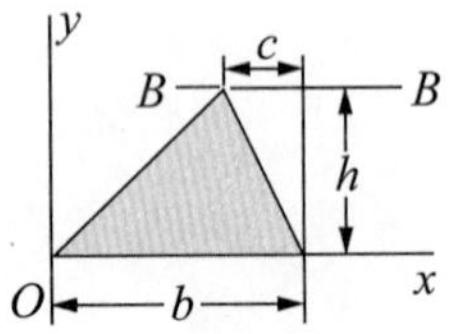

三角形（原點在三角形頂角上）

$$I_x = \frac{bh^3}{12} \quad I_y = \frac{bh}{12}(3b^2 - 3bc + c^2)$$

$$I_{xy} = \frac{bh^2}{24}(3b - 2c) \quad I_{BB} = \frac{bh^3}{4}$$

5

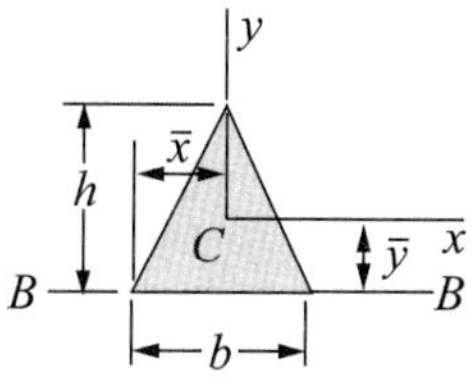

等腰三角形（原點在形心的位置上）

$A = bh \quad \bar{x} = \dfrac{b}{3} \quad \bar{y} = \dfrac{h}{3}$

$I_x = \dfrac{bh^3}{36} \quad I_y = \dfrac{bh^3}{48} \quad I_{xy} = 0$

$I_p = \dfrac{bh}{144}(4h^2 + 3b^2) \qquad I_{BB} = \dfrac{bh^3}{12}$

(對等邊三角形，$h = \sqrt{3}\, b/2$.)

6

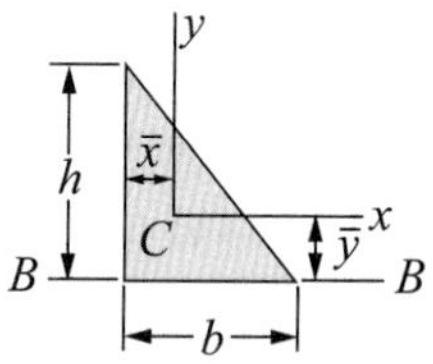

直角三角形（原點在形心的位置上）

$A = \dfrac{bh}{2} \quad \bar{x} = \dfrac{b}{3} \quad \bar{y} = \dfrac{h}{3}$

$I_x = \dfrac{bh^3}{36} \quad I_y = \dfrac{bh^3}{36} \quad I_{xy} = \dfrac{b^2h^2}{72}$

$I_p = \dfrac{bh}{36}(h^2 + b^2) \qquad I_{BB} = \dfrac{bh^3}{12}$

7

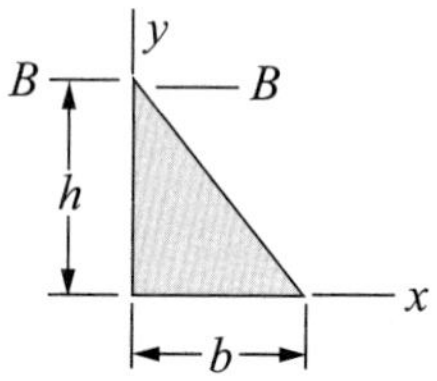

直角三角形（原點在三角形頂角上）

$I_x = \dfrac{bh^3}{12} \quad I_y = \dfrac{bh^3}{12} \quad I_{xy} = \dfrac{b^2h^2}{24}$

$I_p = \dfrac{bh}{12}(h^2 + b^2) \qquad I_{BB} = \dfrac{bh^3}{4}$

8

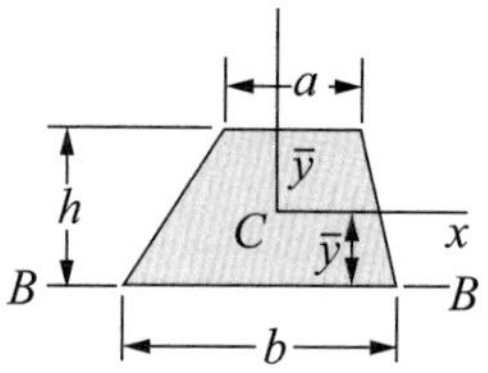

梯形（原點在形心的位置上）

$A = \dfrac{b(a+b)}{2} \qquad \bar{y} = \dfrac{h(2a+b)}{3(a+b)}$

$\bar{x} = \dfrac{h^3(a^2 + 4ab + b^2)}{36(a+b)} \qquad I_{BB} = \dfrac{h^3(3\mathrm{a} + b)}{12}$

9

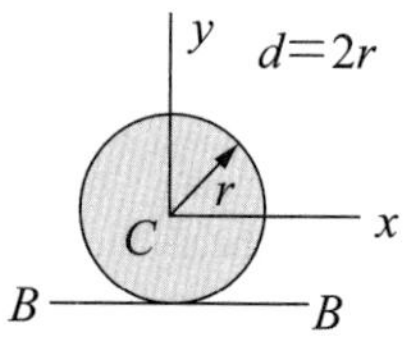

圓形（原點在形心位置上）

$A = \pi r^2 = \dfrac{\pi d^2}{4} \qquad I_x = I_y = \dfrac{\pi r^4}{4} = \dfrac{\pi d^4}{64}$

$I_{xy} = 0 \quad I_p = \dfrac{\pi d^4}{2} = \dfrac{\pi d^4}{32} \quad I_{BB} = \dfrac{5\,\pi r^4}{8} = \dfrac{5\,\pi d^4}{8}$

10

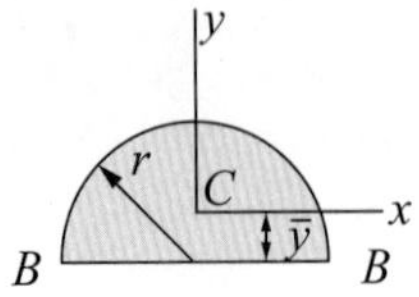

半圓形（原點在形心位置上）

$$A=\frac{\pi r^2}{2}\qquad \bar{y}=\frac{4r}{3\pi}$$

$$I_x=\frac{(9\pi d^2-64)r^4}{72\pi}\approx 0.1098r^4\qquad I_y=\frac{\pi r^4}{8}\qquad I_{xy}=0\qquad I_{BB}=\frac{\pi r^4}{8}$$

11

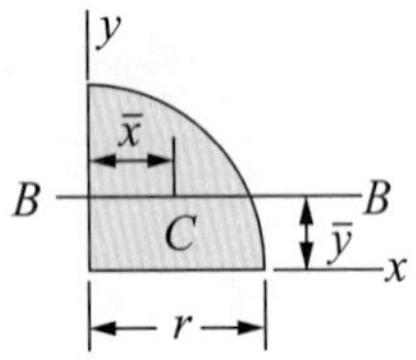

四分之一圓（原點在圓心位置上）

$$A=\frac{\pi r^2}{2}\qquad \bar{x}=\bar{y}=\frac{4r}{3\pi}$$

$$I_x=I_y=\frac{\pi r}{16}\qquad I_{xy}=\frac{r^4}{8}\qquad I_{BB}=\frac{(9\pi^2-64)r^4}{144\pi}\approx 0.05488r^4$$

12

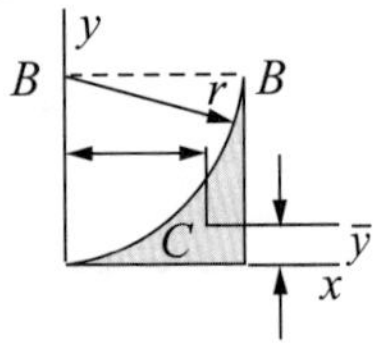

四分之一圓的餘形（原點在切點位置上）

$$A=\left(1-\frac{\pi}{4}\right)r^2\qquad \bar{x}=\frac{2r}{3(4-\pi)}\approx 0.7766r\qquad \bar{y}=\frac{(10-3\pi)r}{3(4-\pi)}\approx 0.2234r$$

$$I_x=\left(1-\frac{5\pi}{16}\right)r^4\approx 0.01825r^4\qquad I_y=I_{BB}=\left(\frac{1}{3}-\frac{\pi}{16}\right)r^4\approx 0.1370r^4$$

13

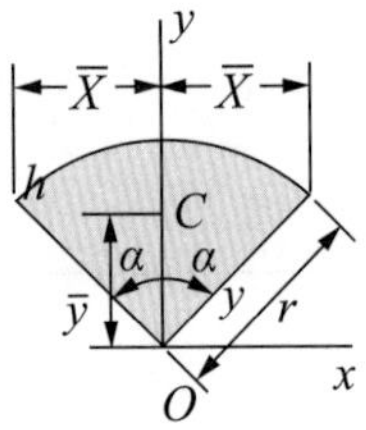

圓扇形（原點在圓心位置上）

α＝弳度表示的角($\alpha\le\pi/2$)

$$A=\alpha r^2\qquad \bar{x}=r\sin\alpha\qquad \bar{y}=\frac{2r\sin\alpha}{3\alpha}$$

$$I_x=\frac{r^4}{4}(\alpha+\sin\alpha\cos\alpha)\qquad I_y=\frac{r^4}{4}(\alpha+\sin\alpha\cos\alpha)\qquad I_x=0$$

18

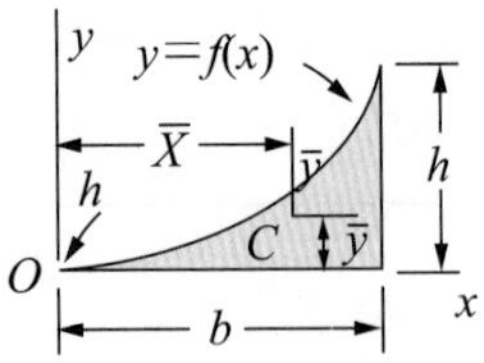

拋物線餘形（原點在頂角位置）

$$y=f(x)=\frac{hx^2}{b^2}$$

$$A=\frac{bh}{3}\qquad \bar{x}=\frac{3b}{4}\qquad \bar{y}=\frac{3h}{10}$$

$$I_x=\frac{bh^3}{21}\qquad I_y=\frac{bh^3}{5}\qquad I_{xy}=\frac{b^2h^2}{12}$$

19

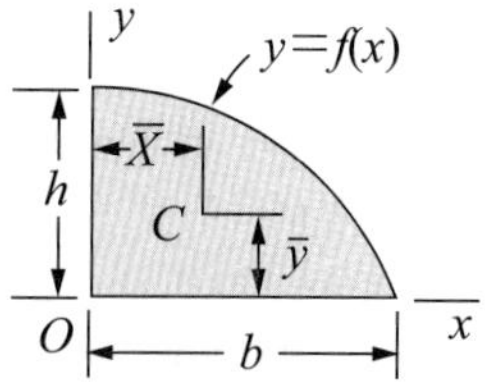

n 次曲線形的半片段（座標系原點在角上）

$$y = f(x) = h\left(1 - \frac{x^n}{b^n}\right) \quad (n > 0)$$

$$A = bh\left(\frac{n}{n+1}\right) \quad \bar{x} = \frac{b(n+1)}{2(n+2)} \quad \bar{y} = \frac{hn}{2n+1}$$

$$I_x = \frac{2bh^3n^3}{(n+1)(2n+1)(3n+1)} \quad I_y = \frac{hb^3n}{3(n+3)} \quad I_{xy} = \frac{b^2h^2n^2}{4(n+1)(n+2)}$$

20

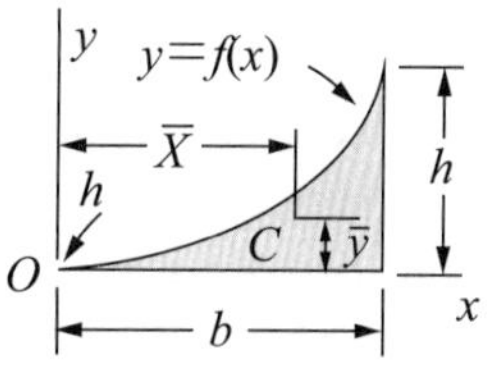

n 次餘形（原點位置在切點上）

$$y = f(x) = \frac{hx^n}{b^n} \quad (n > 0)$$

$$A = \frac{bh}{n+1} \quad \bar{x} = \frac{b(n+1)}{n+2} \quad \bar{y} = \frac{h(n+1)}{2(2n+1)}$$

$$I_x = \frac{bh^3}{3(3n+1)} \quad I_y = \frac{hb^3}{(n+3)} \quad I_{xy} = \frac{b^2h^2}{4(n+1)}$$

21

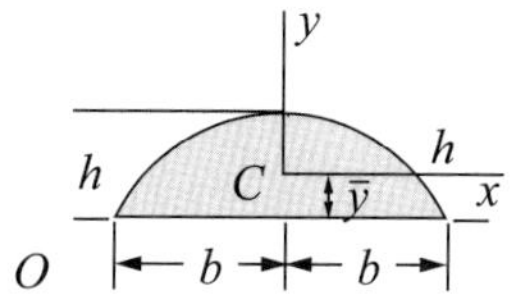

正弦波形（原點在形心位置上）

$$A = \frac{4bh}{\pi} \quad y = \frac{\pi h}{8}$$

$$BI_x = \left(\frac{8}{9\pi} - \frac{\pi}{16}\right)bh^3 \approx 0.08659bh^3 \quad BI_y = \left(\frac{4}{\pi} - \frac{32}{\pi^3}\right)bh^3 \approx 0.2412bh^3$$

$$I_{xy} = 0 \quad I_{BB} = \frac{8bh^3}{9\pi}$$

標準 SI 數值字首表

名稱	符號	因數
exa	E	1 000 000 000 000 000 000 = 10^{18}
peta	P	1 000 000 000 000 000 = 10^{15}
tera	T	1 000 000 000 000 = 10^{12}
giga	G	1 000 000 000 = 10^{9}
mega	M	1 000 000 = 10^{6}
kilo	k	1 000 = 10^{3}
hecto*	h	100 = 10^{2}
deka*	da	10 = 10^{1}
deci*	d	0.1 = 10^{-1}
centi*	c	0.01 = 10^{-2}
milli	m	0.001 = 10^{-3}
micro	μ	0.000 001 = 10^{-6}
nano	n	0.000 000 001 = 10^{-9}
pico	p	0.000 000 000 001 = 10^{-12}
femto	f	0.000 000 000 000 001 = 10^{-15}
atto	a	0.000 000 000 000 000 001 = 10^{-18}

註：儘可能使用 1 000 的倍數或因數。

SI 制中，數值以空格分隔，避免在歐洲因以逗點當小數點而產生的混淆。

* 不推薦使用，但難免遭遇需使用的情況。

索　引

六劃

七劃

八劃

九劃

十劃

十三劃

十四劃

十五劃